普通高等教育规划教材

塑料成型模具

（第三版）

申开智　编著

中国轻工业出版社

图书在版编目（CIP）数据

塑料成型模具/申开智编著. —3 版. —北京：中国
轻工业出版社，2022.11
普通高等教育规划教材
ISBN 978-7-5019-8963-8

Ⅰ.①塑…　Ⅱ.①申…　Ⅲ.①塑料模具-塑料成型-
高等学校-教材　Ⅳ.①TQ320.66

中国版本图书馆 CIP 数据核字（2012）第 203521 号

责任编辑：王　淳　杜宇芳
策划编辑：王　淳　　责任终审：孟寿萱　　封面设计：锋尚设计
版式设计：宋振全　　责任校对：燕　杰　　责任监印：张　可

出版发行：中国轻工业出版社（北京东长安街 6 号，邮编：100740）
印　　刷：三河市万龙印装有限公司
经　　销：各地新华书店
版　　次：2022 年 11 月第 3 版第 9 次印刷
开　　本：787×1092　1/16　印张：31.25
字　　数：808 千字
书　　号：ISBN 978-7-5019-8963-8　定价：58.00 元
邮购电话：010 - 65241695
发行电话：010 - 85119835　传真：85113293
网　　址：http://www.chlip.com.cn
Email：club@ chlip.com.cn
如发现图书残缺请与我社邮购联系调换
221510J1C309ZBW

序

首先衷心祝贺《塑料成型模具》第三版的发行。

应该说，我是《塑料成型模具》（第一版）的最早读者之一。该书是 1982 年我从研究金属成型模具转而学习塑料成型模具的启蒙教材，在长达 30 年的人生岁月中，《塑料成型模具》一直伴随着我的学习和研究工作，成为了我的主要参考书，是我最喜爱的读物之一，给我以莫大的帮助。以书为媒，我也有幸结识了该书主编申开智教授，申教授的人品和学识，以及对事业的热爱和执著，使我受益无穷。

《塑料成型模具》一书自出版以来历经数次修订和改版，使其技术内容全面，理论分析深入透彻，紧跟学科发展前沿，取材丰富，实用性强，阐述模具结构系统化、多样化，在模具的理论计算上有创新、有发展，因此深受各大专院校的欢迎。据出版部门的最新统计，在 2002 年改版后该教材已被百余所大专院校采用，占我国大专院校中开设模具课的材料加工工程类专业和模具类专业的半数以上。

模具是批量生产各种制品必不可少的工具，被誉为制造业之母，没有先进的模具业就一定没有先进的制造业。目前，我国正从制造业大国迈向制造业强国，任重而道远，为此必须优先发展模具技术，把开发高效率、高精度、长寿命、短周期、低成本模具的任务放在发展国民经济的重要位置上。高分子材料质轻、价廉、易于成型，具有其他材料无法替代的优异性能，在汽车、飞机、机械、电子、国防等高端产品中扮演着举足轻重的角色。以汽车工业为例，目前塑料及高分子复合材料的应用可使汽车零部件的重量减轻约 40%。塑料制品模具、金属制品模具及其他材料制品模具共同形成模具工业的几大支柱，成为了代表我国制造业水平的标志。

模具技术是多学科交叉和融合的产物，模具本身是一种技术密集型高科技产品，其理论植根于聚合物流变学、传热学、力学、数学等基础学科，其中模具技术与计算机技术的完美结合产生了模具计算机辅助设计、辅助制造、辅助工程，从而将模具设计和制造的质量和效率推向一个高峰，但是正确应用相关设计、分析和制造软件的前提是必须先学习和掌控塑料成型工艺和模具的基础知识。

近年来，我国模具技术的发展日新月异，但与发达国家相比还有一定的差距，培养一大批热爱模具事业，掌握模具技术的专业人才是我们面临的光荣而艰巨的任务。该书是一本培养模具人才的优秀教材，有较高的深度和广度，在过去的 30 年岁月里它为我国培养了大量的模具专业的学生，发挥了重要作用，我相信《塑料成型模具》经过此次改版，必将更好地继续发挥它的出色作用。

书至此处，我不禁想起明代的民族英雄和诗人于谦的诗作《观书》：

> 书卷多情似故人，晨昏忧乐每相亲。
> 眼前直下三千字，胸次全无一点尘。
> 活水源流随处满，东风花柳逐时新。
> 金鞍玉勒寻芳客，未信我庐别有春。

这首诗生动、形象地反映了长期以来我读《塑料成型模具》原版和修订版的心得体会和感受。

华中科技大学教授
李德群
2012-06-17

前　言
（第三版）

我国是世界上公认的制造业大国，模具是制造业中最关键的工艺装备，模具工业在国民经济中具有特殊的地位和作用。汽车、飞机、电子、电器等工农业及民用产品中除金属零件外大量使用着各种各样的高分子材料零件，零件质量的优劣在很大程度上取决于成型模具的水平，产品更新换代的速度依托于先进的模具技术。因此，培养一大批优秀的模具设计和制造人才是教育工作者的光荣使命。

1982年6月本书出版发行了第一版，2002年9月出版发行了第二版，累计发行量约27万册。使用本书作为教材的大专院校多达130所，读者对本书的认可使作者深受感动，借第三版发行之机衷心地感谢选用本书的老师和同学们，作者渴望听到你们反馈的宝贵意见和建议，希望本书能在你们的关注下得到进一步的提升。

模具技术日新月异，发展十分迅速。本书紧跟学科发展前沿，在再版修订中引入了并行工程、逆向工程、快速制样等先进的设计理念，丰富了模具计算机辅助设计、辅助制造、辅助工程和气辅注塑、热流道模具、多组分注塑模具等内容，介绍了先进的制模技术，引入了新的注塑模国家标准，使本书面目一新。

塑料模具设计的基础理论植根于流变学、传热学、力学、高分子材料学、材料加工工程等学科。本书特别重视模具各项功能的理论分析和设计计算，各章均以基础理论或原理为核心逐步展开，再扩展到结构设计。多年来作者对国内外针对塑料模具的各种设计计算方法进行了潜心的研究，有的列为科研课题通过理论分析和试验反复验证，发现已有的方法存在许多谬误和不足，并提出了新的科学的计算方法，主要有：成型尺寸计算、型腔壁厚计算、脱模力计算、侧向分型抽芯计算、模具冷却传热计算等，一些成果已在学术刊物上发表，得到了广泛的认同，现将其中部分内容收入本书之中。

本书在编写过程中参阅了大量国内外文献和书籍，在此对文献和书籍的作者表示衷心地感谢。同时，作者在工厂技术人员的协助下收集总结了很多生产现场的经验和成果，作者对他们的帮助表示深深的谢意。

本书重视理论联系实际，所收集的内容实用性强，希望在课程学习过程中在任课老师指导下通过模具设计环节，让学生真正掌握设计的基本方法。

本书在编写过程中得到作者的博、硕士研究生的大力帮助，同时得到张杰教授、吴世见副教授、高雪芹副教授及其研究生们的大力协助，这些博、硕士研究生有：邓聪、曹建国、薛山、王海文、严山明、胡娟、王中武、安方振、李欣鹏、赵宇超、杜海南、邓鹏，在此一并表示感谢。另外还要感谢成都蜀华研究所张元富所长提供的资料和热诚帮助。

申开智

2012年5月于四川大学

目　　录

第一章 概　　论

一、塑料成型模具及其在塑料成型加工工业中的作用

在各种材料加工工业中广泛地使用着各种模具，如成型金属制品的压铸模、锻压模、铸造模；成型非金属制品的玻璃模、陶瓷模、塑料模等。每种材料成型模具按成型方法不同又分为若干种类型。

采用模具生产制件具有生产效率高，节约能源和原材料、成本低、批量大等优点，模具成型已成为当代工业生产中的一种重要手段，成为多种成型工艺中最具发展潜力的方向。模具工业的水平是衡量一个国家制造业水平高低的重要标志，决定着国家制造业的国际竞争力。国民经济的五大支柱产业——机械、电子、汽车、石化、建筑都要求先进的模具工业与之配套，例如任一型号的汽车都有上千副各种不同的配套模具，价值上亿元，机械、电子行业对模具的依赖性也是如此。任何国家的制造业都是国民经济的基础，而模具又是制造业的基础，对国民经济和社会的发展起着越来越大的作用。2010 年我国模具生产产值达到 1200 亿元人民币，预计 2020 年将达到 3100 亿元。

从使用的角度，要求模具要高效率、自动化、操作简便，特别当塑件的批量较大时，应尽量减少合模和取制件过程中的手工操作。为此，常采用自动脱模、自动侧抽芯等高效率自动化的模具，甚至采用在整个生产过程中完全不需人工加料和取产品的自动化的模具。

从制作的角度，要求模具零件的加工工艺性能好、选材合理、制造容易、成本低廉、装配方便。除简易模具外一般来说制模费用是十分昂贵的，一副优良的注塑模具可生产百万件以上的制品，压制模具一般也能生产制品约 25 万件。因此当塑件批量不大时，分摊在每一个塑件上的模具费用会很高，这时应尽可能地采用简单、合理、价廉的模具。

应特别强调塑料制品质量与模具之间的关系。模具的形状、尺寸精度、表面粗糙度、分型面位置、脱模方式等对塑件的尺寸精度、形位精度、外观质量影响很大，模具的控温方式、进浇点、排气槽位置等对塑件的结晶、取向等凝聚态结构及由它们决定的物理性能、残余内应力、光学性能、电学性能，以及气泡、凹陷、烧焦、冷疤、银纹等各种制品缺陷有重要关系。

塑料制品生产工业中，先进的成型工艺、高效的设备、先进的模具是必不可少的三个重要因素。塑料模具对实现塑料成型工艺要求和塑件使用要求起着十分重要的作用。任何塑件的生产和更新换代都是以模具的制造和更新为前提的，目前工业和民用塑件的产量猛增，质量要求越来越高，因而导致了塑料模具研究、设计和制造技术的迅猛发展。

二、塑料成型模具发展趋势

近年来塑料成型模具的产量迅猛增长，水平不断提升，高效率、自动化、大型、精密、长寿命模具在模具总产量中所占比例越来越大，从模具设计和制造两方面来看，模具发展趋势可以归纳为以下几点。

1. 设计理论不断深化

模具设计已从传统的经验设计走上了科学化的道路，建立在理论计算基础上。其中最重要的是建立在聚合物流变学基础上的对塑料熔体在流道和模腔内的充模和补料流动的计算，建立在传热学和聚合物相态变化热力学基础上的冷却凝固过程的计算，以及建立在成型收缩分子取向基础上的内应力及翘曲变形计算，建立在材料力学、弹性力学基础上的模具受力、变形、破坏的计算等。这些理论计算为模具设计计算机辅助工程奠定了基础，用于指导模具理论计算已达到实用化的水平。

2. 模具计算机辅助设计（CAD）、辅助工程（CAE）

这是 20 世纪 70 年代迅速发展起来的，到 20 世纪 80 年代已进入实用化。不同的软件可分别用于挤塑、注塑、压制、传递、中空吹塑等模具的设计和对模具结构、产品质量进行分析，它由计算机硬件和专用软件组成。

CAD 软件的主要功能是几何造型技术，它将制品图形立体地精确地显示在屏幕上，完成制件设计和绘图工作，对制品或模具进行力学分析。而过程软件（CAE 软件）中流动软件可模拟熔体在模内的流动过程；冷却分析软件可模拟熔体的凝固过程和在模具型腔内各点温度的变化，预测可能出现的问题和制品缺陷，如翘曲、变形、内应力大小等，使设计结果优化。应指出的是，目前 CAE 技术还不能代替人做创造性的设计工作，它只能在众多方案中优化选出最佳方案，但该方案还需由设计人员提出。

计算机能大量储存和方便地查找各种设计数据（数据库）和标准件的图形（图形库），并能绘出模具的零件和装配图，使设计质量提高，设计速度成倍加快。今后利用计算机主动进行模具设计和方案选择已被提上了议事日程。

3. 模具制造工艺的进展

塑料模具制造中最困难的部分莫过于型腔，特别是异形复杂型腔的切削加工，若按传统方式进行机械加工，十分费时费工，且难以保证质量。为缩短制模周期，提高模具精度，减少钳工等手工操作工作量，目前已大量采用了各种坐标机床、仿形机床、光控机床和数控机床等。特别是数控机床的出现使模具加工精度取得了很大的飞跃，它是将零件加工工艺过程和几何尺寸以数字信息的形式输入数控装置，通过伺服机构控制机床刀具和工件的运动轨迹，按加工程序逐级加工，最终将型腔的设计造型复制在被加工零件上。这就是模具的计算机辅助制造（CAM）。采用注射模 CAM 后，模具的质量大大提高，而且成本可降低 10%～30%，加工周期缩短 20%～50%。

电加工技术的进步给塑料模型腔加工带来了巨大方便，特别是用高硬度、高强度材料制造的金属型腔可在淬火后直接加工。最常见的电加工技术有电火花、线切割、电强化、电抛光等。用计算机程序控制电火花加工是一项正在发展的高效率、高精度型腔加工新技术，估计它将取代很大一部分型腔的机械切削加工工作量。

将模具的计算机辅助设计、辅助工程和辅助制造连成一体的设计与制造系统（即 CAD/CAE/CAM 一体化）是在模具型腔结构和尺寸经 CAE 软件优化后，将用 CAD 系统建造的型腔几何模型应用 UG、Pro/E 等软件，自动生成型腔加工的数控程序，并通过数控机床完成型腔加工。模具计算机辅助设计辅助制造的一些商品化的软件已广泛采用，并在不断发展过程中。采用 CAD/CAE/CAM 技术可以使塑料模型腔加工的重复精度和准确性都得到大幅度提高。

4. 塑料模的高效率自动化

大力地发展和采用各种高效率自动化的模具结构，如多层多型腔注射模结构、各种能自动脱出产品和流道凝料的脱模机构、自动分型抽芯机构、热流道浇注系统以及产品的高效冷却结构，上述技术能大大缩短成型周期。高效自动化的模具与高速自动化的成型设备相配合能大幅度提高生产效率和产品质量，降低生产成本。

5. 大型塑料模具

随着塑料应用领域日益扩大，在建筑、机械、汽车、仪器、家用电器上采用了许多大型塑料制品，如汽车壳体、保险杠、洗衣机桶、包装托盘、大周转箱等，这就需要研制大型注塑模具。大型模具设计要求做详细准确的理论计算，由于模具自重常重达数十吨，物料流程长，型腔易变形，因此在结构设计上需做更为周密的考虑。重量大的大型制件常需附带设计机械手取件。

6. 高精度塑料模具

普通模塑塑料制件的精度比机械切削能达到的制件精度低得多。但是在某些特殊的情况下需要高精度的塑件，例如作为机械零件使用的传动齿轮、轴承等，这种模具的配合精度和运动精度要求特别高，耐磨损。成型时要求工艺条件控制精确，成型压力高，收缩变形小。

7. 简易制模工艺的开发应用

为了及时地更新产品的花色品种、降低成本和适应小批量产品生产的要求，开发了多种简易制模工艺。其所用的材料有木材、石膏、陶瓷、塑料等非金属，也有铸钢、铜合金、铝合金、锌合金、易熔合金。制模方法有浇铸、喷涂、交联固化等。例如采用锌合金浇铸制模，以铝粉、细钢丝等填充增强的环氧树脂制模，聚氨酯弹性体制模，这些模具虽然精度较差、寿命不长，但制模周期特别短、成本低，有一定的适用范围。

8. 塑料模具标准化

塑料模具标准化工作主要集中在使用量大、面广的注射模具上。目前发达国家注塑模具标准化程度达到50％以上，并有完善的标准系列，包括零件标准和模架标准。国际标准化组织已制订了国际模具系列标准，标准件品种多、规格全、质量高，而且全部均已商品化。

近年来我国模具标准化工作有了很大的进展，2006年颁布实施的塑料注射模零件标准基本上配齐了主要模具类别的主要零件，零件数由1984年标准化的11种零件增加到了23种零件。在国家标准文本中有塑料注塑模零件标准、塑料注塑模零件技术条件、塑料注塑模模架标准、塑料注塑模技术条件等。其中零件标准包括模板、垫块、推杆、导柱、导套等，而模架标准也由老标准的中小型模架和大型模架分别制订的标准改成了统一的一个模架标准，并在尺寸分段等方面进行了改进，使其更趋合理。现已有不少专业厂家成套生产标准模架，成批生产各种模具零件，在商品化上进展很快。

模具标准化为塑料模具设计和制造都带来极大的方便，由于模架和标准件可直接购买，因此模具设计制造者只需精心设计和加工型腔和温控系统，使得塑料模具的设计和制造周期大为缩短，成本降低，质量得到保证。

9. 新结构形式塑料成型模具的研制

随着成型新工艺而出现的气体辅助注塑成型模具、低发泡制品注塑模具、反应注塑成型模具、多层多腔注塑模具、多组分多色注塑模具、变模温注塑模具、注压成型模具以及低发泡挤出机头、多层复合机头等。

此外，在模具制造上采用专用模具钢材，应用特殊的表面处理技术如离子注入、物理沉积、喷镀、刷镀等提高模具的使用寿命，采用表面花纹加工新技术等提高了塑件外观质量。

三、塑料成型模具的分类

不同的塑料成型方法采用原理和结构特点各不相同的成型模具，按照成型加工方法的不同，可将塑料成型模具分为以下几类。

1. 压塑成型模具

压塑成型模具简称压模。将塑料原料直接加在敞开的模具型腔内，再将模具闭合，塑料在热和压力作用下成为流动状态并充满型腔，然后由于化学或物理变化使塑料硬化成型。这种成型方法叫压塑成型。这种成型方法所用的模具叫压塑成型模具。压塑模具最常见的是成型热固性塑料制品的压模，也有用来成型热塑性塑料制品的热挤冷压模具。另外还有一类不加热的冷压成型模具，用于成型聚四氟乙烯坯件。

2. 注塑成型模具

塑料通过注塑机的加料斗进入机器的加热料筒内，塑料受热熔融均匀塑化后，在注塑机的螺杆或活塞的高速推动下，经喷嘴和模具的浇注系统进入低温的模具型腔，塑料在模具型腔内固化定型，这就是注塑成型的简单过程。

注塑成型所用的模具叫注塑模具。注塑模具主要用于热塑性塑料制品的成型，但注塑也能用于热固性塑料成型，塑料先在温度不高的料筒内熔化，然后高速注入高温的型腔，塑料熔体在高温型腔内受热交联固化。注塑成型在塑料制件成型中占有很大比重，世界塑料成型模具产量中的半数以上为注塑模具。

近年来发展了一种气体辅助注塑成型方法，它是在向模具注入塑料熔体时按设定的时间程序向制件内部注入高压惰性气体对制品进行保压和冷却定型。它能生产厚壁和壁厚相差悬殊的注塑制品，能获得更加优良的制品的外观和性能，同时还能减轻制品的重量，节约原材料。此外，还发展了水辅注塑成型、多组分注塑成型等多种新注塑方法和相应的模具。

3. 传递成型模具

传递成型模具是将热固性塑料原料加入预热的模具加料室，然后通过压柱向塑料施加压力，塑料在高温高压下熔融并通过模具的浇注系统进入型腔，物料在高温高压下逐渐硬化成型，这种成型方法叫传递成型。这种成型方法所用的模具叫传递成型模具。传递成型模具仅用于热固性塑料制品的成型。其硬化的原理是物料发生了交联化学反应。

4. 挤塑成型模具

挤塑成型模具包括挤出机头和定型模两部分。物料在挤塑机旋转螺杆的推动和高温塑化下，塑料原料成为均匀的黏流态，黏流状态的塑料在高温高压下通过具有特定断面形状的机头口模，然后连续进入温度较低的定型模，塑料在定型模中固化，生产出具有所需断面形状的连续型材，常见制品有管材、板材、棒材、空心格子板、异形材、电线电缆等，该成型方法叫挤塑成型。用于塑料挤塑成型并定型的模具叫挤塑成型模具。

5. 中空制品吹塑成型模具

将挤塑或注塑成型的尚处于良好塑化状态的管状坯料，趁热移入模具成型腔内，模具闭合后立即向管状坯料的中心通以压缩空气，使管坯膨胀而紧贴于模具型腔壁上，冷却硬化后即可得到一中空制品。此种制品成型方法所用的模具叫中空制品吹塑模具。用挤塑方法生产管坯的叫挤吹模具；用注塑方法生产管坯的叫注吹模具；注吹中，塑化的坯管在吹胀前的瞬间先进行轴向拉伸再横向吹胀的叫注拉吹模具。产品的性能和尺寸精度因采用方法不同而有很大差异。常见制品有瓶、壶、包装桶等。

6.热成型模具

热成型模具又名真空或压缩空气成型模具，它一般由一单独的阴模或单独的阳模构成。将预先制成的塑料片加热软化后，将片材周边紧压在模具周边上，然后再在紧靠模具型腔的一边抽真空，或在其反面充以压缩空气，使塑料片发生塑性变形而紧贴在型腔壁上，冷却定型后即得一敞口的塑料制品，如杯、盘之类的制品。此种成型方法，模具受力较小，对模具强度要求不高，甚至可用非金属材料制作，但为了获得较高的生产效率，模具的导热性是很重要的，铝合金模具得到了广泛应用。

除了上面所列举的几种塑料模具外，尚有搪塑成型模具、反应注塑成型模具、泡沫塑料成型模具、玻璃纤维增强塑料低压成型模具等，在此不再一一叙述。

复习、思考与作业题

1. 采用模具生产制品与用其他方法（例如机械切削加工）成型制品相比有哪些优点？

2. 为什么说模具工业对国民经济的发展具有十分重要的战略地位？

3. 模具工业的水平与机电工业、轻工业等产品制造业的发展水平有什么直接关系？为什么？

4. 近年来塑料成型模具在哪些方面有重要的发展和突破？

5. 按照成型方法的不同塑料模具分为哪些类别？试对这些成型方法和它们所用的模具做一简单描述。

第二章 塑料制品和成型模具的研发程序

第一节 塑料制品和模具开发方式的发展和变革

面对当前全球竞争的环境，传统的塑料产品设计和模具设计模式及制模的方法已不能适应。基于现代设计技术和模具加工技术的进步，在制品和模具设计方法和开发程序上已有很多的创新并发生了深刻的变化，其中最重要的是塑料制品和成型模具从原来的串行开发模式发展成了高效率、高优化度的并行开发模式——即所谓的并行工程（CE: concurrent engineering）和逆向开发模式——即所谓的逆向工程（RE: reverse engineering），现将这几种开发模式及其优缺点介绍如下。

1. 串行开发模式

传统的产品和模具开发方式是按串行模式进行的。

塑料制品和模具的开发包括许多过程，主要步骤有市场需求分析、制品造型设计、模具方案设计、模具结构设计、模具工程分析、模具制造装配、试模和制品生产。按照串行开发模式要一步一步地完成上述过程，最后通过模具生产出最终产品，并通过使用对产品的成功性进行验证后模具和制品的研发过程才算完成，如图 2-1-1 所示。

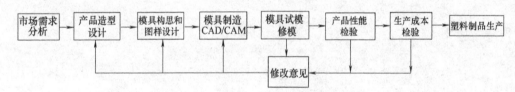

图 2-1-1 传统的串行产品开发模式

按串行模式开发塑料制品的周期很长，而且要到试模时或制品生产使用时才能对开发的成功性做出结论，这时若发现问题则必须返回到模具结构设计方案改动、模具三维造型改动，甚至返回到产品图纸或产品造型的改动，返工工作量大，其中任何一环的改动将引发下游各环节的连锁改动，造成人力和物力的浪费，甚至造成巨大的经济损失，而这种改动在产品研发过程中又往往是不可避免的。

这种生产模式存在以下几个缺点：

① 整个产品开发过程中信息单向流动，下游结果不能及时反馈给上游进行评价和修改。

② 制品设计和模具设计脱节，制品设计的质量要靠模具生产出产品后再做最终的评价和检验，在多次修改和修模过程中，不易控制各环节质量。

③ 各阶段按顺序一步一步地进行，导致产品开发周期很长。

2. 并行工程

并行工程是对产品设计过程、制造过程（包括模具的设计、制造）和支持过程（如制品实体模型制造、试模等）同时进行考虑，进行一体化设计并同时进行运作的系统化工作模式。这种工作模式力图使产品开发者和模具设计者一开始就考虑到产品开发周期中所有因素，包括制品质量、成本、进度、用户需求。并行工程是以一些相关的高新技术作为支撑才能得以实现，其中最重要的有数字化实体造型技术，快速原型（制样）技术，模具计算机辅助设计、辅助工程、辅助制造（CAD/CAE/CAM）技术，塑件力学分析技术等，在实施过程中还要使用信息管理技术。并行工程在信息集成的基础上对产品开发周期中各个阶段进行分析，组织多个专业的开发人员协调工作，使参与者对他们在该流程中的工作即时进行决策、修改或认可，这样便可实现新产品开发流程的各个步骤并行进行，加速开发周期，提高产品质量，降低生产成本。

为了在过程实施中能把正确的信息在正确的时间送达给正确的人，建立一个内部可以交互操作的支持环境是实现并行工程的先决条件。应说明的是开发塑料制品和成型模具的并行工程既是多个环节同时进行，但也有一定的先后顺序，典型的流程是：开发某一产品首先是在计算机上设计并生成产品三维的数字化模型，然后选用一种快速制样技术和设备，直接制取同尺寸大小的塑料产品实体，该实体的材质有可能与目标产品的材质不一致，但一定要满足试用时强度及刚度等方面的要求，下一步是将该模拟产品直接安装使用，获得使用方面的信息和市场需求的信息，意见返回后便可立即对制品三维造型进行改动，这一切都是在模具制造和制品模制之前完成的。有了产品三维造型，利用模具计算机辅助设计（CAD）软件进行快速的模具设计，利用模具计算机辅助工程（CAE）软件在计算机上模拟试模过程，来获取该模具在使用过程中的信息，发现问题后立即对模具设计方案进行修改，而不必等到模具制造完成和真正的试模之后再来修改，若发现属于制品结构方面的问题，还需返回到对制品造型的修改。

可以看出，上述对模具和制品的反复改动都是在真实的模具机械加工之前进行的，既快速又省钱，而且许多工作可同时进行。待模具的最终方案确定之后，便可启动模具计算机辅助制造（CAM）软件和设备，按制品的数字化信息加工模具的型腔，即模具的设计、模具的工程分析和模具制造几乎同时进行。

图 2-1-2 所示为塑料制品的并行开发模式，相互影响的各个环节通过数据交换平台及时进行信息交换，其优点在于：

① 制品开发的各环节可及时接受其他环节的分析评价和反馈，并立即进行修改，提高了设计质量和可靠性。

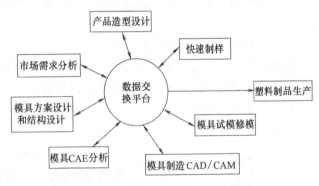

图 2-1-2 并行工程的产品开发模式

② 充分利用了各个环节的时域交差性，几个环节同时进行，大大缩短了模具和产品的开发周期。

③ 不会产生修改的大循环，降低了总的开发成本。

对于并行工程涉及的多项新的关键技术，如塑料模的 CAD/CAE/CAM 技术，将在本书有关章节中介绍，本章将对快速制样技术做简单介绍。

3. 逆向工程

由于新产品的开发大多是在过去同类产品丰厚知识积累的基础上产生的，即产品设计是采用模拟和改进的办法对原有产品设计方案不断更新改进并向前发展，过去对原有老产品的模拟和改进是采用简单的图形和在设计人员的头脑中靠思维转变来进行的，现在由于计算机技术的进步，通过关键设备三坐标测量机，可以把老产品的大量的模拟信息转化为数字化的模型，为以后新产品开发和改进所利用。这种通过样件来开发新产品的过程称为逆向工程，和产品正向设计过程相反，逆向工程主要是研究他人的或现存的产品（包括非塑料制成的产品、机械加工的产品等），发现其规律，以复制、改进并超越现有产品为目的的设计过程，因此逆向工程不仅仅是对现实世界的模仿，更是对现实世界的改造。逆向工程开发产品的模式如图 2-1-3 所示。

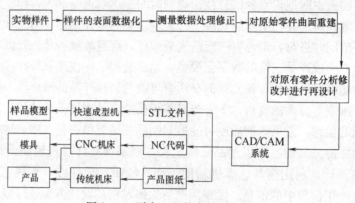

图 2-1-3　逆向工程的产品开发模式

逆向工程是针对一个现有塑料制品（样品或专门制作的产品模型），利用三坐标数字测量仪准确快速地将样品的三维坐标数据以数据点集的形式获取得到，再经过数据处理、曲面构建、编辑、修改后传送至通常的 CAD/CAM 系统做进一步的改进设计，再由 CAD/CAM 系统生成刀具的数控（NC）加工轨迹，传送至计算机数控（CNC）机床制成所需模型或模具，或者生成 STL 文件，传送到快速制样机，将样品制作出来，也可以通过 CAD 软件生成机械加工用的图纸。

逆向工程所涉及的关键技术包括：

① 利用三坐标测量机做三维实体几何模型形状数据的采集，即曲面的数字化；

② 对数据规则化或对大量离散数据进行处理；

③ 三维实体模型的重建；

④ 通过 CAM 软件进行 CNC 加工等。

其中用三坐标测量机完成曲面的数字化要涉及的主要问题是数据测量问题。

目前逆向工程所采用的数字化测量方法分为接触式和非接触式两大类：

（1）接触式测量法　是通过机械式触头直接接触被测物体表面来获取数据，可采用点扫描、线扫描和面扫描三种方式，在满足精度要求的前提下使样本尽可能小，以节省检测时间，测量中必须考虑测量探头的补偿。由于测量误差的存在，必须对所测得的数据进行处理，包括坏点的去除、测量盲区数据的补齐、对所测得的数据进行均化和平滑化等处理，然后才能进行曲面重构。图 2-1-4 所示为三坐标测量机。

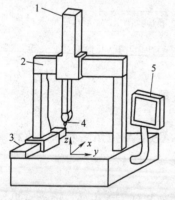

图 2-1-4　三坐标测量机
1—滑架头　2—y 轴向导轨桥　3—x 轴向导轨　4—沿 z 轴移动的轴头　5—显示屏

（2）非接触式测量法　主要有光学测量、声学测量和激光测量。其中光学方法是目前最好最快的非接触式获取数据的方法，它又分为数种测量方式，以激光三角形测量法最为常用，此外还有光学坐标测量机、工业 CT 等。

综上所述，逆向工程在开发具有复杂型面的塑料产品时借助已有的类似制品，通过数字化能大大缩短开发周期，保证产品质量。这一技术使产品模型能得到精确地表达和再现，该模型为进一步分析产品、优化设计提供了一个精确的数字化的研究对象，对塑料产品快速设计和复杂型面的数控加工都具有重大的现实意义。

第二节　产品制样（原型）和快速原型技术

一、定　义

所谓制样（prototyping）是指在产品初步设计出来后在成型模具制造之前采用别的方法制造出一个或数个供试验的样品，该样品应和真实产品一样大小，提供给客户试用，作为零件样本可在整机上安装和测试，以便进一步对产品进行优化改进。制样是产品研发过程中不可缺少的一个重要环节，制样主要有下面一些优点：

① 避免塑件开发失误，以免造成巨大的浪费。

② 进一步提高产品的质量，增加产品使用的可靠性。

③ 影响模具设计，使其更加合理。

④ 减少或避免对制品造型和模具的返修，缩短产品对市场需求响应的时间。

因此从表面看，制样会花销一部分费用，但总的来说是更经济更节约。

二、传统的制样方法

传统的制样方法有两种，一种是以塑料的棒材或块状料为原料采用机械加工的办法，通过切削加工获得一个制品模型。由于制作试样往往还需借助手工修补才能最终完成，因此制作的试样常被称为手版。又因为它是获得的第一个试样，因此也称为首版。

传统制样虽然可用来评估制件外形及装配使用等问题，但样品精度往往较差，且不能发现在以后用模具成型时会发生什么样的工艺问题，当制件要求高时有时还需在正式模具加工前先做一经济的简单模具，用以揭示一些潜在的模塑问题，如缩孔、凹陷、熔接痕、变形、开裂等，然后进行修模和再试。这虽然是一个可靠的方法，但它大大增加了设计的成本。

三、近代的制样方法

1. CNC 快速制样

由于数控切削加工技术能根据制品的三维数字造型加工出精密的试样，用它来完成所设计制品的评估、装配、使用、收集用户意见的工作是可行的。这种试样俗称为 CNC 首版，可用各种塑料的棒材、块料、板材来制作，当板材的厚度不够时，可用多块板粘合在一起，再用来制作大型制件（例如汽车保险杠、仪表台板等），常用的材料为 ABS。虽然它也不能反映制件在模塑时出现的各种问题，但由于有计算机辅助工程（CAE）模塑分析软件，因此可以在计算机上模拟发现成型时出现的各种问题，它甚至能够量化地反映出问题的大小，如充模完成时型腔内各点温度的差异值。翘曲变形量的大小、熔接痕的位置等，这样一来就无需再制作昂贵的试验用模具。

2. 快速原型（rapid prototyping，简称 RP）技术

又称实体自由成型（solid freeform fabrication）技术，20 世纪 80 年代初出现在美国，是目前在全球迅速推广的一种先进技术，用它来成型制件的原型，可有效地缩短产品研制和开发周期，节省费用，满足市场激烈竞争的需要。适合中小型制品快速制样，试样的最大尺寸视快速成型机的大小而定。

快速原型制造技术是无需任何工具或夹具即可快速得到产品原型的制造技术，是通过计算机 CAD 建模后，由所得到的三维立体模型直接驱动快速实体成型，它利用专门的软件对三维立体模型进行分层切片，得到每一层的二维轮廓信息，并按此用某种材料和手段生成具有一定厚度的层状二维实体，将每一层二维实体在上一层基础上顺序叠加，成为三维实体，其原理是基于离散/堆积，即数学中的微积分思想，将一个复杂的实体三维加工离散成一系列二维层面的加工，是一种降维成型技术，又名添加制造技术、三维打印技术。

快速原型制造技术的工艺过程如下：

① 根据产品设计要求利用三维造型软件（如 Pro/E、UG 等）进行建模，生成产品的数字化模型。此外也可以从某一实物出发，利用三坐标测量机反求，获得产品的数字信息，根据逆向工程原理对原产品进行优化改进，生成新的数字模型，在模型建立后通常要将文件格式转换成 STL 文件，以便进行后续数据处理。

② 采用专用的 RP 软件（如 Magic RP 和 Desk Art 等）对模型分层切片，再对数据进行处理，主要有模型定位、错误检验、设定分层厚度和切片，以便获得各截面的轮廓信息。

③ 规划扫描路线，生成机器代码，利用路径规划软件生成快速成型机能够识别的机器代码。用路径规划软件确定扫描路径和扫描方向、设定扫描线宽等。

④ 利用快速成型设备制作所需零件：将机器代码文件传输给快速成型机即可制造出产品原型，由于原型体积大小不同，制成所需时间也不同，大约在几小时到几十小时不等，快速成型机有多种类型，将在后面介绍。

由于制品快速成型是按一定厚度分层扫描的，而每一层又有一定的线宽，因此所成型的制品表面不光滑，有时需进行表面打磨、浸渗树脂、喷漆等操作。

快速成型技术在产品开发过程中在模具制造之前先做出样本，它是制造厂家争取订单并和客户进行沟通的最具说服力的手段。设计人员可通过试样发现错误并及时修改，也可直接用快速原型技术生产少量塑件，而不必再做模具。在简易快速制模时，可通过样件喷金等手段翻制出模具凹模型腔。而在生物医学工程中可通过快速成型制作出单个因人体而异的零件，如人体的牙齿、骨骼等，用于矫形、整容等。

快速原型技术发展至今已累积了数十种成型工艺和相应的设备，但其中最常见的成型工艺有四种，即立体激光光固化成型（stereolithgraphy，简称 SLA）、分层实体制造（layer object manufacturing，简称 LOM）、选区激光烧结（SLS）、熔丝沉积制造（fuse deposition manufacturing，简称 FDM）。它们各有优缺点，这里仅介绍 SLA、SLS 和 FDM 三类成型机。

(1) 立体激光光固化快速成型机　如图 2-2-1 所示，可升降的工作平台安装在装有液态激光光固化树脂的容器内，首先升降机将工作平台置于最高位置，将工作平台上的可固化液态光敏树脂层厚度调到一个层厚，紫外激光器经透镜组聚焦，扫描器按扫描路径在平台的 x-y 平面上做扫描运动，照射并固化模型的第一层；然后升降机带动工作平台下降一个层厚，在固化层之上浸上一个层厚的液态光敏树脂，再扫描固化第二层，第二层

与第一层粘接在一起；重复上述步骤至第三层、第四层等，最后形成三维实体模型。这一成型工艺的优点是成型精度高，表面质量好，可制作精细零件，它采用功率为数十毫瓦的紫外光激光器；缺点是所使用的耗材激光发生器的寿命短，而且原料树脂的成本也比较昂贵。

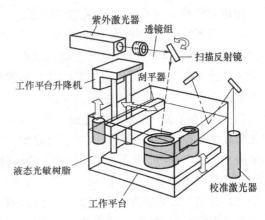

图 2-2-1　立体光固化成型工艺原理图

（2）选区激光烧结快速成型机　它也是一种应用较广的快速成型技术，选区激光烧结成型材料可以是石蜡、聚碳酸酯、尼龙、混有树脂的金属粉末等。选区激光烧结快速成型机工作原理如图 2-2-2 所示。首先，铺粉滚轮将供料缸的粉末铺一薄层在成型缸的工作面上，并预热至接近材料熔化的温度，然后，将激光器产生的激光经透镜组聚焦后，在高速扫描器的作用下，根据模型的第一层二维截面信息，选择性地照射该薄层粉末，将其烧结粘接在一起而定型；待第一层烧结完成后，成型缸下降一个层厚，而供料缸同时上升一个层厚，重复上述的铺粉和烧结过程，直到完成模型的最后一层烧结，形成所需的三维实体模型。它采用低功率（20～50W）的 CO_2 激光器，使用寿命高达 20000h，比激光光固化的紫外光激光器寿命长得多。选区激光烧结快速成型机的工艺特点是：可直接成型金属零件或模具，材料来源广泛，精度较高，成型任何制件都不需要加支撑。

（3）熔丝沉积快速成型机　如图 2-2-3 所示，成型材料可以是 ABS、聚碳酸酯、蜡料等。将原料先做成细丝并圈绕在原料盘中，置于机架上，材料通过送丝轮和液化器熔融挤出，按扫描路径逐点、逐线、逐层地冷却粘接成一体，最后堆积成所要求的三维实体模型。该成型工艺的优点是不用激光，成本低，可选择的成型材料较广泛，适宜成型空心薄壁件。试样成型时，有时需挤出另一种材料作为试样某些部位的支撑，以免塌陷。该方法的成型精度一般。

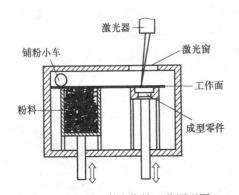

图 2-2-2　选区激光烧结工艺原理图

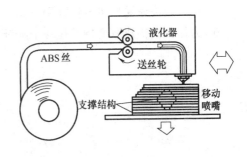

图 2-2-3　熔丝沉积成型工艺原理图

快速成型制样虽然缩短了产品制样的时间，但不能从中看到试样在注塑时会出现的成型问题。为了弥补此不足，应该辅以在计算机上用注塑成型分析软件，对流动、冷却等过程进行模拟，对制件内应力和翘曲变形进行分析，才能得到全面的信息，以便对塑件进行多方位的优化和改进。

快速原型制造技术有如下特点：

① 数字化三维造型技术直接驱动 CAD/CAM 一体化，过程中无需人员干预，是一种自动化的成型过程。将三维信息转变成二维信息后可以制造任意复杂形状的三维实体，无需专用的工具或夹具，在传统机械加工中经常出现加工盲区，刀具无法到达某些成型面，使加工受到限制，而本方法不存在加工盲区。

② 成型速度快，技术高度集成。首先是响应速度快，只要有 CAD 模型，根据制件大小和复杂程度可在数小时或数天内加工出原型。与传统的机械加工相比，传统加工需在多台机床上按工序顺序进行，RP 加工任何复杂的零件只需在一台设备上完成，且不需要传统的刀具和工装等生产准备工作，因而大大缩短了新产品的开发成本和开发周期，与 CNC 快速制样相比，其加工效率亦胜于数控加工。快速原型将 CAD/CAPP/CAM 高度集成在一起，曲面制造过程中 CAD 数据的转化处理（切片分层）可百分之百地全自动完成，而在数控切削加工中（人工编程时）需要高级技师和复杂耗时的人工辅助劳动才能转化成工艺数控代码。

③ 可选材料广泛：快速原型技术有多种方法和装置可供选择，在这些方法中，可用作制作三维实体的材料十分广泛，可以采用不同的树脂、塑料、石蜡、纸类，也可以采用复合材料、金属材料或陶瓷粉末、箔丝或小块体等作原料，还可以用涂覆有某种粘接剂的颗粒、板、薄膜等材料。

④ 制造技术环保：快速原型制造属非接触加工，没有刀具切削时产生切削力和磨损等问题，在制造过程中无振动、噪声，没有或极少下脚料，因此小型制品成型可在普通实验室内完成。

复习、思考与作业题

1. 试将塑料制品和模具的并行开发模式与传统的串行开发模式相比较，说明并行开发模式的优势。

2. 为什么说塑料制品和模具的逆向开发模式不是对现实世界的简单模仿，而是对现实世界的创新和改造？

3. 制样在现代塑料制品和成型模具研发中有什么重要的作用？

4. 通过查阅资料进一步了解三坐标测量机有哪几种基本类型，它们各有什么优缺点？

5. 什么是快速原型技术？常用有哪几种方法？试比较它们的优缺点。

6. 为什么说快速原型技术是一个降维成型技术，或是一种添加制造技术？

第三章 塑料制件设计

一个完美的塑料制件，应根据制件的使用要求和外观要求从塑件的力学性能、美术造型、成型工艺性、模具设计和制造的经济性等多方面进行考虑。对于光学制品、高低温环境中使用的制品、电器元件、接触化学物质的制品，还要分别考虑其光学性能、热学性能、电性能、耐腐蚀性能等进行选材和设计。由此可见，塑件设计涉及内容甚广，本章篇幅有限，只能重点从塑件的力学性能、塑件的成型工艺性能及塑件结构与成型模具繁简之间的关系等几个方面讨论塑件设计中的一些问题，塑件设计主要考虑以下几个方面。

1. 制品的使用功能设计

在塑料制件的设计中满足使用功能是第一位的，为了进行制品设计必须知道该制品的用途、受力状况、环境条件等，以达到使用效果，确保其使用功能的完美性。

供人们直接使用的日用品、家用电器等都应根据人们的爱好、希望与习惯，满足人体各部分尺寸及其活动范围、生理特点与需要，制品尺寸应按照人体工程学，在设计制品中予以具体化。例如带手把的塑料饮水杯，首先应从盛水体积、便于人们饮用为出发点来进行设计，杯把应根据人手的尺寸设计，使便于把握。不与人体接触或直接相关的塑料制品，如塑料制作的齿轮、轴承、螺钉等机械零件也都会有明确的功能要求，这些塑料制品应首先满足其传动、承力等方面的功能。

在做功能设计时应根据受力状况，制品要达到短期的和长期的力学性能指标，制品还应满足使用环境方面的要求。应了解制品使用环境的温度和压力，制品接触介质的腐蚀性、环境对应力开裂的危险性等，加以综合考虑，达到使用功能要求。

2. 制件材料的选用

选择塑件原材料的出发点是多方面的，要从塑件的用途、材料的外观、制品的精度、材料的力学性能、材料的电学性能、材料的安全性能、材料对环境和化学物品的耐受性能、材料的耐老化性能、耐温等热学性能、材料的阻燃性能、材料的阻隔性能、材料的吸湿性能以及电弧的耐受性等出发。材料的经济性和材料成型加工的难易程度是选用材料十分重要的两项指标，常决定了我们是否选用该材料。

(1) 材料的外观 材料的外观极大地影响人们对该制件的第一印象，外观包括塑件是否透明，是否有良好的光学性能（制作光学制品），塑料的原色和可染色性，塑料的表面粗糙度、光亮度等。例如 ABS 可以生产出颜色鲜艳、光泽度高的制件，而聚乙烯则不可能；如果要生产透明度高的光学制件，则改性有机玻璃、AS 和聚碳酸酯将作为重点选择对象加以考虑。

(2) 材料的力学性能 力学性能是塑件特别是工程用塑料件选择材料时的重点考核指标，材料的力学性能主要有以下几个方面：

① 强度 材料的强度有拉伸强度、压缩强度、弯曲强度等，通常用拉伸强度的高低来判定材料的力学强度。此外还应注意材料在拉伸时的应力、应变曲线，从中可以得到材料的屈服强度、断裂强度、模量大小、断裂伸长率大小，材料拉断时是脆性破坏还是韧性破坏等信息。

② 冲击强度 材料的冲击强度，特别是缺口冲击强度是反应材料韧性的重要指标，当制品要承受冲击负荷时是特别要加以考核的。

③ 弹性模量 弹性模量表示该材料所具有的刚性，其值等于应力-应变曲线上直线部分的斜率。

④ 塑料材料的长期力学性能蠕变、应力松弛、应力破裂（蠕变破裂）、疲劳破坏等将在有关章节中进行讨论。材料对环境的耐受性（抗腐蚀性）对接触特殊化学物质的制品特别重要。

（3）材料与塑件精度的关系 每一个塑料品种并不是只能采用一种塑件精度等级，但材料品种与精度之间却有着十分密切的联系，有的塑料能生产高精度的制品，有的则不能，这将在模具成型尺寸计算一节进行讨论。对于光学制品、电工制品、耐高低温制品等，其光学、电学、热学性能又成为我们考察该材料的重点。

3. 塑件结构的成型工艺性

制品结构是否合理要根据它是采用何种工艺来成型，为了适应该工艺，制件结构应做相应的变化，例如注塑成型和吹塑成型其对制件结构的要求会各不相同。

本章将对注塑、压塑和传递模塑成型制品的工艺结构，如脱模斜度、壁厚、圆角、孔、螺纹、嵌件、自攻螺钉等设计原则进行阐述。应严格遵照本章所规定的各项设计原则进行设计，方可保证顺利地成型和脱模，避免出现缩孔、凹陷、缩松、气孔、波纹、裂纹、翘曲等缺陷。

4. 制品的艺术造型设计

无论是工业制件还是日用塑料制品都需要有优美的造型。在使用功能和价格相近的情况下，制品的造型设计对产品的竞争力起着决定性的作用，人们总是喜欢购置和使用设计精致、外形美观的制品。

制品造型设计应遵循一定的美学法则，比如采用对比与调和、概括与简单、对称与平衡、安定与轻巧、尺寸与比例、主从、虚拟、联想等手法。对制品的外观、形状、图案、色彩及其相互间的配合进行设计，工业制品的造型设计是一门技术与艺术相结合的多元交叉学科。

在造型设计中还要体现环境和时代的需求，使人们在使用该制品时有一种美的享受，同时在使用时感到方便、安全、可靠、舒适。

第一节 塑件的精度和表面粗糙度

一、尺 寸 精 度

塑料模塑件的尺寸越大，其尺寸波动值也越大，在设计塑料制品时其尺寸与允许公差值之间有一定的科学关系，这种关系与金属制品采用切屑加工时制品尺寸与公差值之间的关系完全不同，因此不能按金属件的公差标准来要求塑料件，塑料件要达到同尺寸金属件的公差值要困难得多，往往是不可能的。

影响模塑件尺寸精度的因素十分复杂，主要有模具制造的精度、模制时由于工艺条件变化引起成型收缩率的波动，同时由于使用磨损造成模具型腔尺寸不断变化，模具配合间隙变化以及模制件脱模斜度都会影响塑料制件的精度。应慎重而合理地确定塑件精度，从经济角度出发，在满足使用要求的前提下尽可能选用低精度等级。

有资料认为在塑件尺寸总误差中，模具制造公差和成型工艺条件波动引起收缩率波动的误差各占 1/3。实际上，对小尺寸的制品来说，模具制造误差对制品尺寸精度影响较大；而大尺寸的制品，收缩率波动则是影响塑件尺寸精度的主要因素。

我国于 1993 年 6 月首次颁布了"工程塑料模塑件尺寸公差"国家标准，并于 2008 年进行了修订，更名为"塑料模塑件尺寸公差"（GB/T 14486—2008），本书作者是该标准第一起草人。该标准符合我国目前一般模塑水平，是在塑料制件加工厂做了大量测试、调查研究后提出来的，它将塑件尺寸公差分成七个精度等级，根据塑料收缩特性不同，对每种塑料建议选取其中的三个等级，即标注有尺寸公差的高精度等级、一般精度等级和未标注尺寸公差的低精度等级，按表 3-1-1 选取。近年来我国汽车、家用电器等大型塑件越来越多，为此从过去最大尺寸为 500mm 扩展到最大尺寸为 1000mm 的塑件，在精度等级分配上，其中高精度和一般精度只差一个等级，而一般精度和低精度相差两个精度等级。表 3-1-1 中高精度要求较高，一般不予选用。

查表时，先按该塑件的使用要求和常用材料模塑件公差等级选用表和塑件使用要求决定塑件公差等级（见表 3-1-2）。当公差等级决定后即可按公差表（表 3-1-1）查公差值，该表仅列有在各种精度等级下制件不同尺寸的公差数值，而无配合关系，其上下偏差应根据使用要求由设计者进行分配，例如基孔制的孔可取表中数值冠以"＋"号，基轴制的轴取表中数值冠以"－"号，中心距尺寸取表中数值之半冠以"±"号，其余情况的上下偏差可根据材料特性和配合性质对公差值进行分配。表 3-1-1 中 a 行是由模具型腔上一个成型零件成型的尺寸，即不受模具活动部分影响的尺寸［见图 3-1-1（a）］，表 3-1-1 中 b 行是由两个或更多零件组合成型的塑件尺寸，即受模具活动部分影响的尺寸［见图 3-1-1（b）］，由于组合会造成附加的误差，其公差值较大。

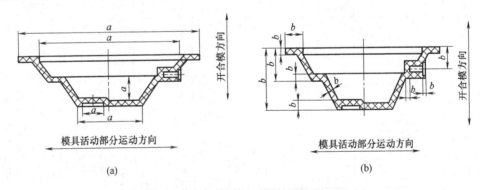

图 3-1-1　不受模具活动部分影响及受模具活动部分影响的尺寸

（a）不受活动部分影响的尺寸　（b）受活动部分影响的尺寸

对于常用材料表中未列入的塑料，如新出现的塑料品种，可根据其收缩特性值来确定其公差等级。所谓收缩特性是指该塑料在成型时流动方向收缩率加上流动方向和垂直流向成型收缩率之差。其计算公式如下：

$$\bar{\varepsilon}_{sv} = \varepsilon_s + |\Delta\varepsilon_s|$$

式中　$\bar{\varepsilon}_{sv}$——收缩特性值

　　　ε_s——流动方向收缩率

　　　$\Delta\varepsilon_s$——流向和垂直流向收缩率之差

表 3-1-1

模塑件尺寸公差表

单位：mm

标注公差的尺寸公差值

公差等级	公差种类	>0~3	>3~6	>6~10	>10~14	>14~18	>18~24	>24~30	>30~40	>40~50	>50~65	>65~80	>80~100	>100~120	>120~140	>140~160	>160~180	>180~200	>200~225	>225~250	>250~280	>280~315	>315~355	>355~400	>400~450	>450~500	>500~630	>630~800	>800~1000
MT1	a	0.07	0.08	0.09	0.10	0.11	0.12	0.14	0.16	0.18	0.20	0.23	0.26	0.29	0.32	0.36	0.40	0.44	0.48	0.52	0.56	0.60	0.64	0.70	0.78	0.86	0.97	1.16	1.39
MT1	b	0.14	0.16	0.18	0.20	0.21	0.22	0.24	0.26	0.28	0.30	0.33	0.36	0.39	0.42	0.46	0.50	0.54	0.58	0.62	0.66	0.70	0.74	0.80	0.88	0.96	1.07	1.26	1.49
MT2	a	0.10	0.12	0.14	0.16	0.18	0.20	0.22	0.24	0.26	0.30	0.34	0.38	0.42	0.46	0.50	0.54	0.60	0.66	0.72	0.76	0.84	0.92	1.00	1.10	1.20	1.40	1.70	2.10
MT2	b	0.20	0.22	0.24	0.26	0.28	0.30	0.32	0.34	0.36	0.40	0.44	0.48	0.52	0.56	0.60	0.64	0.70	0.76	0.82	0.86	0.94	1.02	1.10	1.20	1.30	1.50	1.80	2.20
MT3	a	0.12	0.14	0.16	0.18	0.20	0.22	0.26	0.30	0.34	0.40	0.46	0.52	0.58	0.64	0.70	0.78	0.86	0.92	1.00	1.10	1.20	1.30	1.44	1.60	1.74	2.00	2.40	3.00
MT3	b	0.32	0.34	0.36	0.38	0.40	0.42	0.46	0.50	0.54	0.60	0.66	0.72	0.78	0.84	0.90	0.98	1.06	1.12	1.20	1.30	1.40	1.50	1.64	1.80	1.94	2.20	2.60	3.20
MT4	a	0.16	0.18	0.20	0.24	0.28	0.32	0.36	0.42	0.48	0.56	0.64	0.72	0.82	0.90	1.02	1.12	1.24	1.36	1.48	1.62	1.80	2.00	2.20	2.40	2.60	3.10	3.80	4.60
MT4	b	0.36	0.38	0.40	0.44	0.48	0.52	0.56	0.62	0.68	0.76	0.84	0.92	1.02	1.10	1.22	1.32	1.44	1.56	1.68	1.82	2.00	2.20	2.40	2.60	2.80	3.30	4.00	4.80
MT5	a	0.20	0.24	0.28	0.32	0.38	0.44	0.50	0.56	0.64	0.74	0.86	1.00	1.14	1.28	1.44	1.60	1.76	1.92	2.10	2.30	2.50	2.80	3.10	3.50	3.90	4.50	5.60	6.90
MT5	b	0.40	0.44	0.48	0.52	0.58	0.64	0.70	0.76	0.84	0.94	1.06	1.20	1.34	1.48	1.64	1.80	1.96	2.12	2.30	2.50	2.70	3.00	3.30	3.70	4.10	4.70	5.80	7.10
MT6	a	0.26	0.32	0.38	0.46	0.52	0.60	0.70	0.80	0.94	1.10	1.28	1.48	1.72	2.00	2.20	2.40	2.60	2.90	3.20	3.50	3.90	4.30	4.80	5.30	5.90	6.90	8.50	10.60
MT6	b	0.46	0.52	0.58	0.66	0.72	0.80	0.90	1.00	1.14	1.30	1.48	1.68	1.92	2.20	2.40	2.60	2.80	3.10	3.40	3.70	4.10	4.50	5.00	5.50	6.10	7.10	8.70	10.80
MT7	a	0.38	0.46	0.56	0.66	0.76	0.86	0.98	1.12	1.32	1.54	1.80	2.10	2.40	2.70	3.00	3.30	3.70	4.10	4.50	4.90	5.40	6.00	6.70	7.40	8.20	9.60	11.90	14.80
MT7	b	0.58	0.66	0.76	0.86	0.96	1.06	1.18	1.32	1.52	1.74	2.00	2.30	2.60	2.90	3.20	3.50	3.90	4.30	4.70	5.10	5.60	6.20	6.90	7.60	8.40	9.80	12.10	15.00

未注公差的尺寸允许偏差

公差等级	公差种类	>0~3	>3~6	>6~10	>10~14	>14~18	>18~24	>24~30	>30~40	>40~50	>50~65	>65~80	>80~100	>100~120	>120~140	>140~160	>160~180	>180~200	>200~225	>225~250	>250~280	>280~315	>315~355	>355~400	>400~450	>450~500	>500~630	>630~800	>800~1000
MT5	a	±0.10	±0.12	±0.14	±0.16	±0.19	±0.22	±0.25	±0.28	±0.32	±0.37	±0.43	±0.50	±0.57	±0.64	±0.72	±0.80	±0.88	±0.96	±1.05	±1.15	±1.25	±1.40	±1.55	±1.75	±1.95	±2.25	±2.80	±3.45
MT5	b	±0.20	±0.22	±0.24	±0.26	±0.29	±0.32	±0.35	±0.38	±0.42	±0.47	±0.53	±0.60	±0.67	±0.74	±0.82	±0.90	±0.98	±1.06	±1.15	±1.25	±1.35	±1.50	±1.65	±1.85	±2.05	±2.35	±2.90	±3.55
MT6	a	±0.13	±0.16	±0.19	±0.23	±0.26	±0.30	±0.35	±0.40	±0.47	±0.55	±0.64	±0.74	±0.86	±1.00	±1.10	±1.20	±1.30	±1.45	±1.60	±1.75	±1.95	±2.15	±2.40	±2.65	±2.95	±3.45	±4.25	±5.30
MT6	b	±0.23	±0.26	±0.29	±0.33	±0.36	±0.40	±0.45	±0.50	±0.57	±0.65	±0.74	±0.84	±0.96	±1.10	±1.20	±1.30	±1.40	±1.55	±1.70	±1.85	±2.05	±2.25	±2.50	±2.75	±3.05	±3.55	±4.35	±5.40
MT7	a	±0.19	±0.23	±0.28	±0.33	±0.38	±0.43	±0.49	±0.56	±0.66	±0.77	±0.90	±1.05	±1.20	±1.35	±1.50	±1.65	±1.85	±2.05	±2.25	±2.45	±2.70	±3.00	±3.35	±3.70	±4.10	±4.80	±5.95	±7.40
MT7	b	±0.29	±0.33	±0.38	±0.43	±0.48	±0.53	±0.59	±0.66	±0.76	±0.87	±1.00	±1.15	±1.30	±1.45	±1.60	±1.75	±1.95	±2.15	±2.35	±2.55	±2.80	±3.10	±3.45	±3.80	±4.20	±4.90	±6.05	±7.50

注：① a 为不受模具活动部分影响的尺寸公差值；b 为受模具活动部分影响的尺寸公差值。
② MT1 级为精密级，只有采用严密的工艺控制措施和高精度的模具、设备、原料时才有可能选用。

材料代号	模 塑 材 料		公 差 等 级		
			标注公差尺寸		未注公差尺寸
			高精度	一般精度	
ABS	(丙烯腈-丁二烯-苯乙烯)共聚物		MT2	MT3	MT5
CA	乙酸纤维素		MT3	MT4	MT6
EP	环氧树脂		MT2	MT3	MT5
PA	聚酰胺	无填料填充	MT3	MT4	MT6
		30%玻璃纤维填充	MT2	MT3	MT5
PBT	聚对苯二甲酸丁二酯	无填料填充	MT3	MT4	MT6
		30%玻璃纤维填充	MT2	MT3	MT5
PC	聚碳酸酯		MT2	MT3	MT5
PDAP	聚邻苯二甲酸二烯丙酯		MT2	MT3	MT5
PEEK	聚醚醚酮		MT2	MT3	MT5
PE-HD	高密度聚乙烯		MT4	MT5	MT7
PE-LD	低密度聚乙烯		MT5	MT6	MT7
PESU	聚醚砜		MT2	MT3	MT5
PET	聚对苯二甲酸乙二酯	无填料填充	MT3	MT4	MT6
		30%玻璃纤维填充	MT2	MT3	MT5
PF	苯酚-甲醛树脂	无机填料填充	MT2	MT3	MT5
		有机填料填充	MT3	MT4	MT6
PMMA	聚甲基丙烯酸甲酯		MT2	MT3	MT5
POM	聚甲醛	≤150mm	MT3	MT4	MT6
		>150mm	MT4	MT5	MT7
PP	聚丙烯	无填料填充	MT4	MT5	MT7
		30%玻璃纤维填充	MT2	MT3	MT5
PPE	聚苯醚;聚亚苯醚		MT2	MT3	MT5
PPS	聚苯硫醚		MT2	MT3	MT5
PS	聚苯乙烯		MT2	MT3	MT5
PSU	聚砜		MT2	MT3	MT5
PUR-P	热塑性聚氨酯		MT4	MT5	MT7
PVC-P	软质聚氯乙烯		MT5	MT6	MT7
PVC-U	未增塑聚氯乙烯		MT2	MT3	MT5
SAN	(丙烯腈-苯乙烯)共聚物		MT2	MT3	MT5
UF	脲-甲醛树脂	无机填料填充	MT2	MT3	MT5
		有机填料填充	MT3	MT4	MT6
UP	不饱和聚酯	30%玻璃纤维填充	MT2	MT3	MT5

该值越大则应选用较低的公差等级，按表 3-1-3 选定。

表 3-1-3　　　　　　　　　　收缩特性值和选用的公差等级

收缩特性值 ε_s/%	公 差 等 级		
	标注公差尺寸		未标注公差尺寸
	高精度	一般精度	
>0~1	MT2	MT3	MT5
>1~2	MT3	MT4	MT6
>2~3	MT4	MT5	MT7
>3	MT5	MT6	MT8

二、表面粗糙度和光亮度

为改善塑料制品的表面质量，除了在成型工艺上尽可能避免冷疤、云纹等成型缺陷外，模具型腔的粗糙度起着决定性的作用。模具使用中由于型腔磨损会使表面变粗糙，应随时加以维护。

有的制品表面质量要求很高，型腔表面粗糙度要求达 $Ra0.02\sim0.04\mu m$。透明制品要求型腔和型芯的粗糙度相同，为提高制品表面的光亮度和透明制品的透明度，除采用高速铣等加工手段外，还应按照规范用不同细度的磨料逐级进行抛光，直至达到镜面。型腔钢材应有足够高的硬度，才能达到好的抛光效果。不透明制品则应根据情况分别加以考虑，为经济起见，非配合表面和隐蔽的面可取较大的表面粗糙度。还可利用表面粗糙度的差异，使塑件在开模时留在表面粗糙度较大的型芯上或留在凹模中。应指出，制件的光亮程度并不完全取决于型腔的表面粗糙度，而和塑料品种有关，有时可在原料中加入光亮剂来提高光亮度。与此相反，有的制品设计时有意增大塑件表面粗糙度，达到闷光的效果，或在型腔表面通过放电腐蚀（电火花加工）生成均匀的麻纹，或通过化学腐蚀形成皮革纹等多种花纹，使塑件获得高雅的外观和质感。

第二节　塑件的形状和结构设计

一、易于模塑，避免侧向分型抽芯

塑件的形状应便于模塑，用注塑或传递模塑成型的制品在充模阶段应能顺畅地充满型腔，为此塑件沿料流方向应设计成流线形或具有大的曲率半径，避免流动死角。如图 3-2-1（a），在死角处会形成气泡、缩孔、应力集中，图 3-2-1（b）是改进后的设计。

塑件的形状应便于脱出。为了简化模具结构应尽可能地避免采用复杂的瓣合模与侧抽芯结构，为此塑件要尽量避免侧向凹陷或侧孔，否则不单会提高模具成本，而且会降低生产效率，缩短模

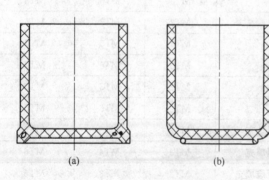

图 3-2-1　流线形设计可防止内部缩孔

（a）不良设计　（b）改进后的设计

具寿命，增加模具返修率，在侧向分型面处还会留下溢边，增加塑件修整工作量。有时只需适当地改变塑件的结构即能使模具结构大为简化。以成型侧孔为例，开设在垂直壁上的侧孔〔如图 3-2-2（a）〕必须采用侧抽芯结构，但改成有台阶的侧壁〔如图 3-2-2（c）〕或增加侧壁斜度后，再采用组合型芯或异形型芯，即可避免侧向抽芯。

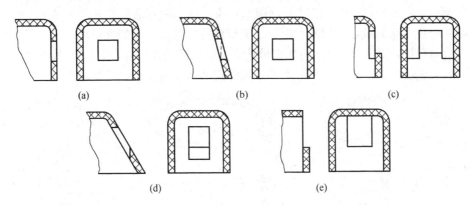

图 3-2-2　改变塑件外形避免成型侧孔时侧向抽芯
(a) 不良设计　　(b)、(c)、(d)、(e) 改进后的设计

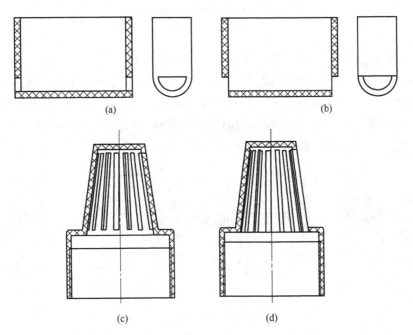

图 3-2-3　改变侧孔形状避免侧抽芯
(a)、(c) 不良设计　　(b)、(d) 改进后的设计

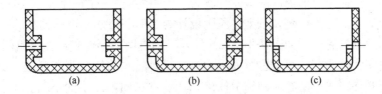

图 3-2-4　带内侧凹塑件的改进
(a) 不良设计　　(b)、(c) 改进后的设计

19

图 3-2-3 和图 3-2-4 都是在制件上成型侧孔时由需要侧抽芯改为不需要侧抽芯的例子。图 3-2-3 (c) 所示为一喷雾器喷头，药液从周围狭缝形喷孔喷出，原制品设计所有的喷孔都需要侧抽芯，模具结构十分复杂，将制件改为图 3-2-3 (d) 的形式后，在其功能不变的情况下将成型狭缝的薄片型芯与主型芯做成一体，即可随主型芯一道抽出。图 3-2-4 的盒子有对称同轴的侧孔，图 3-2-4 (a) 的形式有内侧凹，需采用组合式的阳模；改为图 3-2-4 (b) 的形式，则可避免复杂的组合式阳模，但为了成型侧孔，模具还需要侧抽芯；图 3-2-4 (c) 的形式可完全避免侧抽芯。图 3-2-5 为杯把设计，为脱出杯把 [图 3-2-5 (a)] 需采用组合式凹模成型，经改成图 3-2-5 (b) 后则可用整体式结构的凸凹模成型。

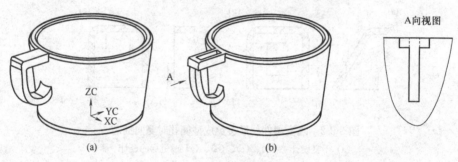

图 3-2-5 杯把设计避免侧向分型或抽芯
(a) 一般设计 (b) 改进后的设计

图 3-2-6 所示的旋钮制件表面的止转花纹 [图 3-2-6 (a)] 为菱形花纹，必须采用瓣合模成型，若改用图 3-2-6 (b) 所示的直条花纹，则可从整体式型腔中顺利脱出，但底面毛边为锯齿状，修整较为费事。此外，还应注意分型面的位置，不应横过制品的光滑表面，如图 3-2-6 (c) 所示的直条纹设计在旋钮的中间位置，分型面也只能设在旋钮的中部，显然不恰当。图 3-2-6 (d) 的设计，底部飞边为圆形，易去除，造型合理。

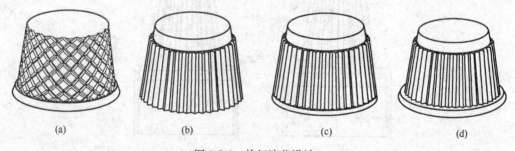

图 3-2-6 旋钮滚花设计

带有整圆式内侧凹的塑件或内螺纹塑件如果采用内侧抽芯的办法成型，则模具结构较为复杂，但当内侧凹较浅且在较高温度下脱模，该塑料又具有足够的弹性时，则可采用强制脱模的办法成型，这时塑件的内侧凹应设计成带有圆角的或梯形的斜面，使在强制脱出时能产生使侧壁横向膨胀的分力。例如按上述原则设计的聚甲醛塑料，当模具型芯有 5％ 的环形凹陷时，可成功地强制脱出，如图 3-2-7 (a) 所示，但这时必须使塑件先脱离凹模，让出塑件横向膨胀的空间。外侧凹较浅时也可采用适当的模具结构将制品强制脱出，如图 3-2-7 (b) 所示。在脱模时必须先将型芯从制件中抽出，让塑件有向内缩小的空间。聚乙烯、聚丙烯、软聚氯乙烯等弹性较好的塑料制品的内外侧凹也可采取类似的设计。但多数情况下塑件的侧凹都不可能强制脱出，这时模具应采用侧向分型机构。

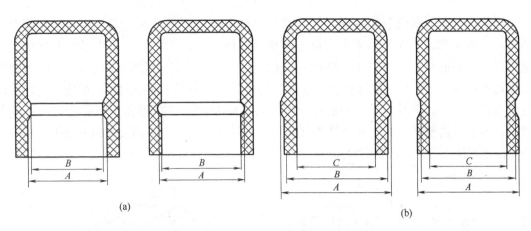

图 3-2-7　聚甲醛塑件可强制脱出浅侧凹尺寸

(a) $\dfrac{(A-B)\ 100}{B}\% \leqslant 5\%$　　(b) $\dfrac{(A-B)\ 100}{C} \leqslant 5\%$

二、斜　度　设　计

在塑件的内外表面沿脱模方向应设计足够的脱模斜度，否则会发生脱模困难，脱模力过大，当强制推出时易拉坏擦伤塑件。塑件沿脱模方向常用的斜度值对热塑性塑料件为 $0.5°\sim3.0°$，最常见为 $1°$，最小为 $0.125°$；热固性酚醛压制件取 $0.5°\sim1°$，如图 3-2-8 所示。最小的斜度为 $0.125°$，这时模具成型面应有极低的粗糙度，且成型表面的抛光痕迹应与塑件脱出方向一致。最小脱

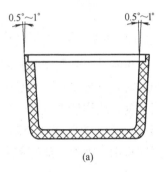
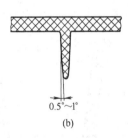

图 3-2-8　塑件脱模斜度

模斜度应结合塑件高度和塑料物性加以确定，如表 3-2-1 所列。该表仅考虑了沿脱模方向塑件两端的尺寸不要相差太大，若是从脱模力不致太大考虑，则高度大的塑件脱模斜度应取较大值。

表 3-2-1　　　　　　　　　　　　　　　　单边脱模斜度推荐值

	脱模高度/mm	<6	>6~10	>10~18	>18~30	>30~50	>50~80	>80~120	>120~180	>180~250
塑料类型	自润滑性好的塑料，如聚缩醛、聚酰胺等	1°45′	1°30′	1°15′	1°	0°45′	0°30′	0°20′	0°15′	0°10′
	软质塑料，如聚乙烯、聚丙烯等	2°	1°45′	1°30′	1°15′	1°	0°45′	0°30′	0°20′	0°15′
	硬质塑料，如聚苯乙烯、聚甲基丙烯酸甲酯、丙烯腈-丁二烯-苯乙烯共聚物、聚碳酸酯、注射成型酚醛塑料等	2°30′	2°15′	2°	1°45′	1°30′	1°15′	1°	0°45′	0°30′

当使用上要求不设脱模斜度时，只有当塑料质地较软且具有自润滑性、塑件高度又不大时方可考虑。塑件上的文字、符号的单边脱模斜度取10°～15°。注塑件上有数个孔或矩形格子状的塑件使脱模阻力较大时宜采用4°～5°的斜度，如图3-2-9所示。侧壁带有皮革花纹时应有4°～6°的脱模斜度。在一般情况下，若斜度不妨碍制品的使用，则可将斜度值取得大一些。有时为了在开模时让塑件留在阴模内或留在阳模上而有意将该边斜度减小，或将对边斜度放大。有公差要求的尺寸，斜度值可在制件的公差范围之内，也可在公差范围之外，设计时必须注明。

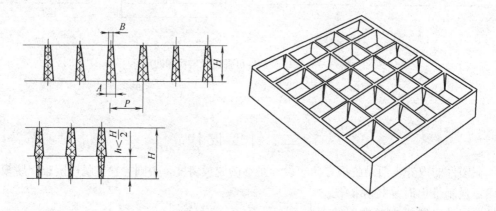

图 3-2-9　格子板类制件的脱模斜度

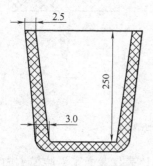

图 3-2-10　压制成型深形
制件内外壁的斜度

注塑制品内外侧壁脱模斜度应相等。但压塑成型深度较大的制品时，不单要求有足够的斜度，而且希望阳模的斜度大于阴模斜度，这样塑件下部的侧壁厚度将大于上部的厚度（如图3-2-10所示）。在压模闭合阳模下移时，侧壁厚度越来越薄，由于尖劈作用使塑件上部的密度得到保证。

三、壁　　厚

壁厚对塑件的质量影响很大。当壁厚过小时，成型充模阶段流动阻力大，大型复杂制件难以充满型腔。塑件壁厚的最小尺寸应满足以下几方面要求：首先是使用要求，即具有足够的强度和刚度，脱模时能经受住脱模机构的冲击与震动，装配时能承受紧固力。塑料制件的最小壁厚值随塑料品种牌号和制品大小不同而异。反之若制件壁厚过大，不但造成原料的浪费，而且对热固性塑件来说增加了压塑的时间，且易造成固化不完全，对热塑性塑件则会增加冷却时间。当制品厚度增加一倍，冷却时间将增加四倍，使生产效率大大降低。另外壁厚还影响产品质量，厚壁塑件易产生气泡、缩孔、翘曲等缺陷。

热固性塑料的小型塑件，壁厚取1.6～2.5mm，大型塑件取3.2～8mm。布基酚醛塑料等流动性差者应取较大值，但一般不宜大于10mm。脆性塑料如矿粉填充的酚醛塑件壁厚应不小于3.2mm。热塑性塑料易成型薄壁制件，流动性好的塑料其制件壁厚最小能薄到0.25mm，但一般不宜小于0.6～0.9mm，常选用2～4mm。热塑性塑料和热固性塑料制件壁厚常用值如表3-2-2和表3-2-3所列。

表 3-2-2 几种热塑性塑料制件建议壁厚值 单位：mm

材料名称	最小壁厚	常用壁厚	最大壁厚
高密度聚乙烯(HDPE)	0.9	1.57	6.35
低密度聚乙烯(LDPE)	0.5	1.57	5.35
聚丙烯(PP)	0.64	2.0	4.53
共聚甲醛(POM)	0.38	1.57	3.18
聚苯乙烯(PS)	0.76	1.57	6.35
ABS 或 AS	0.76	2.3	3.18
聚丙烯酸酯类(如 PMMA)	0.64	2.36	6.35
硬聚氯乙烯(RPVC)	/	2.36	9.53
聚砜(PSU)	/	2.54	9.53
纤维素塑料(CA)	0.64	1.90	4.75
聚酰胺(PA)	0.38	1.57	3.18
聚碳酸酯(PC)	/	2.36	9.53

表 3-2-3 几种热固性塑料制件建议壁厚值 单位：mm

材料名称	最小壁厚	常用壁厚	最大壁厚
纤维(粉)充填醇酸塑料	1.0	3.2	12.7
矿粉充填醇酸塑料	1.0	4.75	9.5
邻苯二甲酸二丙烯酯(DPA)	1.0	4.75	9.5
玻璃填充环氧树脂	0.76	3.2	25.4
三聚氰胺-甲醛塑料	0.9	2.54	4.75
脲醛塑料	0.9	2.54	4.75
木粉填充酚醛塑料	1.27	3.2	25.4
玻纤充填酚醛塑料	0.76	2.36	19.1
矿粉充填酚醛塑料	3.2	4.75	25.4
聚酯预混料	1.0	1.78	25.4

同一个塑料零件的壁厚应尽可能基本一致，否则会因冷却或固化速度不同产生附加内应力，引起翘曲变形。还会出现以下缺陷：热塑性塑料在厚壁处易产生缩孔，热固性塑料会因未充分固化而鼓包或因交联程度不一致而发生性能差异。如图 3-2-11～图 3-2-15 所示的各种制件，图（a）是错误的设计，它们或壁厚过大或壁厚不均；图（b）为改进后的设计。特厚塑件如手柄最好模制成两件再组合成空心结构，如图 3-2-16 所示。当然，任何制品要达到壁厚完全一致也是不可能的。

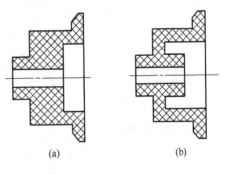

图 3-2-11 塑料轴承壁厚改善
（a）错误 （b）正确

由于壁厚差异将影响充模顺序和型腔内气体的顺畅排出，如何解决这一问题，将在下一章的浇口位置设计中进行讨论。

四、增加刚性减小变形的结构设计

多数塑料的弹性模量和强度较低，受力时易变形甚至破坏。单纯采用增加壁厚的办法来提高塑料制品的强度和刚度是不合理的，厚壁的塑件成型时易产生缩孔和凹痕，更佳的选择是在不增加壁厚的情况下设置加强筋。加强筋在增加了塑件强度的同时更多地增加了塑件的刚度，降低成型时的变形翘曲，如图 3-2-17 所示。大型平面上纵横布置的加强筋能增加该平

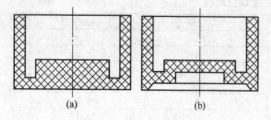

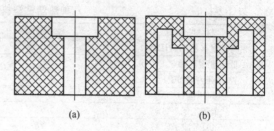

图 3-2-12　塑料容器底厚改善
(a) 错误　(b) 正确

图 3-2-13　塑件支承壁厚改善
(a) 错误　(b) 正确

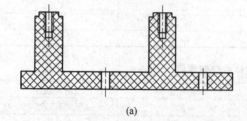

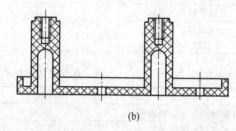

图 3-2-14　塑件圆形支柱部分壁厚改善
(a) 错误　(b) 正确

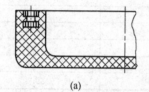

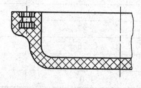

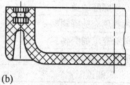

图 3-2-15　带嵌件侧壁厚度改变
(a) 错误　(b) 正确

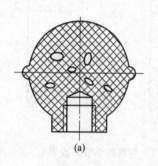

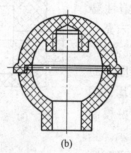

图 3-2-16　组合式手柄壁厚结构设计
(a) 错误　(b) 正确

面的刚性，沿着塑料流动方向开设的加强筋形成流动通道，还能降低充模阻力。

图 3-2-18 所示为典型的加强筋正确的断面形状和尺寸比例。加强筋不应设计得过厚，否则在其对面的壁上会产生凹陷。加强筋侧壁必须有足够的斜度，筋的底部应呈圆弧过渡。加强筋以设计得矮一些多一些为好。加强筋之间的中心距应大于塑件厚度 A。

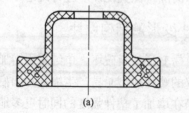

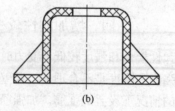

图 3-2-17　采用加强筋改善壁厚

在布置加强筋时，应避免数条加强筋交汇到一处，引起塑料的局部集中和加厚，在该处会产生表面凹陷和内部缩孔。如图 3-2-19 所示为容器的底部或盖上加强筋布置情况，图 3-2-19（a）由于加强筋交汇，厚度严重不均，图 3-2-19（b）较好。

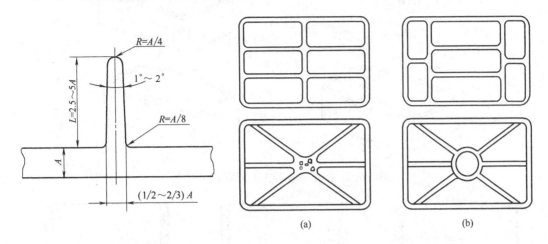

图 3-2-18　加强筋的典型尺寸　　　　图 3-2-19　容器底部加强筋的布置

为了增加塑件整体刚度，除了采用加强筋外，薄壳状的制件可制作成球面或圆拱面，这样可以有效地增加刚性和减少变形，如图 3-2-20 所示。对于薄壁容器的边缘，可按图 3-2-21 所示设计成翻边来增加刚性和减少变形。

聚烯烃类塑料（如聚乙烯）成型矩形薄壁容器，由于转角处壁较厚且转角的内侧冷却较慢，温度偏高，如局部放大图［图 3-2-22（a）］的黑点位置，冷却收缩较晚，因而造成矩形容器侧壁出现内凹变形，如图 3-2-22（b）所示；如果事先把制件侧壁设计成稍许外凸，使变形后趋于平直，则甚为理想，如图 3-2-22（c）所示，但不易做到，因此，在不影响使用的情况下可将制品设计成各边均向外凸出多一些，这不但形成了美丽的弧线，且变形不易察觉，如图 3-2-22（d）所示。

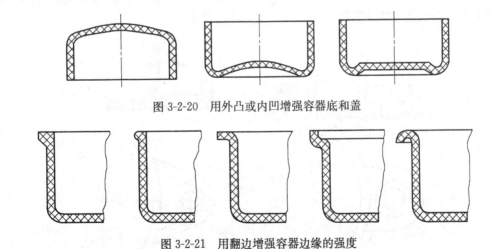

图 3-2-20　用外凸或内凹增强容器底和盖

图 3-2-21　用翻边增强容器边缘的强度

各种塑料容器若以塑件的整个底面作支撑面是不合理的，因为塑件上的大平面易翘曲变形，这会使底面不平。常采用以凸出的底脚（三点或四点）或凸边来作支撑面，如图 3-2-23 所示。以环形的凸边作支撑面最常采用，它还可增加刚性，减小变形。

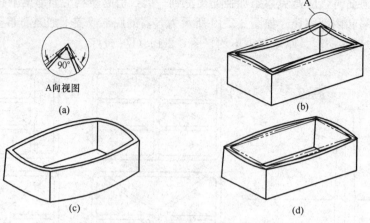

图 3-2-22　防止矩形薄壁容器侧壁内凹变形

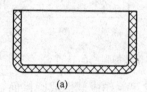
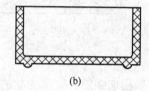
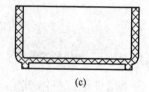

图 3-2-23　用底脚或凸边作支撑面

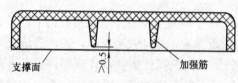

图 3-2-24　加强筋与支撑面

当塑件底部有加强筋时，应使加强筋高度低于支撑面，两者相差至少 0.5mm，以免加强筋凸出支撑面，影响摆放的稳定性，如图 3-2-24 所示。

紧固用的凸耳应有足够的强度，以承受紧固时的作用力。应避免凸耳与制件本体之间突然过渡并且尺寸过小，如图 3-2-25 所示，图（a）凸耳强度不够好，图（b）的塑件利用凸耳周边上方的加强筋增强是很好的设计。

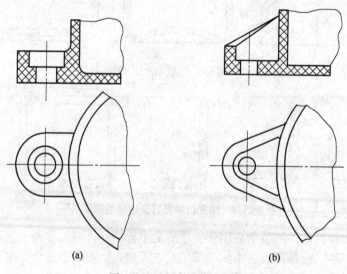

图 3-2-25　塑件紧固用凸耳

五、圆角设计

塑料制件的转角除了有特殊要求采用尖角之外，其余所有转角处均应尽可能采用圆弧过渡。制件的尖角处易产生应力集中，在受力或受冲击振动时会诱发裂纹，造成破裂，甚至在脱模过程中即由于内应力过大而开裂，特别是制件的内转角处。一般来说，即使采用 $R0.5mm$ 的圆角也能使塑件的强度大为增加。图 3-2-26 为塑件受力时应力集中系数与圆角半径的关系，从图中可以看出理想的内圆角半径应有壁厚的 1/4 以上。该图的右下角为透明塑件在受力时转角处的偏振光照片，应力条纹密集处即应力最大处，应力明显地集中在内转角附近。

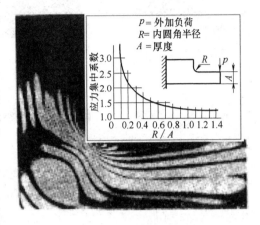

图 3-2-26　圆角半径与壁厚之比 R/A
与应力集中系数的关系

同时，型腔内的圆角还能使充模时料流平滑绕过，可大大地改善塑料的充模特性。如图 3-2-27 所示的酚醛塑料压塑塑件，图（a）中塑件的尖角妨碍了酚醛塑料的流动，在 28.1～56.3MPa 模塑压力下成型制品未能全部充满；图（b）采用了足够的斜度和圆角，在相同模塑条件下，由于正确的轮廓线改善了流动状态，从而制得完整的塑件。

(a)　　　　　　　　　　　　　　　(b)

图 3-2-27　制件圆角改善充模阻力
（a）未充满　（b）充满

需要电镀的塑件若有尖角，由于有尖端放电效应，在电镀时会增加该处的电流密度，造成尖角处镀层厚度增加，凹陷处镀层偏薄。如图 3-2-28 所示，图（a）为不良的设计，图（b）为改进后的设计。

塑件设计成圆角，使模具型腔对应部分亦成为圆角，这样增加了模具的坚固性。塑件的外圆角对应着型腔的内圆角，它使模具在淬火时或使用时不致因应力集中而开裂。同时，圆角也增加了制品的美观。但是在塑件某些部分如分型面、型芯与型腔配合处等不方便做成圆角，而只能采用尖角。

六、孔的设计

塑件上常见的孔有通孔和盲孔两类，孔的断面形状最常见的是圆孔，此外还有矩形孔、螺纹孔以及其他断面形状的异形孔。在塑件壳体上开孔会使塑件受到削弱，为了不致在孔与孔之间或孔与边壁间发生破损或裂缝，在其间应留有足够的距离尺寸，如表 3-2-4 所列。一般来说，孔与孔的边缘、或孔边与制品外沿边缘之间的距离应不小于孔径。塑件上固定用孔

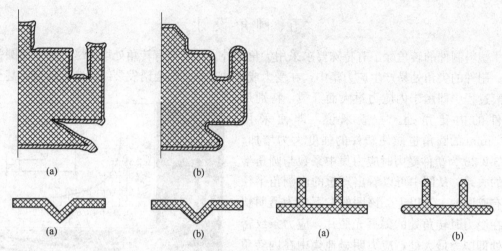

图 3-2-28　电镀塑件的外形设计
（a）不良设计　（b）正确设计

或其他需承受较大负荷的孔，孔边可设计一凸边来加强，如图 3-2-29 所示。

表 3-2-4　　　　　　　　　　　孔间及孔与边缘间最小距离　　　　　　　　　单位：mm

孔径	孔与边缘 最小距离	孔与孔之间 剩下净距离	孔径	孔与边缘 最小距离	孔与孔之间 剩下净距离
1.6	2.4	3.6	6.4	6.4	11.1
2.4	2.8	4.8	8	8	14.3
3.2	4	6.4	9.5	8.7	18.2
4.8	5.5	8	12.8	11.1	22.2

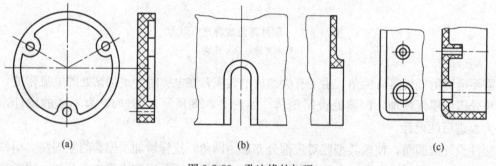

图 3-2-29　孔边缘的加强

　　制件上的孔用模具上的型芯（成型杆）来成型，若孔过深则型芯会过于细长，在成型时容易弯曲或折断，允许孔深视情况不同而异，将在下面讨论。

　　通孔：成型通孔用的型芯一般有以下几种安装方法，如图 3-2-30 所示，图（a）由一端固定的型芯来成型，这时在孔的一端有不易修整的飞边，由于型芯系一端支撑，孔深时型芯易弯曲；图（b）由两个两端固定的型芯来成型，同样有飞边，由于不易保证两型芯的同心度，这时应将其中一个型芯的直径设计成比另一个大 0.4～1mm，这样即使稍有不同心，也不致引起安装和使用上的困难，该设计的优点是型芯长度缩短了一半，增加了型芯的稳定性；图（c）是由一端固定，一端由导向孔支撑的型芯来成型，这样型芯有较好的强度和刚

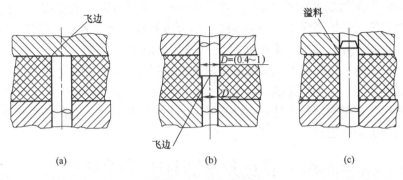

(a)　　　　　　　　(b)　　　　　　　　(c)

图 3-2-30　通孔的成型

度，又能保证同心，此结构较为常用，但在长期使用过程中导向部分易因导向段和导向孔的反复摩擦而磨损，以致产生圆角和溢料。型芯无论用何种固定方法，孔的深度均不能太大，以保证型芯的刚度和强度，孔深 L 与孔径 D 的关系因成型方法不同而不同，压塑成型时型芯受力更为恶劣，其最大深度当型芯一端固定时 $L=2D$，注塑 $L=4\sim6D$；一端固定同时另一端支撑时，孔深 L 可翻倍。

盲孔：盲孔只能用一端固定的型芯来成型，因此其最大深度应浅于通孔。根据经验，注塑成型或传递模塑成型时，孔深应小于 $4d$；压塑成型时孔的深度则应更浅些，平行于压制施力方向的盲孔一般不超过 $2.5d$，垂直于压制方向的孔小于 $2d$。成型小孔的细型芯易损坏，其深度宜更小些，例如小于 1.5mm 的孔，其深度取 $1d$，直径过小或深度太大（大于以上值）的孔最好采取在塑件成型后再机械加工的办法来获得。如能在模塑时在钻孔位置压出定位的圆锥形浅坑，则给后加工带来很大方便。

有的斜孔或形状复杂的孔可采用拼合的型芯来成型，以避免抽侧型芯，图 3-2-31 所示为几种常见的例子。

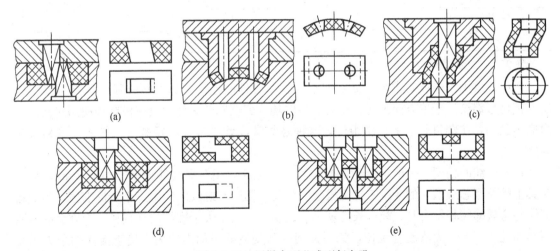

(a)　　　　　　　　(b)　　　　　　　　(c)

(d)　　　　　　　　(e)

图 3-2-31　用拼合型芯成型复杂孔

七、螺 纹 设 计

塑件上的螺纹可以通过模塑的办法直接成型，也可以用加工的办法切削加工或在模制的光孔内攻丝，当用自攻螺钉连接时，则可模制成光孔来代替螺纹孔。经常装拆或受力较大的螺纹，应在塑件上采用金属的螺纹嵌件。这里先讨论模制的螺纹，模制螺纹常见的牙形有六种，即标准公制螺纹、矩形螺纹、梯形螺纹、锯齿形螺纹、玻瓶螺纹（圆弧形螺纹）、V形螺纹，如图 3-2-32 所示。其中标准公制螺纹是最常用的连接螺纹，其牙根和牙尖都应设计成圆柱面而不是尖角，这样可大大降低连接内应力。塑件上的标准公制螺纹应选用螺牙尺寸较大者，不宜选用过小的细牙螺纹（参考表 3-2-5 选用），特别是用纤维或布基作填料的塑料制件，当螺纹牙过细时填料不易进入，其牙尖部分常常被强度不高的纯树脂所填充，会直接影响使用时的连接强度。

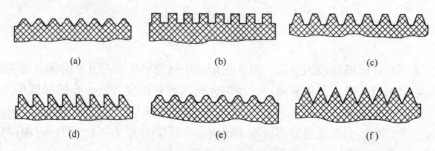

图 3-2-32　塑料螺纹常见形式

（a）标准螺纹　（b）矩形螺纹　（c）梯形螺纹　（d）锯齿形螺纹　（e）圆弧形螺纹　（f）V形螺纹

表 3-2-5 　　　　　　　　　　　　　　螺纹选用范围

螺纹公称直径 /mm	螺 纹 种 类				
	公制标准螺纹	1 级细牙螺纹	2 级细牙螺纹	3 级细牙螺纹	4 级细牙螺纹
3 以下	＋	－	－	－	－
3～6	＋	－	－	－	－
6～10	＋	＋	－	－	－
10～18	＋	＋	＋	－	－
18～30	＋	＋	＋	＋	－
30～50	＋	＋	＋	＋	＋

注：表中"－"号为建议不采用的范围。

矩形螺纹用于强度要求较高处，如塑料管与管件的连接。梯形螺纹强度也高且易于模制。锯齿形螺纹适于单方向承受大轴向负荷的场合。玻瓶的圆牙螺纹在模制和使用时产生的内应力最小，在塑料瓶盖上使用很广，这种螺纹常设计成多头的短螺纹，使瓶盖容易快速启闭。

模制螺纹的精度，一般均低于机械切屑加工螺纹，塑料螺纹外径不能小于 2mm。如果模具上螺纹型芯或型环的牙距未加上模塑收缩值，则塑料螺纹的牙距将小于标准值，当塑料螺纹与金属螺纹相配合时，配合长度就不宜过长，一般不大于螺纹的外直径，否则会因螺距不等而互相干涉，无法旋合到位，如果强制拧紧则造成附加内应力，使连接体的承力强度降低。

螺纹成型方法有以下几种：

① 采用螺纹成型杆或成型环，成型之后从制品上拧下来。

② 阳螺纹采用瓣合模成型，阴螺纹采用可收缩的多瓣型芯成型。这时工效虽高，但精度较差，且拼合处会带有不易除尽的飞边。

③ 要求不高的阴螺纹（如瓶盖螺纹）用弹性较好的塑料成型时，可强制脱模，而不必从阳模上拧下，这时螺牙断面最好设计得浅一些，且应选用圆形或梯形断面，如图3-2-33 所示。

为了防止塑料螺孔最外圈的螺纹崩裂或变形，应使阴螺纹始端有一台阶孔，台阶高 0.2～0.8mm，并且螺纹牙应通过过渡长度 l 渐渐凸起，如图 3-2-34 所示，图（a）是错误的，图（b）是正确的。同样，制件的阳螺纹其始端也

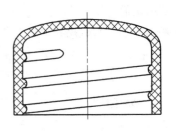

图 3-2-33　能强制脱出的圆牙螺纹

应下降 0.2mm 以上，末端不宜延长到与垂直底面相接处，否则因应力集中易从根部发生断裂，如图 3-2-35 所示，图（a）是错误的，图（b）是正确的。螺纹牙的始端和末端均不应突然凸起和突然消失，而应有过渡部分 l，其值可按表 3-2-6 选取。

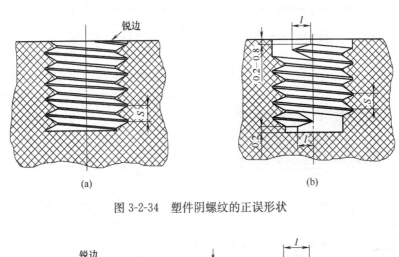

图 3-2-34　塑件阴螺纹的正误形状

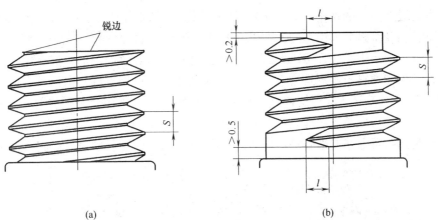

图 3-2-35　塑件阳螺纹的正误形状

八、嵌件设计和自攻螺钉

为了增加塑料制件局部的强度、硬度、耐磨性、导磁性、导电性，或者为了增加塑件局部尺寸和形状的稳定性，提高精度，或者为了降低塑料消耗以及为满足其他方面的多种要求，塑料制件常采用各种形状、各种其他材料制作的嵌件。采用嵌件一般会增加塑件的成本，使模具结构复杂，而且在模具中安装嵌件会降低生产效率，难于实现自动化。因此塑件

又要尽量避免使用嵌件，过去收音机、电视机、或其他电器壳体上大量使用螺纹嵌件，现在已基本取消，而改用自攻螺钉。

表 3-2-6　　　　　　　　　塑料制件上螺纹牙开始和结束部分尺寸　　　　　　　单位：mm

螺纹直径	螺距 S		
	<0.5	>0.5	>1
	始末部分长度尺寸 l		
≤10	1	2	3
>10～20	2	2	4
>20～34	2	4	6
>34～52	3	6	8
>52	3	8	10

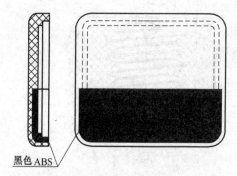

黑色 ABS

图 3-2-36　以黑色塑件作嵌件的透明仪表壳

1. 嵌件设计

多数嵌件系由各种有色或黑色金属制成，也有用玻璃、木材或已成型的塑件等非金属材料作嵌件的。如图 3-2-36 为非金属嵌件的例子，它采用 ABS 黑色塑件作嵌件，通过注塑成型，嵌在透明的有机玻璃仪表壳中，形成了强烈的对比效果。以下着重讨论金属嵌件设计的几个问题。

首先是嵌件与塑料牢固连接的问题。为了防止圆形嵌件受力时在制件内转动或拔出，嵌件表面必须设计有适当的伏陷物。菱形滚花是最常采用的，如图 3-2-37（a）所示，它无论是抗拔出或抗扭转都是令人满意的。在受力大的场合还可以在嵌件上开环状沟槽，小型嵌件上的沟槽宽度不应小于 2mm，深度为 1～2mm。也有采用直纹滚花的，据介绍这种滚花在嵌件较长时，由于塑料与金属间热胀系数不同可以允许塑料作少许轴向滑移，以降低内应力，如图 3-2-37（b）所示。但这种嵌件必须开环形沟槽，以免在受力时被拔出。六角形嵌件较少使用，因尖角处易产生应力集中，如图 3-2-37（c）所示。片状嵌件可以用开孔眼、开切口或用局部折弯等办法来固定，如图 3-2-37（d）所示。圆管状嵌件可将其两端翻边来

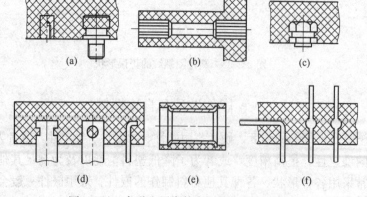

(a)　　　　　　　　(b)　　　　　　　　(c)

(d)　　　　　　　　(e)　　　　　　　　(f)

图 3-2-37　各种金属嵌件在制件内的固定方法

固定，如图 3-2-37（e）所示。针状嵌件可用局部扎扁或折弯等办法来固定，如图 3-2-37（f）所示。

　　嵌件安放在模具里，在成型过程中要受到高压塑料流的冲击，因此有可能发生位移或变形，同时塑料还可能挤入嵌件上预留的孔或螺纹线中，影响嵌件使用，因此安放时必须可靠定位和密封。

　　圆柱形嵌件一般是插入模具相应的孔中加以固定，为了防止塑料挤入螺纹线，可采用图 3-2-38 所示的几种方法：图（a）利用嵌件的光杆部分和模具配合（H9/f9）；图（b）采用一凸肩，在成型时凸肩被压紧在模具上形成密封环，既增加了嵌件插入后的稳定性，又可以阻止塑料流入螺纹；图（c）所示嵌件设计与图（b）相比，较经济，有一凸出的圆环，它和固定孔间既有配合面又有压紧面，作用同上，可阻止塑料的流入。

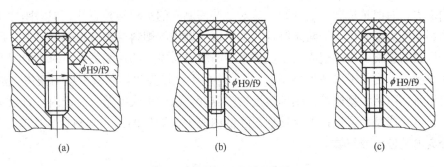

图 3-2-38　圆柱形嵌件在模内装固方法

　　对于圆环形嵌件中不通孔的阴螺纹塑件，可以采用插入式定位，即将嵌件直接插在模具的圆形光杆上，如图 3-2-39（a）所示；同样也可设计一凸出台阶来与模具的孔相配合，以增加定位的稳定性和密封性，如图 3-2-39（b）、（c）所示；也有采用内部台阶来与插入杆密合的，如图 3-2-39（d）所示。对于通孔或不通孔的螺纹套管可采用带有阳螺纹的插入件，如图 3-2-39（e）所示，将嵌件拧上后再插入模具，成型后将嵌件拧下。注塑成型多采用后一种方法。

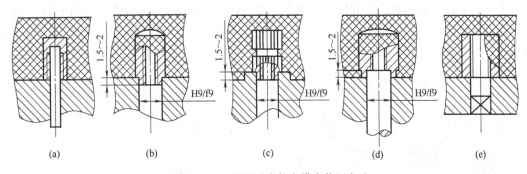

图 3-2-39　圆环形嵌件在模内装固方法

　　无论杆形或圆环形嵌件，其高度都不宜超过其定位部分直径的两倍。塑料流的压力不但会使嵌件移位，有时还使嵌件变形。当嵌件过高或呈细长杆状或薄片状时，应在模具上设支柱以免嵌件弯曲，但支柱在塑件上留下的孔应不影响塑件的使用，如图 3-2-40（a）、（b）所示。薄片状嵌件可在塑料流动的方向打孔，降低对料流的阻力，以减少嵌件的受力变形，如图 3-2-40（c）所示。

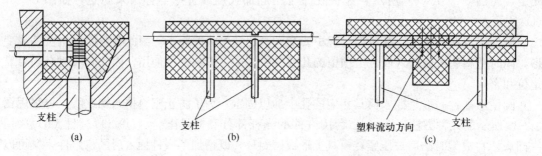

图 3-2-40　细长嵌件在模内支撑固定

由于金属嵌件在冷却时尺寸收缩很小，与塑料的热收缩值相差很大，致使嵌件周围产生很大的内应力，有时造成塑件的开裂，这对某些高刚性的工程塑料更甚，但对刚性小和蠕变性大的塑料则应力值较低。为防止制件开裂，嵌件周围的塑料层应有足够的厚度，但由于受上述多种因素的影响，很难建立一个嵌件直径与塑料层厚度的详细关系，对于酚醛及类似的热固性塑料制件，可参考表 3-2-7 选取。嵌件外形不宜带尖角，以减少应力集中。热塑性塑料注塑成型时，可将大型嵌件预热到接近物料温度，以减小收缩差。对于内应力难于消除的塑料品种，可在成型后再进行退火处理来降低内应力。嵌件的顶部塑料层也应有足够厚度，否则该处会出现鼓包或裂纹。

表 3-2-7	金属嵌件周围塑料层的推荐厚度		单位：mm
	金属嵌件直径 D	周围塑料层最小厚度 C	顶部塑料层最小厚度 H
	4 以下	1.5	0.8
	>4～8	2.0	1.5
	>8～12	3.0	2.0
	>12～16	4.0	2.5
	>16～25	5.0	3.0

生产带嵌件的塑料制件会降低生产效率，使塑件生产难以实现自动化，因此在设计塑件时，能避免的嵌件应尽可能不用。塑件上必须的金属导体或装饰，可采用装配的办法在成型后装入，如图 3-2-41 所示，（a）为导电片，（b）为装饰片，都采用成型后装入的办法。也

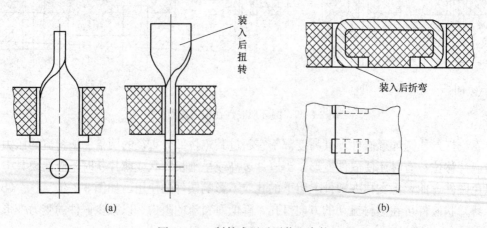

图 3-2-41　制件成型后再装配嵌件

34

有采用模制以后再压入嵌件的办法。

　　模制后再压入嵌件的办法很多，一种是制品脱模时立即压入，利用塑件热收缩而固紧嵌件，由于热塑性塑料制品脱模时温度低，后收缩较小，因此紧固力不够，这种办法多适用于热固性塑件。在脱模时趁热将嵌件敲入模制出的预留孔内，利用热收缩增加紧固性，嵌件宜采用带有直纹滚花的嵌件。另一种办法是采用膨胀型的嵌件在制品冷却后再装入，既可用于热固性塑料制品也可用于热塑性塑料制品，设计时应调节因嵌入而造成的内应力值，以不使制品破裂为度，这种嵌件形式很多，国外较常采用。典型的如图 3-2-42 所示的有菱形滚花的黄铜嵌件，它是内螺纹嵌件，其下段带有四条开口槽，一个铜制十字形零件扣在里面，将此嵌件放入模制品的孔中，用手工或专用机械通过推杆将十字形零件沿槽推动，黄铜套的菱形滚花部分即胀开而紧固。图 3-2-43 所示为另一种嵌件，它是由螺纹嵌件外壁的外螺纹作紧固用，嵌件上开有槽缝，它利用图示的旋转螺栓头在攻丝机或钻床上将嵌件的槽缝向下旋入制件预留的孔中，螺栓即行退出，这种嵌件能承受更大的负荷。

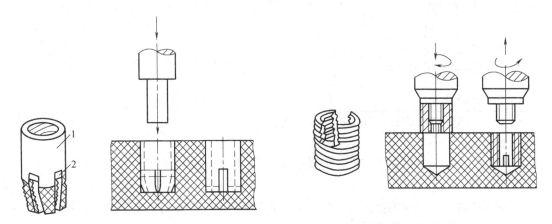

图 3-2-42　带十字形零件的螺纹嵌件在
　　　　　　制品成型后嵌入
　　　1—内螺纹黄铜套　2—十字形嵌件

图 3-2-43　带槽的螺纹嵌件在制品成型后嵌入

　　近年来国外采用超声波在热塑性塑件中压入嵌件，这时制件上预留有锥形孔，超声波发生器的探头压在嵌件上，由于嵌件的振动致使嵌件周围的塑料层熔化，熔融塑料被挤入嵌件的滚花沟槽中而紧固。

　　2. 自攻螺钉

　　由于塑件上常常有各种连接螺纹，在过去是大量采用嵌件的重要原因。目前对塑件上装拆次数不多的螺纹大量采用自攻螺钉，用光孔代替内螺纹嵌件，以提高模塑效率，现已被电视机、汽车及各种家用电器广泛采用。

　　自攻螺钉有两类，即切割螺纹螺钉和旋压螺纹螺钉。

　　(1) 切割螺纹螺钉　常用于硬度和弹性模量较大的材料，如 PS、ABS 等，特别适用于承受载荷小、振动小的地方。螺钉侧面开有沟槽，形成锋利的切屑刃，螺钉像丝攻一样在光孔内一面旋入一面切削出螺纹槽。孔的深度要较螺钉长，以便储存切下的切屑。

　　(2) 旋压螺纹螺钉　旋压式螺纹的自攻螺钉用于弹性较好的塑料，如尼龙、PE、PP、ABS 等，它适用于装拆次数较多时，在反复使用中螺纹的固定力损失很小。由于旋压螺纹会产生很高的侧压力，当塑料的弹性模量大时应力很大，因此对 PC、PS、高刚性 ABS 等要特别注意，避免应力开裂。

　　自攻螺钉底孔设计方法如下：对使用切割式螺纹的自攻螺钉孔，孔径等于螺纹的中径；对旋压式螺纹孔，孔径等于中径的80%。螺钉旋入的最小深度必须等于或大于螺钉外径的两倍，这样才有足够的连接强度。在实际使用中，自攻螺钉的孔一般设计成圆管状的底孔座，为了承受旋压而产生的应力和形变，圆管外径约为内径的2.5倍，而高度为圆管外径的两倍，孔深应超过螺钉的旋入长度。为减小底孔对面壁处在模塑时出现凹痕的可能性，孔底的壁厚一般小于制品壁厚0.75t，以自攻螺钉M3的孔为例，其底孔尺寸如表3-2-8所列。圆管的内外壁都设计有0.5°脱模斜度，但为增加连接强度，内孔也常设计成0°。

表 3-2-8　　　　　　　　自攻螺钉（M3）底孔支座典型尺寸　　　　　　　　单位：mm

简　图	固定部分尺寸				脱模斜度
	T	2.5～3.0		3.5	$0.5(D'-D)$
	D'	7	7	8	$H = \dfrac{1}{30} \sim \dfrac{1}{20}$
	D	6	6.5	7	
	t	$T/2$ 或 1.0～1.5			
	d	2.6			
	d'	2.3			

　　注：表中数据适用于自攻螺钉 M3。H 以小于 30mm 为宜。

第三节　塑料结构件的力学设计

　　塑料结构件，例如塑料制机械零件，无论是紧固件还是传动件，其力学设计都是至关重要的，其他的受力塑件也都应进行力学设计。

　　按照传统的方法，其力学设计步骤如下：首先要对塑件的受力状况进行分析，分别将塑件的各部位按受力状况简化成不同的受力模型，常见的有：受拉力的杆、受压力的柱、受弯曲的梁、受载荷的板、受内压的圆筒、受外压的圆筒等；有了力学模型后就可按材料力学、板壳力学、结构力学等相关的计算方法找出相应的计算公式，用解析法求出其最大应力和最大变形（或挠度），为制件的力学校核提供关键数据。

　　近年来对制件的力学分析有了新进展。在计算机上用有限元方法进行受力分析可以得到制件上各个点的应力及其分布状况，利用一些受力分析软件可以使分析工作大为简化。首先对零件建模，得到该零件的立体图形，输入施加在塑件上的载荷状况和约束条件后，通过计算机运行就可以得出制件上的应力分布和变形分布，由此可一目了然地看出其中的最大应力及其所在位置、最大变形及其发生位置。这些软件中著名的有用于力学分析的 Ansys、Nastran、Patran 等 CAE 分析软件。

　　由于塑料有明显的黏弹性，受力时其力学行为对时间有很大的依赖性，因此在作塑件力学设计时应引入时间因素，或对短期负载下的力学问题与长期负载下的力学问题分别进行不同的分析计算。

一、短期负载下的力学计算

　　承受短期负载的塑料结构件可作为弹性体考虑，按照其强度极限除以一安全系数得到许用应力，根据许用应力作强度计算。或根据材料的弹性模量、允许变形量、泊松比作刚度计算。

二、长期负载下的力学计算

对于受长期持久性载荷的塑料构件，由于高分子材料的黏弹性，即使在常温下也表现出明显的蠕变或应力松弛行为。

（一）受拉伸、压缩的柱状零件设计

根据我们针对不同高分子材料从实验得到的蠕变曲线不同，有以下各种设计方法。

1. 按等时蠕变曲线进行柱状塑件设计

为了表征各种塑料材料在长期负荷下的蠕变行为，可以用在给定作用时间（数月、数年、数十年）下的应力与应变的等时蠕变曲线来表示。如图 3-3-1 和图 3-3-2 所示，分别为聚丙烯和聚碳酸酯的等时应力与应变曲线。

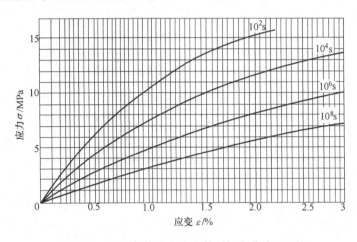

图 3-3-1　聚丙烯应力与应变等时蠕变曲线（20℃）

按照应力与应变等时蠕变曲线设计时，需先按照设计的使用寿命找出该条曲线，然后确定该塑料的允许的安全最大变形值。表 3-3-1 中列出了数种材料的允许变形值。再从图中查出对应的使用应力值，从而决定塑料构件的尺寸。

一般来说，塑件承受长期负荷时，按允许变形值设计的塑件，其断面尺寸应比只承受短时荷载的塑件大得多，现举例如下：

一根受短时纯拉伸负荷的杆件其载荷为 800N，采用聚丙烯（PP）或聚碳酸酯（PC）成型，杆件宽 25mm，试求其最小厚度。

当承受短时载荷时，可参照表 3-3-2 选取拉伸强度：对 PP 材料，取拉伸强度为 25MPa（$25 \times 10^6 \text{N/m}^2$），则杆件厚

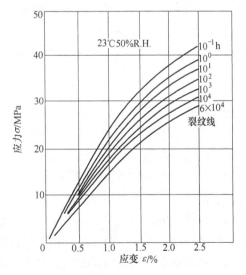

图 3-3-2　聚碳酸酯应力与应变等时蠕变曲线（23℃）

$$\delta = \frac{F}{b\sigma_L} = \frac{800}{25 \times 10^{-3} \times 25 \times 10^6} = 1.28 \times 10^{-3}(\text{m}) = 1.28(\text{mm})$$

表 3-3-1 　　　　　　　　　　　几种塑料的允许蠕变应变值 [ε]

材料	[ε]/%	材料	[ε]/%
玻纤增强 PA	1.0	PP	3.0
ABS	1.5	PC	1.0
POM	2.0	FR-PP	1.0

　　对 PC 材料，取拉伸强度为 60MPa，算得拉杆厚 0.53mm；对玻纤增强聚丙烯，取拉伸强度为 70MPa，算得杆厚 0.48mm。

表 3-3-2 　　　　　　　　　　　某些塑料的瞬间强度和模量

材　料	拉伸强度/MPa	拉伸模量/GPa	弯曲强度/MPa	弯曲模量/GPa
LDPE	8～21		5～24	
HDPE	27～35	0.8～1.4	26～40	1.1～1.5
PP	25～40	1.0～1.6	48～75	0.8～2.1
FR-PP30％玻纤	50～100	5～6	56～75	4.5
POM	60～70	2.8～3.6	90～120	2.6～3.1
PA66 干燥	65～85	2.0～2.8	80～105	2.8
FR-PA30％玻纤干燥	160～210	10～11	200～260	7.6～9.1
PMMA	50～80	2.7～3.2	90～140	2.7～3.2
U-PVC	30～70	1.0～3.5	40～115	1.5～4.0
ABS	30～60	1.5～3.5	63～90	2.0～3.0
PC	56～66	2.0～3.0	90～100	2.1～2.4
PSU	70～100	2.4～2.8	80～108	2.8～3.0

　　当承受长期载荷时，可按照等时蠕变曲线来确定杆厚，设拉杆使用期限为 4 年：对于 PP 材料，由表 3-3-1 得知允许应变为 3％，4 年折合 1.26×10^8 s，查图 3-3-1 得知该条件下许用应力为 $\sigma_{蠕}$＝7.5MPa，从而得拉杆的厚为

$$\delta = \frac{F}{b\sigma_{蠕}} = \frac{800}{25 \times 10^{-3} \times 7.5 \times 10^6} = 4.3 \times 10^{-3}(\text{m}) = 4.3(\text{mm})$$

若采用 PC 材料作拉杆，允许应变为 1％，4 年折合 3.5×10^4 h，由图 3-3-2 等时蠕变曲线得 $\sigma_{蠕}$＝15MPa，同样可求得聚碳酸酯拉杆的厚度为 2.2mm。

　　2. 按不发生蠕变开裂或断裂来设计柱状塑件

　　表 3-3-1 中所列出的允许变形量可作一般设计时参考，但实际上制品的允许变形量常根据使用状况及零件的重要程度来决定，可在一定范围内变更，但最大许用应力以不产生蠕变断裂或蠕变开裂为极限。在规定蠕变时间（数月、数年、数十年）内选定允许蠕变量（％）后，可按各种材料的蠕变曲线进行长期受力塑件尺寸设计，例如图 3-3-3 为聚碳酸酯的蠕变曲线，查出抗蠕变许用应力，按此类图表来计算拉伸或压缩构件的尺寸有较大的灵活性，也十分方便。

　　例如有一聚碳酸酯方形截面立柱，截面为 12mm×12mm，高 130mm，承受拉伸负载 1200N 连续 5 年，如果平均温度为 23℃，问承载是否安全，5 年内蠕变伸长了多少？

　　拉伸应力：

$$\sigma_t = \frac{F}{A} = \frac{1200}{12 \times 12 \times 10^{-6}} = 8.3 \, (\text{MPa})$$

载荷持续 5 年即 4.38×10^4 h，由图 3-3-3 查得发生裂纹的起始应力为 27.6MPa，取安全系数为 1.2，则许用应力为

$$[\sigma] = \frac{27.6}{1.2} = 23 \, (\text{MPa})$$

即 σ_t 小于许用应力，是安全的。

由图 3-3-3 查得应力为 8.3MPa，经 4.38×10^4 h 后，约有 0.5% 的应变，其伸长变形值为

$$\sigma_{\text{蠕}} = 130 \times 0.5\% = 0.65 \, (\text{mm})$$

塑件受拉时，在破损前会出现银纹或应力发白的微裂纹现象，故可用裂纹线处应力除以安全系数（常取 1.2）作为拉伸许用应力，或用失效线处应力除以安全系数（常取 2），得到的许用应力用来校核拉伸、压缩的载荷是否超量。

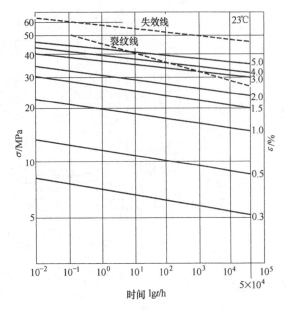

图 3-3-3　聚碳酸酯的蠕变曲线

3. 按表观蠕变模量进行柱状塑件尺寸设计

在杆件承受应力恒定不变的情况下，由于蠕变变形量随时间不断增加，因此应力应变之比即表观模量 E_a 将随时间增加而降低。如图 3-3-4 所示，该图可用来作长期受力结构件力学设计的依据。当已知某时刻的表观蠕变模量和允许蠕变变形值之后，便可很容易地算出在该蠕变条件下的蠕变应力值：

$$[\sigma_{\text{蠕}}] = [\varepsilon] E_a \tag{3-3-1}$$

式中　E_a——表观蠕变模量

　　　$[\varepsilon]$——允许蠕变变形量（%）

表观蠕变模量随材料种类和力的作用时间而定，在双对数坐标图上近似为一直线，因此可以用较短的实验时间得到的蠕变试验值（例如 1000h 的）外推得到数年或更长时间的表观蠕变模量。图 3-3-4 所示为 ABS 的时间-表观蠕变模量曲线。

工程塑料中以尼龙、聚甲醛、ABS 抗蠕变性能较差，聚苯醚、改性聚苯醚、聚砜、聚碳酸酯抗蠕变性能最优，用玻纤、碳纤等增强的塑料能大大地提高材料的抗蠕变性能。

（二）塑料梁的设计

当塑件承受弯应力时，则梁的纵向截面上将出现从拉应力经过中性层转变为压应力的应力分布。对于弹性材料，如果拉伸模量与压缩模量相等，则中性层在梁截面几何中心上，其应力分布呈直线关系，大小与离中性层的距离成正比；如果拉伸模量与压缩模量不相同，则中性层的位置将偏离中心。严格说来，塑料材料拉伸模量与压缩模量不完全相同，通常压缩模量大于拉伸模量，然而拉压模量的差值相对于模量值是不大的，可近似认为相等，如图 3-3-5 所示，取 $c = t/2$。

由于塑料的黏弹性，梁的变形与时间有关，经一定蠕变时间后，在其截面上的应力随时间重新分布，由于应力松弛的缘故，梁表层附近的高应力区应力衰减较大，而里层低应力区应力衰减较少，梁截面上的三角形应力分布由图 3-3-5（b）衰减成（c）图所示的曲线分布。

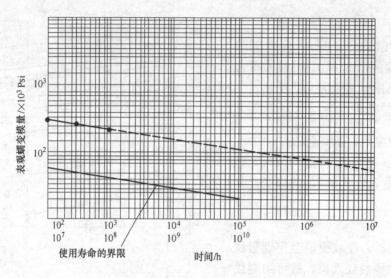

图 3-3-4 ABS 时间-表观蠕变模量曲线

(1Psi＝1bf/in²≈6.89kPa)

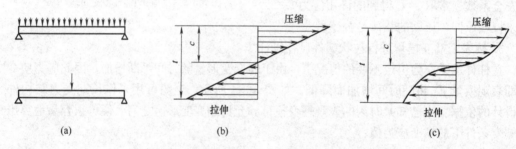

(a)   (b)   (c)

图 3-3-5 弹性梁和黏弹性梁在横截面上应力分布

(a) 梁的受力模型 （b) 弹性梁的应力分布

(c) 黏弹性梁在应力作用一段时间后的应力分布

由于应力松弛，梁的抗弯能力将降低，对于受长期静载荷的梁来说应按蠕变进行设计，当做较粗略的计算时，仅考虑梁表层区应力松弛，用梁表层的最大应力和使用时间查得表观蠕变模量来设计梁截面厚度，不考虑应力曲线分布作为直线处理，这样偏于安全。计算时可用试差法求解。现以受均布载荷的梁为例说明求解顺序。按刚度计算梁的挠度为

$$f=\frac{5qL^4}{384E_aJ}=\frac{5FL^3}{384E_aJ}\leqslant[f] \tag{3-3-2}$$

式中 L——跨度

      q——单位长度均布载荷值

      F——总载荷值，$F=q \cdot L$

     $[f]$——允许挠度

      J——梁的惯性矩，$J=B \cdot S^3/12$

式中 B、S 分别为梁截面的宽和厚，代入式（3-3-2）化简得

$$S=L\left(\frac{5F}{32E_aB[f]}\right)^{\frac{1}{3}} \tag{3-3-3}$$

按强度计算受均布载荷的简支梁危险截面上最大弯应力为

$$\sigma_{max}=\frac{3FL}{4BS^2} \qquad (3\text{-}3\text{-}4)$$

例：现有一纯聚丙烯的平板简支梁，设计使用期为 4 年，受均布载荷，总载荷为 $F=1000N$，梁的跨度 = 800mm，宽度 = 200mm，梁的中点允许下垂为 $[f]=15mm$，采用图 3-3-6 所示的"在规定使用年限 4 年内的应力表观模量曲线"为计算依据，由于板厚和梁表层 σ_{max} 都不知道，用试差法求解。若选用纯 PP 材料，由图 3-3-6 查得时间为零时的初始模量 $E_a=1170MPa$，代入式（3-3-3），由刚度计算得

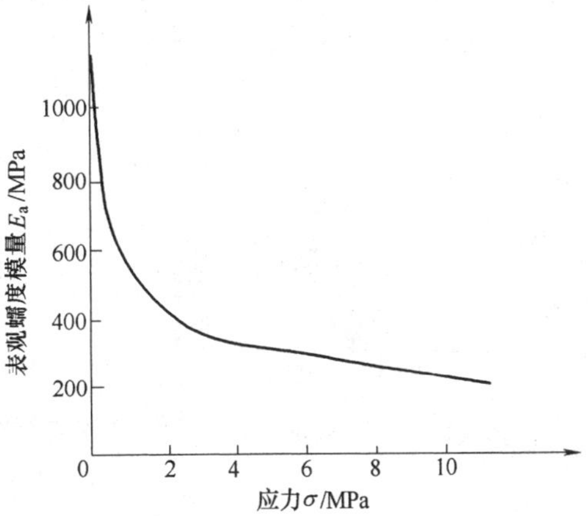

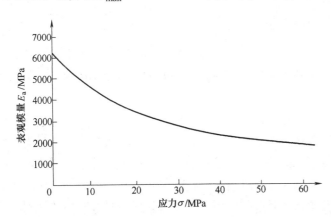

图 3-3-6　纯聚丙烯室温下 4 年表观模量蠕变曲线

$$S=L\left(\frac{5F}{32E_aB[f]}\right)^{\frac{1}{3}}$$
$$=0.8\left(\frac{5\times1000}{32\times1170\times10^6\times0.2\times15\times10^{-3}}\right)^{\frac{1}{3}}$$
$$=0.0283(m)=28.3(mm)$$

强度计算得

$$\sigma_{max}=\frac{3FL}{4BS^2}=\frac{3\times1000\times0.8}{4\times0.2\times(28.3)^2\times10^{-6}}=3.75（MPa）$$

再由图 3-3-6 查得，当 $\sigma_{max}=3.75MPa$ 时，对应表观模量 $E_a=340MPa$；第二次刚度计算由 E_a 算出 $S=42.8mm$，再算出 $\sigma_{max}=1.64MPa$，查图 $E_a=480MPa$；第三次刚度计算由 E_a 算出 $S=38.2mm$，再算出 $\sigma_{max}=2.06MPa$，查图 $E_a=434MPa$；第四次算出 $S=39.4mm$，再算出 $\sigma_{max}=1.93MPa$，该力与第三次算出的弯曲应力 2.06MPa 相近，因此板厚应在 $38.2\sim39.4mm$ 之间。四次试差算出板厚分别为 28.3mm、42.8mm、38.2mm、39.4mm，现取 $S=39mm$。

如采用 30%GF-PP 为平板梁材料，由图 3-3-7 查得初始模量为 $E_a=6200MPa$，经类似的逼近法计算，所需的板厚为 $S=18mm$。这种受弯曲载荷的平板梁，特别是当它处于长期静负载作用时，采用实芯板结构耗费材料较多，是不经济的，若采用夹芯板结构或带筋的格子板结构可以明显减少材料用量。

图 3-3-7　30%玻纤填充聚丙烯室温下 4 年表观模量蠕变曲线

图 3-3-8 所示为典型的夹芯板结构，芯层为轻质的蜂窝状填料，该填料用浸树脂的纸或织物做成，高模量高强度的壳层通过粘接层粘接在芯层的上下两表面上，壳层承受了弯曲产生的拉应力和压应力，芯层传递了壳层所受的应力。这种结构壳层常采用碳纤、玻纤增强的热固性树脂板。

夹芯板结构被大量用作飞机的机翼、机尾等要求强度高、质量轻的构件。夹芯板的另一典型结构为中间是泡沫层，如图 3-3-9 所示，外表层由不发泡的薄板构成。

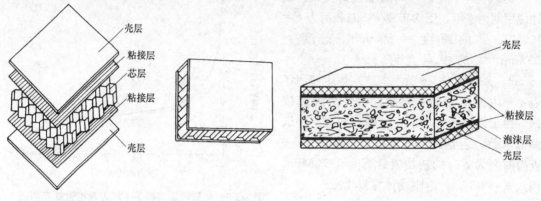

图 3-3-8　典型的夹芯板　　　　　图 3-3-9　泡沫夹芯板结构

（三）塑料压力管设计准则

塑料压力管是典型的受长期负荷作用的塑料件，按照国际国内设计标准，其使用寿命定

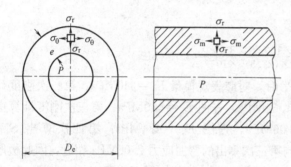

图 3-3-10　塑料压力管的三向受力状态

为 50 年。当压力管内压为 p 时，管壁处于三向受力状态，如图 3-3-10 所示。在管壁上取一微元体，其环向应力为 σ_θ、轴向应力为 σ_m、径向应力为 σ_r，列出力平衡方程式，很容易推出：

$$\sigma_\theta = p \times \frac{D_m}{2e} \qquad (3\text{-}3\text{-}5)$$

$$\sigma_m = p \times \frac{D_m}{4e} \qquad (3\text{-}3\text{-}6)$$

$$\sigma_r = -p \qquad (3\text{-}3\text{-}7)$$

式中 e 为壁厚，D_m 为平均直径。最大应力为环向应力 σ_θ，最小应力为径向应力 σ_r，由于它比另外两方向应力小得多，在做管材受力分析时一般可忽略不计。

在时间短内压低时，管壁处于弹性变形状态，升高压力或增加作用时间到一定值后，管内壁开始产生塑性变形。对金属压力管来说，将塑性变形开始，即弹性失效作为管材失效的判据。但对塑料管来说，认为这时管壁的其余部分还有承载能力，可继续使用，即使在管壁全部屈服变形后，在管壁上出现部分鼓胀，这时材料会发生应变硬化，管材仍具有承载能力，直至壁厚因鼓胀减薄到爆破穿孔才认为是失效。因此塑料管采用的是爆破失效准则，其出发点是最大限度地利用材料的性能。按这种韧性破坏模式，在某一压力值 p 之下，随着时间增加，管材产生塑性变形，变形发展直至鼓胀爆破，压力越高（即管材的环应力越大），从开始受力到产生爆破的时间越短，在规定了管材寿命为 50 年的前提下，即可用实验的方法求出管材寿命 50 年的许用环应力。

进一步研究还发现，对某些塑料的管材，当内压高到一定程度时，即使尚未产生鼓胀爆破，但在管壁上产生了微裂纹，裂纹长度不断增长，导致管壁裂穿、泄漏，这种破坏形式叫做脆性破坏。环应力越大，产生脆性破坏至裂穿所需的时间越短。与韧性破坏相比，造成脆性破坏环应力随使用时间的延长下降更快，也可用实验方法求出寿命为 50 年才发生脆性破坏而泄漏的管材许用环应力。实际上，要将每一类管材的实验工作都做到 50 年来获取设计数据几乎是不可能的，这样做会十分耗时耗工，也满足不了当前管材设计的紧迫要求，因此采用实验外推法求解。

塑料压力管按照 ISO1167：1996 和国标 GB/T 6111—2003，采用管材形式的试样做耐内压试验，对管材施加不同的环应力，试验进行到发生爆破失效（含裂纹裂穿泄漏失效），取不同应力下的爆破失效时间 t 作为试验结果，做出环应力和爆破时间 t 的对数坐标图，按标准一般试验时间是 10000h（1.14 年），再用外推法外推到 50 年。如图 3-3-11 所示，从 lgσ-lg$t$ 图上可以看出，该试验数据回归曲线明显分为两段，其中斜率小的一段为韧性破坏，斜率大的一段为脆性破坏，在拐点处发生脆韧转变，即产生了不断增长的裂纹。在试验中为了加速管材破坏，采取了增加环应力和提高试验温度两种办法。科学工作者通过改变合成配方来尽量推迟脆韧转变时间并取得了一定成功。

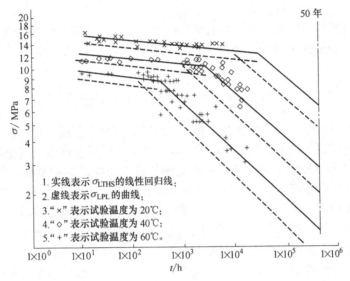

图 3-3-11　静液压强度试验数据的回归计算示例
(引自 GB/T 18252—2000)

图 3-3-11 中的 3 条实线表示 σ_{LTHS}，是长周期静液压强度实验结果的线性回归线，它们分别代表 20℃，40℃ 和 60℃ 下的试验结果，其横坐标是破坏时间，纵坐标是管材平均静液压强度极限（发生破坏时的应力），图中每一个点代表一次破坏试验所获取的数据。图 3-3-11 中的虚线表示 σ_{LPL}，为预测不破坏概率为 97.5% 的应力，即在此应力之下，按实验统计的管材破坏率为 2.5%，而用于设计的许用环应力 σ_D，是将 σ_{LPL} 再除以一个大于 1 的安全系数，使破坏率由 2.5% 降至十万分之一或更低，达到工程应用可接受的程度。

通过用管材形式试样的试验得到了多种管材用塑料的许用环应力，例如 PE80 为 6.3MPa、PE100 为 8MPa、PP-R 级别 1 为 3.09MPa 等。代入式（3-3-5）中，按环应力 σ_θ、管径 D_m、管内压 p 进行计算，即可求得管壁厚度 e。

这里还要提到，由于慢速裂纹增长在管材内压高到一定值后，还会诱发快速裂纹扩展的严重事故，即管壁上产生的贯穿裂纹以高速、稳态、失控的方式在短时间内扩展到很长距离（如几十米、几公里），给管路造成灾难性的后果，因此快速裂纹扩展在管路设计时是绝对要避免的。

对于长期受交变动态载荷的构件，如塑料齿轮、连杆、凸轮等，则应根据塑料的疲劳强度进行构件设计。应注意不同塑料性能指标各有所长，如 PC 的抗冲击强度远高于 POM，但其疲劳强度却低于后者，这在塑件设计选材时应扬长避短，正确选用材料。

第四节　塑料件的计算机辅助设计

塑料件的整个设计工作包括造型设计、力学分析以及图形绘制几部分都可以通过计算机辅助设计（CAD）进行。这是建立在计算机软硬件基础上，由设计人员通过人机交互操作的方式进行的，制件造型能直观地、形象地在屏幕上建立塑件的三维几何模型，快速准确地进行塑料件性能的理论分析计算，利用数据库和图形库进行结构设计，设计完成后利用计算机，编制技术文件和绘制全部图纸。CAD 技术不能代替人的设计行为，而是实现这些行为的先进工具，使设计人员的智慧和创造性得到充分地发挥，使设计的速度、工作效率、精度及塑件设计的质量都有显著地提高。

塑料制品的计算机辅助设计的内容主要有以下五个方面，即塑件的整体结构与几何造型设计，设计信息库的编制和调用，塑件分析计算及优化，总装图和零件图的绘制和快速制样，现分述如下。

一、塑件整体结构与几何造型设计

塑件原型的设计从前一直靠抽象构思和手工绘图的方法来完成。设计者要创造出成本最低、质量最高、造型最美、生产速度最快的产品，原型需经反复修改，直至性能、外观和价格都符合要求。对塑件分析不难发现，不同的塑件具有相同的结构单元，譬如凸台、加强筋、各型螺纹配合、搭扣配合等，所以产品设计含有许多标准设计成分，将这些标准结构储存在计算机图形库中，在设计新产品时可随时调用拼接。由于计算机可以不厌其烦地反复这些标准程序，并且有惊人的运算速度，因此给塑件结构设计带来了高效率。

在几何外形建立、拼接、修改中会涉及到成百上千个尺寸，稍有不慎便会出错，这对于人工设计者来说几乎是难免的，但采用 CAD 则可避免。CAD 软件系统的集合造型软件，有的具有生成三维（立体）线框图形的功能、生成三维表面图形的功能或生成三维实体图形的能力，有的软件可将塑件的实体模型转换成表面模型乃至线框模型，且具有部分删除、修改、拼接、组合图形的编辑功能，它使设计工作大为简化，节省了设计人员的时间和精力。由于几何造型软件能进行体和体之间、面和面之间的干涉检验，因此能保证拼接组合成的图形逻辑上合理不易出错。

几何造型软件还具有图形变换的能力，能将设计的图形在屏幕上显示、旋转、平移、缩小、局部放大，使设计者能从各个角度去观察制件的立体外形和仔细观察某些局部。有的软件除具有生成阴影图形的功能外还能绘出半透明的图形，显示制件内部结构；或能变换色彩，表现出在光线照射下的阴影效果，或变换照射光源的方向、个数和强度，使图形美化、真实感人。这是任何人工渲染所不可比拟的。

塑件的立体图形经投影可获得二维的三向视图或其他一些辅助向视图、剖面图供模具机械加工用，或相反可由三视图生成立体三维图。

二、塑件设计信息库的编制和调用

塑件设计信息库又叫设计目录库，是根据塑件设计过程各阶段的需要编制出的图文并茂的设计资料。数据库和图形库可根据设计目录内容的要求，将字符、数据、公式、图表、图形等设计信息按其属性分别储存入数据库和图形库，其内容包括技术要求、说明、原理图、设计公式、简图、图表、塑料原材料及制模材料的性能数据等。

在设计时可借助菜单的命令以人机对话形式检索调用所存入的资料，也可进行屏幕显示或打印输出。与人工编制与检索相比，计算机方便快捷，有着无可比拟的优越性。多数软件还有这样一种命令，它可以使图形库中现存零件的几何图形元素插入到正在设计的新零件中去。

三、塑件设计分析、计算及优化

分析和优化是获得高质量塑件的关键，它是塑件设计的核心，其过程是先根据对塑件某些性能的要求，确定塑件的初步形状；然后确定性能指标，例如力学指标与制件尺寸的数学关系即控制方程式；选择一种或几种分析计算方法，并根据数字化的图形信息进行分析计算。将计算结果以数字、数据表格，甚至在可能的情况下用等值线的形式表示出来，根据计算的结果修正塑件相关的几何参数，直至达到最佳值。

例如塑件强度计算分析，采用有限元的方法，首先将塑件几何形体划分成单元，并给各单元及其结点编号，确定结点的位置坐标，这是一项十分繁杂且重复的工作，适合计算机完成；同时将计算结果例如塑件工作时的应力分布以等值线的形式描绘在塑件几何体上，这样即可找出需进一步增强的薄弱部位。

利用有限元分析计算软件的前处理软件和后处理软件能方便准确地完成单元划分和绘制等值线的工作，而有限元软件则是一种快速地对控制方程进行数值求解的软件。

由于几何造型软件系统都带有标准接口，这就使得几何造型时生成的图形经标准接口转换成计算分析软件所需的图形信息都带有标准接口，而分析计算后所得的等值线信息可经标准接口的转化直接显示在原来几何造型生成的图形上。设计人员只需根据屏幕菜单的提示进行少量操作，完成图形的变换和更改，最后完成分析计算工作。

注塑成型塑件在根据使用要求初步确定其几何造型并选定塑料的品种、等级、决定注塑成型工艺条件之后，还可以通过有关的充模过程分析软件、冷却过程分析软件等对成型过程进行模拟，从而预知塑件上的熔接痕位置、内应力大小、翘曲变形情况等，如不满意还可对塑件的几何造型、浇口位置等立即进行调整校核，直至满意才算最终完成了注塑件的设计，这就是前面提到的用并行工程进行塑件开发的程序。上述模拟分析过程，本书模具设计的有关章节还要做进一步的阐述。

四、塑件设计计算机绘图

塑件设计的各阶段都离不开绘图，如方案设计草图、机构设计简图、详细施工图等，靠人工绘图效率低易出差错，且不便于修改。CAD绘图软件能生成三维立体图，并能由它直接投影生成各种视图和剖面图。采用内容丰富的图形库和标准库软件，还有尺寸标注和字符注释软件、图面布置软件、绘图机支撑软件，因此设计者可方便生成图形，调用基本图形编辑，进而对图形详细注释，标上尺寸和公差，并安排好图面，最后将显示器上的图样在绘图机上绘成各种型号的图纸。

由于图形之间的关系是由计算机软件自动校核的，而图纸又是经绘图机一次出图的，因此出错机会少，出图效率高、质量好。

对于完整的计算机辅助塑件设计，还包括利用特殊的软件在设计过程中和设计结束时进行设计评价及设计技术文件的编制，对所设计的塑件进行技术经济论证，用电子排版软件编制报告和表格，完成技术说明书。

五、塑件快速制样及对实样评价

对于重要的制品，为了避免塑料制件设计中出现失误，最可靠的办法是利用计算机快速制样的方法制出实样，提供给设计人员和使用者进行安装和实地使用。快速制样的方法已在第二章中讲述，根据对实样的使用意见对制件设计进行修改，达到制件设计最大的可信赖度，力图做到完美。

图 3-4-1 所示为用于塑件设计的各种 CAD 应用软件与设计各个环节之间的关系。

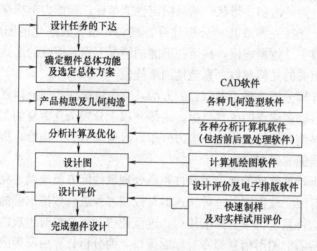

图 3-4-1　塑件设计 CAD 软件与设计各环节关系

复习、思考与作业题

1. 塑料制件设计要考虑哪些关键问题？
2. 为什么模塑塑料件尺寸精度远低于用机械（切屑）加工方法生产制品的精度？
3. 从模具结构简单、成型容易出发，塑料件形状设计需考虑哪些问题？
4. 从减少制品缺陷出发，塑料件形状设计需考虑哪几个问题？
5. 塑件形状采用内外圆弧过渡会给制品外观、强度、成型、电镀等带来哪些好处？
6. 为什么现在螺纹嵌件采用越来越少，自攻螺钉越来越多？自攻螺钉孔应怎样设计？
7. 塑料件短期力学强度设计和长期力学强度设计有什么不同？为什么会有如此大的区别？
8. 设计长期承受拉伸或压缩的杆件时有以下几种计算方法，即按等时蠕变曲线设计，按不发生蠕变开裂和蠕变断裂设计及按表观蠕变模量设计，试比较这几种方法有什么不同，其结果有什么差异。

第四章　塑料注塑成型模具

注塑模具分为热塑性塑料注塑成型模具和热固性塑料注塑成型模具两大类。本章着重讨论成型热塑性塑料制件的注塑模具。

第一节　概　述

一、注塑模具设计中的主要问题

设计注塑模具时，既要考虑塑料熔体流动行为、冷却行为等塑料加工工艺方面的问题，又要考虑模具制造装配等模具结构方面的问题。

目前设计中的一些问题已可借助注塑模设计的专用软件进行设计分析和优化，这便是注塑模的计算机辅助设计（CAD）和计算机辅助工程（CAE）。但它只是人们在模具设计中的工具，并不能代替人在设计中的创造性思维，有许多问题如型腔总体布置、浇注系统的结构、型腔的镶拼组合、脱模及侧向分型抽芯机构的选取等仍需由设计人员决定，或利用有关的软件通过人机对话的形式优化解决。值得指出的是要正确地、高水平地使用注塑模计算机辅助设计软件，也必须对模具设计的原则和方法有透彻的了解，切不可忽视对模具设计基本知识的学习。注塑模设计的主要内容归纳起来有以下几个方面：

（1）流动分析和充模排气设计　根据塑料熔体的流变行为和在流道、型腔内各处的流动阻力分析得出充模顺序，同时考虑塑料熔体在模具型腔内被分流及重新熔合的问题和模腔内原有空气导出的问题，分析熔接痕的位置、决定浇口的数量和位置。在这方面除了可用经验或解析的办法求解外，利用流动分析的 CAE 软件可对充模过程做出比较准确的模拟。塑料性能数据库可提供用于分析的流变等数据。

（2）冷却分析和控温系统设计　根据塑料熔体的热学性能数据、型腔形状和冷却水道的布置，分析得出充模保压和冷却过程中塑件温度场的变化情况，解决塑件收缩及补缩问题，减少由于温度和压力不均、结晶和取向不一致而造成的残余内应力和翘曲变形。同时提高冷却效率、缩短成型周期。利用 CAE 软件可进行冷却分析、制品内应力分析和翘曲变形的分析模拟。对于形状简单的制品也可凭经验进行分析判断。

（3）脱模和抽芯设计　塑件脱模和横向分型抽芯机构可通过经验和理论计算来分析解决，目前还正在开发建立在经验和理论计算基础上的专家系统软件，以期这方面的工作能更快、更准确地在计算机上实现。

（4）分型面和型腔镶拼设计　根据塑件形状和位置决定塑件的分型面，根据型腔形状决定型腔的镶拼组合。模具的总体结构和零件形状不单要满足充模和冷却等工艺方面的要求，同时成型零件还要有恰当的精度、粗糙度、强度和刚度，易于装配和制造，制造成本低。除了通过经验分析和理论计算进行成型零件设计外，还可利用一些专用软件和型腔壁厚的刚度强度力学分析软件在计算机上准确快速地解决这些问题。

以上这些问题是相互影响的，应综合加以考虑。

二、注塑模具典型结构

注塑模具的结构由塑件的外形尺寸和注塑机的形式决定。任何一副注塑模具，均可分为动模和定模两大部分。注塑时动模与定模闭合构成型腔和浇注系统，开模时动模与定模分离，通过脱模机构推出塑件。定模安装在注塑机的固定模板上，而动模则安装在注塑机的移动模板上。图4-1-1为一典型的注塑模具。根据模具上各个部件的作用，可细分为以下几个部分。

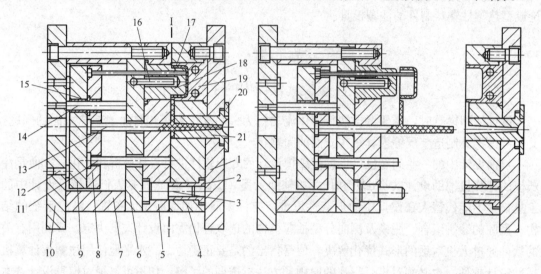

图4-1-1　注塑模具典型结构

1—定模底板　2、15—导套　3—导柱　4—定模板　5—动模板　6—动模垫板　7—支架　8—推杆固定板
9—推板　10—动模底板　11—复位杆　12—挡钉　13—主流道拉料杆　14—推板导柱
16—冷却水道　17—推杆　18—凸模　19—凹模　20—定位环　21—浇口套

1. 成型零部件

型腔是直接成型塑件的部分，它通常由凸模（成型塑件内部形状）、凹模（成型塑件外部形状）、型芯或成型杆（成型塑件上的孔）镶块等构成。构成型腔的零件分别安装在模具的动模边和定模边，合模时构成型腔。图4-1-1所示的模具，型腔由件18、19组成。

2. 浇注系统

将塑料熔体由注塑机喷嘴引向型腔并去除前锋冷料的流道系统称为浇注系统，它由主流道、分流道、浇口、冷料井组成。

3. 导向部分

为确保动模与定模合模时准确对中而设导向零件。通常有导向柱（图4-1-1中的件3）、导向孔（或导向套）或同时在动定模上分别设置互相吻合的内外锥面。有的注塑模具的推出装置为避免在推出过程中发生运动偏斜，还设有推出系统导向零件（如图4-1-1中推板导柱14和导套15），使推出板保持水平运动。

4. 分型抽芯机构

带有外侧凹或侧孔的塑件，在被推出以前或推出过程中，必须进行侧向分型，拔出侧向凸凹模或抽出侧型芯，塑件方能顺利脱出。

5. 推出机构

在开模过程中，将塑件和浇注系统凝料从模具中推出的装置。图4-1-1中推出机构由推杆17和推杆固定板8、推板9、主流道拉料杆13及复位杆11联合组成。

6. 排气系统

为了在注塑过程中将型腔内原有的空气排出，常在分型面处开设排气槽。但是小型塑件排气量不大，可直接利用分型面排气，大多数中小型模具的推杆、型芯与模具的配合间隙均可起排气作用，可不必另外开设排气槽。

7. 模温调节系统

为了满足注塑工艺对型腔壁温度的要求，模具设有冷却或加热系统。冷却系统一般在模具内开设水或油的流动通道，通过模温机泵送恒温的水或油，使型腔壁达到要求温度，当模温要求很高时也可在模具内部或四周安装电加热元件，成型时要力求模温均匀。图 4-1-1 所示的模具凸模和凹模均设有冷却水道。

三、注塑模具分类

注塑模具的分类方法很多。按其在注塑机上的安装方式，可分为移动式（多用于立式注塑机）和固定式注塑模具；按其所用注塑机类型，可分为卧式或立式注塑机用注塑模具和角式注塑机用注塑模具；按模具的成型腔数目，可分为单型腔和多型腔注塑模具。在此按照注塑模具的总体结构特征将它们分为以下几类。

1. 单分型面注塑模具

单分型面注塑模具也叫两板式注塑模具，开模时分为动模和定模两部分，在标准模架国家标准中叫直浇口注塑模具。它是注塑模中最常见的一种，型腔的一部分在动模上，另一部分在定模上。

卧式或立式注塑机用的单分型面注塑模具，其主流道设在定模一侧，分流道设在分型面上，开模后塑件连同流道凝料一起留在动模一侧。动模上设有脱模装置，用以推出塑件和流道凝料。图 4-1-1 为典型的单分型面注塑模具。

2. 双分型面注塑模具

双分型面注塑模具是指浇注系统凝料和制品由不同的分型面取出，也叫三板式注塑模或点浇口注塑模，与单分型面模具相比，增加了一个可移动的中间板（又名型腔板或浇口板）。开模时，中间板和定模底板作定距离分离，以便取出这两块板之间的浇注系统凝料。如图 4-1-2 所示。

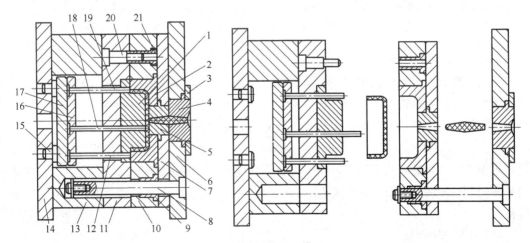

图 4-1-2　双分型面模具

1—凸模　2—凹模　3—定位圈　4、5—流道衬套　6—定模底板　7—凹模垫板　8—拉杆导柱
9、21—导套　10—型腔板　11—动模板　12—复位杆　13—支架　14—动模底板
15—挡钉　16—推杆固定板　17—推板　18、19—推杆　20—导柱

3. 带有活动镶件的注塑模具

由于塑件的特殊形状，例如有内外侧凹而设置有活动镶件或瓣合模块等，如图 4-1-3 所示。开模时，这些部件不能简单地沿开模方向与塑件分离，应在脱模时同塑件一起移出模外，然后通过手工或简单工具使它与塑件相分离。模具的这些活动镶件在下次注塑前重新装入模具，装入的镶件应可靠地定位，以免造成塑件报废或模具损坏的事故。

4. 横向分型抽芯注塑模具

当塑件有侧孔或侧凹时，在自动化操作的模具里设有斜导柱或斜滑块等横向分型抽芯机构。在开模的时候，利用开模力带动侧型芯横向移动，使其与制件脱离。也有在模具上装设液压缸或气压缸带动侧型芯作横向分型抽芯运动的。图 4-1-4 为斜导柱抽芯的注塑模具。

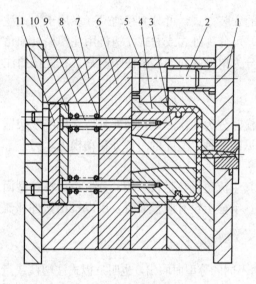

图 4-1-3　带活动镶件的模具

1—定模板　2—导柱　3—活动镶件　4—型芯
5—动模板　6—动模垫板　7—支架　8—弹簧
9—推杆　10—推杆固定板　11—推板

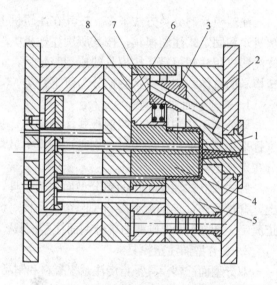

图 4-1-4　横向分型抽芯的模具

1—主流道衬套　2—斜导柱　3—侧型芯
4—主型芯　5—凹模板　6—侧型芯挡板
7—弹簧　8—动模板

5. 自动卸螺纹注塑模具

带有内螺纹或外螺纹的塑件需自动脱模时，在模具上设有可转动的螺纹型芯或型环。利用注塑机的旋转运动或往复运动，或者安装专门的动力源（如电机、液压马达等）和传动零件，带动螺纹型芯或型环转动，使其与制件上的螺纹分离。

图 4-1-5 是利用紧固在定模边的大升角螺杆在分型时从动模边与之相配合的螺旋套中抽出，迫使螺旋套旋转，从而驱动齿轮带动螺纹型芯转动，使制品从螺纹型芯上脱下，为避免制品跟随型芯旋转，推板 7 在距离 L_1 内在弹簧 5 的作用下顶住制品端面的止转花纹，起止转作用。

6. 多层注塑模具

多层注塑模具相当于由数个两板式注塑模重叠在一起构成。这种结构也可用于三板式模具或热流道模具。普通流道的两层注塑模具如图 4-1-6 所示。

这类模具适用于生产浅而薄的小型零件，它要求注塑机具有较大的开模行程，尽管型腔

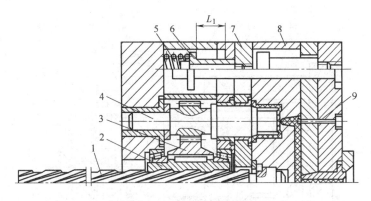

图 4-1-5　自动卸螺纹模具

1—螺旋杆　2—螺旋套　3—齿轮　4—螺纹型芯　5—弹簧　6—推管　7—推板　8—凹模　9—拉料杆

数目增加了一倍，但由于开合模行程增长，相应的循环时间也增加，因此产量增加不足一倍，大约为80%，注塑压力也需要增加一些，锁模力也应增加15%左右。该模具的浇注系统脱出较难，而热流道多层注塑模则易实现全自动操作，详见热流道模具部分。

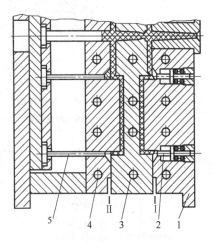

图 4-1-6　双层注塑模具

1—定模　2—定模推杆　3—型腔中间板
4—动模　5—动模推杆

7. 无流道凝料注塑模具

无流道凝料注塑模具包括热流道模具和绝热流道模具两类，采用对流道进行加热或绝热的办法来保持从注塑机喷嘴到型腔浇口之间的塑料在整个生产周期中呈熔融状态。热流道是在流道板内设置加热原件，使流道温度维持在塑料熔融温度以上，而绝热流道则靠流道中冷凝的塑料外层对流道中心熔融料起保温作用。在注塑周期中，只需取出制件而没有浇注系统凝料，这就大大提高了劳动生产率，同时也保证了压力在流道中的传递，这样的模具容易达到全自动操作。

当前绝热流道已极少采用，图 4-1-7 所示即为一热流道多型腔注塑模。

8. 双组分（双色）制品注塑模具

常见的双组分注塑制品有：由同种但不同色塑料组合的双色制品，由硬质和软质聚氯乙烯结合在一起的功能制品，由不同种塑料结合而成的双组分制品。它们满足了汽车工业、电子电器、日用制品等的特殊需求。

双组分注塑制品必须用双组分注塑机来成型，按照机器种类和参数设计制造了不同结构的双组分注塑模。图 4-1-8 列举了一种由软硬塑料结合的双色牙刷柄的注塑模，它采用了托芯转件的模具结构，成型时先由料筒 C 向位置 A 的型腔注入硬质塑料，待基本固化后开模，坯件留在动模型腔板中，旋模机构将模板旋转 180°，然后合模，坯件转至型腔 B 的位置，料筒 S 向型腔 B 注入软质彩色塑料，最后开模取出制件，模具采用热流道喷嘴，在连续旋转生产中两型腔同时分别注射不同的料，要注意两种塑料间的粘接强度和两者成型工艺的匹配。

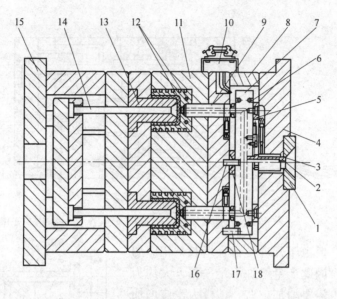

图 4-1-7　热流道注塑模具

1—定位圈　2—主流道杯　3—加热器　4—定模固定板　5—承压圈　6—电加热管　7—热流道板　8—垫块
9—热喷嘴　10—耐温导线接线盒　11—定模型腔板　12—冷却水道　13—型芯　14—推杆
15—动模底板　16—中心定位销　17—止转销　18—支承垫

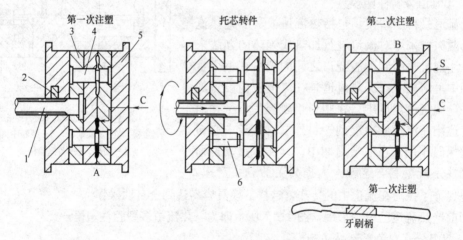

图 4-1-8　双组分制品注塑模具

1—齿轮轴　2—油缸推动齿条　3—动模　4—第二次注塑型芯　5—定模　6—第一次注塑型芯

第二节　模具与注塑机的关系

每副模具都只能安装在与其相适应的注塑机上进行生产，因此模具设计与所用的注塑机关系十分密切。在设计模具时，应详细地了解注塑机的技术规范。从模具设计角度出发，应仔细了解的技术规范有：注塑机的最大注塑量、最大注塑压力、最大锁模力、最大成型面积、模具最大厚度和最小厚度、最大开模行程、模板安装模具的螺钉孔（或 T 形槽）的位置和尺寸，注塑机喷嘴孔直径和喷嘴球头半径值。主要校核项目如下。

一、注塑机有关工艺参数的校核

（一）型腔数量的决定

当塑件设计初步完成之后就进入了模具的总体设计，首先必须考虑采用单型腔模还是多型腔模，并决定型腔数量的多少。考虑的因素主要有：现有注塑机的规格、所要求的塑件质量、塑件成本及交货期。起决定作用的因素很多，既有技术方面的因素，也有生产管理方面的因素。从经济的角度出发，定货量大时可选用大型注塑机、多型腔模具，对于小型制品型腔数与定货量间的关系可按经验图 4-2-1 决定，图中两条虚线之间表示可考虑的范围。但该图并不是对各种情况都适用，还要仔细考虑工厂现有注塑机的规格和对塑件尺寸精度和重复性精度的要求。为减少加工误差的影响，当精度要求很高时，应尽量减少型腔的数目，尽量采用单型腔模，型腔数可以从以下几方面进行计算。

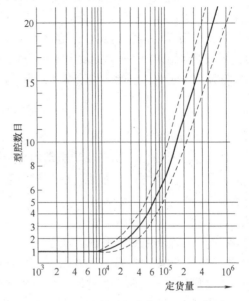

图 4-2-1　型腔数目与定货量的相互关系

1. 由交货期计算型腔数

当某产品采用一副模具生产时可按下式确定型腔数：

$$n = 1.05 \times \frac{N t_c}{3600 t_h (t_o - t_m)} \qquad (4\text{-}2\text{-}1)$$

式中　1.05——故障系数（以 5% 计）

　　　N——一副模具定货量（件）

　　　t_c——成型周期（s）

　　　t_o——从定货到交货时间（月）

　　　t_m——模具制造时间（月）

　　　t_h——所在厂的每月工作时间（h/月）

由于制造模具所需时间 t_m 也是型腔数目的函数，故需迭代求解，即先设一型腔数 n 决定 t_m 后即可按式（4-2-1）计算 n，如果不符则继续反复计算。

2. 根据注塑机最大注塑量求型腔数

可采用下面两种方法之一：

（1）第一种方法　注塑机的最大注塑质量按国际惯例，是指注塑在常温下密度为 $\rho_s = 1.05\text{g/cm}^3$ 的普通聚苯乙烯的对空注塑量 m_{so}（g），在注入模具时由于流动阻力增加，加大了沿螺杆逆流量，再考虑安全系数，实际注塑量 m' 取为机器最大注塑能力的 85%。

$$m' = m_{so} 85\% \qquad (4\text{-}2\text{-}2)$$

注塑聚苯乙烯塑料时，模具型腔数最多为

$$n = \frac{m'}{q} \qquad (4\text{-}2\text{-}3)$$

式中　q——一个塑件的质量加上将浇注系统质量均分到每个制品上的质量（g）

当 n 不到 1 时则应改用较大的机器。

对于其他非聚苯乙烯塑料，其最大注塑量

$$m_o = \frac{m_{so}\rho}{\rho_s} \qquad (4\text{-}2\text{-}4)$$

式中　ρ——常温下某塑料的密度（g/cm³）

　　　ρ_s——常温下聚苯乙烯的密度（g/cm³）

按理，式（4-2-4）中密度之比应为相同温度下该塑料熔体与聚苯乙烯熔体密度之比，对于非结晶塑料可认为从常温状态到熔融状态，其密度变化倍率与聚苯乙烯变化倍率相差不多，因此可以近似用常温下密度之比代替计算，故式（4-2-4）适用于各种非结晶塑料。而结晶型塑料由于从固态到熔态密度变化较聚苯乙烯变化更大，因此结晶塑料还要乘以一校正系数。

$$m_o = 0.9 \times \frac{m_{so}\rho}{\rho_s} \qquad (4\text{-}2\text{-}5)$$

同理，$m' = m_o\, 85\%$。然后再按式（4-2-3）计算和校核成型结晶塑料的型腔数。

(2) 第二种方法　国产注塑机常用理论注塑容积 V_c 表示机器的最大注塑能力，该体积系指在最大注塑行程时注塑螺杆所扫过的最大体积，它与聚苯乙烯表示的最大注塑量 m_{so} 的关系是

$$m_{so} = V_c \alpha_s \rho_s \qquad (4\text{-}2\text{-}6)$$

式中　α_s——注塑系数。考虑了注塑时物料沿螺杆逆流漏料的因素和聚苯乙烯塑料从熔融态转变为常温固态体积收缩等因素，注塑系数 α_s 一般在 0.8～0.9 范围内变化

当注塑其他任何塑料品种时，该种塑料的实际注塑质量 m_o（g）与理论注塑容积 V_c 间的关系为

$$m_o = V_c \alpha \rho \qquad (4\text{-}2\text{-}7)$$

式中，m_o、α 和 ρ 分别为某塑料的最大注塑质量、注塑料的注塑系数和常温下的密度。塑料从熔融态到固态的体积收缩系数因塑料品种不同而不同，对结晶塑料约为 0.85，非结晶塑料为 0.93。注塑系数 α 考虑了螺杆逆流漏料，因此还要取得小些。结晶型塑料取 $\alpha = 0.7$～0.8，非结晶型塑料（含聚苯乙烯）取 $\alpha = 0.8$～0.9。

3. 根据塑化能力求型腔数

模具的注塑容量还必须与注塑机的塑化能力相匹配，故型腔数应根据塑化能力来决定。成型周期为 t_c（s）时，

$$n = \frac{Gt_c}{3.6q} = \frac{100G}{6qx} \qquad (4\text{-}2\text{-}8)$$

式中　G——塑化能力（kg/h）

　　　x——每分钟的注塑次数，$x = 60/t_c$

4. 由锁模力和模板尺寸确定型腔数

注塑机锁模力也限制了所设计模具的型腔数目，这将在本节（三）锁模力的校核里予以讨论。此外，制品型腔位置还应布置在模板拉杆之间的有效范围内，这也限制了型腔的数目。

2、3、4 项是根据设备技术参数决定的型腔数，当按各种参数算出的型腔数不相等时，应取计算中的较小者。

（二）注塑压力的校核

注塑压力校核是校验注塑机的最大注塑压力能不能满足该制品成型的需要。制品成型所需的压力是由注塑机类型、喷嘴形式、塑料流动性、浇注系统和型腔的流动阻力等因素决定

的。例如螺杆式注塑机，其注塑压力传递比柱塞式注塑机好，因此注塑压力可取小一些，流动性差的塑料或细薄的长流程塑件注塑压力应取得大一些。可参考各种塑料的注塑成型工艺确定该塑件的注塑压力，再与注塑机额定压力相比较。

（三）锁模力的校核

机器锁模力的大小可以决定模具的型腔数，反之当型腔数决定后也应校核锁模力是否足够。

当高压的塑料熔体充满模具型腔时，会在型腔内产生一个很大的压力，该力力图使模具沿分型面涨开，其值等于塑件和流道系统在分型面上的总投影面积（如图 4-2-2 中阴影面积所示）乘以型腔内塑料压力。对于三板式模具或热流道模具，由于流道系统与型腔不在一个分型面上，则不

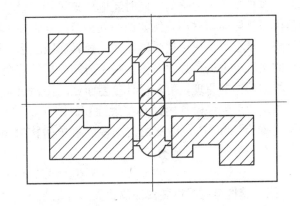

图 4-2-2　制品与浇注系统在分型面上的投影面积

应计入流道面积。作用在这个面积上的总力，应小于注塑机的额定锁模力 F，否则在注塑时会因锁模不紧而产生溢边跑料的现象。型腔内塑料熔体的压力可按下式计算：

$$p = kp_0 \tag{4-2-9}$$

式中　p——模具型腔及流道内塑料熔体平均压力（MPa）

　　　p_0——注塑机料筒内螺杆或柱塞施于塑料熔体的压力（MPa）

　　　k——损耗系数。随塑料品种、注塑机形式、喷嘴压力、模具流道阻力而不同，其值在 1/3～2/3 范围内选取。螺杆式注塑机的 k 值较柱塞式为大，直通喷嘴比弹簧式防涎喷嘴的 k 大

由于影响型腔压力 p 与损耗系数 k 的因素较复杂，因此在采用通用塑料生产中小型制品的时候，模腔内塑料压力常取 20～40MPa。在做较详细计算时，应通过充模流动 CAE 软件分析求得型腔内的平均压力 p，流程越长、壁越薄的塑件则需要较大的注塑压力，即需要更大的单位面积锁模力。采用螺杆式注塑机成型聚烯烃及聚苯乙烯制品时，单位型腔投影面积所需锁模压力 p 如表 4-2-1 所列。

表 4-2-1　螺杆式注塑机成型聚烯烃及聚苯乙烯制品时单位型腔投影面积所需锁模力

单位：0.1MP

制品平均厚度/mm ＼ 流程长度与壁厚之比	200：1	150：1	125：1	100：1	50：1
1.02	—	706	633	506	316
1.52	844	598	422	316	211
2.03	633	422	316	267	176
2.54	492	316	246	211	176
3.05	352	281	218	211	176
3.6	316	246	218	211	176

p 决定后，按下式校核注塑机额定锁模力。

$$F = 0.1pA \tag{4-2-10}$$

式中　F——注塑机的额定锁模力（kN）

　　　　A——制件加上浇注系统在分型面上的总投影面积（cm^2）

　　对薄壁制品来说，型腔内的压力是不均匀的，离浇口近端的压力高于流动末端的压力，因此本校核是比较粗略的。同时还应校核机器与模具间施加的锁模力是否过大，如果模具和机器模板接触面积过小，例如把一副小模具安装在一台大机器上，在高压下合模时则可能使模具陷入模板，使模板遭受破坏或使模具屈服变形，或在循环压力下疲劳破裂。应对模板和模具的接触应力进行强度校核。对于铸钢模板，安全许用压应力 $[\sigma]_1$ 取 55MPa。

　　根据同样的原理，可对模具分型面处的接触压应力和模具支架与模板的接触压力进行校核，该面积可能是模具内最小接触面积。对于低碳钢的模具支架或动模底板，其许用应力 $[\sigma]_2$ 可取为 100MPa，设支架与动模底板单边接触面积为 A_{s1}，若动模底板还有其他支柱，其接触面积为 A_{s2}，则应有

$$(2A_{s1}+A_{s2})[\sigma]_2 \geqslant F \tag{4-2-11}$$

（四）模具与注塑机装模部位相关尺寸的校核

　　各种型号的注塑机安装模具部位的形状和尺寸各不相同。设计模具时应校核的主要项目有：喷嘴尺寸，定位圈尺寸，最大模厚，最小模厚，拉杆间距（水平和垂直），动、定模板的平面尺寸和安装模具螺钉孔位置尺寸等。

　　注塑机喷嘴球头的球面半径与其相接触的模具主流道始端的球面半径必须吻合，一般前者稍小于后者（小 1～2mm）。角式注塑机喷嘴多为平面，模具与其接触处也做成平面。

　　为了使模具主流道的中心线与注塑机喷嘴的中心线同轴，注塑机固定模板上设有定位孔，模具定模座板上设计有凸出的与主流道同心的定位圈，定位孔与定位圈之间取较松的动配合。大型模具的动模座板也设计有定位圈，与注塑机动模板的定位孔相配合。

　　注塑机对所用模具的最大厚度和最小厚度均有限制，模具总厚度应在最大模厚与最小模厚之间。同时应考虑模具的外形尺寸不能太大，以能顺利地从上面吊入或从侧面移入注塑机四根拉杆（有的小型注塑机只有两根拉杆）之间为度，如图 4-2-3（a）所示。有的注塑机四根拉杆中有一根拉杆在装模时可暂时移开，则可装入外形尺寸较大的模具，如图 4-2-3（b）所示。

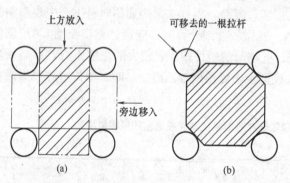

图 4-2-3　拉杆间距与模具外形尺寸的关系

（a）普通注塑机四根固定拉杆　（b）特殊设计可移去一根拉杆

　　当用螺钉在注塑机模板上固定模具时，模具动模与定模底板尺寸应与注塑机移动模板和固定模板上螺钉孔的位置尺寸相适应，螺钉固定有用螺钉直接固定和用压板固定两种。螺钉或压板数目最常见为 2～4 个。当用螺钉直接固定时，模具底板上开孔位置或缺口位置应与机器模板上的螺钉孔位置相吻合，但孔径应大一些；而用压板固定时则有较大的灵活性，压板固定广泛用于中小型模具。近年来还出现了一种利用电磁吸力固定模具的新方法，电磁模板固定在注塑机动、定模板上，电磁模板厚约 10cm，每块模板上布置有数百个磁极，每个磁极可产生 800kg 永久磁力，卸模时反向通电，模板即处于退磁状态。用电磁模板装卸模具十分方便，

电磁模板目前主要用于固定大型模具。

（五）开模行程和塑件推出距离的校核

注塑机的开模行程是有限制的，取出制件所需要的开模距离必须小于注塑机的最大开模距离。开模距离可分为下面两类情况校核：

（1）注塑机最大开模行程与模厚无关时的校核　这主要是指肘杆式（单曲肘或双曲肘）锁模机构，其最大开模行程不受模厚影响，系由曲肘连杆机构的最大行程决定。

对于单分型面注塑模（见图4-2-4所示），开模行程可按下式校核：

$$S \geqslant H_1 + H_2 + (5 \sim 10\text{mm}) \qquad (4\text{-}2\text{-}12)$$

式中　H_1——塑件脱模距离（推出距离）（mm）

H_2——塑件高度，包括浇注系统在内（mm）

S——注塑机最大开模行程（移动模板行程）（mm）。可查阅注塑机技术规范

对于三板式双分型面注塑模（带针点浇口的注塑模），如图4-2-5所示，开模距离还需要增加定模板与浇口板的分离距离a，此距离应足以取出浇注系统凝料。这时，

$$S \geqslant H_1 + H_2 + a + (5 \sim 10\text{mm}) \qquad (4\text{-}2\text{-}13)$$

脱模距离（推出距离）H_1常等于模具型芯的高度，但对于阶梯式型芯有时不需要推出型芯总高度即可倾斜取出塑件，需视具体情况而定。

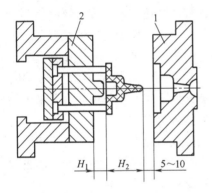

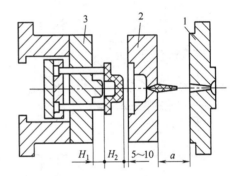

图4-2-4　注塑机开模行程不受模厚影
响时，单分型面模具开模行程的校核
1—定模　2—动模

图4-2-5　注塑机开模行程不受模厚影响
时，双分型面模具开模行程的校核
1—定模　2—型腔板　3—动模

（2）注塑机最大开模行程与模厚有关时的校核　这主要是指全液式锁模机构（常见有增压式、充液式、二次动作闸阀式等），如图4-2-6所示，其最大开模行程等于机床移动模板和固定板之间的最大开距S_k减去模厚H_m。

$$S_k \geqslant H_m + H_1 + H_2 + (5 \sim 10\text{mm}) \qquad (4\text{-}2\text{-}14)$$

式中　S_k——注塑机模板间的最大开距（mm）

H_m——模具厚度（mm）

对于双分型面注塑模，按下式校核：

$$S_k \geqslant H_m + H_1 + H_2 + a + (5 \sim 10\text{mm}) \qquad (4\text{-}2\text{-}15)$$

有的模具侧向分型或侧向抽芯的动作是利用注塑机的开模动作，通过斜导柱（或齿轮齿条）等机构来完成的。这时所需开模行程还必须根据侧向分型抽芯的要求，再综合考虑制件高度、脱模距离、模厚等因素来决定，使两者均能满足。如图4-2-7所示斜导柱侧向抽芯机构，为完成侧向抽芯距离L所需的最小开模行程为H_c；对于图4-2-4的情况，当$H_c <$

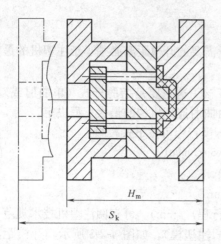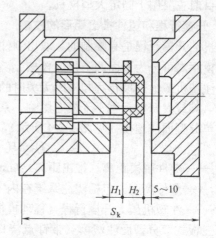

图 4-2-6　注塑机开模行程与模具厚度有关时，开模行程的校核

$H_1 + H_2$ 时，仍按式（4-2-12）校核。H_c 的计算详见侧向分型抽芯机构一节。

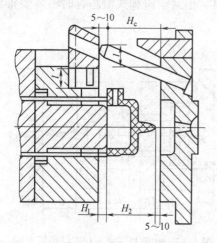

图 4-2-7　完成侧向抽芯所需的开模行程

生产带螺纹制件的模具，有时是通过专门的机构将开模运动转变为旋转运动来旋出螺纹型芯或螺纹型环的，因此校核时还应考虑旋出螺纹型芯或型环需要多大的开模距离。例如为使螺纹型芯旋转一圈需要的开模行程为 S，型芯需旋转 n 圈方与制件相分离，则旋出型芯所需开模距离为 nS。同时考虑脱出制件所需开模距离，以其中较大者来校核注塑机的开模行程是否足够。

注塑机推出装置的最大推出距离各不相同，设计的模具应与之相适应。注塑成型机的推出机构大致可分为以下三类：

① 中心推杆液压推出或中心推杆机械推出；

② 两侧双推杆机械推出；

③ 中心推杆液压推出与两侧双推杆机械推出联合作用。

有的模具在模具推板中心垂直安装一根伸出模具底板的推杆螺栓，或称尾杆。推出时该尾杆撞在机器的推出板上而带动推出系统，这种结构在欧美较为常用。

设计模具时，机器推杆的直径大小和双推杆的中心距离等都应与模具对应尺寸一致。

二、注塑机锁模部位主要技术规范

注塑成型机类型和规格很多，分类方法各异。按驱动方式分为液压驱动、液压机械联合驱动和机械驱动几大类，其中以液压驱动、液压机械联合驱动较平稳安全。近年来迅速发展了由伺服电机驱动的全电动式注塑机，其运行高效而平稳。按工作方式分为全自动、半自动和手动的，全自动注塑机已成为现行注塑机的主要形式，它能根据需要选择自动、半自动和手动操作。按结构形式注塑机可分为立式、卧式和直角式三类，国产注塑机生产厂家很多，已没有统一的国家标准可循。现对不同结构形式注塑机的锁模机构举例如下。

1. 立式注塑成型机

注塑机的注塑柱塞（或螺杆）垂直装设，锁模装置的移动模板也沿垂直方向移动。老式的立式注塑机动模板在机器下方，靠它垂直升降开合模具，对模具动模边的振动大，特别不利于模内活动嵌件的定位；而现在的立式注塑机活动模板在机器上方，模具安装后模具的下模边不动而由上模上下移动来达到开合模的目的，特别适用于模具下模装插有多个金属嵌件的制品成型。

立式注塑成型机的主要优点是占地面积小；安装或拆卸小型模具很方便，在模具（下模）上安装嵌件时，嵌件不易倾斜或坠落。其缺点是制品自模具中推出后不能靠重力下落，需人工取出，这有碍于全自动操作，但附加机械手取产品后，也可实现全自动；此类注塑机注塑量一般均在 60g 以下，如果大型注塑机也采用立式结构，则机器高度太大，给加料和操作带来困难，而且机器重心高，稳定性差。

2. 卧式注塑成型机

它是目前使用最多的注塑成型机，其注塑柱塞或螺杆移动与模板的合模运动均沿水平方向，并且多数在一条直线上（或相互平行）。这类注塑机的优点是机体较低，容易操纵和加料，制件推出模具后可自动坠落，故易实现全自动操作，机床重心低，安装稳定，一般大中型注塑机均采用这种形式。其主要缺点是模具安装比较麻烦，嵌件放入模具后应采用弹性装置等将其卡紧，否则有倾斜或落下之可能，机床占地面积较大。

图 4-2-8 为海天机械公司生产的卧式注塑机，该机采用液压驱动双曲肘内翻式锁模机构，该类机构应用十分广泛；图 4-2-9 为震德塑料机械厂生产的高速精密注塑机的全液压式锁模机构，它们的技术参数已标注在图上。全液压锁模机构常用于大中型注塑机，卧式机是最主要的机型。

卧式注塑机多采用液压或液压机械联合传动。现在更精密的全电动注塑机迅速发展，向更高级的电子控制的全机械式传动系统发展，它更节能、省时，控制精度更高。全电动注塑机的锁模机构多为双曲肘内翻式，但其合模动力由液压缸改成了滚柱推杆，并由伺服电机驱动。

3. 角式注塑成型机

角式是指注塑柱塞或螺杆与合模运动的方向相互垂直者，大型角式注塑机注塑螺杆和开模运动均与地面水平布置。过去使用较多的小型角式注塑机系沿水平方向合模，沿垂直方向注塑，现已很少采用。当前最流行的是全液压驱动的角式注塑机。

角式注塑机可用于生产单件扁平制件，在制件的中心部位不允许留有浇口痕迹者，从制件侧向进料还不致引起锁模力的偏心。当然也可生产其他形状或一模多腔的制品。其占地面积介于立式机和卧式机之间。

如图 4-2-10 所示为台湾丰铁全液压驱动角式注塑机的锁模部位，该机是沿垂直方向锁模和推出，沿水平方向注塑，模具周围三方都是开放的，方便操作，适宜插入长嵌件，模具和机器间没有定位圈，只需将喷嘴对准模具分型面上的主流道入口，并保持良好接触即可。

目前国内角式注塑机生产很少，但它是一种不可缺少的重要形式。

此外还有转盘式注塑机、旋转式注塑机、热固性塑料注塑成型机、双色注塑成型机等。

注塑机的技术规范包含的项目较多，对注塑部分的技术规范本书未作详细介绍，仅关注了与模具关系密切的锁模部分的技术规范。

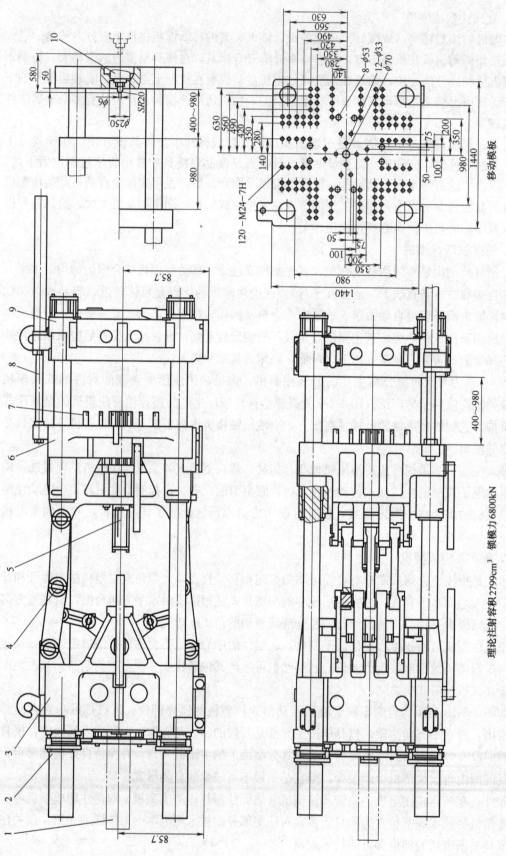

图 4-2-8 海天 HTW680 型双曲肘卧式注塑成型机锁模机构

理论注射容积 2799cm³ 锁模力 6800kN

1—锁模油缸 2—调模装置 3—后固定模板 4—连杆双曲肘锁模机构 5—推出油缸 6—移动模板 7—推杆 8—机械保险杆 9—固定模板 10—喷嘴

60

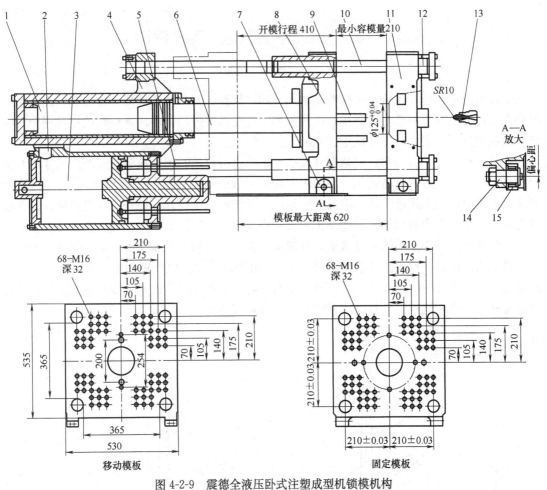

图 4-2-9 震德全液压卧式注塑成型机锁模机构

1—高压锁模油缸 2—充液阀 3—充液油缸 4—锁模尾板 5—行程开关 6—锁模油缸杆 7—模板移动结构
8—移动模板 9—推出油缸 10—拉杆 11—固定模板 12—拉杆螺母 13—喷嘴 14—偏心轴 15—滚轮

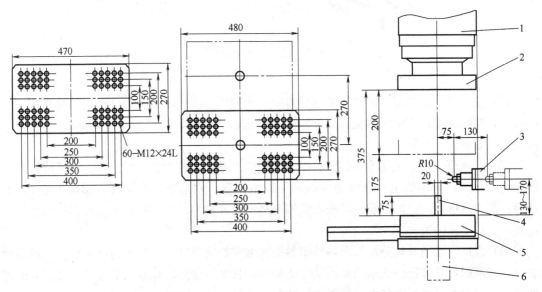

图 4-2-10 丰铁角式注塑成型机锁模机构

1—锁模油缸 2—上移动模板 3—喷嘴 4—推出杆 5—下固定模板 6—推出油缸

第三节 注塑模普通浇注系统设计

一、概 述

浇注系统是指模具内从注塑机喷嘴进入开始，到型腔入口为止的那一段流道。浇注系统可分为普通浇注系统和热流道浇注系统两大类。浇注系统控制着塑件在注塑成型过程中充模和补料两个重要阶段，对塑件质量影响极大。

浇注系统设计内容包括：根据塑件大小和形状进行流道布置，决定流道断面尺寸，对浇口的数量、位置、形式进行优化。当采用专用 CAE 软件进行浇注系统设计时，它是由设计者采用人机对话的形式进行的。因此无论是浇注系统的人工设计，还是计算机辅助设计都必须对浇注系统有正确的理论认识和丰富的实践经验。

多型腔模具的浇注系统由主流道、分流道、浇口、冷料井几部分组成，图 4-3-1 为用于卧式或立式注塑机模具的浇注系统，图 4-3-2 为用于角式注塑机模具的浇注系统。对于单型腔模具有时可省去分流道和冷料井，最简单的只有一个圆锥形主流道直接和塑件相连，这段流道又叫主流道形浇口。现对浇注系统各部分分别介绍如下：

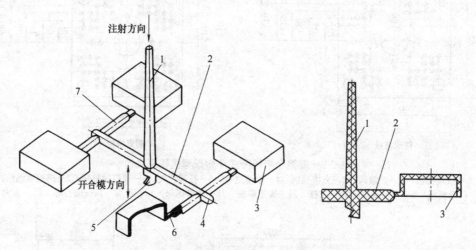

图 4-3-1 安装在卧式注塑机上模具的浇注系统

1—主流道 2、7—分流道 3—塑件 4、5—冷料井 6—浇口

（1）主流道 指紧接注塑机喷嘴到分流道为止的那一段流道。它与注塑机喷嘴在同一轴心线上，物料在主流道中不改变流动方向，主流道形状一般为圆锥形（如图 4-3-1 所示）或圆柱形（如图 4-3-2 所示）。

（2）分流道 将从主流道来的塑料沿分型面引入各个型腔的那一段流道。普通浇注系统的分流道开设在分型面上。分流道的断面可以呈圆形、六边形、半圆形、梯形、矩形、U 形等。其中圆形、六边形，需在动模和定模两边同时开槽再组合而成；其余断面可以单开在定模一边或动模一边。

（3）浇口 是指紧接分流道末端将塑料引入型腔的狭窄部分。主流道型浇口以外的各种浇口，其断面尺寸都比分流道的断面尺寸小得多，长度也很短，起着调节料流速度、分配进料宽度、控制补料时间等作用。其断面形状常见的有圆形、矩形等。

（4）冷料井 用来除去料流的前端冷料。在注塑循环过程中，由于喷嘴与低温模具接触，使喷嘴前端存有一小段低温料。在开始注塑时，冷料在料流的最前端很容易被设在主流道对面的冷料井捕获，在进一步流动中塑料熔体呈喷泉流动，因此无论在流道内还是在型腔内，物料中的前锋冷料会不断向周边翻动，粘附在流道壁或型腔壁上，冷料进入型腔将在制件上形成冷瘢、冷接缝，如果不把喷嘴前端冷料头除掉，则在进入型腔前冷料头甚至有可能将浇口堵塞而不能进料。冷料井设在主流道末端，有时分流道末端也有冷料井。

二、模具型腔内的压力周期

在模具型腔壁浇口附近安装压力传感器和温度传感器，可测得物料压力和温度随时间的变化，将压力对时间作图得到模具的压力周期图，将图按时间分为：充模与压实、保压增密、倒流和浇口封闭后冷却四个阶段，如图 4-3-3 所示。

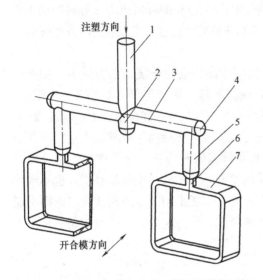

图 4-3-2 安装在角式注塑机上模具的浇注系统
1—主流道 2、5—分流道 3、4—冷料井
6—浇口 7—塑件

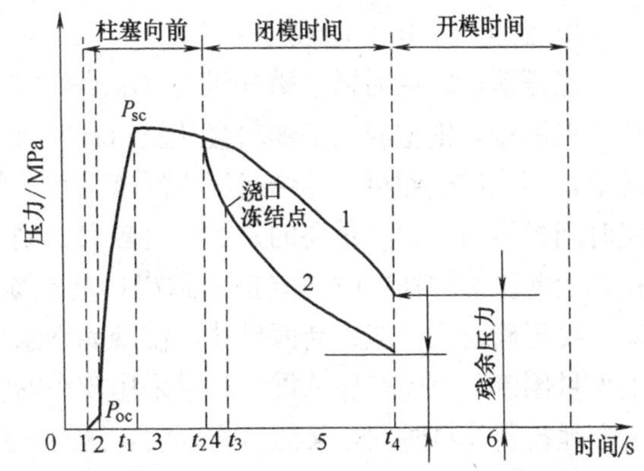

图 4-3-3 模具型腔压力周期图

1. 充模与压实阶段

在注塑机螺杆推动下，物料以一定速度经浇注系统进入型腔，直至型腔充满。如果型腔排气是良好的，则充模阶段压力很低，压力随流动长度增加而线性增加到 p_{oc}，如图 4-3-3 中的第 2 段。充模阶段希望物料黏度低、阻力小、充模快。塑料熔体一旦接触型腔壁会立即在壁上生成冻结层，热料在冻结层的内侧流动，由于流动摩擦生热和冻结层的绝热作用，可认为在充模过程中料温基本不变；由于剪切流动在冻结层的内侧产生了强烈流动取向，而表层和剪切速率很小的芯层取向较小。

当熔料充满型腔后，压力迅速升至最大值 p_{sc}，流速迅速降低。物料在高压下被压缩，该最大压力被作为型腔力学设计的基础。

2. 保压增密阶段

型腔内的物料由于冷却收缩，使少量的塑料在保压压力作用下通过浇口继续流入型腔，力图维持型腔内压力不变，这时型腔内物料密度不断增加。此阶段一直进行到螺杆卸压或浇口冻结为止，如图 4-3-3 中 t_1—t_2 所示。

如果保压增密不足，则制品收缩率大，会发生表面凹陷和中心内部缩孔等缺陷；但保压压力过大、保压时间过长，又会使制品内应力增大。因为这时冻结层已很厚，熔融层黏度越来越高，低温补料下的流动会使大分子高度取向，取向内应力迅速冻结在制品内，并且离浇口越近，内应力越大。补料时制品中心层温度相对较高，由于分子热运动和剪切速率低，因

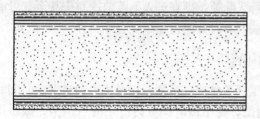

图 4-3-4　制品各层取向度分布图

此制品的中心层取向度是最小的，而极薄的表层的取向度也小，在芯层和表层之间的剪切层取向最大，应力也最大，各层的应力分布如图 4-3-4 所示。由此可见，一个注塑制品内的取向度和内应力不但各处不同，而且即使在同一位置的各层上也不同。

补料压力高、时间长会降低制品的成型收缩率，但过大过长的补料压力和补料时间不但会增大内应力还会引起制品脱模困难，甚至使制品胀紧在型腔内无法脱出或脱出时发生破裂。

3. 倒流（泄料）阶段

保压阶段结束后撤去螺杆压力（t_2 点），这时型腔中压力会高于浇口前方压力，如果浇口尚未冻结，则型腔内的物料会从浇口向外倒流，使型腔压力迅速降低，如图 4-3-3 曲线 2 所示，倒流进行到浇口冻结或压力平衡为止，如图 4-3-3 中区间 4。倒流也会引起流动取向，但时间短影响不大。重要的是倒流量较大的制品在进一步冷却中会由于收缩而产生凹陷和缩孔，因此正确的补料时间应持续到浇口基本冻结或即将冻结时为止。为了准确控制补料时间，要正确地设计浇口断面尺寸，使既能满意地保压增密，又不致长期低温补料，也不致发生大量倒流，因此在模具设计时常采用较小的浇口尺寸。如能采用热流道阀式浇口，则更能精准地控制补料时间，又能防止倒流，这对于生产高精度、低内应力、高质量的制品是一个不错的选择。

4. 浇口封闭后的冷却

如图 4-3-3 所示，在不发生倒流时随着冷却的进行型腔内的压力沿着曲线 1 在 t_2—t_4 区间变化，在有倒流时沿曲线 2 在 t_2—t_3—t_4 区间变化，t_4 为开模取制品的时间。在这一段时间里，由于浇口已完全封闭，因此冷却过程中型腔内塑料的体积和质量都不发生改变（指制品尚未因收缩而离开型腔壁时），这时制品在型腔内的温度和压力是沿恒定密度线变化的，可用 Spencer-Gilmore 状态方程式来描述：

$$(p+\pi)(v-W)=RT \tag{4-3-1}$$

式中　　p——塑料熔体压力

　　　　v——塑料熔体比容

　　　　T——塑料熔体绝对温度

R、π、W——各种常数，其中 W 由塑料种类确定

由该式可以看出，比容 v 不变时 p 和 T 成直线关系。制品脱模时为了不变形，脱模温度应在塑料热变形温度 T_S 以下，但不会低于型腔表面温度 T_0。脱模时，制品对型腔壁残余压力不能太高，否则制品脱出时摩擦阻力大，易产生划伤、卡滞或破裂现象，残压接近零是最好的。若压力降到零时制品的温度还偏高，需要继续冷却，则会产生负压，负压过大不但意味着制品的收缩率大，还会产生凹陷、缩孔等缺陷，在有型芯的模具中还会对型芯产生过大的收缩包紧力，造成脱模困难。因此，应对残压加以限制，使其在 $+p_R$ 和 $-p_R$ 之间，由两条温度线（T_0，T_S）和两条压力线（$+p_R$，$-p_R$）所围成的矩形区域即适合开模区

域，如图 4-3-5 所示。制品冷却时，其状态不断改变沿恒定密度线进入这一区域。

实际操作时，为提高生产效率，制品冷却到 T_S 即可开模。因此，实际允许开模区域是图 4-3-5 上沿恒定密度线 1、3 之间进入开模区域，而 2 线可达到零压力开模，是最理想的情况。

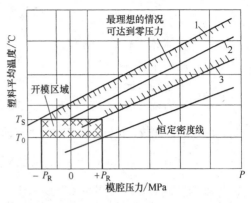

图 4-3-5　制品脱模时模内的温度及压力的合适范围

三、塑料熔体在浇注系统和型腔内的流动分析

一副成功的注塑模具，其浇注系统应保证在充模阶段塑料熔体能顺利地通过流道，充满型腔，不产生喷射，不夹带入空气，不产生或少产生熔接痕。当熔接痕不可避免时，应使它的位置、数量、尺寸、熔接质量和外观不影响塑件使用。在保压阶段能把注塑机料筒传来的压力通过流道和浇口传递到型腔内，达到充分地压实塑料熔体和补料的目的。正确地补料能保证塑件尺寸和形状精度，不发生过大的收缩，表面无凹陷，内部无缩孔。在补料结束时能迅速冻结，不产生过度的补料，降低低温补料的内应力。

流道的断面形状常见有圆形（圆柱形流道和圆锥形流道）、矩形、梯形、U 形等，多数的薄壁制品其型腔的断面形状可看成是窄缝形流道。下面针对常见断面形状的流道和型腔，研究塑料熔体在其中流动时的压力降、流动速率、物料特性和流道几何尺寸之间的关系。

对于低分子量的流体例如水、酒精等属于牛顿型流体，其剪应力与剪切速率成正比：

$$\tau = \mu \dot{\gamma} \tag{4-3-2}$$

式中　τ——剪应力（N/cm^2）

　　　μ——牛顿黏度（N·s/cm^2）

　　　$\dot{\gamma}$——剪切速率（1/s）

（1）对圆形流动通道　如图 4-3-6 所示为半径为 R 的圆形流动通道，通道两端的距离为 L，压差为 Δp，在圆管中取一圆柱形微元体，其半径为 r，长度为 dL，作用在圆柱两端压差为 dp，圆柱体表面单位面积受剪应力为 τ，列出力平衡方程式如下：

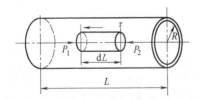

图 4-3-6　流体在圆管内流动受力图

$$\tau_r = 2\pi r \mathrm{d}L = \pi r^2 \mathrm{d}p$$

$$\tau_r = \frac{r}{2} \frac{\mathrm{d}p}{\mathrm{d}L}$$

假设沿管轴压力均匀下降，则 $\dfrac{\mathrm{d}p}{\mathrm{d}L} = \dfrac{\Delta p}{L}$，当 $r = R$ 时在管壁处剪应力为

$$\tau_w = \frac{\Delta p R}{2L} \tag{4-3-3}$$

对牛顿流体在圆管内流动流速呈抛物线分布，管壁速度为零，中心速度最大，由式（4-3-2）流体内剪切速率为

$$\dot{\gamma} = -\frac{\mathrm{d}v}{\mathrm{d}r} = -\frac{\tau}{\mu} \tag{4-3-4}$$

将式（4-3-3）代入式（4-3-4），经积分整理得

$$\frac{\Delta p R}{2L} = \mu \frac{4 q_{\mathrm{v}}}{\pi R^3} \tag{4-3-5}$$

式中 q_{v}——流体体积流率（cm^3/s）

R——流道半径（cm）

L——流道长（cm）

Δp——压力降（N/cm^2）

与式（4-3-2）比较，可知牛顿流体在圆形流道中在管壁处的剪应力 τ_{w} 和剪切速率 $\dot{\gamma}_{\mathrm{w}}$ 分别为

$$\tau_{\mathrm{w}} = \frac{\Delta p R}{2L} \quad \dot{\gamma}_{\mathrm{w}} = \frac{4 q_{\mathrm{v}}}{\pi R^3}$$

但是绝大多数的塑料熔体不是牛顿流体，而是非牛顿流体，其剪应力与剪切速率的关系必须用指数方程来描述，因此被称为幂律流体。

$$\tau = K \dot{\gamma}^n \tag{4-3-6}$$

式中 K——熔体稠度系数

n——非牛顿指数，$n<1$

与式（4-3-2）相比可知：牛顿流体的 $n=1$，稠度系数 $K=\mu$。

将式（4-3-3）和式（4-3-4）代入式（4-3-6），经积分重排得

$$\frac{R \Delta p}{2L} = K \left(\frac{3n+1}{n} \frac{q_{\mathrm{v}}}{\pi R^3} \right)^n \tag{4-3-7}$$

或

$$\Delta p = K \left(\frac{3n+1}{n} \frac{q_{\mathrm{v}}}{\pi R^3} \right)^n \frac{2L}{R} \tag{4-3-8}$$

幂律定律的指数方程还有另一种表示方法，即

$$\dot{\gamma} = -\frac{\mathrm{d}v}{\mathrm{d}r} = -k \tau^m \tag{4-3-9}$$

式中 k——流动常数

m——非牛顿指数另一种表示，$m>1$。牛顿流体 $m=1$

设 $m=1/n$，代入式（4-3-9）得

$$K = \left(\frac{1}{k} \right)^n \tag{4-3-10}$$

将式（4-3-3）代入式（4-3-8），经积分重排得

$$\frac{(m+3) q_{\mathrm{v}}}{\pi R^3} = k \left(\frac{R \Delta p}{2L} \right)^m \tag{4-3-11}$$

在本章和塑料挤塑成型模具一章中，由式（4-3-6）和式（4-3-9）及由它们推导出的公式都有应用。即基于 K 和 n 的表达式和基于 k 和 m 的表达式，公式的形式虽有不同，但其计算结果是完全一致的。

在工程上为了使公式形式简化，将式（4-3-7）简化成如下的关系式：

$$\frac{R \Delta p}{2L} = K' \left(\frac{4 q_{\mathrm{v}}}{\pi R^3} \right)^n$$

式中 K'——表观稠度系数

$$K' = K \left(\frac{3n+1}{4n} \right)$$

（2）对于宽矩形或狭缝形流动通道 如图 4-3-7 所示，同样从式（4-3-5）出发，经积分重排得

$$\frac{\Delta ph}{2L} = K\left(\frac{2n+1}{2n}\frac{4q_v}{Wh^2}\right)^n \qquad (4\text{-}3\text{-}12)$$

或
$$\Delta p = K\left(\frac{2n+1}{2n}\frac{4q_v}{Wh^2}\right)^n \frac{2L}{h}$$

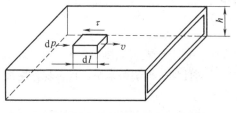

式中　W、h——流道的宽和高

经过与圆形流道公式类似简化可得

$$\frac{h\Delta p}{2L} = K''\left(\frac{6q_v}{Wh^2}\right)^n$$

图 4-3-7　熔体在狭缝形流道内流动受力图

式中　K''——流道截面为矩形时的表观稠度系数

$$K'' = K'\left[\frac{4(2n+1)}{3(3n+1)}\right]^n \qquad (4\text{-}3\text{-}13)$$

为简化计算，在工程计算中可以取 $K'' = K'$，其误差小于 4%。

（3）对梯形流道

$$\Delta p = (6q_v)^n \frac{2^{n+1}K''L}{(B_1+B_2)^n h^{2n+1}} \qquad (4\text{-}3\text{-}14)$$

式中　B_1、B_2——上底宽度和下底宽度

　　　　h——梯形高度

（4）对 U 形截面流道

$$\Delta p = 2^{2n+1}K'\left(\frac{q_v}{A}\right)^n \frac{L}{R_n^{n+1}} \qquad (4\text{-}3\text{-}15)$$

式中　R_n——当量半径，$R_n = 2A/S$（A——流道截面积；S——流道截面周长）

以上计算是假定塑料熔体为等温稳定流动，且与流道壁无滑移的前提下推导得出来的。实际上，注射成型的充模流动是非稳定流动，开始时流道和型腔内还没有塑料熔体，随着充模过程进行，流动长度不断增加，压差不断增大，且通过流道和型腔壁热量不断逸散，紧靠流道和型腔壁还有冻结层生成，这将使熔体温度降低，黏度增大，同时由于压力升高，会导致黏度进一步增加；但相反，由于流动时剪切发热将导致熔体温度升高，又会使黏度降低，充模速度越快，剪切发热越大。由上可知，塑料熔体在流道和型腔内流动时既有温度降低的因素，又有温度升高的因素，两者可能相互抵消，有的塑料（如 PP）在一般的流道和型腔里升温和降温几乎平衡，有的塑料（如 PA、PMMA）剪切生热作用反而更大。

利用 CAE 软件，能模拟各种塑料熔体在流道和型腔内在任何时刻各个点的温度和压力的改变，还能将分析的结果用图形显示出来。在简化的工程计算中，由于充模速度很快，将剪切生热、热损失和静压力对黏度的影响视为相互抵消，不予考虑，按等温稳定流动进行近似计算。

在模具设计的过程中，常需对流道中流动阻力损失、流道几何尺寸等进行计算。可利用以上各式进行近似计算，但需先求出 K、K'、K'' 和 n 的值，在实际使用中感到较为麻烦。因而，常采用以表观剪切速率和表观黏度 η_a 之间的实验坐标曲线图关系为基础的计算式。

（1）对于圆形流道　表观剪切速率为 $4q_v/\pi R^3$，

$$\frac{R\Delta p}{2L} = \eta_a\left(\frac{4q_v}{\pi R^3}\right)$$

即

$$\Delta p = \frac{8\eta_a L q_v}{\pi R^4} \qquad (4\text{-}3\text{-}16)$$

（2）对于窄缝形或矩形流道　表观剪切速率为 $6q_v/Wh^2$，

$$\frac{h\Delta p}{2L} = \eta_a\left(\frac{6q_v}{Wh^2}\right)$$

即

$$\Delta p = \frac{12\eta_a L q_v}{W h^3} \tag{4-3-17}$$

式中　　η_a——表观黏度（N·s/cm²）

对任何一种塑料来说，其表观黏度视料温和表观剪切速率而定，可查由实验得出的有关图表决定，如图 4-3-8 和图 4-3-9 所示。

对六边形、梯形、U 形流动通道，可看成相同当量半径的圆形流动通道求解。

应指出，对绝大多数的塑料熔体来说，表观黏度随剪切速率的增加而下降，这是因为剪切流动增加了大分子的有序性，使从无规的缠绕状态得到一定解脱，从而使流动阻力降低，因而显示出较低的流动黏度。从图 4-3-10 中可以看出各种塑料的表观黏度对剪切速率的敏感性是不一样的，图中以聚苯乙烯最敏感，而聚砜敏感性最差，接近于牛顿流体。

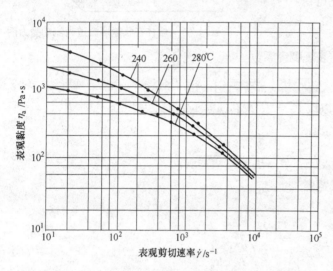

图 4-3-8　尼龙 1010 的表观黏度与表观剪切
速率关系曲线（$L/D=40/1$）

当料温变化时表观黏度随温度升高而降低，如图 4-3-11 所示，不同塑料由于其分子结构的特征，表观黏度对温度敏感程度也不一样，其中聚砜较大，HDPE 最小。

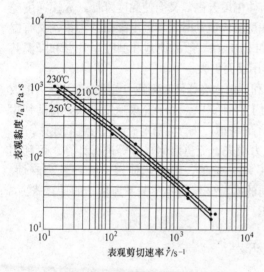

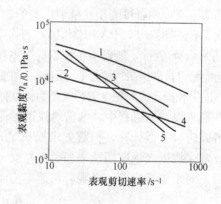

图 4-3-9　ABS 的表观黏度与表观剪切
速率关系曲线（$L/D=40/1$）

图 4-3-10　某些塑料熔体的表观黏度与
剪切速率的关系

1—挤塑成型用聚砜（350℃）　2—注塑模塑用聚砜
（350℃）　3—低密度聚乙烯（210℃）

4—聚碳酸酯（315℃）　5—聚苯乙烯（200℃）

由图 4-3-10 和图 4-3-11 可知，有的塑料用提高剪切速率来降低表观黏度较为有效，而有的则需要用升温的办法来降低表观黏度。其差异将在设计模具的浇口和流道尺寸时或在试模时得以体现。例如黏度对剪切速率敏感的塑料可采用较小的浇口尺寸和流道尺寸。

利用对聚合物熔体流变学分析的基础理论并借助有限元、有限差分等数学工具，开发出今天广泛使用的流动分析计算机软件（CAE 软件），见本章第十二节。

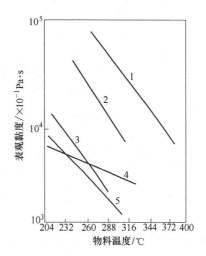

图 4-3-11　某些塑料熔体的表观黏度与温度
的关系（剪切速率为 $100s^{-1}$ 时测定）
1—注射模塑用聚砜　2—聚碳酸酯　3—聚苯醚
4—高密度聚乙烯　5—聚苯乙烯

四、主流道和冷料井的设计

（一）主流道和主流道衬套

为了有效地传递保压压力，浇注系统中主流道及其附近的塑料熔体应该最后固化。在卧式或立式注塑机用模具中，主流道垂直于分型面；而角式注塑机用模具的主流道则开设在分型面上。前者为便于流道凝料的拔出，将主流道设计成圆锥形。

主流道的端面与喷嘴接触处多做成半球形的凹坑，两者应严密地配合，避免高压塑料熔体溢出，凹坑球半径 R_2 应比喷嘴球头半径 R_1 大 $1\sim2mm$，如图 4-3-12 (a) 所示。如若相反，则主流道凝料将无法脱出；如大得太多，则密封作用不好。主流道小端直径应比注塑机喷嘴孔直径约大 $0.5\sim1mm$，常取 $\phi4\sim8mm$，视制品大小及补料要求决定。大端直径应比分流道宽度大 $1.5\,mm$ 以上，其锥角不宜太大，一般取 $2°\sim6°$。内壁有 $Ra=0.2\sim0.4\mu m$ 以下的粗糙度，在内壁研磨和抛光时应注意抛光方向，不形成垂直于拔出方向的划痕，否则会发生脱出困难。加工腐蚀性材料还应将流道内孔镀铬。由于主流道与注塑机的高温喷嘴反复接触和碰撞，所以宜设计成独立的主流道衬套。主流道衬套要承受交变应力，其外圆盘直径 D 不能太大，配合段的直径 D_1 不宜过大，以免注入模内的塑料产生过大的反推力，使主流道衬套后退，有时该力甚至将衬套的连接螺钉拉断。为补偿在注塑机喷嘴冲击力作用下衬套向前移动，可以将它的长度设计得比模板厚度短 $0.02mm$。当主流道贯穿几块模板时，最好采用主流道衬套，以避免在模板间的拼缝处溢料，使凝料难以脱出，图 4-3-13 所示为标准的主流道衬套示例。当衬套不允许旋转时可用销、螺钉或键定位。主流道衬套用优质钢材制作，

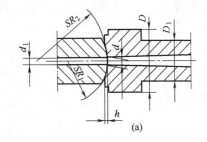

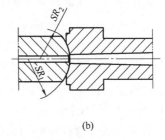

图 4-3-12　喷嘴与主流道衬套凹面接触尺寸关系
(a) $SR_2=SR_1+1\sim2$ (mm)；$d=d_1+(0.5\sim1)$；$h=3$　(b) $SR_2<SR_1$（SR 是指球半径）

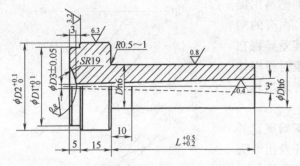

图 4-3-13 主流道衬套（GB/T 4169.19—2006）

凹球面局部热处理至 38～45HRC。

过去常将小型模具主流道衬套的大圆盘设计成模具定位环，用来安装模具时作定位用，并高出定模底板表面 5～10mm。但当定位环直径 D 与配合段外径 D_1 相差甚大时，为节省加工工作量和材料，应将衬套与定位环分开设计，如图 4-3-14（a）、（b）所示。图 4-3-14（b）的设计将定位环的周边凸出，压紧在机器定模板和模具定模板之间，避免主流道衬套被反向压力压出。

在角式注塑机用模具中，主流道开设在分型面上，一般设计成圆柱形。为便于脱出，其轴线应在合模面上，主流道与喷嘴接触处多做成平面或半球形面，接触处可镶一块硬度高的钢材，以减少受机器喷嘴碰撞时的变形和磨损，如图 4-3-15 所示。

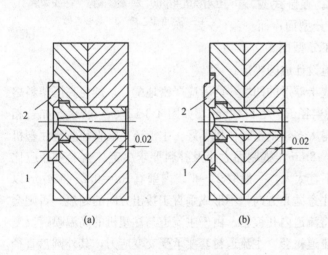

图 4-3-14　主流道衬套与定位环分开设计
1—主流道衬套　2—定位环

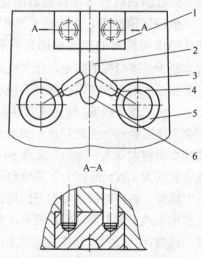

图 4-3-15　角式注塑机用模具流道设计
1—镶块　2—主流道　3—分流道
4—浇口　5—型腔　6—冷料井

（二）冷料井类型和结构

前面已经提到由于注塑机喷嘴与冷模具接触降温，致使喷嘴前端常存有一段低温料，为除尽这段冷料，在主流道对面开设冷料井，使冷料不进入分流道和型腔。角式注塑机用模具的冷料井为主流道的延长部分。卧式注塑机用模具的冷料井设在与主流道末端相对的动模上，冷料井的底部或四周常做成曲折的钩形或在侧向开凹槽，使分型时能将主流道凝料从主流道中拉出留在动模上。常见冷料井结构有以下三类。

1. 冷料井底部带推料杆的冷料井

在冷料井底部有一根与冷料井底部圆孔成动配合的推杆，其中最常见的是带 Z 形头拉料钩的推杆，又称为拉料杆，这是最常用的形式。由于拉料杆头部的侧凹将主流道凝料钩住，分模时即可将凝料从主流道中拉出。拉料杆的根部固定在动模边的推出板上，在推出制件时，冷料也一同被推出，取产品时冷料向拉料钩的侧向少许移动，即可脱钩将制件连同浇注系统凝料一道取下。其结构如图 4-3-16（a）所示。

同类型的还有倒锥形冷料井〔如图 4-3-16（b）所示〕和圆环槽冷料井〔如图 4-3-16（c）所示〕，其冷料推杆也都固定在推出板上，分模时靠倒锥或侧凹起拉料作用，然后再强制推出。这两种形式宜用于成型弹性较好的塑料。由于取主流道时无需作横向移动，故容易实现自动脱模。有时由于制件形状限制，在脱模时，制件无法左右移动，不宜采用 Z 形头拉料杆，如图 4-3-17 所示，而应采用倒锥形或圆环槽的冷料井。

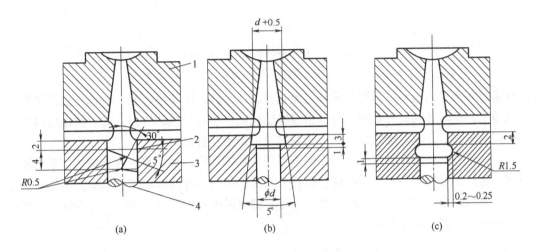

(a)　　　　　　　　　(b)　　　　　　　　　(c)

图 4-3-16　底部带推杆的冷料井
1—定模　2—冷料井　3—动模　4—拉料杆（推杆）

2. 带球形头拉料杆的冷料井

这种拉料杆专用于制件以推件板脱模的模具中（见脱模机构有关章节）。塑料进入冷料井后，紧包在拉料杆球形头的侧凹内，开模时即可将主流道凝料从主流道中拉出。球头拉料杆的根部固定在动模边的型芯固定板上，不随推出装置移动，故当推件板推塑件时，将主流道凝料从拉料杆球头侧凹上强制推下，如图 4-3-18（a）所示。

菌形头拉料杆，如图 4-3-18（b），为这种拉料杆的变异形式。图 4-3-18（c）为锥形头拉料杆，锥形拉料杆没有储存冷料的作用，它靠塑料收缩包紧力将主流道拉住，故可靠性远不如上面两种。为增大锥面的摩擦力，可采用较小的锥度，或在锥面上开环形槽。但尖锥的分流作用较好，常用在单腔模具中成型带中心孔的塑件，例如在单型腔塑料齿轮模具中采用。

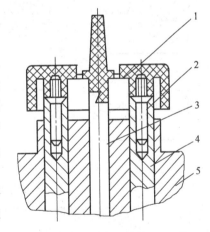

图 4-3-17　错误使用 Z 形拉料杆
1—塑件　2—螺纹型芯　3—拉料杆
4—推杆　5—动模

3. 无拉料杆冷料井

如图 4-3-19 所示。其中图（a）的结构是在主流道对面的动模板上加工一个 90°锥角圆锥形凹坑，为了拉出主流道凝料，在锥形凹坑的锥壁上平行于对应边钻有一深度不大的小

71

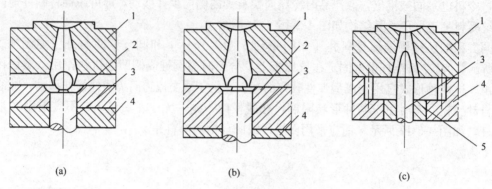

图 4-3-18　用于推件板脱模的拉料杆
1—定模　2—推件板　3—拉料杆（固定杆）　4—动模　5—推块

孔，分模时靠小孔内塑料的固定作用将主流道凝料从主流道中拉出，推出时推杆推在制件上或分流道上，这时冷料头先沿着小孔的轴线移动脱出，然后被全部拔出。为了能让冷料头完成这种斜向移动，分流道必须设计成 S 形或其他的带有挠性的形状。

另一种无拉料杆的冷料井用于瓣合模成型塑件的模具中。塑件因为有外侧凹，采用瓣合模成型，将倒锥形冷料井也加工在瓣合模块分型面的两边，开模时利用倒锥形将主流道从定模拉出。分型时瓣合模块分开，冷料井中的凝料即可随塑件和流道一起脱出，冷料井底部不需设推料杆。如图 4-3-19（b）所示。

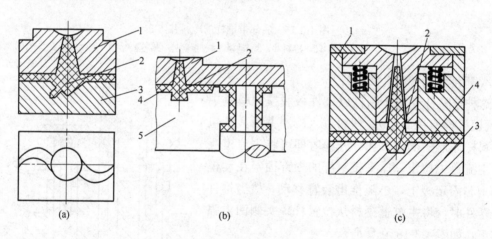

图 4-3-19　无拉料杆冷料井
1—定模　2—冷料井　3—动模　4—分流道　5—瓣合模块

主流道衬套装弹簧的形式：塑件成型后机器的喷嘴后退一小段距离，则弹簧推动主流道衬套与主流道凝料松脱，这种冷料井由于不需要拉主流道，也可不设拉料杆，如图 4-3-19（c）所示。

五、分流道系统设计

1. 多腔模中型腔和分流道的布置

多型腔注塑模设计时，型腔布置和分流道的布置应同时加以考虑，设计的原则有：

① 尽量保证各型腔同时充满，并且各浇口能同时冻结，以实现均衡地充模和均衡地补

料，保证同模各塑件性能、尺寸的一致。

② 各型腔之间距离恰当，应有足够空间排布冷却水道、连接螺钉等，并有足够大的断面尺寸承受注塑压力。

③ 在满足以上要求的情况下尽量缩短流道长度，降低浇注系统凝料重量。

④ 型腔和浇注系统投影面积的重心应尽量接近注塑机锁模力的中心，一般在机器动定模板的中心上。

多型腔模具分流道的布置有平衡式和非平衡式两类。只有以主流道为中心，型腔均匀地排布在主流道两侧或四周，分流道呈辐射状布置的平衡式分流道系统才能够做到真正的平衡。它从主流道到各型腔的分流道和浇口，其长度、形状、断面尺寸都是对应相等的，如图4-3-20 所示。

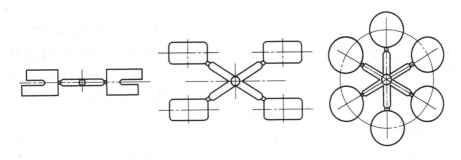

图 4-3-20　多型腔分流道的平衡式布置

过去经常采用的呈 H 形排列的平衡式分流道系统，如图 4-3-21 所示，实际上是不能平衡的，靠近主流道一侧的型腔会先充满，制品偏重，甚至较外侧的型腔更容易发生溢边，这种不平衡即使采用 Mold-flow 等流动分析软件也是无法分析的。它是由于熔体在流道内流动时黏度不均匀造成的，靠近流道壁有一层高剪切区，而流道的中心部分是低剪切区，高剪切区由于摩擦生热和切力变稀使熔体的温度高于中心区，而黏度低于中心区（低剪切区），如图 4-3-22 （a）的 C-C 截面所示，在进入下一级分流道时，中心区的高黏度熔体更容易继续向前流动，充满次级分流道的右侧，使低黏度高温的外层熔体主要分布在流道左侧，如图4-3-22 （a）的截面 D-D 所示，充模时左侧的低黏度熔体提前充满型腔而浇口处由于温度高会延迟冻结，补料时间延长，致使靠主流道内侧的四个型腔产出的制品更重，甚至发生溢边，而外侧制品偏轻甚至缺料 ［如图 4-3-22 （b）所示］，甚至注入同一型腔也会发生制品性

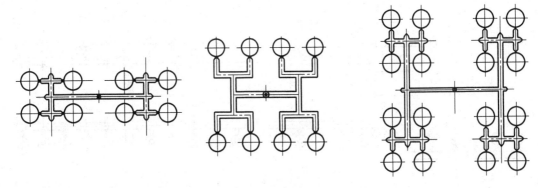

图 4-3-21　几何上平衡排布的 H 形分流道系统

73

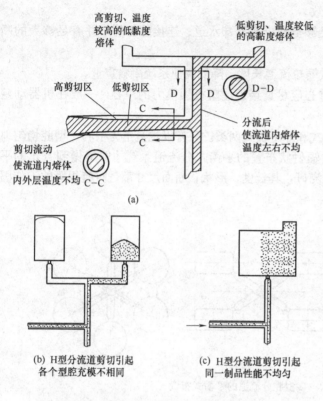

(a)

(b) H型分流道剪切引起
各个型腔充模不相同

(c) H型分流道剪切引起
同一制品性能不均匀

图 4-3-22　H形排布分流道中的不均衡现象分析

能左右不对称的现象［如图 4-3-22
（c）所示］。非牛顿性越强的塑料
熔体越容易出现这种不均衡现象，
这种不均衡一般只能靠人工修整浇
口和流道尺寸来加以改正。

有人发明了一种熔体旋转装
置，例如在流道中嵌入螺旋形翼
片，能将第二级分流道中熔体旋转
90°，从而将不均匀熔体重新排列，
从流道中左右不对称改为上下层不
对称，达到左右侧型腔能均衡充
满、浇口能同时冻结的目的，经过
这种特殊设计后，才能使 H 形布
置的分流道重归平衡。在机加工平
衡式布置的分流道时应注意各对应
部位尺寸的一致性。

非平衡式布置的分流道一般来
说适用于型腔数较多的情况，其流
道的总长度可能比平衡式布置的短
一些，因而可减少回头料的重量，
如图 4-3-23（a）、（b）、（c）所示，
这对于性能和精度要求不高的塑件来说是经济可行的。为了达到各型腔趋于同时充满，必须
把浇口开成不同的尺寸大小，其方法详见浇口设计部分。非平衡式布置的分流道也可通过改
变各段流道断面尺寸的办法来达到进料平衡，使从主流道到各个浇口的压力降相等。由于流
道断面尺寸不便于在修模时再修整，在设计时应先计算，再在试模时配合修浇口即可取得较
好的效果。应该指出：单纯靠估计来确定浇口尺寸是不容易做到各型腔同时充满的，实际上
还需在试模时采用不完全注塑法反复试模和修整来完成，最好的方法是借助计算机流动分析
软件来优化流道和浇口的尺寸，达到各型腔同时充满。但即使做到了各型腔同时充满，也不
容易做到各型腔浇口同时冻结，补料时间各不相同。显然，对于性能和精度要求特别高的塑
件最好采用真正平衡式布置的分流道。

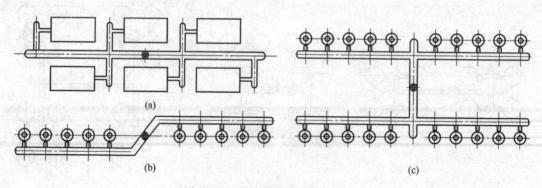

(a)

(b)

(c)

图 4-3-23　分流道的非平衡式布置

2. 按允许流动阻力优化分流道尺寸

在多腔模中要降低流动阻力，应使分流道尽量短且转弯少。此外，分流道的断面尺寸要足够大，以降低压力损失和温度损失，缩短充模时间，使能生产出高质量塑件。但是过大的流道断面增加了浇注系统回头料重量，也就增加了原料中回头料配用比例，不但多耗能，且会降低制品质量；而且粗大流道要求较长的冷却时间，延长了作业周期，降低了机器的效率。因此，过多地强调采用大流道来降低压力和温度损失也是片面的，较合理的办法是根据塑件大小和塑料品种设定一理想充模时间，或者在型腔入口处设定一适当的充模压力 p_1，根据注塑机注塑压力 p 确定浇注系统允许压力降 p_2（$p_2 = p - p_1$），例如某一注塑成型机能给出 150MPa 注塑压力，成型中型塑件型腔入口处约需 50MPa 压力，因此浇注系统允许压力降约 100MPa，通过试差计算即可得出满足该压力降的最小流道尺寸。如图 4-3-24 所示的浇注系统，设流道断面为圆形，

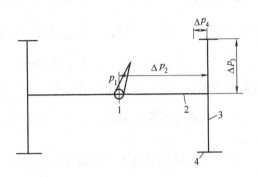

图 4-3-24　浇注系统压力降
1—主流道　2~4—分流道

塑料经主流道 1、分流道 2、分流道 3、分流道 4 和浇口流道 5 进入型腔，总压力损失为各段流道阻力损失之和。

$$\Delta p = \sum_{i=1}^{5} \Delta p_i = \sum_{i=1}^{5} \frac{8\eta_{ai} L_i q_{vi}}{\pi R_i^4} \leqslant p_2 \tag{4-3-18}$$

式中　L_i——各段流道长度

R_i——各段流道半径或当量半径

q_{vi}——各段流道体积流量

η_{ai}——各段流道中熔体表观黏度

先对各段流道的长度和半径凭经验设定后进行迭代运算，直到合乎要求，流道各段因剪切速率不同，其表观黏度 η_{ai} 也不同，应根据原料流变数据查取不同的值代入计算。流道总体积为

$$V_s = \sum_{i=1}^{4} V_i = \sum_{i=1}^{4} \pi R_i^2 L_i \tag{4-3-19}$$

若浇口或流道为矩形，则应按矩形流道流动阻力和体积进行计算。基于此原理可计算出流道最佳尺寸，也有按类似原理编制的计算机 CAE 软件，用它对分流道系统进行优化设计。

3. 分流道截面形状设计

分流道常见断面形状有圆形、正六边形、梯形、U 形、半圆形、矩形等数种，如图 4-3-25 所示，希望选取易于加工、且在流道长度和流道体积相同的情况下流动阻力和热量损失都最小的断面形状。从减少热损失的角度出发，其比表面积（即单位体积所具有的表面积，约等于断面周长与断面面积之比）应越小越好；从减少流动阻力的角度出发，也有类似的结论。现对各种断面形状的分流道分析如下：

（1）圆形断面分流道　这种分流道比表面积最小，故热量散失小，阻力亦小，浇口可开在流道中心线上，因而可以延长浇口冻结时间，有利于补料。缺点是需要同时在动模和定模

两边进行切削加工，而且合模时要相互吻合，故制造费用高。如图 4-3-25（a）所示。

（2）正六边形分流道　优点同上，其比表面积略大于圆形分流道，但加工稍易，常用于小断面尺寸的流道。如图 4-3-25（b）所示。

（3）梯形断面分流道　由于这种流道只切削加工在一个模板上，节省机械加工费用，且热量损失和阻力损失均不太大，故为最常用形式。其断面尺寸比例为：$h=1\sim\frac{2}{3}w$、$x=\frac{3}{4}w$，如图 4-3-25（c）所示；或取斜边与分模线的垂线呈 $10°$ 的斜角。

（4）U 形断面分流道　这种分流道断面如图 4-3-25（d）所示。其优缺点与梯形断面分流道基本相同，也经常采用。其深度 $h=1\frac{1}{4}R$。

（5）半圆形断面分流道　如图 4-3-25（e）所示。这种分流道的比表面积较大，故不常采用。

（6）矩形断面分流道　如图 4-3-25（f）所示。这种分流道比表面积亦较大，取决于长短边长度之比，脱模斜度小，也不常采用。

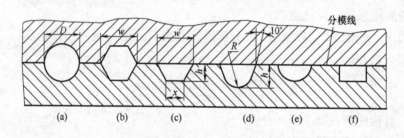

图 4-3-25　分流道断面形状

分流道表面粗糙度决定于所成型的塑料品种，对于有的塑料，分流道表面不宜抛光，其好处是使流道壁处冻结的冷皮贴在壁上，不易随流体进入型腔；而对另一些塑料如 PP、PVC、POM，为避免表面疵痕，必须对流道表面仔细抛光，甚至要求镀铬。

分流道的断面尺寸应根据熔体流量、塑件壁厚、流速、材料特性、黏度等因素决定。在做优化设计时，根据浇注系统允许压力降来进行计算，得出分流道尺寸的最优值，已如前述。

按经验，分流道的直径（或相当直径）一般应大于制品壁厚（特厚制品除外）。如果不进行计算，可粗略地按表 4-3-1 决定分流道直径。

表 4-3-1　　　　　　　　　　　　　　分流道直径推荐值

塑料名称	推荐直径/mm	塑料名称	推荐直径/mm
ABS、SAS	4.8～9.5	聚酰胺	1.6～9.5
聚苯乙烯	3.2～9.5	聚碳酸酯	4.8～9.5
聚乙烯	1.6～9.5	聚砜	6.4～9.5
聚丙烯	4.8～9.5	聚苯醚	6.4～9.5
醋酸纤维	4.8～9.5	软聚氯乙烯	3.2～9.5
改性有机玻璃	7.9～9.5	硬聚氯乙烯	6.4～9.5

六、浇口设计

浇口直接与塑件相连，把塑料熔体引入型腔。浇口断面形状有圆形、矩形和又宽又薄的狭缝形。圆形截面浇口常见有针点浇口、潜伏式浇口（椭圆形）、主流道形浇口；矩形截面浇口有侧浇口、轮辐式浇口；狭缝式浇口有扇形浇口、薄膜式浇口等。浇口是浇注系统的关键部位，浇口的形状和尺寸对塑件质量影响很大，浇口在大多数情况下是整个流道中断面尺寸最小的部分，流动阻力大，对充模流动起着控制性作用，冷却时最先冻结，因此控制着补料时间，成型后制品与浇注系统从浇口处分离，因此其断面尺寸又影响着去除和修饰等后加工工作量的大小和塑件外观。本节就浇口尺寸、形状、位置分别进行讨论。

（一）浇口尺寸设计

浇口尺寸包括浇口断面尺寸和浇口长度尺寸，其断面积约为分流道断面积的 $3\%\sim9\%$，浇口长度约为 $0.5\sim2.5$mm，因此浇口处的流动阻力很大，剪切速率也很高。对于牛顿流体来说，黏度仅仅是温度的函数，不随剪切速率的变化而变化，减小浇口的尺寸会迅速地增加充模阻力〔见式（4-3-16）和式（4-3-17）〕，阻力损失 Δp 与圆形浇口半径 R^4 或矩形浇口尺寸 Wh^3 成反比。然而大多数的塑料熔体它们表现出明显的假塑性流体行为，浇口尺寸减小使熔体通过浇口的剪切速率增大，熔体表观黏度 η_a 降低，并维持一段时间，使流动变得容易，因此在一定尺寸范围内（$d>0.8$mm），两种因素相互抵消，致使在减小浇口尺寸时 Δp 增长幅度不大，这正是小浇口得到广泛采用的原因。另外，由于通过小浇口时有明显的黏性发热现象，使进入型腔的塑料熔体温度升高，对于小型薄壁制品来说有时使充模变得更容易，这时小浇口的充模效果反而优于大浇口，这一现象在某些塑料品种和个别制品上得到充分地体现，但不适于所有情况，特别不适用于大型制品和厚壁制品。

应该指出，表观黏度随剪切速率升高而降低，并不是匀速的，其间的关系可表示为

$$\eta_a = K\dot{\gamma}^{n-1} \quad (n<1)$$

以 PE 塑料为例，如图 4-3-26 所示。当熔体温度为 200℃时，剪切速率从 2×10^2s^{-1} 增加到 4×10^2s^{-1} 时，其表观黏度从 7.2×10^2Pas 降至 4.2×10^2Pas，降低了 3×10^2Pas；但从 6×10^2s^{-1} 增加到 8×10^2s^{-1} 时，其表观黏度从 3.5×10^2Pas 降至 3×10^2Pas，仅降低了 0.5×10^2Pas。其他塑料如尼龙、ABS 等也有类似情况。由此可见，在较低的剪切速率范围内，$\dot{\gamma}$ 的微小变化会引起 η_a 很大的变化。研究表明，当塑料熔体在型腔内充模流速正处在这一敏感区间时，则会发生充模不均、制品表面不光洁、内应力高、收缩不均、翘曲变形等弊病，因此充模宜选择在剪切速率相对高的范围内，这时表观黏度较低，而且趋于稳定，成型时容易充模，容易得到性能优良的制品，这时浇口尺寸较小，充模的流速要高。

总的来说小浇口具有下列优点：

① 小浇口可以增加物料通过时的流速，同时浇

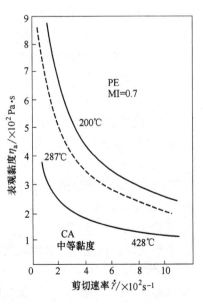

图 4-3-26　PE 和 CA 表观黏度与剪切速率的算术坐标图

口前后两端有较大的压力差，这样可以明显地降低非牛顿塑料熔体的表观黏度，使充模不因浇口缩小而发生困难。聚乙烯、聚苯乙烯等塑料熔体对剪切速率有较大的敏感性，所以采用小的浇口往往是成功的。

② 小浇口处有较大的摩擦阻力，塑料熔体通过浇口时，一部分能量转变成摩擦热，使物料的温度有几度、十几度，甚至 20～30℃的明显升高，温度上升也会降低表观黏度，增加流动性，这对提高某些塑料的薄壁塑件或带有精细花纹塑件的质量是有好处的。在实践中常发现某些中小型制品采用大浇口充不满型腔而改用小浇口后反而能够充满的例子。一些塑料熔体的表观黏度与温度的关系如图 4-3-11 所示。

③ 浇口冻结快，可以控制并缩短补料时间。在注塑过程中，为避免倒流，保压阶段一直要延续到浇口处固化为止。如果浇口尺寸较大，补料时间就会延长，增加了大分子的冻结取向和冻结应变，造成较大的补料内应力，在浇口附近的应力更大。内应力会引起制品翘曲变形，力学强度降低、开裂等。小浇口的适时封闭能正确地控制补料时间，从而提高了制品的质量。

④ 降低了模塑周期。由于小浇口固化快，不会因等待浇口固化而拖延成型时间，增加成型周期或因浇口尚未全部冻结而停止保压发生倒流现象，造成制品缺陷。

⑤ 在多型腔模中，小浇口容易平衡各型腔的进料速度，特别在分流道为非平衡式布置的多型腔模具中，如果浇口尺寸过大，则分流道尚未充满，一部分型腔已开始低速进料，易造成制品缺陷和制品性能及尺寸的不一致。由于小浇口处的阻力比流道阻力大得多，故当流道内建立起足够的压力后，各型腔才以接近相同的时间进料，再通过修浇口尺寸，可大大改善各型腔进料速度的不平衡。

⑥ 便于制件修整。大浇口浇注系统凝料往往需要机械加工或通过锯割才能除去；小浇口可以用手工快速切除，或在脱模时利用特殊的模具结构自动切断。小浇口切除后的疤痕较小，减少了修整时间，或根本无需修整。

下述情况宜采用大的浇口：

① 成型大型塑件（多浇口除外）时，为避免在充模阶段产生过大的流动阻力，必须采用大浇口，例如大型壳体、盒、桶等常用主流道型大浇口，否则会延长充模时间，甚至充不满型腔而缺料。大型制件用大浇口可保证型腔内高的充模流速。

② 对于厚壁和特厚制品，为了延长补料时间而必须采用相当大的浇口，否则会产生很大的体积温度应力，内部发生缩孔，表面产生凹陷。

③ 对于接近牛顿型的高黏度的塑料熔体，采用小浇口虽然提高了剪切速率，但表观黏度变化却不大，因此浇口尺寸缩小会迅速地降低充模体积流率。

④ 对于热敏性塑料（如 RPVC），由于小浇口会引起温度急剧上升，可能会造成塑料分解，在浇口附近产生明显的烧焦变色痕迹，因此宜采用较大的浇口。

（二）常见浇口形式

常见的浇口形式有下述十种：边缘浇口、扇形浇口、平缝式浇口、圆环形浇口、轮辐式浇口、爪形浇口、点浇口、潜伏式浇口、护耳浇口、直接浇口。

1. 边缘浇口

又名标准浇口、侧浇口。该浇口相对于分流道来说断面尺寸较小，属于小浇口的一种。边缘浇口一般开在分型面上，从制件边缘进料，如图 4-3-27 所示。边缘浇口具有矩形或接近矩形的断面形状，其优点是浇口在模具上便于机械加工，易保证加工精度，而且试模时浇口的尺寸容易修整，适于各种塑料品种，其最大特点是可以分别调整充模时的剪切速率和浇口封闭时间。浇口封闭时间即补料时间，主要由浇口的厚度决定。当厚度决定后，根据塑料的流动性能选择适当的剪切速率和流动速度，再依据制品的重量（或体积）确定浇口的宽度。因此矩形浇口容易调整到最佳的工艺状态，被广泛地采用。其经验计算公式如下：

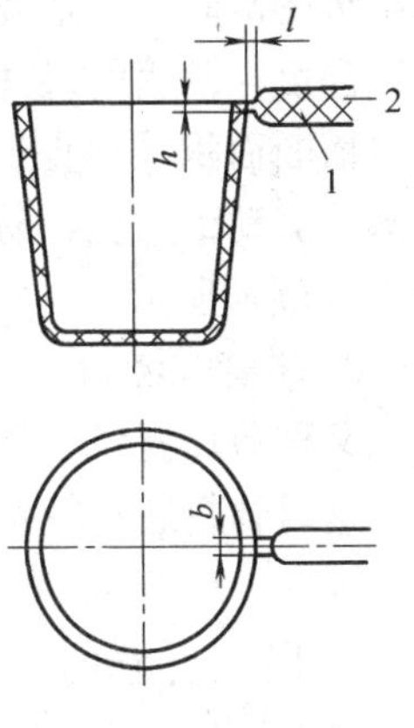

浇口深度 h 为

$$h = k\delta \tag{4-3-20}$$

式中　δ——制品厚度（mm）

　　　k——材料系数。PS、PE 为 0.6；POM、PC、PP 为 0.7；
　　　　　　PVAC、PMMA、PA 为 0.8；RPVC 为 0.9

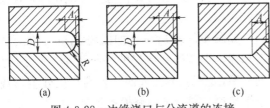

图 4-3-27　边缘浇口
1—流道　2—分型面

浇口的宽度可按下式近似计算：

$$W = \frac{k\sqrt{A}}{30} \tag{4-3-21}$$

式中　A——凹模边型腔表面积，即塑件外表面积（mm²）

对中小型塑件，边缘浇口的典型尺寸为深 0.5～2mm、宽 1.5～6.0mm，浇口台阶长 0.5～2.0mm。对大型制件，深 2.0～2.5mm，宽 7.0～10mm，浇口台阶长 2.0～3.0mm。

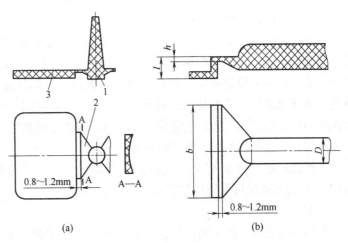

图 4-3-28　边缘浇口与分流道的连接
(a) $A = R = D/2$　(b) $A > D/2$　(c) $A \geqslant D/2$

分流道与浇口连接处的形状最好如图 4-3-28（a）所示；图（b）分流道系逐步变窄，补料阶段冷却快，产生较大的压力损失；图（c）浇口不在分流道中心，在流道壁处易冷却，效果较差，且可能把流道壁处形成的冷料皮推入型腔，使浇口附近泛白，但当浇口与分流道开设在同一个模板上时，不得不采用这种形式。

2. 扇形浇口

如图 4-3-29 所示，图（a）浇口直接连接于主流道；图（b）浇口连接于分流道，它是边缘浇口的一种变异形式。常用来成型宽度较大的薄片状制品。

浇口由鱼尾形过渡部分和浇口台阶组成，过渡部分沿进料方向逐渐变宽，厚度逐渐减薄，并在浇口处迅速减至最薄，塑料通过长约 0.8～1.2mm 的浇口台阶 l 进入型腔。扇形浇口使物料在横向得到均匀分配，可降低制品的内应力和空气卷入的可能性，能有效地消除浇

图 4-3-29　扇形浇口
1—主流道　2—扇形浇口　3—制件

口附近的缺陷。扇形浇口与型腔连接处的浇口台阶宽而浅。可按侧浇口的经验公式计算其宽度和深度，常用的尺寸是深 0.25～1.6mm，宽度从 6mm 至该浇口所在边型腔宽度的 1/2。浇口横断面积（垂直于料流方向的断面积）不宜大于分流道的横断面积。由于浇口两侧比中心部位流动距离长，易造成中心流速高，为使流速均匀，可加深浇口两侧的深度，如图 4-3-29A-A 断面所示。

3. 平缝式浇口

又称薄片浇口、膜状浇口。对于大面积的扁平制件（如片状制品），可以采用平缝式浇口。这时物料通过特别开设的平行流道得到均匀分配，以较低的线速度平行地均匀地进入型腔，降低了制件的内应力，特别是减少了侧浇口因取向而产生的翘曲（见浇口位置设计），提高了制件质量，和扇形浇口类似。虽然有上述优点，但成型后去除浇口的后加工量大，因而提高了产品的成本。

平缝式浇口比较薄（0.25～0.65mm），但宽度很大，其宽度为浇口边型腔宽的 1/4 至此边的全宽，浇口台阶长约 1～1.5mm。按经验公式计算时，浇口厚度可比普通矩形浇口薄，建议取 $h=0.7k\delta$。

如图 4-3-30 所示，如能将浇口台阶两侧厚度加深，则能得到更好的平行流动。h_1 约为 h_2 的一半，但 h_1 不宜太薄，否则在该处会形成一条熔接痕，通过试模修模找到最佳厚度。

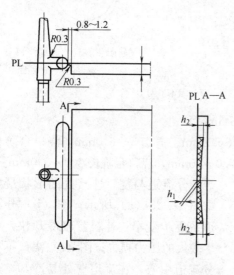

图 4-3-30 平缝式浇口

4. 盘形浇口和圆环形浇口

沿塑件内圆周进料的叫盘形浇口，沿外圆周进料的叫环形浇口。它主要用于圆筒形制品或中间带有孔的制品，如图 4-3-31（a）～（e）所示。这样可在整个圆周上取得大致相同的均匀的流速，空气容易顺序排出，无熔接缝。

浇口尺寸设计可作为矩形浇口看待，宽为圆周全长，其典型厚度为 0.25～1.6mm，可按 $h=0.7k\delta$ 计算，浇口台阶长约 0.75～1mm。

当塑件内孔质量要求很高时，浇口与制件可采取搭接的形式，浇口从端面切除，搭接长度应至少等于或大于浇口的厚度，如图 4-3-31（b）所示；图 4-3-31（d）所示为圆环形浇口的另一形式，用来模塑中间有通孔的制件，锥形型芯起分流作用；图 4-3-31（e）所示为旁侧进料的环形浇口，其主型芯的两端均可固定，塑料在圆环流道内沿圆周均匀分配，但实际上在圆环分流道的入口区附近流速会大一些，这就可能在对面形成熔接痕，但随着圆环断面尺寸的加大，流速的不均匀性将得到改善。

虽然圆环形浇口具有上述优点，但去除比较困难，常用车削的办法去除，图 4-3-31（a）、（c）的形式也可采用冲切去除。

5. 轮辐式浇口

它的适用范围类似于圆环形浇口，但是它把整个圆周进料改成几小段圆弧进料，如图 4-3-32 所示。这样不但去除浇口方便，浇口回头料较少，同时还由于型芯上部得到定位而增加了稳定性。缺点是制件上带有好几条拼合缝，对制件强度和外观有一定影响。浇口处的典

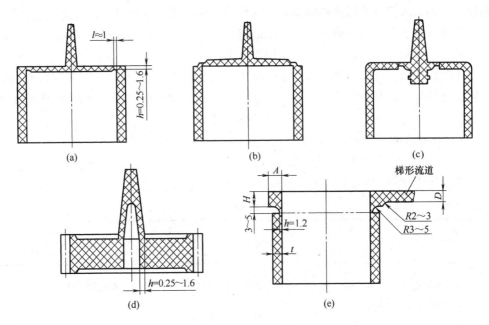

图 4-3-31　圆环形浇口

型尺寸为深 0.8~1.8mm，宽 2~6.5mm。

6. 爪形浇口

它是轮辐式浇口的一种变异形式，与轮辐式浇口的区别仅在于分流道与浇口不在一个平面内，如图 4-3-33 所示。它适用于管状制件，尤其适于制件内孔较小的管状制件和同心度要求高的制件。由于型芯的顶端伸入定模内，起到定位作用，减小了型芯弯曲变形，保证了同心度。

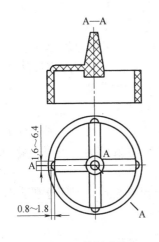

图 4-3-32　轮辐式浇口

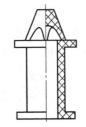

图 4-3-33　爪形浇口

7. 点浇口

点浇口是一种尺寸很小的浇口，物料通过时有很高的剪切速率，这对于降低假塑性熔体的表观黏度是有益的。塑料熔体粘度降低表明大分子之间的物理缠结点（由相邻大分子间作用力产生）和托普缠结点（由大分子无规构象相互钩连产生）得到一定程度解开，熔体能在一段时间内继续保持较低的黏度进入型腔，尽管这时型腔中的剪切速率已经降低。同时熔融物料通过小浇口时还有摩擦生热提高料温的作用，使黏度进一步降低。点浇口适用于表观黏度对剪切速率敏感的塑料熔体和黏度较低的塑料熔体。点浇口在开模时容易实现自动切断，制件上残留浇口痕迹很小，故被广泛采用。

中小型制件点浇口的直径为 0.4～2mm（常见为 0.6～1.5mm），视物料性质和制件重量而定。浇口台阶长度为 0.5～1.2mm，最好为 0.5～0.8mm。直径可按经验公式计算：

$$d = kC\sqrt[4]{A} \tag{4-3-22}$$

式中　A——型腔的表面积（mm²）

　　　C——壁厚系数，从表 4-3-2 中选取

上式适用于壁厚 0.7～2.5mm 的制品。

表 4-3-2　　　　　　　　　　壁厚系数 C 值

δ/mm	0.75	1	1.25	1.5	1.75	2	2.25	2.5
C	0.178	0.206	0.230	0.242	0.272	0.294	0.309	0.326

图 4-3-34 所示为典型的点浇口。浇口与制件相接处采用圆弧或倒角，如图 4-3-34（a）、（b）所示，使浇口拉断时不致损伤塑件。

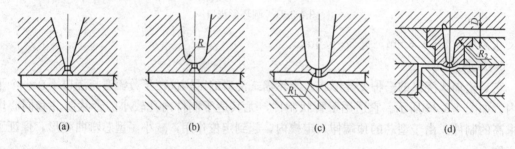

图 4-3-34　点浇口

有的制品为了使点浇口拉断后不致突出制品表面影响使用，将点浇口入口端低于制品表面，如图 4-3-34（c）、（d）所示。图（d）为在多型腔模中点浇口与分流道相接的情况，转弯处采取倒角 R_2，可减少流动阻力。当制件尺寸较大时，可以开设多点浇口从几点同时进料，这样可以缩短流程、加快进料速度，降低流动阻力，减少翘曲变形，如图 4-3-35 所示。

对于薄壁制件，由于点浇口附近的剪切速率过高，会造成分子的高度定向，增加局部应力，甚至开裂。为了改善这一情况，在不影响使用的情况下，可以将塑件浇口对面的壁厚增加并呈圆弧过渡，如图 4-3-36 所示，这样可明显降低浇口附近的剪切速率，降低内应力。增加厚度后减小了浇口冷却速度，使补料效果变好。

采用点浇口时，模具应设计成双分型面的三板式模，流道凝料和塑件分别从不同的分型面取出。

8. 潜伏式浇口

又名隧道式浇口。潜伏式浇口的断面形状和尺寸类似点浇口，它除了具备点浇口的各种特点外，其进料部分一般选在制件侧面或背面较隐蔽处，不致影响制品的外观，与普通点浇口相比它可采用较简单的两板式模具。浇口进浇点潜入分型面的下方，沿斜向进入型腔。在动定模分型时或制件推出时，流道和制件被自动切断，故模具的分型或推出必须有足够的力量。对过于强韧的塑料，潜伏式浇口是不适宜的。

图 4-3-37 所示为典型的潜伏式浇口及参考尺寸，图（a）的潜伏式浇口由一个锥体形

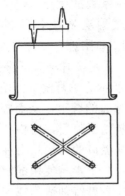

图 4-3-35　多点浇口

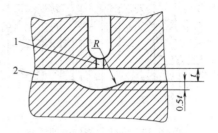

图 4-3-36　薄壁制品浇口对面增厚设计
1—浇口　2—型腔

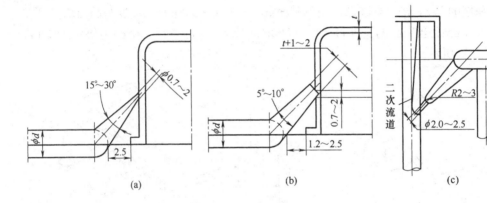

(a)　　　　　　　　(b)　　　　　　　　(c)

图 4-3-37　典型的潜伏式浇口

成，加工较方便，图（b）的流道为一个截头圆锥，其一角与型壁相交贯通形成浇口，该分流道较粗，利于补料。

图（c）的形式在电视机壳、汽车散热格栅等大型制件中广为采用，塑料熔体由潜伏式浇口经二次流道进入型腔，进浇点在制品上隐蔽处，制件外观好。此外还有一种圆弧形弯曲的潜伏浇口，可在扁平塑件的内侧进料，效果很好，只是加工较为困难，如图 4-3-38 所示。

图 4-3-39 所示为潜伏式浇口用于成型活塞环的情况。整个圆环上沿圆周均布 3～4 个浇口，潜伏式浇口的尺寸（直径和长度）可参照以上各图的标注决定。

9. 护耳浇口

又名分接式浇口。小尺寸的浇

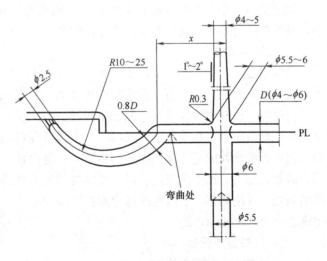

图 4-3-38　圆弧形潜伏式浇口
（注：①$x=2.5D$ 且不小于 15mm；②$\phi2.5$mm
从 $0.8D$ 大端逐渐过渡到 $\phi2.5$mm）

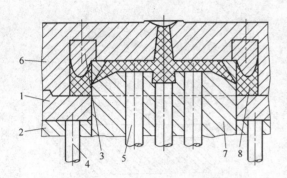

图 4-3-39　潜伏式浇口成型活塞环

1—推件板　2—动模　3—环形型芯　4—制件推杆

5—流道推杆　6—定模　7—主型芯　8—活塞环

口虽然有一系列的优点，但位置不当会产生喷射，喷射会造成各种制件缺陷（见后），或因浇口附近有较大的内应力而引起翘曲变形。采用护耳浇口可避免上述缺陷。图 4-3-40 所示为护耳浇口。塑料熔体冲击在凸出块对面的壁上，从而降低速度，改变流向，避免了喷射，使物料均匀地进入型腔。护耳浇口的凸出块可在制件成型后予以切除，在不影响使用的情况下也可不去除。护耳浇口特别适用成型要求高的透明制品。其典型尺寸为：凸出块的长度 $L=15\sim20$mm，宽度 $W=L/2$，厚度为进口处型腔断面厚度的 7/8；浇口开在凸出块的侧面处，宽 1.6～3.2mm，深度与凸出块深度相同；浇口台阶长 1mm。当制品的宽度过大时（300mm 以上），可采用多个凸出块多个浇口，如图 4-3-40（b）所示。

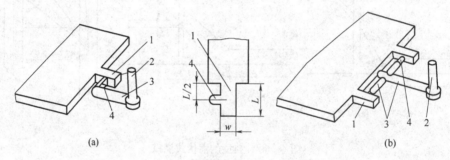

(a)　　　　　　　　　　　(b)

图 4-3-40　护耳浇口

1—护耳　2—主流道　3—分流道　4—浇口

此种浇口常用于聚碳酸酯、ABS 和有机玻璃等塑料的成型。为产生良好的黏性发热效果，其注塑压力必须提高到其他浇口方式的两倍左右。

10．直接浇口

又叫中心浇口、主流道型浇口。如图 4-3-41 所示，采用该浇口注塑压力和热量损失最小，具有很好的成型性。由于它的断面尺寸大，故固化时间长，延长了补料时间，使补缩效果很好，但正由于补料时间长，在浇口附近容易产生残留内应力。当采用这种浇口时，主流道浇口的根部不宜设计得太粗，否则该处的温度高，容易产生缩孔，浇口截除后缩孔明显地留在制件表面上。加工薄壁制品时，浇口根部的直径最多等于制件壁厚的两倍。常用剪刀、平口钳或锯片来去除浇口凝料，但要得到光滑美观的表面是比较困难的。

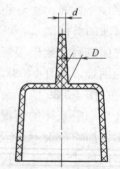

图 4-3-41　直接浇口

（三）浇口位置设计

1．浇口位置与制品翘曲变形的关系

注塑成型时在充模、补料和倒流各阶段都会造成大分子沿流动方向拉伸变形取向，当塑料熔体冻结时分子的形变也被冻结在制品之中，其中弹性形变部分形成制品内应力，分子取向还会造成各向收缩率的不一致性，也会引起制品内应力和翘曲变形。一般来说，沿取向方向的收缩率大于非取向方向的收缩率，沿分子取向方向的强度大于垂直取向方向的强度。对结晶型塑料来说其差异特别明显。

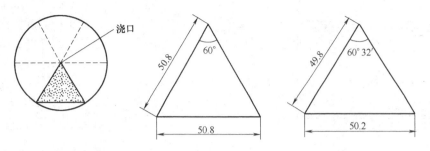

图 4-3-42　聚乙烯圆盖中心浇口引起不均匀收缩情况

以图 4-3-42 所示的中心浇口聚乙烯圆盖为例，该圆盖直径为 101.6mm，将制品从中心划分成 6 个内角为 60°的等边三角形，收缩前每边尺寸均为 50.8mm，设流动方向收缩率为 2%，垂直流向收缩率为 1.2%。取其中一个等边三角形来看，塑件收缩后半径方向的两条边长成为 49.8mm，底边弦长为 50.2mm，等边三角形变成了顶角为 60°32′

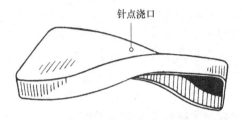

图 4-3-43　中心浇口聚乙烯矩形盖翘曲

的等腰三角形，就全圆而言顶角之和为 363°14′，这样的圆盖必定是翘曲的，这种翘曲使制品变成螺旋桨形，即所谓螺旋桨形翘曲。如图 4-3-43 所示为一聚乙烯矩形盖翘曲的情况，常发生于聚烯烃制品上。

为了改变上述现象，可采取以下几种设计方案。

① 将一个中心浇口改为多个点浇口，缩短了流动和补料距离，同时改变单方向的流动为多方向流动，使整体翘曲变形大大降低，如图 4-3-44（a）所示。

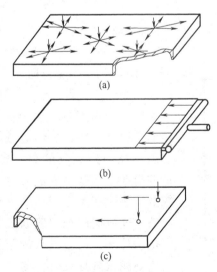

图 4-3-44　改变浇口的位置和形状来改善翘曲变形

② 改变浇口位置，从中心进浇改为一侧进浇，如图 4-3-44（b）所示。对矩形平面来说最好同时改变浇口的形状，用宽而扁的平缝式浇口代替点浇口，当浇口的宽度与制品的边长相等时可取得最佳的平行流动，这时虽然纵横两个方向的收缩率不等，但不会产生翘曲。此时应按照不同的收缩率来设计型腔纵横两向的尺寸。

③ 采用图 4-3-44（c）所示的从一端的两个点进浇，也是改善的办法之一。这时即使不能获得完美的平行流动，但也会有很大的改善。

2. 浇口位置与分子取向的关系

注塑制品由于分子取向使垂直于流向和平行于流向的强度有差异，应力开裂倾向亦有所不同。例如制作不良的冰箱冷却盘，经反复冷冻后产生银纹，银纹的方向都顺着流动方向的。一般来说，通

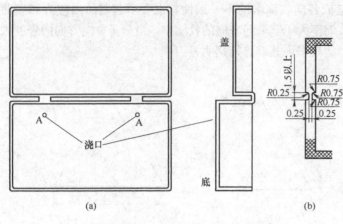

图 4-3-45　聚丙烯铰链盒的浇口设计

过调整工艺条件和改进模具设计可以减少分子取向对注塑制品的影响。

在特殊情况下，也可利用分子的高度取向来改善制品的某些性能。例如聚丙烯铰链，由于铰链处的分子高度取向，并生成新的结晶形态，部分 α 晶转变为韧性更好的 β 晶，使用时可弯折达到 7×10^7 次以上而无损坏痕迹。为此在模具设计时将两个点浇口开在 A 的位置，如图 4-3-45 所示。塑料通过很薄的铰链处（约 0.25mm）充满盖的形腔，在铰链处分子高度取向，并产生晶型转变。

注塑成型时还可以用一些其他的方法来获得预定方向高取向度的塑件。例如注塑成型杯状或管状塑件，在注塑的适当阶段转动型芯，由于型芯和型腔壁间的塑料受剪切而沿圆周取向，进一步提高了制品的周向强度，如图 4-3-46 所示为生产 PET 管坯模具。由于型芯旋转具有自动定心的作用，还能均匀塑件壁厚，该方法适于成型长径比较大的深形薄壁塑件或吹塑用的坯件。

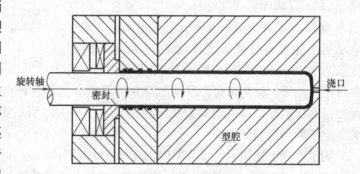

图 4-3-46　吹塑用 PET 瓶坯旋转注塑模具

3. 充模时喷射现象与浇口位置和尺寸的关系

如果浇口的尺寸比较小，同时浇口的对面是一个宽度和厚度都比较大的型腔，则在注塑时塑料熔体以高速流经浇口会产生喷射现象。塑料通过浇口时剪切速率很大，喷出的塑料流因熔体破碎而呈现表面发毛、蠕动（蛇形流、螺旋流），甚至产生熔体断裂现象。在没有阻挡的情况下，塑料熔体会从型腔的一端喷到型腔的另一端，造成折叠，在制品表面产生波纹状痕迹。在高剪切速率下喷出的高度取向的细丝或断裂物会很快冷却，与后进入的塑料熔体不能很好地熔合，这就造成了制品的内部缺陷和表面疵瘢，如图 4-3-47 所示。喷射还

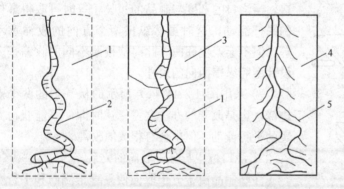

图 4-3-47　喷射造成制品缺陷
1—未填充部分　2—喷射流　3—填充部分
4—填充完毕　5—喷射造成表面疵瘢

会使型腔中空气难以顺序排出，形成空气泡和因气体压缩高温产生的焦痕。从浇口设计的角度出发，避免喷射可采用以下几种办法：

① 加大浇口断面尺寸，使流速降低到不发生喷射，亦不产生熔体破碎的流动速度。当浇口厚度尺寸较大，与制品厚度相差无几时，由于塑料从浇口流出后发生横向膨胀，因而被型腔壁夹住造成流动阻力，也可避免喷射的产生。

② 采用冲击型浇口，这是最常用的办法，即浇口开设方位正对着型腔的壁或粗大的型芯，塑料流冲击在型腔壁或型芯上，从而聚集在一起，改变流向，降低流速，均匀地填充型腔。如图 4-3-48 所示浇口位置在型腔左边，图（a）、(c)、(e) 为非冲击型浇口，图（b）、(d)、(f) 为冲击型浇口。

③ 此外，采用护耳式浇口（见前）也是避免喷射的好办法。

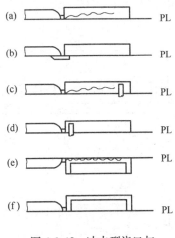

图 4-3-48　冲击型浇口与非冲击型浇口

4. 浇口位置应有利于充模流动、排气和补料

可用充模流动 CAE 软件在计算机上模拟整个充模过程，优化浇口开设位置，也可由设计者凭经验判定浇口的位置。应指出，即使用计算机软件优化设计，也应先根据经验初步确定浇口的位置和尺寸，再进行充模仿真。下面是一些考虑原则：

① 当制件壁厚相差较大时，应在避免喷射的前提下，把浇口开在截面最厚处，以利于流动和补料。如将浇口设在截面较薄的地方，则物料进入型腔后，不但流动阻力大，而且很容易冷却，缩短了物料的充模距离和补料时间。从有利补料的角度出发，厚截面处往往是制件最后凝固的地方，极易因体积收缩而形成表面凹陷或内部缩孔，将浇口开设在此处有利于补料。

② 当制件上设有加强筋时，可以利用加强筋作为改善塑料流动的通道（顺着加强筋开设的方向流动）。

5. 浇口位置应有利于型腔内气体的排出

如果型腔内的气体不能顺利排出，则制品中会卷入空气，形成气泡、造成充模不满，熔接不牢；甚至在充模时由于气体被快速压缩产生高温，使制品局部烧焦炭化。因此，在远离浇口的型腔最后充满处应设置排气槽，或利用顶出杆配合间隙、活动型芯安装间隙来排气。

同时还应注意，由于型腔流动通道阻力不一致，塑料熔体易首先充满阻力最小的空间，因此最后充满的地方不一定是在离浇口最远处，而往往是在制件最薄处，这些地方如果没有排气通道，则会造成封闭的气囊。如图 4-3-49 所示的盒形制件，由于制件圆周壁上有螺纹，或者圆周壁厚较顶部的壁厚大，因此从侧浇口进料的塑料将很快地充满圆周，而在顶

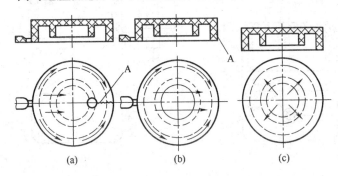

图 4-3-49　制品厚度和浇口位置对排气的影响

部形成封闭的气囊，并在该处留下孔洞、熔接痕或烧焦的痕迹，这就是所谓的跑道效应。图 4-3-49 中 A 处为气囊和熔接痕的位置。从排气的角度出发，最好改成从制件顶部中心进料，如图 4-3-49（c）所示。如果中心进料是不允许的，在采用侧浇口时可增加顶部的壁厚，使此处最先充满，最后充填浇口对边的分型面处。如果结构要求制品圆周壁必须厚于顶部，也可在制件顶部设置顶出杆，利用顶杆的配合间隙排气。此外在空气汇集处镶上多孔的烧结金属块，由于微孔的透气作用并与大气相通，亦可得到良好的排气效果。

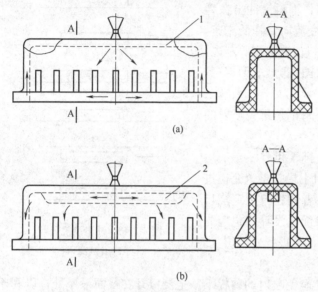

(a)

(b)

图 4-3-50　增设加强筋以利塑料流动排气
1—气囊　2—增设的长筋

图 4-3-50 所示的侧面带有加强筋的制件，也易在制件顶部两端形成气囊，但如果在顶部开设一条纵向长筋，如图 4-3-50（b）所示，将有助于物料分配和气体排除。

6. 浇口位置应满足最大流动比

为了使型腔能完美地充满，在设计浇口位置和确定大型制品浇口数量时，必须要考虑流动比。因为型腔厚度较薄、流动距离过长时，不但流动阻力增加，塑料在流动过程中还会因温度降低而不能充满整个型腔，这时只有增加制品厚度或改变浇口位置。例如薄长形件，由短边进料改为长边进料，或增设过渡流道或多点浇口来缩短最大流动比。最大流动比是由流动通道的最大流动长度与流动通道厚度之比来确定的，也就是说型腔厚度增大时最大流动距离相应增长。当浇注系统和型腔的各段截面尺寸均不相同时，流动比应按下式进行分段计算，再加和在一起。

$$流动比 = \sum_{i=1}^{n} \frac{L_i}{\delta_i} \tag{4-3-23}$$

式中　L_i——流路各段长度（mm）

　　　δ_i——流路各段厚度（mm）

图 4-3-51（a）中：

$$流动比 = \frac{L_1}{\delta_1} + \frac{L_2 + L_3}{\delta_2}$$

图 4-3-51（b）所示的情况：

$$流动比 = \frac{L_1}{\delta_1} + \frac{L_2}{\delta_2} + \frac{L_3}{\delta_3} + \frac{2L_4}{\delta_4} + \frac{L_5}{\delta_5}$$

流动比随塑料熔体性质、温度、注塑压力、浇口种类而变化。表 4-3-3 所列是由实践得出的大致范围，可作为设计模具时参考。

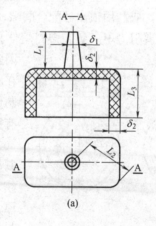

(a)

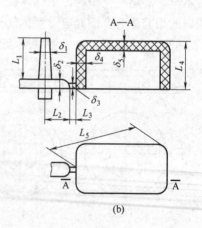

(b)

图 4-3-51　流动比计算图

表 4-3-3

几种塑料的最大流动距离比

塑料名称	注塑压力/MPa	L/δ	塑料名称	注塑压力/MPa	L/δ
聚乙烯 PE	150	280～250	硬质氯乙烯 RPVC	130	170～130
聚乙烯 PE	60	140～100	硬质氯乙烯 RPVC	90	140～100
聚丙烯 PP	120	280	硬质氯乙烯 RPVC	70	110～70
聚丙烯 PP	70	240～200	软质氯乙烯 SPVC	90	280～200
聚苯乙烯 PS	90	300～280	软质氯乙烯 SPVC	70	240～160
聚酰胺 PA	90	360～200	聚碳酸酯 PC	130	180～120
聚甲醛 POM	100	210～110	聚碳酸酯 PC	90	130～90

7. 减少熔接痕，增加熔接牢度

在充模过程中形成的熔接痕，其位置和数量对塑件质量影响很大，可以通过计算机充模流动软件预知熔接痕的位置，但通过对制品的结构和浇口位置分析，也能大致确定熔接痕的数量和位置，加快优化速度。

平板状制品熔接痕的数量 N 可按下式计算：

$$N=n+m-1 \tag{4-3-24}$$

式中　n——同一塑件上浇口数

　　　m——分割料流的型芯数

但对于形状复杂的制件不一定满足此式。例如图 4-3-52 所示的盒状制品仅有一个浇口，但也产生了多个熔接痕，图中 0～5 为料流前锋等时线，点划线为熔接痕位置。为了减少制件上熔接痕的数量，在塑料流程不太长的时候，如无特殊需要，最好不要开设一个以上的浇口，如图 4-3-53 所示。但对大型板状制件，由于兼顾到减少内应力和翘曲变形的问题，常需开设多个浇口，已在前面说明〔如图 4-3-44 (a)〕。

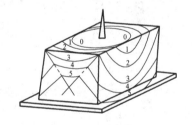

图 4-3-52　单浇口盒形制件上的熔接痕

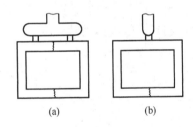

(a)　　　　　(b)

图 4-3-53　减少熔接痕数量

不能仅着眼于熔接痕数量，还要增加熔接的牢度，改善熔接质量。对于图 4-3-54 所示的大型框形制件，由于流程过长，易造成熔接处的压力及料温过低，熔接不牢，形成明显的冷接缝，这时可增加辅助流道（图 4-3-54 中 A 处）或用多点浇口（如图 4-3-55 在 B 处增加一个浇口）。

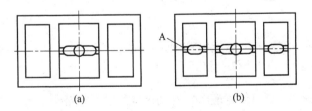

图 4-3-54　开设辅助流道增加熔接牢度

图 4-3-56 为一石英钟塑料钟面，主流道型浇口设在钟面正中，为避免两侧充模和熔接不良，开设了图示的两个辅助流道。辅助流道虽然增加了熔接痕的数量，但增加了熔接牢度，型腔更容易充满而减少废次品数量。此外，当塑料熔体通过浇口和型腔时，如果充模速

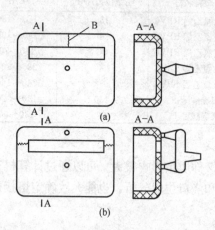

图 4-3-55　采用多针点浇口增加熔接牢度

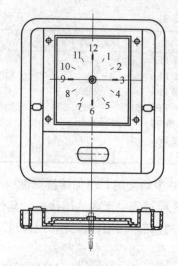

图 4-3-56　钟面制品上开设的辅助流道

度快，黏性发热量大，会使熔接时温度提高，增加了熔接的牢度和质量。

熔接痕的方位也应加以注意。如图 4-3-57 所示，有两个圆孔的平板制件，其中图（b）较为合理，熔接痕短，而且在边上；图（a）的浇口位置在注塑成型后，熔接痕与小孔连成一条线，使整体强度大为降低。

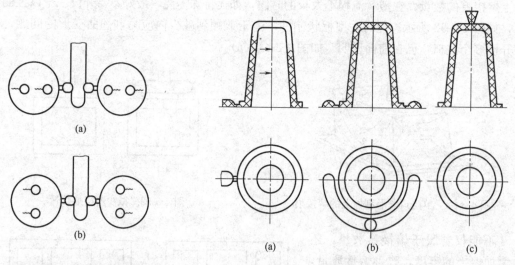

图 4-3-57　熔接痕在塑件
上方位的优化

图 4-3-58　改变浇口位置防止型芯变形

8. 浇口位置应防止料流将型芯或嵌件挤歪变形

对于有细长型芯的圆筒形制件，应避免偏心进料，以防型芯弯曲。如图 4-3-58 所示，图（a）从一侧进料易使型芯弯曲；图（b）采用两侧进料可以防止型芯弯曲；图（c）采用顶部中心进料，效果最好。

图 4-3-59 所示为一聚碳酸酯矿灯壳体，塑件由端部进料，当进料口较小时，m 处的流速比 H 处流速大，m 处首先充满，这样就产生了侧向力 p_1 和 p_2，加上型芯长达 150mm，使型芯产生了较大的弹性变形，导致制件难以脱模而碎裂；将浇口加宽［图（b）］或采取

正对型芯的两个冲击型浇口［图（c）］，使三路均匀地同时进料，同时模具结构设计制造时，两个型芯与一个加厚加宽的底座连成一个整体即可改善上述问题。

深入研究表明：即使对模芯的流动是对称的，但如果模具冷却不对称也会引起充模不均衡而导致模芯周围压力不对称，即使直径达到 30cm 的模芯也会因之发生弯曲，这种弯曲目前即使用 2.5 维充模软件也不可能分析出来，因此在有的模具设计中设计了有自对中作用的模芯。如图 4-3-60（a）的模芯，当模芯弯曲时流速大的一边的流道会受到限制，而增加向另一边流动的流道厚度；图（b）杯状制品的底部明显厚于侧壁，使流体沿底部周圈的压力和流速得到均匀分布。

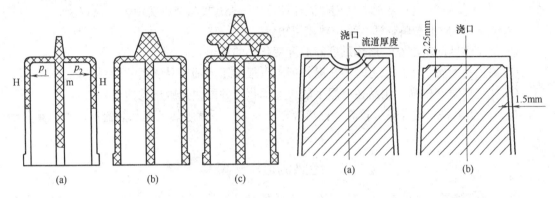

图 4-3-59　改变浇口形状或位置防止型芯变形　　　　图 4-3-60　两种自稳定模芯设计

第四节　热流道注塑模浇注系统设计

一、概　　述

热流道浇注系统（hot runner system）是无流道浇注系统（runnerless system）的一种，无流道浇注系统是指在注塑成型的过程中不产生流道凝料的浇注系统，目前在国内外已得到广泛的应用，它既节约能源，又节约原材料，同时还能提高制品的质量。其原理是采用加热的办法或绝热的办法，使在整个生产周期中从主流道的入口起到型腔浇口止的流道中的塑料一直保持熔融状态，因而在开模时只需取产品而不必取浇注系统凝料。采用绝热方法的模具称为绝热流道模具，采用加热方法的模具称为热流道模具，目前绝热流道已很少采用。热流道模具的优点有：

① 节省了普通浇注系统流道凝料回收加工的费用。

② 缩短成型周期，省去脱浇注系统的时间和有时为了冷却粗大的浇注系统所多耗费的时间。

③ 更有效地充分利用注塑机的注塑能力生产出较大的产品，节省了每次注塑时耗于浇注系统的料。与三板式模具相比由于无需脱浇注系统凝料，使分型面所需开启的开模行程大大减小，能生产高度更大的制品。

④ 主流道和分流道粗大，能保持最佳的熔融状态，因此充模流动阻力减少，有效补料时间延长，且容易控制、调节，因此有利于提高制品质量。同时由于不需在新料中大量掺入回收的浇口料，也有益于提高制品质量。

其缺点是：

① 开机后要较长时间才能达到稳定操作，因此开机时废品较多。

② 需要操作技能较高的专业人员。

③ 模具结构复杂，成本高，需要增添外接温控仪等辅助设备。

④ 易出现熔体泄漏、加热元件故障等敏感问题，需精心维护，否则可能产生热降解等不良现象。

就经济性而言应做具体分析，热流道模具制造费用高，需要增加附加装置，但由于省去了浇注系统回头料的粉碎回收，一人可操作多台机器，能更有效地利用小型机器的能力，当生产批量较大时使用热流道模具较合理，反之宜采用三板式模具。据前联邦德国 20 世纪 80 年代后期统计，年产量达 10^7 件/年时，使用热流道模具比三板式模具节省费用达 40％以上。

具有以下性质的塑料，适宜采用热流道模具：

① 加工温度的范围宽，熔体黏度随温度变化小的塑料。

② 对压力敏感，不加压力时不流涎，但施以很小压力即容易流动的塑料熔体。

③ 热变形温度较高，制品在高温下能快速固化，并能快速脱出的塑料件。

此外还要求物料的导热率较高，比热容较低等。以下就绝热流道和热流道两类模具分别叙述如下。

二、绝热流道注塑模具

在热流道模具发展的初期发明了绝热流道模具，绝热流道系统是将流道设计得相当粗大，以致流道中心部位的塑料在连续注塑时来不及凝固而始终保持熔融状态，从而让塑料熔体能通过它顺利地进入型腔。可分为单型腔的井坑式喷嘴和多型腔的绝热流道模具两类。

（一）井坑式喷嘴模具

又名井式喷嘴，它是最简单的绝热式流道，适用于单腔模。井坑式喷嘴如图 4-4-1 所示。它在注塑机喷嘴和模具入口之间装设主流道杯，由于杯内的物料层较厚，而且被喷嘴和每次通过的塑料不断地加热，所以其中心部分始终保持流动状态，允许物料通过。由于浇口离热源（喷嘴）甚远，这种形式仅适用于操作周期较短，每分钟注塑 3～5 次和加工温度甚宽的塑料品种，如 PE、PP 等，对 PS、ABS 则较困难，不适用于硬聚氯乙烯、聚甲醛等热敏性塑料。

主流道杯的详细尺寸如图 4-4-2 所示。杯内塑料容积应为制件重量的 1/2 左右以便尽量

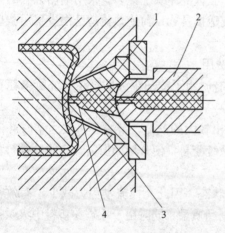

图 4-4-1　井坑式喷嘴

1—主流道杯　2—注塑机喷嘴　3—绝热间隙　4—浇口

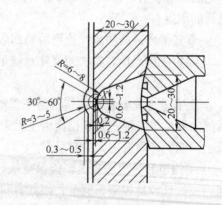

图 4-4-2　主流道杯主要尺寸

置换出杯中冷料，浇口的总长度为 0.6～1.2mm，应将其形状做成带倒锥的，这样可在脱模过程中将浇口内的冷凝料头从点浇口中拉出，为下一次注塑打开通道。图中的喷嘴头部有带侧凹的环形槽，停车时可将杯中凝料拔出。

（二）多型腔的绝热流道模具

又称绝热分流道模具。当材料的流动性好，加工温度范围宽，注塑频率达 5 次/min 以上时使用较可靠。无论是主流道或分流道都做得特别粗大，其断面呈圆形，常用的分流道直径为 13～25mm，对于聚苯乙烯塑料直径可达 35mm，视成型周期长短和制件大小而定。绝热流道的浇口常见有主流道型浇口和针点浇口两种。

1. 主流道型浇口绝热流道模具

图 4-4-3 所示为主流道型浇口的绝热流道。该设计将浇口的始端向流道内凸出，深入分流道中心，使从流道芯部进热料，能有效地避免浇口冻结。图 (a) 有它的主要尺寸；图(b) 在主流道型浇口衬套始端周围装有加热圈，能更好地防止浇口冻结，可用于成型周期较长的模具。模具中开设分流道的流道板温度较高（80℃左右），为减少分流道的热损失，最好将它与强制冷却的型腔板相分离，在两者之间设置一些空气绝热间隙，减小接触传热量。

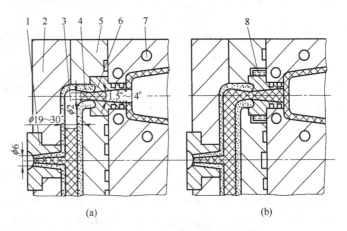

图 4-4-3　主流道型浇口绝热流道模具

1—主流道衬套　2—定模底板　3—熔料　4—冻结层　5—流道板
6—浇口衬套　7—冷却水孔　8—加热圈

2. 针点浇口绝热流道模具

点浇口的绝热流道脱模时制件从浇口处断开，修整工作量小。为了克服浇口易冻结的缺点，常在模具给料喷嘴处安装带加热探针的加热棒，这样一来流道并不是完全的绝热状态，但分流道仍处于绝热状态。

该类模具的例子如图 4-4-4 (a) 所示，在给料喷嘴中插入带加热棒的探针，使浇口及其附近的熔融料不易冻结，成型周期可长达 2～3min。由于分流道的主体部分无加热器，因此应同样设置流道分型面，以便在停车后清除流道凝料。模具流道部分的温度（图中 A 段）亦应高于型腔部分的温度（图中 B 段）。加热棒的探针尖端一直伸到浇口中心［如图 4-4-4 (b) 所示］，但不能与浇口的边壁相碰，否则其尖端的温度会迅速降低而失去作用。三角形的翼片可保证其对中性。三角翼周边支承面有绝热层，多腔模给料喷嘴的中心加热器应单独控制，保持各浇口处物料既不凝结也不因温度过高而流涎。注塑机可设置防涎程序，浇口处温度偏高还会产生拉丝现象，即制件与熔融塑料在浇口处分离时塑料熔体被制件带出拉成丝状，影响制件的自动坠落。这时应稍许降低加热棒的温度。

绝热流道模具有一个优点是，停车时要打开浇注系统分型面对凝料进行清理，因此当原料换色时干净而彻底。在绝热流道的模具中存在一个无法克服的弊端，那就是在高速注塑过程中，流道边缘的低温料有带入型腔的危险性，这就降低了塑件质量，且部分物料在粗大流道中因停留时间过长而分解，流动阻力大，操作稳定性差，因此高质量的制件应采用热流道模具。

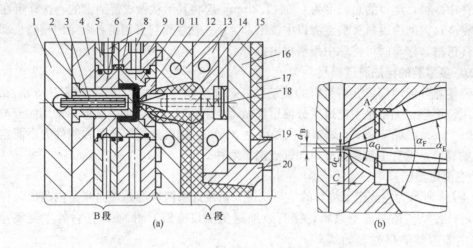

图 4-4-4　Newark Die 公司带加热探针的绝热流道模具

1—动模垫板　2—型芯　3、8—冷却水管　4—型芯固定板　5—脱模板　6—动模镶件　7—密封环
9—定模板　10—定模镶件　11—浇口套　12—流道板控温管　13—流道板
14—加热探针　15—加热器　16—定模底板　17—绝热板　18—蝶形弹簧　19—定位环　20—主流道套
A—探针　d_B—浇口直径　d_C—探针端部直径　C—浇口台阶长　α_E—探针尖角　α_F—流道锥角　α_G—浇口角

三、热流道注塑模具

　　分流道带有加热器的热流道模具是无流道模具的主要形式。由于在流道的外围或中心设有加热管或加热圈，从注塑机喷嘴出口到浇口的整个流道都处于高温状态，使流道中的塑料保持熔融。在停车后一般不需打开流道取出凝料，再开车时只需加热流道板达到所要求的温度即可重新流动。与绝热流道相比，前者适用的塑料品种较少，而后者适用范围甚广。同时由于分流道中压力传递更好，可以降低塑料成型温度和注塑压力，这样既减少塑料的热降解，又降低了制品的内应力。热流道模具可分为下述两种。

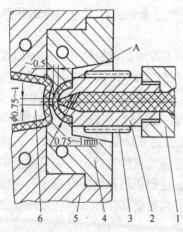

图 4-4-5　塑料层绝热的延伸式喷嘴
1—注塑机料筒　2—延伸式喷嘴　3—加热圈
4—浇口衬套　5—定模　6—型芯
A—圆环形承压面

（一）单型腔延伸式喷嘴模具

　　用于单腔模的热流道模具即所谓的延伸式喷嘴模具，它采用点浇口进料。特制的注塑机喷嘴延长到与型腔紧相接的浇口处，直接注入型腔，为了避免高温喷嘴的热量过多地传向低温的型腔，必须采取有效的绝热措施。常见的有塑料层绝热和空气层绝热两种方法。

　　图 4-4-5 所示为塑料绝热层的延伸式喷嘴，它已成功地用于聚乙烯、聚丙烯、聚苯乙烯等塑料的成型。喷嘴延伸到模具内浇口附近，喷嘴周围与模具之间有一圆环形的接触面，见图中 A 部，起承压作用，此面积宜小，以减少两者间的热传递。喷嘴的球面与模具间留有不大的间隙，在第一次注塑时，此间隙即为塑料充满而起到绝热作用。间隙最薄处在浇口附近，厚约 0.5mm，若厚度太大则浇口容易凝固。浇口区以外

94

的绝热间隙以不超过 1.5mm 为宜。设计时还应注意绝热间隙的投影面积不能过大，以免注塑时物料的反压力超过注塑座移动油缸的推力，这将使喷嘴后退造成溢料。浇口尺寸一般为 0.75~1.5mm 左右，要严格控制喷嘴温度。它与井式喷嘴相比，浇口不易堵塞，应用范围较广。由于绝热间隙存料，故不适于热稳定性差的塑料。为了克服这一缺点，有资料介绍注塑热敏性塑料时，可先在绝热间隙中注入热稳定性高的塑料，然后再注塑耐热性差、加工温度范围较窄的塑料。

空气绝热的延伸式喷嘴如图 4-4-6 所示。它代替注塑机原有的喷嘴装在注塑机料筒上，喷嘴前端伸入型腔，喷嘴的端面构成型腔一部分，这种喷嘴又称开式喷嘴，其直径较大，一般为 1~4mm，其优点是喷嘴不易凝固堵塞。空气绝热延伸式喷嘴浇口区的热量损失取决于喷嘴尖与模具孔的配合长度 L_1 和两者接触时间，型腔靠近喷嘴头部的温度较高，因此生产某些塑料制件（例如聚苯乙烯透明塑料）时，在浇口附近容易出现模温偏高，表面质量和透明度降低，喷嘴尖部内流道带有锥度，开模时其中凝料随制品一起拔出。注塑完毕后喷嘴可随料筒一道退回，减少与模具的接触传热。

另一种单腔热流道是在模具内设置一外加热流道，这种结构又叫热主流道，其原理与空气绝热延伸式喷嘴类似，如图 4-4-7 所示。其浇口直径为 0.8~1.5mm，浇口台阶长 1.5~3mm，台阶有锥度，使浇口处凝料可随制件一道拔出，这样勿须更换注塑机的喷嘴。

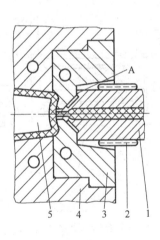

图 4-4-6　喷嘴端面构成部分型腔的空气绝热延伸式喷嘴
1—延伸式喷嘴　2—加热圈　3—浇口衬套
4—定模　5—型芯　A—圆环形承压面

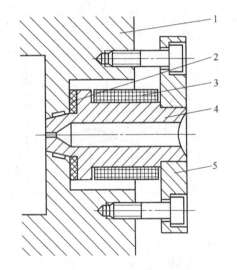

图 4-4-7　电加热流道模内喷嘴
1—定模　2—隔热垫　3—电加热器
4—喷嘴　5—固定板

（二）多型腔热分流道模具

这是热流道模具最主要的结构形式，多型腔热分流道模具共同特点是在模具内设有热流道板，主流道、分流道均开设在流道板内，流道断面多为圆形，其尺寸约 $\phi6$~12mm。流道板用电加热器加热，用温度控制器控温，保持流道内塑料处于熔融状态。流道板利用空气间隙或用绝热材料与模具其余部分绝热。熔料通过单独精确控温的小喷嘴分别注入不同型腔或同一型腔的不同浇口。流道系统的温度控制，各个浇口封凝及流涎控制，流道板热膨胀变形协调控制、防溢料控制及绝热效果控制是多腔热分流道模具设计的关键问题。以下对多型腔热流模具常见喷嘴结构形式，热流道板及其加热控温方式分别进行介绍。

1. 喷嘴结构形式

热流道模具的喷嘴结构形式非常多,全世界有上百家热流道公司各自推出不同特色的喷嘴结构,但总的来说,可分为浇口处靠物料冻结截流的开式喷嘴和可主动开关截流的阀式喷嘴两大类,此外还有一类温控截流式喷嘴。开式喷嘴中又分为主流道型浇口开式喷嘴和点浇口开式喷嘴,阀式喷嘴又分为弹簧驱动、液压驱动和气压驱动三种结构形式,现分述如下。

(1) 主流道型浇口开式喷嘴 这种喷嘴制品上带有一段冻结的主流道型浇口,或经过主流道型浇口和一段冷流道后再与制品相连,这在大型模具中经常采用。最常见的是带一段冷主流道型浇口,如图 4-4-8 和图 4-4-9 所示。前者喷嘴短,靠流道板传热;后者喷嘴很长,喷嘴外壁设外加热器。热流道模具的一个重要问题是流道板加热之后要发生明显的热膨胀,在模具设计时必须考虑,留出膨胀空间,否则膨胀产生的力会使模具变形甚至破坏。在图 4-4-8 所示结构中,流道板的热膨胀通过喷嘴端面与浇口套接触面滑动和滑动支承环的滑动来补偿,为了不发生堵塞,喷嘴口直径小于主流道小端直径,喷嘴靠流道板传热来保持温度,也可在喷嘴上设加热圈辅助加热。间接进料方式的冷流道部分可采用潜伏式浇口,如图 4-4-9 所示,此结构通过喷嘴绝热细颈 A 将高低温分开,开模时低温凝料与热料在此处拉开,喷嘴热膨胀由间隙 C 弥补,流道板热膨胀可在喷嘴上方滑移,与普通流道相比,此结构可大大减少流道凝料量并容易实现自动操作。

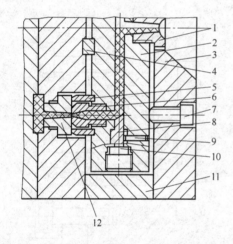
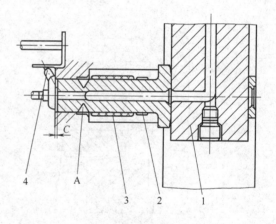

图 4-4-8 多型腔主流道型浇口热分流道模具之一
1—主流道杯 2—热流道板 3—定模底板 4—垫块
5—滑动压环 6—喷嘴 7—支撑螺钉 8—堵头 9—销钉
10—压紧螺钉 11—支承块 12—主流道浇口套

图 4-4-9 多型腔潜伏式冷浇口热分流道模具
1—热流道板 2—喷嘴 3—加热圈 4—冷潜伏式浇口
A—喷嘴绝热细颈 C—膨胀间隙

(2) 点浇口热流道开式喷嘴 以上两种开式喷嘴并不能完全消除流道凝料,只有直接向型腔进料的点浇口喷嘴热流道才能消除,这时浇口的温度控制必须更加严格。热流道点浇口是开式喷嘴中最常用的形式,有以下几类,即带塑料绝热层的导热喷嘴、空气绝热层的加热喷嘴、带导热探针的喷嘴、带加热探针的喷嘴,现分述如下。

① 带塑料绝热层的导热喷嘴 典型结构如图 4-4-10 (a) 所示。该模具热流道板用电热管或电热圈加热,喷嘴用导热性能优良、强度高的铍铜合金(也可用性能类似的其他铜合金)制造。喷嘴前端有塑料隔热层,铍铜喷嘴不与型腔板直接接触,两者之间用导热性较差材料制作的滑动压环 9 进行隔离,且浇口衬套 8 与定模板之间也有空气绝热间隙。图 4-4-10 (b) 所示为喷嘴局部放大图,浇口直径为 0.7mm,用于生产小型制品。滑动压环与浇口衬

套的接触平面应加工良好，并维持适当的接触压力。多型腔热流道模具其热流道板和型腔部分在开车或停车时，由于温度变化而产生不同的横向热膨胀，但由于喷嘴和型腔背面绝热层凹坑之间有绝热间隙，间隙的大小应允许两者之间发生少量横向位移时亦不致发生干涉，设计时应事先预留好由于温度变动而引起的偏心距，如图 4-4-11 所示。热流道板上各喷嘴间的中心距越大，热膨胀值越大，还要注意当定模和动模之间温差较大时（定模边受高温热流道板影响），也会引起动定模热膨胀的不一致。

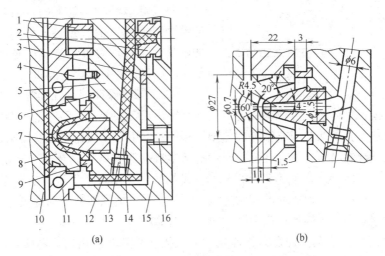

(a)   (b)

图 4-4-10　点浇口导热喷嘴热流道模具

1—模内定位环　2—主流道杯　3—绝热垫圈　4—支柱　5—热流道板　6—热电偶孔　7—喷嘴

8—浇口衬套　9—滑动压环　10—动模板　11—定模板　12—加热器　13—堵头螺钉

14—堵头　15—定模底板　16—支撑螺钉

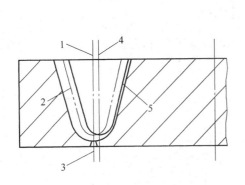

图 4-4-11　热膨胀产生的偏心距

1—运转时喷嘴中心线　2—运转时喷嘴位置　3—浇口中心

4—常温时喷嘴中心线　5—常温时喷嘴位置

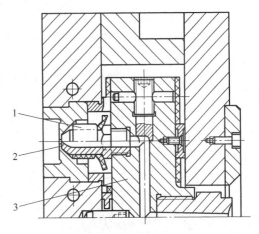

图 4-4-12　空气绝热点浇口加热式喷嘴热流道模具

1—加热圈　2—喷嘴　3—热流道板

　　② 空气绝热的加热喷嘴　如图 4-4-12 所示，短喷嘴多靠流道板传递热量，但当喷嘴长度较长时就需对喷嘴独立加热，加热功率为 20～30W。由于能分别将每个喷嘴的温度控制在最佳值，适宜于生产精密的工程塑料件。其缺点是模具型腔壁与喷嘴接触区域的温度会升高，但加工热变形温度较高的工程塑料件是可行的。

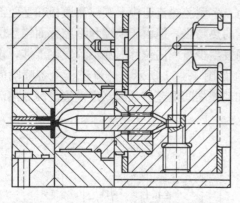

③ 带导热探针的喷嘴 图 4-4-13 所示为带导热探针的喷嘴，塑料熔体在探针周围流动，导热探针可将热流道板的热量通过中心探针导向浇口，防止浇口凝固，并使流道中心的塑料熔体保持高温。由于探针周围被塑料熔体包围，处于受力平衡状态，受弯曲力不大，当生产工程塑料或其他纯塑料制品时，可用导热性极强的纯电解铜或铍铜来制造；但当生产玻纤增强的塑料制品时，为避免浇口处剧烈磨损，可局部镶上耐磨的钢针或其他金属件。

图 4-4-13 带导热探针的喷嘴

④ 带导热探针的多孔喷嘴 这种喷嘴的塑料熔体是在铍铜探针体的孔内流动，浇口处又有导热探针尖伸入，防止浇口凝固，因此效果好，几乎可以加工各种结晶或非结晶的热塑性塑料。但由于多股物料在浇口附近汇合，故当料温偏低时，低温料沿喷嘴流动在浇口附近重新熔接会产生熔接痕及其他流动痕迹或斑点。该类喷嘴如图 4-4-14 所示。它不带浇口衬套，结构简单紧凑，适于生产小型零件，如尼龙、聚酯类的结晶型塑料件。淬火后的钢尖适用于增强塑料，增强塑料流动性较差，应采用较大的浇口尺寸。它不适用于熔接痕难消除的塑料，如 ABS 等。

⑤ 带加热探针的喷嘴 即在探针体内（分流梭内）装有加热器，其喷嘴结构类似于前述带加热探针的绝热流道模具。这类喷嘴商品化的结构非常多，由于有高能效的小型棒状加热器，可保证该流道和浇口处的树脂不冻结。如图 4-4-15 所示，探针棒中有嵌在铜合金套中的线圈加热器，为使温度均匀对加热电阻丝的疏密进行排布，控温热电偶一直伸入探针锥形头中心；绝热套嵌入使物料内外层温度更趋一致。

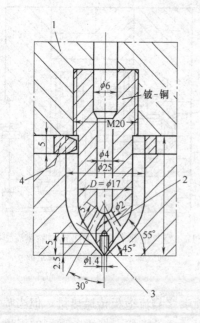

图 4-4-14 带导热探针的多孔喷嘴
1—热流道板 2—斜孔 3—淬
火钢头 4—密封钢件

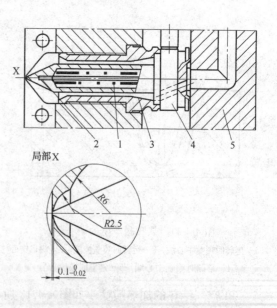

局部 X

图 4-4-15 带加热探针的喷嘴
1—线圈加热器电阻丝 2—热电偶 3—绝
热套 4—探针棒体 5—热流道

98

美国 Incoe 系统的热喷嘴是一种内加热的热喷嘴,如图 4-4-16 所示。在分流梭中置有加热棒,同时还有进行温度控制的热电偶,使用比例调节方式严密地控制塑料熔体的温度,特别是分流梭尖端处温度,使浇口容易拉断而又不产生流涎拉丝。安装时喷嘴前端面进入型腔构成型腔一部分,并有一短的配合段,其余部分留出空气间隙与型腔板绝热。在该喷嘴中靠近喷嘴外圈的塑料温度稍低,但喷嘴壳体和壳体外的空气间隙有绝热均温作用,靠近分流梭表面的塑料处于良好的流动状态,塑料在压力下沿加热探针尖端一直进入型腔。与之配套的热流道板以特殊合金钢制作,在流道两侧插入加热棒,流道内壁经磨光处理,它与热喷嘴和注塑机喷嘴配合使用的情况如图 4-4-17 所示。另外还有一种 Incoe 热喷嘴,其分流梭前端无外壳,使型腔上浇口开设的位置比较灵活,甚至可在制品的棱角、加强筋及形状不规则的表面开设浇口,如图 4-4-18 所示,这种浇口周围的模壁较厚,耐压能力比前者高。

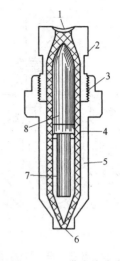

图 4-4-16　带头热喷嘴
1—喷嘴入口　2—燕尾部　3—螺纹
4—树脂通道　5—壳体　6—浇口
7—加热棒　8—分流梭

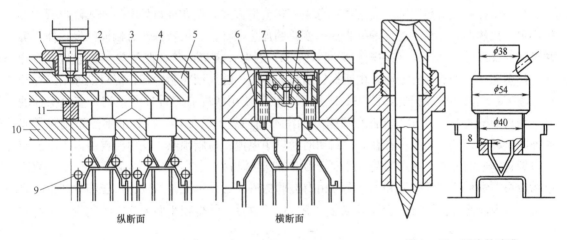

纵断面　　　　　横断面

图 4-4-17　Incoe 热喷嘴与流道板配合
1—定位环　2—底板　3—热喷嘴衬套　4—承压垫　5—热
流道板　6—支柱　7—加热棒　8—不锈钢 O 形环
9—冷却水孔　10—承压板　11—中心支柱

图 4-4-18　无头热喷嘴

图 4-4-19 所示为 TGK 喷嘴,分流梭的夹端呈针形,延伸到浇口中心,距型腔约 0.5mm 处,控制该处温度,可达到稳定的连续操作。其特点是在圆锥形喷嘴头部与型腔板之间留有 0.5mm 的绝热层,被塑料所充满,使浇口不易冻结,同时物料内外层温度更均匀,但结构也更复杂。图 4-4-19 (b) 所示为浇口处局部放大图,中心棒式加热器的体积较小 ($\phi6.25\sim9.42mm$),而功率较大 ($150\sim600W$)。该喷嘴有大小不同的尺寸系列,根据注塑量大小不同选用,同时结合树脂流动性大小选择浇口尺寸,浇口直径 $0.8\sim2.4mm$,与普通的冷流道浇口相比,浇口约大 0.2mm。对于易受热分解的聚甲醛等工程塑料可采用淬火铍铜制造的分流梭,它使温度控制更均匀。图 4-4-20 所示为该喷嘴在一模多浇口时与流道板组合的形式。

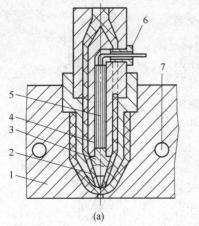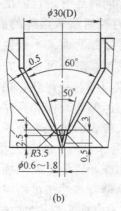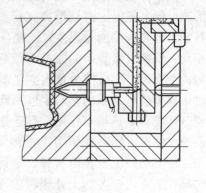

图 4-4-19　TGK 系统带加热探针的喷嘴　　　　　　　图 4-4-20　TGK 喷嘴与流道板配合

(a) 喷嘴内加热的热流道　(b) 浇口加热探针局部放大图

1—定模板　2—喷嘴　3—鱼雷头　4—鱼雷体　5—加热器

6—引线接头　7—冷却水孔

（3）温控截流式热喷嘴　其流道部分采用热流道方式，但在浇口处有一伸入浇口颈中部的小尺寸加热器，它是一温度随操作周期变化的加热探针，是由特殊合金制成的发热体，尖端离型腔表面约 0.2mm，在注塑前瞬间（约 3s）通电，浇口部位树脂受热呈熔融状态而导通，注塑完毕，加热探针断电，由于探针质量非常小，随周围树脂冷却，浇口处冻结。温控截流喷嘴在模具中配置情况如图 4-4-21 所示，按其使用状况有多种尺寸系列，变温探针的典型结构如图 4-4-22 所示。探针和喷嘴分别由不同加热系统加热，探针的加热系统除了非通即断这种形式外，还有一种在浇口封闭时通以小电流将树脂预热，注射时再通以大电流使浇口熔化畅通的形式。这种喷嘴几乎适于所有的塑料品种，如 PVC、尼龙类等。温控截流喷嘴应根据物料不同的熔融和冻结温度由有经验的操作者设定工艺参数，由于浇口部位的温度可控，因此冷却孔道可靠近浇口位置，浇口尺寸也可设计得较小而无冻结的危险。它的成

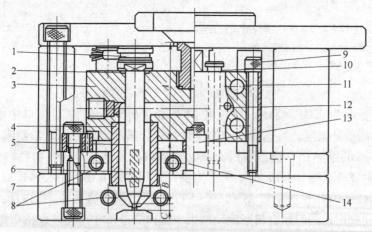

图 4-4-21　温控截流式喷嘴在模内配置

1—探针垫座　2—不锈钢 O 形圈　3—流道板　4—分流道套　5—探针　6—探针加热器　7—型腔板　8—冷

水孔　9—调节螺钉　10—定位销　11—加热器孔　12—热电偶孔　13—定位孔　14—中心定位销

型周期短，制件误差小，能成型精密制品。

（4）阀式浇口热流道喷嘴　对于熔体黏度很低的塑料来说，为避免流涎，热流道模具可以采用阀式浇口，在注射和保压阶段将阀芯开启，保压结束后即将阀芯关闭，在脱出制品后不再发生流涎。对于多种塑料，阀式浇口能完全消除浇口废料，提供无滴漏无瑕疵的浇口，在制件上几乎看不出浇口的痕迹，浇口直径可做得较大，

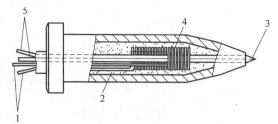

图 4-4-22　温控截流喷嘴芯棒
1—加热器用导线　2—外套　3—速热探针
4—加热器　5—探针用导线

以满足高充模速度，适应剪切敏感和填充材料的要求。阀式浇口有弹簧驱动，气压驱动、液压驱动三种方式，现分述如下：

① 弹簧针阀式热喷嘴　弹簧针阀式分别用弹簧力和塑料熔体压力启闭阀芯，如图4-4-23

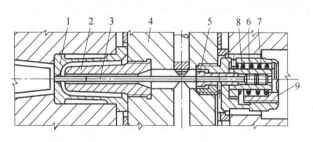

图 4-4-23　弹簧针阀式喷嘴
1—有塑料绝热层的浇口套　2—镀铜喷嘴　3—运动阀芯
4—流道板　5—阀芯的导套　6—阀芯位置调节螺钉
7—阀芯圈　8—弹簧　9—弹簧卡环

所示为一种弹簧针阀式浇口。弹簧8推动阀芯3关闭浇口，当注塑时熔体压力升高，作用在阀芯导套台阶上的力使阀芯前端退回，浇口瞬间开启，注塑完毕压力降低，浇口关闭。在多腔模中由于各种因素造成流道中压力不均匀，会使弹簧针阀式浇口启闭不同步，致使制品质量和尺寸不相同，所以虽然它的成本较低，但现在已很少使用。

② 液压驱动阀式喷嘴　图4-4-24所示的阀式浇口，启闭由液压机构来完成，液压缸推动针形阀的阀芯作往复运动，完成浇口启闭动作。常通过注塑机的控制系统来控制液压系统，利用注射开始的信息打开针形阀，用保压结束的信息关闭针形阀。阀式浇口的优点是当树脂的熔融黏度很低时可避免流涎，温度偏高时可减少拉丝现象。由于针阀不停地往复运动又能减少浇口处的冻结，如将针阀的前端做成一小平面伸入浇口与型腔齐平，这时在制品上几乎不留有浇口痕迹。

阀式浇口可以准确地控制补料时间，特别是靠专门的机械或液压机构驱动的阀式浇口可以在高温高压下提早快速封闭浇口，这样可降低塑件的内应力，减小制件应力开裂和翘曲变形，增加尺寸稳定性。对于单型腔

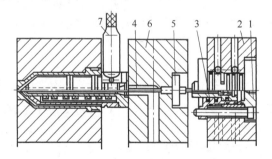

图 4-4-24　液压驱动的阀式浇口热流道喷嘴
1—油缸后盖　2—缸体　3—活塞　4—针形阀芯
5—阀芯导向套　6—热流道板　7—耐高温导线

多浇口的大型制品模具，当各个浇口同时进料时会在制品上形成多条熔接痕，若采用阀式浇口通过顺序开启可以消除熔接痕，如图4-4-25为大型薄壁制品汽车保险杠模具，由于制品较长，一般采用多个浇口进浇，先开启浇口1，待熔体到达并流过浇口2时才开启浇口2，熔体到达并流过浇口3位置时再开启浇口3，这样浇口之间不再出现熔接痕。此外，机械或液

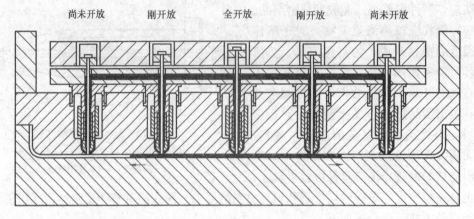

图 4-4-25 采用多个阀式浇口消除熔接痕原理图

压驱动的阀式浇口在阀芯开启前可以在注塑机料筒内施以预压，使塑料产生预压缩，当浇口开启的一瞬间，塑料被预压缩的体积迅速膨胀，能大大缩短充满型腔的时间，还能增加塑料最大流程比，例如 HDPE 在温度 204.4℃、压力 105MPa 下，体积压缩比为 8.5％。对一个单型腔的阀式浇口模具来说，假设注塑机料筒内塑料容积为模具型腔容积的 5 倍，则在针阀开启的同时由于膨胀使充模时间能够缩短 8.5％×5＝42.5％。实验表明，对于 LDPE，流程比（L/t）能从常规的 240 提高到 310。由于快速进料和快速封闭使成型总周期大为缩短，特别是薄壁制品有时可使成型周期缩短 1/3 或更多。利用这一特点发展了一种所谓前端控制式的超高速注射成型，这时预压缩压力一般设定为 200～250MPa，注射后期再配合蓄能器以保持高速充模，某些公司在此原理基础上开发了超高速注射设备。

阀式浇口喷嘴在操作时要掌握针阀封闭的时间，如浇口处已冻结再关闭针阀，则不但使针阀失去了截断流体的意义，还会使浇口内已固化的树脂被挤向塑件而在浇口周围产生皱折，或使没有挤平的树脂成为突起状，如图 4-4-26 所示。阀式浇口针形阀的滑动面容易产生树脂泄漏，应设计适当的流道将泄漏的树脂导出模外，而不致进入弹簧或导线等要害部位。

在热流道模具里，机械或液压驱动的阀式浇口的阀芯内还可钻孔插入内加热器，使阀芯起内加热分流梭的作用。阀式浇口的缺点是模具结构复杂，精度要求高，增加了模具制造成本。

③ 气压驱动阀式喷嘴 除弹簧驱动和液压驱动阀式喷嘴外，当前还发展了气压驱动（通过气缸）的阀式喷嘴，气压驱动更清洁、更安全，不会因泄漏而发生污染等问题，如图 4-4-27 为气压缸驱动的阀式浇口。气压缸的驱动力要比液压缸小很多，适于低压低黏的物料，也不能用来作预压缩方式的超变速注塑成型。

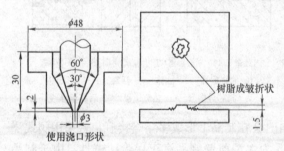

图 4-4-26 操作不当的阀式浇口痕迹

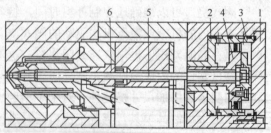

图 4-4-27 气压驱动的阀式浇口热流道喷嘴
1、2—气缸盖 3—定模座板 4—活塞
5—针阀芯 6—阀芯导向套

阀式浇口有一系列的优点，但在设计和使用时也有许多困难和局限性，主要有：

① 液压缸和气压缸体积较大，如照图 4-4-24、图 4-4-27 的方式安装会增加模具的总厚度，还需附加油缸的冷却装置，有时不得不寻求另外的安装位置和驱动方式。如图 4-4-28 所示，将缸体装在喷嘴轴线的旁边，通过横杆、杠杆、齿轮、齿条等机构驱动阀芯。

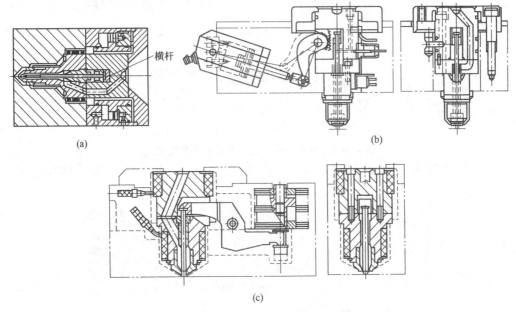

图 4-4-28　液压缸或气压缸在模内其他安装方式

(a) 横杆传动　(b) 液压缸齿轮、齿条传动　(c) 液压缸、杠杆传动

② 需附加液压或气压控制系统。

③ 阀芯加热比较困难，而常采用喷嘴外部加热。

2. 热流道板结构形式

热流道板的作用是将塑料熔体恒温地经分流道送入各个热流道喷嘴，熔体在热流道板内流动时压力损失要小，没有停料死角，在分流道布置上应尽可能地采用平衡式布置，均匀地分配物料。热流道板的结构有外加热热流道板和内加热热流道板两大类，对于大型模具，当流道很长时还有一种用加热管道作流道的管式流道板。

（1）外加热热流道板　这是最常见的形式。它采用热作工具钢制作，板内加工出 $\phi 6 \sim$ 12mm 的圆形流动通道，流道板可以用棒式加热器、管式加热器或加热圈加热，流道板和模具定模板及型腔板之间用空气间隙或其他绝热材料绝热。棒式加热器是早期用得较多的形式，加热棒是不能弯曲的，将它平行对称地安放在流道两侧，热电偶测温部位安装于与流道等效受加热器加热的位置，流道板与各个喷嘴应分别进行温度控制，流道内壁需铰削或抛光，以免滞料分解，转角处要平滑过渡。物料入口的主流道杯一般直接用螺纹连接在流道板上，安装时不能与定模底板接触，其间留出绝热间隙。还有在主流道杯内加入过滤器的设计，它能滤去料中杂质，防止喷嘴孔（浇口）处堵塞。

除棒式加热器外，当前用得最多的是管式加热器。它是在金属管内置入螺旋形电热丝，并充填氧化镁粉绝缘；在管的两端有接线端子螺母，如图 4-4-29 所示；加热管可根据流道板形状进行弯曲，嵌入流道板上铣出的槽内；然后用铜合金烧焊或用铜、镍等金属包埋固定，如图4-4-30所示。根据型腔数目不同流道板有 X 形、Y 形、H 形等，如图 4-4-31 所示。

加热长度
40～50
≈18
L
≈6

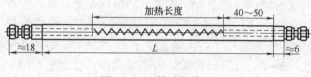

图 4-4-29　管式加热器

流道板上的加热管应对称布置于流道两侧，除加热器外还设有控温热电偶，热电偶的位置位于与两侧加热器等同的距离上，并靠近流道，如图 4-4-32 所示。

Cu
Al
18.7°
(a)
(b)
(c)
(d)
(e)

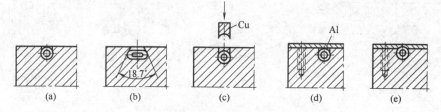

图 4-4-30　管式加热器在流道板上的安装方式

(a) 导热胶或堆焊安装　(b)　压入倒斜度的槽中　(c) 钢条包埋　(d) 片材夹紧　(e) 有成型凹槽的压板夹固

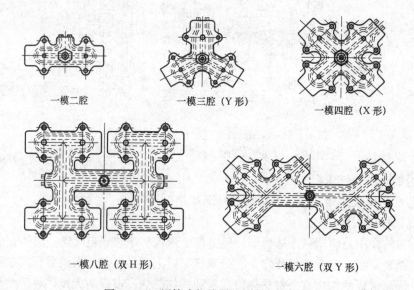

一模二腔
一模三腔（Y 形）
一模四腔（X 形）
一模八腔（双 H 形）
一模六腔（双 Y 形）

图 4-4-31　用管式加热器的几种热流道板

两型腔的板式流道板在模内典型布置如图 4-4-33 所示。流道板的加热功率应能在 0.5～1h 的区间内将流道板的温度从常温升高到 200～300℃，钢制流道板所需功率可按下式进行计算：

$$P=\frac{0.115\Delta Tm}{860t\eta}$$

式中　P——所需功率（kW）

m——流道板的质量（kg）

0.115——钢的比热容，[kcal/(kg℃)]

t——加热时间，可取为 1h

ΔT——流道板工作温度与室温之差

η——加热器由电能转变为热能的效率，约为 0.2～0.3

(2) 内加热热流道板　这种流道板适用于给料喷嘴部位带有内加热探针的热流道模具。

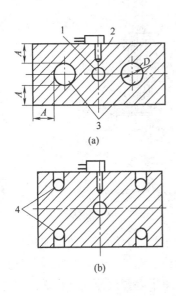

图 4-4-32　流道板上热电偶安装位置
1—流道　2—热电偶　3—加热棒　4—加热管

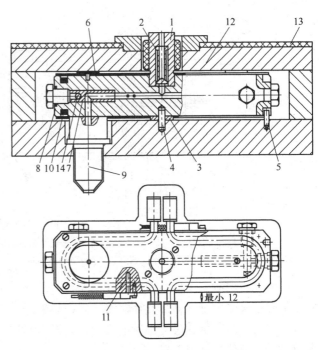

图 4-4-33　两型腔板式流道板的布局
1—主流道杯　2—熔体过滤网套　3—去承垫　4、5—定位销　6—承
压圈　7—堵塞　8—金属密封圈　9—喷嘴　10—管状加热器
11—热电偶　12—热反射铝片　13—绝热板　14—销钉

由于分流道本身也采用内加热器加热，如图 4-4-34（a）所示，这时流道板的表面温度比外加热流道板表面温度低得多，仅 60℃ 左右，而外加热流道板温度在 200～600℃ 范围内，因此其热损失比后者小 70%，能节约大量的能耗；其流道壁附近的树脂处于冻结状态，因此大大降低了漏料的可能性；流道内仅中心处于流动状态，类似于绝热流道，流动阻力较大。塑料沿加热管的外围空间流动，当流道垂直相通时，为了使加热管互不干扰，垂直流道间采取交错穿通的办法，如图 4-4-34（b）所示。由这种热流道板装置的模具如图 4-4-35 所示。这种热流道板的缺点是流道断面内物料温度高低不均，在高速注射时易将冷料带入型腔，降低制品质量。

（3）热管加热热流道　热流道模具的核心问题之一是如何控制主流道、分流道一直到给料喷嘴头部的温度均匀稳定，由于与给料喷嘴相邻的型腔处于较低的温度，虽然采用了各种隔热措施，但仍有不少热量从喷嘴头部散失，使得流道两端温差增大。在普通热流道中，为了缩小给料嘴头部和流道之间温度差，采用了铍铜等导热性优良的材料来制造给料喷嘴，但仍不能达到理想的状态。国外采用热管作为流道到给料喷嘴之间的导热元件，其导热能力可

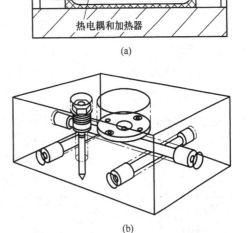

图 4-4-34　内加热热流道板的结构和装配

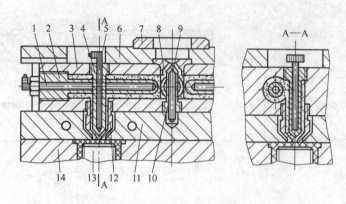

图 4-4-35　内加热热流道模具

1、5、9—管式加热器　2—分流道加热管　3—流道板　4—喷嘴加热管　6—定模底板　7—定位环

8—主流道杯　10—主流道加热管　11—浇口板　12—喷嘴　13—型芯　14—型腔板

达到铜的几百倍到一千倍，其原理如图 4-4-36 所示，A 为蒸发段，B 为冷却段。液体工作介质在加热区域受电加热器加热而蒸发，并把热量以蒸气的形式扩散到冷端，在该处蒸气冷凝而放出热量，冷凝液通过毛细管的吸回作用再返回加热区，由于以蒸气流动来输送热量，可保持热管各部位之间温差极小。

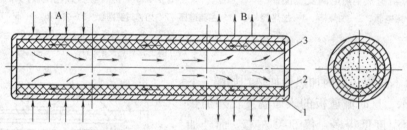

图 4-4-36　热管导热机理

1—管壳　2—毛细吸液芯　3—蒸气腔

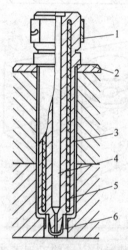

图 4-4-37　热管主流道套

1—电加热圈　2—定位圈　3—空气绝热层　4—流道　5—热管工作液（图中网线部分）　6—树脂绝热层

图 4-4-37 所示为热管用于模具主流道套的情况，热管制作成夹套形式围绕在主流道周围，塑料沿中心流道流动，主流道套上部电加热圈放出热量通过热管将热量传到给料喷嘴头部，从主流道始端到给料喷嘴头部的流道各个部位，其温差均可控制在 1.5～2℃ 以内，保持极其理想的加工温度，在给料喷嘴头部与型腔浇口之间有一塑料绝热层用来减小热向模具型腔板传递。国外这种用于主流道衬套的热管已规格化、商品化，它具有塑料熔体流动阻力小、不会产生局部过热分解、更换塑料品种时易清洗、使用寿命长等优点。热管浇口套只在定位环处和衬套尖端部与模具型腔板有接触，其他部位有空气间隙隔热。显然热管也可用于流道板的加热恒温，美国 Dynisco 热流道公司所采用的热流道板平行于分流道，在四根管状加热器和流道之间安装了四条直热管，使流道板温度均匀，有助于加工热敏性塑料，如 PVC 制品。

上面介绍了热流道和绝热流道浇注系统的主要形式，它包括用于单型腔的井坑式喷嘴和延伸式喷嘴，用于多型腔的绝热流道和热流道浇注系统，它们对各种塑料的适用程度和操作难易程度是各不相同的，我们应根据塑料品种和塑件复杂程度等进行选用，对不同的塑料可参照表4-4-1进行选择和设计。热流道模具在经济性、可靠性和提高制品质量方面有很好的使用效果，目前已得到了广泛采用。

表 4-4-1　　　　　　　　各种塑料与各种形式的无流道浇注系统适用表

塑料 形式	聚乙烯	聚丙烯	聚苯乙烯、AS	ABS	聚甲醛	聚氯乙烯	聚碳酸酯
井坑式喷嘴	可	可	稍困难	稍困难	不可	不可	不可
延伸式喷嘴	可	可	可	可	可	不可	不可
绝热流道	可	可	稍困难	稍困难	不可	不可	不可
热流道	可	可	可	可	可	可	可

第五节　注塑模成型零部件设计

一、概　述

型腔是模具上成型塑料制件的部位。构成模具型腔的所有零件都称为成型零件，通常包括：凹模、凸模、成型杆、成型环、各种型腔镶嵌件等。型腔设计步骤和设计内容如下：

① 根据塑件形状、塑件使用要求、塑料的成型性能等确定型腔的总体结构，其内容包括：分型面位置、进浇口位置、排气位置、侧向分型抽芯方位、脱模方式等。可以用注塑模计算机辅助设计（CAE）软件对充模过程、排气位置、熔接痕位置、保压时间、制件内应力、翘曲变形等进行分析和优化。

② 从制造角度决定型腔是否采用组合式。若需组合，决定各构成零件之间的组合方式，详细地确定各个零件的结构。

③ 根据塑件尺寸和成型收缩率大小计算成型零件上对应的成型尺寸。

④ 根据成型时的塑料熔体压力，通过数学方法或计算机软件对成型零件进行刚度和强度校核，决定型腔壁厚等尺寸。

二、型腔分型面位置和形状的设计

从工艺的角度选择进浇位置，确定分型面位置、形状，排气槽位置及其开设方法等。浇口位置和形状的设计前面已讨论过，本节将讨论分型面的设计，紧接着讨论排气槽的开设等问题。

打开模具取出塑件和浇注系统凝料的面，通称为分型面。有一个分型面和多个分型面的注塑模具，分型面的位置有垂直于开模方向、平行于开模方向以及倾斜于开模方向几种，分型面的形状有平面和曲面。分型面设计是否得当，对制件质量、操作难易、模具结构复杂性有很大影响，主要应考虑以下几点。

1. 塑件在型腔中放置方位的确定

塑件从模内取出时，一般只采用一个与注塑机开模运动方向相垂直的分型面，特殊情况下才采用较多的分型面。应设法避免与开模运动方向垂直方向或倾斜方向的分型和抽芯，因为这会增加模具结构的复杂性。为此安排制件在型腔中的方位时，要尽量避免与开模运动相垂直或倾斜的方向有侧凹或侧孔。如图 4-5-1 所示的制件，若照图（a）的方位安置型腔，则由于与开模运动相垂直的方向有侧凹，必须增加侧向分型机构，使模具结构复杂化；照图（b）安排则是较为合理的。

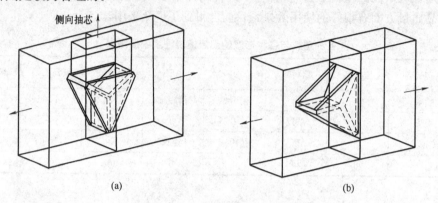

图 4-5-1　为避免侧凹的分型面方位

又如图 4-5-2 所示的三通：按照图（a）的方式安置制件需三向侧抽芯；按照图（b）的方式布置制件需两侧抽芯；按照图（c）的方式则只需一侧抽芯，且可以方便地在一个模具内布置多个型腔，一模生产多件，这就大大降低了模具结构的复杂性，降低了制模成本，提高生产效率。

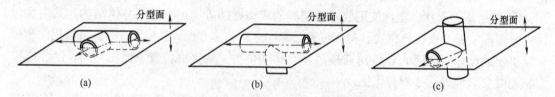

图 4-5-2　三通的侧抽芯数量与分型面位置的关系
(a) 三侧抽芯　(b) 双侧抽芯　(c) 单侧抽芯

2. 分型面形状的决定

一般分型面是与注塑机开模方向相垂直的平面，如图 4-5-3（a）所示；但也有将分型面做成倾斜的平面［如图 4-5-3（b）］或弯折面［如图 4-5-3（c）］或曲面［如图 4-5-3（d）］，这样的分型面虽然加工较为困难，但型腔制造和制品脱模比较容易。有时在分型面上利用锥面增加合模对中性，其分型面自然也成了曲面。

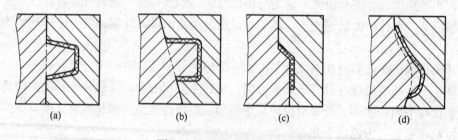

图 4-5-3　分型面的各种形状

3. 分型面位置的选择

分型面必须开设在制件断面轮廓最大的地方，才能使制件顺利地从型腔中脱出。此外还应考虑下面几种因素：

108

第一，分型面处不可避免地会在塑件上留下溢料痕迹，或拼合不准确的痕迹，故分型面最好不选在制品光亮平滑的外表面或带圆弧的转角处。如图4-5-4所示，图（a）是正确的，图（b）是错误的。

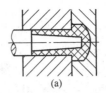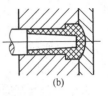

图 4-5-4　分型面位置对制件外观的影响
(a) 正确　(b) 不正确

第二，从模具推出装置设置方便考虑，分型时要尽可能地使制件留在动模边，例如一般薄壁筒形制件，收缩后易包附在型芯上，将型芯设在动模边是合理的，如图4-5-5（a）所示。当制件上有多个型芯或形状复杂、锥度小的型芯时，制件对型芯的包紧力特别大，这种型芯应设在动模边，而将凹模放在定模边，如图4-5-5（b）所示。但如果制件的壁相当厚且内孔较小时，则对型芯的包紧力很小，往往不能确切判断制件留在型芯上还是留在凹模内，这时可将型芯和凹模的主要部分都设在动模边，利用推管脱模（具体结构见脱模机构一节），如图4-5-5（c）所示。当制件的孔内有管状（与型芯无螺纹连接）的金属嵌件时，则不会对型芯产生任何的包紧力，而对凹模的粘附力较大，如图4-5-5（d）所示的内孔有金属嵌件的齿轮即是一例，这时应将凹模设在动模边，型芯既可设在动模边，也可设在定模边。

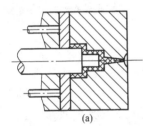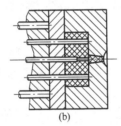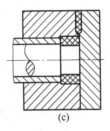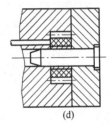

(a)　　　　　(b)　　　　　(c)　　　　　(d)

图 4-5-5　使制件留在动模边的分型面位置

第三，从保证制件相关部位的同心度出发，同心度要求高的塑件，取分型面时最好把要求同心的部分放在模具分型面的同一侧，如图4-5-6所示的双联齿轮，要求大齿轮、小齿轮和内孔三者有很好的同心度，为此把齿轮凹模和型芯都设在动模一边，而图（b）的形式则不妥当。当制件上要求互相同心的部位不方便设在分型面的同一侧时，则应设计特殊的定位装置，如锥面、中心导柱等（参看下一节），以提高合模时的对中性。

第四，有侧凹或侧孔的制件，当采用自动侧向分型抽芯时，除了液压抽芯能获得较大的侧向抽拔距离外，常用的斜面分型抽芯机构，其侧向抽拔距离都较小。取分型面时应首先考虑将抽芯或分型距离长的一边放在动、定模开模的方向上，利用开模运动完成长距离抽芯，而将短的一边作为侧向分型或侧向抽芯，如图4-5-7（a）所示。图4-5-7（b）所示的布置侧

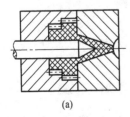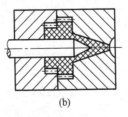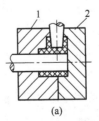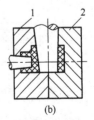

(a)　　　　　　　(b)　　　　　　　　　(a)　　　　　　(b)

图 4-5-6　分型面位置应保证制件同心度　　　图 4-5-7　侧向抽芯抽拔距离最短的分型面位置
(a) 正确　(b) 不正确　　　　　　　　　　(a) 正确　(b) 不正确
　　　　　　　　　　　　　　　　　　　　1—动模　2—定模

向抽芯距较长，斜导柱抽芯机构尺寸也要相应增大。

对有侧向分型抽芯机构的模具，采取动模边侧向分型抽芯，模具结构较简单，能获得的抽拔距离也比较长（详见侧向分型抽芯机构一节），故选分型面时应优先考虑把制件的侧凹或侧孔放在动模边；若设在定模边，则模具结构较为复杂。

此外，当分型面作为主要排气面时，料流的末端应设计在分型面上以利排气。

三、成型零件的结构设计

构成模具型腔的零件统称为成型零件，它主要包括凹模、凸模、型芯、镶块、各种成型杆、各种成型环。由于型腔直接与高温高压的塑料相接触，它的质量直接关系到制件质量，因此要求它有足够的强度、刚度、硬度、耐磨性，以承受塑料的挤压力和料流的摩擦力，有足够的精度和较低的表面粗糙度（一般 $Ra0.4\mu m$ 以下），以保证塑料制品表面光亮美观、容易脱模。如成型时有腐蚀性气体产生如聚氯乙烯制品等，还应选用耐腐蚀的钢材或在型腔表面镀硬铬。

下面分别对凹模、型芯和成型杆、螺纹型芯或螺纹型环的结构设计进行讨论。

（一）凹模（阴模）的结构设计

凹模是成型塑件外表面的部件，凹模按其结构不同可分为整体式、整体嵌入式、局部镶嵌式、大面积镶嵌组合式和四壁拼合式五种。

1. 整体式凹模

如图 4-5-8 所示，它系由一整块金属切削加工而成。整体式凹模的特点是牢固、不易变形，因此对于形状简单、容易制造，或形状虽然比较复杂，但可采用加工中心、数控机床、仿形机床或电加工等特殊方法加工的场合是适宜的。近年来由于数控加工技术的进步，过去需大面积组合或镶拼的型腔都可采用整体切削完成，这不但减少了加工工序而且大大提高了型腔制造精度和强度，镶嵌结构越来越少采用。

2. 整体嵌入式凹模

为了便于加工，保证型腔沿主分型面分开的两半在合模时的对中性，常将构成小型型腔对应的两半做成整体嵌入式，两嵌块的外廓断面尺寸相同，同轴嵌入相互对中的动定模模板的通孔内，为保证两通孔的对中性，可将动定模配合后一道加工，当机床精度高时，也可分别加工后再组合，如图 4-5-9 所示。

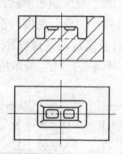

图 4-5-8　整体式凹模

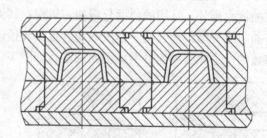

图 4-5-9　动定模整体嵌入嵌块构成型腔

在多型腔模具中，凹模一般采用冷挤压或电火花等加工方法单独加工成凹模镶块，型腔数量多而制件尺寸不大时，采用冷挤压成型型腔比切削加工效率高，并可保证各型腔尺寸、形状的一致性。凹模镶块的外形常采用带轴肩台阶的圆柱形或矩形，然后分别从上方或下方嵌入凹模固定板中，用垫板和螺钉将其固定，如图 4-5-10（a）所示。也可不用轴肩而用螺钉从模板的背面紧固，如图 4-5-10（d）所示。

如果制件不是旋转体，而凹模的外表面为旋转体时，则应考虑止转定位。常用销钉定位，如图 4-5-10（b）所示，销钉孔可钻在连接缝上（骑缝销钉），也可钻在凸肩上。当凹模镶件经淬火后硬度很高不便加工销孔或骑缝螺钉孔时，最好利用磨削出的平面采用键定位，如图 4-5-10（c）所示，键定位特别适用于在多型腔模具中用长键固定成排的凹模，也适用于凹模经常拆卸的地方。

凹模也可以从分型面的一边直接嵌入凹模固定板中，如图 4-5-10（e）、（f）所示，这样可省去垫板，但（f）的形式因为其表面有间隙，上表面不宜设分流道。

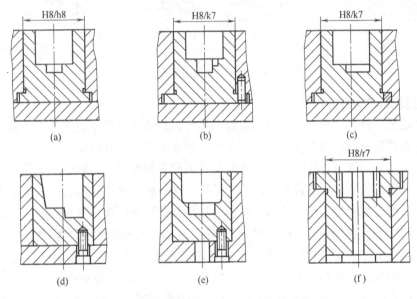

图 4-5-10　整体嵌入式凹模及止转定位

3. 局部镶嵌式凹模

为了加工方便或由于型腔的某一部分容易损坏，需经常更换，则采取局部镶嵌的办法。图 4-5-11（a）凹模内有局部突起，可将此突起部分单独加工，再把加工好的镶块利用圆形槽（也可以用 T 形槽、燕尾槽等）镶在圆形凹模内；图 4-5-11（b）是利用局部镶嵌的办法加工圆形凹模；图 4-5-11（c）是凹模底部局部镶嵌；图 4-5-11（d）是利用局部镶嵌的办法加工长条形凹模。上述方法使加工简化，成本降低。

4. 底部大面积镶嵌组合式凹模

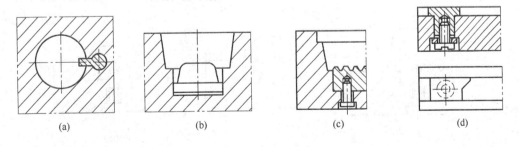

图 4-5-11　局部镶嵌组合式凹模

为了方便机械加工、研磨、抛光、热处理等工序而采取大面积组合的办法，最常见的是把凹模做成穿通的，再镶上底。如图4-5-12所示，图（a）、（b）的形式镶嵌比较简单，但结合面应仔细磨平，加工和抛光凹模内壁时，要注意保护与底板接合处的锐棱不能损伤，更不能带圆角，以免造成反锥度而影响脱模，底板还应有足够的厚度，以免变形而揿入塑料；图（b）用于深型腔当其底部加工较困难的情况；图（c）、（d）的结构制造稍麻烦，但它们的侧壁和底之间有垂直的配合面，不易揿入塑料，除底可大面积镶嵌外，侧壁也可大面积镶嵌。目前，由于加工技术的进步，大面积镶嵌组合式凹模越来越少，而被整体式加工凹模所取代。

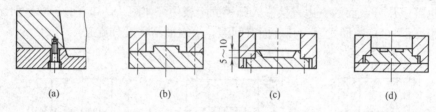

图4-5-12　底部大面积镶嵌组合式凹模

（二）型芯和成型杆的结构设计

型芯和成型杆都是用来成型塑件内表面的零件，二者并无严格的区分。一般来说，主型芯可成型壳形或筒形制品内表面，而成型杆多是指成型制件上孔的小型芯。

型芯也有整体式和组合式之分，形状简单的主型芯和模板可以做成整体式，如图4-5-13（a）所示；形状比较复杂或形状虽不复杂，但从节省贵重钢材、减少加工工作量考虑可采用组合式型芯。固定板和型芯可分别采用不同的材料制造和热处理，然后再连成一体；图4-5-13（b）为最常用的连接形式，即采用轴肩和底板连接，当轴肩为圆形而成型部分为非回旋体时，为了防止型芯在固定板内转动，也和整体嵌入式凹模一样需在轴肩处用销钉或键止转；此外还有用螺钉连接的型芯，如图4-5-13（c）、（d）所示，螺钉连接虽然比较简单，但不及轴肩连接牢固可靠，为了防止侧向位移应采取销钉定位，由于销孔需后加工的原因，这种结构不适于淬火的型芯，最好将淬火型芯局部嵌入模板来定位，如图4-5-13（d）所示。对横断面为非圆形者将型芯下部加工出断面较小或较大的规则阶梯（例如圆形阶梯）来定位，再镶入模板，如图4-5-13（e）、（f）所示。有时需在模板上加工出凹槽，用它来成型制品的凸边，如图4-5-13（g）所示。

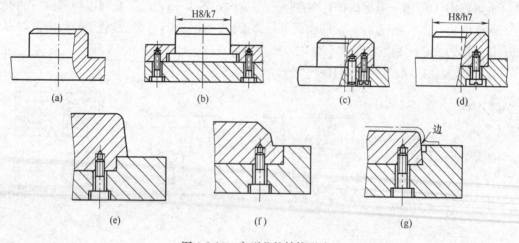

图4-5-13　主型芯的结构形式

成型杆或小型芯常单独制造，再嵌入模板之中，其连接方式有以下几种：最简单的是用静配合直接从模板上面压入，如图 4-5-14（a）所示，下面的通孔是更换时顶出型芯用的，这种结构当配合不紧密时有可能被拔出来；如在型芯的下部铆接，则可克服上述缺点，如图 4-5-14（b）所示；图 4-5-14（c）所示为最常用的轴肩和垫板连接，对于细而长的型芯，为了便于制造和固定，常将型芯下段加粗或将小型芯做得较短，用圆柱衬垫［如图 4-5-14（d）］或用螺钉压紧［如图 4-5-14（e）］。对于多个互相靠近的小型芯，当采用轴肩连接时，如果其轴肩部分互相重叠干涉，可以把轴肩相互干涉的一面磨去，固定板的凹坑可根据加工的方便加工成大直径圆坑或铣成长槽，如图 4-5-15（a）、（b）所示。

对于非圆形型芯，为了制造方便，可以把它下面一段做成圆形的，并采用轴肩连接，仅上面一短段做成异形的，如图 4-5-16（a）所示，模板上的异形孔可方便地采用线切割加工。有时只将成型部分做成异形的，以下则做成圆柱形的，用螺母和弹簧垫圈拉紧，如图 4-5-16（b）所示。

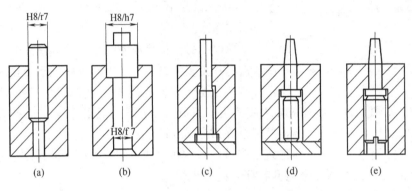

图 4-5-14　成型杆或小型芯的固定方式

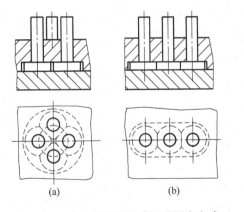

图 4-5-15　中心距相近的多型芯固定方式

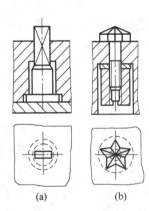

图 4-5-16　非圆形型芯的组合固定方式

侧型芯与侧向抽芯滑块的连接可以采用类似的办法。至于其他特殊的连接方法可参看本书侧向分型抽芯机构一节。

对于形状复杂的型芯，为了便于机械加工，其本身也可做成拼合的形式，这时应注意其结构的合理性。如图 4-5-17（a）所示的拼合结构为采用两个型芯嵌入，由于型芯孔之间壁很薄，热处理时易开裂变形；图 4-5-17（b）则不存在此问题；图 4-5-17（c）是组合式型芯的另一例。复杂型芯中有凸起，切削加工困难，可将凸起部分做成小型芯，中心长方孔用线

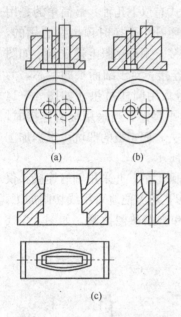

图 4-5-17　复杂型芯的组合方式

切割加工，孔和芯子研磨组合。

（三）螺纹型芯和螺纹型环的结构设计

制品上内螺纹（螺孔）采用螺纹型芯成型，制品的外螺纹采用螺纹型环成型，除此以外，螺纹型芯或型环还用来固定金属螺纹嵌件。成型后，无论螺纹型芯还是螺纹型环，在模具结构上都有模内自动卸除和模外手动卸除两种类型，对于模具内自动旋转卸除螺纹的机构将在顶出机构一节专门讨论，这里只介绍螺纹型芯和制品一道从模内脱出后在模外卸除的结构，这种结构要简单得多。

在模具内安放螺纹型芯或型环的主要要求是：成型时定位可靠，不会因合模时的振动或受塑料流的冲击而移位，在开模后能随制件一道方便地取出。

1. 螺纹型芯设计

按照用途来分，螺纹型芯有两种形式：一种是直接在制件上成型螺纹，另一种是成型时用来装固螺纹嵌件。两者之间在结构上并无多大差别，所不同的是用于成型制件螺纹的螺纹型芯，在设计时应考虑塑料的收缩率，表面粗糙度应在 $R_a0.4\mu m$ 以下，螺纹的始端和末端均应按第三章制件螺纹设计原则设计；而装固嵌件的螺纹型芯按一般螺纹尺寸制造，表面粗糙度在 $R_a1.6\mu m$ 以下即可。

螺纹型芯在模具上安装连接形式有多种，安放在立式注塑机下模上的螺纹型芯如图 4-5-18 所示。一般均是采用动配合将型芯杆直接插入模具对应的孔中，图 4-5-18（a）利用圆锥面起密封和定位作用，使高压的塑料熔体不致挤入装插嵌件的孔中。除此以外，将型芯做成圆柱形的台阶也可以定位和防止型芯下沉，如图 4-5-18（b）所示；图 4-5-18（c）是利用外圆面配合，为防止塑料注入时螺纹型芯下沉，在孔的下方设有垫板，支承住螺纹型芯。若螺纹型芯是用来固定螺纹嵌件的，常直接利用嵌件与模具的接触面来防止型芯下沉，如图 4-5-18（d）所示。螺纹型芯尾部应做成四方形或将相对两边磨出两个平面，以便在脱模后夹持型芯，将它从塑件上拧下。固定嵌件的螺纹型芯其螺纹直径小于 M3 时，在塑料流的冲击下，螺杆容易弯曲（特

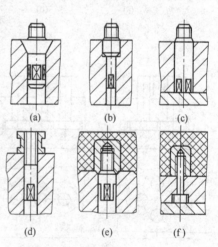

图 4-5-18　螺纹型芯杆的安装形式

别是压制成型模），这时可将嵌件的下端嵌入模体一小段，如图 4-5-18（e）所示，这样一来既增加了嵌件的稳定性，同时又能可靠地阻止塑料挤入嵌件的固定孔中。

在注塑模具中，若嵌件系非通孔、小直径的螺纹嵌件（如 M3.5mm 以下），可直接将嵌件插在固定于模具上的光杆型芯上，如图 4-5-18（f）所示，这样就省去了模外卸螺纹型芯的操作。

上述各种固定螺纹型芯的办法多用于立式注塑机的下模或卧式注塑机的定模。对于立式注塑机上模或合模时冲击振动较大的卧式注塑机模具的动模边，当螺纹型芯插入时应有弹性

连接装置，以免合模时型芯落下或移位，造成废品或事故，如图 4-5-19 所示。

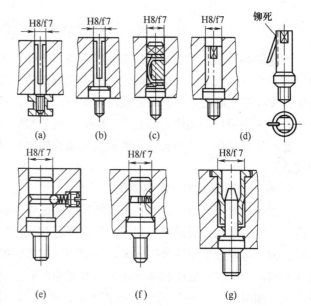

对于直径小于 8mm 的型芯，可用豁口柄的形式，如图 4-5-19（a）所示，将其尾部从豁口处稍许掰开，利用豁口柄的弹力将型芯支持在模具的孔内，成型后随制件一起拔出。图 4-5-19（b）的嵌件增加了一个台阶，用来直接成型螺纹，台阶不但起定位作用，并可防止塑料的挤入。当型芯直径较大时，豁口柄的连接力较弱，可采用弹簧钢丝起连接作用。图 4-5-19（c）常用于直径 5～10mm 的型芯，其结构类似雨伞柄上的弹簧装置。弹簧用 $\phi 0.8\sim1.2mm$ 的钢丝制

图 4-5-19 带弹性连接的螺纹型芯的安装形式

成。图 4-5-19（d）的结构较简单，将钢丝嵌入旁边的槽内，上端铆压固定，下端向外伸出。当螺纹直径超过 10mm 时，可采用图 4-5-19（e）的结构，用弹簧钢球固定螺纹型芯，要求钢球和弹簧的位置正好对准型芯杆的凹槽。当型芯的直径大于 15mm 时，则可反过来将钢球和弹簧装置放在芯杆内，避免在模板上钻深孔。图 4-5-19（f）利用弹簧卡圈装在型芯杆的沟槽内，结构简单，适用于直径大于 15mm 的型芯杆。图 4-5-19（g）表示用爪形弹簧夹头连接，夹头分为 4～6 瓣，它装夹可靠，定位精度高，缺点是占位大，制造较复杂。

2. 螺纹型环设计

螺纹成型环在模具闭合前装在型腔内，成型后随制件一起脱模，在模外卸下。常见有两种结构：整体式螺纹型环和组合式螺纹型环。

（1）整体式螺纹型环　螺纹型环的外径与模具上的安装孔之间采取 H8/f8 配合，配合高度 3～10mm，其余可倒成 3°～5°的角。下面加工成台阶平面，以便用扳手将其从制件上拧下来，台阶平面的高度可取 $H/2$。如图 4-5-20（a）所示。

（2）组合式螺纹形环　它适用于精度要求不高的粗牙螺纹的成型，通常由两半块组合而成，两半块之间采用小导柱定位，装入模具时螺纹型环外表面被锥面锁紧。为便于分型可在结合面外侧开两条楔形槽，用尖劈状分模器分开。如图 4-5-20（b）所示。这种方式卸螺纹快而省力，但会在接缝处留下难以修整干净的溢边痕迹。

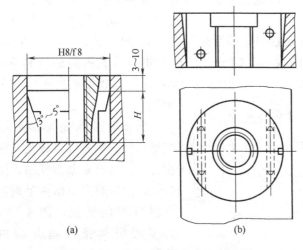

图 4-5-20 整体式和组合式螺纹型环

四、排气方式及排气槽的设计

当塑料熔体注入型腔时，如果型腔内原有气体、蒸汽等不能顺利地排出，将在制品上形成气孔、银丝、灰雾、熔接缝明显、表面轮廓不清、型腔不能完全充满等弊病，同时还会因气体压缩而产生高温，引起流动前沿物料温度升高，黏度下降，容易从分型面处溢出，发生飞边，严重的则灼伤制件，使之产生焦痕。而且型腔内气体压缩产生的反压力会降低充模速度，影响注塑周期和产品质量（特别在高速注射时）。因此设计型腔时必须充分地考虑排气问题。

1. 利用分型面或配合间隙排气

对于一般的小型塑件，当不采用特殊的高速注射时，可利用分型面排气或利用推杆与相配的孔、推管与孔、脱模板与型芯、活动型芯与孔的配合间隙排气，如图 4-5-21 （a）、（b）所示。为了增加分型面的排气效果，可增加分型面的粗糙度，并使加工的刀痕或磨削痕顺着排气方向。为了增加推杆的排气效果，可将推杆后方距型腔 5mm 以外处推杆与孔的配合间隙加大，如图 4-5-21 （a）所示，或将推杆的配合圆柱面磨出一小平面。但对于模具上固定零件之间的配合间隙，由于成型时物料溢入会将排气孔堵塞，又不可能及时清除，因此排气作用不大。

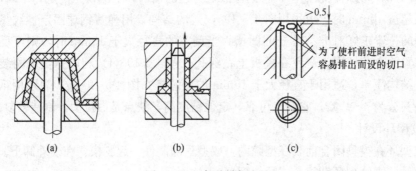

图 4-5-21　各种排气方法

2. 开设专用排气槽

对于要求高的塑件特别是大型塑件或高速注塑模，应开设专用的排气槽。最常见的是在型腔周边的分型面上开排气槽，槽深在 0.01～0.08mm 之间变化，宽约 5～10mm，随塑料品种而定。低黏度取小值，对大多数的结晶型塑料如 PA、PE、PET、PP、POM，槽深 0.02～0.03mm（对流动性很强的取≤0.01mm）；对于非结晶型的高黏度料 PS、ABS、PC、PMMA、UPVC 等，槽深取 0.03～0.08mm，而其宽度和数量取决于型腔的容积。

图 4-5-22 为矩形型腔排气槽实例。因排气量较大，沿型腔四周开有多条排气槽。图 4-5-23 为深腔壳形塑件沿周边设排气槽的情况。图 4-5-24 为多腔模具排气槽开设的情况。

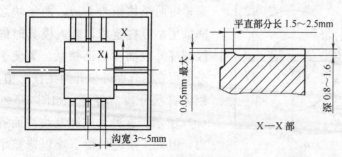

图 4-5-22　矩形型腔排气槽的开设

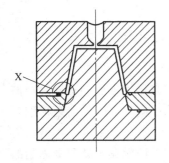
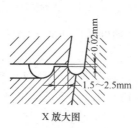
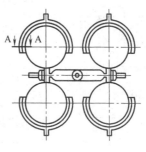
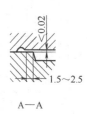

图 4-5-23　深腔壳形件的圆周排气槽　　　　　　　图 4-5-24　多腔模具排气槽

3. 用烧结成型多孔金属块排气

如果制品形状特殊，型腔最后充满的部位远离分型面和推杆而无法排气时，可在型腔表面气体聚集处镶嵌圆形的烧结金属块排气，如图 4-5-25 所示。以金属粉末为原料经模压烧结的烧结金属具有一定的透气性，应注意烧结金属强度差，不宜过薄，其下方的通气孔直径 D 不宜太大，以免受力变形。同时应注意该材料的导热性较差，易过热溢料，引起孔眼堵塞，应选恰当的烧结工艺条件。

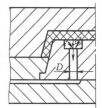

图 4-5-25　多孔烧结金属块排气

烧结金属由于表面粗糙，会在塑件表面留下印痕，应把它安排在制件上不显眼的地方，或对型腔其余部分的表面做处理，使其也带有类似的花纹，互相混为一体。现在已能成型表面网纹非常精细的多孔烧结金属，在塑件上只留下很淡的痕迹。

4. 负压及真空排气

通过冷却水道排气是在负压冷却技术基础上发展起来的新技术。模具内冷却水通过特殊的容积泵抽吸流动，因此整个冷却水道在负压下操作，型腔内的气体通过排气间隙从冷却水道中随水带出。其中最好的办法是通过推杆间隙排气，推杆穿过冷却水道而与型腔相通，如图 4-5-26 所示。这就解决了普通模具设计中常遇到的推杆布置与冷却水孔布置互相干涉的问题。由于顶杆冷却良好，防止了由于气体被压缩产生高温使树脂分解，分解产物沉积在推杆排气间隙中的问题，使排气保持畅通。

图 4-5-26　推杆穿过负压冷却水道的设计
1—定模　2—塑件　3—动模　4—推杆
5—O 形密封圈　6—负压冷却水道

通过多孔金属也可把气体引导到冷却水道中，如图 4-5-27 所示的模具，浇口开设在塑件边缘圆周上，气体聚集在其顶部，在型芯顶上设置了与冷却水路相通的多孔金属嵌块，提供了大的排气面积，气体得以顺利排除。由于多孔金属直接由后面的水冷却，可保持该金属块温度低（多孔金属导热性差）而不致被塑料熔体渗入堵塞，又由于是负压冷却，水压低于大气压力，故不会漏出。

高速成型时还可用真空泵在注塑前抽出型腔中空气，使形成真空，这就避免了排气不及时所引发的各种缺陷。目前还采用不多，将来随着高速成型的发展，这种方法具有良好的应用前景。

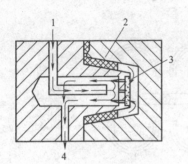

图 4-5-27　多孔烧结金属提供
较大的排气面积
1—进水口　2—熔体流　3—空气流
4—抽真空排水排气

五、型腔成型尺寸计算

（一）塑件精度及其影响因素

模具的成型尺寸是指型腔上直接用来成型塑件对应部位的尺寸，主要有型腔和型芯的径向尺寸（包括矩形型芯的长和宽或异形型芯的其他断面尺寸）、型腔和型芯的深度或高度尺寸、中心距尺寸等。在设计模具时必须根据制品的尺寸和对精度的要求来确定成型零件的相应尺寸和精度等级，给出正确的公差值。任何塑件都有一定的尺寸精度要求，一般来说工业配件、电子电器产品塑件的尺寸精度要求较高。就同一塑件来说，塑件上各个尺寸的精度要求也有很大差异，一个制件上只有在使用和安装过程中有配合要求的尺寸，其精度要求较高，应做详细计算。影响塑件尺寸精度的因素较为复杂，主要有以下几方面。

首先是制件在生产过程中收缩率的波动，波动越大尺寸误差越大，精度越低，同时在设计模具型腔尺寸时所选用的计算收缩率与生产时实际收缩率有差异，也引起精度降低。此外型腔在使用过程中不断磨损，使得同一模具在新的时候和用旧磨损以后所生产的制件尺寸各不相同。模具可动成型零件之间配合间隙变化值，例如压塑模具，其上下模压紧面上溢边间隙厚度变化会影响塑件的高度尺寸，此外模具固定成型零件安装尺寸变化值等都会影响塑件的尺寸误差。塑件上某尺寸可能出现的最大总误差值为影响该尺寸各误差值的总和，如下式所列，其平均误差值则应按数理统计的方法进行计算。

$$\delta = \delta_s + \delta_m + \delta_w + \delta_{ss} + \delta_q \tag{4-5-1}$$

式中　δ——塑件成型总误差

　　δ_s——塑件收缩率波动引起塑件尺寸变化值

　　δ_m——成型零件制造误差

　　δ_w——型腔使用过程中允许的最大磨损量

　　δ_{ss}——设计模具时由于收缩率选择不准所造成的误差

　　δ_q——可动的或固定的成型零件配合间隙或安装误差造成的尺寸误差

虽然各项误差同时达到最大值的几率较小，但影响塑件尺寸的因素较多，累积误差较大，因此塑料制品的精度往往较低，并总是低于成型零件的制造精度，应慎重选择塑件的精度，以免给模具制造和工艺操作带来不必要的困难。为了能生产出完全合格的塑件，其塑件规定公差值 Δ 应大于或等于以上各项因素带来的累积误差。

$$\Delta \geqslant \delta \tag{4-5-2}$$

应当说明，不是塑料制品的任何尺寸都与以上各种因素有关，例如整体制造的型腔所成型制件，其径向尺寸就不存在安装误差和配合间隙大小的影响。从或然率的观点出发，当测量一大批相同制件的同一尺寸时，尺寸有一定的分布范围和分布中心，距分布中心近的尺寸比距分布中心远的尺寸出现的几率多，而且所有的各项误差，同时都偏向最大值或同时偏向最小值的几率是非常小的。

我国已制订了塑料模塑塑料件尺寸公差标准（GB/T 14486—2008），作为设计依据，不可随意决定制品公差，也不可按金属切削加工的公差标准进行塑件设计。现对影响制件公差的三个主要因素进行讨论。

1. 成型零件制造误差的影响

绝大多数的模具型腔的成型尺寸都是机械加工得到的,其加工误差直接影响制品尺寸,精度相同的模具零件其制造公差数值与零件尺寸大小有一定关系,在 0～500mm 以内,按国家标准 GB/T 1800～1804《公差与配合》规定。

$$\Delta z = ai = a(0.45\sqrt[3]{D} + 0.001D) \tag{4-5-3}$$

式中　D——被加工零件尺寸,在这里可视为被加工模具零件的成型尺寸 L_M（mm）

　　　Δz——成型零件制造公差值

　　　i——公差单位

　　　a——精度系数,对模具成型零件尺寸制造最常用精度等级 IT8、IT9、IT10、IT11 分别为 25、40、64、100。精度系数越小,精度等级越高

组合式型腔的制造公差应根据尺寸链决定,在此不再详细讨论。大量实践表明,当塑件尺寸较小时,模具制造误差占塑件总误差的 1/3 左右。对于大尺寸则不足 1/3。

2. 成型收缩率波动的影响

按照塑件成型收缩率的定义

$$\varepsilon_s = \frac{L_M - L_p}{L_M} \times 100\% \tag{4-5-4}$$

式中　ε_s——塑件成型收缩率

　　　L_M——模具成型尺寸（mm）

　　　L_p——塑件对应尺寸（mm）

成型收缩率波动是由于塑件生产时成型工艺条件波动、操作方式改变、材料批号发生变化等原因造成的,收缩率波动引起制品尺寸的变化值与该尺寸大小成正比。

$$\delta_s = (\varepsilon_{smax} - \varepsilon_{smin})L_M \tag{4-5-5}$$

式中　ε_{smax}——成型时塑件的最大收缩率

　　　ε_{smin}——成型时塑件的最小收缩率

3. 型腔成型零件磨损量的影响

塑料在型腔中流动或塑件脱模时与型腔壁摩擦造成成型零件的磨损;在成型过程中成型零件不均匀地磨损、锈蚀,使表面光洁度降低,重新打磨抛光也会进一步造成成型零件的磨损。上述诸因素中,脱模时塑件对成型零件的磨损是主要的,为简便计,凡与脱模方向垂直的面不考虑磨损量,与脱模方向平行的面才予考虑。磨损量应根据模具的使用寿命选定,磨损值随着产量增加而增大,对生产批量较小的模具取较小值,甚至不予考虑（例如产量在万件以内者）。此外还应考虑塑料对钢材的磨损情况,以玻璃纤维、玻璃粉、石英粉、带棱角的硬质无机物作填料的塑料磨损较为严重,可取大值;反之对钢材磨损系数小的热塑性塑料取小值,甚至予以忽略。同时还应考虑模具材料的耐磨性及热处理情况,型腔表面是否镀铬、氮化等。

有资料介绍,中小型塑件的模具,最大磨损量可取塑件总误差的 1/6（常取 0.02～0.05mm）;对生产大型制件的模具应取 1/6 以下。但实际上对于聚烯烃、尼龙等塑件来说对模具的磨损是很小的,对小型塑件来说,成型零件磨损量对塑件总误差有一定影响,而对大型塑件上的大尺寸则影响甚微,可忽略不计。

从式（4-5-5）可以看出，收缩率波动值 δ_s 随制件尺寸增大成正比地增加；从式（4-5-3）可以看出，制造误差 δ_m 随制件尺寸增大呈立方根关系增大，磨损量 δ_w 随着制件尺寸增大而增加的速度十分缓慢。因此我们可以得出：生产大尺寸塑件时，因收缩率波动对制件误差影响较大，若单靠提高模具制造精度来提高塑件精度是困难的和不可能的，而应着重稳定成型工艺条件，并选用收缩率波动小的塑料；相反，生产小尺寸塑件时，影响塑件误差的主要因素中模具成型零件的制造误差和成型零件表面的磨损值则占有较大的比例，应与收缩率波动的影响同时给以考虑。

对一副已制造完毕的模具来说，其制造误差、安装误差都已成为系统误差，在生产现场一段时间内模具磨损值忽略不计时，塑件尺寸的误差则主要由收缩率的波动决定。

但在模具设计时则必须同时考虑成型收缩率波动所造成的误差、模具制造误差（含组装配合误差）、设计时收缩率选择不准造成的误差和磨损造成的误差，并适当地留有修模余量。

常见成型零件尺寸可归纳为以下几类，即：型腔或型芯径向尺寸、型腔深度尺寸或型芯高度尺寸、型芯或成型孔之间的中心距尺寸、中心线到塑件边缘距离尺寸，以及特种塑件如螺纹、齿轮等的特殊参数计算（导程、模数等）。成型尺寸计算方法有按平均收缩率计算成型尺寸和按极限条件计算成型尺寸两大类，分别讨论如下。

（二）按平均收缩率计算成型尺寸

按平均收缩率计算成型尺寸简便易行，是最常采用的计算方法。

1. 型腔径向尺寸计算

为了统一计算基准，按照一般习惯，规定型腔（孔）的最小尺寸为名义尺寸 L_M，允许制造偏差 δ_m 为正值；塑件（轴）的最大尺寸为名义尺寸 L_P，允许偏差 Δ 为负值。如图4-5-28左列所示。

当考虑了型腔允许最大磨损值为 δ_w 后，型腔平均尺寸为

$$L_{Mcp} = L_M + \frac{\delta_m}{2} + \frac{\delta_w}{2} \qquad (4\text{-}5\text{-}6)$$

塑件平均尺寸为

$$L_{Pcp} = L_P - \frac{\Delta}{2} \qquad (4\text{-}5\text{-}7)$$

设平均收缩率为 ε_{Scp}，由式（4-5-4）则有

$$L_{Mcp} = L_{Pcp} + \varepsilon_{Scp} L_{Mcp}$$

$$L_{Mcp} = \frac{L_{Pcp}}{1 - \varepsilon_{Scp}} = L_{Pcp} + \varepsilon_{Scp} L_{Pcp} + \varepsilon_{Scp}^2 L_{Pcp}$$

$$\qquad (4\text{-}5\text{-}8)$$

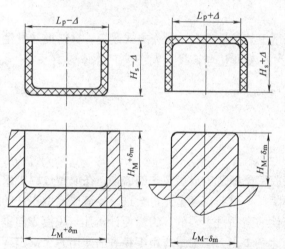

图 4-5-28　模具名义尺寸和塑件名义尺寸及其公差分布图

算出平均尺寸 L_{Mcp} 后，由式（4-5-6）得型腔名义尺寸：

$$L_M = L_{Mcp} - \frac{\delta_m}{2} - \frac{\delta_w}{2}$$

出于修模考虑，对型腔径向尺寸来说容易修大，预留一负修模余量 δ_r，标上制造公差 δ_m，得型腔径向名义尺寸：

$$L_M = \left(L_{Mcp} - \frac{\delta_m}{2} - \frac{\delta_w}{2} - \delta_r \right)_{0}^{+\delta_m} \qquad (4\text{-}5\text{-}9)$$

根据已学过的塑件尺寸与塑件公差关系和模具制造尺寸与制造公差关系，并考虑到模具制造的难易和习惯，建议按表 4-5-1 所列对应关系选取模具型腔尺寸制造的精度等级，并决定 δ_m。这是作者按在小尺寸范围内模具制造公差等于塑件公差 1/3 推导出来的。

表 4-5-1   **塑件公差等级与模具型腔机械制造公差等级对应关系**

塑料制件公差等级 GB/14486—1993	MT1	MT2	MT3	MT4	MT5	MT6	MT7
模具制造公差等级 GB/1800—1979	IT8	IT9	IT10	IT10	IT11	IT11	IT12

对于注射成型模具来说，当型腔磨损量很小时，可按下面建议的关系式选取允许磨损量和修模余量。

$$\frac{\delta_w}{2} + \delta_r = \frac{\delta_m}{2} \tag{4-5-10}$$

代入式（4-5-9）并标上制造公差，则有

$$L_M = (L_{Mcp} - \delta_m)^{+\delta_m}_0 \tag{4-5-11}$$

计算时先按式（4-5-8）算出 L_{Mcp}，再按式（4-5-11）算出标有制造误差的型腔径向尺寸 L_M，并标上制造公差 $+\delta_m$。

2. 型芯径向尺寸计算

用型芯成型塑件内孔时，在公差标准中，规定型芯（轴）的最大尺寸为名义尺寸 L_M，其偏差 δ_m 为负；而对应塑件的内表面（孔）的最小尺寸为名义尺寸 L_P，偏差 Δ 为正值（见图 4-5-28）。当考虑了型芯允许磨损 δ_w 之后，型芯径向平均尺寸为

$$L_{Mcp} = L_M - \frac{\delta_m}{2} - \frac{\delta_w}{2} \tag{4-5-12}$$

塑件上孔的平均尺寸为

$$L_{Pcp} = L_P + \frac{\Delta}{2} \tag{4-5-13}$$

同上，先按式（4-5-8）算出模具型芯平均尺寸，即可计算型芯的名义尺寸。由于型芯径向尺寸易修小，故给型芯一个正的修模余量 δ_r，型芯名义尺寸为

$$L_M = L_{Mcp} + \frac{\delta_m}{2} + \frac{\delta_w}{2} + \delta_r$$

标上制造公差得

$$L_M = \left(L_{Mcp} + \frac{\delta_m}{2} + \frac{\delta_w}{2} + \delta_r \right)^0_{-\delta_m} \tag{4-5-14}$$

对注塑模具，当磨损量很小、修模余量也很小时，令

$$\frac{\delta_w}{2} + \delta_r = \frac{\delta_m}{2} \tag{4-5-15}$$

代入式（4-5-14）并标上制造公差，则有

$$L_M = (L_{Mcp} + \delta_m)^0_{-\delta_m} \tag{4-5-16}$$

计算时先按式（4-5-8）算出 L_{Mcp}，再按式（4-5-16）决定型芯的尺寸 L_M，并标上制造公差 $-\delta_m$。

3. 型腔深度尺寸计算

型腔深度尺寸以其最小尺寸为名义尺寸，同时有正公差，标注为 $H_M^{+\delta_m}$，如图 4-5-28 所示。对型腔深度不考虑脱模磨损，故其平均尺寸为

$$H_{Mcp} = H_M + \frac{\delta_m}{2} \tag{4-5-17}$$

对应塑件上的高 H_p 为最大尺寸，偏差 Δ 为负偏差，其平均尺寸为

$$H_{Pcp} = H_P - \frac{\Delta}{2} \tag{4-5-18}$$

$$H_{Mcp} = H_{Pcp} + H_{Mcp}\varepsilon_{Scp}$$

$$H_{Mcp} = \frac{H_{Pcp}}{1-\varepsilon_{Scp}} \approx H_{Pcp} + \varepsilon_{Scp}H_{Pcp} + \varepsilon_{Scp}^2 H_{Pcp} \tag{4-5-19}$$

还应考虑一修模余量。应注意修模时型腔的深度有时容易修深，有时容易修浅，由具体结构决定。在多数情况下型腔的底面形状比较复杂，若要将型腔修深，相当于将复杂的型腔重复加工一遍，费时费工。但型腔分型面形状比较简单，常为一平面，要将型腔修浅只需在分型面处磨削去掉一定厚度即可。因此设计时宁可将型腔尺寸取得偏深一些，以免造成修模困难，如图 4-5-29（a）所示。但是，在个别情况下型腔的某些深度尺寸是便于修深，在设计时宁肯将它设计得浅一些，如图4-5-29（b）所示，这时给它一个负的修模余量。

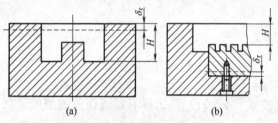

图 4-5-29　修模时型腔深度尺寸的修整

综合上述两种情况，型腔深度计算公式如下：

$$H_M = \left(H_{Mcp} - \frac{\delta_m}{2} \pm \delta_r\right)_0^{+\delta_m} \tag{4-5-20}$$

若取修模余量为 $\delta_m/2$，则对常见的型腔容易修浅时取值为正：

$$H_M = (H_{Mcp})_0^{+\delta_m} \tag{4-5-21}$$

型腔容易修深时修模余量取值为负：

$$H_M = (H_{Mcp} - \delta_m)_0^{+\delta_m} \tag{4-5-22}$$

先按式（4-5-19）算出 H_{Mcp}，再按式（4-5-21）或式（4-5-22）算出型腔的深度 H_M 并标上制造公差 $+\delta_m$。

4. 型芯高度尺寸计算

对于型芯高度的计算也有类似的情况。多数情况下型芯容易修长，如图 4-5-30（a）所示的型芯，修模时将型芯固定板上表面磨去一层，则型芯增长。个别情况下型芯容易修短，如图 4-5-30（b）所示的整体式型芯，型芯的上端面形状比较简单，即属于这种情况。经过与型腔深度尺寸计算类似的推导，型芯高度计算公式为

$$H_M = \left(H_{Mcp} + \frac{\delta_m}{2} \pm \delta_r\right)_{-\delta_m}^0 \tag{4-5-23}$$

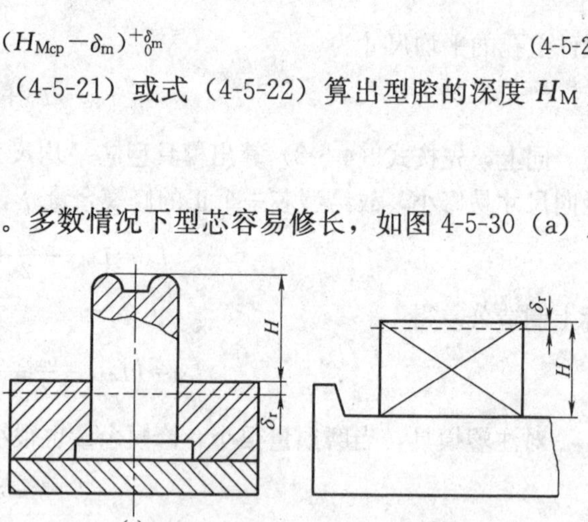

图 4-5-30　修模时型芯高度尺寸的修整

常见的型芯容易修长时取负修模余量，可按下式计算：

$$H_M = (H_{Mcp})_{-\delta_m}^0 \tag{4-5-24}$$

型芯容易修短时取正修模余量，可按下式近似计算：

$$H_M = (H_{Mcp} + \delta_m)_{-\delta_m}^0 \tag{4-5-25}$$

同前，先按式（4-5-19）算出 H_{Mcp}，再根据具体情况用式（4-5-24）或式（4-5-25）决定型芯高度 H_M 并标上制造公差 $-\delta_m$。

122

5. 型芯间或成型孔间中心距尺寸计算

模具上型芯的中心距对应着塑件上孔的中心距，模具上成型孔的中心距对应着塑件上突起部分中心距，如图 4-5-31 所示。

塑件上中心距尺寸公差标注一般采用双向等值公差 $\pm\Delta/2$ 表示，模具上的中心距尺寸的公差也采用双向等值公差 $\pm\delta/2$ 表示，因此其名义尺寸也就是平均尺寸，不考虑修模余量的方向性。模具上中心距尺寸按下式计算：

$$L_M=(L_P+\varepsilon_{Scp}L_P+\varepsilon_{Scp}^2L_P)\pm\frac{\delta_m}{2} \qquad (4\text{-}5\text{-}26)$$

制造公差 δ_m 可根据塑件的公差等级，按塑件公差与模具制造公差的对应关系（表 4-5-1）决定，进行标注。

由于塑件的平均收缩率 ε_{Scp} 比较容易查找，计算方法又较为简便，故按照平均收缩率计算模具的成型尺寸是最常用的一种计算方法。

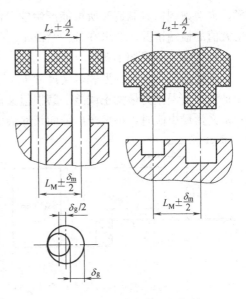

图 4-5-31　型腔内中心距与制件对应中心距关系

应注意的是塑件的收缩率常因塑件的壁厚不同或形状差异而有所变化，对某些塑料品种来说成型收缩率随壁厚增厚而增大。成型时受型芯或模具凹凸部位限制而不能自由收缩的尺寸比可以自由收缩的尺寸收缩率偏小，内部带有金属嵌件的塑件，其外形尺寸收缩值也偏小，计算收缩量时其塑件尺寸应扣除嵌件尺寸（即塑件外形尺寸减去嵌件外形尺寸）。此外塑件的收缩率还和充模流动的方向有关，一般来说顺着充模流动方向的收缩率大于垂直流向的收缩率。常见塑料品种的收缩率范围如表 4-5-2 所列。

表 4-5-2　　　　　　　　　　各种热塑性塑料收缩率范围

材　料	收　缩　率	材　料	收　缩　率
ABS	0.005～0.007	PE	0.015～0.050
聚甲醛,轴向	0.021～0.026	PE,30%玻璃纤维增强	0.004～0.0045
聚甲醛,径向	0.018～0.020	PET(瓶坯级)	0.005～0.012
丙烯酸类塑料	0.004～0.007	PP	0.012～0.022
EVA	0.007～0.020	PP,30%玻璃纤维增强	0.004～0.0045
尼龙 6	0.006～0.014	PS	0.002～0.006
尼龙 66,轴向	0.012～0.033	PS, 30%玻璃纤维增强	0.0005～0.0010
尼龙 66,径向	0.020～0.028	PVC	0.003～0.008
PC	0.006～0.008	PVC, 30%玻璃纤维增强	0.001～0.002

总之，计算成型尺寸时收缩率的选择十分重要，最好能选择同种材料，并在成型类似形状和壁厚的塑件时，将生产中实测得到的收缩率作设计时计算值。如把握不大，在模具设计和制造时应预留一定的修模余量，使在试模时有修正的余地。

（三）按极限尺寸计算成型尺寸

所谓按极限尺寸计算成型尺寸时，既考虑到了成型时可能出现的最大收缩率和最小收缩率，也考虑到模具制造时所可能产生的上偏差和下偏差，以及在模具尚未磨损和磨损值达到最大值的极端情况。要求在各种情况下所生产制品的尺寸全部在制品公差允许范围之内。

1. 型腔径向尺寸计算

按公差分布规定：型腔名义尺寸 L_M 为最小尺寸（如图 4-5-32 所示），则型腔的最大尺寸是当制造误差为最大正误差、磨损值又达到最大时的型腔尺寸。当型腔径向尺寸为最大收缩率又为最小值时，将生产出径向尺寸最大的塑件；反之，当型腔径向尺寸为最小、收缩率又是最大时，将生产出径向尺寸最小的塑件。最大塑件尺寸与最小塑件尺寸之差即该尺寸所可能出现的实际误差，如图 4-5-32 中 δ 所示，该误差不应超出塑件允许的误差 Δ，即误差 $\Delta \geqslant \delta$。在设计时，将塑件该实际尺寸安排在允许范围内且偏小，如图 4-5-32 所示，这样有利于修模和延长模具寿命。

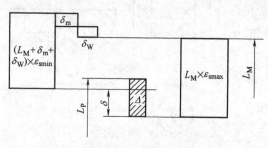

图 4-5-32　型腔径向尺寸与塑件径向尺寸公差关系图

将塑件尺寸和成型尺寸及各种误差之间的关系表示在公差带图上（图 4-5-32），由图右边从型腔最小尺寸线出发列出与制品尺寸关系为

$$L_M - L_M \varepsilon_{smax} = L_P - \Delta$$

移项并标注上制造公差 $+\delta_m$，型腔径向尺寸为

$$L_M = \left(\frac{L_P - \Delta}{1 - \varepsilon_{smax}}\right)^{+\delta_m}_0 \tag{4-5-27}$$

必须校核塑件上可能产生的最大尺寸是否会超过允许的最大尺寸，当尺寸在允许范围内时应满足：

$$(L_M + \delta_m + \delta_w) - (L_M + \delta_m + \delta_w)\varepsilon_{smin} \leqslant L_P$$

即

$$(L_M + \delta_m + \delta_w)(1 - \varepsilon_{smin}) \leqslant L_P \tag{4-5-28}$$

若能校核合格，则按式（4-5-27）计算出的型腔尺寸所生产塑件的对应尺寸能完全满足要求。该尺寸在规定的公差范围 Δ 之内且偏小，这不但有益于延长型腔使用寿命，而且方便修模。因型腔径向尺寸修大容易，修小则是困难的，由于设计时计算所取的收缩率与实际收缩率有差异等多种原因，修模有时是难免的。

2. 型芯径向尺寸计算

图 4-5-33 为型芯径向尺寸和塑件孔径向尺寸和其他各项误差的公差分布示意图。按前面的规定，塑件孔名义尺寸为其最小尺寸 L_p，型芯的名义尺寸为其最大尺寸 L_M，由于型芯尺寸易修小，且尺寸偏大可提高模具型芯的使用寿命，因此将塑件孔的实际尺寸变动范围 δ 安排在塑件允许尺寸波动范围 Δ 之内且偏大。如图中所示，从该图左边出发计算型芯径向

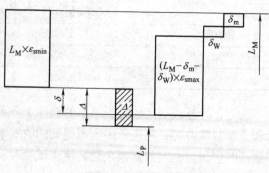

图 4-5-33　型芯径向尺寸与塑件孔径向尺寸公差关系图

尺寸：

$$L_M - L_M \varepsilon_{smin} = L_P + \Delta$$

移项并标上制造公差，型芯尺寸为

$$L_M = \left(\frac{L_P + \Delta}{1 - \varepsilon_{smin}}\right)_{-\delta_m}^{0} \tag{4-5-29}$$

校核当型芯尺寸最小、收缩率又最大时，所产生的最小尺寸是否包含在要求的 Δ 范围之内：

$$(L_M - \delta_m - \delta_w) - (L_M - \delta_m - \delta_w) \times \varepsilon_{smax} \geqslant L_P$$

即

$$(L_M - \delta_m - \delta_w)(1 - \varepsilon_{smax}) \geqslant L_P \tag{4-5-30}$$

若校核合格，则按式（4-5-29）计算出的型芯径向尺寸是合格的，这时塑件上孔的径向尺寸波动范围 δ 在规定范围 Δ 之内且偏上限，因此方便于修模且有利于延长型芯使用寿命。

3. 型腔深度尺寸计算

型腔深的最小和最大尺寸分别为 H_M 和 $H_M + \delta_m$。当型腔深为最大、收缩率最小时得到塑件最大高度尺寸；反之，当型腔深最小、收缩率最大时得到最小塑件高度尺寸。其尺寸的变化范围为 δ。假设型腔深度容易修浅，如图 4-5-29 （a）所示，这时型腔尺寸希望设计得稍深一点，即是在保证所生产的塑件高度尺寸在要求范围之内的前提下，其分布范围偏高。制件尺寸实际变化范围 δ 和制件允许公差值 Δ 之间的关系，如公差分布图 4-5-34 所示。

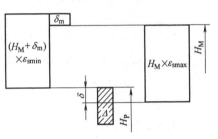

由该图左边型腔最大深度 $H_M + \delta_m$ 出发，可得

$$(H_M + \delta_m) - (H_M + \delta_m)\varepsilon_{smin} = H_P$$

化简并略去 $\delta_m \varepsilon_{smin}$ 项，标上制造公差 $+\delta_m$，得

$$H_M = \left(\frac{H_P - \delta_m}{1 - \varepsilon_{smin}}\right)_{0}^{+\delta_m} \tag{4-5-31}$$

图 4-5-34　型腔深度尺寸与塑件高度尺寸公差关系图

其校核式为

$$H_M - H_M \varepsilon_{smax} \geqslant H_P - \Delta$$

即

$$H_M(1 - \varepsilon_{smax}) + \Delta \geqslant H_P \tag{4-5-32}$$

校核的出发点是可能出现的最小尺寸也应包含在制件尺寸允许的公差范围之内。

4. 型芯高度尺寸计算

型芯在多数情况下为组合式，其典型组合结构为轴肩连接，这种型芯易修长，已如前述；但对于整体式结构的型芯或某些平顶小型芯的结构形式常常更易于修短。上述两种情况制品孔深都是 H_P，但预留修模余量的方向有所不同，因此型芯高度的名义尺寸也不同，一为 H_{M1}，另一为 H_{M2}。

图 4-5-35 中（a）为方案一，表明所成型的塑件孔深的实际误差 δ 在允许误差范围 Δ 之内，但尺寸偏深，即型芯偏长，这适于型芯容易修短的模具结构。由图的左边型芯高名义尺寸即型芯最大尺寸出发计算，列出计算式：

$$H_{M1} - H_{M1}\varepsilon_{smin} = H_P + \Delta$$

移项并标上制造公差 $-\delta_m$：

$$H_{M1} = \left(\frac{H_P + \Delta}{1 - \varepsilon_{smin}}\right)_{-\delta_m}^{0} \tag{4-5-33}$$

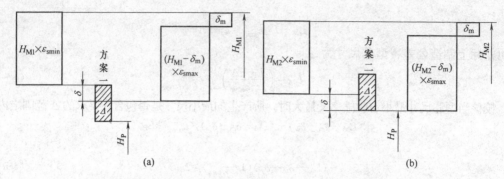

图 4-5-35　型芯高度尺寸与塑件孔深尺寸公差关系图

按下式校核可能出现的孔深最小尺寸是否会超差：

$$(H_{M1}-\delta_m)-(H_{M1}-\delta_m)\varepsilon_{smax}\geqslant H_P$$

即

$$(H_{M1}-\delta_m)(1-\varepsilon_{smax})\geqslant H_P \qquad (4\text{-}5\text{-}34)$$

图 4-5-35 中（b）为方案二，实际 δ 在 Δ 范围内，但偏小，适用于型芯容易修长的情况。先由右边出发计算：

$$H_{M2}-\delta_m-(H_{M2}-\delta_m)\varepsilon_{smax}=H_P$$

略去 $\delta_m\varepsilon_{smax}$，标上制造公差 $-\delta_m$，得

$$H_{M2}=\left(\frac{H_P+\delta_m}{1-\varepsilon_{smax}}\right)_{-\delta_m}^{0} \qquad (4\text{-}5\text{-}35)$$

校核由该图的左边可得

$$H_{M2}-H_{M2}\varepsilon_{smin}\leqslant H_P+\Delta$$

即

$$H_{M2}(1-\varepsilon_{smin})-\Delta\leqslant H_P \qquad (4\text{-}5\text{-}36)$$

如校核合格，则名义尺寸 H_M 和制造公差 $-\delta_m$ 是合理的。

应该指出：无论是型腔或型芯的径向尺寸还是型腔或型芯的深度及高度尺寸，校核合格的必要条件都可概括为

$$(\varepsilon_{smax}-\varepsilon_{smin})\times L_M+\delta_m+\delta_w\leqslant\Delta \qquad (4\text{-}5\text{-}37)$$

但是按极限尺寸计算成型尺寸时，有时会发生校核不合格的情况。校核不合格的原因主要有以下几点：

① 塑件设计的公差值过小　塑件的公差值应按照塑料模塑件公差国家标准进行设计，精度等级应根据塑料的品种查表，并尽可能地选用较低的精度等级。

② 所取的最大、最小收缩率的相差值太大　这是校核不合格的重要原因。最大和最小收缩率值应取自该种塑料在生产类似制品（形状相似、壁厚相近）时所收集到的实测波动值，而不宜采用表格上查到的该塑料所可能出现的最大收缩率和最小收缩率，后者比前者的波动范围值大得多，不符合该制品收缩率波动的实际情况。

③ 模具的制造公差或允许磨损值选取过大　按极限尺寸计算成型尺寸时，若以上各项均在合理范围内仍校核不合格，则说明所选择的原材料或成型方法不恰当，应改用收缩率波动更小的高精度塑料，或改用精密注塑成型或采用机械切削加工方法来满足塑件上该尺寸对公差的高要求。

5. 中心距成型尺寸计算

按极限尺寸计算中心距成型尺寸时，影响模具中心距误差的因素除考虑制造误差 δ_m 外，如果成型杆（型芯）与安装孔呈动配合，配合间隙 δ_g 也会对中心距误差带来影响。对成型杆 1 来说，配合间隙为 δ_{g1}，当偏离到极限位置时引起中心距的偏差为 $0.5\delta_{g1}$，如图 4-5-31 下方的小图所示；对成型杆 2，配合间隙为 δ_{g2}，能引起的最大偏差为 $0.5\delta_{g2}$。两根成型杆所可能产生的累积位移偏差为

$$\delta_g = 0.5(\delta_{g1} + \delta_{g2}) \tag{4-5-38}$$

不考虑磨损余量，塑件和模具的公差带分布如图 4-5-36 所示。图中 L_M 为模具成型尺寸中心距，L_P 为制品中心距。

通过推导可知，按极限尺寸计算中心距名义尺寸的公式与按平均收缩率计算中心距名义尺寸的公式相同，即

$$L_M = (L_P + \varepsilon_{Scp}L_P + \varepsilon_{Scp}^2 L_{cp}) \pm \frac{\delta_m}{2} \tag{4-5-39}$$

这时还应分别校核塑件上可能出现的最大中心距与最小中心距，是否在塑件允许的公差范围之内。制件可能出现的最大中心距为

$$\left(L_M + \frac{\delta_m}{2} + \delta_g\right) - \varepsilon_{smin}\left(L_M + \frac{\delta_m}{2} + \delta_g\right) \leqslant L_P + \frac{\Delta}{2}$$

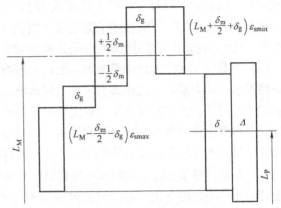

图 4-5-36　成型杆或成型孔中心距尺寸与塑件对应中心距尺寸公差关系图

略去较小值化简得

$$L_M - \varepsilon_{smin}L_M + \frac{\delta_m}{2} + \delta_g - \frac{\Delta}{2} \leqslant L_P \tag{4-5-40}$$

可能的最小中心距为

$$\left(L_M - \frac{\delta_m}{2} - \delta_g\right) - \varepsilon_{smax}\left(L_m - \frac{\delta_m}{2} - \delta_g\right) \geqslant L_P - \frac{\Delta}{2}$$

略去较小值化简得

$$L_M - \varepsilon_{smax}L_M - \frac{\delta_m}{2} - \delta_g + \frac{\Delta}{2} \geqslant L_P \tag{4-5-41}$$

当成型杆（小型芯）为紧配合或求成型孔的孔间距时，则配合间隙 $\delta_g = 0$。

由于公差带对称分布，以上两校核式［式（4-5-40）、式（4-5-41）］只需校核其中任何一式即可。

（四）模具成型尺寸的近似确定法

目前，许多模具厂在确定型腔尺寸时是用近似计算加经验来进行处理的，他们在计算成型尺寸时：

（1）不考虑磨损值（$\delta_w = 0$）　因为大多数的热塑性塑料在成型过程中对型腔或型芯的磨损都很小，特别是聚烯烃、尼龙、聚甲醛等有自润滑性的塑料制品，且由于产品更新换代较快，产量仅为数万件或十来万件，这时不考虑磨损值是可行的。

（2）对非关键尺寸不考虑修模余量（$\delta_r = 0$）　对任何一个制品而言，高精度的关键尺寸是屈指可数的。制品上的关键尺寸是指那些需要配合的内径尺寸、外径尺寸、中心距尺寸

等。除此以外，型腔上的许多尺寸如制品外形尺寸等是无需进行修模的。

这样一来，惟一需要考虑的是收缩率（按平均收缩率 ε_{Scp} 计算）。这时无论型腔径向尺寸、型芯径向尺寸、型腔深度尺寸、型芯高度尺寸以及中心距尺寸，其平均值与塑件对应尺寸的平均值之间的关系，如式（4-5-8）和式（4-5-19）所示，即

$$L_{Mcp} = L_{Pcp} + \varepsilon_{Scp} L_{Pcp} + \varepsilon_{Scp}^2 L_{Pcp}$$

或

$$H_{Mcp} = H_{Pcp} + \varepsilon_{Scp} H_{Pcp} + \varepsilon_{Scp}^2 H_{Pcp}$$

当制品尺寸较小（<500mm），收缩率较小（<0.8%），上两式中最后一项由于其绝对值很小（≤0.03mm），当该尺寸的精度要求不高时，可忽略不计。

模具名义尺寸决定后仍应标注制造公差，制造公差级别可按表 4-5-1 决定。若以模具平均尺寸为名义尺寸，则制造公差可标双向等值公差 $\pm\delta_m/2$。当然也可按图 4-5-28 的规定来标注公差。

（3）对关键尺寸才考虑修模余量　模具上的关键成型尺寸常常必须进行修模才能满足制品使用及装配的要求，因此在成型尺寸上留修模余量仍然是必要的。对于容易修小的尺寸如型芯的外径尺寸、型腔的深度尺寸等应给一正修模余量，即把该尺寸设计得稍微大一点，在经验计算中常采取两种办法来达到此目的：一种办法是按照制品尺寸公差的上限值来计算成型尺寸；另一种方法是在按制品平均尺寸计算模具成型尺寸时取较大的收缩率，使该成型尺寸偏大。反之，对于容易修大的尺寸应把该尺寸设计得稍小一点，使具有负修模余量，为此在设计时采取相反的办法，即按制品尺寸公差下限值进行计算，或取较小的收缩率进行计算，以获得较小的具有修大余量的模具成型尺寸。这种简单的计算方法由于简单易记，被一些工厂采用，但在确定修模余量时缺乏科学的计算往往偏大，是一种比较粗略的办法。

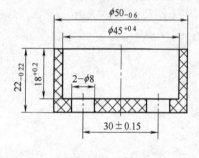

图 4-5-37　塑件图

例：图 4-5-37 所示的塑件，用平均收缩率 ε_{Scp} 为 0.8% 的材料成型，成型时最大成型收缩率 $\varepsilon_{smax} = 1\%$，最小成型收缩率 $\varepsilon_{smin} = 0.6\%$，计算模具的型芯外径、型腔内径、型芯高度、型腔深度及两小型芯的中心距尺寸。

解：（1）型腔直径计算

① 按平均收缩率计算：平均收缩率为 0.8%。

$$L_{Mcp} = L_{Pcp} + \varepsilon_{Scp} L_{Pcp} + \varepsilon_{Scp}^2 L_{Pcp}$$

$$L_{Pcp} = 50 - \frac{0.6}{2} = 49.7$$

$$L_{Mcp} = 49.7 + 0.008 \times 49.7 + 0.008^2 \times 49.7 = 50.1$$

模具型腔按 IT9 级精度制造，其制造偏差 $\delta_m = 0.06$mm。

$$L_M = (L_{Mcp} - \delta_m)^{+\delta_m}_{0} = (50.1 - 0.06)^{+0.06}_{0} = 50.04^{+0.06}_{0}$$

② 按极限尺寸计算：

$$L_M = \left(\frac{L_P - \Delta}{1 - \varepsilon_{smax}}\right)^{+\delta_m}_{0} = \left(\frac{50 - 0.6}{1 - 0.01}\right)^{+0.06}_{0} = 49.90^{+0.06}_{0}$$

校核塑件可能出现的最大尺寸，设模具最大磨损量为 0.04mm。

$$(L_M + \delta_m + \delta_w)(1 - \varepsilon_{smin}) \leqslant L_P$$

上式左端：$(49.90 + 0.06 + 0.04)(1 - 0.006) = 49.70$

$49.70 < 50$，满足要求，故型腔直径为 $49.90^{+0.06}_{0}$mm，比平均收缩率计算的结果 $50.04^{+0.06}_{0}$ 偏小，有更大修模余量。

通过简单的计算可知，当型腔制造尺寸为最大值而收缩率最小时的塑件尺寸为 $\phi 49.96$ mm，而当制造尺寸是最小值（$\phi 49.90$ mm）收缩率又最大时塑件尺寸为 $\phi 49.4$ mm，均在塑件规定公差范围之内。

（2）型芯直径计算

① 按平均收缩率计算：

$$L_{Mcp} = L_{Pcp} + \varepsilon_{Scp} L_{Pcp} + \varepsilon_{Scp}^2 L_{Pcp}$$

$$L_{Pcp} = 45 + \frac{0.4}{2} = 45.2$$

$$L_{Mcp} = 45.2 + 0.008 \times 45.2 + 0.008^2 \times 45.2 = 45.56$$

模具型芯按 IT9 精度制造，其制造偏差为 0.06mm。

$$L_M = (L_{Mcp} + \delta_m)_{-\delta_m} = (45.56 + 0.06)_{-0.06} = 45.62_{-0.06}^{0}$$

② 按极限尺寸计算：

$$L_M = \left(\frac{L_P + \Delta}{1 - \varepsilon_{smin}} \right)_{-\delta_m} = \left(\frac{45 + 0.4}{1 - 0.006} \right)_{-0.06} = 45.67_{-0.06}^{0}$$

校核塑件可能出现的最小尺寸：

$$(L_M - \delta_m - \delta_w)(1 - \varepsilon_{smax}) \geqslant L_P$$

式左边 $= (45.67 - 0.06 - 0.04)(1 - 0.01) = 45.11$

45.11＞45，满足要求，故型芯直径为 $45.67_{-0.06}^{0}$ mm，比按平均收缩率方法计算的结果 $45.62_{-0.06}^{0}$ 偏大，便于修模。

（3）型腔深度计算

① 按平均收缩率计算：

$$H_{Mcp} = H_{Pcp} + \varepsilon_{Scp} H_{Pcp} + \varepsilon_{Scp}^2 H_{Pcp}$$

$$H_{Pcp} = 22 - \frac{0.22}{2} = 21.89$$

$$H_{Mcp} = 21.89 + 0.008 \times 21.89 + 0.008^2 \times 21.89 = 22.07$$

型腔深度按 IT9 级精度制造，其制造公差为 0.052mm。

若型腔容易修浅，则

$$H_M = (H_{Mcp})^{+\delta_m} = 22.07^{+0.052}$$

② 按极限尺寸计算：

$$H_M = \left(\frac{H_P - \delta_m}{1 - \varepsilon_{smin}} \right)^{+\delta_m} = \left(\frac{22 - 0.052}{1 - 0.006} \right)^{+0.052} = 22.08^{+0.052}$$

校核塑件最小高度是否合格：

$$H_M(1 - \varepsilon_{smax}) + \Delta \geqslant H_S$$

式左端 $= 22.08(1 - 0.01) + 0.22 = 22.08$

22.08＞22，故满足要求，型腔深为 $22.08^{+0.052}$ mm，比按平均收缩率计算值 $22.07^{+0.052}$ 更偏深一些，修模余量更大。

（4）型芯高度计算

① 按平均收缩率计算：

$$H_{Mcp} = H_{Pcp} + \varepsilon_{Scp} H_{Pcp} + \varepsilon_{Scp}^2 H_{Pcp}$$

$$H_{Pcp} = 18 + \frac{0.2}{2} = 18.10$$

$$H_{Mcp} = 18.10 + 0.008 \times 18.1 + 0.008^2 \times 18.1 = 18.25$$

假设型芯容易修长，型芯高度按 IT9 级精度制造，其制造偏差查表为 0.043mm。

$$H_M = (H_{Mcp})_{-\delta_m}^{0} = 18.25_{-0.043}^{0}$$

② 按公差带计算：如果型芯采用轴肩连接，用修磨型芯固定板厚度的办法来调型芯的高度，即型芯容易修长，则

$$H_M = \left(\frac{H_P + \delta_m}{1 - \varepsilon_{smax}}\right)_{-\delta_m}^{0} = \left(\frac{18 + 0.043}{1 - 0.01}\right)_{-0.043}^{0} = 18.23_{-0.043}^{0}$$

校核型芯可能出现的最大高度是否在制件公差允许范围内：

$$H_M(1 - \varepsilon_{smin}) - \Delta \leqslant H_P$$

式左端＝18.23×(1−0.006)−0.2＝17.92

17.92＜18，故满足要求，型芯高度为 $18.23_{-0.043}^{0}$ mm。

（5）小孔中心距计算

接平均收缩率和按极限尺寸计算时，其尺寸都用下面的公式：

$$L_M = (L_P + \varepsilon_{Scp} L_P + \varepsilon_{Scp}^2 L_P) \pm \frac{\delta_m}{2}$$

孔间距的制造公差 $\sigma_m/2$ 取±0.02。

$$L_M = (30 + 0.008 \times 30 + 0.008^2 \times 30) \pm 0.02 = 30.24 \pm 0.02$$

按公差带计算时结果完全相同，但需校核极限尺寸：

$$L_M - \varepsilon_{smin} L_M + \frac{\delta_m}{2} + \delta_g - \frac{\Delta}{2} \leqslant L_P$$

设型芯配合间隙 $\delta_g = 0$

式左端＝30.24−0.006×30.24+0.02−0.15＝29.93

因 29.93＜30，符合要求，模具孔间距为（30.24±0.02）mm。

六、塑料模具的力学设计

（一）模具受力分析

塑料模具在使用过程中主要承受来自两方面的力。一是来自注塑机的锁模力，锁模力使机器模板和模具的动定模板、模具的分型面处产生很大的压应力，同样在模具内模板之间、模板与支架（模脚）之间都可能产生很高的压应力，应予以校核，模具断面尺寸过小还会反过来压伤注塑机的模板，造成不可挽回的损害。要注意锁模产生的压应力并非恒定不变的，而是一种脉动循环的压应力，它在应力值尚未达到屈服极限前就会产生疲劳破坏，因此具有更大的危险性。另一方面是高压的塑料熔体注入型腔，压力作用在模具型腔的侧壁和模板上，产生弯应力、压应力或拉应力，模具受力也是周期性变化，一副优良的注塑模其使用次数可达到 10^7（百万次）以上，因此当型腔壁和模具模板厚度不够时也可能产生危险的疲劳破坏，使塑性的钢材发生疲劳断裂，这是强度问题。同时模具还有刚度问题，刚度不足时会产生过大的弹性变形，使成型制件的尺寸精度和形位精度降低，制品脱不了模，甚至从变形的缝隙处发生溢料，当从模具型芯的一侧进料时型芯的两侧将产生压力不均，造成型芯弯曲变形，产生塑件偏心、尺寸超差及脱模困难等后果。因此塑料模具的力学设计既包括强度设计，也包括刚度设计。

1. 锁模时接触压应力的校核计算

首先对注塑机动定模板处的接触压应力进行校核，大多数的注塑机模板都是铸钢件，铸钢件的屈服强度约为 386MPa，由于接触压力过大会在模板上产生压痕或凹陷，难以修复，按照注塑机传统的计算方法将安全系数 n_s 取得很大，一般取为 7。作者核算，这样大的安全系数已同时能满足脉动循环压应力作用下不发生疲劳破坏的要求。

许用应力为

$$[\sigma] = \frac{\delta_s}{n_s} = \frac{386}{7} = 55(\text{MPa})$$

据此确定模板与模具间最小接触面积。对定模边定模板与模具的接触面积尚需扣除定位孔的圆面积。

理论上讲，当模具尺寸较小不能承受最大锁模力时，可降低机器的锁模力操作。但是一般的注塑机没有锁模力显示，特别是肘杆式锁模机构，无法进行锁模力精确调节。虽然全液压式锁模机构有可能降低锁模力到指定值，但最好不要在大吨位注塑机上安装小断面尺寸的模具，以免发生意外。

2. 模具强度计算

前面已经提到对模具进行力学强度计算，根据模具周期性反复受力特点，应按材料的疲劳极限进行设计。所谓疲劳极限即所谓的持久限，它是指试样经过无限多次的循环载荷（一般 $>10^7$）而不发生破坏的最大应力 σ_{max}，该应力即可作为设计时的许用应力。根据大量的试验结果，钢材的持久极限与强度极限 σ_B 之间有如下的经验关系：

(1) 受对称循环载荷时的持久限 $\sigma_{-1}^N = 0.4\sigma_B$

(2) 受脉动循环载荷时的持久限 $\sigma_{-1}^0 = 0.28\sigma_B$

(3) 构件上有应力集中时的持久限 $\sigma_{-1}^K = 0.21\sigma_B$

由于模具构件上常带有各种孔或有其他复杂形状的起伏，容易引起应力集中，作者推荐使用 $\sigma_{-1}^K = 0.21\sigma_B$ 作为钢制模具的持久极限许用应力 $[\sigma]$，进行模具的强度设计，相当于按强度极限求许用应力时，将安全系数取为 $1/0.21 = 4.8$。计算应力取模具在工作循环中的最大应力。

3. 模具刚度计算

所谓刚度条件是指模具在工作循环中允许的最大变形量，可以从以下几方面考虑决定其刚度条件：

(1) 从模具型腔不发生溢料的角度出发 当高压塑料熔体注入后，模具型腔的侧壁或底板发生挠曲变形，某些配合面会产生足以溢料的间隙，在制品上形成飞边，这时应根据不同塑料的最大不溢料间隙来决定其刚度条件。如尼龙、聚乙烯、聚丙烯等低黏度塑料，其允许间隙为 0.025~0.04mm；对聚苯乙烯、ABS 等中等黏度的塑料，其允许间隙为 0.05mm 左右；聚砜、聚碳酸酯、不含增塑剂的硬聚氯乙烯等为 0.06~0.08mm。

(2) 从保证制件精度的角度出发 塑件的某些尺寸常要求较高的精度，这就要求模具型腔有很好的刚性，即塑料注入时不产生过大弹性变形。最大允许弹性变形值不超过制件允许公差的十分之一。例如三级精度（MT3）塑件尺寸为 120mm 时，公差值 0.58mm，允许弹性变形最大值为 0.05mm。

(3) 从保证注塑成型后模具能顺利开模出发 如果模具刚度不足，塑料熔体的压力使模具凹模（特别是矩形模套）产生过大的弹性变形，当变形值大于制件的热收缩值较多时，成型后制件的内壁被型芯顶住而外壁周边被弹性回复的型腔壁紧紧压住，强大的摩擦力（正压力×摩擦因数）超过开模力，致使模具无法打开，因此型腔允许弹性变形值最好小于或等于制件收缩值。塑件的热收缩值应以其壁厚的收缩值进行计算，由于塑件一般壁很薄，因此这项刚度条件也是相当苛刻的。

当制件的某一尺寸同时有上述几项要求时，应以其中最苛刻即允许的最小的弹性变形值作为设计标准。

分析表明，对于大尺寸的型腔刚度不足是主要矛盾，应按刚度条件计算型腔壁厚；而小尺寸的型腔在发生足够大的弹性变形前往往因强度不足而发生破坏，因此应按强度条件进行计算。至于型腔尺寸在多大以上进行刚度计算，多小以下应进行强度计算，这个分界值取决于型腔的形状、模具材料的许用应力、型腔的允许变形量以及塑料熔体压力。在分界尺寸不知道的情况下应分别按强度条件和刚度条件算出壁厚值，取其大者作模具设计的壁厚。

下面分别介绍几种常见简单几何形状的型腔壁厚度和底板厚度的计算方法。对于复杂形状的型腔，常可近似简化成下面的简单几何形状的型腔进行计算。

（二）圆形型腔侧壁厚度和底板厚度的计算

圆形型腔指型腔的内、外壁横断面均为圆形者，其结构又分为整体式和组合式两类，如图 4-5-38 所示。

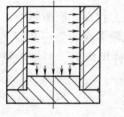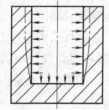

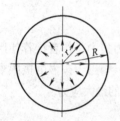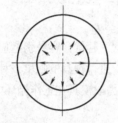

图 4-5-38　圆形型腔受力图

1. 组合式圆形型腔侧壁厚度和底板厚度的计算

（1）侧壁厚度计算　当型腔侧壁受高压塑料熔体作用时，其内半径增长量为 δ，因此在侧壁和底之间产生一纵向间隙，间隙过大将会发生溢料，其最大值为

$$\delta_{max}=\frac{rp}{E}\times\left(\frac{R^2+r^2}{R^2-r^2}+\mu\right) \qquad (4\text{-}5\text{-}42)$$

式中　p——型腔内压力（MPa）

E——弹性模量，碳钢为 2.1×10^5 MPa

r——内半径（mm）

R——外半径（mm）

μ——泊松比，碳钢取 0.25

如果已知 p、r、E 和刚度条件 δ，则上式可改写为

$$R=r\sqrt{\frac{1-\mu+\dfrac{E\delta}{rp}}{\dfrac{E\delta}{rp}-\mu-1}}$$

或

$$S=R-r=r\left[\sqrt{\frac{1-\mu+\dfrac{E\delta}{rp}}{\dfrac{E\delta}{rp}-\mu-1}}-1\right] \qquad (4\text{-}5\text{-}43)$$

式中　S——壁厚

δ——允许变形值

做强度计算时，视为受内压厚壁圆筒，按第三强度理论计算，其计算公式为

$$S=r\left(\sqrt{\frac{[\sigma]}{[\sigma]-2p}}-1\right) \qquad (4\text{-}5\text{-}44)$$

在塑料压力 $p=50$ MPa，某预硬化钢材按持久限的许用应力 $[\sigma]=160$ MPa，允许变形量 $\delta=0.05$ mm 的特定条件下，按刚度计算得出的壁厚和按强度计算得出的壁厚正好相等时的型腔尺寸就是分界尺寸。将上述值代入式（4-5-43）和式（4-5-44），并令其相等，解出分界尺寸为内半径 $r=86$ mm。当内半径 $r>86$ mm 时，应按式（4-5-43）做刚度计算，当 $r<86$ mm 时，则应按式（4-5-44）做强度计算。当上述条件变化时，分界尺寸也会随着变化。当不知道分界尺寸时，可分别按刚度条件和强度条件计算壁厚，取其大者作设计值。

（2）底板厚度计算　如图 4-5-39 所示的组合式圆形型腔底板，底板固定在中空的圆环形支座上，设计时一般取支座上的内圆直径近似等于型腔内径。这时该底板可视为周边简支的圆板，最大挠度发生在圆板的中心，其值为

$$\delta_{max}=0.74\times\frac{pr^4}{ES^3} \tag{4-5-45}$$

式中　S——底板厚度（mm）

r——圆环形支座内半径（mm）

设允许挠曲形变为 δ，可得

$$S=\sqrt[3]{0.74\times\frac{pr^4}{E\delta}} \tag{4-5-46}$$

按最大应力做强度计算，最大应力也发生在圆板中心，其值为

$$\delta_{max}=\frac{3(3+\mu)pr^2}{8S^2}$$

故

$$S=\sqrt{\frac{3(3+\mu)pr^2}{8[\sigma]}}=\sqrt{\frac{1.22pr^2}{[\sigma]}} \tag{4-5-47}$$

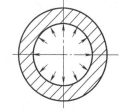

图 4-5-39　组合式圆形型腔底板

在分界尺寸处，刚度计算的壁厚与强度计算的壁厚相等，由此可得出分界尺寸为支座内半径 $r=67$mm。在 $r>67$mm 时做刚度计算，反之做强度计算。

2. 整体式圆形型腔侧壁厚度和底板厚度的计算

（1）侧壁厚度计算　整体式圆形型腔侧壁厚度计算是以上述组合式圆形型腔侧壁厚度计算为基础的，组合式型腔在受到压力为 p 的塑料熔体作用时，内半径增长量 δ_{max} 如式（4-5-42）所示。整体式圆形型腔在同样压力的塑料熔体作用下，由于侧壁受到底部的约束，在一定高度范围内，内半径增长量要减小，侧壁越靠近底部，受到的约束也越大，可近似认为在底板侧壁内半径增大量为零。但当侧壁高到一定的高度以上，则不再受底板约束的影响，其内半径增长值与自由膨胀的组合式型腔增长值 δ_{max} 相同，如图 4-5-40 所示。经推导自由膨胀分界点的高度 H 为

$$H=2.5\sqrt{R_{cp}S} \tag{4-5-48}$$

式中　R_{cp}——平均半径

S——壁厚

式（4-5-48）是按薄壁圆筒导出的，对于圆形型腔用它做近似计算。

若圆形型腔深度大于分界高度尺寸 H 时，发生在分型面处的最大挠度不再受底板约束影响，视为自由膨胀，这时侧壁厚度按组合式圆形型腔做刚度计算和强度计算。当型腔深度小于分界高度 H 时，由于受到底部约束的影响，其内半径增长量将小于按式（4-5-45）计算值，根据理论分析其挠度曲线是一条迅速衰减的波形曲线，做近似计算时，按直线处理，在高度 H_1 处内半径增长值为

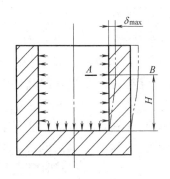

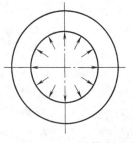

图 4-5-40　整体式圆形型腔侧壁变形图

$$\delta_1=\delta_{max}\times\frac{H_1}{H} \tag{4-5-49}$$

133

式中　H_1——分型面距型腔内底平面的高度

　　　　H——约束膨胀与自由膨胀的分界高度

　　　　δ_{max}——自由膨胀时内半径增长值

即先算出 δ_{max}，然后再用式（4-5-49）计算 δ_1。

由强度计算可知，最大应力可能发生在上分型面附近，也可能发生在侧壁和底部相连接部位，在该部位由于侧壁横向膨胀受底板限制而产生边缘应力和弯应力，但边缘应力影响范围很小，不足以影响总体强度。这里仍按式（4-5-44）做强度计算，不再引入新的公式。

（2）底板厚度计算　固定在中空圆形支脚上的整体式圆形型腔的底板可视为一周边固定的圆板，其最大挠曲变形 δ_{max} 发生在圆板中心。

$$\delta_{max}=0.175\times\frac{pr^A}{ES^3}$$

按照刚度条件，允许变形量为 δ，则底板厚度为

$$S=\sqrt[3]{0.175\times\frac{pr^A}{E\delta}} \tag{4-5-50}$$

按照强度条件，最大应力发生在周边，按许用应力 $[\sigma]$ 计算底板厚为

$$S=\sqrt{\frac{3}{4}\times\frac{pr^2}{[\sigma]}} \tag{4-5-51}$$

当 $[\sigma]=160MPa$、$p=50\ MPa$、$E=2.1\times10^5\ MPa$、$\delta=0.05mm$ 时，其底板内半径计算的分界尺寸为 $r=136mm$。

上述的底板计算用于底板周边由模脚支撑而悬空者。若底板的底平面直接与注塑机的定模板或动模板紧贴，则由于有机器模板支撑，模具底板本身不会产生明显的弯曲变形，也不产生明显的内应力，其厚度凭经验决定即可。

（三）矩形型腔侧壁厚度和底板厚度的计算

1. 组合式矩形型腔侧壁厚度和底板厚度的计算

矩形型腔的侧壁和底板都是矩形平板，同样可分为组合式和整体式两大类。矩形型腔组合的办法很多，但最常见的是将侧壁做成一个整体式模框再和底板组合，如图 4-5-41 所示。

从刚度角度考虑，在塑料的高压作用下，侧壁将发生弯曲变形。如底板与侧壁间有垂直配合面，变形会使侧壁和底板间产生纵向间隙，此值过大，会发生溢料；同时还会影响制件的尺寸和形位精度，严重者在解除型腔压力后由于侧壁的弹性回复将会紧包在塑件上，使开模发生困难甚至完全不能打开。若底板与侧壁为水平面接触，虽然不发生溢料，但同样会发生后面两种情况，即影响制件精度或使开模发生困难。

（1）侧壁厚度计算　组合式矩形型腔的侧壁每一边都可看成一受

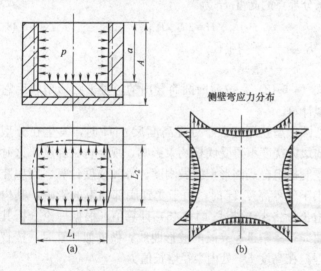

图 4-5-41　组合式矩形型腔侧壁受力图

134

均布载荷的固端梁，可采用固端梁刚度或强度计算的公式来求解其壁厚。当相邻两边的边长相差不大时，采用这种模型其结果还是相当准确的。但当相邻两边的长度相差很大时，则由于其固定端会产生转角，因此按固端梁求解会发生一定的误差，这时最好将整个矩形型腔侧壁视为矩形框架，用结构力学的有关公式求解。为了简化计算，把型腔四壁的厚度视为相等（即 $S_1 = S_2 = S$），这时长边侧壁和短边侧壁的惯性矩相同。当型腔受内压时，其最大弯应力发生在长边的两端，如图 4-5-41（b）其值为

$$\sigma_{max} = \frac{ap(L_1^2 - L_1L_2 - L_2^2)}{2AS^2} \tag{4-5-52}$$

式中　L_1——长边内尺寸

　　　L_2——短边内尺寸

　　　A——型腔侧壁高度

　　　a——型腔侧壁受力部分高度

校核时应满足

$$\sigma_{max} \leqslant [\sigma]$$

矩形框架的最大挠度发生在长边的中点，其值为

$$\delta_{max} = \frac{apL_1^2}{384EJ}(L_1^2 + 4L_1L_2 - 4L_2^2) \tag{4-5-53}$$

式中

$$J = \frac{AS^3}{12}$$

在计算侧壁总位移量时，只考虑侧壁弯曲挠度是不够的，因为在受到内压力作用时，会使该侧壁相邻两边产生拉伸变形，使该侧壁发生位移。因此，该侧壁的最大总位移量应为该侧壁的最大挠度与相邻侧壁 L_2 拉伸变形量 ΔL_2 之半相加。

$$\sigma_{拉} = E \times \varepsilon = E \times \frac{\Delta L_2}{L_2}$$

$$\sigma_{拉} = \frac{paL_1}{2AS}$$

$$\Delta L_2 = \frac{paL_1L_2}{2ASE} \tag{4-5-54}$$

应满足

$$\delta_{max} + \frac{\Delta L_2}{2} \leqslant \delta$$

即按下式换算：

$$\frac{apL_1^2}{32EAS^3}(L_1^2 + 4L_1L_2 - 4L_2^2) + \frac{paL_1L_2}{4ASE} \leqslant \sigma \tag{4-5-55}$$

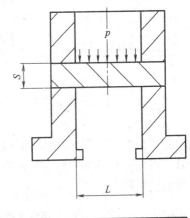

（2）底板厚度计算　底板厚度计算依底板的支撑方法不同而有很大差异，这里仅讨论底板支撑在平行双垫块上的情况。这是最常见的情况，如图 4-5-42 所示。型腔内腔水平投影尺寸为 $b \times L$，这时底板可视为简支梁，为减薄底板厚度，在设计模具时，应尽可能将垫块设置在使底板跨

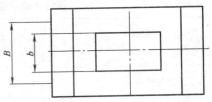

图 4-5-42　组合式矩形型腔底板受力图

135

度较小的两边，而且要尽可能减小垫块之间的跨度 L。在多数情况下，跨度 L 与型腔底板内腔长度 L 相近，甚至小于 L，这时底板可视为在跨度全长上受均布载荷的简支梁，其最大挠度出现在梁的中点。

$$\delta_{\max}=\frac{5bpL^4}{32EBS^3}$$

当允许形变为 δ 时，壁厚为

$$S=\sqrt[3]{\frac{5bpL^4}{32EB\delta}} \tag{4-5-56}$$

式中　L——垫块之间净距离（mm）

　　　b——底板承受成型压力部分宽度（mm）

　　　B——底板总宽度（mm）

受均布载荷简支梁的最大弯应力也出现在梁中点的最大挠度处，其值为

$$\sigma_{\max}=M/W=\frac{bpL^2}{8}\bigg/\frac{BS^2}{6}$$

已知许用弯应力 $[\sigma]$ 时，壁厚 S（mm）按下式计算：

$$S=\sqrt{\frac{3bpL^2}{4B[\sigma]}} \tag{4-5-57}$$

当 $p=50\text{MPa}$、$b/B=1/2$、$[\sigma]=200\text{ MPa}$ 时，强度计算与刚度计算的分界尺寸为 $L=77\text{mm}$，即 $L>77\text{mm}$ 时宜用刚度公式计算，反之用强度公式计算。

当跨度 L 较大时，所需要的底板厚度 S 甚大，既浪费材料又增加了模具重量。如果在

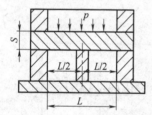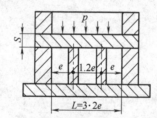

图 4-5-43　组合式矩形型腔底板加支撑减小跨度

底板下面增加一块或两块支撑板（或柱），则底板厚度可大大减薄，如图 4-5-43 所示。

表 4-5-3 所列为加支撑后在同样的许用弯应力或同样的允许变形量情况下，按强度计算底板厚度和按刚度计算底板厚度与不加支撑厚度之比。该底板可视作三支点静不定梁求解，当加双支撑时，从等强度的角度出发，中间跨度应为两侧跨度的 1.2 倍，为了简化计算，可先算出不加中间支撑的双支点简支梁底板厚，然后再按表中所列出的比值，计算加支撑后的板厚。

表 4-5-3　　　　　　　　　　　组合式矩形型腔加支撑前后底板厚度之比

支撑情况 计算方法	未加支撑时厚度	中间加一块支撑后，板厚为原厚的	按跨度比 1∶1.2∶1 加两块支撑后，板厚为原厚的
强度计算板厚	1	1/2.7	1/4.3
刚度计算板厚	1	1/3.4	1/6.8

2. 整体式矩形型腔侧壁厚度和底板厚度的计算

（1）侧壁厚度计算 整体式矩形型腔受力情况如图 4-5-44 所示，任一侧壁均可简化为三边固定一边自由的矩形板，当塑料熔体注入时，其最大变形发生在该侧壁自由边的中点，变形量 δ_{max}（mm）为

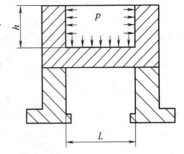

$$\delta_{max} = \frac{c_1 ph^4}{ES^3}$$

式中 c_1——由 L/h 而定的常数，其值可查表 4-5-4，其中

L——侧壁内侧边长（mm）

h——侧壁内侧边高（型腔深度）（mm）

按允许 δ 计算侧壁厚度：

$$S = \sqrt[3]{\frac{cph^4}{E\delta}} \qquad (4-5-58)$$

c_1 值也可以按我们推导的近似公式计算：

$$c_1 = \frac{3L^4}{h^4} \Big/ \left(\frac{2L^4}{h^4} + 96 \right) \qquad (4-5-59)$$

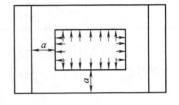

图 4-5-44 整体式矩形型腔侧壁和底板受力图

表 4-5-4　　　　　用于刚度计算的三边固定一边自由矩形板 c_1 值

L/h	c_1	L/h	c_1	L/h	c_1
3.33	0.930	1.43	0.117	0.832	0.015
2.5	0.570	1.25	0.073	0.667	0.0063
2	0.330	1.1	0.045	0.5	0.002
1.65	0.188	1.0	0.031		

整体式矩形型腔侧壁强度计算也按三边固定一边自由的矩形板进行计算，最大应力可能在中间固定边的中央，也可能发生在两侧固定边的中央，随 L/h 比值不同和钢材的泊松比不同而变化，当 L/h 较大时最大应力在中间固定边的中央，反之则在两侧固定边中央。在型腔压力 p 的作用下，最大应力为

$$\sigma_{max} = c_2 p \left(\frac{h}{S} \right)^2$$

式中各符号同上式。系数 c_2 由 L/h 的比值确定，按表 4-5-5 用插值法查出。

表 4-5-5　　　　　用于强度计算的三边固定一边自由的矩形板 c_2 值

L/h	c_2	L/h	c_2	L/h	c_2
0.50	0.125	1.25	0.580	2.00	1.253
0.75	0.257	1.50	0.764	3.00	1.955
1.00	0.396	1.75	1.008		

（2）底板厚度计算 支撑在垫块上其中部悬空的整体式矩形型腔的底，可看成是周边固定表面受均布载荷的矩形板，其内壁边长分别为 L、b（b 为短边），当它受到压强为 p 的塑料熔体作用时，板的中点将产生一最大变形，其值为

$$\delta_{max} = \frac{c_3 pb^4}{ES^3}$$

式中 c_3——常数，由底板内壁边长之比 L/b 而定，其值可查表 4-5-6。c_3 值也可按我们推导出的公式计算：

$$c_3=\frac{b^4}{h^4}\bigg/32\left(\frac{b^4}{h^4}+1\right) \tag{4-5-60}$$

允许变形量 δ 已知时，则按刚度条件底板厚为

$$S=\sqrt[3]{\frac{c_3pb^4}{E\delta}} \tag{4-5-61}$$

表 4-5-6 　　　　　　　用于刚度计算的四边固定矩形板 c_3 值

L/b	c_3	L/b	c_3	L/b	c_3
1	0.0138	1.4	0.0226	1.8	0.0267
1.1	0.0164	1.5	0.0240	1.9	0.0272
1.2	0.0188	1.6	0.0251	2.0	0.0277
1.3	0.0209	1.7	0.0260		

对底板强度计算分析发现，其最大应力集中在板的中心和长边中点处，而以长边中点处的应力最大，其应力值可按下式计算：

$$\sigma_{\max}=c_4p\left(\frac{b}{S}\right)^2 \tag{4-5-62}$$

按许用应力计算底板最小厚度 S（mm）为

$$S=\sqrt{\frac{c_4pb^2}{[\sigma]}} \tag{4-5-63}$$

式中　c_4——由矩形底边四壁边长之比 L/b 决定的常数，其值可查表 4-5-7

表 4-5-7 　　　　　　　用于强度计算的四边固定矩形板 c_4 值

L/b	c_4	L/b	c_4	L/b	c_4
1.0	0.3102	1.2	0.3672	1.4	0.4284
1.1	0.3324	1.3	0.4008	1.5	0.4518

（四）型芯支撑板厚度计算

塑料模具的一种典型结构是动模型芯通过轴肩固定在型芯固定板内，下面用支撑板将型芯托住，型腔内的塑料压力通过型芯作用在支撑板上，如图 4-5-45 所示。由于模具外形不同，支撑板常见有矩形板、圆形板。对于矩形板一般由双垫块支撑着，因此支撑板可视为简支梁，由于型芯的数量、形状、尺寸等各不相同，因此作用在简支梁上的载荷及其分布也各不相同。当型芯尺寸较小时，该型芯对支撑板作用力可简化为一集中载荷，载荷大小为塑料熔体压强乘以压力作用范围的投影面积。当型芯与支撑板接触面积较大时，可简化成均布载荷进行计算。由于当支撑板弯曲变形时着力点会向梁的支点偏移，因此这种简化是偏于安全的。

现仅举最简单的在板中心有一个矩形主型芯的情况为例进行计算。垫块间净距离为 L，

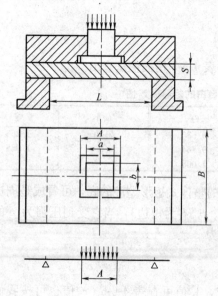

图 4-5-45　型芯支撑板受力图

型芯与支撑板接触长度为 A。则最大挠度为

$$\delta_{max}=\frac{apbL^3}{384EJ}(8-4\gamma^2+\gamma^3)$$

式中

$$\gamma=\frac{A}{L}\qquad J=\frac{BS^3}{12}$$

当允许挠度为 δ 时，按刚度计算底板厚度为

$$S=\sqrt[3]{\frac{apbL^3}{32EB\delta}(8-4\gamma^2+\gamma^3)}\tag{4-5-64}$$

做强度计算梁的最大弯矩为

$$M_{max}=\frac{pabL}{8}(2-\gamma)$$

利用式 $\sigma=\dfrac{M}{W}$，$W=\dfrac{BS^2}{6}$，由此可得出按强度计算的板厚：

$$S=\sqrt{\frac{3pabL}{4[\sigma]B}(2-\gamma)}\tag{4-5-65}$$

由于型芯支撑板上型芯的位置、形状、尺寸、数量变化很大，应根据具体情况简化成受单个或多个负荷的梁或板进行求解。有的资料介绍仅采用一个简单公式来计算不同受力情况的型芯支撑板的板厚是不恰当的。

第六节　合模导向和定位机构

一、概　　述

塑料模动定模合模时为保证型腔形状和尺寸的准确性，不但位置和方向不能弄错而且要有很高的合模精度，所以必须设有导向定位机构。最常见的导向定位机构是在模具型腔四周设 2～4 对互相配合的导向柱和导向孔，如图 4-6-1 所示，导柱设在动模边或定模边均可，但一般设在主型芯周围。

导向机构主要作用有导向、定位和承受注塑时产生的侧压力三个方面，现分述如下。

1. 导向作用

动定模合模时按导向机构的引导，使动定模按正确方位闭合，避免凸模进入凹模时因方位搞错而损坏模具或因定位不准而互相碰伤，因此设在型芯周围的导柱长度除去锥形头外还应比主型芯至少高出 6～8mm（小型模具）如图 4-6-1 所示，对于移动式模具采用人工合模时导向作用是特别重要的。

2. 定位作用

在模具闭合后使型腔保持正确的形状和保证由动定模合模构成的尺寸精度和形

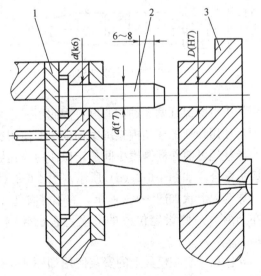

图 4-6-1　导向柱导向示意图

1—动模　2—导柱　3—定模导向孔

位精度，例如定位不准会引起桶形薄壁容器壁厚不均或尺寸精度下降。在图 4-6-1（b）中制件上标出的一些横向尺寸的精度都是由导向定位精度决定的。

3. 承受注塑时产生的侧压力

当塑件形状不对称或通过侧浇口注入塑料熔体时都会产生单方向侧压力，该力会使动定模在分型面处产生错动。当侧压力很大时，还不能单靠导柱来承担，需增设锥面或斜面进行定位，定位和承力作用。

二、导柱导向机构设计

导柱导向是最常用的导向机构，设计内容包括对导柱和导向孔的尺寸、精度、表面粗糙度进行设计及导向零件的结构设计或标准件的正确选用，导柱在模具上的布置和装固方式的确定等。导柱与导向孔采用动配合，推荐的配合公差为 H7/f6。使用寿命较长的模具不宜将导柱孔直接加工在模板上，而应嵌入导向套，导向套表面硬度大、耐磨、磨损后易更换。在我国，导柱及导套已标准化，设计时可直接选用，这样可节省大量的人力和财力。

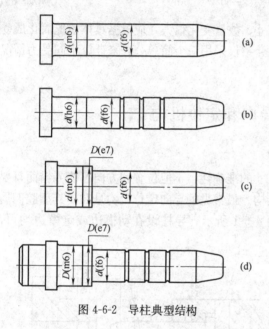

图 4-6-2　导柱典型结构

1. 导柱导向机构的典型结构及设计要点

导柱的形状如图 4-6-2 所示。导柱沿长度分为固定段和导向段。它有两种不同的结构形式：两段名义尺寸相同、只是公差不同的导柱，由于固定端头部有一稍大的小圆盘叫带头导柱［图 4-6-2（a）、（b）］；两段名义尺寸和公差都不相同的台阶式导柱叫带肩导柱［图 4-6-2（c）（d）］，其大直径端用来固定，小直径端用来导向。过去，由于带头导柱固定孔与导向光孔等径，常将两者配对使用，用普通机床加工时为了保证同心，可将两者的模板叠合一道加工，而带肩导柱固定孔与对应模板上导向套的安装孔等径，也常将两者配对使用为的是，将两者的固定模板叠合一道加工，现在由于加工技术的进步，导柱固定孔和导向（套）孔可采用数控机床

分别加工也能保证两者的同心度，因此不一定采用上述配对方式，而是常将导向套与带头导柱配对使用，新的注塑模架国家标准中即使用这种配对方式。

导柱还可兼作同侧模板间的定位作用，在导柱凸肩的另一侧设有一圆柱形定位段，与另一模板配合，如图 4-6-2（d）所示。图 4-6-2（b）和（d）的导柱上开有储油线。

导套的形状如图 4-6-3 所示，有不带有任何台阶的直导套，有一端带有凸肩的带头导套和在凸肩另一侧设定位段的导套，它也起到了同侧模板间的定位作用，如图 4-6-3（c）所示。

导柱和导套在模具上的安装使用如图 4-6-4 所示，其中图（a）最为常见，导柱安装在动模边称为正装；图（b）的导柱安装在定模边，叫反装。对导柱尺寸和结构有以下几点要求：

（1）直径和长度　导柱的直径在 12～100mm 之间时，按经验其直径 d 和模板宽度 B 之

比为 $d/B \approx 0.06 \sim 0.1$，圆整后选标准值。导柱无论是固定段的直径还是导向段的直径，其形位公差与尺寸公差之间的关系应遵循包容原则，即轴的作用尺寸不得超过最大实体尺寸，而轴的局部实际尺寸必须在尺寸公差范围内才合格。小模具的导柱，平直导向段长度应比凸模端面的高度高出 $6 \sim 8$mm，其原因已如前述；大模具则应高出更多。

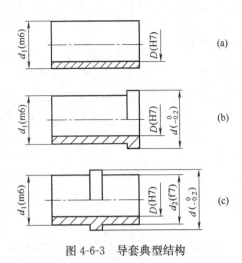

(2) 形状　导柱的端部做成锥形或半球形的先导部分，锥形头高度取与其相邻圆柱直径的 $1/3$，前端还应倒角 $10° \sim 15°$，使其能顺利进入导向孔。大中型模具导柱的导向段应开设油槽，以储存润滑油脂，模具使用时应定期加油。

图 4-6-3　导套典型结构

(3) 公差配合　安装段与模板间采用过渡配合 H7/m6，导向段与导向孔间采用动配合 H7/f6。

(4) 粗糙度　固定段表面采用 $Ra1.6 \mu$m，导向段表面采用 $Ra0.8 \mu$m。

(5) 材料　导柱应具有硬而耐磨的表面，坚韧而不易折断的芯部。传统的做法是采用碳素工具钢 T8A、T10A 或滚珠轴承钢 GCr15 经淬火或表面淬火处理 ($56 \sim 60$HRC)，或用低碳的合金结构钢 20Cr 钢渗碳 ($0.5 \sim 0.8$mm 深) 经淬火处理 ($56 \sim 60$HRC)，以提高表面硬度。

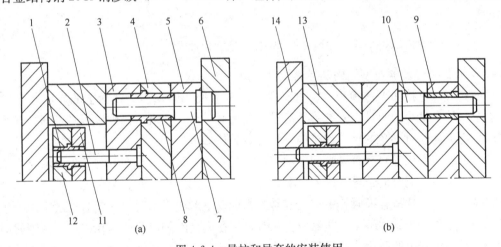

图 4-6-4　导柱和导套的安装使用

1—推板导套　2—推板导柱　3、13—垫板　4—动模板　5—定模板　6—定模底板　7—带肩导柱（Ⅱ型）
8—带头导套（Ⅱ型）　9—带头导套　10—有肩导柱　11—推杆固定板
12—推板　14—动模底板

国家标准中推荐两类导柱即带头导柱和带肩导柱，详细结构和尺寸标注如图 4-6-5 (a)、(b) 所示。带头导柱的配合段直径为 $\phi 12 \sim 100$mm，共 13 种规格；带肩导柱配合段直径为 $\phi 12 \sim 80$mm，共 11 种规格。

按照国家标准，带肩导柱的工作段直径 d、导柱总长 L 和导柱固定部位长度 L_1 与带头导柱对应尺寸之间的关系是完全相同的，只是将固定部分的直径 d 加粗，凸肩直径 D 也相应加粗。不同大小导柱的详细尺寸见国标 GB/T 4169.4—2006 和 GB/T 4169.5—2006。

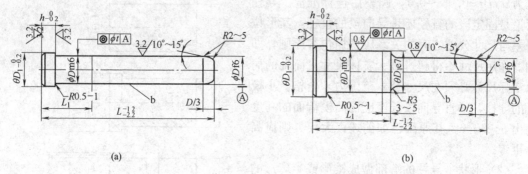

图 4-6-5　国家标准推荐的两种注塑模导向柱

(a) 带头导柱　(b) 带肩导柱

导柱与模板间的其他固定形式还很多，有铆接的、用螺钉连接的等，如图4-6-6所示。铆接的可省去垫板，但由于在铆接的过程中精度会受损伤，只能用于移动式小型模具，如移动式压模，图4-6-6（b）的铆接形式是为了便于加工，使导柱固定部分尺寸与导柱孔相同。螺钉连接也是一种可行的连接方式，如图4-6-6（c）、（d）所示。这些导柱没有国家标准，只能自行设计制造。

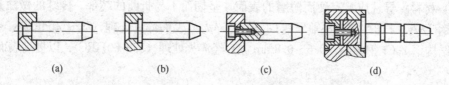

图 4-6-6　导柱的其他固定形式

2. 导向孔及导套的典型结构及导套设计要点

导向孔可以直接加工在模板上，这种结构经济简便，但未淬火模板上的导向孔耐磨性差，用于塑件批量小的模具。多数模具的导向孔镶有导套，它既可淬硬以提高寿命，又可在磨损后方便更换。对导套的尺寸和结构设计要点分述如下：

（1）形状　常用导套有直导套和带轴肩连接的带头导套两类，如图4-6-3所示。为了方便导套压入模板，同时便于导柱进入导套，在导套端面内侧和外侧倒圆角R。模具上的导向孔最好做成通孔，这样合模时孔中空气容易排出，以免形成附加阻力，同时也便于清除意外落入的塑料废屑。当结构限制只能做成盲孔时，可在模具的侧壁开通气孔或在导柱侧面磨出排气槽。带头导套上的凸肩一般是压在两块模板之间，以防被导柱带出模板。当采用无凸肩的直导套时，为了将导套在模板上固紧，可以用止动螺钉从侧面紧固，如图4-6-7所示：图（a）是在导套侧面磨出一水平面；图（b）是开一环形槽，环形槽的槽底应做成圆角，以免淬火时开裂；图（c）是侧面开孔；此外还可在端部用螺钉紧固，如图（d）；另外还可采用铆压固定，将直导套压入装配孔，并低于模板表面1~2mm，如图（e），然后在模板表面与导套相邻处砸扁数点，将导套铆紧，这种连接方法简单，但导套不易更换。

（2）公差配合与表面粗糙度　导套内孔与导柱之间为动配合H7/f6，外表面与模板孔为较紧的过渡配合H7/m6（直导套）或H8/k7（带轴肩导套），其前端可设计一长3~5mm的引导部分，按松动配合H8/e7制造，其粗糙度内外表面均可用Ra0.8μm。

（3）材料　导套的材料用耐磨材料，可采用碳素工具钢 T10A、GCr15、20Cr 淬火处

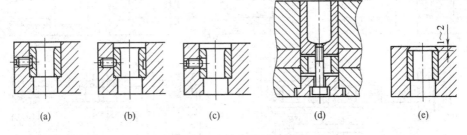

图 4-6-7 直导套的固定方式

理，硬度 HRC52～56，或采用 20Cr 渗碳淬火，其表面硬度为 HRC56～60，但其硬度最好比导柱低，相差 5 度左右。现在一些大型模具采用锡青铜合金做导套，与导柱之间不会发生卡滞拉伤的现象，有很好的效果。

国家标准推荐的两类导套即直导套和带头导套其详细结构和尺寸标注如图 4-6-8（a）、（b）所示，两种导套的配合段尺寸、壁厚和长度是相同的，不同大小导套的具体尺寸见国标 GB/T 4169.2 和 GB/T 4169.3—2006。

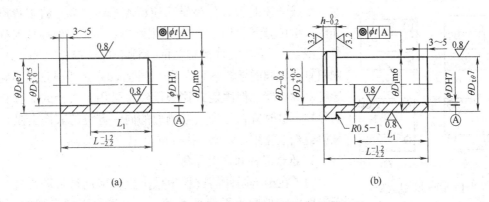

图 4-6-8　国家标准推荐的两种注塑模导向套
(a) 直导套　(b) 带头导套

3. 导柱与导套的配合使用

由于模具的结构不同，选用导柱、导套的结构也不同，常见如图 4-6-9 所示：图（a）是带头导柱，无导套，导向孔直接加工在模板上，其配合关系已如前所述，导向孔和导柱固定孔可配合加工，常用于小批量、小型模具。图（b）是用带头导柱，直导套的情况。图（c）是用带头导柱和带头导套的情况。图（d）、（e）是带肩导柱与导套配合使用的情况，这时导柱固定孔与导套固定孔的尺寸和公差完全相同，便于配合加工，可保证同心度。

国外还采用一种定位管的零件，将导套下面的几块板相互定位，这时导套固定孔、导柱固定孔与定位管所穿过的各个模板的孔可配合后一次加工，无需再另外加工销钉孔，如图（f）所示。图（g）是导柱和导套都带有螺钉孔的结构，由紧固螺钉从反面紧固，其制造费用虽高，但它具有一些优点：对于单块模板它无需增加垫板，省去垫板连接螺钉，对于多块模板可通过该紧固螺钉把模板间连接在一起，可省去其他地方的孔位，为型腔布置、冷却水孔设计等腾出了空间。

4. 导柱位置的布置

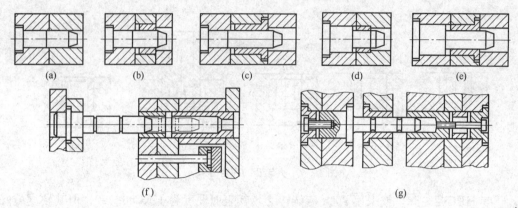

图 4-6-9　导柱与导套的多种配合形式

　　根据模具的形状和大小，在模具型腔的周边设导柱和导套。对一个分型面而言，导柱数量可采用二至四根不等，但大中型模具以四根最为常见，因为导柱和导向孔除导向定位外在吊装模具时还起承重的作用；对于两个分型面的点浇口模具可再增加四根拉杆导柱，共有八根导柱。

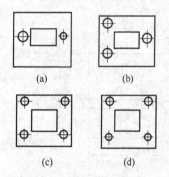

图 4-6-10　小型移动式模具
导柱布置形式

　　对于移动式小型模具，导柱的布置必须能保证模具的动定模只能按一个方向合模，防止在装配或合模时因方位搞错而使型腔损坏，常见的布置形式如图 4-6-10 所示：图（a）是采用两根直径不同的导柱对称布置，图（b）是三根直径相同的导柱不对称布置，图（c）是四根直径相同的导柱不对称设计，图（d）是四根直径不同的导柱对称布置。但固定式注塑模经常采用等直径的对称布置的导柱，这时应在各个模板侧面的同一方位的表面上敲打上号码或刻上符号，以免弄错方位。

　　5. 推板导柱和推板导套

　　为了在推出制件的过程中推出机构能同时带动推杆、推管等推出零件同步平稳地移动，不致发生歪斜卡死的现象，可以成对地安装推板导套和推板导柱。推板导柱和推板导套也已经标准化，见国标 GB/T 4169.12—2006 和 GB/T 4169.14—2006，它们的结构和尺寸标注如图 4-6-11 所示。

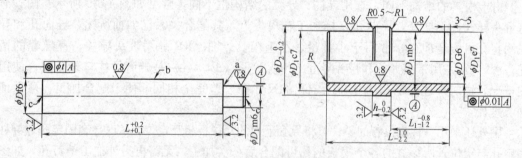

图 4-6-11　推板导套和推板导柱

三、锥面定位机构设计

　　如果只采用导柱定位，由于导柱与导向孔之间有配合间隙，不可能精确定位。成型大型、深腔、薄壁和高精度塑件时，动定模之间应采用较高的合模定位精度。例如对于大型薄

144

壁容器，若动定模定位偏心就会引起壁厚不均，使一侧进料快于另一侧，产生侧向推力，使壁厚更加不均；对于形状不对称的塑件，注塑压力也会产生侧向推力，如果侧向力完全由导柱来承受，则会发生导柱卡死、损坏或在开模时增大磨损。因此，最好的办法是在采用导柱定位的同时增加锥面定位。锥面定位的最大特点是配合间隙为零，可提高定位精度。常见的锥面定位方法有：安装圆锥形定位件，在型腔四周设大的圆锥形定位面或矩形台锥形定位面。

图 4-6-12 所示为圆锥形定位件及其安装方式。它适合中小型模具需精确定位的场合，例如成型薄壁杯的模具。圆锥形定位件的数量在一副模具中至少应采用两副，视需要确定。图 4-6-12（a）中的圆锥定位件有调节垫片，通过厚度调节达到两锥面密合。

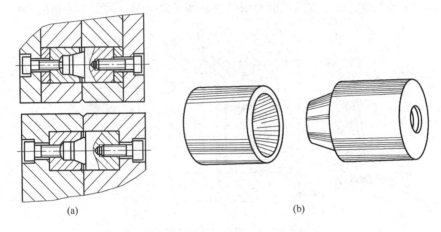

(a)   (b)

图 4-6-12　圆锥形定位件及其安装方式

图 4-6-13 所示为在型腔四周设圆锥形定位面的设计，常用于盆桶等薄壁圆形制品。该锥形面不但可以起定位作用，而且当合模后动定模互相扣锁，可限制型腔侧向膨胀，增加模具的刚性。由于互锁面受力大易磨损，因此最好对锥面淬火处理；也有镶上耐磨镶块的结构，镶块经淬火处理，磨损后可以更换。锥面的斜角一般为 15°～20°，高度不低于 15mm。

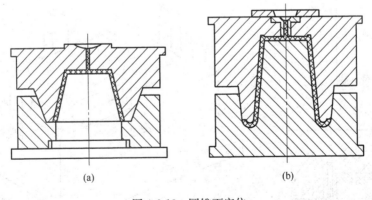

(a)   (b)

图 4-6-13　圆锥面定位
（a）直边制品　（b）带翻边制品

对矩形型腔可采用矩形台锥面定位，如图 4-6-14 所示。其局部结构及加镶块结构如图 4-6-15（a）、（b）、（c）所示。

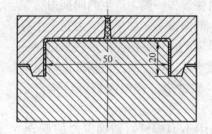

图 4-6-14 矩形台锥面定位

四、矩形导柱设计

近年来发展了一种矩形导柱，它对称安装于模具侧面的凹坑中，紧靠模具的边缘。与圆柱形导柱相比，可明显降低所占空间位置，使模具外形尺寸缩小。其结构和在模具上安装的方式如图4-6-16所示。一副大型模具可安装四根矩形导柱。由于圆柱形导柱与导向孔之间定位时呈线接触，而矩形导柱限位时与限位块之间是面接触，因此受力情况更好。

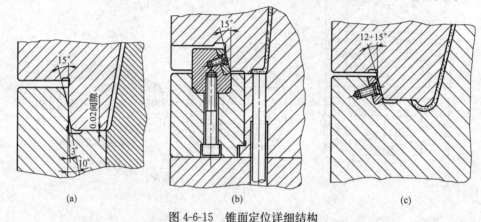

(a)   (b)   (c)

图 4-6-15 锥面定位详细结构
（a）模板上加工出的互锁锥面 （b）镶嵌嵌件的互锁结构 （c）镶嵌耐磨片的互锁结构

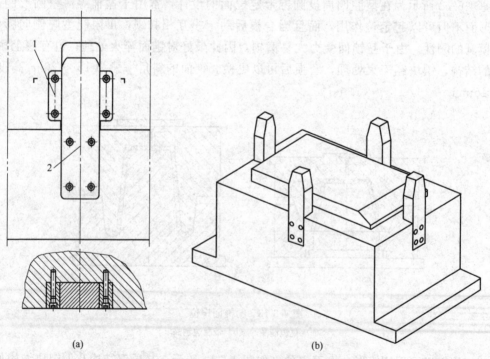

(a)   (b)

图 4-6-16 矩形导柱及其在模具侧壁上的安装
1—青铜含油耐磨块 2—方导柱（GCr15）

矩形导柱和限位块的材料可参照普通圆形导柱和导套，常见有 T10A、GCr15、20Cr 渗碳淬火，硬度 52～56HRC。此外，限位块还可用含油青铜材料制作，其润滑作用很好，不易发生咬死拉伤现象。

除此以外，国家标准中还有矩形定位元件标准件，它的定位长度约 20mm，起辅助定位作用，如图 4-6-17 所示。它一般与圆形导柱配合共同使用，以提高定位精度。

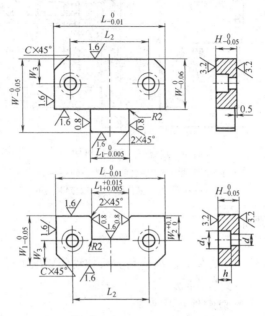

未注粗糙度 $Ra=6.3\mu m$，未注倒角 $1mm\times45°$

图 4-6-17　矩形定位元件

第七节　塑件脱模机构设计

一、概　　述

注塑模必须设有准确可靠地脱模机构，以便在每一注塑循环中将塑件从型腔内或型芯上自动地脱出模外，本节将介绍脱模机构的结构、分类及其设计要点。

（一）注塑模脱模机构的典型结构

脱模机构种类较多，用推杆推出的简单脱模机构是一种典型结构，如图 4-7-1 所示。它由七个零件组成，即：推出零件，它直接与塑件接触，将塑件推出模外，在图中为推杆 1，共有八根；推杆通过轴肩形台阶由推杆固定板 2 和推板 5 夹持固定，两板间用螺钉连接；注塑机上的顶出力作用在推板上；为了确保推出或回位时推板平行移动，推杆不至于弯曲或卡死，成对设有推板导柱 4 和导套 3；推板的回程是靠四根复位杆 7 实现的；最后一个杆状零件是拉料杆 6，它的作用是勾住浇注系统的冷料，使分模时整个浇注系统随同塑件一起留在动模。

有的模具还设有限位钉 8，一般为四个。限位钉的作用一是使推板与底板之间形成间隙，一旦落入废料屑，亦不致影响推板复位；另一作用是在模具制造时通过调整限位钉头部厚度来控制推杆返回的位置。

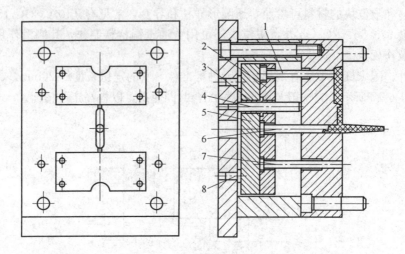

图 4-7-1　注塑模脱模机构

1—推杆　2—推杆固定板　3—推板导套　4—推板导柱　5—推板

6—拉料杆　7—复位杆　8—限位钉

（二）对脱模机构的要求

1. 结构简单，运行可靠

机构尽可能简单，零件制造方便，配换容易。机构动作要准确可靠、运动灵活，机构本身具有足够刚度和强度，以承受脱模阻力。

2. 不影响塑件外观，不造成塑件变形破坏

推塑件的位置应尽量设在塑件内部或隐蔽处，以免损坏塑件外观，要保证塑件在脱模过程中不变形、不擦伤。要做到这一点，首先必须正确地分析脱模力的大小和力的重心所在，以选择合适的脱模方式和推顶位置，使脱模力得到均匀合理的分布。

由于塑件收缩时包紧型芯，因此推出力作用点应尽可能靠近型芯。同时推出力应施于塑件刚度强度最大的部位，如筋、凸缘、壳体侧壁等处，承力的面积也应尽量大一些，否则会在推顶处产生应力发白，甚至顶破塑件。推出力合力的重心应与塑件脱模阻力重心重合。

3. 让塑件留在动模

模具的结构应保证塑件在开模过程中留在具有脱模装置的半模即动模上。若因制件几何形状的关系，不能留在动模时，应考虑对塑件的外形进行修改或在模具结构上采取强制留模措施。若实在不易处理时也可让塑件留在定模内，在定模上设脱模机构。但究竟留在模具的哪一边在设计时应予以确定，并采取相应的脱模措施。

塑件在型芯上的附着力多由塑件收缩引起，它与塑料的收缩率、弹性模量、塑件的几何形状、模具温度、冷却时间、脱模斜度以及型腔表面粗糙度有关。一般来说，收缩率大、壁厚、弹性模量大、型芯形状复杂、脱模斜度小以及成型表面粗糙时，脱模阻力就大，反之则小。下面推导的脱模力计算公式能定量地反映出上述各因素的影响。

（三）脱模机构的分类

脱模机构可按脱模动力来源分类，也可按模具结构分类。

1. 按动力来源分类

使塑件脱出所采用的动力常见有：人工操作、机械推出、液压推出、气压推出，现分述如下：

（1）手动脱模　当模具分模后，用人工操作脱模机构脱出塑件，多用于小型移动式模具。

（2）液压或机械脱模　注塑机设有推出油缸，开模时在适当的时候和位置油缸活塞动作，推动模具推板运动，脱出塑件。此外动力也可来自注塑机的开模动作，开模时塑件先随动模一起移动，到预定位置时，脱模机构被注塑机上固定不动的顶杆顶住而不能随动模移动，动模继续后移时，塑件由脱模机构推出型腔。

设在定模部分的脱模机构可以是液压或气动机构，也可以通过拉杆或链条等装置，在动模开启到一定位置时，拉动定模脱模机构，实现定模边的脱模。

带螺纹的塑件可用手动或机动来实现旋转运动，脱出塑件。

（3）气动脱模　利用压缩空气的压力将塑件直接由型腔中推出。

2. 按脱模机构的结构特点分类

由于塑件形状不同，脱模机构可选用简单脱模机构、双脱模机构、顺序脱模机构、二级脱模机构、浇注系统脱模机构以及带螺纹塑件的脱模机构等。

二、脱模力的计算

塑件在模具中冷却定型时，由于热收缩，其体积和尺寸逐渐缩小，在塑料的软化温度以前，热收缩并不造成对型芯包紧力，但制品固化后继续降温，制件收缩，则会对型芯产生包紧力，包紧力带来的正压力，垂直于型芯表面，脱模温度越低正压力越大，脱模时必须克服该包紧力所产生的摩擦力。对于不带通孔的壳体类塑件，脱模时还需克服大气压力造成的阻力。此外，尚需克服塑件与钢材之间的粘附力及脱模机构本身运动的摩擦力。由于注塑成型用塑料一般含有脱模剂，故塑件与钢材之间粘附力很小，可忽略不计，而机构运动的摩擦阻力可在机构设计时考虑一定的机械效率，将脱模力适当加大。

（一）圆锥形型芯脱模力计算

对于最常见的带锥度的圆筒形制品，作者对其脱模力进行了详细推导，并已得到国内外同行的广泛认同，其计算方法如下。

1. 正压力计算

要确定将塑件从圆锥形型芯上脱下的摩擦阻力，应先计算塑件收缩时对型芯的正压力。

对于壁厚与直径之比小于 1/20 的薄壁塑件，由于热收缩包紧在斜度为 α 的圆锥形型芯上，用通过轴线和垂直于经线的法平面在该塑件上截取一长 ds_1、宽 ds_2 的微单元体，对该微单元体进行受力分析，即可得出型芯对单元体法向正应力（压强）p 与经向和纬向因收缩产生内应力 σ_1、σ_2 之间的关系，如图 4-7-2 所示。为简化计算，假设塑件各向有相同的收缩率 ε，则 $\sigma_1 = \sigma_2$，又由于经纬两向内应力比法向内应力 p 大得多，可将该单元体三向受力状态简化为两向应力状态处理，则塑件沿经纬方向的收缩内应力为

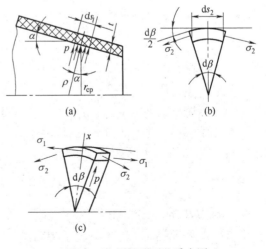

图 4-7-2　圆锥形型芯受力图

$$\sigma_1 = \sigma_2 = \frac{E\varepsilon}{1-\mu} \tag{4-7-1}$$

式中　E——塑料拉伸弹性模量（MPa）

　　　ε——塑料收缩率，（m/m）

　　　μ——塑料泊松比

E、ε、μ 随塑料品种不同、塑件形状不同而变化。

设定坐标体系，取垂直通过单元体中心与型芯中心线相交的单元体法线为 X 轴，由于 σ_1 沿经线方向垂直于单元体法线，故在 X 轴上投影为零。列出力的平衡方程式为

$$\sum F_X = 0$$

$$p\mathrm{d}s_1\mathrm{d}s_2 - 2\sigma_2 t\mathrm{d}s_1 \sin\frac{\mathrm{d}\beta}{2} = 0 \tag{4-7-2}$$

式中　$\mathrm{d}\beta$——截取单元体的法平面夹角

$\mathrm{d}s_1$、$\mathrm{d}s_2$——单元体长和宽（mm）

　　　t——壁厚（mm）

当 $\mathrm{d}\beta$ 很小时，可以认为

$$\sin\frac{\mathrm{d}\beta}{2} \approx \frac{\mathrm{d}\beta}{2}$$

代入式（4-7-2）得

$$p\mathrm{d}s_1\mathrm{d}s_2 = \sigma_2 t\mathrm{d}s_1\mathrm{d}\beta \tag{4-7-3}$$

即

$$\frac{p}{t} = \sigma_2 \times \frac{\mathrm{d}\beta}{\mathrm{d}s_2}$$

而

$$\mathrm{d}\beta = \frac{\mathrm{d}s_2}{\rho}$$

式中　ρ——单元体纬线带的平均曲率半径

代入得

$$\frac{p}{t} = \frac{\sigma_2}{\rho} \tag{4-7-4}$$

根据有关数学定律，当用垂直于圆锥母线的法平面截取圆锥时，其交线为椭圆，椭圆小端曲率半径的中心在该圆锥体的中心线上，经推导

$$\rho = \frac{r_{cp}}{\cos\alpha} \tag{4-7-5}$$

式中　r_{cp}——塑件平均半径，$r_{cp} = (R+r)/2$，其中 R、r 分别为塑件外半径和内半径，即型芯半径

　　　α——圆锥斜角

当塑件甚薄时，可近似用型芯半径 r 代替 r_{cp}，得出塑件由于收缩而产生的对型芯的单位正压力。

$$p = \frac{\sigma_2 t\cos\alpha}{r} = \frac{E\varepsilon t\cos\alpha}{(1-\mu)r} \tag{4-7-6}$$

2. 总压力计算

全面积所受的总压力为 F_p，对于薄壁制品型芯总长为 l，取高为 $\mathrm{d}l$ 的一圈作微分单元，半径为 r，其表面积（如图 4-7-3 所示）为

$$dA = 2\pi r \frac{dl}{\cos\alpha}$$

该段所受的总压力为

$$dF_p = 2\pi r \times \frac{dl}{\cos\alpha} \times \frac{E\varepsilon t\cos\alpha}{r(1-\mu)}$$

$$= \frac{2\pi E\varepsilon t}{1-\mu} \times dl \tag{4-7-7}$$

薄壁塑件收缩使型芯全面积所受总压力为

$$F_p = \int_0^l \frac{2\pi E\varepsilon t}{1-\mu} \times dl$$

$$= 2\pi E\varepsilon tl \times \frac{1}{1-\mu} \tag{4-7-8}$$

3. 脱模力计算

塑件包紧型芯时，其受力情况如图 4-7-4 所示，该图是把空间汇交力系简化在平面上，用两个对称的 $F_p/2$ 代替垂直于全圆锥表面的总包紧力 F_p，两个对称的表面摩擦力 $F_f/2$ 代替作用在全圆锥表面上的 F_f。由于型芯有锥度，故在抽拔力 F_{d1} 作用下，塑件对型芯的正压力降低了 $F_{d1}\sin\alpha$，这时摩擦阻力为摩擦因素与正压力乘积

$$F_f = f(F_p - F_{d1}\sin\alpha) \tag{4-7-9}$$

式中　F_f——摩擦总阻力（N）

　　　f——摩擦因数

　　F_{d1}——脱模力（N）

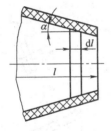

图 4-7-3　圆锥形塑件对型芯包紧力

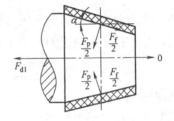

图 4-7-4　圆锥形塑件的脱模力

沿 O 轴列出力平衡方程式为

$$\sum F_O = 0$$

即

$$F_f\cos\alpha = F_{d1} + F_p\sin\alpha$$

$$f(F_p - F_{d1}\sin\alpha)\cos\alpha = F_{d1} + F_p\sin\alpha \tag{4-7-10}$$

$$F_{d1} = \frac{F_p\cos\alpha(f - \tan\alpha)}{1 + f\sin\alpha\cos\alpha}$$

对于不带通孔的壳体塑件脱出时，尚需克服大气压力造成的阻力 F_{d2}，大气压按 10N/cm^2（0.1MPa）计算：

$$F_{d2} = 10A$$

式中　A——垂直于抽芯方向型芯的投影面积（cm²）

当塑料对钢材粘附力和机构运动摩擦阻力不计时，总抽拔力 $F_d = F_{d1} + F_{d2}$，故对薄壁塑件：

$$F_d = \frac{F_p \cos\alpha(f-\tan\alpha)}{1+f\sin\alpha\cos\alpha} + 10A$$

$$= \frac{2\pi E\varepsilon tl}{1-\mu} \times \frac{\cos\alpha(f-\tan\alpha)}{1+f\sin\alpha\cos\alpha} + 10A \qquad (4\text{-}7\text{-}11)$$

上述脱模力计算公式是基于成型收缩使制件壁厚截面各点产生的内应力相等而推导出来

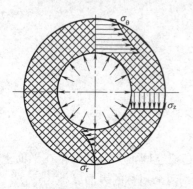

的，这对于壁厚与直径之比小于 20 的薄壁制品来说近似是正确的，但对于厚壁圆筒形制品误差较大，由于塑料有明显的可压缩性，因此在通过厚壁制品壁厚截面上越靠近型芯周向应力和径向压应力越大，越接近制品表层应力越小。如图 4-7-5，这时制品收缩对型芯包紧力应按受内压厚壁圆筒推导出的公式计算，如仍按上述公式则计算值会比实际值偏大，一般来说从节约原料和降低废品率出发厚壁制件并不多见，本书略去厚壁制件脱模力计算公式的推导。

图 4-7-5　厚壁制品成型时型芯对
制品压力和制品内应力
σ_θ—周向拉应力　σ_z—轴向拉应力
σ_r—径向压应力

（二）矩形台锥形型芯脱模力计算

对于横截面为矩形的壳型塑件，可以用与上面类似的方法推导出脱模力。如图 4-7-6 所示，塑件冷却后包紧在矩形截锥形型芯上，用垂直于型芯轴线相距 dl 的两平面截取一矩形框作为研究的单元体，单元体任何一边与型芯接触面宽度为 $dl/\cos\alpha$。在塑件壁内部由收缩所引起的内应力同理为

$$\sigma = \frac{E\varepsilon}{1-\mu}$$

该单元体一个条形边对型芯的正压力是该条形边两端受到相邻面收缩产生的拉应力造成的，单元体总压力为

$$dp = 2\sigma t \frac{dl}{\cos\alpha} = \frac{2E\varepsilon t dl}{(1-\mu)\cos\alpha} \qquad (4\text{-}7\text{-}12)$$

式中　t——塑件壁厚

矩形型芯有 4 个边，塑件总高为 l，塑件对型芯总正压力为

$$F_p = 4\int_0^l \frac{2E\varepsilon t}{(1-\mu)\cos\alpha} dl = \frac{8E\varepsilon tl}{(1-\mu)\cos\alpha} \qquad (4\text{-}7\text{-}13)$$

脱模力计算：与圆锥形制品类似，摩擦总阻力为

$$F_f = f(F_p - F_{d1}\sin\alpha)$$

参看圆锥形制品的图（4-7-4）和式（4-7-10）列出抽拔时沿 O 轴的力平衡方程式

$$\sum F_0 = 0$$

$$F_f \cos\alpha = F_{d1} + F_p \sin\alpha \qquad (4\text{-}7\text{-}14)$$

同样可推导出为克服收缩力产生摩擦力所需的脱模力

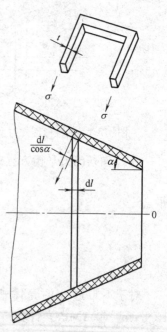

图 4-7-6　矩形截锥形型芯受力图

$$F_{d1} = \frac{F_p \cos\alpha(f-\tan\alpha)}{1+f\sin\alpha\cos\alpha} = \frac{8E\varepsilon tl}{(1-\mu)\cos\alpha} \times \frac{f-\tan\alpha}{1+f\sin\alpha\cos\alpha} \quad (4\text{-}7\text{-}15)$$

考虑到非通孔矩形台锥形制品为克服大气压力造成的阻力 $F_{d2}=10A$，总脱模力为

$$F_d = \frac{8E\varepsilon tl}{1-\mu} \times \frac{f-\tan\alpha}{1+f\sin\alpha\cos\alpha} + 10A \tag{4-7-16}$$

（三）小结

无论是圆锥形或矩形截锥形型芯，由上面的式子可以看出：

① 脱模阻力与塑件壁厚、型芯长度有关，对于非通孔塑件受大气压影响还与垂直于脱模方向的塑件的投影面积有关，以上各项值越大则脱模阻力越大。

② 塑料收缩率 ε 越大，脱模阻力越大；塑料的弹性模量 E 越大，脱模阻力也越大。由于不同塑料的 ε 和 E 相差很大，塑件的壁厚也各不相同，因此对型芯的压强可能会有数倍之差，不能一概而论。另外，当塑件在较高的温度下脱模时，由于 ε 和 E 都比低温下小，因此脱模阻力也相对小得多。

③ 塑料对型芯的摩擦因数 f 越大，所需脱模阻力也越大，摩擦因数取决于塑料的性能和型芯的表面粗糙度。同时要考虑型芯表面温度对摩擦因数影响，高温下摩擦因数较大。

④ 型芯的斜角 α 越大，所需脱模力越小。如果没有大气压力的影响和塑件对型芯的粘附力等其他因素影响，则型芯斜角 α 大到 $\tan\alpha \geq f$ 时，塑件则会因收缩而从型芯上自动滑落。

上面公式尚未考虑脱模机构本身运动的摩擦阻力、塑料和钢型芯之间的粘附力等，因此在计算总脱模力时可适当考虑一安全系数。实际上，当塑件的收缩率和弹性模量取室温下的值代入计算，则所算出的值即已包含了安全系数，因为实际脱模温度一般远高于室温，因此用室温下的 ε 和 E 的值算出的脱模力就已包含有较大的富裕量。

脱模机构因塑件结构的不同和自动化程度的不同有多种结构形式，下面将分别对其结构和设计要点进行讨论。

三、简单脱模机构

简单脱模机构是应用最广的结构形式，它包括推杆脱模机构、推管脱模机构、推板脱模机构、活动镶件或凹模脱模机构、多种元件综合脱模机构和气压脱模机构等结构形式，现分述如下。

（一）推杆脱模机构

推杆是推出机构中最简单最常用的一种形式。由于推杆已标准化、加工简单、安装方便、维修容易、使用寿命长、脱模效果好，在生产中广泛应用。但是，因为它与塑件接触面积一般比较小，设计不当易引起应力集中因而顶伤塑件或使塑件变形甚至顶穿，因此当用于脱模斜度小和脱模阻力大的管状或箱类塑件时，应增加推杆数量，增大每根杆的接触面积。

本节开始所介绍的脱模机构的典型结构图（图 4-7-1）就是推杆脱模机构，它由推杆、复位杆、拉料杆（有的模具无拉料杆）和将它们装固连接在一起的推杆固定板、推板、连接螺钉以及推板导柱、导套等构成。当开模到一定距离时，注塑机推出装置推动推板并带动所有推杆、拉料杆和复位杆一道前进，将塑件和浇注系统一起推出模外。合模时复位杆首先与定模边的分型面接触，而将推板和所有的推杆一道推回，当模具完全闭合时全部推杆才回复到原位。

推杆脱模机构设计要点如下。

1. 推出位置的确定、推杆数量和断面形状的设计

推杆的推出位置应设在脱模阻力大的地方。如图 4-7-7 所示的盖类或箱类塑件，侧壁是阻力最大的地方，因此在侧壁端面设置推杆是合理的，而在盖子里面设置推杆时，以靠近侧壁的地方为好，如果只在中心部位推出，则塑件可能会出现银纹或顶穿的现象。当塑件上设有多个推杆时，应根据脱模阻力大小，将推杆合理分布，使塑件脱模时受力均匀，避免变形。图 4-7-8 是在局部有细而深的凸台或筋的底部设推杆。

推杆不宜设在塑件最薄处，以免塑件变形或损坏。当结构要求推杆必须推在薄壁处时，可增大推杆与制件的接触面积来改善塑件受力状况，如图 4-7-9 所示是采用推件盘推出的形式。

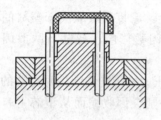 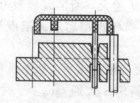 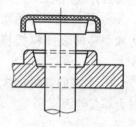

图 4-7-7　推杆推制件的位置　　　图 4-7-8　在筋部增设推件杆　　　图 4-7-9　推件盘推出

推杆端面应和型腔表面齐平或比型腔的平面高出 0.05～0.1mm，否则会影响塑件外观和使用。

为了保证塑件质量，应多设推杆，以减小各个推杆作用在塑件上的应力，减少变形、开裂、应力发白等现象。当塑件上不允许有推出痕迹时，可用推出耳的方式，如图 4-7-10 所示，脱模后将推出耳剪掉。

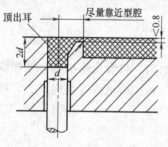

图 4-7-10　推出耳方式

按照塑件的形状，推杆的端面形状除了最常用的圆形外，还有各种特殊的断面形状。这类推杆的加工和热处理较困难，孔的加工需采用电加工等特殊加工手段方能取得满意的效果。

2. 推杆及其力学设计

包括推杆形状和尺寸设计、受力计算和材料选用等。

推杆最常见的有直杆式圆柱形推杆，如图 4-7-11（a）所示，常用直径为 1～25mm，高度不大于 800mm，与推杆孔的配合段可用 H7/f6 或 H8/f7；对细长的推杆为了增加其刚性，可设计成台阶形，如图 4-7-11（b）（c）所示，一般扩粗部分直径大于或等于顶出部分直径 2 倍左右。有时将推杆端部断面做成与塑件形状一致，例如顶在塑件边缘或加强筋上的推杆其上端需做成薄片状，但为了便于加工其下端仍做成圆柱形。对于图（a）、（b）、（c）三种形式的推杆，我国已进行了标准化，设计时其尺寸可在国家标准 GB/T 4169.1、4169.16、4169.15 中查到。推杆还有其他各种形状，图 4-7-11 所示只是一些例子。

推杆和推杆固定板常采用轴肩连接，应将推杆与固定孔之间设计有较大的配合间隙（直径差 0.8～1mm），如图4-7-12（a）所示，这样在安装时允许推杆轴线有少许位移，用以确保每根推杆各自与型腔上配合孔的同心度，当推板上有多个推杆时，这样设计很有必要，给安装和使用带来方便。图 4-7-12（b）的结构系采用与轴肩有相同厚度的垫圈置于固定板和推

板之间，这样推板固定板上不再加工凹坑，不但制作方便，且易保证两板之间的平行度。

当推杆数较少时，推杆与推板间还可采用静配合、铆接，如图 4-7-12（c）、（d）所示；也有螺钉或螺母连接的，如图 4-7-12（e）、（f）、（g）所示。它们的共同点都是省去了顶出板底板，但图（c）和（g）的推杆轴线无法靠自定位作横向调整位移。

推杆大部分用热作模具钢制造，推荐采用 4Cr5MoSiV1（即 H13）、3Cr2W8V，头部硬度 HRC50～55，其固定端长度 30mm 范围内硬度 HRC35～45；也可采用淬火后再渗氮，渗氮层深度 0.05～0.15mm，硬度 HV≥900，心部硬度 HRC40～44。配合段表面粗糙度为 $Ra0.8\mu m$，其余部分则可要求低些。

由于推杆是细长杆件，因此其失效形式往往表现为稳定性破坏，推杆的受力状态可简化为下端铰支、上端约束（在孔内滑动不能偏转）的压杆，对于等断面的杆件，可计算如下：

稳定裕度：

$$n=\frac{F_{o}}{F} \tag{4-7-17}$$

式中　F_{o}——临界负荷（N）

　　　F——一根推杆的允许负荷（N）

稳定裕度对于钢推杆来说取 2。

临界载荷：

$$F_{o}=\eta\frac{EJ}{L^{2}} \tag{4-7-18}$$

式中　E——弹性模量（MPa）

　　　J——取推杆截面中心惯矩中的最小值（cm⁴）

　　　L——等断面推杆为推杆的全长，对于台阶形推杆视具体情况决定推杆的长度

　　　η——稳定系数，对于模具推杆可视为一端约束、一端为铰支，取 $\eta=20.19$

对于圆形截面推杆：

$$J=\frac{\pi d^{4}}{32}=0.0982d^{4} \tag{4-7-19}$$

对于矩形截面推杆：

$$J=\frac{a^{3}b}{12} \tag{4-7-20}$$

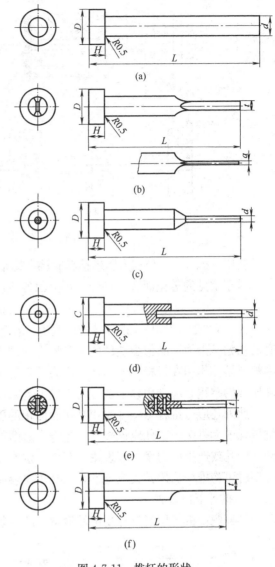

图 4-7-11　推杆的形状

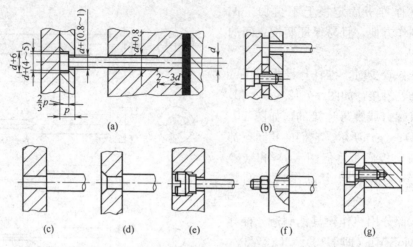

图 4-7-12　推杆的装固方式

其中　d、a、b分别为圆形推杆直径、矩形截面短边和长边的长度（cm）

对于常见的等截面圆形推杆，将上面各值代入整理可得

$$d=0.26L^{\frac{1}{2}}F^{\frac{1}{4}} \tag{4-7-21}$$

式（4-7-21）中 F 为顶杆端部所受力，在注塑循环过程中有两个极大值；一是推出塑件时的初始推出力，其值由塑件的总脱模力和推杆根数及其排布决定；另一个最大压力是型腔内塑料熔体作用在推杆头部的最大压力，其值等于推杆头部沿顶出轴线的投影面积与熔体最高压强的乘积。应选用以上两压力中较大者来计算推杆的直径。

此外还应做推杆与塑件间相互接触面积的压力强度校核，由于钢推杆的抗压强度比塑件抗压强度大得多，因此应该校核的是推出时塑料件与推杆的接触面是否会被挤坏，应该避免塑件穿孔或产生应力发白等现象，塑件单位面积上所承受的推出力视具体情况凭经验决定。必要时可将推杆头部扩大成盘形，以减少接触应力。

3. 推杆复位装置

推杆脱模机构用复位杆复位是最常见的。复位杆应对称布置，常取 $2\sim4$ 根，但最好多于 2 根。与复位杆头部接触的定模板应有足够的硬度，或局部镶入淬火镶块。采用复位杆复位只有当模具完全闭合时，复位动作才告完成。但是有模具要求在动定模闭合之前完成复位动作，这时应采用特殊的先行复位机构。

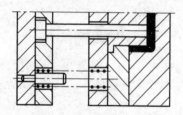

图 4-7-13　推杆弹簧复位机构

弹簧复位是一种简单复位方法，它具有先行复位功能，数支弹簧对称装在动模垫板与推板之间，如图 4-7-13 所示。推出塑件时弹簧被压缩，当注塑机的顶杆后退，弹簧即将推板推回。它的缺点是可靠性较差，特别是推杆数量较多时有可能发生卡滞现象，因此常与复位杆共同使用。其他先行复位装置将在下一节中介绍。

4. 推出导向装置

大型模具或推杆较多的模具，为避免推板在运动中发生偏斜，造成运动卡滞或推杆弯曲损坏等问题，可设计推出导向装置。中小型模具常采用两根导柱导向，大型模具可采用四根导柱，导向孔可设置或不设置导向套，如图 4-7-14（a）、（b）所示。不设导向套时，导向孔与导柱的配合部位一般只设计在推板上，而与推杆固定板间采用较大的配合间隙；采用导套时，导向套也仅与推板上的装配孔采用过渡配合，公差标准为H7/m6，为安装方便，导套与推杆固定板间采用较松动的动配合H7/e7，推板导套和推板导柱尺寸有国家标准。当动模底板支架间跨度大时，可以利用导向柱兼作动模底板支柱，如图4-7-15所示，这样可减薄动模底板厚度。即使有了导向装置，在推杆布置时也应注意使各推杆的合力重心尽量靠近模具的中心轴线，以减少由于偏心力矩造成的附加脱模阻力。

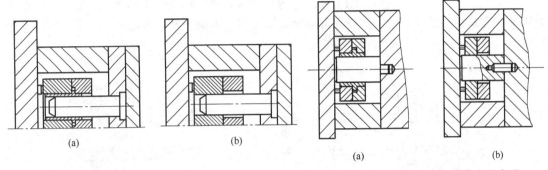

图 4-7-14　不带导套和有导套的推板导向装置　　图 4-7-15　推板导向柱兼作底板支承

成型小型壳形制品的模具，其推杆可同时兼作复位杆，推杆端面的一半作推杆，另一半复位时与定模板的分型面接触，起复位作用，如图4-7-16所示的汽车尾灯罩。这时不单顶杆头部需淬火，而且型腔及其周边也应热处理，使边缘具有足够的硬度，否则型腔周边变形将影响制件的脱出。

（二）推管脱模机构

推管脱模机构适用于环形、筒形或中间带孔的塑件，其中尤以圆形截面使用较多。其特点是推管的整个周边与塑件接触，故塑件推出时受力平衡，不易变形；在塑件上留下痕迹较隐蔽，推管需与复位杆配合使用；采用推管时主型芯和凹模可以同时设计在动模一侧，有利于提高制件内外表面的同心度。该机构按照主型芯固定方式的不同有以下三种结构形式：

（1）主型芯固定在动模底板上　这时主型芯必须穿过推板，如图4-7-17所示。为减短型芯与推管的配合长度，可像图4-7-17（a）那样将型芯后段直径减小，也可像图4-7-17（b）那样型芯直径不变而将推管后段的内孔扩大。为了保护型腔和型芯的成型表面，推出时推管不宜与成型表面相摩擦，为此推管配合公称外径 D 宜稍小于型腔内径，推管配合内径 d 应稍大于型芯外径。图4-7-17（a）中的凹模设在定模边，故推出时不存在型腔内径与推管摩擦的问题，这里将推管外径做得比凹模内径大得多，使其在合模时兼有复位杆的作用。

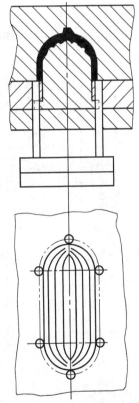

图 4-7-16　推杆兼作复位杆的
结构设计

（2）主型芯固定在动模板上　如图4-7-18所示，这时型芯长度可大大缩短，但动模板厚度却相应增大。为了固定该型芯可再增加一垫板，如图4-7-18（a）所示；也可将型芯凸

157

缘加大固定，如图 4-7-18（b）所示；或采用螺栓固定，如图 4-7-18（c）所示，以省去一块垫板。

（3）主型芯用横销或带缺口的凸缘固定　如图 4-7-19（a）和（b）所示，为了使推管与横销或凸缘互不干涉，而在推管上开设长槽，这种设计方案既不增加主型芯的长度。也不增大动模板的厚度。其缺点是：图（a）的主型芯的连接强度较弱，定位精度较差，不宜用于受力大的型芯，图中的固定销除用方销外也可用圆销；图（b）型芯靠扇形凸缘 7 固定在动模板 5 和支承板 3 之间，由于推管尾部开槽强度较弱，不宜于推出力很大的场合，特别当制件壁薄（<2mm）时推管壁也薄，强度更差。

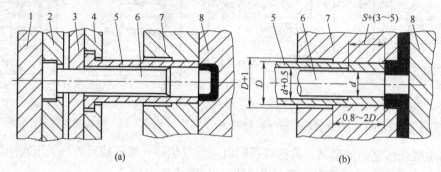

图 4-7-17　主型芯固定在动模底板上的推管脱模机构

1—动模底板　2—主型芯固定板　3—推板　4—推管固定板　5—推管　6—型芯　7—动模板　8—定模板
S—行程

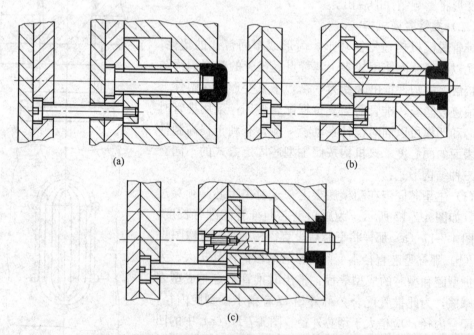

图 4-7-18　主型芯固定在动模板上的推管脱模机构

推管脱模机构推管材料的选择和热处理参照推杆进行。内径和型芯的配合、外径和模板的配合可按 H8/f7 选用，但配合间隙不应超过该物料溢料间隙，因此大直径的应选用较高的配合精度，以免溢料。推管和型芯配合长度为推出行程加上 3～5mm，推管和模板配合长度取 0.8～2D，其余部分扩孔留出间隙，当推管内径扩孔时为 $d+0.5$mm，模板扩孔时为

158

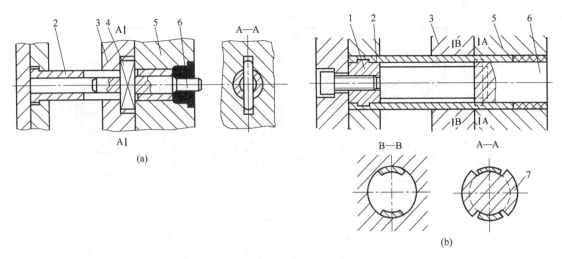

图 4-7-19　主型芯采用横销或带缺口的凸缘固定的推管脱模机构
1—压块　2—推管　3—支承板　4—横销　5—动模　6—主型芯　7—带缺口的凸缘

$D+1mm$，如图 4-7-17（b）所示。

（三）推件板脱模机构

它适用于各种薄壁容器、筒形制品、大型罩壳及各种带一个或多个孔的塑件。推件板推出的特点是推出力大而均匀，运动平稳，且不会在塑件表面留下明显的推出痕迹，因此应用十分普遍；对于非圆形的塑件或异形孔，推件板上与主型芯配合的孔可用线切割加工，制作也十分方便；与推管机构相比，结构更加简单。如图 4-7-20（a）所示为典型的推件板脱模机构，推件板由模具的推杆（一般为四根）推动向前运动，将塑件从型芯上脱下，推件板脱模机构不需另设复位杆，合模时推件板被压回原位，推杆和推板也相应复位。推件板向前平移时需要有可靠的支撑，一般推件板上有四个导向孔与模具的四根导柱配合，并在导柱上滑动，在设计导柱长度时应考虑推出距离。推杆的前端可以是平头的，与推件板不相连，如图 4-7-20（a）所示；也可以在前端加工螺纹或利用螺钉等与推件板相连，如图 4-7-20（b）、（c）所示，这样可防止推件板推件时因运动惯性从导柱上滑落，或当模具在空模开合时推件板被油脂等粘附在定模边而落下。当推杆与推件板用螺纹连接成一体时，可以靠推杆本身支撑导向，而不必靠模具的导柱来支撑，锥形配合面可保证复位准确，如图 4-7-20（c）所示。

采用推件板脱模的模具在适当的时候可以省去推板和推杆，节省模具的推出空间，这样一来模具的高度将大为降低，结构简化，同时由于没有顶出室，动模垫板直接和注塑机动模板接触，因此垫板厚度可明显减薄。具体做法有：

第一，当模具装在有双推出杆的注塑机上时，可将推件板两边延长，注塑机推杆直接顶在推件板上，如图 4-7-21 所示。

第二，在推件板两侧采用链条或定距拉杆和定模相连，当分型到一定距离时，靠开模力拖动推件板，脱出制件如图 4-7-22 所示。

推件板脱模时应避免推板孔的内表面与凸模或型芯的成型面相摩擦，造成凸模擦伤而损害制件内表面，为此将推板的内孔与型芯之间留出 0.25mm 左右的间隙；若将推件板与型芯成型面以下的配合段做成锥面则效果更好，锥面能准确定位，可防止推件板偏心，从而避免溢边，其单边斜度宜大于 5°，此结构适用于大型模具。如图 4-7-23 所示。

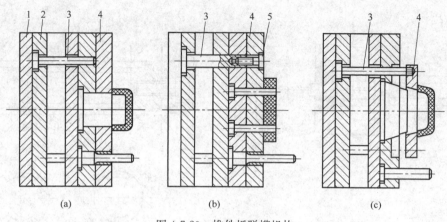

图 4-7-20　推件板脱模机构
1—推板　2—推杆固定板　3—推杆　4—推件板　5—螺钉

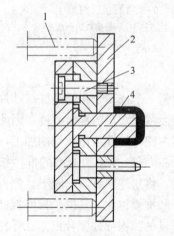

图 4-7-21　注塑机有双顶出杆的推件板结构
1—机床推杆　2—推件板　3—定距螺钉　4—主型芯

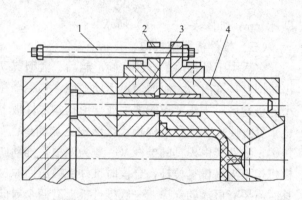

图 4-7-22　拉杆拖动推件板结构
1—定距拉杆　2—支座　3—推件板　4—定模型腔

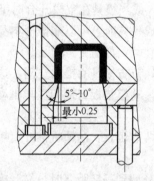

图 4-7-23　推件板内孔与型芯周边
有间隙和有锥形配合面的经典设计

对于大型深腔薄壁壳体，特别是用软质塑料成型的壳形件，若用推板脱模，应附设进气装置，以防止在推件过程中壳体内形成真空，造成脱模困难，甚至使塑件在压差作用下变形损坏。最常见的进气装置是在凸模内装一菌形阀，如图 4-7-24 所示。脱模时由于阀芯前后的压差将菌形阀推开，空气进入塑件内腔，破坏真空，脱模后该阀靠弹簧复位，如图 4-7-24（a）所示阀芯加进气通道；有的模具菌形进气阀与推杆合为一体，如图 4-7-24（b）所示阀芯加进气通道，菌形阀起着推件和进气的双重作用。

（四）利用活动镶件或凹模推出塑件的脱模机构

有的塑件采用螺纹型芯、螺纹型环或成型侧凹或侧孔的镶块成型，这时将推杆设置在这些镶件之下，靠推动镶件来带出整个塑件，推动时塑件受力均匀。采用在模外取出镶件，然后重新装入模内的办法可避免在模内侧抽芯或模内旋螺纹，可使模具结构大为简化。缺点是操作工人的劳动强度增加，适用于小批量生产的塑件。

图 4-7-25 （a）是用推杆推螺纹型芯；图 4-7-25 （b）是用推杆推螺纹型环，为了便于螺纹型环的安放，推出杆采用弹簧复位，或将型环安放在定模边，合模时再进入动模边；图 4-7-25 （c）是推顶成型塑件内侧凹的镶块。以上三种形式的镶块在脱模时都是和所成型的塑件一道推出模外，在重新安

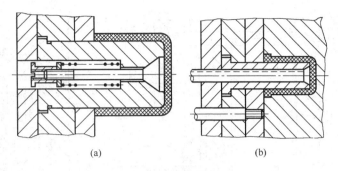

图 4-7-24　主型芯上装菌形进气阀

放镶件时应保证镶件在模内的位置准确并牢固定位。图 4-7-25 （d）的镶件不脱出模外而与推杆连在一起，推出时可减小脱模阻力。

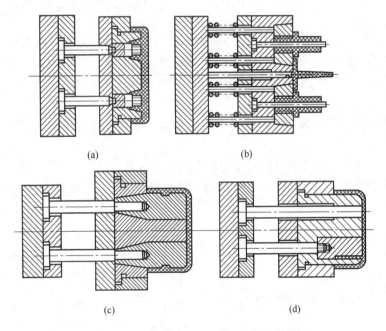

图 4-7-25　利用活动镶件带出塑件的结构

(a) 螺纹型芯镶件　(b) 螺纹型环镶件　(c) 内侧凹镶件　(d) 减小脱模阻力的镶件

图 4-7-26 是用型腔板带出塑件的例子，其结构与推件板脱模类似，只不过这里的推件板上加工有塑件型腔的一部分，因此当塑件离开主型芯时，尚有部分仍然嵌在型腔板内，需用手工或机械手取出，若需完全自动脱出，则应采用下面将要介绍的二级脱模结构。

（五）气压脱模结构

采用压缩空气推出塑件，塑件受力均匀且可以简化模具结构，由于不需要在模内设推板及其运动空间，因此模具总高度可减小。其推出力为塑件内腔投影面积与气体压强的乘积，故断面尺寸越大的薄壁壳体越易脱出。气体的压力要适当，过大的压力和气流量会将脱出的塑件吹入凹模，气压一般在 0.5MPa 以下。软质塑料的薄壁深腔塑件用推杆脱模时易因局部应力集中而变形，单用推件板又易使侧壁皱褶，采用压缩空气能满意地解决上述问题。

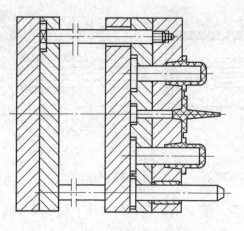

图 4-7-26　型腔板脱模结构

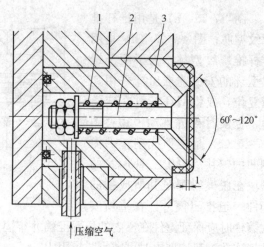

图 4-7-27　气压启动气动推出
1—弹簧　2—气动推杆　3—型芯

图 4-7-27 所示为采用菌形阀作进气阀的情况，压缩空气首先稍许托起菌形阀，使空气进入塑件和型芯之间将塑件推出；图 4-7-28 是推板启动的气压脱模装置。注塑成型时菌形阀因弹簧弹力而关闭，模具打开后推板向前运动压缩弹簧使阀门开启，压缩空气进入，将塑件从型芯上退下。

图 4-7-29 是通过推件板的环形槽供给压缩空气，在型芯和塑件的间隙中渗入空气，使塑件顺利脱出。

应注意，矩形截面的壳体若只采用气压推出是不行的。因为在气压下软质塑料的侧壁中部横向扩张会使气体漏掉，如图 4-7-30 所示。这时应和推板配合使用，推板可以封住气体，保持气压，脱出矩形壳形制品。

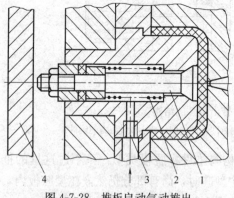

图 4-7-28　推板启动气动推出
1—菌形阀芯　2—弹簧　3—进气口　4—推板

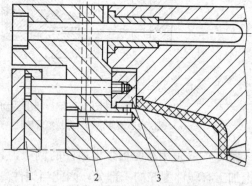

图 4-7-29　供气口设在推件板上的气动推出
1—推板　2—进气道　3—推件板

（六）多种脱模方式联合脱模机构

有的制品形状和结构比较复杂，若仅采用一种脱模机构易使塑件局部受力过大而变形，甚至发生破裂，难以脱出。当采用数种脱模方式同时作用时，可使塑件受力分散，受力面积增大，塑件在脱模过程中不易损伤和变形，可获得高精度的塑件。

图 4-7-31 所示为推杆与推件板联合使用的脱模机构，用于脱出斜度小、深度较大的筒形制品。图 4-7-32 所示塑件中心部位脱模阻力较大，因此采用推管与推杆并用的机构，推

杆和推管都固定在同一推板上，可保证两种推出元件同步运动。凡是与推件板并用的脱模机构，当推件板复位时可迫使整个推出机构复位，因此无须再另设复位杆。

四、定模脱模机构

模具设计者在确定塑件分型面时，一般均应使塑件开模后留在动模一边，模具的脱模机构也设在动模一边，但个别情况下因塑件形状特殊而必须留在定模边。

如图4-7-33所示为一次成型的全塑刷子，因浇口需设在刷背内，又需在分型时将所成型的刷毛从型腔内拔出，因此分型后塑件留在定模边，在定模边设推件板，在继续分型的过程中利用定距拉杆或链条拉动推件板将塑件从型芯上强制脱下。

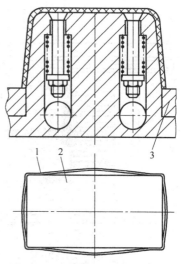

图4-7-30　矩形截面薄壁壳形制品气压推出

1—塑件　2—矩形型芯　3—密封推件板

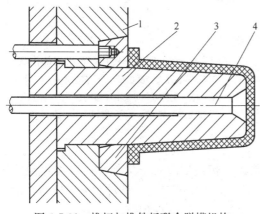

图4-7-31　推杆与推件板联合脱模机构

1—动模板　2—型芯　3—推件板　4—推杆

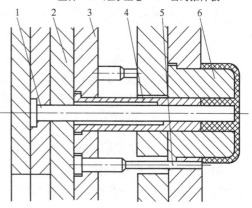

图4-7-32　推杆与推管联合脱模机构

1—型芯　2—推板　3—推杆固定板　4—推管
5—推杆　6—型芯

图4-7-34所示的塑件因为外观要求很高，不允许在正面开设浇口，分型时塑件由于热收缩包紧定模型芯，在定模边设推杆脱模机构，推板可以利用开模力在定距拉杆（与上图相似，图中未表示出）拖动下启动。

五、顺序脱模机构

当一个塑件对动模和定模的附着力和包紧力相差不多时，例如所成型的塑件在动模和定模边都设有型芯且塑件对两型芯的收缩包紧力都相差不多时，又如塑件由于内外壁脱模斜度不相等的原因造成对动定模留模倾向难以判定时，这时可以采用两种做法：一种做法是在模具的动模和定模两侧都设有脱模机构，使制品无论留在哪边均能脱出，这种方式叫双脱模机构；但是留模方位的不确定会给操作带来不便，甚至在开模的瞬间由于动定模同时拉塑件有时会拉坏塑件，因此最好的办法是开模时先使塑件脱离定模，开模后制品留在动模边，然后从动模边推出制件，这种采用顺序脱模方式的机构得到了广泛地应用。

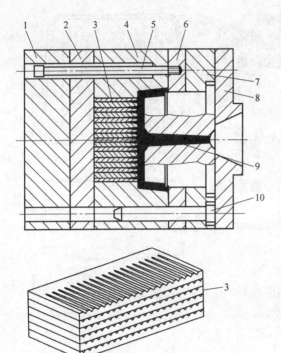

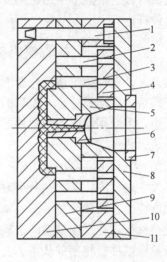

图 4-7-33　定模一侧用推件板脱出的模具
1—支架　2—动模垫板　3—刷毛成型镶片　4—动模
5—定距拉杆　6—推件板　7—定模板　8—定模底板
9—主流道　10—导柱

图 4-7-34　定模一侧用推杆推出的模具
1—导柱　2—复位杆　3—推杆　4—推板
5、11—支撑块　6—主流道衬套　7—定位圈
8—定模底板　9—定模板　10—动模板

1. 压缩空气顺序脱模机构

最简单的顺序脱模机构是采用压缩空气的脱模机构，如图 4-7-35 所示。在动定模两边都设置菌形进气阀，开模时定模边的电磁阀先开启，通入压缩空气，塑件脱离定模留在动模型芯上，开模行程终止时动模边电磁阀开启，吹入压缩空气，使制品脱落，有时还设有一个侧向吹气喷嘴，帮助塑件沿横向坠落。应注意控制压缩空气压力，以吹落制品为度，不可太大，以免伤及制品。

2. 弹簧顺序脱模机构

图 4-7-36 所示为定模边用弹簧推动、动模边用推件板推出的顺序脱模机构，制品为塑料轴套，根据使用要求其内外表面均无脱模锥度，因此在定模边有较大留模倾向，在定模边设弹簧启动的推出机构，分型时塑件被推出型腔留在动模边的型芯上，然后用推件板使塑件从型芯上脱下。该机构简单紧凑，适用于塑件对定模附着力不大，同时脱出距离不长的场合。

图 4-7-37 的塑件内外壁均是两端带锥

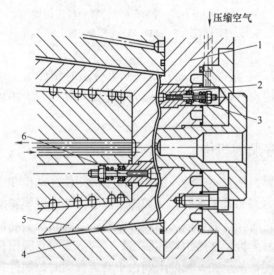

图 4-7-35　气动顺序脱模机构
1—定模板　2—镶块　3、6—进气阀杆
4—凹模　5—型芯

164

度的光滑表面，两端同时包紧动定模型芯，是典型的对动定模两边留模倾向相等的塑件，它采用顺序分型的双脱模机构。开模时在 A-A 分型面的压缩弹簧 6 迫使此面先打开，打开距离由定距螺钉决定，只需打开 5～10mm 的距离即可使塑件脱离定模型芯，然后在 B-B 面分型，塑件留在动模型芯上，由推管推出。如果塑件大，型腔多，要将 A-A 面分开需要相当大的力，则可采用推力较大的蝶形弹簧代替螺圈弹簧。

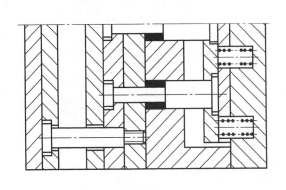

图 4-7-36　弹簧推件板顺序脱模机构

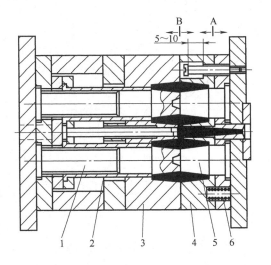

图 4-7-37　弹簧推管顺序脱模机构
1—动模型芯　2—推管　3—动模　4—定模
5—定模型芯　6—弹簧

3. 拉钩顺序分型双脱模机构

利用顺序分型的顺序脱模机构是一大类，最常用的是各种拉板、拉钩装置，图 4-7-38 即为一例。由于拉钩钩紧动模上的凸块 2，使主分型面 B-B 不能打开，开模时先从 A-A 处拉开，定模型芯从制件内抽出，当分型到一定距离后，固定在定模上面的滚轮 10 压下拉钩尾部，拉钩与凸块脱钩，同时定距螺钉 13 起定距作用，模具从 B-B 面分型，塑件包紧在动模型芯上，由推件板推出。

类似的顺序分型脱模机构还有多种。图 4-7-39 的机构与图 4-7-38 类似，仅压下拉钩的零件由滚轮改成了压棒。图 4-7-40 是利用定距螺钉拉开拉钩。图 4-7-41 是动模上的固定拉钩与定模上的滑块钩在一起，使模具先从 A-A 面分型，分型到一定距离后由压棒的斜面将滑块压下，使拉钩 1 与滑块脱钩，与此同时限位螺钉 6 限制了 A-A 面继续分开，模具从 B-B 面分型，再进一步脱出制品，其顺序分型的原理与前述机构一样，只是脱钩的办法不同。

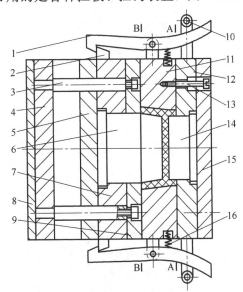

图 4-7-38　拉钩滚轮顺序分型机构
1—拉钩　2—凸块　3—推杆　4—推板　5—动模垫板
6—动模型芯　7、12—型芯固定板　8—动模底板
9—推件板　10—滚轮　11—定模型腔板
13—定距螺钉　14—定模型芯　15—定
模底板　16—压缩弹簧

165

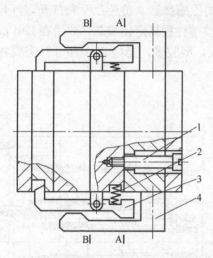

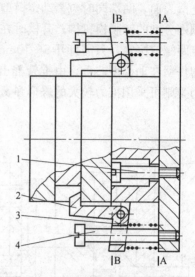

图 4-7-39 拉钩压棒顺序分型机构
1—定距螺钉 2—压缩弹簧 3—拉钩 4—压棒

图 4-7-40 拉钩定距螺钉顺序分型机构
1—定距螺钉 2—拉钩 3—压缩弹簧
4—脱钩定距螺钉

图 4-7-42 是利用摆钩拉紧装置,其动作原理与拉钩顺序分型脱模机构相同。摆钩的轴装在定模中间板上,开模前摆钩与动模板的圆销钩紧在一起,分型时先从定模中间板与定模底板之间的 A-A 分型面分开,完成定模部分脱模动作,到一定距离后摆钩的尾部触及凸块 4 的斜面,使摆钩旋转,与销钉脱钩,同时定距拉板 9 起限位作用,开始从 B-B 面分型,完成动模部分脱模动作。该机构对称安装在模具两边,由薄钢板用线切割加工,制作较为简便。

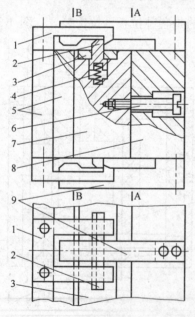

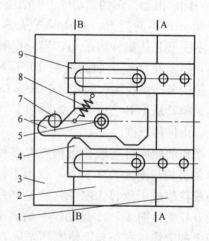

图 4-7-41 拉钩滑块顺序分型机构
1—拉钩 2—滑块 3—滑块限位板 4—压缩弹簧
5—动模板 6—限位螺钉 7—定模型腔板
8—定模底板 9—压棒

图 4-7-42 摆钩凸块顺序分型机构
1—定模底板 2—定模中间板(型腔板) 3—动模板
4—凸块(打块) 5—转轴 6—摆钩 7—圆销
8—拉力弹簧 9—定距拉板

4. 弹簧锁紧式顺序分型机构

它是利用各种弹簧或其他弹性摩擦机构先锁紧第二次打开的分型面，当第一次分型到位后由定距螺钉定位，克服弹性摩擦力，强制打开第二分型面，其中最简单的是导柱、定位钉顺序分型机构，如图4-7-43所示。开模时由于弹簧8使定位销钉7的半球头压紧在导柱1的凹槽内，使模具从A面分型，当导柱定距拉杆3上的长槽终止端与限距钉4相碰时，定模型腔2停止运动，强迫定位销钉7退出导柱1的半圆槽，模具从分型面B分型，继续开模时在注塑机推杆作用下，推件板6将塑件推出。这种机构结构简单，但拉紧力小，只能用于定模边第一次分型（A分型面）分型力小的情况。

国标GB/T 4169.22推荐的圆形拉模扣也是一种弹性锁模机构，合模时安装在模板一边的数个弹性体元件插入另一边模板上对应的孔中，弹性体与孔壁间的摩擦阻止该分型面顺利打开，第一分型面分型至定距螺钉定距位置，强迫拉开第二分型面。拉模扣元件及其安装方式如图4-7-44所示。

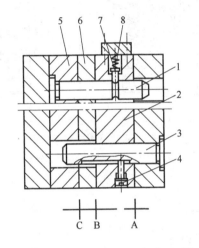

图 4-7-43 导柱定位销钉顺序分型机构
1—导柱 2—定模型腔 3—导柱定距拉杆
4—限距钉 5—动模型芯固定板 6—推件板
7—定位销钉 8—弹簧

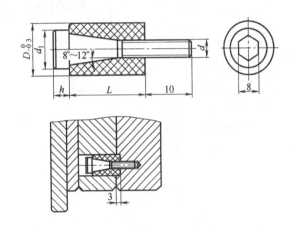

图 4-7-44 圆形拉模扣（GB/T 4169.22）

图4-7-45为弹簧滚柱二次分型机构，开模时固定在定模板上的锁块1在强力弹簧5及滚柱4的夹持下被锁紧，使模具沿A分型面分型，随后在定距装置（定距拉杆或拉板）的作用下停止分型，锁块1强行脱离滚柱4，模具从B面进行第二次分型。

图4-7-46的作用与图4-7-45完全类似，只不过用对称的两个弹簧盒代替了一个弹簧盒，在注射模零件国家标准中称为矩形拉模扣，具体尺寸可按GB/T 4169.23选取。图4-7-47的结构还可进行三次顺序分型，第一次打开A-A面，分型距离为延迟距离L；第二次打开C-C面，分开距离由定距拉杆（板）设计距离决定，图中未画出；在定距之后，锁块强行脱离滚柱，这时A-A面得以大距离拉开进行第三次分型。类似结构还有多种可供选用。

图4-7-48所示的锁块滚轮二次分型机构，除能控制开模顺序外，还能很好地控制合模顺序。开模时由于滚轮3被锁块1与限制杆2夹持，使主分型面B闭锁不开，A面先分型；当限制杆离开后滚轮3下降，定距装置同时作用，B面分型。合模时由于挡块4在弹簧作用

167

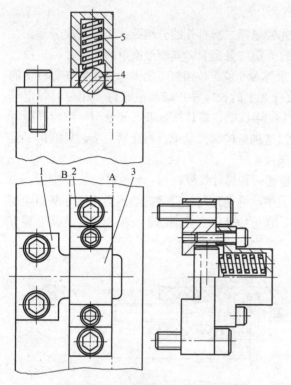

图 4-7-45　弹簧滚柱顺序分型机构
1—锁块　2—支座　3—弹簧座　4—滚柱　5—强力弹簧

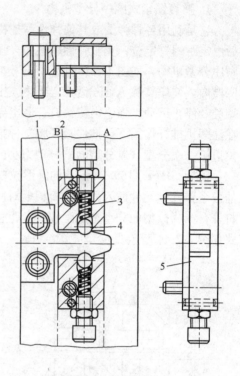

图 4-7-46　双弹簧滚柱顺序分型机构
1—锁块　2—支座　3—强力弹簧
4—滚柱　5—盖板

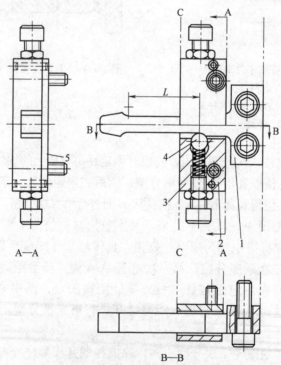

图 4-7-47　双弹簧滚柱三次顺序分型机构
1—锁块　2—支座　3—强力弹簧　4—滚柱　5—盖板
$L \geqslant$ 第一次分型件需空行程长度

下挡住限制杆 2 下方的缺口，A 面不能闭合，当 B 面闭合后锁块 1 推动挡块 4 向下移动消除挡住状态，进而完全闭合。国外已有更多的类似机构的构件商品化，供设计二次分型时选用。

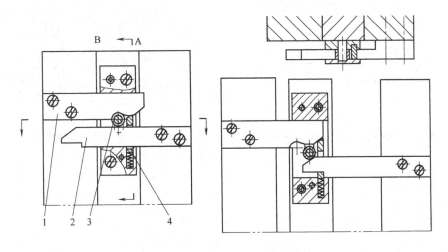

图 4-7-48　锁块滚轮式二次分型机构
1—锁块　2—限制杆　3—滚轮　4—挡块

六、二级脱模机构

制件脱模时多数塑件均采用一次脱出，但下述情况可考虑两次脱出，一种是需全自动操作的模具，当塑件经一次顶出后尚不能自动坠落者，例如一次顶出后塑件的一部分嵌在推件板内或挂在推杆上，为了免除人工取制件，则可通过第二次推出使制品落下；二是薄壁深腔塑件或外形复杂的塑件，与模具型腔或型芯接触面积大，脱模阻力也很大，这时若用推杆或推管一次推出易使塑件变形或破裂，两次推出可分散脱模力，保证塑件形位精度。

1. 机械气动二级脱模机构

最简单二次推出可采用机械和压缩空气推出相结合的办法。如图 4-7-49 所示的制品，采用推板脱出一段距离后再从型腔内通入压缩空气，使塑件完全从型腔内推出。

2. 弹簧二级脱模机构

如图 4-7-50 所示的模具，塑件在脱模过程中首先受推件板推动而脱离主型芯 7，在本模具一二级推板间的弹簧必须有足够的刚性以保证在作第一级顶出时不被压缩；当推板 2 接触到型芯支承板 4 以后停止前进，弹簧在推板 3 作用下被压缩，二级推板推动推杆，将塑件完全从凹模内推出。

3. 凸轮推杆式二级脱模机构

图 4-7-51 所示的模具采用了单推板的二级脱模机构。定模上装有对称布置的拉钩板 1 两件，在动定模分型过程中拉钩板 1 钩动凸轮 8 作少许转动，凸轮顶动凹模型腔板（推件板）4 作短距离前移，使制品从型芯 7 上松脱，完成一级脱模，限位螺钉 5 限制了凹模板的移动距离；第二级脱模由推杆从凹模中将塑件完全推出，弹簧的作用是使凸轮与凹模板始终保持接触，以利合模时凸轮复位，推板设有复位杆复位。这一机构仅适用于一级脱模移动距

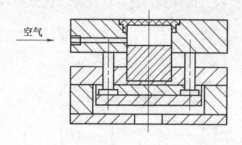

图 4-7-49　推杆和气压联合二级脱模机构

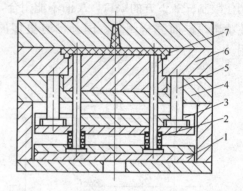

图 4-7-50　弹簧二级脱模机构
1—二级推板　2—弹簧　3—一级推板　4—型芯支承板
5—一级推出杆　6—推件板　7—主型芯

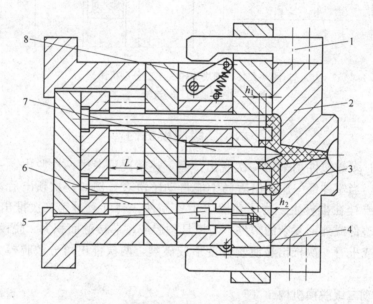

图 4-7-51　凸轮推杆式二级脱模机构
1—拉钩板　2—定模　3—推杆　4—推件板　5—限位螺杆
6—复位杆　7—型芯　8—凸轮

离很短的场合，设计时应注意凸轮旋转的角度不能过大，以免合模时发生摩擦自锁，使凸轮在合模压力下不能旋转返回。

4. 拉钩推杆式二级脱模机构

此机构也是单推板式，如图 4-7-52 所示，其作用原理类似于图 4-7-51。在模具两旁装有定距拉钩，当主分型面打开到一定距离 S 后，拉钩即拖动凹模板作设定距离的移动，完成一级脱模；继续分型到拉钩上的横销被动模边的凸块顶起，使拉钩与凹模板脱钩，这时主分型面进一步打开再由推杆从凹模中推出塑件。

5. 楔形滑块式二级脱模机构

图 4-7-53 为单推板两侧安装有对称滑块的二级脱模机构。滑块上设计有圆孔，分型后脱模机构动作，推板推动推件板连同中心推杆一同向前，使塑件脱离主型芯，但仍有

170

部分嵌在推件板内，到一定位置后推板两旁的滑块与动模楔形块相撞，滑块向内移动，致使推杆5的尾部落入滑块孔中，推件板停止前进，中心推杆继续前进将塑件从推件板中推出。

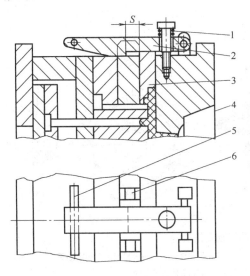

图 4-7-52　拉钩推杆式二级脱模机构

1—压缩弹簧　2—拉钩　3—凹模板　4—定模

5—横销　6—凸块

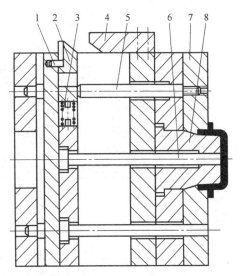

图 4-7-53　楔板滑块式二级脱模机构

1—限位销　2—滑块　3—压缩弹簧　4—楔形块

5—推杆　6—中心推杆　7—推件板　8—主型芯

6. 杠杆增速二级脱模机构

下面介绍的几种二级脱模机构都是双推板二级脱模机构。

图 4-7-54 所示的是用两件对称布置的增速杠杆来完成二级脱模动作。一、二级推板叠在一起，开始时两板同速前进，这时凹模（推件板）4 与推杆 3 同时作用在塑件上，使其脱离主型芯，当固定在一级推板上的杠杆 1 外侧与支架上的台阶相撞时，杠杆绕支点旋转，其内侧头部以更快的速度顶动二级推板加速前进，使推杆 3 的速度快于凹模板前进速度，塑件从凹模内推出。合模时，二级推板复位将推动整个推出机构复位。

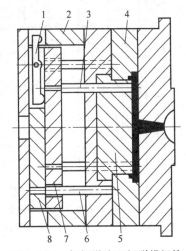

图 4-7-54　杠杆增速二级脱模机构

1—杠杆　2—挡块　3—二级推杆　4—推件板

5—主型芯　6—一级推杆　7—二级推板

8—一级推板

7. 拉钩式二级脱模机构

图 4-7-55 所示的模具用于成型一精度要求很高、外形复杂的马尔它十字轮，为避免脱模时塑件变形用凹模板9推出塑件，然后再用推杆将塑件从凹模板内推出。一级推板与二级推板之间通过推板两侧的两对拉钩（共四只）连成一体，开始推出时两板同步动作，一级推板的推杆6使凹模板9移动，塑件与型芯相分离，完成一级脱模；当拉钩3碰到楔块8后发生转动而使一、二级推板脱钩，推件板同时受定距螺钉7限位，停止前进，二级推杆5继续前进，推杆将塑件完全从凹模板9内推出。二级推板上装有复位杆，在它复位时将推动一级推板一起复位。

图 4-7-56 所示为另一种拉钩式二级脱模机构。一、二级推板间通过对称布置在推板外侧的拉钩相连接，在推件板完成一级脱模后拉钩碰到型芯垫板的斜面而引起脱钩，其动作原理同上。

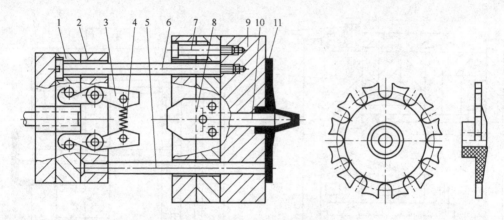

图 4-7-55　拉钩楔块式二级脱模机构

1——一级推板　2—二级推板　3—拉钩　4—拉力弹簧　5—二级推杆　6——一级推杆　7—定距螺钉

8—楔块　9—凹模板　10—主型芯　11—塑件马尔它十字轮

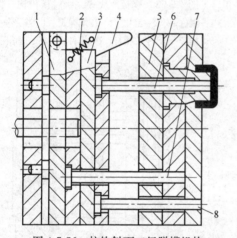

图 4-7-56　拉钩斜面二级脱模机构

1——一级推板　2—拉力弹簧　3—二级推板　4—拉钩

5—型芯垫板　6—二级推杆　7——一级推杆　8—复位杆

8. 套筒球槽式二级脱模机构

如图 4-7-57 所示的二级脱模机构，是在单推板上对称于模具轴线装设两根或更多根特殊推杆，推杆上套装有一可移动的内套筒 2，凹模板通过卡圈与内套筒连接在一起，内套筒上开设有一圈通孔，孔内有活动钢球，钢球直径大于套筒壁厚。开始推出时，由于孔内钢球卡在推杆的环形凹槽内，故推杆推动内套筒带动凹模板 8 完成一级脱模；当内套筒的凸肩与固定不动的外套筒下端面相接触时内套筒和凹模板停止前进，同时活动钢球正好能被挤到外套筒的凹槽内，各推杆继续前进，将塑件从凹模内推出。复位时，带凹槽的特殊推杆 5 起复位杆的作用。由于零件易磨损，应精心选择套筒、钢球等的材料和热处理硬度。

9. 采用两级推杆标准件

两级推杆的内部结构可采用类似套筒球槽的结构或其他结构，它作为一种模具标准件在某些地区已批量生产。由于其尺寸小巧、加工精度高、热处理符合规范，故使用寿命长。

图 4-7-58 为两级推杆标准件动作原理图。将模具的两级推板利用螺纹和螺钉分别连接在两级推杆的头部固定位和台阶固定位上，便可实现推出时两级推板先同步前进，然后一级推板停止前进，二级推板继续前进，完成推出塑件的动作。装在小型模具推板中心的一根两级推杆便可完成全部动作。中型模具可布置 2～4 根两级推杆。

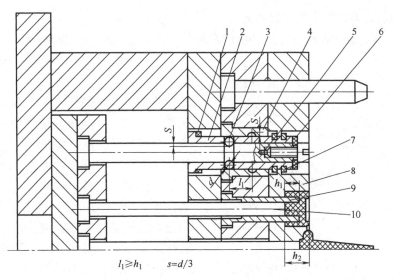

图 4-7-57 套筒球槽式二级脱模机构

1、6—聚氨酯垫圈 2—内套筒 3—钢球 4—外套筒 5—推杆 7—卡圈

8—凹模板 9—型芯 10—中心推杆

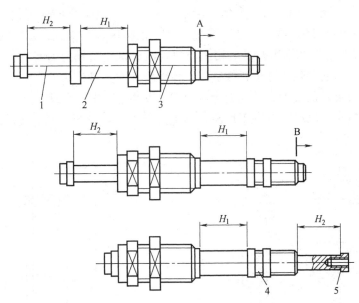

图 4-7-58 两级推杆标准件动作原理图

1—推杆 2—内套筒 3—外套筒 4——级推板固定台阶 5—二级推板固螺孔

七、浇注系统凝料脱模机构

为了实现模具顺利地自动化进行生产，除要求塑件能顺利脱模外，浇注系统亦应能自动脱出。对于普通两板式模具，分型时主流道凝料从定模拔出，整个浇注系统和塑件通过浇口连接在一起，推出塑件和冷料井中的凝料，浇注系统即可随塑件一道脱出。当分流道较长时可在分流道下面增设推杆（推杆脱模时）。对于潜伏式浇口的两板式模具和点浇口的三板式模具则需单独考虑浇注系统脱出的问题，现分别叙述如下。

173

（一）潜伏式浇口浇注系统的脱出

潜伏式浇口模具脱模时，塑件和浇注系统是从浇口处切断并分别脱出的，浇口的切断又分为在动定模分型时切断和推出时切断两种情况。

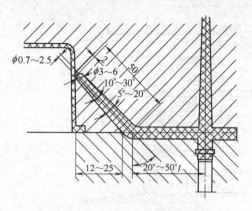

图 4-7-59 潜伏式浇口分型切断再脱出

分型时切断如图 4-7-59 所示。由于塑件包紧动模型芯，浇注系统被拉料杆拉在动模边，分型时潜伏浇口被浇口处定模锐边切断，浇口切断后塑件和浇注系统凝料仍然留在动模边，分型后塑件可以用推杆、推管或推件板推出，而浇注系统一般都是用推杆推出。当分流道长度很短时，浇注系统可以利用冷料井的中心推杆推出。以下为潜伏式浇口浇注系统采用推出切断并脱出的几个例子：图 4-7-60 所示的潜伏式浇口从塑件内圆面进浇，塑件用推杆推出，浇注系统用中心推杆推出，推出的瞬间浇口被切断；图 4-7-61 为生产活塞环的模具，潜伏浇口开在主型芯上从塑件内圆柱面三点进浇，塑件用推件板脱模，流道凝料用中心推杆推出；图 4-7-62 所示为生产聚乙烯圆形垫片的二十腔注塑模型腔图，潜伏式浇口从垫片的外圆面进浇，塑件用推管推出，浇注系统用多个推杆同步推出，浇出锥角取 $10°\sim20°$。上述几种情况在推出时需要切断浇口，因此推出机构应有足够的力量和刚强度，由于流道凝料脱出时必须弯曲变形，故适用于弹性较好的塑料，如果塑料的刚性较大则应增加与浇口连接的分流道的长度，并加大浇口斜度，以利于脱出。有时在推出时让塑件推动稍稍先于浇注系统推出，这样更有利于切断，避免浇口拉长，但两者同时推动的设计更简单，是常见的形式。

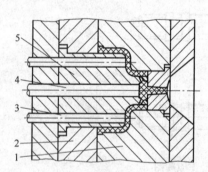

图 4-7-60 推出切断时采用不同推杆同时
推出制品和浇注系统
1—定模型腔板 2—型芯固定板 3—推杆
4—中心推杆 5—型芯

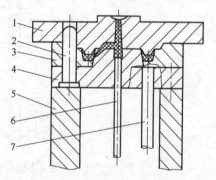

图 4-7-61 推件板和推杆分别同时推出
切断潜伏式浇口
1—定模板 2—导柱 3—推件板 4—动模板
5—支架 6—中心推杆 7—推杆

有关潜伏浇口的尺寸和角度设计，请参阅浇注系统设计的有关章节。

（二）三板式模具浇注系统凝料自动脱出

三板式模具即采用针点浇口的注塑模具，它有两个分型面，其中主分型面打开脱出塑件，另一个分型面开启脱出浇注系统凝料，开模时应保证两个分型面顺序地、完全地打开。可采用以下两种形式：一是仅用限位拉杆（或定距拉板）拉开分型面，如图 4-7-63 所示，要求模具首先从分型面 A 开启，当分型面 A 开启到一定距离足以脱出浇注系统时，型腔板被定距拉板 1 止动，模具从主分型面 B 处分型，应采取一定的措施避免分型面 B 先打开，例如在分型面 A 处增设辅助弹簧等；第二是采用顺序分型机构，顺序打开浇注系统和塑件的分型面，在双脱模机构里已经介绍了多种顺序分型机构，它们都可以用于三板式模具的顺序分型，开模时先将主分型面锁住，模具只能从浇注系统分型面打开，当分型到要求距离时闭锁装置解开，同时定距拉杆或拉杆导柱拖动型腔板使塑件分型面分型。

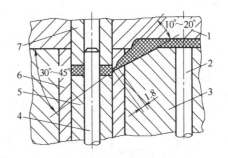

图 4-7-62　推管和推杆分别同时推出
切断潜伏式浇口
1—定模板　2—推杆　3—动模板　4—型芯
5—推管　6—动模镶件　7—定模镶件

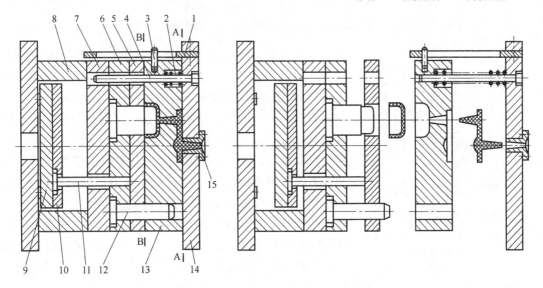

图 4-7-63　三板式模具分型图
1—定距拉板　2—弹簧　3—限位钉　4、12—导柱　5—推件板　6—型芯固定板　7—动模垫板　8—支架
9—推板　10—推杆固定板　11—推杆　13—型腔板　14—定模底板　15—主流道衬套

过去当三板式模具生产塑件的批量不大时，分型后可由操作工利用尖嘴钳等工具将浇注系统凝料从该分型面钳出，模具结构虽然比较简单，但生产效率低，劳动强度大，脱模周期时间不稳定，易影响塑件的质量，当浇口数量多时，钳出浇注系统更加困难。常用以下几种办法使浇注系统自动脱出。

1. 利用斜孔拉断浇口脱出浇注系统凝料

如图 4-7-64 所示为利用斜孔和球形头拉料杆脱出浇注系统凝料的结构。在针点浇口对面定模底板上的分流道尽头钻一斜孔，形成侧凹，分型时由于斜孔内凝料的限制，使分流道凝料拉向定模底板 4 一边，流道凝料在针点浇口处与塑件拉断开，分型到一定距离后凝料从斜孔内自然拔出，在主流道对面由于倒锥头拉料杆（或球头拉料杆）的作用，将主流道凝料拔出，使整个浇注系统附着在型腔板 3 上；当塑件分型面分型时，倒锥头拉料杆的头部缩回，浇注系统凝料全部脱落。分流道最好开设在定模底板上，如开在型腔板的背面则难于自动坠落。侧凹部分的形状尺寸见该图的放大图，斜孔直径取 3～5mm，斜角取 30°～45°。

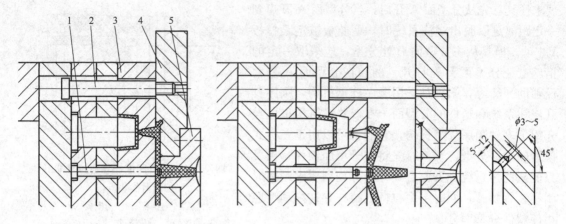

图 4-7-64　利用斜孔拉断针点浇口

1—拉料杆　2—定距拉杆　3—定模型腔板　4—定模底板　5—浇口套

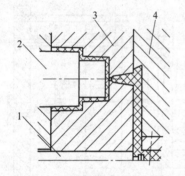

图 4-7-65　利用斜面拉断针点浇口

1—拉料杆　2—主型芯　3—定模
4—定模底板

图 4-7-65 中的斜面结构也可起到类似斜孔的拉断浇口的作用。

2. 利用拉料杆和凝料推板脱出浇注系统凝料

如图 4-7-66 所示，分流道开设在定模型腔板背面，在针点浇口对面的定模底板上装有将浇口拉断的分流道拉料杆，其前端呈倒锥形，流道分型面分开时倒锥形拉料杆将浇注系统拉向定模底板一边，因而从浇口处与塑件断开，紧接着定距拉杆拉动凝料推板，将流道凝料从定模底板一边强行推出，并自动坠落。图 4-7-66 （b）为其他常见的几种拉料杆的放大图，其中有菱锥头、球形头和菌形头拉料杆。拉料杆和推板孔除了呈圆柱面配合外也可采用精度更高的锥面配合。拉料杆头部应淬火，使具有 HRC50 以上的硬度。

为了拉断主流道对面的浇口，还可将主流道衬套末端伸出一小段，加工成环形拉料侧凹，如图 4-7-67 所示，起拉断浇口的作用，开模后由凝料推板一并推落。

3. 仅利用凝料推板脱出浇注系统凝料

与上述结构相似之处是为了脱出流道凝料，在定模板和定模型腔板之间设置一块凝料推板，如图 4-7-68 所示，不同的是分流道位于定模底板和凝料推板之间。A 面分型时，由于塑件通过浇口和分流道凝料的连接使分型面 B 难以分开，浇注系统凝料被拉向定模型腔板一边，附着在凝料推板上，主流道凝料也同时从浇口套中拉出；分型到一定距离后由定距拉杆 1 拖动凝料推板，从 B 面分开，分模力将流道凝料从浇口处与塑件拉断，并继续拔出。型腔板浇口周围凸起与凝料推板孔可采用锥面配合，当型芯板受定距拉杆长度限位时，模具最终从 C 分型面打开，此时塑件留于动模型芯上，通过脱模装置脱落。

这种脱浇形式常用于针点浇口单腔模，即主流道为所谓的菱形流道者。为了从型腔板中推出流道，菱形流道两侧设计出凸耳，推板推在凸耳上，如图 4-7-69 所示：图（a）是合模注塑的情况，当注塑保压过程完成后注塑机喷嘴退回，主流道衬套在弹簧作用下后退并与主流道凝料脱开；图（b）是开模后的情况，开模时首先从 A 面分型，移动一段距离后在定距螺钉 4 的作用下从 B 面分型，浇注系统凝料与塑件在点浇口处被拉断分离，并沿凝料推板

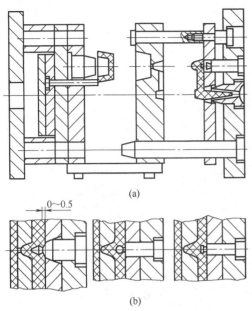

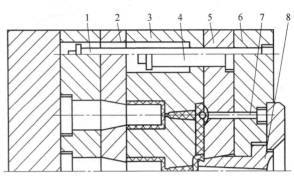

图 4-7-66　利用拉料杆拉断针点浇口
（a）开模状态　（b）其他几种拉料杆形式

图 4-7-67　利用拉料杆和主流道衬套侧凹拉断针点浇口
1、4—定距拉杆　2—推件板　3—定模　5—凝料推板
6—定模座板　7—拉料杆　8—主流道衬套

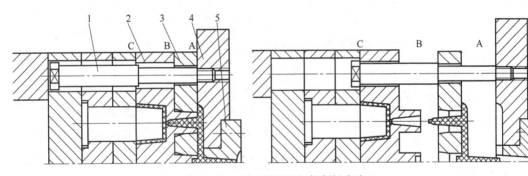

图 4-7-68　利用凝料推板拉断针点浇口
1—定距拉杆　2—定模　3—凝料推板　4—定模底板　5—浇口衬套

下方的槽形缺口自动坠落，设计时应注意防止流道中熔料进入缺口。为了不降低该推板的刚性，也可不设槽形缺口，定距螺钉 2 用于拉开主分型面 C。

　　一般模具都没有设计带弹簧的活动主流道衬套，操作时注塑机喷嘴也无需后退，为了在分型时使流道凝料留在推板和型腔板一边，可减短定模底板上的流道长度，并增大锥度，或在型腔板一边的流道内加工出圆环形凹槽，如图 4-7-70 所示。

　　图 4-7-71 和图 4-7-72 为类似的点浇口浇注系统脱出结构。图 4-7-71 所示的结构将推板改成了拉钩，用于两个点浇口（或四点浇口）进料的模具。图 4-7-72 所示结构是将推板改成了杠杆推出块，用于六点浇口进料的模具。

八、螺纹塑件脱模机构

　　带有内螺纹和外螺纹的塑件应用越来越广泛，其脱模方式有非旋转脱出和旋转脱出两大

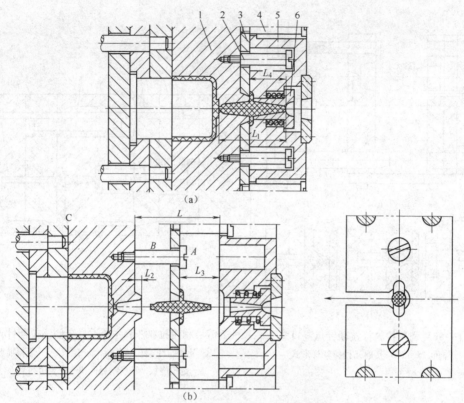

(a)

(b)

图 4-7-69　单腔模用推板拉断针点浇口（一）

1—定模　2、4—定距螺钉　3—凝料推板　5—定模底板　6—浇口套

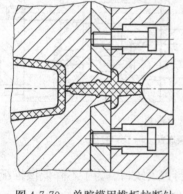

图 4-7-70　单腔模用推板拉断针
点浇口（二）

类，每类又分若干种。

（一）非旋转式脱出方式

非旋转脱出内螺纹或外螺纹塑件的方式有以下三种：第一种是利用塑件在脱模温度下的弹性，将塑件从螺纹型芯或型环上推出，在脱模力作用下，内螺纹塑件被强制膨胀，外螺纹塑件被强制压缩，从而达到脱出的目的；第二种方式是使螺纹型芯缩小与塑件相分离，然后推出塑件；第三种是侧向分型抽芯。非旋转式脱出的生产效率很高，应用极为广泛，现将其设计要点分别介绍如下。

1. 强制推出

可用推件板也可用中心大推杆。如图 4-7-73 所示，强制推出内螺纹塑件时必须先去除塑件外围型腔的包围，使其在强制推出时有向外膨胀的空间，为达到此目的，一般将凹模设在定模，型芯设在动模，动定模分型后再推出。强制推出带外螺纹的薄壁件时应先将主型芯抽出，以留出塑件向内收缩的空间，如图 4-7-74 所示，为此常需采用顺序分型机构。

需强制脱出的塑件，其螺纹牙型侧面必须具有足够的斜度或采用圆牙螺纹。对于矩形或接近矩形的螺牙，在强制脱出时会使螺牙剪断；对于标准的三角形螺牙，由于牙尖很薄，强

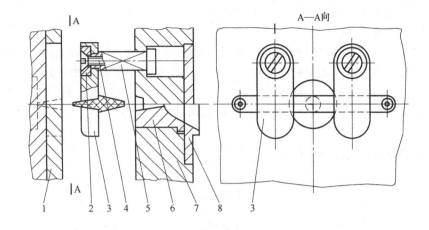

图 4-7-71　拉钩拉断针点浇口

1—浇口板　2—垫片　3—拉料块　4—沉头螺钉　5—方轴　6—主流道衬套　7—定模板　8—定位环

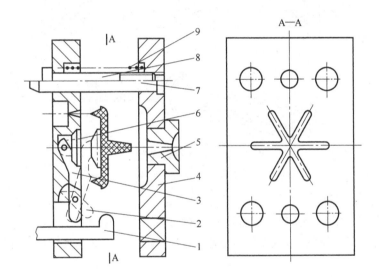

图 4-7-72　杠杆橇断针点浇口

1—钩杆　2—转杆　3—杠杆　4—定模板　5—主流道衬套　6—托盘

7—导柱　8—定距螺钉　9—弹簧

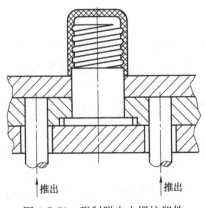

推出　　推出

图 4-7-73　强制脱出内螺纹塑件

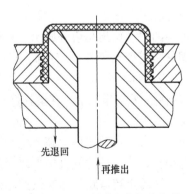

先退回　　再推出

图 4-7-74　强制脱出外螺纹塑件

制脱出时容易变形或刮伤，可将牙尖去掉一小段。

2. 分瓣式可涨缩型芯

这种组合型芯的坯料是批量生产的不同尺寸的标准件，如图 4-7-75 所示，可用来成型中小型塑件。型芯中心有一锥形杆，当中心锥杆插入后型芯各瓣紧密排列成一圈，将螺纹线加工在型芯的外表面，成型后先抽回中心锥杆，型芯各瓣由于弹性向内侧间隔错开回缩而与塑件分离，缩回距离为 e，这种结构需配合推件板等使用。其缺点是在内表面会留下少许拼合线痕迹。

分瓣式型芯也可用来成型塑件上其他形式的内侧凹。

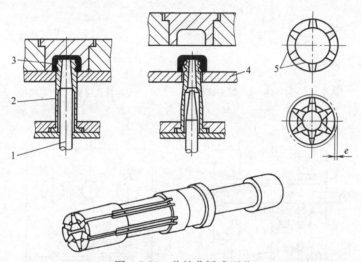

图 4-7-75　收缩分瓣式型芯

1—锥形杆　2—伸缩套　3—型腔　4—推板　5—扇形体

3. 分型抽芯成型螺纹

制件的外螺纹，用瓣合模分型成型。制件的内螺纹用内侧抽芯成型，但只能成型非连续的分段式内螺纹，最常见的为两段式内螺纹，也有三段式等，其模具结构将在侧向分型抽芯机构一节中叙述。

（二）旋转式脱出方式

旋转式脱出的螺纹可获得较高的成型精度，模具结构多种多样，最简单的是用手动旋出，但生产效率低。若用机械式模内自动旋出，虽然模具结构比较复杂，但生产效率高，得到广泛应用。

1. 手动旋出

最简单的手动旋出是模外旋出，在模内装插可更换的螺纹型芯或型环，成型后将型芯或型环与塑件一道推出模外，使用简单的工具将它从塑件上旋离，然后重新装入模具，如图 4-7-76（a）和（b）所示。

也有利用一些简单工具，在模具打开后直接从模具的固定型芯上或型腔内旋出螺纹制品。

2. 自动旋出

对于批量大、自动化程度高的生产模具都采用自动旋螺纹机构，将塑件脱出模外。其动力可用电动机、液压马达或直接来源于开模力。

（1）塑件的止转措施　当螺纹型芯或螺纹型环与螺纹塑件作相对旋转时，为避免塑件跟着转，应采取各种止转措施，将塑件相对固定。为此在塑件的外形或断面上需带有防止转动

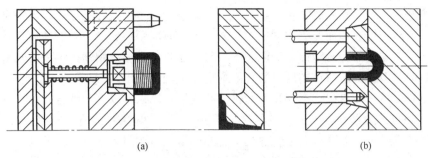

图 4-7-76　手动脱出螺纹型芯或型环的结构形式

(a) 手动螺纹型芯　　(b) 手动螺纹型环

的花纹或图案,有的自动脱螺纹模具是塑件旋转而型芯或型环不转,这时也需要在制件上设计有止转花纹来带动塑件旋转。图 4-7-77 所示的螺纹塑件的止转花纹,图(a)、(b)、(c)、(d)的止转花纹在塑件外表面,图(e)、(f)、(g)在塑件端面,图(h)、(i)、(j)在塑件内表面。螺纹型芯(环)和止转花纹可以分别设在动定模的不同边,也可设在同一边,设在同一边时一般设在动模边。

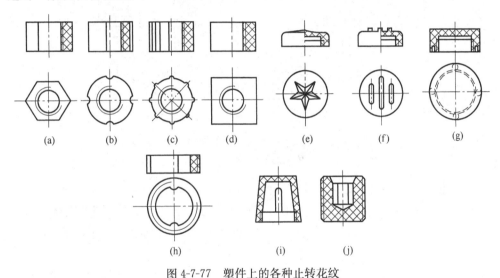

图 4-7-77　塑件上的各种止转花纹

(a)～(d) 外表面止转花纹　(e)～(g) 端面止转花纹　(h)～(j) 内表面止转花纹

　　(2) 自动旋转脱出结构　按照结构特点又可将螺纹塑件的自动旋转脱出结构分成两大类,即螺纹型芯或型环一面旋转一面退回的结构和型芯或型环只旋转不退回的结构,现分述如下。

　　① 螺纹型芯或型环一面旋转一面退回的结构　要求型芯或型环每旋转一圈它们沿轴向正好退回一个螺距,为此将转轴的后段做成丝杆,与轴套上的螺母互相啮合,丝杆螺距与塑件螺距完全相等,如图 4-7-78 所示。这种结构可以在模具分型面开启前

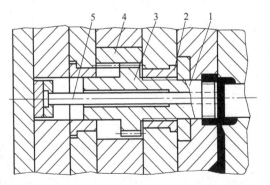

图 4-7-78　螺纹型芯一面旋转一面退回的结构

1—螺纹型芯　2—导向螺母　3—型芯齿轮

4—驱动齿条　5—中心推杆

181

先退出螺纹型芯，因此塑件的止转花纹既可设在定模边，也可设在动模边，可分别采取塑件外部花纹、内部花纹或端面花纹中的任一种来止转；有的塑件要求不带有任何止转花纹，这时可利用动定模紧密闭合时塑件与型腔间的摩擦力起止转作用，用于生产表面光滑美观的塑件，这种结构一般在开模后再用推出装置如推杆等使塑件脱出。

对于一面旋转一面退回的螺纹型芯的驱动和连接可以采取以下几种方式：

a. 型芯轴可前后移动，为了型芯齿轮与驱动齿轮（或齿条）能自始至终保持良好啮合，将驱动齿轮（或齿条）加宽到大于脱螺纹所需的全行程，如图 4-7-78 中齿条 4，螺纹型芯的尾部在导向螺母中旋转，该螺母的螺距与塑件螺距相同。

b. 齿轮不作轴向移动，型芯与齿轮轴间通过一个伸缩连轴节相连，如图 4-7-79（a）所示。

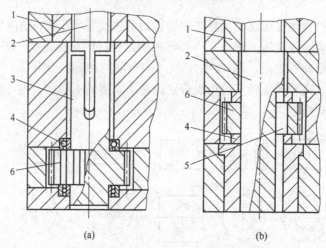

图 4-7-79　螺纹型芯与齿轮间的伸缩和滑动连接
1—导向螺母　2—螺纹型芯　3—联轴节　4—轴承　5—滑键　6—齿轮

c. 齿轮不作轴向移动，齿轮与型芯轴通过滑键或长花键相连接，如图 4-7-79（b）所示，这种方式适用于型芯行程很长的场合。

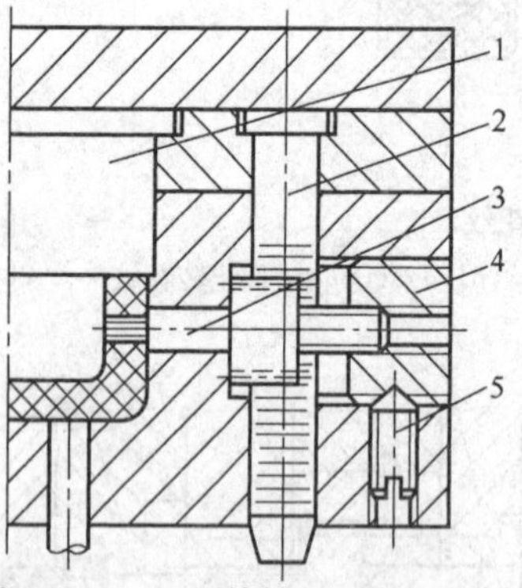

上述模具的螺纹型芯在下一模注塑前应反向转动，并回复到成型位置。

图 4-7-80 系塑件上的侧向螺纹型芯在开模时一面旋转一面推出的结构，开模时（或闭模时）利用导柱齿条带动螺纹型芯作退出（或复位）的旋转。

② 螺纹型芯或型环只旋转不轴向退回的结构
这时型芯或型环与转轴的连接和安装的方式最简单，但塑件的止转方法则比较复杂，它又可分为旋转机构和止转机构全设在模具同一边（一般在动模边）和分别设在动定模两边两种情况。当型芯旋转不退回时塑件必然会发生轴向移动。

动模边塑件常用止转方式如图 4-7-81 所示，即止转花纹分别在塑件的外表面（直纹滚花）［如图（a）所示］、止转花纹在塑件内表面［如图（b）所示］和止转花纹在塑件端部［如图（c）所示］几种情况。对于（a）、（b）两种情况，止转花纹的高度必须大于或等于螺纹高度（$H \geqslant h$）才能在塑件旋出的全过程中起到止转作用。

图 4-7-80　一面旋转一面退回的侧向螺纹型芯
1—型芯　2—齿条导柱　3—螺纹型芯（带有齿轮）　4—导向套筒螺母　5—止转螺钉

对于如图 4-7-81（c）所示的止转花纹在端部或止转花纹很短时，为了在整个旋出过程中起止转作用，模具上带有止转花纹的零件必须跟随塑件同步移动，直至塑件旋出为止。本模具利用弹簧推动端面止转的推板跟随制件移动，旋出后利用推杆推出塑件。

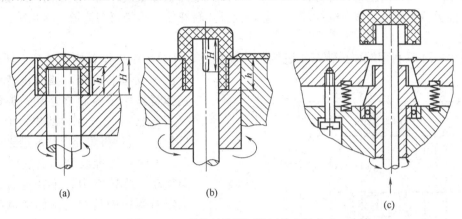

(a)   (b)

(c)

图 4-7-81   型芯只旋转不退回的止转方式

图 4-7-82 所示的模具，其塑件利用外表面直纹滚花止转，止转花纹的高度与螺纹的高度相等。开模时导柱齿条带动锥齿轮旋转，再通过中心圆柱齿轮带动各螺纹型芯旋转，塑件和浇注系统同时从型腔和流道中旋出，为此在拉料杆头部也采用螺纹，由于其旋转方向与型芯螺纹旋转方向相反，应将拉料杆头部螺纹设计成反向螺纹。

图 4-7-83 所示为该类模具的又一个例子。止转花纹虽不在端面，但花纹长度很短（短于螺纹长度），刻有止转花纹（直纹滚花）的镶件 6 固定在推件板 5 上，脱模时推件板 5 在

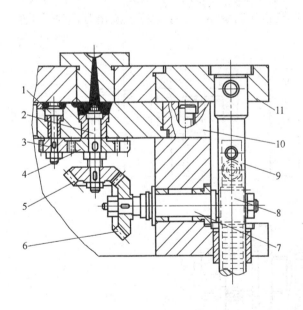

图 4-7-82   螺纹型芯不沿轴向退回的模具

1—螺纹型芯 2—螺纹头拉料杆 3、4—齿轮 5、6—锥齿轮
7—轴 8—直齿轮 9—导柱齿条 10—动模板 11—定模板

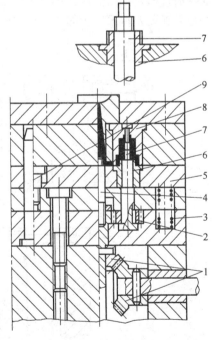

图 4-7-83   电机带动螺纹型芯旋转的模具

1—锥齿轮 2—直齿轮 3—弹簧 4—螺纹头拉料杆
5—推件板 6—止转花纹镶件 7—螺纹型芯
8—型腔 9—定距螺钉

183

弹簧推动下随着塑件的旋出而同步上升，起止转作用。开模时，随着动模后移与动力源通过牙嵌离合器相啮合，经锥齿轮和圆柱齿轮带动螺纹型芯旋转，同时螺纹头拉料杆转动，使浇注系统也同步上移，止转镶件 6 在弹簧作用下跟随上移至螺纹接近完全旋出时定距螺钉 9 起作用，推板停止前进，型芯继续旋转，塑件离开止转花纹，靠浇口与流道连接止转，直至完全脱出。

图 4-7-84 系利用端面止转花纹脱模的手动模具，开模后由操作者摇动手柄，通过锥齿轮使螺纹型芯旋转，端面止转推件板在弹簧作用下随制件移动，类似于图 4-7-81（c），直至制件脱出，限位螺钉 1 决定了推件板跟随上移的最终位置。

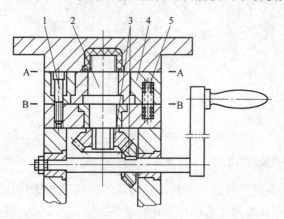

图 4-7-84 端面止转手动旋出螺纹塑件模具
1—限位螺钉 2—螺纹型芯 3—锥齿轮 4—推板 5—弹簧

下面介绍螺纹型芯旋转时不作轴向移动，旋转机构和止转花纹分设在动定模两边的情况。例如常见的塑胶瓶盖即属于这种情况，这时动定模开模的速度与旋出速度要很好地配合才能达到既止转又能从凹模中将塑件脱出的效果。其动作步骤分为三步，如图 4-7-85 所示。第一步如图（a）所示，模具分型时螺纹型芯开始旋转，塑件沿螺纹型芯轴向退出，塑件分型面 A 分开的速度等于塑件旋出的速度，凹模内的止转花纹与制件贴合，由于注塑机开模的速度远大于 A 面分开的速度，因此分型面 B 同时打开以补偿其速度差；第二步如图（b）所示，当型芯（或型环）已接近完全旋出时，为了不使

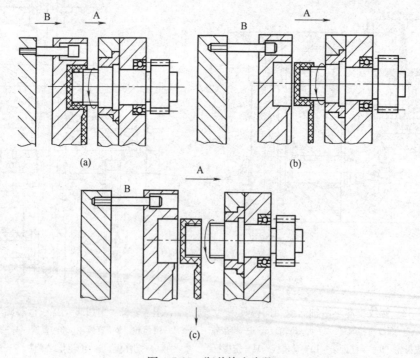

(a) (b) (c)

图 4-7-85 瓶盖旋出步骤

184

塑件落在止转凹模中，B面停止分型，制品分型面被快速拉开，塑件从凹模中拉出，留在型芯或型环上；第三步如图 (c) 所示，已经旋松的塑件靠浇口的连接起止转作用，将塑件全部旋出自由落下。如模具凹模边设置有推出机构，也可以使塑件直接留在凹模中再予推出，这时不需设置第二、第三两个步骤。

图 4-7-86 是旋转和止转分别在动、定模两边的齿轮驱动三步动作旋出螺纹塑件的模具实例。由齿条齿轮和锥齿轮带动的中心齿轮将主轴旋转运动传递到各螺纹型芯的齿轮上，开模时，由于弹簧 8 的作用先从 A 面分型，分型至齿条 1 的凸肩与定模底板接触时齿条带动齿

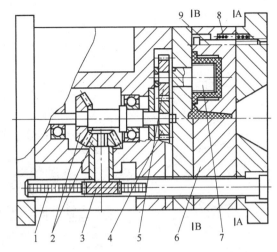

图 4-7-86　旋转和止转分别在动定模两边的脱螺纹模具
1—齿条　2—锥齿轮　3—齿轮　4—中心齿轮　5—从动齿轮
6—定模型腔板　7—螺纹型芯　8—弹簧　9—限位螺钉

轮 3 旋转，通过锥齿轮 2 和齿轮传动机构使各螺纹型芯同时旋转，塑件在凹模中靠外表面直纹滚花止转，从螺纹型芯上旋出。同时塑件克服弹簧压力将模板 6 托起，因此 B-B 分型面分开的速度与塑件旋出的速度相等。当螺纹型芯与塑件尚有一牙左右未完全脱开时，限位螺钉 9 起作用，A 面停止分型，B 面迅速拉开，型芯将塑件拉出型腔。这时由于有一定的脱模锥度，塑件螺纹对型芯的径向包紧力已很小，各塑件靠浇口与流道之间的连接已足够使塑件继续止转，进而全部旋出。

（3）螺纹型芯或型环的旋转动力源设计　常见的旋转动力源有手动旋出、电机旋出、开模力旋出等，在以上各例中均已涉及，在此对一些特殊的动力源分别做一些介绍。

① 开模力驱动大升角螺杆旋出　长导程大升角的螺杆可利用开模的往复运动驱动齿轮旋转，不但非常方便，而且可简化模具结构。在国外该类零件已商品化，可以购到直径从 20～38mm、螺距从 80～200mm 的左旋或右旋长导程螺杆。螺杆的导程可根据塑件螺纹的牙数和开模或推出距离决定，一般来说，螺纹升角越大则接触压力降低，传出力矩增加，使用寿命延长，但在移动相同距离时旋转圈数较少。在图 4-7-87 所示的模具中，长导程螺母固定在注塑机机架上或机器的推出装置上，不转动，开模时动模后退，启动螺杆旋转。图 4-7-88 所示的模具是将安装在定模上的螺杆固定不动，开模时开模力迫使动模边的螺母齿轮旋转，从而带动各个型芯同时旋转。以上两例的螺纹型芯都是一面旋转，一面退回的形式。设计时应注意长导程螺杆最好装在模具的中心或靠近中心的位置上，使受力更均衡。

用滚珠螺杆代替普通螺杆可减小升角，增加传动效率，如图 4-7-89 所示。当推杆推动滚珠螺杆直线前移时，由于螺杆有止动键防转，迫使内齿轮 3 转动，带动多个带有外齿轮的型腔旋转，从而脱出制品。

② 电动机或液压马达驱动旋出　在模具上安装电动机或液压马达驱动时，其启动时间不受开模程序限制，旋转圈数亦不受开模行程限制，因此可根据需要在开模前、开模过程中或开模完成后进行旋出，并适用于螺纹牙数较多的螺纹。这种旋出方式多适用于只旋转不退回的螺纹型芯，且螺纹线起始点无确切方位要求者。图 4-7-90 所示为电机驱动旋出的一模六腔螺纹制品的模具，开模时电机通过锥齿轮驱动中心圆柱齿，再带动六个小齿轮旋转。本

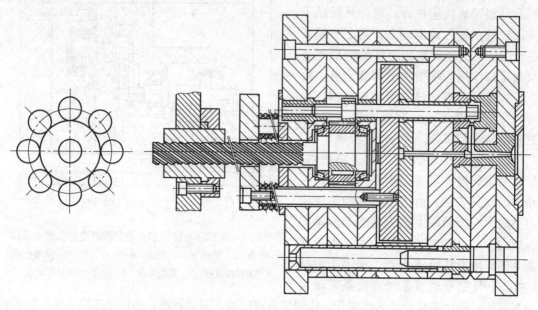

图 4-7-87　长导程螺杆驱动结构（一）

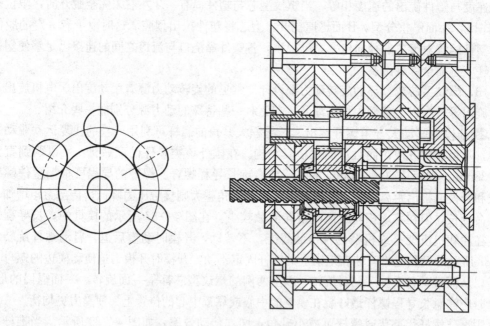

图 4-7-88　长导程螺杆驱动结构（二）

模具的特点是各小齿轮通过卷绕弹簧联轴器与螺纹型芯相连，设计时使各联轴器弹簧的圈数各不相同，例如每根弹簧都比相邻的弹簧多一圈，因此电机启动后不是所有弹簧都同时被扭紧，而是一个接一个地被扭紧（圈数多的后扭紧），电机所产生的扭矩在每一时刻主要作用在某一个刚被扭紧的螺纹型芯上，因此可以使用一台功率较小的电机带动多个螺纹型芯。由于上述措施，这种系统不易出现超载的故障。该图中心线左边为闭模状态，右边为开模状态。

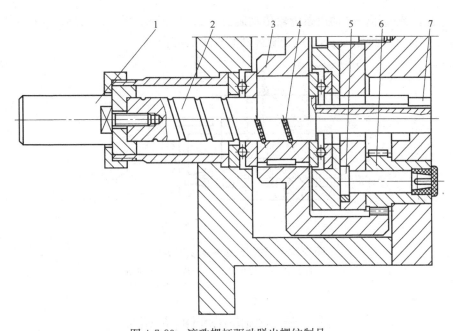

图 4-7-89　滚珠螺杆驱动脱出螺纹制品

1—推杆　2—螺旋杆　3—内齿轮　4—滚珠　5—型芯　6—螺纹型环　7—止转键

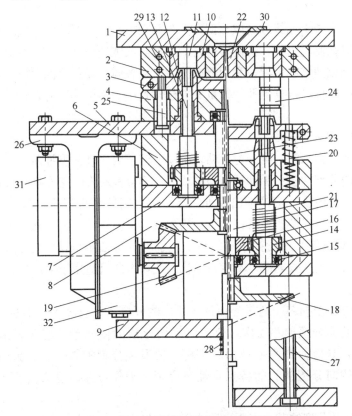

图 4-7-90　电机驱动以弹簧联轴器连接的螺纹制品模

1—定模底板　2—型腔板　3—推板　4—型芯固定板　5—垫板　6、8—支撑柱　7—球形轴承支撑板
9—动模　10、12—动模型腔嵌件　11—型腔嵌件　13—螺纹型芯　14—传动齿轮　15—球形轴承
16—中心正齿轮　17—传动轴　18、19—锥齿轮　20、21、28—传动卷绕弹簧联轴器
22—主流道衬套　23—推出杆　24—导柱　25—定距螺栓　26—电机安装座
27—螺栓　29—冷却水接头　30—定位环　31—电动机　32—直齿轮变速器

③ 液压缸或气压缸推动齿条齿轮传动旋出　如图 4-7-91 所示，这种机构的复位准确可靠，缺点是油缸行程有限，不适用于螺牙圈数较多的场合。

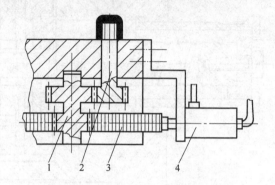

图 4-7-91　液压缸齿条驱动脱螺纹制品
1—直齿轮　2—螺纹型芯　3—齿条　4—油缸

第八节　侧向分型抽芯机构

一、概　　述

在模具上凡是要脱出抽拔方向或分型方向与开模方向不相同的侧型芯或瓣合模滑块时，除少数浅侧凹可以强制脱出外，都需要进行侧向抽芯或侧向分型。侧向分型用于有外侧凹的塑件，系将凹模做成两瓣或多瓣，利用侧向分型完成各瓣与塑件之间分离，脱出侧凹。侧向抽芯用于有侧孔的塑件，根据侧孔的数量和方位设置一至多个侧型芯，设计侧向抽芯机构抽出侧型芯。

1. 侧向分型与抽芯方式

按分型抽芯的动力来源，可分为手动、机动、液压或气动分型抽芯，现分述如下：

(1) 手动侧向分型抽芯　手动抽侧型芯或分开瓣合模块多数是在模外进行的，开模后塑件与活动型芯或瓣合模块一道被推出模外，与塑件分离后再将型芯或瓣合模块重新装入模具，合模后进行下一次成型。也有将侧型芯或瓣合模块保持在模内，通过人力推动传动机构（如凸轮、齿轮、螺纹等）进行抽拔和复位的。手动分型抽芯机构的优点是模具结构简单，缺点是劳动强度大、生产效率低、不能自动化生产，因此只适用于生产批量不大或试生产用模具。

(2) 机械侧向分型抽芯　通常是借助于机床的开模力和合模力，通过一定的机构改变运动的方向完成侧向分型抽芯动作，合模时利用合模力使侧型芯复位。最典型的是斜导柱分型抽芯机构，其他如弹簧分型抽芯机构、斜滑块分型抽芯机构、齿轮齿条分型抽芯机构等。机械式侧向分型抽芯的特点是经济合理、动作可靠、易实现自动化操作，在生产中广泛采用。

(3) 液压或气动分型抽芯　以压力油或压缩空气作抽芯动力，在模具上配置液压缸或气压缸来达到抽芯分型与复位动作。其特点是抽拔距离长、抽拔力量大，特别是液压抽芯可直接利用注塑机的液压动力。有的注塑机出厂时即配置有数个抽芯液压缸和与其相连的液压管路接头，使用十分方便，当注塑机不带这种装置时需自行选购或设计制造液压缸。

2. 抽拔力的计算

对于断面为圆形或矩形的型芯，其抽拔力是由于塑件收缩包紧型芯造成的，抽拔力可应用计算脱模力的公式进行计算。

对于典型的线轴型制品，常采用两瓣瓣合模成型，其中心圆筒形部分收缩会对滑块两端产生正压力，如图 4-8-1 所示，其分型力可计算如下。

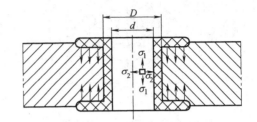

由于塑件外部有滑块，内部有型芯，使其轴向和径向都不能自由收缩，因而存在着内应力。从制品的圆筒部分用经线和纬线截取一微单元体，它处于三向应力状态，如图所示，由于型芯对圆筒壁挤压应力 σ_3 较 σ_1 和 σ_2 小得多，可作为两向应力状态处理。设塑件各向平均收缩率为 ε，圆筒壁内应力为

$$\sigma_1 = \sigma_2 = \frac{E\varepsilon}{1-\mu}$$

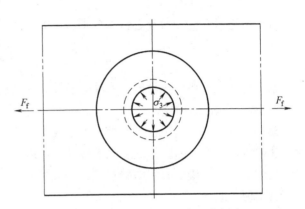

图 4-8-1 线轴型制品分型受力图

式中　E——塑件弹性模量（MPa）

　　　ε——平均收缩率

　　　μ——塑料泊松比

　　总轴向力为

$$F = \frac{\pi}{4}(D^2 - d^2)\frac{E\varepsilon}{1-\mu} = \frac{\pi E\varepsilon(D^2 - d^2)}{4(1-\mu)}$$

式中　D、d——塑件圆筒部分的外径和内径（mm）

当滑块数为 2 时，每个滑块由两端轴向力产生的摩擦阻力为

$$F_f = \frac{2Ff}{2} = \frac{\pi E\varepsilon f(D^2 - d^2)}{4(1-\mu)} \tag{4-8-1}$$

当滑块数为 n 时，每块滑块的摩擦阻力为

$$F_f = \frac{\pi E\varepsilon f(D^2 - d^2)}{2n(1-\mu)} \tag{4-8-2}$$

3. 抽拔距的计算

为顺利地脱出塑件，侧型芯或侧向瓣合模滑块应从成型位置外移到不妨碍制件平行推出的位置，此移动的距离称为计算抽拔距。在设计时，小型模具还应加上 2~5mm、大型模具加上 5~10mm 的安全距离作为实际抽拔距。

对于圆形绕线骨架或带阳螺纹的制品，其抽拔距并不等于塑件侧凹的深度，抽拔距计算如下：

（1）当瓣合模为两瓣时，可按图 4-8-2 计算

最小抽拔距　　　　　　　　　　$S_1 = \sqrt{R^2 - r^2}$ 　　　　　　　　　(4-8-3)

设计抽拔距　　　　　　　　　　$S = S_1 + (2\sim3)\text{mm}$ 　　　　　　　　　(4-8-4)

（2）当瓣合模为多瓣时，可按图 4-8-3 计算

最小抽拔距　　　　　　　　　　$S_1 = \sqrt{R^2 - A^2} - \sqrt{r^2 - A^2}$ 　　　　　　(4-8-5)

设计抽拔距　　　　　　　　　　$S = S_1 + (2\sim3)\text{mm}$ 　　　　　　　　　(4-8-6)

当侧滑块（或侧型芯）的端面形状很复杂不便计算时，可用作图的办法确定抽拔距。

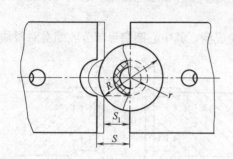

图 4-8-2　两瓣瓣合模的抽拔距

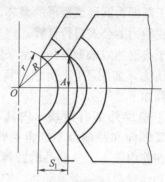

图 4-8-3　多瓣瓣合模的抽拔距

现将各种形式的分型抽芯机构分别叙述如下。

二、手动分型抽芯机构

手动分型抽芯机构分为模外手动分型抽芯和模内手动分型抽芯两类。

1. 模外手动分型抽芯

模具结构简单，适用于生产批量很小或试生产用的模具。它一般是把侧型芯做成成型镶块放在模内，成型后随塑件一道脱出模外，然后用人工或简单机械将镶块与塑件分离，在下一模注塑前将活动镶块或活动型芯重新装入模内。设计要求镶块装入后在模内要可靠定位，成型后要便于取出。

图 4-8-4（a）所示为装在锥形模套内的瓣合模，可用于成型线轴型制品或成型阳螺纹等有外侧凹的制品，锥形模套内腔可为圆锥形或矩形台锥形。图 4-8-4（b）为局部瓣合模，成型制品的局部侧凹。图 4-8-4（c）和图 4-8-4（e）是成型塑件内侧凹，图 4-8-4（c）的定位是利用活动镶件的顶面与定模型芯的顶面紧密接触。图 4-8-4（d）是利用分型面压紧镶块突

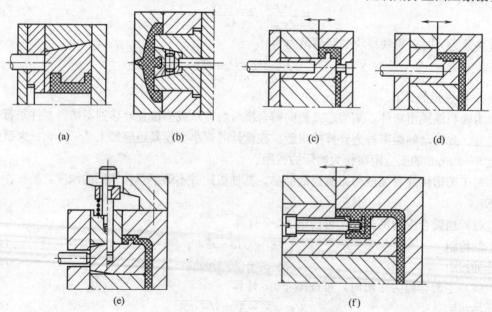

图 4-8-4　模外手动抽芯结构

出的边缘，图 4-8-4（e）是利用合模时由楔块压紧圆柱销来锁紧镶件，该机构相对复杂些。图 4-8-4（f）的形式由于内侧凹突起处有金属嵌件，很难用别的形式抽芯，所以采用活动镶块的形式，成型后塑件和活动镶件一起被推出模外，首先卸下固定嵌件的螺钉，然后再取下活动镶件。

2. 模内手动分型抽芯

所谓模内手动分型抽芯，是指在开模前或开模后由人工搬动模具上的分型抽芯机构，完成抽芯动作。由于人的力量有限，常通过丝杆、斜面、杠杆、齿轮、齿条、蜗杆、蜗轮等省力机构来传动。常见有如下形式：

（1）丝杆手动抽芯　用丝杆抽出相当省力，同时注塑时螺纹有很好的自锁作用，可避免型芯受压退回。丝杆可用手柄、手轮或扳手进行转动。如图 4-8-5（a）为抽圆型芯，型芯与丝杆做成一体，可一面旋转一面退回。图 4-8-5（b）～（e）为矩形或其他截面型芯或多头型芯，抽出时型芯不能旋转只能平动，为此丝杆与型芯间采用了各种可转动的连接。

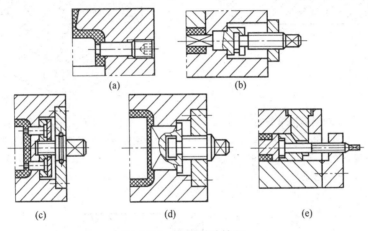

图 4-8-5　丝杆手动抽芯

（2）手动斜槽分型抽芯　手动斜槽可抽单个型芯，如图 4-8-6 所示；也可同时抽多个型芯，如图 4-8-7 所示。扳动手柄，滑块在斜槽中滑动使型芯沿直线抽出。

（3）手动齿轮齿条抽芯　如图 4-8-8 所示，齿条与型芯连成一体，转动手柄 1 使齿轮 2 转动，带动齿条型芯 4 沿直线抽出，由于齿条齿轮无自锁作用，合模时由锁紧楔 3 锁住型芯。

（4）杠杆抽芯　如图 4-8-9 所示，注塑成型时杠杆保持在中位，由插销 6 定位，抽芯时按下杠杆拔出定位插销，即可转动手柄带动杠杆 3 和 5，完成两个型芯 1 的同时抽芯。

三、机动式分型抽芯机构

分型抽芯的动作靠一定的机构通过机械力来完成，其动力可来自于注塑机的开合模运动或另外设置的动力源，如电动机、液压缸、气压缸等。常用的机构有弹簧、弯销、斜导槽、斜滑块、斜槽、齿轮齿条等。

（一）弹簧分型抽芯机构

它适用于抽拔距小、抽拔力不大的场合，其结构简单，采用弹簧或橡皮块的弹力来实现抽芯动作。如图 4-8-10 所示的塑件为带有槽形外侧凹的方（或圆）形盒状制品，在开模过程中锁紧楔后退，滑块 2 在橡皮（或弹簧）弹力作用下完成外侧抽芯，抽拔距离 S 由动模边

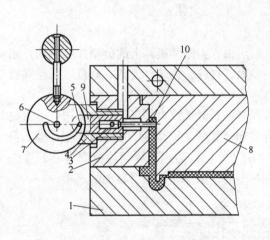

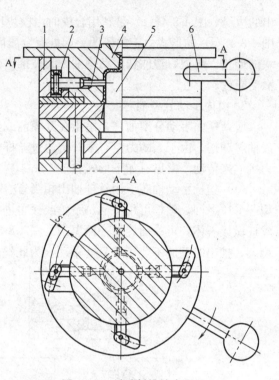

图 4-8-6　手动斜槽抽单型芯

1—定模　2—动模　3、5—销钉　4—支座　6—心轴

7—偏心槽转盘（偏心轮）　8—主型芯　9—连接杆

10—小型芯

图 4-8-7　手动斜槽抽多型芯

1—旋转套　2—滑动块　3—侧型芯　4—定模板

5—主型芯　6—手柄

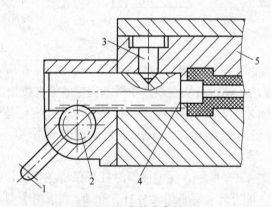

图 4-8-8　齿轮齿条抽芯

1—手柄　2—齿轮　3—锁紧楔　4—齿条型芯　5—定模

挡块 4 限位，合模时锁紧楔迫使滑块复位并锁紧，滑块在导滑槽内滑动。

图 4-8-11 所示为一有内侧凹的瓶盖形制品，推出时推杆推动托板 1 上升，使中心的斜楔 4 相对后退，对滑块失去锁紧作用，在弹簧力作用下滑块向中心移动，完成内侧抽芯；合模时斜楔撑开滑块，使之复位并锁紧。

图 4-8-12 所示为内外滑块同时抽芯，斜楔装在定模，滑块装在动模，开模时斜楔离开，内外侧滑块分别在弹簧作用下完成内外侧抽芯，抽拔距分别为 S_1、S_2，合模时斜楔迫使内外滑块复位并锁紧。

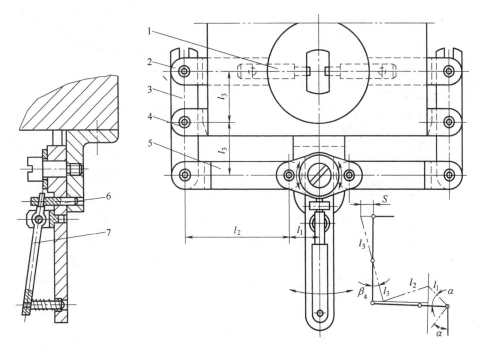

图 4-8-9　杠杆抽芯（附左侧机构运动图）

1—型芯　2—拉杆　3、7—杠杆　4—支架　5—连杆　6—插销

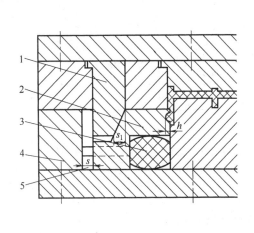

图 4-8-10　橡皮弹力外侧抽型芯

1—斜楔　2—滑块　3—弹力橡皮

4—挡块　5—滑块导滑槽

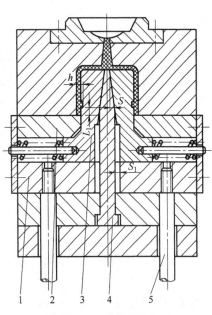

图 4-8-11　弹簧内侧抽芯

1—托板　2—盖板　3—滑块　4—斜楔　5—推杆

（二）斜销分型抽芯机构

斜销（斜导柱）分型抽芯是应用最广泛的分型抽芯机构，它借助机床开模力或推出力完成侧向抽芯和复位，其结构简单，制造方便，动作可靠，图 4-8-13 所示为一典型结构。侧

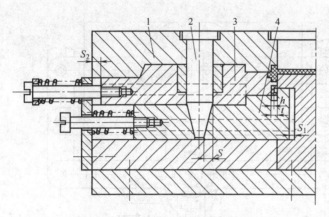

型芯或瓣合模滑块装在 T 形导滑槽内，可沿抽拔方向平稳滑移，驱动滑块的斜销与开模运动方向（或推出运动方向）成斜角安装，斜销与滑块上对应的孔呈松动配合。开模或推出时斜销和滑块发生相对运动，斜销对滑块产生一侧向分力，迫使滑块完成抽芯或分型动作；合模时斜销迫使滑块完成复位动作。图中限位挡钉和弹簧的作用是完成抽拔动作后对滑块起定位作用，使它停留在与斜销脱离时的位置上，以便合模时斜销能准确进入斜孔驱动其复位；楔紧块（又称锁紧楔）的作用是在闭模时压紧滑块，以免注塑时滑块受塑料压力移位。

图 4-8-12　弹簧使内外滑块同时抽芯

1—定模板　2—斜楔　3—外滑块　4—内滑块

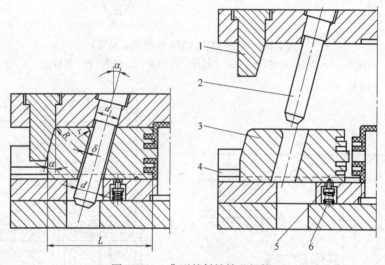

图 4-8-13　典型的斜销抽芯机构

1—楔紧块　2—斜销　3—滑块　4—导滑槽　5—挡钉　6—弹簧

1. 结构设计

现将组成该机构的五大零部件的结构和设计要点分述如下：

（1）斜销　斜销的斜角一般为 $15°\sim20°$，最大不得超过 $25°$，其安装固定形式见图 4-8-14。斜销与固定板间用过渡配合，由于斜销只起驱动滑块的作用，滑块的运动精度由导滑槽与滑块间配合精度保证，滑块的最终位置精度由楔紧块保证，因此为了运动灵活，滑块与斜销间采用比较松动的配合，斜销的尺寸为 $d_{-0.1}^{-0.5}$。斜销头部可做成如图 4-8-15 所示的半球形，也可做成台锥形，应将台锥头部的斜角设计得大于斜销的倾斜角，这样斜销的有效长度即是斜销圆柱部分的长度，当斜销离开滑块后，其锥形头部分即不再继续驱动滑块。

斜销多用 T8A 或 T10A 淬火、GCr15 淬火或 20Cr 钢渗碳淬火，淬火硬度 50～60HRC。对于中小型模具，斜销的驱动部分直径为 $\phi10\sim40$mm，固定台阶 $D=d+5$mm，d 为斜销与

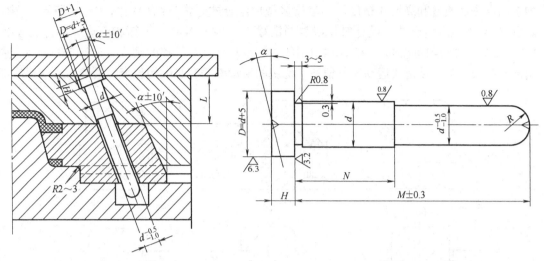

图 4-8-14　斜销的安装方式　　　　　　　　图 4-8-15　典型斜销外形图

固定孔配合直径，斜销长度由滑块需要移动距离决定。

（2）滑块　滑块可以是瓣合模滑块，如图 4-8-16（a）是成型线轴形制品的瓣合滑块；也可以是型芯滑块。滑块可做成整体式，也可以做成组合式。组合式滑块的前端成型部分与滑块主体分别制造，然后再采用不同的连接形式紧固成一体。其成型部分可选用优质钢材单独制造和热处理。组合式可降低加工难度，常用于大型滑块。如图 4-8-16（c）～（f）所示，其连接方式有横销连接、螺纹连接、压板紧固等。图 4-8-16（c）的滑块上设有通孔，维修时便于敲出型芯。滑块的底面和两侧为滑动面，应有足够的硬度和较低的粗糙度，图 4-8-16（f）滑块的滑动部分经淬火（53～55HRC）后镶上，以增加其耐磨性。

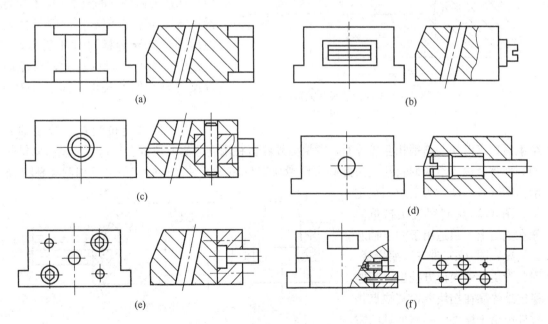

图 4-8-16　滑块的结构形式

（3）导滑槽　导滑槽与滑块是动配合，要求运动平稳，不宜过松，亦不宜过紧。燕尾槽精度较高，但制造比较困难，一般多采用 T 形导滑槽。导滑槽可做成整体式，但为了便于加工出高表面质量和高尺寸精度，导滑槽多做成组合式。常见结构如图 4-8-17 所示，图中除图（a）外均为组合式，设计时使滑块与滑槽上下左右各有一个面相配合（动配合 H8/f7），其余面之间则留出 0.5～1mm 的间隙。导滑表面应有足够的硬度（52～56HRC），应稍硬于滑块。为了使滑块运动时不偏斜，滑块的滑动面要有足够的长度，最好为滑槽宽度的

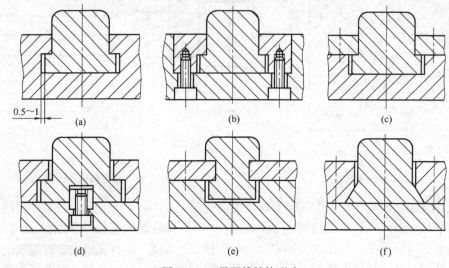

图 4-8-17　导滑槽结构形式

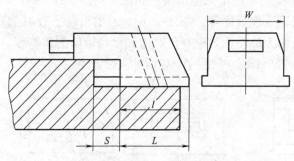

图 4-8-18　导滑槽与滑块尺寸关系
$L=(1～1.5)W$　S—抽拔距

1～1.5 倍，如图 4-8-18 所示，滑块在完成抽拔动作停止运动时，其滑动面不一定全长都留在导滑槽内，但留在滑槽内部分的长度 l 应不少于滑块宽度 W，以免滑块倾斜发生复位困难。当导滑槽尺寸不够长时，不必增大整个模具的尺寸，只需局部加长导滑槽的长度，如图 4-8-19 所示。

（4）滑块定位装置　分型抽芯结束后，当滑块与斜销相互离开时，滑块必须停留在刚刚分离的位置上，以便合模时斜销能顺利地重新进入滑块的斜孔，为此必须设滑块定位装置。最常见的定位装置如图 4-8-20 所示。图（a）、（b）为定位挡块定位，图（a）是利用滑块自重停靠在挡块上，只适用于向下抽芯的情况；图（b）带有压缩弹簧，因此滑块无论向何方抽出，都能稳定地停靠在挡块上，其缺点是拉杆突出于模外，影响模具的摆

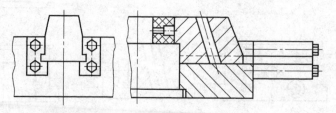

图 4-8-19　导滑槽局部加长结构

放，也可设法把弹簧置于模内，见图（e），弹簧的弹力应为滑块重的 1.5～2 倍。图（c）和图（d）系用弹簧止动销或弹簧钢球定位，到位后销头或钢球落入凹槽内，弹簧钢丝直径可取 1～1.5mm，以钢球代替止动销，不但结构简单，且将滑动摩擦变为滚动摩擦，磨损小，

寿命较长，这种从滑块侧面定位的方式其定位力虽不及弹簧挡块，但结构紧凑，在中小型模具中广泛采用。

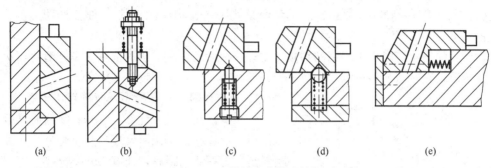

图 4-8-20　滑块定位装置结构

（5）楔紧块　当塑料熔体注入型腔后，它以很高的压力作用于型芯或瓣合模块，迫使滑块后退，其作用力等于塑料压力和沿滑动方向塑料作用在型芯或模块上投影面积的乘积。由于斜销的刚强度较差，故常用楔紧面来承受这一侧向推力；同时，单靠斜销不能保证滑块的准确定位，而精度较高的楔紧面在合模时能确保滑块位置的精确性。

楔紧块的结构形式根据滑块的形状和受力大小决定。楔紧块表面应有足够的硬度（52～56HRC），以免擦伤和变形。图 4-8-21 是楔紧块最常见的几种形式：图（a）是与模板成一体的整体式，牢固可靠，但切削加工量较大，适用于滑块受力大的场合；当滑块外表面可构成圆锥形时，采用内圆锥形楔紧套是非常可靠的，如图（b）。图（c）的楔紧块是用螺钉和销钉连接在模板上，加工方便，较为常用，用于滑块受力较小的场合。为了改善受力状况，图（d）在动模边增加一凸起的台阶，合模后对楔紧块起增强的作用。图（e）～图

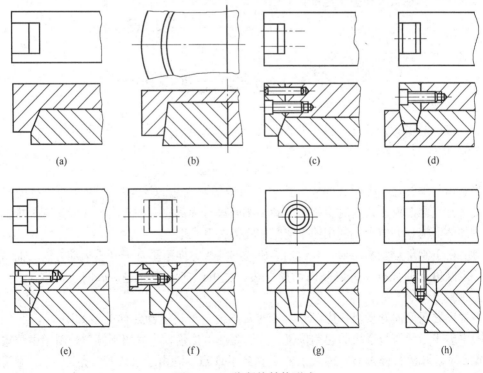

图 4-8-21　楔紧块结构形式

（h）均为嵌入式连接的楔紧块，这类结构能承受较大的侧向推力，图（e）是用 T 形槽加螺钉、销钉固定楔紧块；图（f）、（g）是在模板上开矩形或圆形孔，再嵌入矩形或圆形楔紧块，连接可靠，刚性好；图（h）是将楔紧块嵌入长槽中的形式，加工方便，适于宽度较大的滑块。

楔紧块的斜角应略大于斜销的斜角，这样开模时楔紧块的斜面能很快离开滑块，不会发生干涉现象，它一般比斜销斜角大 $2°\sim3°$。

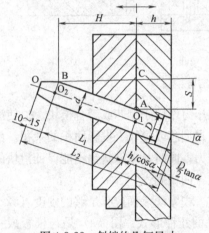

图 4-8-22　斜销的几何尺寸

2. 斜销几何尺寸和最小开模行程的计算

（1）斜销几何尺寸计算　已知必须的抽拔距 S 之后，即可计算斜销的几何尺寸和开模时为了完成抽拔距斜销所需平移的距离，即最小开模行程。

当滑块抽出方向与开模方向垂直时（即滑块不倾斜），如图 4-8-22 所示，斜销的几何尺寸按以下各式计算。

斜销的有效长度即斜销驱动边的长度，假设斜销和斜孔之间的间隙忽略不计，抽拔距为 S 时，其有效长度 L_1 为 A 至 B 长，由 $\triangle ABC$ 可知：

$$L_1 = AB = \frac{S}{\sin\alpha} \tag{4-8-7}$$

斜销的伸出长度从斜销伸出断面中心算起，不包括锥形（或半球形）头的长度，即图中 O_1 至 O_2 距离。

$$L_1 = \frac{S}{\sin\alpha} + \frac{d}{2} \times \tan\alpha \tag{4-8-8}$$

斜销全长包括头部和整个尾部，即图中 L_2。

$$L_2 = \frac{D}{2} \times \tan\alpha + \frac{h}{\cos\alpha} + \frac{S}{\sin\alpha} + \frac{d}{2} \times \tan\alpha + L_{OO_2} \tag{4-8-9}$$

斜销头部 O 至 O_2 的长度 L_{OO_2} 取为 $(0.5\sim1)d$，

$$L_2 = \left(\frac{D+d}{2}\right)\tan\alpha + \frac{h}{\cos\alpha} + \frac{S}{\sin\alpha} + (0.5\sim1)d \tag{4-8-10}$$

若头部为半球形，则 $L_{OO_2} = 0.5d$

（2）最小开模行程计算　最小开模行程是指抽出侧滑块所必须的开模运动距离 H，即图 4-8-22 中 BC 长。

$$H = S\cot\alpha = L\cos\alpha \tag{4-8-11}$$

当斜销与斜孔之间有明显间隙，主要指斜销的驱动边 AB 与斜孔被驱动边有明显间隙时，则会出现驱动滞后，这时斜销长度和最小开模行程都应有一定增加才能达到要求的抽拔距，增加值可根据间隙大小利用简单清楚的几何关系求取。

有时由于制件形状的需要，斜销抽芯机构的抽拔方向不垂直于开模运动方向，而是与垂线成一定倾角，抽拔方向可以倾向动模一边，也可倾向定模一边，如图 4-8-23（a）、（b）所示。

当抽拔方向倾向导滑槽一边倾角为 β 时，斜销与滑块运动几何关系如图 4-8-24（a）所示，图中虚线为斜销与滑块的起始位置，实线为抽出位置。当滑块不倾斜，斜销由位置 1 移到位置 2 时，开模行程为 H，滑块上 A 点移到了 B 点；现由于滑块倾斜角度为 β，则滑块上 A 点移到了 C 点，抽拔距 S 成为 AC，所需斜销有效长度 L 为 CD，利用正弦定理，在

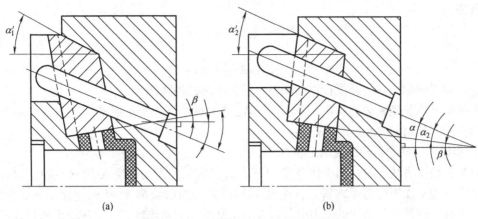

图 4-8-23　滑块倾斜抽出时的斜销抽芯

$\triangle CAD$ 中：

$$\frac{S}{\sin\alpha}=\frac{L}{\sin(90°+\beta)}=\frac{H}{\sin[180°-(90°+\beta)-\alpha]}$$

斜销有效长度

$$L=S\frac{\cos\beta}{\sin\alpha} \tag{4-8-12}$$

开模行程

$$H=L(\cos\alpha-\sin\alpha\tan\beta) \tag{4-8-13}$$

或

$$H=S(\cos\beta\cot\alpha-\sin\beta) \tag{4-8-14}$$

与滑块不倾斜（$\beta=0$）的情况相比，当开模行程相同时将得到更大的抽拔距，同时需要增加斜销的长度。

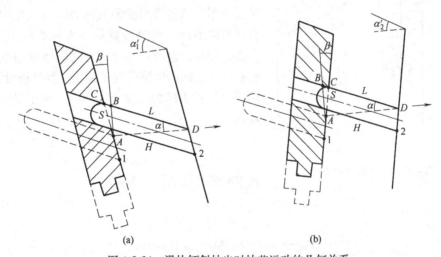

图 4-8-24　滑块倾斜抽出时抽芯运动的几何关系

当滑块抽拔方向倾向斜销固定板一边时，如图 4-8-24（b）所示，抽芯前后斜销由位置 1 移至位置 2，由于滑块倾斜，滑块上 A 点移动到 C 点而不是 B 点，抽拔距 S 为 AC，斜销有效长度 L 为 CD，在 $\triangle CAD$ 中同理可以得到：

$$\frac{S}{\sin\alpha}=\frac{L}{\sin(90°-\beta)}=\frac{H}{\sin[180°-(90°-\beta)-\alpha]}$$

斜销有效长度

$$L=S\frac{\cos\beta}{\sin\alpha} \tag{4-8-15}$$

开模行程

$$H=L(\cos\alpha+\sin\alpha\tan\beta) \qquad (4\text{-}8\text{-}16)$$

或

$$H=S(\sin\beta+\cos\beta\cot\alpha) \qquad (4\text{-}8\text{-}17)$$

与滑块不倾斜时相比,当开模行程相同时将得到较小的抽拔距。

上述两种情况楔紧块的斜角 α_1' 和 α_2' 均不需考虑滑块倾斜角的影响,仍应按斜销与开模方向的夹角(斜角 α)加上 $2°\sim3°$ 确定。

3. 斜销分型抽芯机构的受力分析

研究滑块受力状况时,当滑块高度 H 不超过其底面的滑动长度 A 的 80% 时,可将该空间力系简化为平面汇交力系求解,误差在 10% 以内;当滑块高度 H 超过滑动面长度 A 的 80% 以上时,则斜销和滑块的受力分析应按非汇交平面力系求解。作者对此已做过详细的受力分析并指出,当滑块高度与滑动面长度之比达到某一极限值时将发生危险的高滑块自锁现象,会导致模具破坏(见"工程塑料应用,1981,4"斜导柱侧向轴芯时高滑块受力分析),因此在设计时应避免,正常的滑块应将滑块高度(或斜销作用在滑块斜孔的最大高度)设计在低滑块范围内,因此本书仅按低滑块的平面汇交力系求解。

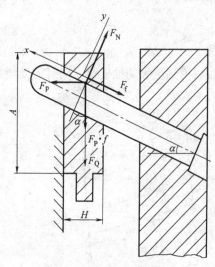

图 4-8-25 滑块受力图

图 4-8-25 为按汇交力系的受力分析图,图中: F_f 为斜销与滑块间滑动摩擦力; F_p 为导滑槽施于滑块的力,该力等于为完成侧向抽芯或分型所需开模力; F_Q 为总抽拔力,主要是指塑件对滑块包紧力及其他抽拔阻力之和; F_N 为斜销施于滑块的正压力,其反作用力即斜销承受的弯曲力。本推导中滑块的自重忽略不计,当滑块重量很大时则应予以考虑。为简化推导,设滑块和导滑槽之间摩擦因数与斜销和斜销孔之间的摩擦因数 f 相等(都是钢对钢),滑块与导滑槽之间的摩擦力为 $F_p f$。列出受力平衡方程式:

$$\sum F_x=0$$
$$F_p\cos\alpha-F_Q\sin\alpha-F_p f\sin\alpha-F_f=0 \qquad (4\text{-}8\text{-}18)$$

式中斜销与滑块孔间摩擦力为

$$F_f=f F_N$$
$$\sum F_y=0$$
$$F_N-F_p\sin\alpha-F_Q\cos\alpha-F_p f\cos\alpha=0 \qquad (4\text{-}8\text{-}19)$$

联解得

$$F_p=F_Q\frac{\tan\alpha+f}{1-2f\tan\alpha-f^2} \qquad (4\text{-}8\text{-}20)$$

设 φ 为摩擦角,则

$$f=\tan\varphi$$

代入化简得

$$F_p=F_Q\frac{\sin(\alpha+\varphi)\cos\varphi}{\cos(\alpha+2\varphi)} \qquad (4\text{-}8\text{-}21)$$

由式(4-8-21)可知,当斜销斜角 α 增大时,要获得同样的抽拔力 F_Q 将需要更大的开模力

F_p，当 α 增大到接近（$90°-2\varphi$）时，分母接近于零，这时开模力再大也不能使滑块移动，即达到了自锁状态，模具将不可避免发生破坏。

斜销可视为一悬臂梁，要做斜销的强度计算需先知道斜销所受的弯曲力，由式（4-8-19）可得斜销所受弯曲力为

$$F_N = F_p \sin\alpha + F_Q \cos\alpha + F_p f \cos\alpha$$

将式（4-8-21）代入化简得

$$F_N = F_Q \frac{1}{\cos\alpha - 2f\sin\alpha - f^2\cos\alpha} \tag{4-8-22}$$

或

$$F_N = F_Q \frac{\cos^2\varphi}{\cos(\alpha + 2\varphi)} \tag{4-8-23}$$

由式（4-8-23）可知，当 F_Q 和 φ 不变时，随着斜角 α 增大，斜销所受弯曲力也迅速增加，当斜角增大到接近（$90°-2\varphi$）时，F_N 趋于无穷大，这时发生自锁，斜销折断。如果斜销、滑块、导滑槽之间的摩擦因数为 0.5，则斜销的斜角达到 37° 时产生自锁。为了机构运动灵活，斜销斜角一般不宜超过 25°，除非采取特殊的措施降低钢对钢的摩擦因数。

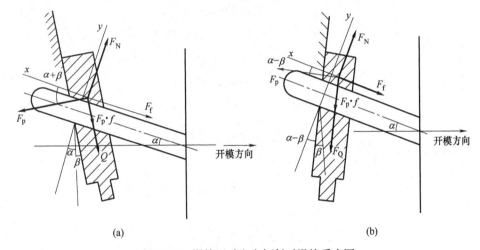

图 4-8-26　滑块运动方向倾斜时滑块受力图

当滑块运动方向倾斜时，滑块受力如图 4-8-26（a）和（b）所示：图（a）为滑块抽出方向倾向导滑槽一边的情形，其倾角为 β；图（b）为滑块抽出方向倾向斜销固定板一边的情形，其倾角也用 β 表示。

对图 4-8-26（a），以滑块为受力体列出力平衡方程式：

$$\sum F_x = 0$$

$$F_p \cos(\alpha + \beta) - F_Q \sin(\alpha + \beta) - F_p f \sin(\alpha + \beta) - F_f = 0 \tag{4-8-24}$$

$$F_f = f F_N$$

$$\sum F_y = 0$$

$$F_N - F_p \sin(\alpha + \beta) - F_Q \cos(\alpha + \beta) - F_p f \cos(\alpha + \beta) = 0 \tag{4-8-25}$$

同前可得

$$F_p = F_Q \frac{\tan(\alpha + \beta) + f}{1 - 2f\tan(\alpha + \beta) - f^2} \tag{4-8-26}$$

引用摩擦角概念得

$$F_p = F_Q \frac{\sin(\alpha + \beta + \varphi)\cos\varphi}{\cos(\alpha + \beta + 2\varphi)} \tag{4-8-27}$$

这里 F_p 是导滑槽施于滑块的正压力，与滑块垂直抽出不相同的是该力并不等于开模力，开模力为 $F_p/\cos\beta$。

斜销所受弯曲力为

$$F_N = F_Q \frac{1}{\cos(\alpha + \beta) - 2f\sin(\alpha + \beta) - f^2\cos(\alpha + \beta)} \tag{4-8-28}$$

或

$$F_N = F_Q \frac{\cos^2\varphi}{\cos(\alpha + \beta + 2\varphi)} \tag{4-8-29}$$

将式（4-8-29）与滑块垂直开模方向抽出时斜销的受力相比〔式（4-8-23）〕，其受力与斜销斜角为 $(\alpha + \beta)$ 时受力情况相当，故此时为了改善受力情况，远离自锁点，斜销斜角 α 应取小一些，以 $(\alpha + \beta)$ 小于 $20°$ 为宜。

当滑块抽出方向倾向斜销固定板一边时，按图 4-8-26（b）列出滑块受力平衡方程式：

$$\sum F_x = 0$$

$$F_p\cos(\alpha - \beta) - F_Q\sin(\alpha - \beta) - F_p f\sin(\alpha - \beta) - F_f = 0 \tag{4-8-30}$$

$$\sum F_y = 0$$

$$F_N - F_p\sin(\alpha - \beta) - F_Q\cos(\alpha - \beta) - F_p f\cos(\alpha - \beta) = 0$$

同样可解得

$$F_p = F_Q \frac{\tan(\alpha - \beta) + f}{1 - 2f\tan(\alpha - \beta) - f^2} \tag{4-8-31}$$

或

$$F_p = F_Q \frac{\sin(\alpha - \beta + \varphi)\cos\varphi}{\cos(\alpha - \beta + 2\varphi)} \tag{4-8-32}$$

斜销所受弯曲力为

$$F_N = F_Q \frac{1}{\cos(\alpha - \beta) - 2f\sin(\alpha - \beta) - f^2\cos(\alpha - \beta)} \tag{4-8-33}$$

或

$$F_N = F_Q \frac{\cos^2\varphi}{\cos(\alpha - \beta + 2\varphi)} \tag{4-8-34}$$

与滑块不倾斜的式（4-8-23）相比较，可以看出式（4-8-34）中 $(\alpha - \beta)$ 与横向垂直抽出公式中斜销角为 α 相当，故当 α 不变时，滑块倾斜后 F_p 和 F_N 均有所降低，这时斜销的斜角可取大一些，以 $(\alpha - \beta)$ 不大于 $20°$ 为宜。

4. 斜销强度计算

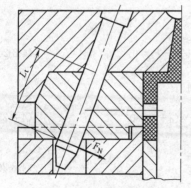

图 4-8-27 斜销承受弯曲力矩

斜销强度计算的目的是根据其受力状况决定其直径，从受力分析可知，多数的斜销均可视为承受弯应力的悬臂梁，最大弯矩作用在斜销根部，其值为

$$M = F_N L_t \tag{4-8-35}$$

式中 L_t——力臂长度

当滑块的斜孔与斜销均匀接触时，L_t 为接触长度的中点距斜销根部的距离，但制造误差有可能造成斜销与斜孔在前端接触，这时力臂最长，如图 4-8-27 所示，设计从安全可靠出发，L_t 取图中所示假设在斜销前端接触的长度，按下式进行强度校核：

$$\sigma=\frac{M}{W}\leqslant[\sigma] \tag{4-8-36}$$

式中 $[\sigma]$ ——许用弯应力

W ——抗弯矩量

斜销的直径一般是根据模具大小和滑块尺寸决定，再按上式做强度校核。

对于圆形截面斜销：

$$W=\frac{\pi d^3}{32}\approx0.1d^3$$

式中 d ——斜销直径

代入式（4-8-36），可求出斜销直径：

$$d=\sqrt[3]{\frac{10M}{[\sigma]}} \tag{4-8-37}$$

对于矩形截面斜销（即后面将介绍的弯销）：

$$W=\frac{bh^2}{6}$$

式中 b ——斜销断面宽度

h ——斜销断面高度

从节约钢材、受力合理出发，常取 $b=2/3h$，则

$$W=\frac{h^2}{9}$$

代入简化得

$$h=\sqrt[3]{\frac{9M}{[\sigma]}} \tag{4-8-38}$$

斜销分型抽芯机构除斜销需进行强度计算之外，楔紧块作为重要的受力元件，也需校核计算。

为了在开模时楔紧块能迅速离开滑块的被楔紧面，运动时不发生干涉，其斜角应大于斜销斜角 α，一般大 $2°\sim3°$，无论滑块垂直抽出或倾斜抽出都是如此。

楔紧块会受到很大的侧推力，需进行强度校核，应根据楔紧块的结构决定其力学模型。例如图 4-8-21（b）所示的锥套形楔紧块，应按模套进行强度校核；多数楔紧块其受力情况类似悬臂梁，危险断面在根部，可按受均布载荷的悬臂梁进行强度校核。非整体式楔紧块的连接零件如螺钉等也应进行校核计算。滑块作用在楔紧块上的力，可根据该滑块所承受塑料熔体的最大压力和投影面积确定。由于楔紧块楔紧时一般还有预锁紧力造成的预应力，因此计算时还应将上述力乘以 $1.5\sim2$ 的安全系数。

5. 斜销分型抽芯机构的五种安装组合方式

斜销和滑块在模具中可处于动模或定模的不同位置，因而有不同的组合方式。常见有以下五种安装组合方式，即：斜销安装在定模一侧、滑块安装在动模一侧；斜销安装在动模一侧、滑块安装在定模一侧；斜销和滑块同时设在定模一侧；斜销和滑块同时设在动模一侧；斜销安装在动模边的型芯固定板上、滑块在动模推件板上。

针对上述五种安装组合方式分别叙述如下：

（1）斜销安装在定模一侧、滑块安装在动模一侧的模具 这是应用最广泛的形式，它常用于两瓣或多瓣式瓣合模的侧向分型，如图 4-8-28 所示。构成型腔的滑块设计在动模一边，分型后的塑件也留在动模一边，然后再将塑件推出。这种结构形式除用于分型外也常用于斜

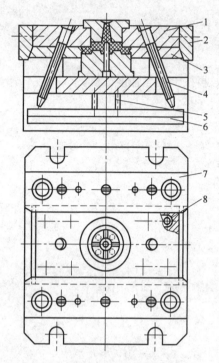

图 4-8-28 斜销用于瓣合模分型
1—定模 2—锁紧楔 3—滑块 4—斜销
5—推杆 6—推板 7—导滑槽 8—限位销

销抽芯，既可用于外侧抽芯，如图 4-8-29 (a)，也可用于内侧抽芯，如图 4-8-29 (b)。

对于斜销在定模一侧、滑块在动模一侧的模具，设计时必须注意模具闭合复位时滑块与推出机构间有可能发生干涉的现象。如图 4-8-30 所示的机构，其推杆用反推杆复位，这时滑块复位先于推杆复位，致使活动侧型芯碰撞推杆而损坏，解决的办法是使推杆先复位，侧型芯后复位，为此必须设计先行复位机构。为了简化模具结构，避免干涉的可能，在可能的情况下应尽量避免推杆与活动型芯在水平投影上相重合，或使推杆推出的最远位置低于滑块侧型芯的最低面，如不能做到上述两点，则推出机构用反推杆复位时就有发生干涉的可能性。

对用反推杆复位时不发生干涉的条件推导如下：有如图 4-8-31 所示的侧芯和推杆，图中虚线为合模后的最终位置，实线表示合模时复位杆受模具定模板驱动，推板正在复位过程中，Δh 为复位后推杆端面到侧型芯底面距离，ΔS 为投影重合距离。在合模过程中，当侧型芯移动到实线位置时（即其投影与推杆边缘相切时），若推杆已回复到低于 Δh 的某一位置 $\Delta h'$，则不再发生干涉现象。进一步运动到合模最终位置时，滑块移动距离为 ΔS，推杆相应移动 $\Delta h'$。

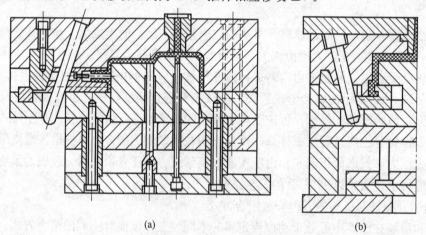

(a)   (b)

图 4-8-29 斜销在定模、滑块在动模的侧抽芯机构

故有

$$\Delta h' = \Delta S \cot\alpha$$

不发生干涉则有

$$\Delta h > \Delta h' = \Delta S \cot\alpha \qquad (4-8-39)$$

如发生干涉，则应采用"先行复位机构"，使推杆先于侧型芯复位。下面介绍几种常见的先行复位机构。

① 弹簧先行复位机构 在推出板与动模底板之间装上弹力足够大的弹簧，当注塑机推出机构退回时，模具推杆由于弹簧作用而先行复位。弹簧复位有可能因卡滞、摩擦阻力过大

而失效，可采用多个较硬的弹簧，也可与反推杆配合使用。

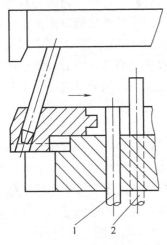

图 4-8-30　滑块与推杆的干涉
1—推杆　2—复位杆

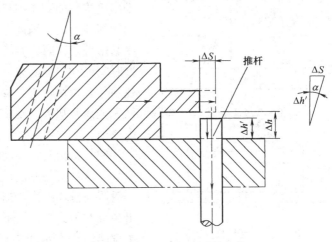

图 4-8-31　不发生干涉的条件

② 凸轮先行复位机构　如图 4-8-32 所示，合模过程中由装在定模上带楔形头的杆 1 推动凸轮 2 旋转，将推板推回，凸轮到位后楔形头杆可穿过推板继续向前运动，完成合模动作。由楔形头杆的长短来调节先行复位的时间，楔形头杆和凸轮在模具上应成对对称安装。

③ 偏转杆先行复位机构　这是一种结构简单的复位机构，如图 4-8-33 所示。合模时固定在定模边呈对称布置的偏转杆在拉力弹簧作用下，正对着推板两侧的凸块 3，通过它推动推板先复位，复位后杆上的斜面与滚轮 2 相撞，偏转杆头部偏离推板上的凸块，动定模得以继续合模，完成滑块复位动作。

④ 连杆先行复位机构　如图 4-8-34 所示，模具两侧在推板和动模板之间对称地安装有两对连杆，楔形头板安装在定模板上，合模时楔形头顶在两对连杆的铰链处，迫使连杆伸直而使推板先复位。先行复位机构的结构很多，不再一一例举。

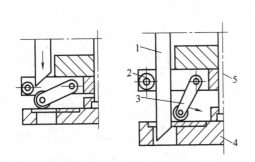

图 4-8-32　凸轮复位机构
1—楔形头杆　2—凸轮　3—摆杆
4—推板　5—推杆

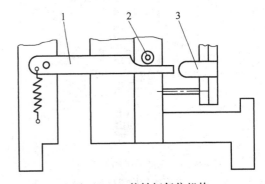

图 4-8-33　偏转杆复位机构
1—偏转杆　2—滚轮　3—凸块

前面所举出的各种斜销安装在定模一侧、滑块在动模一侧的模具，模具的主型芯一般设在动模边，利用注塑机的推出机构脱出塑件。

斜销和滑块安装方式不变，如将主型芯设在定模一侧，这时可利用滑块分型运动滞后于

205

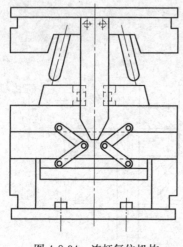

图 4-8-34　连杆复位机构

开模运动而将制品从主型芯上脱出，在定模边不需再设推出机构。如图 4-8-35所示的模具，由于斜销与斜孔之间的间隙甚大，因此在开始开模时滑块暂时不被驱动而夹紧塑件，这时主型芯先从塑件抽出一段距离，制品与型芯间松动，但尚未完全脱离主型芯，然后斜销接触斜孔并分开滑块，用手取出塑件。滑块分开时如果主型芯已完全离开塑件，则塑件将会粘附到滑块的某一边而难以取出。

（2）斜销安装在动模一侧、滑块安装在定模一侧的模具　这种安装方法正好与上述装法相反，开模时制件一般留在滑块一边，即定模边。由于定模边不便安装推出装置，因此常采用不设推出机构的结构形式，这时将主型芯设计在滑块对面即动模侧。图 4-8-36 所示的机构，其斜销直径和滑块上斜孔直径间存在较大的间隙（间隙 $c=1.6\sim3.2\text{mm}$），在开模前斜销靠近斜孔壁内侧，因此在开模之初滑块暂不分型，当模具分开 $S_D=c/\sin\alpha$ 之后，斜销接触斜孔壁的外侧，滑块开始分型，在这段距离里，主型芯已相应从制件抽出距离 S_D，而与塑件松动。这种结构使模具结构简化，但塑件需由人工取出，适用于小批量制品生产。

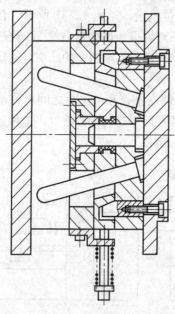

图 4-8-35　无推出机构的斜销装在
定模边的模具结构

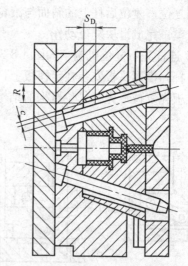

图 4-8-36　无推出机构的斜销装
在动模边的模具结构

图 4-8-37 所示的模具，斜销仍然装在动模边，滑块在定模边。为了将塑件从型腔凹模内拉出，采取了塑件紧包主型芯、通过分型时主型芯可以随塑件移动 L_1 距离的设计，在这一移动中完成了抽拔距不大的侧型芯抽出动作，因此在进一步分型时，塑件因为包紧在主型芯上而脱离型腔，塑件留在动模边，再利用推件板将塑件推出。

（3）斜销和滑块同时设在定模一侧的模具　最常见的结构是斜销装固在定模底板上，滑

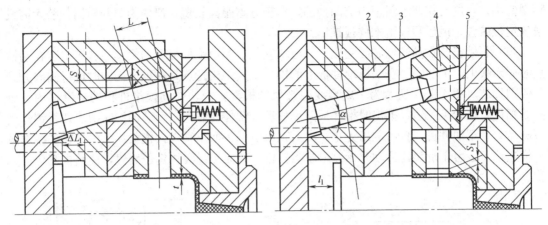

图 4-8-37　带可滑动主型芯的斜销装在动模边的注塑模

1—型芯　2—推件板　3—斜销　4—滑块　5—限位钉

块安装在定模中间板（型腔板）上的结构，为了二者间产生相对运动，完成抽芯动作，将定模分成了定模底板和定模中间板两部分，两者之间设计成能作定距离分型的结构。如图 4-8-38 所示，该模具成型有侧孔的塑件，开模时两板先作定距分离，同时完成侧向抽芯动作，之后动定模之间再进行第二次分型，塑件留在动模型芯上，再用推件板推出。这种结构分型次序不能颠倒，否则会造成侧孔损伤或塑件留在凹模中难以取出。这里采用的是拉钩压棒式顺序分型机构，此外拉钩滚轮式、摆钩凸块式等凡第一次分型距离较大者都适用于此。这种结构形式最适用于点浇口双分型面（三板式）的注塑模，定模中间板和定模底板之间的分型既用来抽出侧型芯，又用来脱出点浇口凝料，一举两得（如图 4-8-39 所示），浇注系统凝料通过凝料推料板使其从倒锥形拉料杆上脱下，并自动坠落。

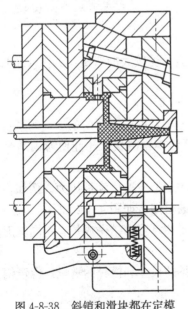

图 4-8-38　斜销和滑块都在定模
边的注塑模

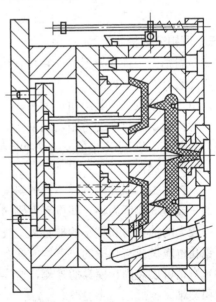

图 4-8-39　斜销和滑块都在定模
边的点浇口三板式模

　　（4）斜销和滑块同时设在动模一侧的模具　为了完成侧向抽芯动作，可将动模分成可作定距分离的两段，如图 4-8-40 所示，通过弹簧力帮助使动模两段先分型，分型距离 L 由定距螺钉决定，这时完成了斜销内侧凹抽芯，由于分型距离较短，滑块未离开斜销，故无需设滑块定位装置，最后塑件由推件板推出。

（5）斜销安装在动模型芯固定板上、滑块安装在动模推件板上的模具　斜销安装在动模型芯固定板上、滑块安装在动模推件板上的模具，其结构特点是在推出的同时进行侧向分型或侧向抽芯。图 4-8-41 所示为一成型线圈骨架的模具，滑块在动模推件板的导滑槽内，分型后塑件留在动模一边，推出时推件板向上移动，塑件在脱离主型芯的同时滑块在斜销作用下分型，直至塑件可以自由取出为止。由人工或机械手取出塑件，楔紧块无论装在动模边或定模边均可，由于滑块在运动时始终未脱离斜销，故无需设滑块定位装置，使结构简化。

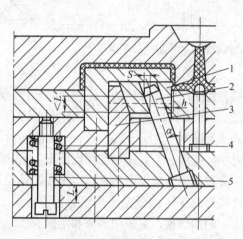

图 4-8-40　斜销和滑块同时设在动模一侧的模具
1—滑块　2—斜销　3—锁紧楔　4—弹簧　5—定距螺钉

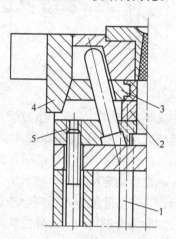

图 4-8-41　斜销在动模固定板：
滑块在推件板上的模具
1—推杆　2—推件板　3—滑块
4—楔紧块　5—动模型芯固定板

（三）弯销分型抽芯机构

弯销是斜销的一种变异形式，它具有矩形截面，能承受较大的弯矩，如图 4-8-42 所示。与斜销相比它具有以下特点：

（1）由于刚性较大，其斜角可大一些，但不能大于 30°。

（2）弯销能承受较大的弯距，如果在前端加上支持块就可以不用楔紧块，而直接用它压紧滑块。如图 4-8-42（b）中的支持块不但使弯销更好地楔紧滑块，还能使弯销承受更大的抽拔力。

（3）一根弯销可以分段做成不同的斜度，以随时改变抽拔速度和抽拔力。例如将弯销接近根部的一段做成斜度为零，即可延迟侧向分型抽芯的时间，如图 4-8-42（b）。采用较小斜度可获得较大的抽拔力和较小的抽拔距，反之亦然。要注意当弯销做成具有不同斜度的几段时，弯销孔也应做成与几段的斜度均能配合的形式。

（4）弯销可以装固在模具的外侧，这样可减小模具的尺寸和模具的重量。但弯销的制造较斜销稍困难。

弯销在模具上的固定方式较多，如图 4-8-43 所示，图（c）的形式可以安装在模外，安装时应增设销钉，以便准确定位。

弯销滑块的导滑槽可以采用与斜销滑块导滑槽相同的形式，如各种结构的 T 形导滑槽等。图 4-8-44 是将弯销和滑块体都装在定模边的模外，滑块用两根导滑钉作为支撑并导滑

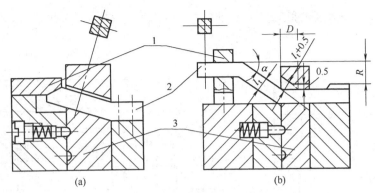

图 4-8-42　弯销分型抽芯机构

1—支持块　2—弯销　3—滑块

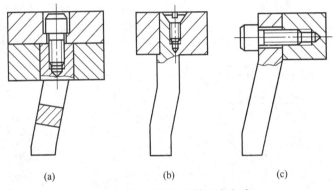

图 4-8-43　弯销的安装固定方式

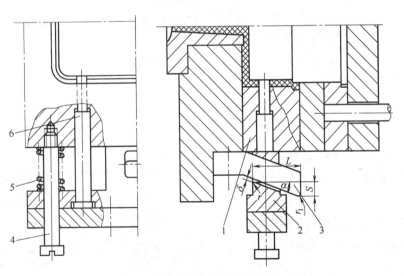

图 4-8-44　导滑钉导滑的弯销外侧抽芯机构

1—定模板　2—滑块　3—弯销　4—导滑钉　5—弹簧　6—型芯

的外侧抽芯结构。

　　前面已提及弯销可以方便地设计为延迟侧分型或延迟侧抽芯的结构，如图 4-8-42（b）中 D 即为延迟距离。这种延迟同样适用不设推出装置的侧向分型模具，如图 4-8-45 即为其典型结构。

图 4-8-46 所示的塑件必须在主型芯抽出后才能抽侧向型芯，因此它巧妙地利用了弯销的延迟侧抽芯作用。

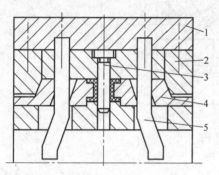

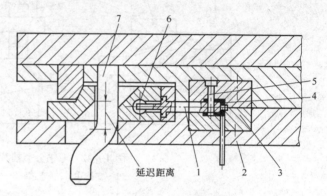

图 4-8-45 弯销延迟分型模具
1—定模板 2—锁紧板 3—型芯
4—滑块 5—弯销

图 4-8-46 弯销延迟抽芯机构
1—侧型芯 2—动模板 3—型腔嵌件 4—型腔
5—主型芯 6—水道 7—弯销

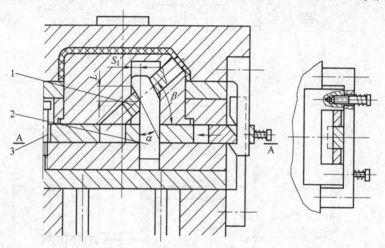

图 4-8-47 弯销和滑块都在动模边的斜向内侧抽芯模具
1—滑块 2—弯销 3—定距螺钉

弯销也可用于滑块内侧抽芯，如图4-8-47所示的制件内侧壁有斜孔，弯销和滑块都在动模一边，开模时 A-A 面先分型，弯销带动滑块沿斜向移动，完成抽芯动作。由于在抽芯运动中弯销与滑块不脱离，故不需定位机构。A-A 分开距离由定距螺钉 3 限位。

图 4-8-48 所示的结构是将弯销固定在定模边，滑块安装在动模边的 T 形导滑槽内，动定模分型时即带动滑块完成内侧抽芯。

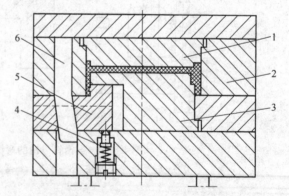

图 4-8-48 弯销在定模、滑块在动模的内侧抽芯模具
1—上型芯镶块 2—型腔 3—主型芯
4—定位钉 5—滑块 6—弯销

（四）滑板导板（斜槽导板）分型机构

如图 4-8-49 所示的楔形滑块导板是滑块导板中最简单的形式，楔形滑块导板起着横向分型的作用，该结构常用于两瓣瓣合模的分型。楔形滑块导板两件对称地安装在定模的两侧，滑块 2 装在动模的导滑槽内，滑块上与楔形块对应的滑块斜面可以与滑块加工成一体，也可用耐磨钢材单独制造后再装固在滑块上，如图中所示。该滑块导板不能引导滑块复位，而是靠楔紧块使滑块重新合拢，因此楔紧块需设计得较长。滑块导板安装在模外，占位小，当采用斜销位置不够时可采用这种结构，导板的单边斜角不宜超过 25°。

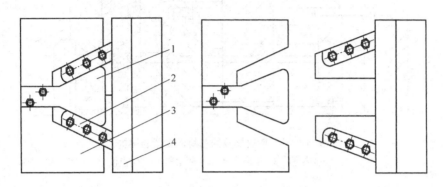

图 4-8-49　只起分型作用的滑块导板

1—楔形导板　2—滑块　3—定模边楔紧块　4—动模

图 4-8-50 是既能使滑块横向分开又能使滑块重新合拢的滑块导板，滑块上有圆柱销或滚轮在导板的槽内滑动。另外设有楔紧块保证瓣合模闭合的精度和刚度。

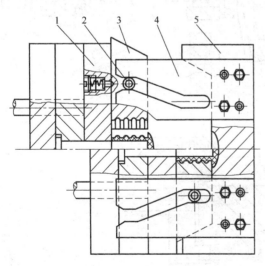

图 4-8-50　滑块导板分型机构

1—推件板　2—圆柱销或滚轮　3—滑块
4—滑块导板　5—定模和楔紧块

此外还有一种与弯销分型抽芯机构很相似的滑块导板机构，图 4-8-51 即为一例。滑块导板中间开一缺口形成双股叉状，滑块的一段置于缺口之中，滑块上有一圆柱销，开模过程中滑块导板 2 带动圆柱销 1，从而使侧型芯 3 完成抽芯动作，闭模时滑块导板驱动型芯复位，定模板上楔紧块斜面使侧型芯 3 完全复位并锁紧。

类似的滑块导板与侧型芯相配合的方式还有在侧型芯上装抽拔螺钉，如图 4-8-52（a）、在侧型芯上开缺口图（b）（c）（d）、在侧型芯上装滚轮图（e）等多种形式。

图 4-8-53 为另一种结构形式的滑块导板，该模具成型一个圆圈上有 12 个侧孔的塑件，滑块导板为一个转动圆盘。该圆盘开有 12 个斜槽，每个斜槽通过圆柱销带动与该销固定在一起的滑块；滑块在各自的导滑槽内向外滑动，使侧型芯抽出，然后再通过推杆推出塑件。圆盘的转动和复位由装固在定模上的斜销驱动。

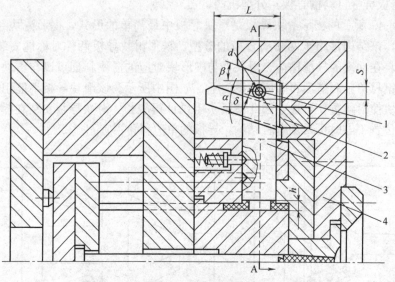

图 4-8-51　滑块导板抽芯斜面楔紧的结构
1—圆柱销　2—滑块导板　3—侧型芯　4—定模板

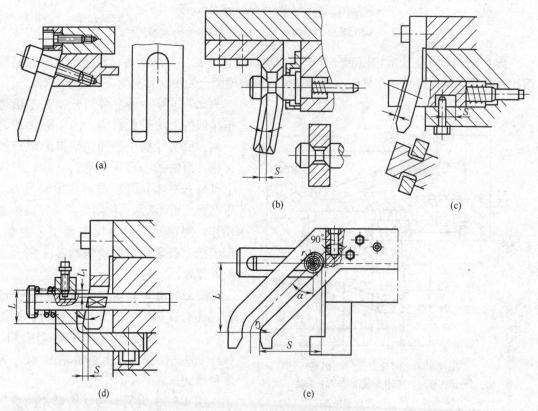

图 4-8-52　滑块导板与侧型芯常用结构形式

（五）斜滑块分型抽芯机构

　　它是一大类利用模具的推出动作完成侧向分型或侧向抽芯的机构。滑块装在锥形模套的导滑槽内，导滑槽与开模方向相倾斜，在动定模分型之后推出滑块时，塑件在滑块带动下在脱离主型芯的同时完成侧向分型抽芯动作。该类机构依导滑部位结构不同，可分为滑块导滑的分型抽芯机构和斜杆导滑的分型抽芯机构。

1. 滑块导滑的斜滑块分型抽芯机构

它利用滑块侧面的凸耳（每个滑块一般有两个凸耳）在锥形模套内壁斜槽内滑动（或反过来在滑块上开槽，锥形模套内壁设凸耳），达到滑块在推出的同时实现分型的目的。

如图 4-8-54 为斜滑块外侧分型，每个滑块上有一对凸耳，开模时在推杆推动下，在锥形模套凹槽内滑动，在向上升起的同时向两侧分开、塑件也逐渐脱离主型芯 4，限位螺钉 7 起滑块限位作用，避免滑块推出高度过高发生倾斜而难以复位，甚至会从模套中脱出，斜滑块的推出高度一般不允许超过导滑部位长度的 2/3。图（a）是制件成型后的情况，图（b）是制件脱出的情况。

图 4-8-55 为斜滑块内侧抽芯，塑件为带内螺纹的制品，这时螺纹应分成左右两段，才有可能用内侧抽芯的方式脱出。当开模以后，斜滑块在推杆 4 的作用下沿矩形导滑槽移动并向内收拢，塑件升起并脱离侧滑块，用手把塑件从模中取出。

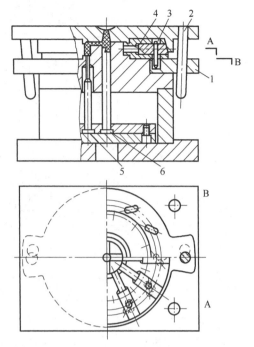

图 4-8-53　滑块导板转动抽芯机构
1—圆形滑块圆形导向板　2—斜销　3—圆柱销
4—侧型芯　5—推杆　6—拉料杆

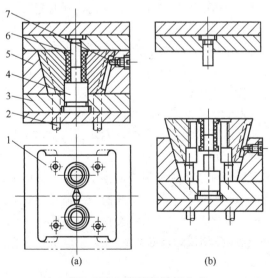

图 4-8-54　斜滑块外侧分型
1—斜滑块　2—顶杆　3—型芯固定板
4—主型芯　5—锥形模套　6—上型芯
7—限位螺钉

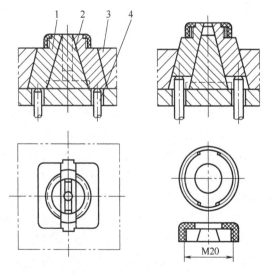

图 4-8-55　斜滑块内侧抽芯
1—斜滑块　2—型芯
3—固定板　4—推杆

213

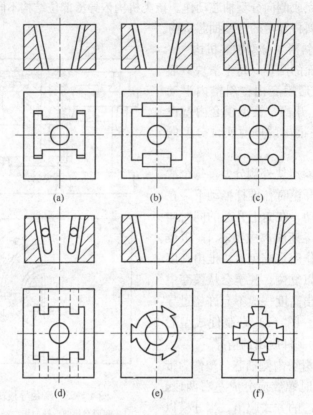

图 4-8-56   瓣合模斜滑块和模套的配合形式

滑块导滑的斜滑块分型抽芯机构简单、安全、可靠。外侧抽芯的斜滑块一般由锥形模套锁紧，故能承受很大的侧推力，适用于滑块侧向成型面积大的场合，由于凸耳和滑槽的刚性较大，故导滑槽斜角可以稍大一些，但不宜超过 30°，其缺点是抽拔距离不大，同时塑件推出后不易自动坠落，常需人工取出。该机构设计要点如下：

（1）斜滑块的组合及其与导滑槽的配合形式   如图 4-8-56 所示为瓣合模滑块和模套的一些组合形式。斜滑块的凸耳和导滑槽常见形式有：矩形凸耳与矩形导滑槽如图（a）、（b），后者的导滑槽为组合式；半圆形凸耳与半圆形导滑槽如图（c）；圆柱销导滑如图（d）；燕尾槽导滑如图（e）、（f）。燕尾槽的制造稍难一些，但占位尺寸较小，因此滑块数较多时常采用。为了运动灵活，凸耳和滑槽应采用较松动的配合。当滑块数更多时（六块或六块以上），因导滑槽位置所限，常采用斜推杆导滑的形式。（见下节）。

（2）开模时要使滑块全部留在动模边   这样安装有利于利用动模边的推出装置，同时要避免在开模时定模型芯将斜滑块带出而损伤制件。为此设计时，除了要注意减少制件对定模型芯的包紧力外，还可在动定模之间装弹簧销，利用弹簧的压力帮助斜滑块留在动模，如图 4-8-57（a）所示。图 4-8-57（b）是另一种止动形式，在动模边设止动销可防止滑块作斜向运动，从而起到了开模时滑块的止动作用。

（3）斜滑块装配要求   为了保证闭模时斜滑块拼合紧密，在注塑时不产生溢料，要求滑块在轻轻装入模套后底面与模套端面间要留有 0.2～0.5mm 的间隙，顶部也必须高出模套不少于 0.2～0.5mm，以保证当滑块与模套的配合有了磨损后还能保持拼合的紧密性，如图 4-8-58 所示。

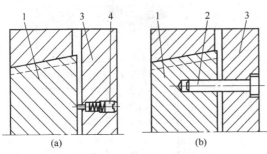

图 4-8-57 斜滑块在分型时的止动措施
1—滑块 2—止动销 3—定模板 4—弹簧销

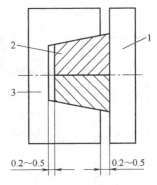

图 4-8-58 斜滑块与模套的配合
1—定模板 2—滑块 3—模套

（4）滑块和塑件推出设计 当斜滑块向各个侧面滑开分型时，要求塑件同时离开各个斜滑块，而不要粘附在任何一边的滑块上。设置在动模一边的主型芯伸入塑件，便能保持塑件在中心的位置，使其同时离开各个滑块。为了缩短滑块推出距离，只需将主型芯的一部分长度设在动模边，其高度应保证在分型时对塑件起到导向作用，如图 4-8-59 所示。

一般来说，推出滑块便可以直接带出塑件而不需直接推塑件，但有时为了塑件受力均匀，模具上除了有推斜滑块的推杆外还有推塑件的推杆或推板，使两者同时同步运动，也可利用推杆或推件板同时推动斜滑块和塑件，使各个滑块受力均匀，运动同步，如图 4-8-60（a）和（b）所示。

由于推出时推杆头部和滑块底部之间有横向滑动，因此推杆头部与滑块应有足够的接触面积，以免剧烈磨损，用淬硬的垫板推滑块更好，也可在推杆顶部设滚轮，如图 4-8-60（a）所示。

对于瓣合模相互之间定位精度要求很高的滑块，应在瓣合模块之间设小导柱。

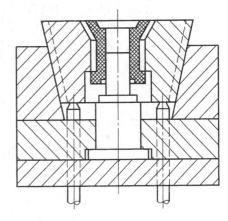

图 4-8-59 脱出过程中主型芯
对塑件的导向作用

2. 斜推杆导滑的斜滑块分型抽芯机构

在成型滑块的底部连接着一根斜杆（矩形或圆形断面均可），推出时斜杆在斜孔内沿斜线运动，使斜滑块一面上升一面完成分型动作。由于斜杆刚度较差，多用于抽拔力不大的场合，优点是它占位较小，常用于多块（三块及三块以上）瓣合模分型，既可用于外侧抽芯，也可用于内侧抽芯。

图 4-8-61 所示的数字轮模具共有五块瓣合模滑块成型制品，每个滑块成型两个深度不大的凹字，成型滑块与方形斜杆铆成一体，斜杆在锥形模套的矩形斜孔内滑动，完成分型动作，并在推杆 3 的共同作用下推出塑件，由于斜杆刚性差，斜角应取得小些，约 15°。在推出时推杆下部与推板有横向相对滑动，最好安装滚轮以减少摩擦。

如图 4-8-62 所示的斜杆导滑用来做滑块内侧抽芯，斜杆 2 的头部成型制品的内侧凹，斜滑块安装在主型芯 5 上开设的斜孔内，在推出过程中斜杆要向模具中心靠拢，其下端安有滚轮，在推板滑座上滚动，脱模时制件一面离开主型芯，同时完成抽芯动作。采用铰链连接

215

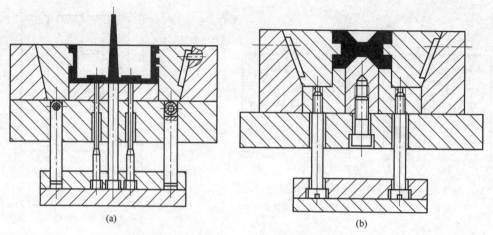

(a)　　　　　　　　　　　　(b)

图 4-8-60　用推杆或推板同时推动滑块和塑件

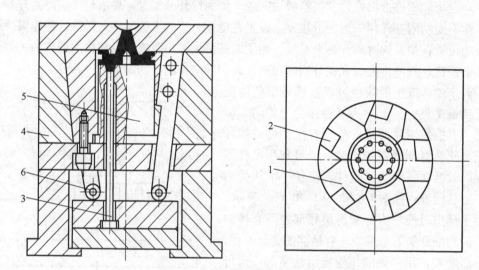

图 4-8-61　斜杆导滑的斜滑块外侧抽芯
1—滑块　2—斜杆　3—推杆　4—锥套　5—型芯　6—滚轮

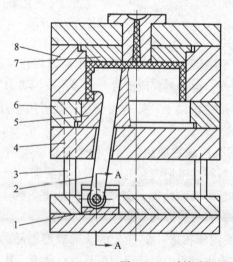

A—A

图 4-8-62　斜杆导滑的斜滑块内侧抽芯
1—滑座　2—斜杆　3—复位杆　4—支撑板　5—型芯　6—型芯固定板　7—镶件　8—凹模

的办法也可以避免斜杆下端与推板间的滑动摩擦，如图 4-8-63 所示。小模具还可采用挠性弹簧钢丝做推杆。如将斜杆做成圆杆，则制造非常方便，但应设法防止推出后斜杆转动，以免复位发生困难，如图 4-8-64 所示。

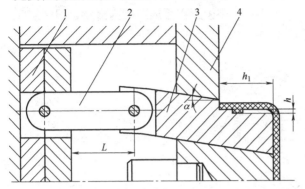

图 4-8-63　斜推杆与推板间铰链连接
1—推板　2—连杆　3—斜推板　4—动模板

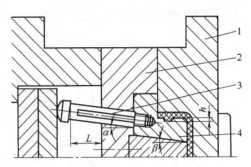

图 4-8-64　圆柱形斜推杆内侧抽芯
1—定模板　2—动模板　3—斜推杆　4—镶块

（六）齿轮齿条抽芯机构

该机构一般是利用开合模动作拖动原动齿条，原动齿条驱动齿轮，再由齿轮带动型芯齿条完成抽芯动作，它既可抽直型芯，也可抽弯型芯。也有利用连杆机构带动原动齿轮旋转的。图 4-8-65 所示的原动齿条设在定模一边，齿轮和型芯齿条设在动模一边，开模时齿条 6 使齿轮 4 旋转，再带动型芯齿条 3 抽出斜型芯，并由弹簧销定位；合模时齿轮反向旋转，型芯复位，定位杠杆 1 顶住型芯齿条端面，调节螺杆 7 上的螺母，使型芯端面处压紧，不存在间隙。

图 4-8-66 的原动齿条固定在推板上，利用推出力带动齿轮抽出型芯，然后大推板接触并推动小推板，由小推板上的推杆推出塑件。合模过程中小推板由复位杆复位，压杆 4 的作用是复位杆，它使齿条 3 退到起始位置，通过齿轮 2 使型芯完全复位，并起锁紧作用。由于原动齿条 3 与齿轮 2 始终处于啮合状态，因此该型芯齿条无需定位销。齿轮还可做成具有不

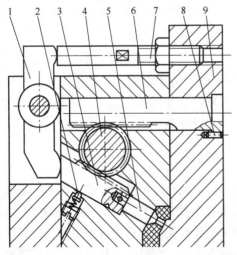

图 4-8-65　由开模力拖动的齿轮齿条抽芯机构
1—杠杆　2—定位销　3—型芯齿条　4—齿轮
5—型芯　6—原动齿条　7—螺杆　8—圆柱销
9—定模板

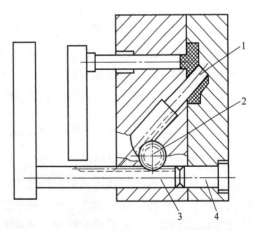

图 4-8-66　由推出力推动的齿轮齿条抽芯机构
1—型芯齿条　2—齿轮　3—原动齿条　4—压杆

217

同齿数的双联齿轮，以改变传动比和抽出距离。

齿轮齿条抽芯机构可用来抽出圆弧形弯型芯，如图 4-8-67 所示。塑件为电话听筒手柄，利用开模力使固定在定模边的齿条 2 拖动动模边的齿轮 3 旋转，通过互成 90°的啮合斜齿轮转向后由直齿轮 6 带动圆弧形型芯齿条 4 沿弧线抽出，该齿条在弧形滑槽内滑动，同时装固在定模边的斜销将滑块 5 抽出。塑件由推杆脱出。

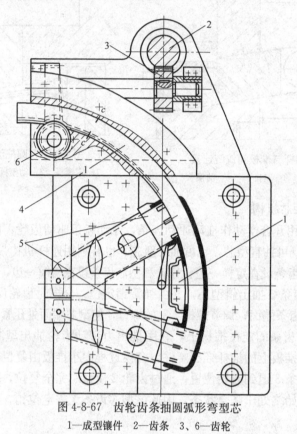

图 4-8-67　齿轮齿条抽圆弧形弯型芯
1—成型镶件　2—齿条　3、6—齿轮
4—圆弧形型芯齿条　5—滑块

传动齿轮除了由齿条拖动外，还可在开模时由连杆铰链机构中连杆摆动驱动齿轮旋转，再推动型芯齿条（或齿轮）完成抽芯动作。图 4-8-68 所示为抽圆弧形型芯的模具，开模时长连杆拖动短连杆旋转并使同轴的小齿轮转动，然后再带动与弯型芯连成一体的半边齿轮 2 转动，抽出弯型芯，图（a）为闭模状态，图（b）为开模状态。

四、液压抽芯或气压抽芯机构

它是利用液压或气压推动液压缸或气压缸的活塞杆，抽出同轴的侧型芯，活塞杆反向运动使侧型芯复位。液压比气压传动平稳有力，并可直接利用成型机床的油压，故更为常用，目前大中型注塑机出厂时常配备有多个液压缸，用来成型弯头、三通等各种塑料管件。在机器的注塑程序中编入了抽芯动作程序，并装有相应的液压阀，在设计模具时只需将液压缸按制件抽芯要求装固在模具上与型芯连接在一起即可。

图 4-8-69 所示为液压抽侧型芯，液压缸 5 通过支架 4 固定于模具的动模板上，活塞杆通过联轴器与型芯连接，在开模时固定在定模上的锁紧块 2 先离开动模，这时通过液压缸完成抽芯

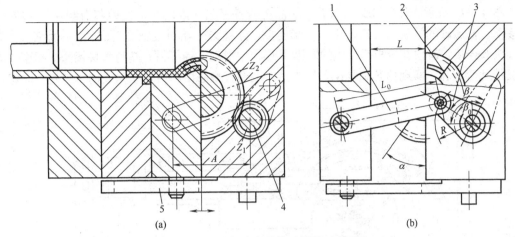

图 4-8-68　连杆式齿轮传动抽圆弧形型芯

1—长连杆　2—半边齿轮　3—短连杆　4—齿轴　5—定距拉板

和复位。图 4-8-70 所示的液压抽芯机构由于把液压缸装在大型芯挖空的孔内，因此使模具的外形尺寸大大减小。

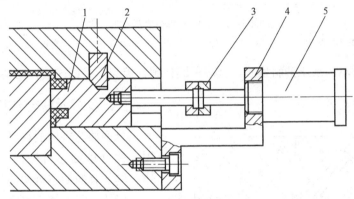

图 4-8-69　液压抽侧型芯机构

1—型芯　2—锁紧块　3—联轴器　4—支架　5—液压缸

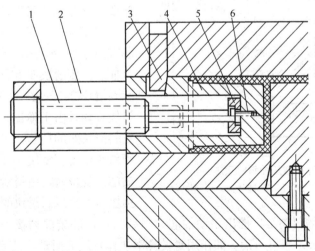

图 4-8-70　液压缸设在型芯内的抽芯机构

1—液压缸　2—支架　3—锁紧块　4—型芯　5—压板　6—连接螺钉

图 4-8-71 所示为液压抽圆弧型芯，制品为管件弯头，因此必须使型芯沿圆弧 T 形导滑槽移动。液压缸的活塞杆与连杆 4 的一端连接，连杆另一端通过轴 2 与曲柄 3、型芯 1、滑块接头 6 连接，滑块在压板 5 组成的圆弧 T 形槽中滑动，连杆另一端与滑块接头 6 相连，液压缸带动弯型芯，实现抽芯和复位，弯头另一端的直型芯由斜销驱动完成抽芯与复位动作。

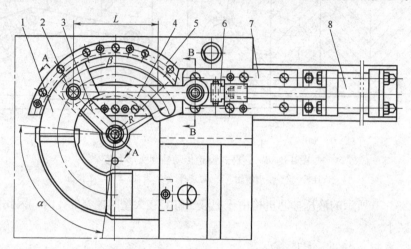

图 4-8-71 液压抽弯头的圆弧形型芯

1—型芯 2—轴 3—曲柄 4—连杆 5—压板 6—滑块接头 7—导滑板 8—液压缸

图 4-8-72 所示为液压抽斜型芯，型芯用圆柱销直接与活塞杆连接，结构较为简单。

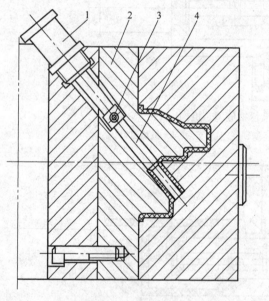

图 4-8-72 液压抽斜向型芯

1—液压缸 2—动模板 3—圆柱销 4—型芯

五、多组元联合作用抽芯机构

分型抽芯机构的种类很多，有时仅采用一种分型抽芯机构尚不能完成抽芯动作，例如有的抽芯机构能获得很大的抽拔力，但抽拔距不够，有时在侧向分型抽芯中还有与侧型芯抽出方向垂直的或倾斜的侧凹，这时就要采用联合作用抽芯机构。

如图 4-8-73 所示，为了抽出与侧向抽芯方向垂直的侧凹，采用了斜销斜滑块联合抽芯。侧滑块 6 上开有斜向燕尾槽，内装斜滑块 2，开模过程在斜销的驱动下，滑块移动，由于弹簧 5 及制品的限制先完成斜滑块 2 的抽芯，当限位螺钉 3 限位时则斜销带动侧滑块 6 及斜滑块 2 完成全部抽芯。复位时，由斜滑块 2 的台阶面顶在挡块 1 上完成斜滑块的复位动作。

图 4-8-74 所示的斜销推杆推出手动抽芯，制品为一内腔较深的筷子笼。为了模具结构紧凑，避免斜销过长，这里斜销 3 的作用是使侧滑块作短距离滑动，消除制品对侧型芯的包紧力，然后利用推杆使侧滑块上的侧型芯 4 绕轴杆 2 转动一角度，再用手（或机械手）从侧型芯上取下制品。弹簧 6 使推出机构先行复位。

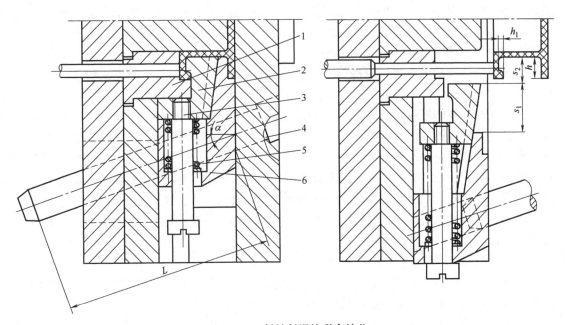

图 4-8-73　斜销斜滑块联合抽芯

1—挡块　2—斜滑块　3—限位螺钉　4—斜销　5—弹簧　6—侧滑块

联合作用的侧向分型抽芯机构的形式很多，限于本书的篇幅不再列举。

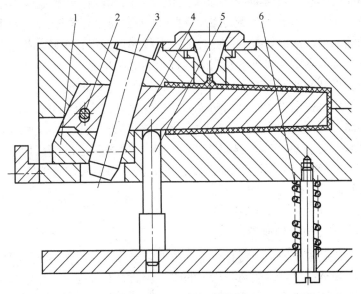

图 4-8-74　斜销推杆联合抽芯

1—滑块　2—轴杆　3—斜销　4—侧型芯　5—推杆套　6—推板复位弹簧

第九节　注塑模温度调节系统

一、概　述

注塑模具型腔壁的温度高低及其均匀性对成型效率和制品的质量影响很大，一般注入模具的塑料熔体的温度为 200～300℃ 或更高，而塑件固化后从模具中取出的温度常为 60～80℃ 以下，对于热变形温度高的塑料制品也可在 100℃ 以上脱模，视塑料品种不同温度有很大的差异。为了调节型腔的温度，需在模具内开设冷却水通道（或冷却油通道），通过模温调节机调节冷却介质的温度。以冷却水为介质的模温调节机，常压下其最高模温可调节到 90℃ 以内，能在加压下工作的模温机水温可在高压下达到 120～160℃，更高的模温则需采用以油作冷却介质的模温调节机，也可在模具上插入加热棒或用加热套来获得 100℃ 以上的模温，即使这样高的模温，相对高温的塑料熔体来说仍然是起冷却作用，只不过脱模温度较高而已。与此相反，有的塑料由于工艺上的需求或为提高生产效率可采用低于室温的模温，这时可用冰盐水、乙二醇等冷冻介质进行冷却，这时必须采用有制冷功能的模温调节机，但应注意模具型腔表面的温度不可调节到低于该大气环境的露点温度以下，否则型腔内壁会有冷凝水凝结，将影响制品的表面质量。本节将对模温调节系统设计的重要性、设计原则和设计计算方法进行介绍。

（一）模具温度设计的原则

模温高低视塑料品种不同而定，它对制品结晶度、力学性能、表面质量、制品的内应力和翘曲变形有很大影响，特别是结晶型塑料。

1. 结晶型塑料模温的决定

模具温度是注塑结晶聚合物最重要的工艺参数，它决定了结晶条件。对于玻璃化温度低于室温的高聚物来说，若在成型时未达到足够的结晶度，则制品在使用或储存过程中将发生后结晶现象，制品的形状和尺寸都将继续发生改变，因此应尽可能地使其结晶达到平衡状态，如 PE、PP、POM 都属于此类高聚物。对于玻璃化温度远高于室温的聚合物来说，模温决定了制品的结晶度，从而影响制品的性能。低模温可获得较柔软的韧性好的制品，而高模温由于结晶度大可得到刚性、硬度和耐磨性都很高的制品。

例如尼龙的玻璃化温度较高，约为 45℃，在室温下较为稳定，不易产生后结晶现象，可是尼龙制品在使用过程中仍发现有结晶度的微小变化，这是由于尼龙易从大气中吸收水分而诱发进一步结晶。尼龙 6 和尼龙 66 常采用 70～120℃ 的模温，这时其结晶速度很快而又不致产生粗大晶粒，可获得较高的结晶度。聚对苯二甲酸乙二醇酯（PET）可采用 140～190℃ 的高模温来制取结晶度高的不透明的高强度制品，如果采用接近室温的低模温则可制取结晶度低的透明制品。例如 PET 注拉吹瓶的管坯就要求它有极高的透明度，而采用 30℃ 左右的低模温。

2. 模温与制品内应力和翘曲变形的关系

模具型腔或型芯壁温度的差异将直接影响脱模时塑件各处温度的不同。由于脱模后塑件将继续冷却，最终降至室温，显然高温部位的收缩较低温部分为大，由于收缩的不均匀性会引起制品的内应力和翘曲变形，因此脱模时要力求塑件各部位的温度一致。但这并不等同于给型腔内各处相同的冷却，因为浇口附近和厚壁部位都是热量积聚最多的地方，应加强冷却。高模温和高料温使取向的大分子容易松弛和解取向，有利于降低制品内应力和翘曲变形，但模温过高而导致脱模时定型不好，也是脱模后制品发生翘曲变形的原因。

3. 模温与制品外观质量的关系

模温过低会造成某些塑料制品表面不光，如聚甲醛塑料成型时模温在 80℃ 以下会产生橘皮纹，过低的模温还会使制品轮廓不清晰，并产生明显的熔接痕；但过高的模温易出现粘模或使透明制品的透明度降低。因此模温对外观质量有重要影响。

4. 变模温注塑与制品质量

近年来发展的变模温注塑能大大提高注塑件的质量，解决其常见缺陷。其方法是在充模阶段采用高模温，在保压冷却阶段迅速转变为低模温。它具有以下优点：

① 高温充模大分子容易松弛解取向，补料效果更好，既降低了剪切内应力，又降低了温度内应力，减少了制品翘曲变形的倾向。

② 高温下充模物料黏度低，避免了充模不满、表面质量差的问题、能够充满薄壁、长流程有精细花纹的制品，且能把模具型腔的高光洁度在制品上充分地表现出来，同时改善熔接痕的外观质量和熔接质量。

③ 高温下注塑成型使制品得到充分地补料，从而消除了制品表面凹陷和内部缩孔。

④ 冷却时转变为低模温可提高冷却效率。但总的来说由于模温转换需时间，故生产速度不可能很高，模温转换的办法很多，其中以利用电磁感应集肤效应的表面加热技术效率较高。

⑤ 对于玻纤增强塑料制品，变模温注塑能使树脂完美包覆玻纤，解决了增强塑料制品表面不光发毛的问题。

本节讨论的是普通注塑模（恒模温注塑）模温调节系统设计问题。

（二）冷却速度对制品生产效率的影响及提高的办法

一般来说，在整个成型周期中，制品在模内冷却时间约占75%，因此提高冷却效率、缩短冷却时间是提高生产效率的关键。

在注塑成型过程中，高温（约200℃以上）塑料熔体转变成塑料制品（约60℃）要放出潜热和显热，其中约5%的热是以辐射和对流的方式散发到大气中，5%左右通过模板传走，其余90%由冷却介质（水或油）带走，要提高冷却效率可以从以下几方面着手。

1. 提高冷却介质与模具型腔板间的传热系数

提高传热系数的关键是提高冷却介质在模具冷却通道内的流速，或采取其他方式增加扰动使流体从层流状态转变成湍流状态。据分析研究，湍流下的传热系数比层流提高10～20倍，这是因为湍流时管壁处流体和流道芯部的流体发生无规则的快速对流，使传热效果明显加强。可以用表示流动状态的雷诺准数 Re 来校验冷却介质在流动通道中的流动状态。

$$Re=\frac{ud}{\nu}=\frac{ud\rho}{\mu}$$
(4-9-1)

式中　d——圆形流道直径或非圆形流道的当量直径（m）

　　　u——流速（m/s）

　　　μ——黏度［Pas（kg/ms）］

　　　ν——运动黏度，$\nu=\mu/\rho$（m²/s）。以水为冷却介质时，水的运动黏度可由图4-9-1查出

　　　ρ——冷却介质密度（kg/m³）

当雷诺准数 Re 达到4000以上时一般可视为湍流，但有时在管壁处仍有一层滞流层，为了使冷却介质处于稳定的湍流状态，希望雷诺准数 Re 达到6000～10000以上。对水来说，Re 为10000时的流速与流量如表4-9-1所列。

2. 降低冷却介质温度，增加传热推动力

对于聚苯乙烯一类的非结晶型塑料，在塑料熔体能顺利充满型腔的前提下，可适当降低冷却介质的温度，以缩短冷却时间；对于尺寸和性能要求不高的结晶型塑料制品，如聚烯烃薄壁杯等民用塑件，则可采用较低的模温，而不必考虑后结晶等问题。一般注塑模所用冷却

介质是常温水，若改用低温水便可提高冷却效率，但如前所述，温度不宜低到使型腔表面产生冷凝水（露点温度以下）。

表 4-9-1　　　　　　　　　　　　　冷却水的稳定湍流速度与流量

冷却水道直径/mm	最低流速/(m/s)	流量/×10⁻³(m³/min)
8	1.66	5.0
10	1.32	6.2
12	1.10	7.4
15	0.87	9.2
20	0.66	12.4
25	0.53	15.5
30	0.44	18.7

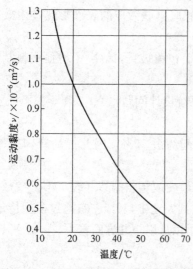

图 4-9-1　水的运动黏度与温度的关系图

3. 增大冷却传热面积

模具型腔一边的传热面积是不可更改的，仅可增加冷却水道一边的传热面积。在模具上开设尺寸尽可能大和数量尽可能多的冷却水通道，但由于模具上众多的推杆和小型芯以及型腔型芯的组合拼接，使水道开设位置受到限制。因此在考虑模具总体结构时，应率先考虑冷却水道布置方案，而不能等到设计的最后才来考虑水道开设的问题。

（三）冷却系统设计原则

为了提高冷却效率，获得质量优良的注塑制品，模具的冷却系统可按下述原则进行设计。

1. 冷却水通道的设置

动定模和型腔的四周应均匀地布置冷却水通道，切不可只布置在模具的动模边或只在定模边，否则脱模后的制品一侧温度高一侧温度低，在进一步冷却时会发生翘曲变形，如图 4-9-2 所示。要注意型腔周围冷却不应存在盲区，即使像侧向抽芯滑块等难以布置水道的地方也应设法安排冷却通道。

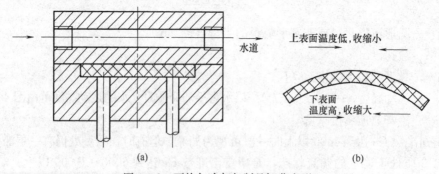

图 4-9-2　不均匀冷却与制品翘曲变形

2. 冷却水孔的位置

冷却水孔孔间距越小，直径越大，则对塑件冷却越均匀。如图 4-9-3 所示，图（a）的水孔直径大、管间距小，冷却效果较图（c）好。图（b）和（d）是以上两种情况的等温线分布图，图（a）通入 59.83℃的水，从（b）图可见型腔表面温度范围为 60～60.05℃，最大相差 0.05℃；图（c）通入 45℃ 的水，从图（d）看出型腔表面温度为 51.66～60℃，温差达 8.34℃，增加了内应力和翘曲变形的趋势。理想情况是管壁间距离不得超过 5d。水管壁距型腔表面应远近适中，一般不超过管径的 3 倍，以 12～15mm 为宜。

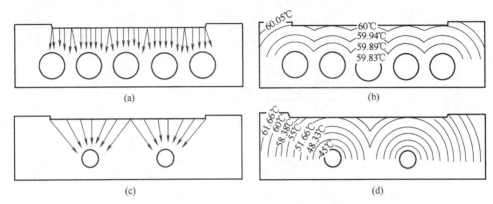

图 4-9-3　水道布置与型面温度梯度

3. 水孔与相邻型腔表面距离相等

如图 4-9-4 所示：图（a）为水孔与制品等距排列，图（b）为不等距排列，后者会使制品冷却不均，图（a）是合理的；图（c）表示当制品壁厚不均匀时，应在厚壁处开设距离制品较近、管间距较小的冷却管道，以加强冷却。

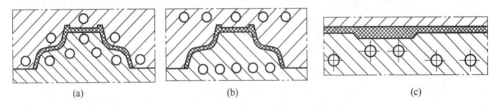

图 4-9-4　冷却水管与型腔等距及不等距排列

4. 采用并流流向，加强浇口处的冷却

熔体充模时浇口附近温度最高，流动末端温度较低，因此在浇口部位应加强冷却。采用冷却介质与塑料熔体大致并流的流动形式，将冷却通道的入口设在浇口附近，出口设在熔体流动末端附近。如图 4-9-5（a）为中心浇口型芯的冷却水路，图（b）为薄片浇口冷却水路，图（c）为双型腔侧浇口冷却水路，图（d）为中心浇口长型芯冷却水路。中心进浇制品的圆形型芯喷流冷却是典型的并流冷却，有利于降低浇口附近的温度，请参看后面图 4-9-14。

（四）减少入水与出水温度差

一般认为，普通模具出入水温差应在 5℃ 范围之内，精密模具在 2℃ 左右。如果出入水温相差过大，会使模具温度分布不均，特别是大型制品型腔和模板尺寸很大时，为取得整个制品大致相同的冷却速度，可以改变冷却水排列形式。如图 4-9-6（a）所示的形式对大型制品来说，出入水温差大，冷却不均匀；图（b）的形式出入水温差小，冷却效果较好。

二、模具冷却系统设计计算

（一）制品所需冷却时间的计算

注入模具内的塑料熔体所带入的热量，大量通过模具型腔侧壁进入冷却介质，只有少量

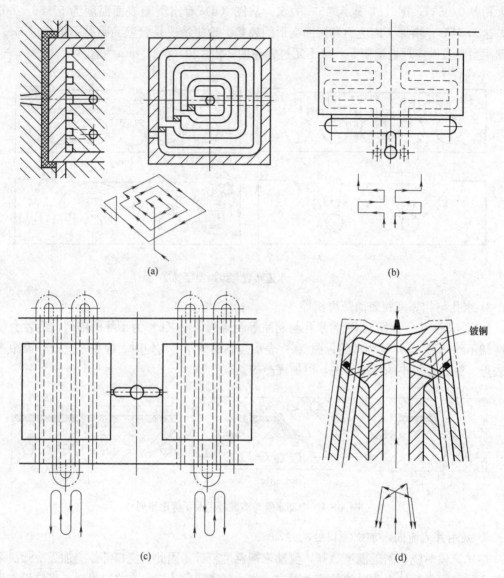

图 4-9-5　冷却水路与熔体流的并行排列

（a）中心直浇口冷却水路　（b）薄片浇口冷却水路　（c）侧浇口冷却水路　（d）中心浇口冷却水路

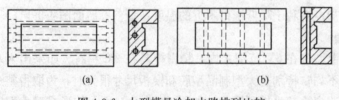

图 4-9-6　大型模具冷却水路排列比较

散发到大气中，它们之间的热交换速度是决定制品冷却时间的决定性因素。由于充模时间非常短，为便于分析计算，可认为塑件带入的热量主要是在型腔充满之后的冷却时间内排除去的，当制品冷却到热变形温度以下，即可开模取出制品。

大多数的塑件为薄壁制品，有二维特性，而热量只沿一维方向即塑件的厚度方向传递，当塑件的长度与壁厚之比 $L/S>10$ 的场合，该塑件的冷却可以按一维传热模型计算，如图 4-9-7 所示。假定在充模完成的瞬间，型腔内各点塑料熔体的温度为注塑料温，而制品的外

表面的温度立即降到了模壁平均温度，并维持恒定不变，热量不断地从内部向表面传递。在一维导热情况下，傅立叶微分方程可简化为

$$\frac{\partial \theta}{\partial t}=a_1 \frac{\partial^2 \theta}{\partial x^2} \tag{4-9-2}$$

求解上式，经简化后便可得到冷却时间 t 的解析表达式：

$$t=\frac{S^2}{\pi^2 a_1}\ln\left[\frac{8}{\pi^2}\left(\frac{\theta_c-\theta_{3m}}{\theta-\theta_{3m}}\right)\right] \tag{4-9-3}$$

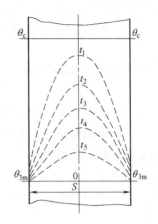

图 4-9-7　制品在型腔中的一维传热，在不同时间 t 时型腔内的温度分布

式中　S——制品的壁厚（m）

θ_c——塑料熔体注入温度（℃）

θ_{3m}——模具型腔壁温度（℃）

θ——塑件脱模时的平均温度（℃）

a_1——塑料热扩散系数（m²/s）。它与塑料导热系数关系如式（4-9-4）。某些常用塑料的 a_1 值列于表 4-9-2 中

$$a_1=\frac{\lambda}{\rho \cdot c_{p1}} \tag{4-9-4}$$

式中　ρ——塑料密度，（kg/m³）

c_{p1}——塑料比热容［kJ/(kg℃)］。常用塑料的 c_{p1} 值见表 4-9-2

λ——塑料导热系数［W/(m℃)］。常用塑料的 λ 值见表 4-9-2

制件的冷却时间加上开模取制件等辅助时间就是该塑件的成型周期，冷却时间 t 通常占成型周期的 75% 左右，由此可估算出单位时间成型制件数和单位时间放出的总热量。

每秒钟注塑次数 N 约为

$$N=\frac{1}{t}\times 0.75$$

若每次注塑塑料制件加上浇道的质量为 M，则每秒注入塑料量为 m'，

$$m'=NM$$

式中　m'——平均单位时间（s）内注入模具的塑料质量（kg/s）

M——每次注塑塑料质量（kg/次）

表 4-9-2　　　　常用塑料的热扩散系数、热导率、比热容及熔化潜热

塑料品种	热扩散系数/ $a_1\times 10^7$ (m²/s)	导热系数 λ/[W/(m·℃)]	比热容 c_p/[kJ/(kg·℃)]	潜热 ν/(kJ/kg)
聚苯乙烯(PS)	0.89	0.126	1.340	—
ABS	2.67	0.293	1.047	—
硬聚氯乙烯(RPVC)	0.61	0.159	1.842	—
低密度聚乙烯(LDPE)	1.72	0.335	2.094	1.3×10^2
高密度聚乙烯(HDPE)	2.00	0.481	2.554	2.43×10^2
聚丙烯(PP)	0.67	0.118	1.926	1.80×10^2
尼龙(PA)	1.08	0.232	1.884	1.30×10^2
聚碳酸酯(PC)	0.92	0.193	1.717	—
聚甲醛(POM)	0.92	0.230	1.759	1.63×10^2
有机玻璃(PMMA)	1.19	0.209	1.465	—

（二）冷却介质一边所需传热面积的设计和验算

1. 冷却介质用量的计算

注塑成型时高温塑料熔体带入模具的热量可计算如下：

（1）塑料制品在固化时每秒钟释放的热量［J/s 即 W（瓦）］为

$$Q_1 = m'q \times 1000 = NMq \times 1000 \tag{4-9-5}$$

式中　q——单位质量塑料熔体在成型过程中放出的热量（kJ/kg）

$$q = [c_{p2}(\theta_c - \theta) + \nu] \tag{4-9-6}$$

式中　c_{p2}——塑料的平均比热容，［kJ/(kg℃)］

　　　ν——结晶型塑料的相变潜热（kJ/kg）

常用塑料的比热容和潜热，见表 4-9-2。单位质量塑料熔体放热流量 q 也可直接在表 4-9-3 中查取。

（2）模具冷却水单位时间带走的热量为

$$Q_2 = Q_1 - Q_c - Q_R - Q_L \tag{4-9-7}$$

式中　Q_c——模具向空气对流传热

　　　Q_R——模具向空气辐射传热

　　　Q_L——模具通过上下底板向注塑机传热

表 4-9-3　　　　　　　　　　常用塑料熔体的单位质量放热流量

塑料品种	$q/(\text{kJ/kg})$	塑料品种	$q/(\text{kJ/kg})$
ABS	$3.1 \times 10^2 \sim 4.0 \times 10^2$	低密度聚乙烯	$5.9 \times 10^2 \sim 6.9 \times 10^2$
聚甲醛	4.2×10^2	高密度聚乙烯	$6.9 \times 10^2 \sim 8.1 \times 10^2$
聚丙烯酸酯	2.9×10^2	聚丙烯	5.9×10^2
醋酸纤维素	3.9×10^2	聚碳酸酯	2.7×10^2
聚酰胺	$6.5 \times 10^2 \sim 7.5 \times 10^2$	聚氯乙烯	$1.6 \times 10^2 \sim 3.6 \times 10^2$

在一般情况下，塑料熔体带入热量的 90%～95% 都是通过模具冷却通道由冷却介质（一般为冷却水）带走的，因此在冷却水通道设计时可粗略地按照熔体带入热全部由冷却水带走进行计算，即 $Q_2 \approx Q_1$，这在工程计算中是合理的，所设计的冷却系统偏于安全。

由于模具设计时动模和定模的冷却水道是分别设置并分别设计的，对于壳形制件来说，模具的一边为凹模，另一边为凸模，因此应将 Q_2 分解为凹模带走的热量 Q_0 和凸模（型芯）带走的热量 Q_i；对于平板状制品，常以制品壁厚的中性面来计算动模边和定模边所需带走的热量；对于圆筒形制品，由于收缩制品紧贴型芯，根据实验可以按凹模带走总热量 40%，因收缩而与制品紧贴的型芯带走其余 60% 进行设计，即

$$Q_0 = 0.4Q_2 \tag{4-9-8}$$

$$Q_i = 0.6Q_2 \tag{4-9-9}$$

其他形状的制品可根据制品形状再结合经验来分配 Q_i 和 Q_0，使尽量符合实际情况。

根据热平衡，模具凹模和凸模两边每秒钟冷却介质的体积流量（m³/s）可按下式计算：

$$\varphi_0 = \frac{Q_0}{\rho_1 c_{p1}(\theta_5 - \theta'_5)} \tag{4-9-10}$$

$$\varphi_i = \frac{Q_i}{\rho_1 c_{p1}(\theta_5 - \theta'_5)} \tag{4-9-11}$$

式中　θ'_5、θ''_5——模具冷却介质进出口温度（℃）。θ'_5 与 θ''_5 之差不宜太大，一般取 3℃，

　　　　　　　　最大不超过 5℃

ρ_1——冷却介质的密度（kg/m³）

c_{p1}——冷却介质比热容，[kJ/(kg℃)]

2. 模板的热传导阻力与水道壁温 θ_{4m} 的计算

注塑成型是一个间歇过程，模壁温度和物料温度随时间而变化，是一个不稳定传热过程。为了简化运算，将温度一律取平均值，将它作为一个稳定传热过程进行计算，从制品经模板到冷却介质，其温度变化如图4-9-8所示。

绝大多数塑料模具所采用的冷却介质都是冷却水，下面的计算都是假定冷却介质是水的情况。

塑料熔体带入型腔的热量，大部分通过金属模板由型腔壁传向冷却水管壁再由冷却水带走。在两平行平面间的传热可用傅立叶方程式予以描述，这里用它来近似计算由型腔壁向冷却水管壁的传热。

$$Q'_2 = \frac{\lambda_2}{\delta} A_{cp}(\theta_{3m} - \theta_{4m}) \qquad (4\text{-}9\text{-}12)$$

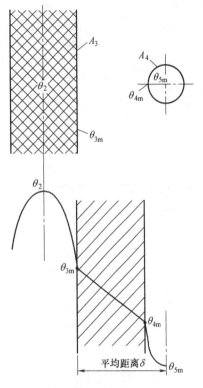

图4-9-8 从制品到冷却介质的温度分布

式中　Q'_2——模具的动模边或定模边型腔壁传出的热量，可能是 Q_0 也可能是 Q_i

　　λ_2——金属模板导热系数 [W/(m℃)]，钢为45

　　δ——型腔壁与冷却水管壁之间的平均距离（m）

　　θ_{3m}——型腔壁的平均温度（℃）

　　θ_{4m}——冷却水管壁的平均温度（℃）

　　A_{cp}——型腔壁与冷却水管壁之间的对数平均传热面积（m²）

由于型腔壁面积与冷却水管壁面积不相等，这里用两者的对数平均传热面积代入进行计算。

$$A_{cp} = \frac{A_4 - A_3}{\ln \dfrac{A_4}{A_3}} \qquad (4\text{-}9\text{-}13)$$

式中　A_3——型腔壁传热面积（m²）

　　A_4——冷却水道壁的传热面积（m²）

将式（4-9-12）移项，得

$$\theta_{3m} - \theta_{4m} = Q'_2 \frac{\delta}{\lambda_2 A_{cp}}$$

可知，当 Q'_2 一定时，$\dfrac{\delta}{\lambda_2 A_{cp}}$ 越大温差也越大，因此，$\dfrac{\delta}{\lambda_2 A_{cp}}$ 为热传导阻力。

前面已经提到，型腔壁面平均温度 θ_{3m} 对制品质量影响很大，它影响制品内应力大小、结晶聚合物结晶度高低、冷却速度和生产效率高低等，因此设定正确的 θ_{3m} 是模具设计者和工艺控制者追求的目标。要平衡考虑各种互相矛盾的因素，综合考虑，给出一合理值。它是冷却系统设计的出发点。

从塑件能顺利推出（脱模）的角度出发，模壁温度应低于该塑料的热变形温度10～20℃，如无妨碍可取得更低一些，但应高于冷却水温度，才能维持正常的热流。

表4-9-4为常见塑料的建议模温值。

表 4-9-4　　　　　　　　　　　　　　常见热塑性塑料建议模温

材料名称	模具温度/℃	材料名称	模具温度/℃
ABS	80～90	LDPE	20～40
PA6	80～90	PMMA	35～70
PA66	80	POM	80～105
PBT	40～60	PP	40～80
PC	70～120	PS	40～50
HDPE	50～90	PVC	20～50

3. 冷却水孔壁与冷却水界面的传热膜系数计算

在冷却水道一边，有如下的传热计算方程式：

$$Q'_2 = \alpha_4 A_4 (\theta_{4m} - \theta_{5m}) \tag{4-9-14}$$

式中　α_4——冷却水道壁与冷却水之间的传热膜系数 $[W/(m^2℃)]$

θ_{5m}——模具冷却水进出口温度的平均值（℃），$\theta_{5m} = (\theta'_5 + \theta''_5)/2$

当雷诺准数 $Re \geqslant 10000$ 时，冷却水处于稳定的湍流状态，这时水与管壁间的传热膜系数 α_4 可按式（4-9-15）进行计算，该式由包含有传热膜系数的努塞尔特准数（Nu）、反映流体流动状态的雷诺准数（Re）和反映流体物理特性的普朗特准数（Pr）组成。

$$Nu = 0.23Re^{0.8} Pr^{0.4} \tag{4-9-15}$$

即

$$\frac{\alpha_4 d}{\lambda_4} = 0.023 \left(\frac{du\rho}{\mu}\right)^{0.8} \left(\frac{c_p\mu}{\lambda_3}\right)^{0.4} \tag{4-9-16}$$

式中　d——管内径（m）

λ_4——水导热系数 $[W/(m℃)]$。对于 30℃ 左右的冷却水，可取 0.62$W/(m℃)$

α_4——管壁与冷却水之间热传膜系数 $[W/(m^2℃)]$

u——水流速（m/s）

ρ——水密度（kg/m^3）。取 1000kg/m^3

μ——水黏度 $[(Ns)/m^2]$，即 Pas。对 25℃ 的水取 $0.9×10^{-3}$ Ns/m^2

c_p——水的定压比热容 $[kJ/(kg℃)]$

式（4-9-16）可简化为

$$\alpha_4 = \frac{4187f(u\rho)^{0.8}}{3600d^{0.2}} \tag{4-9-17}$$

式中　f——与冷却介质温度有关的物理常数。f 可由表 4-9-5 查出。当水道平直段较短（短于 $50d$）、转弯较多时，f 可能增大一倍左右

水的流速 u 可根据动定模冷却水的体积流量 ϕ_i、ϕ_0 和孔径 d 算出。

表 4-9-5　　　　　　　　　　　　　　不同水温下的 f 值

平均水温/℃	0	5	10	15	20	25	30	35	40	45	50	55	60	65	70	75
$f×10^{-3}$	2.27	2.44	2.62	2.87	3.00	3.16	3.33	3.50	3.67	3.83	3.99	4.14	4.29	4.44	4.58	4.79

4. 模具冷却系统设计方法和步骤

按上述热传递分析可以计算出制品在规定生产能力下模具冷却水道所需冷却面积，再进行水道布置和冷却设计，但这往往比较困难，另一个途径是先根据模具结构按优化原则先进行水道布置和系统优化原则决定水道位置和水道面积再计算其传热速率是否满足生产能力的要求，然后进行调整和改进。由于模内水道开设位置和面积受限于模具结构，特别是型腔大

小及其在模板上的布置方式，因此按后一个方法较现实，在进行水道布置后确定水道尺寸、传热面积 A_{cp}，找出水道与型腔壁之间平均距离 d。在按工艺要求先决定型腔壁面温度 θ_{3m} 的前提下校核冷却速度能否满足生产需求，再进行冷却系统修改调整，使臻完美。

5. 冷却水道壁面温度的确定

冷却水道壁面温度 θ_{4m} 介于型腔壁温 θ_{3m} 和冷却水平均温度 θ_{5m} 之间，哪一边的传热系数大则壁温越接近于该边，可解热平衡方程式求出，由型腔壁传向冷却水道壁的热量等于冷却水道壁传给冷却水的热量。

令式（4-9-12）与式（4-9-14）相等，得

$$\frac{\lambda_2}{\delta} \times A_{cp}(\theta_{3m} - \theta_{4m}) = \alpha_4 A_4(\theta_{4m} - \theta_{5m}) \tag{4-9-18}$$

利用此式即可算出冷却水道壁面温度 θ_{4m}。

6. 制品冷却速度的校核

当 θ_{4m} 确定后，利用以上两式［式（4-9-12）和式（4-9-14）］中任意一式都可算出冷却介质在单位时间内带走的热量。与制品成型时单位时间放出的热量相比（见式 4-9-8 和式 4-9-9），若带走热量小于放出热量，则应改进初步设计的冷却系统，增加冷却面积，缩短型腔壁到冷却介质间的传热距离，加大冷却水道壁一边的给热系数等；若带走热量大于放出热量，但大得不多，则无需改动原设计的冷却系统，只要调小冷却水流量，将型腔壁的温度维持在最佳模温范围内即可。

（三）冷却水管总长度的计算及流动状态、流动阻力的校核

冷却水孔总长度计算，按 $A_4 = \pi d L$ 可得：

$$L = \frac{A_4}{\pi d} \tag{4-9-19}$$

式中　　d——水孔直径

要求冷却水在冷却通道内呈湍流，因此在设计中应对凹模和型芯的冷却水流动状态进行校核计算，使雷诺准数 $Re \geqslant 10000$。设计时，在已知冷却水体积流量后，通过正确选择和变换冷却水管的直径，或改变冷却水管间连接方式（串联、并联等），即可改变管内的流动阻力和流速，使雷诺准数在稳定的湍流范围内。雷诺准数 Re 可按公式（4-9-1）进行计算。

当每组冷却水从入口到出口串联长度过长时，在有限的压强下是不能达到湍流速度的，因此设计时还必须对模具内每组冷却回路的流动阻力进行校核，保证稳定的湍流状态。为达到要求流速 u，冷却水所必需的压力为

$$\Delta p = \frac{32 \nu \rho u (L + \sum L_e)}{d^2} \tag{4-9-20}$$

式中　　ν——在温度 θ_{5m} 时运动黏度（m^2/s），查图 4-9-1

　　　　u——冷却水平均流速（m/s）

　　　　L——该冷却回路长度（m）

　　　　L_e——冷却回路因孔径变化或改变方向引起局部阻力的当量长度（m）。其值由
　　　　　　　表 4-9-6 确定

表 4-9-6　　　　　　　　　　　　湍流时当量长度与孔径之比

局部阻力状态	L_e/d	局部阻力状态	L_e/d	局部阻力状态	L_e/d
45°转弯	15	90°转弯	30	180°转弯	60

（四）例题

设计聚丙烯（PP）制件成型模具定模边的冷却系统，制品为圆筒形，一模八腔，每个

制件重 15g，制件壁厚 2mm，注入塑料熔体温度 220℃，制件脱模时的平均温度为 80℃，成型周期 15s。

1. 计算制品冷却所需的时间

壁厚 2mm 重 15g 的圆筒形制品外表面积为：制品重/重度×壁厚＝15/0.91×0.2＝83（cm²）由表 4-9-2 查得 PP 热扩散系数 $a_1=0.67×10^{-7}$，塑件脱模时平均温度为 80℃，型腔壁表面温度取 60℃，按式（4-9-3）计算冷却所需时间为

$$t=\frac{S^2}{\pi^2 a_1}\ln\left[\frac{8}{\pi^2}\left(\frac{\theta_c-\theta_{3m}}{\theta-\theta_{3m}}\right)\right]=\frac{0.002^2}{\pi^2 0.67×10^{-7}}\ln\left[\frac{8}{\pi^2}\left(\frac{220-60}{80-60}\right)\right]=11.31 \ (s)$$

现假定成型周期为 15s，冷却时间约为成型点周期的 $11.31/15×100\%=75.4\%$，基本合理，在 15s 内模具持续地通水冷却。

2. 动定模边制品释放热量计算

设浇注系统重 20g，8 个制品和浇注系统总重：

$$0.015×8+0.02=0.14(kg)$$

查表 4-9-2 得 PP 潜热 $\gamma=1.8×10^2 kJ/kg$、比热容 $c_p=1.926 \ kJ/kg℃$，每公斤 PP 放出热量：

$$q=c_p(\theta_c-\theta)+\gamma=1.926(220-80)+1.8×10^2=449.64(kJ/kg)$$

平均单位时间放出热量：

$$Q=NMq=(1/15)×0.14×449.64=4.2(kJ/s)=4200(J/s)$$

设凸模在动模边，带走总热量的 60%（Q_i），型腔在定模边，带走总热量的 40%（Q_0），则

$$Q_i=4200×60\%=2520(J/s)$$

$$Q_0=4200×40\%=1680(J/s)$$

根据型腔的布置和模板尺寸，对定模边冷却水道初步布置如图 4-9-9 所示，水道围绕在塑件型腔周围，直径 $\phi10mm$。从型腔壁到冷却水的温度分布如图 4-9-10 所示。

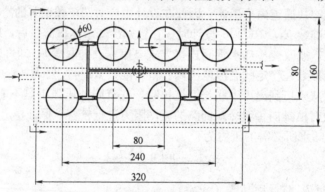

图 4-9-9　定模型腔水道布置图

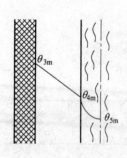

图 4-9-10　型腔壁到冷却水的温度分布

水道总长为

$$L=320×3+80×4=1280(mm)=128(cm)$$

水道表面积

$$A_4=\pi dL=\pi×1×128=40.2(cm^2)=0.0402(m^2)$$

定模边制品表面积加上分流道的表面积为

$$A_3=83×8+20=684(cm^2)=0.0684(m^2)$$

对数平均传热面积：

$$A_{cp}=\frac{0.0684-0.0402}{\ln\left(\frac{0.0684}{0.0402}\right)}=0.053(m^2)$$

初步假设冷却水进水温度 $\theta'_5 = 24℃$，出水温度 $\theta''_5 = 26℃$，水比热容 $c_{p2} = 4.18\text{kJ/kg·℃}$，动模边冷却水用量为

$$\varphi_i = \frac{Q_i}{\rho_1 c_p (\theta''_5 - \theta'_5)} = \frac{2.52}{1000 \times 4.18(26-24)} = 3.014 \times 10^{-4} (\text{m}^3/\text{s})$$

定模边冷却水用量为

$$\varphi_0 = \frac{Q_0}{\rho_1 c_p (\theta''_5 - \theta'_5)} = \frac{1.68}{1000 \times 4.18(26-24)} = 2.0 \times 10^{-4} (\text{m}^3/\text{s})$$

以下仅设计计算定模边的冷却系统：

冷却水在水道内流速为

$$u = \frac{\varphi_0}{\dfrac{\pi d^2}{4}} = \frac{2 \times 10^{-4}}{\dfrac{\pi \times 0.01^2}{4}} = 2.546 (\text{m/s})$$

校核雷诺准数，查图 4-9-1，

$$Re = \frac{ud}{\nu} = \frac{2.546 \times 0.01}{0.8937 \times 10^{-6}} = 28488.3 > 10000$$

是稳定的湍流状态，冷却水对水道壁的传热膜系数 α_4 按湍流公式计算：

$$\alpha_4 = \frac{4187 f(u\rho)^{0.8}}{3600 d^{0.2}}$$

式中 $f = 3.16$（25℃的水），则

$$\alpha_4 = \frac{4187 \times 3.16(2.546 \times 1000)^{0.8}}{3600 \times 0.01^{0.2}} = 4898.22 [\text{W/(m}^2 \cdot ℃)]$$

通过型腔壁金属层传向水道壁的热量和水道壁传向冷却水的热量相等，为 Q_0，水道壁至制品壁金属层的平均距离为 0.03m。

$$Q_0 = \frac{\lambda_2}{\delta} A_{cp}(\theta_{3m} - \theta_{4m})$$

$$Q_0 = \alpha_4 A_4 (\theta_{4m} - \theta_{5m})$$

令两式相等，

$$\frac{\lambda_2}{\delta} = A_{cp}(\theta_{3m} - \theta_{4m}) = \alpha_4 A_4 (\theta_{4m} - \theta_{5m})$$

对于钢导热系数 $\lambda_2 = 45\text{W/(m℃)}$，即

$$\frac{45}{0.03} \times 0.053(60 - \theta_{4m}) = 4898.22 \times 0.0402(\theta_{4m} - 25)$$

解得 $\theta_{4m} = 35.01℃$，$Q_0 = 1986\text{J/s}$

即按照图 4-9-9 所示的水道布置，在模具进出口水温仅升高 2℃ 的情况下可以带走 1986J/s 的热量，高于成型时塑料放出的热量 1680J/s，满足冷却的要求。若要使模温维持在最佳值，可稍许调低水流量。一般来说，冷却面积受制于水道布置，难以任意增减。从计算中可以看出，金属壁的热阻（这里壁厚仅 3cm）已大于冷却水与水道壁之间的热阻，国内外某些专著中认为金属壁热阻很小可忽略不计的设计计算方法是错误的。

三、常见冷却水路结构形式

1. 型芯凸模冷却水路结构

对于很低的模芯，可用单层冷却回路开设在型芯下部，如图 4-9-11 所示。对于稍高的型芯，可在型芯内开设有一定高度的冷却水沟槽，构成冷却回路，如图 4-9-12 所示，应注意周边密封，防止漏水。对于中等高度的型芯，可采用斜交叉管道构成的冷却回路，如图 4-9-13 所示。对于宽度较大的型芯，可采用几组斜交叉冷却管串联在一起，斜交叉不易获得

均匀的冷却效果，不是最好的方案。

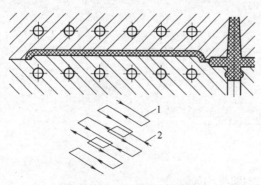

图 4-9-11　低型芯冷却通路
1—定模冷却水路　2—动模冷却水路

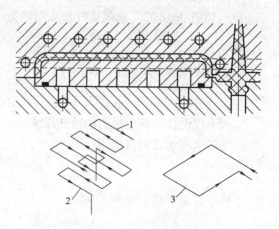

图 4-9-12　稍高型芯冷却通路
1—定模冷却水路　2—动模冷却水路
3—浇口套冷却水路

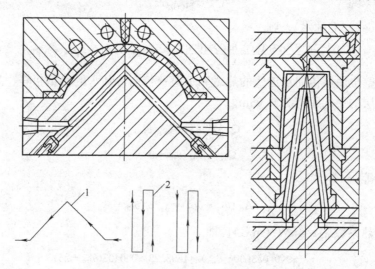

图 4-9-13　中等高度型芯的斜交叉冷却通路
1—动模冷却水路　2—定模冷却水路

　　对于高而细的型芯，可采用喷流式冷却。在型芯中心安置一喷水管，冷却水从型芯下部进入喷向型芯顶部，当制件的浇口开设在顶部中心时此处为温度最高区域，喷出的冷却水由喷管四周流回，形成平行流动冷却。如图 4-9-14 所示。

　　对于高而粗的型芯，可在型芯内开大圆孔，嵌入开有沟槽的衬芯，冷却介质首先从衬芯的中心水道喷出冷却温度较高的型芯顶部，然后沿侧壁的环形沟槽流动冷却型芯四周。沟槽既可开成圆环形再将两环间隔开通，也可开成螺旋形，这种方式对型芯四周冷却较均匀。如图 4-9-15 所示。

　　对于深腔大型制品来说，为使整个型芯都得到冷却，可以在型芯内钻多个孔，在每个水孔内插入纵向隔板，如图 4-9-16 所示。水从隔板一边向上流动翻过隔板后从另一边流出，然后顺序进入相邻的孔，水经过所有孔再流出模外。

　　也有将大型芯内部挖空进行冷却的，为了避免冷却水短路，安装一隔板使冷却水沿一定方向流动，如图 4-9-17 所示。

当型芯中有菌形阀或推杆时，冷却水道可避开中心阀杆（或推杆），如图 4-9-18 所示。

当型芯过于细长无法开设进出水通道时，则应采用导热性极佳的铜合金，例如铍铜合金等作型芯，让冷却水直接接触铜型芯的一端，而将另一端的热导出，如图 4-9-19（a）所示；也可在钢型芯内嵌入紫铜或铍铜棒，而将铜棒另一端伸入到冷却水孔中冷却，如图 4-9-19（b）所示。

2. 凹模冷却水路结构

对于浅的凹模，可在模板内钻单层的冷却水孔，孔与孔间用软管连接或在模板内采用内部钻孔的办法互相沟通，使构成回路，加工后

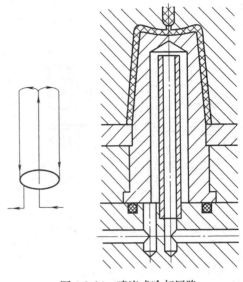

图 4-9-14　喷流式冷却回路

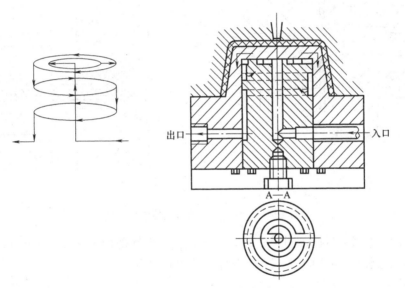

图 4-9-15　衬套式冷却回路

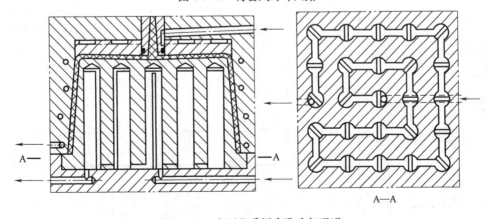

图 4-9-16　大型芯采用多孔冷却通道

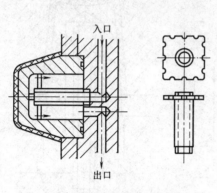

图 4-9-17　大型芯安装特殊隔板冷却

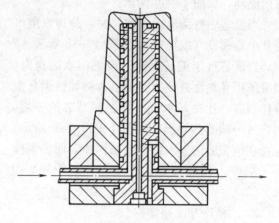

图 4-9-18　带菌形阀推杆的型芯冷却通道

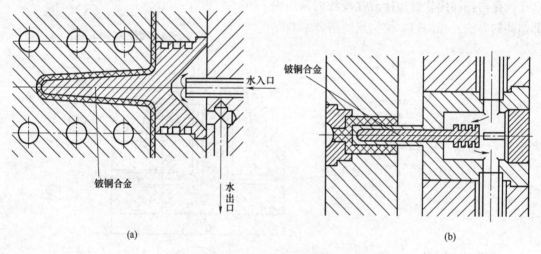

(a)

(b)

图 4-9-19　细小型芯通过铜棒传导热量

不需外接管的孔用堵头堵住。图 4-9-20 是围绕在型腔四周的冷却水路。图 4-9-21 是使模板左右均匀冷却的水道，可用于冷却一模两件扁平制品的凹模。

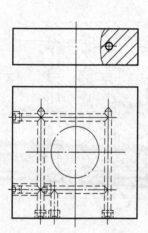

图 4-9-20　围绕型腔的冷却水道

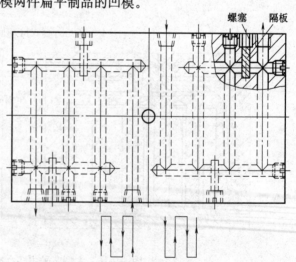

图 4-9-21　模板上对称布置的冷却水道

图 4-9-22 是一模多腔冷却水路布置。对于深型腔可采用几层水道。

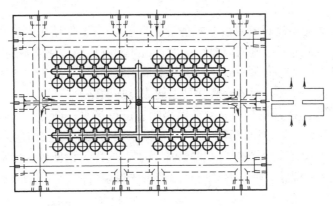

图 4-9-22　多腔模冷却水道

对嵌入式型腔，可在型腔嵌件周围开环形槽，也可将环形槽互相连通构成回路，如图 4-9-23 所示。或开螺旋形槽，如图 4-9-24 所示。这对于型腔高度大的型腔冷却更均匀，是一种推荐的形式。

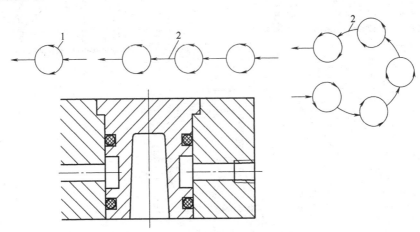

图 4-9-23　嵌入式型腔环形槽串通冷却方案

1—单腔冷却水路　2—多腔冷却水路

四、模具冷却新技术

1. 负压水路和逻辑密封冷却装置

普通冷却系统是将压力水送入模具冷却系统，当模具的水道通过镶拼结构交界处时，即使采用复杂的密封结构，仍易发生漏水的问题。因此经常只能将冷却通道开在型芯的固定板上，采用间接冷却方式，使型芯的冷却效率大为降低。

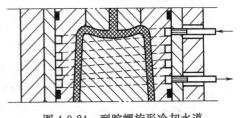

图 4-9-24　型腔螺旋形冷却水道

美国 Logic Devices 公司研制了一种负压冷却系统，通过特殊的容积泵来抽吸泵送模具冷却水路中的冷却水，使冷却系统中形成负压，

237

这样即使冷却水孔直接通过镶拼模块的镶拼缝，而不采用特殊的密封装置，也不会发生漏水的问题。

图 4-9-25 所示为使用逻辑密封装置的管状制品注塑模工作情况。这种装置可使冷却水从动模边的型芯直接跨过型腔进入定模，这种直通式回路特别适用于普通冷却系统无法冷却的细长型芯，只需要在型芯内钻一通孔。该装置采用电磁阀进行控制，以便在开模时立即停止通水并将管道中积水抽回，而闭模后能马上构成冷却回路。

图 4-9-25（a）表示在开模状态时动定模都同时进行吸水；图（b）表示在闭模的同时，电磁阀立即改变通路，在型芯和凹模之间开成冷却回路；图（c）表示在开模前的一瞬间电磁阀交换到图（a）的状态，回路中容积泵开始吸水，这样无论闭模还是开模状态冷却回路都不会发生向外漏水的现象，注塑时还可把型腔中的残余气体抽吸到水路中去。

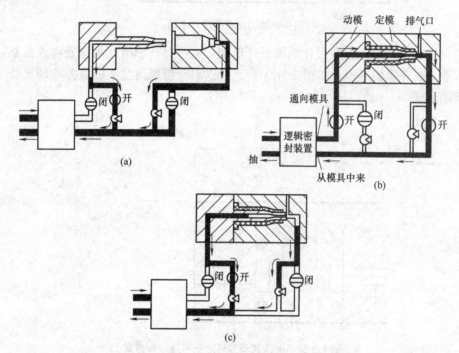

图 4-9-25　逻辑密封冷却装置工作情况

2. 热管冷却装置

前面已讲过将热管技术用于热流道模具的加热，同样热管技术也可用于模具的冷却。

热管有极高的导热率，其导热率约为同样大小铜棒的 1000 倍，因此能迅速将型腔内的热导出。例如采用水作为工作液的热管，当管内压力为 13.3Pa 时，水在 27℃时就能沸腾，为使热管中的水易于沸腾蒸发，热管在封装时应在低温下抽气全 0.13Pa，该类热管适用于某些模具的冷却，它既可安放在型芯中冷却，也可将该热管制作在推杆或拉料杆内兼起冷却的作用。

图 4-9-26 所示是使用热管冷却型芯的一个实例。根据有关资料介绍，将热管用于注塑模的冷却，至少可缩

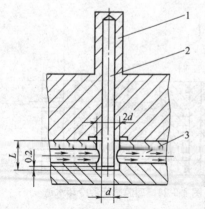

图 4-9-26　用热管冷却型芯
1—型芯　2—热管　3—水道

238

短注塑成型周期的 30%以上，并能使模温恒定。目前在日本注塑模中采用的热管已标准化、商品化，在发达国家中的应用已逐渐推广。

第十节　气体辅助注塑成型制品设计和模具设计

一、概　述

气体辅助注塑成型是为了克服传统注塑成型的局限性而发展起来的一种新型注塑成型工艺，自 20 世纪 90 年代以来受到了普遍的关注，被认为是继往复螺杆式注塑技术之后的注塑成型的第二次革命。

它的工艺过程是先在模具型腔内注入部分或全部熔融的树脂，然后立即注入高压的惰性气体 N_2，利用气体推动熔体完成充模全过程，同时填补因树脂收缩后留下的空隙，在塑件固化后将气体排出，再脱出中空的塑件。气辅注塑成型工艺大致分为：树脂注射、延时、气体注射、气体保压并冷却、排气、脱模几个阶段，如图 4-10-1 所示。

气辅注塑成型可分为短射（short shot）和满射（full shot）两种形式。图 4-10-2 所示为短射，适用于厚壁的充模阻力不大的塑件，特别是手把之类的棒状制件，可节省大量原材料。短射时先向型腔注入部分树脂（一般只充入型腔体积的 50%～90%），之后立即在树脂中心注入气体，靠气体的压力推动树脂充满整个型腔，并用气体的压力保压，直至树脂固化，然后排出气体，获得一空心的塑件。图 4-10-1 所示的循环周期图就是短射循环。而对于薄壁的充模阻力较大的塑件，最好采用满射成型。所谓满射是在树脂完全充满型腔后才开始注入气体，如图 4-10-3 所示，树脂由于冷却收缩而让出一条流动通道，气体沿通道进行二次穿透，不但弥补了塑料的体积收缩，而且靠气体压力传递进行保压，由于在气体通道中几乎没有压力损失，保压效果更好。满射后期形成气体通道的尺寸和穿透深度与制品体积和塑料收缩率成一定比例。

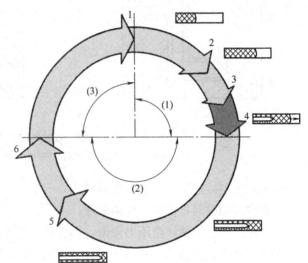

图 4-10-1　气辅注塑循环周期图

1—循环开始　1～2—注入树脂　2～3—延时
3～4—注入气体　4～5—气体保压　5～6—气体泄压（排出回收低压气体）　6～1—启模阶段

（一）气辅注塑技术的特点

采用气辅技术具有以下优点：

① 能消除厚壁塑件的表面凹陷；

② 气体保压气相的压力梯度很小，传压效果好，可降低制品内应力，同时减少翘曲变形；

③ 制件尺寸精度和形位精度高；

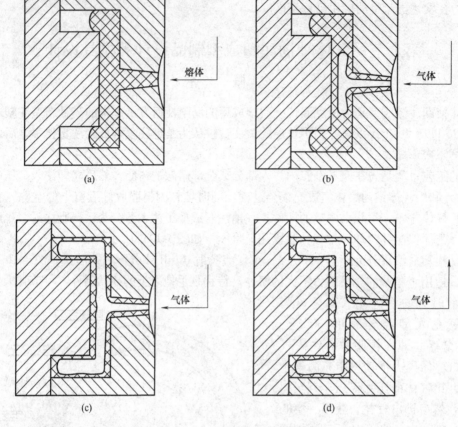

图 4-10-2　短射气辅注塑过程

(a) 注射　(b) 气体推动熔料并穿透　(c) 气体保压　(d) 排气

④ 节约原料，短射成型节约最高可达 50%；

⑤ 减少冷却时间，使生产周期缩短；

⑥ 采用短射技术使注塑压力降低，同时所需锁模力也大幅度降低。气辅注塑压力约为 7～25MPa，而普通注塑为 40～80MPa 或更高。如图 4-10-4 所示，气辅图中曲线的两个峰，前者为熔体压力峰，后者为气体压力峰。

普通注塑的制品为了减小制品缺陷，必须强调壁厚的均匀一致，而气辅注塑可成型制品壁厚相差悬殊的制品，这样就可把普通注塑时由于壁厚限制必须由多个零件组装而成的制品重新设计成一体。还可采用粗大的加强筋作为气体通道，使制品刚性更好，浇口数目减少。由于有以上优点，气辅注塑被广泛应用。

塑料熔体进浇位置、气体注入口位置和气道位置应根据成型制品的形状进行确定。较早期的气辅注塑技术，气体注入口与塑料熔体浇口同在一处，现在气体入口可根据需要在模具上设置气针，在任意时间进入塑件的任何部位。

(二) 气辅注塑适用制品范围

气辅注塑成型制品的品种和范围很广，许多用普通注塑成型方法难以成型的制品可改用气辅注塑成型。它主要用来成型以下三大类制品。

1. 特厚的棒状制品

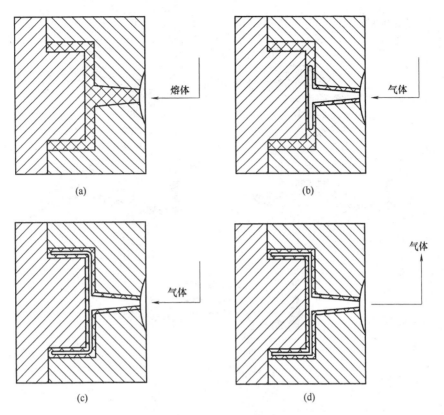

图 4-10-3 满射气辅注塑过程
(a) 注射　(b) 气体穿透　(c) 气体保压　(d) 排气

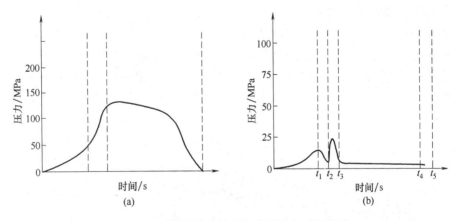

图 4-10-4 普通注塑与气辅注塑压力与时间关系
(a) 普通注塑　(b) 气辅注塑

　　如建筑物门把、汽车握把、窗框、圆或椭圆断面的坐椅扶手等，这些特厚塑件用普通注塑成型方法是难以成型的。如图 4-10-5 所示为用短射的方法成型汽车握把的情况，可以看见气体通过受液压缸操纵的气针进入制品，它与塑料浇口不在同一位置，当注入一定体积的塑料后才开始注入气体。

　　进气阀的结构很多，图 4-10-6 所示为 Cinpres 公司推出的一种结构，其中图 (a) 为进气阀插入制品，图 (b)、(c) 分别为进气阀关闭、进气和排气的位置。

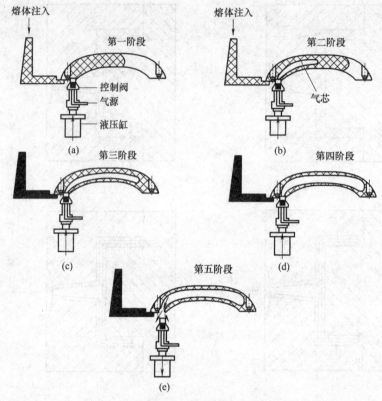

图 4-10-5　汽车握把的短射气辅成型

（a）塑料注入　（b）气体注入　（c）气体推动熔料　（d）保压冷却　（e）气体排除

2. 大型板状有加强筋的制品

如桌面等可以利用平板的中心作为气体入口起点，呈辐射状设数根加强筋，以加强筋作为气体通道。其优点有二：一是可降低锁模力，因为保压阶段气体压力介于 7～18MPa 之间，而普通注塑压力为 40～60MPa，大型薄壁制品甚至要采用 100MPa 以上的压力；二是由于气体能几乎无损失地传递压力，因此保压效果很好，制品内部压力差小，内应力因而降低。

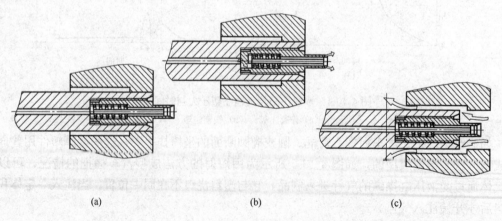

图 4-10-6　Cinpres 公司进气阀

（a）熔体注射时针阀关闭　（b）在气体压力作用下针阀打开　（c）在气针缩回时排气

通过制品上的加强筋传递气压的情况如图 4-10-7 所示。该例子是采用满射成型，即在注塑第一阶段塑料熔体即已充满型腔，当塑料冷却收缩时气体在高压下进入型腔，由于加强筋的断面尺寸较大，因此在保压过程中它成为了气体通道。

通过气路传压补料效果好，加强筋增加了制品刚度，因此塑件的壁厚可明显减薄。如图 4-10-8 所示为条形带翼的塑件，浇口在一端的中心，两边有加强筋，使压力能顺利传到制品端部，两侧有两个气体注入口，加强筋中心形成了矩形和三角形的气体通道。图 4-10-9 所示的大型平板状制品，板的下方有一长条形窗口，通过数条加强筋分别将注气压力传递到整个板面。图 4-10-10 为一个矩形桌面的断面，可以看到几条加强筋断面被气流淘空的情况。

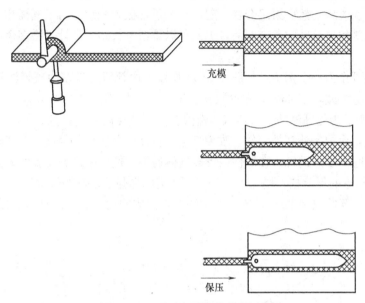

图 4-10-7 通过加强筋传递保压压力

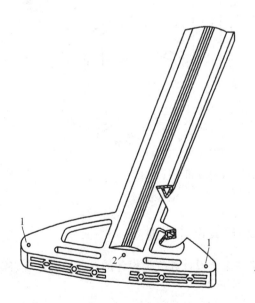

图 4-10-8 两侧带加强筋气路传递保压压力
1—气体注入口位置 2—塑料熔体浇口位置

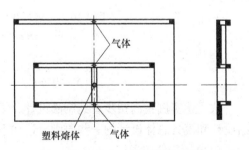

图 4-10-9 带窗口的板状制品熔体
注入和气体注入位置

243

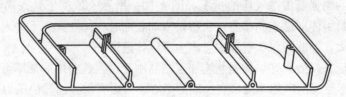

图 4-10-10　气辅成型塑料桌面的断面

3. 大型的、厚薄不均的复杂塑件

如果采用普通注塑成型，这类塑料制品是不可能一次成型的，只能分解成大小不同厚薄较均匀的零件分别成型，然后再组合在一起，工艺过程极为麻烦。由于气辅注塑能成型投影面积大，而且厚薄相差悬殊的塑料制品，据此可以重新进行制品设计，将多个零件合成一体一次成型。

电视机前框可作为一个例子，如图 4-10-11 所示。电视机前框改为气辅注塑成型，制件经重新设计后，重量减轻了 26％，零件数减少了 54％，锁模力减小约 30％。

图 4-10-12 所示为气辅注塑马自达汽车保险杠。传统保险杠由护条、外杠、内补强杠及油压减振器组成，除护条外都是钢件。改为气辅注塑件后上述零件合成一个塑料件，省去了钢件，从模具型腔上多点进气，在制件内形成气体通道，使原来最难克服的表面凹陷圆满解决，用填充 PP 制造的保险杠，增加了作为气体通道的加强筋后其刚性增加 60％，油压减振器也不再需要了。壁厚仅 2.8mm，比多个零件组合构成的前、后保险杠分别减轻了 37％及 24％的重量。

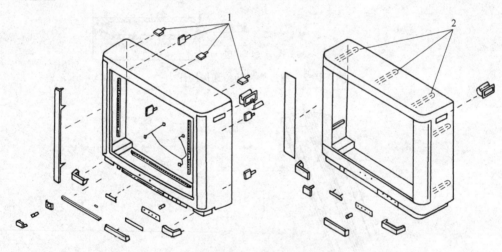

图 4-10-11　普通注塑和气辅注塑电视机前框比较
1—粘接零件　2—整体式设计

二、气辅成型制品和模具设计原则

从上述实例我们初步看到制品设计、模具浇注系统设计和气道设计的一些轮廓，现将制品设计和模具总体设计的一些原则分述如下。

1. 气道网络

大型制品布置气道时要使气道构成进气的网络，网络末梢要直达制品的远端，既能推动熔体在短期内充满整个型腔，又能获得均匀的保压效果，如图 4-10-13 为一桌面的加强筋进气网络。对于矩形平板制件采用通向四角的叉形气道，其压力分布优于十字形气道网络，十字形气道网络末端容易产生气体渗透（手指效应，见下），如图 4-10-14 所示。

此外，如果希望气道连续贯穿，则应注意，当两股气流前沿汇合时会产生熔体阻断，因此气道不能连续贯通，所以当需要制品的芯部完全中空时应避免气道形成封闭环。

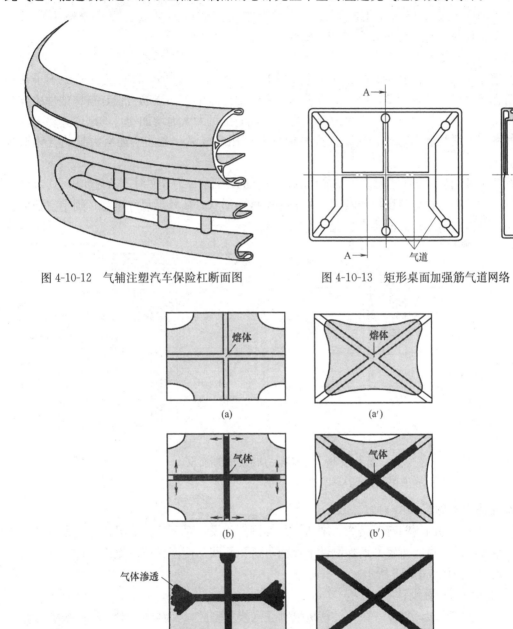

图 4-10-12　气辅注塑汽车保险杠断面图　　　　图 4-10-13　矩形桌面加强筋气道网络

图 4-10-14　矩形制件的两种气道网络比较

2. 气道壁厚和塑件壁厚

塑料的气道部分和实心部分的截面壁厚应相差较悬殊，以确保气体在预定的通道内流动，而不会进入邻近的实心部分。如果气体穿透到实心部位将其淘空，则产生所谓的手指效应，图 4-10-14 中气体渗透进入薄壁部分即手指效应，这将影响制品的总体强度和刚性。

同时，气道的断面尺寸也不宜过大，过大的气道会引起聚合物熔体和气体的跑道效应，即熔体和气体迅速沿气道流动，而不流向薄壁实心部位，最后导致充模不满。一般取气道断面尺寸为薄壁实心壁厚的 2～4 倍。

塑件的壁厚除了棒状手把类制品外，对于非气体通道的平板区而言壁厚不宜大于 3.5mm。壁厚过大也会使气体穿透到平板区，产生手指效应。

3. 塑件上的加强筋

普通注塑件的加强筋厚度应比塑件主体壁厚薄（约为其一半），即使这样也免不了在加强筋所在壁的对面产生凹陷，因此应少采用。在气辅注塑中，加强筋可设计得比塑件主体壁厚大得多，作为气体通路，不但可避免产生凹陷，而且可大大地增加塑件的刚度；粗大的加强筋通常不会增加制品总重，这是因为平板部分可相应减薄，在筋中还有大量的气体形成中空。

图 4-10-15 所示为气体辅助注塑成型制品上筋的设计，s 为塑件主体的壁厚，其余尺寸按图下公式计算，在此范围内能获得较好的中空截面形状。如外形尺寸不当，则中空截面会有尖角，制件在承受外力时会产生应力集中。

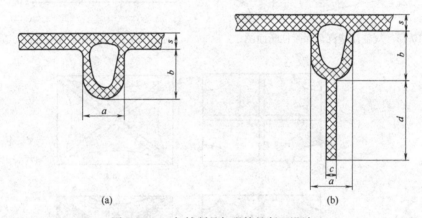

图 4-10-15　气辅制品加强筋的断面设计

(a) 普通筋 [a、b=(2.5～4)s；s=2.5～3.5mm]　(b) 高筋 [c=(0.5～1)s；d=(5～10)s]

4. 制品上的侧凹

普通注塑制品的侧凹有时是为了增加制品的刚性而设，对于这种情况，若改为气辅注塑制品，则可借助气道的布置来增加刚性，从而可避免侧凹，使模具结构简化，有时可避免侧向抽芯机构。如图 4-10-16 所示。

5. 气体注入位置设计

早期的气辅注塑，气体一律从注塑机喷嘴注入模具型腔，其结构一般是在注塑机喷嘴孔中心设有一注入气体的细管，塑料熔体从细管外圈环形流道注入型腔，注料和注气的时间由不同的系统分别控制，如图 4-10-17 所示。注塑完成后在开模前必须先退回注塑座，以便释放出气体。当气体由注塑机喷嘴注入后常需流动引导，把气体导向制品所需的区域。

目前采用固定式或可动插入式气针，放气时注塑机的注塑座和喷嘴无需后退，设计者可把进气点设在制品所需要的任何位置上，而无需流动进行引导，从图 4-10-18 所示的手柄气辅注塑可看出两个方法对制件所带来的差异。图 4-10-19 所示的厚边缘板形制品，以边缘周围作气体通道，也可以看出分别另设气针注入效果更佳。

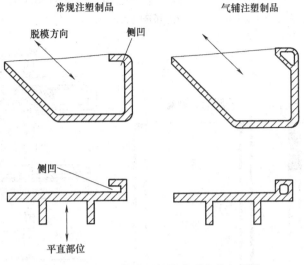

图 4-10-16　塑件改用气辅成型来避免侧凹

当气体进入多分支的气道时，气针插入的位置显得十分重要，若不能使各分支流动平衡，将产生气体对各个分支淘空率不相等的情况，如图 4-10-20 所示。这时可改变气针位置或变化各支路流动阻力，以免某些分支内存在有长距离的未淘空区域。

在一个制品上可以采用多根气针，而且这些气针可以在不同的时间以不同的压力进气，这样可采用多个保压程序

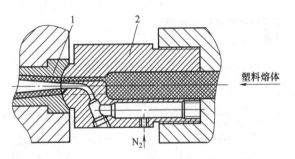

图 4-10-17　经由喷嘴进气的气辅注塑喷嘴
1—主流道衬套　2—注射机喷嘴

作用在同一制品上，使制品达到最佳的效果。在多腔模中可以对每一个型腔分别安置气针，以达到各型腔分别控制的目的。

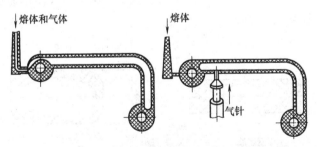

图 4-10-18　通过注塑机喷嘴进气和气针进气的比较

6. 气泡扩展方向以及塑料熔体和气体注入位置

气泡扩展方向与塑料熔体流动方向最好相同。

塑料熔体和气体的注入口最好设在制件壁厚的地方，厚壁处不宜作为流动的末端。

7. 气道部分塑件外形设计

由于气体在流动中会自动寻找阻力最小的路径，因此沿流动方向，气道不会形成与塑件外形同样尖锐的转角，而会走圆弧捷径，这样会造成气道壁厚不均。采用逐渐转变的带圆角的外形可获得较均匀的壁厚，如图 4-10-21 所示。

从气道的横断面看，气体倾向于走圆形断面，因此气道部分塑件外形最好带圆角，同时其断面高度与宽度之比最好接近于1，否则气道外围塑料厚度差异较大。如图 4-10-22 所示，图（a）的形式是不好的，应采用图（b）的断面形状。

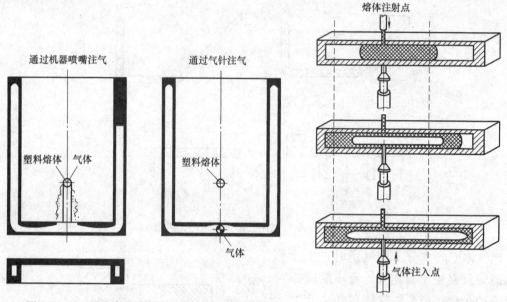

图 4-10-19　厚边缘板形制品两种进气方式比较

图 4-10-20　进气位置与气流淘空距离关系

图 4-10-21　气道纵向流动路径和壁厚

8. 气体通道长度的控制

对于短射来说，注入气体前塑料熔体充满型腔的百分率和开始注气的延迟时间是控制气体通道长度的主要因素。此外，塑料的进一步收缩也会使通道继续加长，注气之前如注入塑料太多，将会使气体流动长度不够，如图 4-10-23 所示；但如果注入的塑料太少，则会使气体迅速地穿破塑料流动前沿，而造成废品，如图 4-10-24 所示。

还有两个办法来控制气体穿透长度，即采用过溢出法气辅注塑或抽模芯法气辅注塑。过溢出法可较准确地控制气体通道长度，其办法是当型腔几乎注满或完全注满时，通往过溢出型腔的阀开启，气体将塑料推入过溢出腔，在制件内部形成气体通道，如图 4-10-25 所示。普通气辅注塑成型时，由塑料射出转变到气体射出，会使流动前沿速度改变，往往在塑件表面造成可见的不良痕迹，当塑料注满

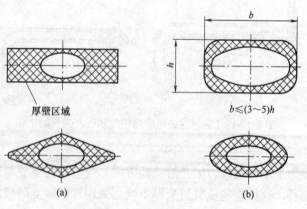

图 4-10-22　气道断面形状和壁厚

248

整个型腔后再采用过溢出技术可以避免产生这种缺陷。抽模芯形成气体通道的模具如图 4-10-26，当注塑模型腔充满后型芯开始向后退缩，同时通入高压气体，这样便形成了气体通道，塑料由于体积收缩还会向制件的下方形成气体通道，如图所示。

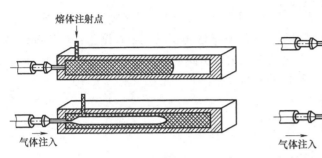

图 4-10-23　气体穿透长度不够

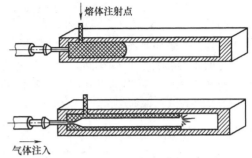

图 4-10-24　气体穿破塑料流动前沿

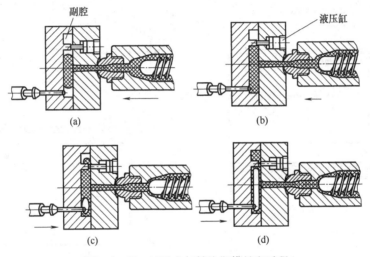

图 4-10-25　过溢出气辅注塑模具和过程

满射成型时，气体通道是由于塑料熔体冷却收缩形成的，所形成气道长度主要取决于原材料体积收缩率、制件体积大小和气道断面尺寸。对于 ABS、聚苯乙烯类塑料，虽然其模塑收缩率只有 0.6%～0.8%，但注塑时熔体体积收缩率仍有 10%；对于 PE、PP 类塑料，其体积收缩率可高达 20%，即收缩使制品内的气体体积约占 20%体积。据此可对气体通道做大概地估算。

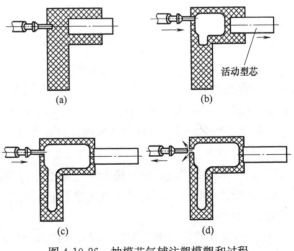

图 4-10-26　抽模芯气辅注塑模塑和过程

例如图 4-10-27 所示的制品总体积为 100 单位体积，用 PP 成型时体积收缩率为 20%，如果气体通道内气道横断面积为 1 单位面积，则气道长度为：20÷1＝20 单位，基本能贯穿制品整个长度，能产生良好的保压效果。现若采用 ABS 成型，其收缩率仅有 10%，只能产生 10 单位体积的气道收缩，气道长度为：10÷1＝10 单位，不能贯穿制品全长，未能达到最佳的压力传递状态。

现将类似的 ABS 制件，气道外围尺寸改为 1×1 单位面积，所形成的气道断面尺寸为 0.5 单位面积，制品总体积为 100 单位体积，收缩 10 单位体积后气道长度为：10÷0.5＝20 单位。这时也与塑件总长度相同，能很好地传递压力，由此可见加强筋等气体通道的断面尺寸并不是越大越好，适当的尺寸能达到最佳的补缩效果。

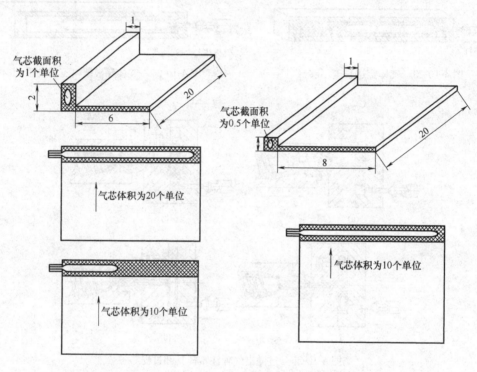

图 4-10-27　PP 和 ABS 气辅成型塑件的气体通道长度计算图

三、气辅模具设计计算机辅助工程

通过上述内容的学习，对气辅成型塑件设计和模具设计有了基本的了解，但由于影响因素很多，很难将各因素对最终产品的性能和外观的影响考虑完整，常需在试模时不断地修改和调整，造成人力和物力的浪费。

目前已有气辅注塑成型 CAE 软件问世，如美国、德国等公司开发的气辅软件，通过有关软件可解决：

① 在计算机上实现熔体充模和注气前推全过程的模拟。

② 对各种方案的进浇点和注气点进行选择比较，在一个复杂的制品内确定气体网络的布控和它的尺寸。

③ 对满射和短射成型，能对注入时间以及料温、模温、压力、剪应力、剪切速率、熔体前沿移动速度等工艺参数和制品质量进行选择比较；对短射时熔体注入量进行模拟比较，找到节约能量和原材料用量的最佳方案。

④ 预测各种缺陷发生的部位、原因，找出克服的办法。

通过 CAE 分析可优化制品和模具设计，减少修模的工作量。由于有了气辅工程软件，气辅产品的并行工程才得以进行。

如果没有计算机模拟工具，要想通过实验来确定适当的气道网络并优选出生产理想制品的各项工艺条件，例如短射时聚合物预注的体积量，将是十分困难的，而且会耗费大量的人力和物力。应用气辅注塑 CAE 软件进行模拟是一个既经济又方便的方法。

图 4-10-28 所示是对一个冰箱底板，采用 C-Mold 气辅软件 C-GASFlow 进行分析的结果。底板最初采用 ABS 树脂，用普通注塑方法成型，制品发生了严重的翘曲变形，采用气辅后改用价格低廉的 PP 树脂成型，最大注塑压力从普通注塑的 60MPa 降低到 20MPa，然后用压力 15MPa 的气体进行注气和保压，不但避免了翘曲变形、降低了成本，而且使制品刚度增加。图（a）中制品上的曲线为熔体流动前沿的等时线；线与线之间时间间隔为0.38s，粗线为开始气体注射时熔体前沿位置，在浇道中格子状的横线为气体注射时气体流动前沿的等时线；图（b）为气体保压结束时（17.39s）气体穿透位置预测，从图中看出只有很少地方有气体渗透现象；图（c）为整个充填过程完成时制品中压力分布轮廓，整个制品的压差小，仅 10MPa 左右，翘曲变形小。

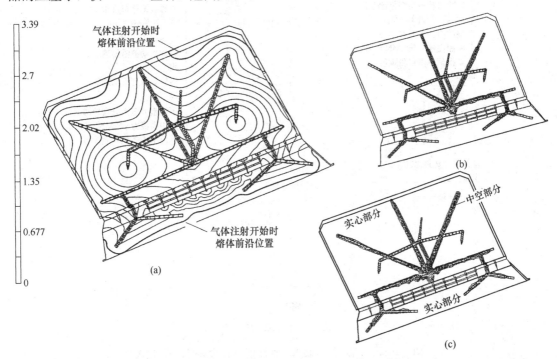

图 4-10-28　气辅注射成型冰箱底板采用 C-GASFlow 软件分析结果
（a）熔体流动前沿等时线和气体穿透前沿等时线（时间间隔 0.38s）
（b）气体保压结束时气体穿透状况预测（在时间为 17.39s 时）
（c）充填过程完成时压力分布轮廓预测

图 4-10-29 为一个 27in 的彩电前框，用它来进一步说明气辅注射成型 CAE 分析的步骤和内容，分析软件为 C-GASFlow。采用普通注塑时，该制品壁厚为 3mm，最大注塑压力为140MPa，锁模力 16.4MN，充模时间 5s，如左图所示，分析内容如图下方框中所示。中间一图表示改为气辅后气道网络设计，图中为经优化得到的气道网络，同时还对制件结构（加

强筋大小及位置等）进行设计，制件壁厚改为 2.7mm，减薄 10％。右图为气辅注塑分析，分析内容标在图下方框中，注塑时要求熔体前沿移动速度恒定，以降低制件翘曲变形，在设定气压为 40MPa 后，通过气辅软件得到理想的气压分布图，进一步预测锁模力为 6.67MN，比普通注塑降低了 60％，最大熔体压力为 57MPa，也降低了 60％。本例可作为气辅 CAE 分析的方法和步骤的总结性说明。

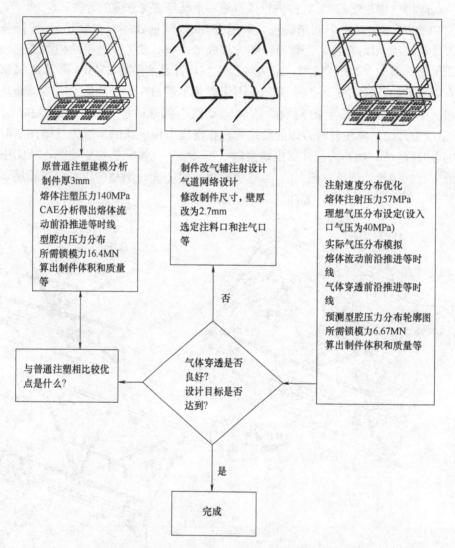

图 4-10-29　普通注塑改为气辅注塑前后的 CAE 分析比较

第十一节　多组分注塑成型模具

　　多组分注塑成型是指通过专门的注塑装置将两种或两种以上的聚合物熔体按一定的程序注入同一注塑模具的同一型腔（或包覆在同一模芯上），最终得到由不同颜色或不同性能或不同价位的多种聚合物材料组合构成的制品。不同聚合物间靠粘接再辅以凹凸嵌合结构相结合为一个整体。多组分注塑成型有夹芯注塑成型、包覆注塑成型、三明治成型、双色（双组分）注塑成型。本书仅对基于特殊模具技术的双色双组分注塑成型模具做一介绍。

早期双色双组分注塑制品都是采用包覆注塑或二次注塑获得，它是指将第一种材料注塑得到的注塑件作为嵌件置于第二副模具内进行第二种材料的注塑，得到由两种材料组合在一起的制件。这种方法的缺陷是：①生产效率低；②材料间结合强度不及在高温下结合的强度高；③由于两者温差大，收缩率差异大，制品内应力大，塑件强度明显降低；④外观质量差，常发生翘曲变形等情况。采用双组分注射成型技术时，注塑周期短，生产效率高，废品率低，重复精度高，质量稳定，能生产较复杂的双组分制品。

双组分注塑必须要用双组分注塑机，机器配置有两个料筒，同时分别塑化两种不同的塑料。根据两料筒轴线在空间位置的不同，可分为垂直式注塑机（其中一料筒垂直布置）、夹角式注塑机、两料筒平行的平行式注塑机和两料筒均为水平布置并相互垂直的直角式注塑机。模具设计必须与机器的形式及相关技术参数配套。

现对双组分注塑机常见的各种模具结构叙述如下：

（1）动模模芯（或阀门）后退式双组分注塑模 动模边的模芯或阀门一般由液压缸驱动，如图 4-11-1 所示，图中制件由软硬聚氯乙烯两组分构成，先锁紧软 PVC 成型空间的模芯，由料筒 3 注塑硬 PVC，成型后在较高的温度下退回模芯，立即由料筒 4 注塑软 PVC。这种模具结构紧凑，主要用于双组分大中型制件成型。

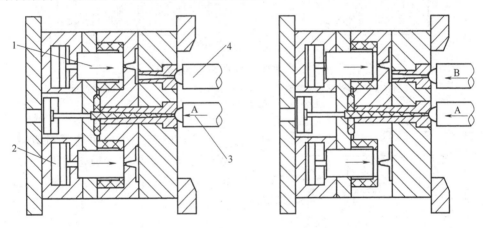

图 4-11-1　动模模芯后退式双组分注塑模
1—伸缩型芯　2—液压油缸　3—大型腔注塑料筒　4—小型腔注塑料筒

（2）托芯转件式双组分注塑模 如图 4-11-2 所示，第一次注塑时模具闭合，由料筒 C 对型腔进行第一组分注塑，成型制品内层；然后开模，托芯旋转机构利用齿轮轴将坯件推出型腔再作 180°转动；然后合模，使模芯连同坯件 A 转到上方，由料筒 S 进行第二组分注塑；成型后开模，由机械手取出制件。生产中两个型腔不间断地分别注入不同的料，每次开模都有制件脱出。这类模具效率高，适用于大批量生产高精度中小型制件，模具结构较复杂，价格较贵。

（3）动模旋转式双组分注塑模 参见图 4-11-3，该模具有大小两个型腔，成型时先由料筒 C 注射第一组分充满小型腔，开模后坯件留在动模板上，打开模具的旋模机构围绕中轴线将模板旋转 180°再次合模，合模后小坯件嵌入大型腔，这时由料筒 D 向大型腔注塑第二组分，充满预留的空位，得到双色双组分制品。这类模具适用于成型中小型制件，它的效率高，应用较广泛。

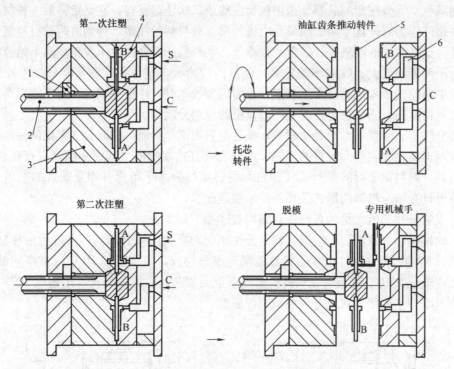

第一次注塑 4

油缸齿条推动转件 5

B
S
1
2
3
A
C

托芯转件

第二次注塑

A
S
C
B

脱模 专用机械手

A
B

图 4-11-2 托芯转件式双组分注塑模
1—油缸推动齿条 2—齿轮轴 3—动模 4—定模 5—型芯 6—热流道喷嘴

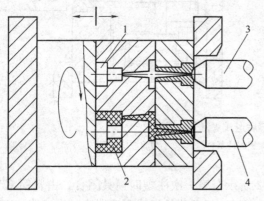

1
3
2
4

图 4-11-3 动模旋转式双组分注塑模
1—小型腔 2—大型腔 3—小型腔注
塑装置 4—大型腔注塑装置

（4）型芯滑动式双组分注塑模如图 4-11-4 所示的制品为由两种不同塑料构成的双层壳体，模具的定模边有两个大小不同的型腔，小型腔成型内层壳体，大型腔成型外层壳体。利用模具下方的油缸活塞杆推动模芯，模芯先与小型腔组合，注塑成型内层坯件，开模并推动型芯和坯件到与大型腔组合的位置，合模后进行外层塑料的注射，即得到一完整的制品。

（5）型腔滑动式双组分注塑模如图 4-11-5 所示，制品为与图 4-11-4 类似的双组分双层壳体，与图 4-11-4 不同的是模具的型芯处于不动的中心位置，而拼合在一起

的两个型腔被上下推动。第一次注塑时物料注入型腔 5 成型制品内层，第二次在型腔 4 中成型制品外层，图中两个组分的流道均采用热流道喷嘴。

应指出的是，型芯（或型腔）滑动式的双组分注塑，在每一循环中只有一个组分的料筒在进行注塑和保压，而另一料筒处于等待中，因此成型效率较低，它适用于成型尺寸较大的双组分注塑件。

双组分注塑中，同种不同色的塑料注塑时，界面之间的粘合较好。但在汽车工业等所需要的双组分制品中，常采用不同的弹性体材料与刚性塑料组合的制品，这时应解决好不同材

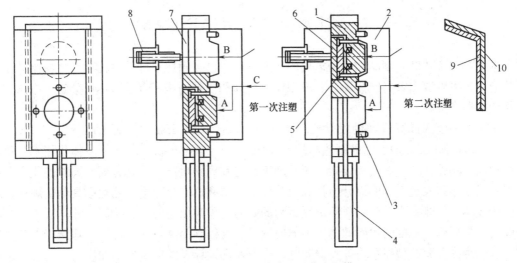

图 4-11-4　型芯滑动式双组分注塑模

1—可滑动型芯　2—定模型腔　3—定位销　4—推拉油缸　5—弹簧　6—推板

7—动模　8—推出油缸　9—制件内层　10—制件外层

料之间粘合力的问题，同时最好在结构上使两种料间利用凸凹、燕尾槽等相互嵌合，增加结合力，弹性体与刚性体共用时，软硬 PVC 双组分共注粘合较好，是经常采用的。此外，还要注意两种材料成型时热收缩差异要越小越好，以免发生变形翘曲。在满足上述要求的前提下，还要仔细调整两个组分的加工参数，例如成型周期等，使其能相互兼顾和匹配。

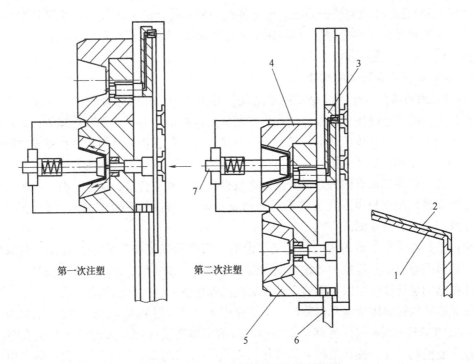

图 4-11-5　型腔滑动式双组分注塑模

1—制品内层　2—制品外层　3—热流道系统　4—注塑外层型腔

5—注塑内层型腔　6—油缸推拉活塞杆　7—制件推杆

第十二节 注塑模 CAD/CAE/CAM 技术

本书第二章"塑料制品和成型模具的研发程序"已经阐述了计算机技术在塑料制品设计中的应用，可以看出塑料制品设计、成型模具设计和模具制造三者是密不可分的，应该进行一体化的综合考虑。

采用注塑模的计算机辅助设计 CAD（computer aided design）、辅助工程 CAE（computer aided engineering）、辅助制造 CAM（computer aided manufacture）一体化技术，包含了对塑料制品设计、成型模具设计、模具加工制造和模塑生产工艺几方面的同时优化。可以提高塑料制品和成型模具的设计质量和设计速度，提高标准化程度，缩短模具制造周期，降低生产成本，并能省去设计者简单重复劳动的时间，模具结构的人工绘制被计算机自动绘制所取代，数据库、标准图形库的选用不但使设计速度得到提高，而且使设计师能集中精力考虑模具的总体方案、型腔结构等关键问题，充分发挥设计者的创造性。在注塑模具设计制造中运用 CAD/CAE/CAM 一体化技术是获取工程最大经济效益的一种现代化手段。大量统计表明，采用 CAD/CAE/CAM 技术在节省时间、降低成本方面也是突出的，有资料认为它可以使模具设计时间缩短 50%，制造时间缩短 30%，成本下降 15%，塑料原料节约 7%。

一、注塑模 CAD 技术

工业上计算机辅助设计 CAD 有通用系统和专用系统之分，通用系统用于普通机械设计，完成机械或零件的造型、绘图和数控加工；而专用 CAD 系统开发用于专业机械设计，其中注塑模 CAD 已形成较完整的系统，可支持注塑模具设计的各个过程，如模具型腔的布置、制品尺寸向型腔尺寸转化、分型面选取、模具标准件选用、浇注系统设计、冷却系统布置等。注塑模 CAD 主要内容如下。

（一）塑料制品几何形体的构建

CAD 技术最重要的一个功能是塑料制品几何形体的构建，即通常所说的建模。它是采用一套合适数据结构来描述三维物体的几何形状，形成能被计算机识别和处理的信息数据模型。该模型包含了三维物体的几何信息和拓扑信息，几何信息描述几何实体在欧式空间中的位置和大小，可以用数学式来描述；拓扑信息指构成几何实体中各几何元素的数目和它们的连接关系。几何形体主要有四种建模方法，即线框造型、表面造型、实体造型、特征造型。

线框模型是用顶点和顶点间棱边连线来构成物体框架进行造型的一种方法，它结构简单，易生成三视图、透视图。

表面模型是在线框模型的线框间定义了曲面，它在研究复杂型面零件设计中有重要作用，能表现出函数曲面如齿轮、叶轮、抛物面、仿形曲面如汽车外壳、电话外壳等。

实体模型则是计算机可以处理的、无二义性的和信息完整的真实物体的数字表示，实体模型能够完整地描述物体所有几何特征。实体模型不仅可以用来表示三维实体，而且对于完成许多 CAD/CAE/CAM 的任务都是适用的。目前实体造型（solid modeling）正在蓬勃发展，通过它使模具设计、模具工程分析和模具制造（CAD/CAE/CAM）融为一体。由于注塑制品大多是薄壁件，且有复杂的表面，因此常用表面造型与实体造型相结合的办法来创建模型。

在模具 CAD 中已有许多商品化的实体造型软件系统可以选用，具有代表性的有 UG、

Pro/E、CATIA、Solidworks、CAXA 实体设计、V2 等。运用这些三维实体造型软件来进行建模时，主要工作就是对参数形体的定义与调用，在模具 CAD/CAE/CAM 中线框模型、表面模型、实体模型都有应用，应根据产品对象及模具类型来选用，应特别注意对象、条件和时机。

（二）注塑模成型零部件设计

模具成型零部件是指直接参与成型塑料制品的模具零件，主要有凸模和凹模，凸模（型芯）用来成型制品内表面形状，凹模（型腔）用来成型制品外表面形状。成型杆（小型芯）用来成型制品上的孔或其他局部形状。成型零部件是模具设计的重点，设计内容包括分型线和分型面的选取、成型尺寸的转换（即根据制品的形状和尺寸决定型腔各部分的形状和尺寸）、侧向分型或侧抽芯方位的确定，以及脱模方式的决定。

1. 型腔尺寸的转化

由于塑料制品成型时有热收缩，因此型腔尺寸不同于制品尺寸，在已知制品尺寸和公差要求的情况下，利用特殊的软件将制品尺寸转化为型腔尺寸。最简单的情况是假如塑件成型时各方向的收缩率是相同且稳定的，这时可利用同一收缩率对制件进行整体放大，即可立即获得经转化后的型腔图形。对于某些塑料如聚烯烃，在各向收缩率是不同的，冷却时，由于流动方向取向的大分子回缩，使顺着流向的收缩率大于垂直流向的收缩率，软件可利用塑件建模的信息和浇口开设位置自动识别塑件不同尺寸的方位，利用不同大小的收缩率进行计算，获得新的型腔图形。

在型腔尺寸转化时，除各向收缩率不均匀外往往还有更细致的考虑，例如型腔尺寸要有利于修模和有利于延长模具寿命的考虑。在本章第五节中，我们已经知道在一般情况下型芯径向尺寸容易修小，因此在满足制件尺寸公差要求的情况下留出修模余量和磨损余量，把型芯径向尺寸设计得稍大一些；同理，为了便于修模，把型腔径向尺寸设计得偏小一点；而型芯和型腔的高度尺寸或深度尺寸，有时宜偏大一些，有时应偏小一些，视具体结构而定，详见本书相关章节。

在设计时，先用同一收缩率或不同的方向有差异的收缩率对塑料制品进行整体放大，然后再用修改尺寸的命令对关键尺寸进行逐条修正，这样就得到一个新的制品模型，该模型将用于随后的型芯、型腔设计。如果不重新造型而只改动尺寸，则该模型不能用于后续的数控加工。

2. 分型面的选取和模具型腔型芯的生成

将制品径向尺寸和高度尺寸转化后的新造型就是模具型腔的形状和尺寸。通过分型面的选取和分型线的确定，型腔被分割在动定模两边，生成成型零部件，分型面一般是垂直于开模方向的平面，此外也可以生成倾斜于开模方向的平面或曲面，分型面应设在制品轮廓最大处，制品的侧浇口应设在分型面上，成型零件除了安排在动定模两边外应尽量避免使用或少用侧向分型抽芯结构。当制件必须进行侧向分型抽芯时则需从型芯或型腔图形中分离出该部分，形成侧向镶块结构，分割方法和型腔型芯的分解处理是类似的，首先决定镶块的形状、抽出方向，然后从图形中挖出镶块，并修改型腔或型芯的形状。

型腔、型芯和侧镶块结构生成的交互式设计流程如图 4-12-1 所示。

3. 浇注系统的 CAD 人机交互设计

设计内容包括主流道、分流道设计和浇口设计。对多型腔模，首先考虑的是相互关联的型腔布置和分流道系统的设计。分流道有平衡式布置和非平衡式布置，对于平衡式布置的分

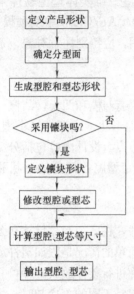

图 4-12-1 型腔和型芯结构
生成的交互式设
计流程图

流道系统，要校核从主流道入口到各个浇口前方的流动压力损失不能太大，例如对于中小型制件的流道，在浇口前方还应有 50MPa 左右的剩余压力，使充模能顺利进行；对非平衡式分流道系统，不单要计算分流道的阻力损失，而且要交互式反复修正流道和浇口的尺寸，达到各型腔均衡地充模，最好做到各个型腔同时进料、同时充满、通过浇口的补料同时结束（浇口处冻结）。对于单型腔单浇口或多浇口的型腔，要达到型腔的各最远端同时充满，并控制熔接痕位置到满意为止。

通常流道的交互式设计分为两步来完成，即初始流道设计和根据在流道中流动填充产生的热效应进行修正。在初始流道尺寸设计时，将塑料熔体视为等温的、非弹性的幂律流体，在初始流道设计完成后，再通过注塑充模流动模拟 CAE 软件（例如 Moldflow 软件）修正初始流道尺寸，最后得到充模流动良好的、流动阻力适当且平衡的浇注系统。

4. 标准模架和模具标准零件的选定

设计模具时采用计算机软件的另一大优势是非常容易实现模具标准化，包括模架标准化和零件标准化，从而大大提高设计的效率，节约制造时间，提高模具的质量。当型腔、浇注系统和模具的总体结构确定后，就应按国家标准（或企业标准）选定标准模架和模具零件，这些模架系列及标准零件系列存放在软件的数据库和图形库中，用户只需输入模架或零件的几个特征参数，系统就可自动地调出相应的模架或零件。

5. 模具冷却系统的计算机辅助设计

设计人员利用注塑模 CAD 系统完成型腔几何结构设计、成型零部件结构设计、流道和浇口初始设计后，就要利用 CAD 系统进行冷却系统及推出机构的布置及初步设计。冷却系统设计的目标，一是提高冷却效率，缩短冷却时间；二是使冷却结束脱模时制品各处温度接近均匀，以减少制品在脱模后的翘曲变形。采用计算机模拟的方法对模具的冷却系统进行初步布置，并与制品推出系统推杆等在模板上合理安排，互不干扰。通过模拟来预测及分析冷却效果，以此对模具冷却系统实施优化及改进，这是最理想也是最经济的方法。在模拟前需输入制品的造型、冷却介质种类、介质温度、流速、冷却系统的初步布置、模具材料、熔体种类、熔体温度、模温及脱模温度等参数。利用塑料模冷却系统的计算机辅助设计可以提高模具的生产效率和制品质量，并减少废品。

图 4-12-2 为 CAD 冷却软件的功能模块图，通过这个流程可以实现下述目标：

① 配置模具冷却水道，确定其数量、分布及尺寸；

② 预知模具型腔内物料随冷却时间变化而变化的温度场分布状态，找出模具型腔内的最高温度和最低温度及其所在位置；

③ 预知最短的冷却时间；

④ 模拟试模过程，在模拟试模中可以改变冷却水道、位置、数量、几何尺寸，寻找最优值；

⑤ 优化注射成型时最佳物料温度、模具温度和生产周期等工艺参数。

（三）模具动定模及模具零件三维图的生成

模具动模和定模的生成分为两步：

首先根据制品三维造型生成型腔和型芯形状，然后利用三维图形软件的拼合功能，可将型腔、型芯、流道系统、顶杆孔、冷却水孔与标准模架A、B板结合起来，生成模具的动模部分和定模部分的三维图形。当动模和定模的几何形状设计完毕后，便利用程序确定它们的尺寸和公差，再利用图形系统提供的尺寸标注功能，以人机交互方式依次完成各个尺寸的标注。为下一步作图形投影得到二维工程图做准备。

模具零件工程图的生成：利用计算机辅助设计软件，在注塑模几何结构确定后，利用软件提供的模具零件图形库来获得模具零件的工程图，其工作内容是对尺寸标注加以更新。对于不能取自软件图形库的零件，则需进行三维结构造型来生成二维工程图。

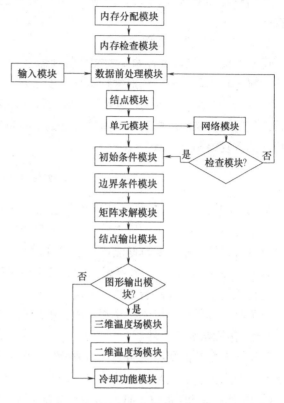

图 4-12-2　注射模冷却系统计算机软件功能模块框图

（四）模具总图及零件工程图的输出

二维工程图是模具机械加工和装配等环节传递信息的重要载体。模具计算机辅助设计的结果需要以二维工程图的形式输出。采用计算机实体造型设计得到的是三维参数化实体模型，因此，最后工作便是从零件的实体模型生成可供机械加工使用的零件工程图。

由模具三维实体模型生成零件工程图有如下几项工作。

1. 确定图纸的标准幅面

通常模具计算机辅助设计图幅都是按国际标准图纸的幅面 A0～A5 及 B0～B5 等进行的，以块的形式分别存储在软件系统中。

图纸幅面确定的工作内容包括纸面界限（图纸大小）、作图界限（作图区大小）和标题栏，标题栏中需要填写的内容包括编号、图样名称、日期、制图员姓名、材料及比例等。

2. 二维工程图的生成

从三维实体模型生成二维图形的基础是图形的投影，即需要将实体图形分别向不同的坐标平面进行投影，从而得到各种基本视图，如俯视图、主视图和左视图等。

通常，借助 CAD 软件除可生成零件工程图的基本视图外，还可方便地生成全剖视图、半剖视图、阶梯剖视图、剖面图和局部放大图等。对于参数化的模具 CAD 软件系统，视图的生成也是参数化的，即视图的生成参数可作为特征附在零件实体模型上。

3. 工程图面的标注处理

零件工程图上大部分图面的标注内容取决于零件类型，主要有尺寸、尺寸公差、形位公差、表面粗糙度和技术要求等。设计者需要在交互式的设计环境中确定图面标注的位置和风格。

利用模具 CAD 软件系统，当用户规划好零件工程图所需的视图之后，还可由系统自动生成图面标注。

4. 模具 CAD 图形文档的管理

通常，模具 CAD 软件系统的文档管理器会对模具的所有工程图文档进行统一管理，并可分别对每套模具的零件图形进行编号。

模具 BOM 表（明细栏）包含了所有的零部件工程图。利用文档管理器，还可将以前的模具工程图调出来加以修改，并将修改前的文档资料作为当前模具的文档，从而极大地减少工程图的重复绘制工作量。

二、注塑模 CAE 技术

应用 CAE 技术，设计者能在模具制造之前，预测模拟熔体在型腔中的充模流动、保压和冷却情况，以及制品中的应力分布、分子和纤维取向、制品的收缩和翘曲变形等，以便能够尽早发现设计问题，及时修改制件或模具设计，而不是等到模具做好且试模以后才返修模具。因此，注塑模 CAE 技术可以减少甚至避免模具的返修报废、提高制品质量、降低成本，是传统的模具设计制造方法的一次革命。

下面具体分析塑料熔体在注塑模型腔中的充模流动。

（一）假设与简化条件

基于注射成型的塑料制品大多是薄壁件，塑料熔体的黏度较大。因此，在进行充模流动分析时，引入如下假设与简化条件：

① 由于制品的厚度（z 向）远小于其他两个方向（x、y 向）的尺寸，熔体的黏度大，可将熔体的充模流动视为扩展层流。于是，z 向速度分量可以忽略，即 $z=0$，并认为熔体中的压力不沿 z 向变化。

② 在充模流动过程中，型腔内熔体压力并不很高，且合适的浇口数量和浇口位置可避免局部过压现象。因此在充模阶段，可认为熔体不被压缩。

③ 由于熔体的高黏度，熔体的惯性力和重力与黏性剪切力相比均很小，以上两项可忽略不计。

④ 在熔体流动方向（x、y 向）上，相对于热对流项而言，热传导项较小，可忽略不计。

⑤ 在充模过程中，熔体温度变化范围不大，可认为熔体的比热容 c_p 和导热系数 λ 皆为常数。

⑥ 忽略熔体前沿流动区域内喷泉效应的影响。

（二）一维流动分析

塑料熔体在注塑模型腔内的一维流动常见有三种，即在圆管中流动、在矩形薄壁流道中平行流动和在中心开浇口的薄壁圆盘中径向流动，如图 4-12-3 所示。所谓一维流动是指流速场可用一个坐标方向来描述，如在圆管中流动速度分布是圆管断面径向坐标的函数，中心浇口圆盘型腔流速分布可用圆盘径向坐标来描述。

由于大多数的塑料制品都是薄壁制品，故上述三种流动基本上可以包括熔体在流道和型腔中流动的基本情况。即使是三维薄壁制品，也可设想先将一个三维薄壁型腔展平，然后再将其分解为若干个基本的一维流动单元，然后再利用一维流动分析的函数进行计算，这就是所谓的流动路径法。

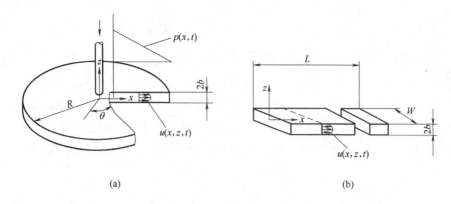

图 4-12-3　一维基本流动模型

现以图 4-12-3（b）所示的宽度为 W、半厚为 b 的矩形薄壁流道为例进行分析。从流动熔体中取出宽度为一个单位宽度的微体，其厚度和长度分别为 dz、dx、z 为厚度方向、x 为流动方向。

如图 4-12-4，列出力微体平衡方程式 $\sum F_x = 0$，经化简得

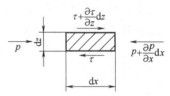

$$\frac{\partial \tau}{\partial z} = \frac{\partial p}{\partial x} \qquad (4\text{-}12\text{-}1)$$

图 4-12-4　矩形薄壁流道微体的力平衡

式中　p——型腔内压力

τ——剪应力，$\tau = \eta \dot{\gamma}$，η 为剪切黏度，$\dot{\gamma}$ 为剪切速率，$\dot{\gamma} = \partial u / \partial z$，$u$ 为 x 方向流速，其值沿厚度方向变化

将各式代入式（4-12-1），得动量方程式：

$$\frac{\partial}{\partial z}\left(\eta \frac{\partial u}{\partial z}\right) - \frac{\partial p}{\partial x} = 0 \qquad (4\text{-}12\text{-}2)$$

对于连续流动熔体，假设熔体的密度 ρ 不变，则流经厚度 $2b$、宽度为 W 的矩形流道横截面的体积流量为

$$Q = W \int_{-b}^{b} u \, dz \qquad (4\text{-}12\text{-}3)$$

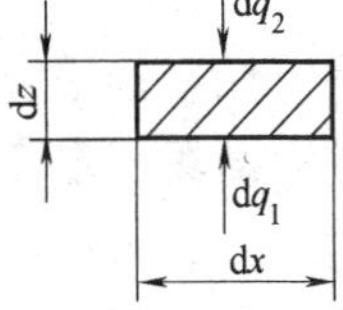

在熔体中截取一单位宽度的微体如图 4-12-5，图中的厚度方向 dz 为热传导方向，熔体中所含热量变化是流入流出热量差

$$dq_1 - dq_2 = K \frac{\partial^2 T}{\partial z^2} dz \, dx \, dt$$

式中　T——温度

图 4-12-5　微体的热传导　　K——热传导系数

沿流动方向的热传输

$$dq_3 = -\rho C_\rho u \frac{\partial T}{\partial x} dx \, dz \, dt$$

在时间 dt 内，黏性内摩擦热 dq_4 等于剪切力所做的功 $(T dx) \dot{\gamma} dz dt$，

$$dq_4 = \eta \dot{\gamma}^2 dz \, dx \, dt$$

综合作用的结果导致微体温度变化为 $\mathrm{d}T$，其热量变化值为

$$\mathrm{d}q_5 = \rho C_\rho \mathrm{d}T \mathrm{d}x \mathrm{d}z$$

由热平衡可知 $\mathrm{d}q_5 = (\mathrm{d}q_2 - \mathrm{d}q_1) + \mathrm{d}q_3 + \mathrm{d}q_4$，代入得能量方程式：

$$\rho c_\rho \left(\frac{\partial T}{\partial t} + u \frac{\partial T}{\partial x} \right) = K \frac{\partial^2 T}{\partial z^2} + \eta \left(\frac{\partial u}{\partial z} \right)^2 \tag{4-12-4}$$

以上各式中 K 为热传导系数，c_ρ 为定压比热容。

方程式（4-12-2）、（4-12-3）、（4-12-4）构成的一组微分方程是一组一维流动的控制方程，方程中有熔体的黏度 η，故需要补充计算黏度的数学模型。可以采用幂律模型，也可以采用目前常用的克劳斯（Cross）模型，又名任意黏度模型。现引入 Cross 模型：

$$\eta(\dot\gamma, T) = \frac{\eta_0(T)}{1 + (\eta_0 \dot\gamma / \tau^*)^{1-n}} \tag{4-12-5}$$

式中 $\eta_0(T) = B\exp(T_b / T)$

η_0——零剪切速率黏度

n、T_b、B、τ^*——与塑料性质有关的四参数，其中 n 为非牛顿指数，τ 为材料剪切常数

对于矩形薄板，流场的边界条件为：当 $z = b$ 时，$u = 0$；当 $z = 0$ 时，$-\frac{\partial u}{\partial z} = 0$。

温度场的边界条件为：当 $x = x_1$ 时，$T = T_e$；当 $z = \pm b$ 时，$T = T_c$，T_c 为型腔壁的温度；在 $z = 0$ 处，$\partial T / \partial z = 0$。

解此方程得到一维流动矩形流道的基本计算公式：

流动方向压力梯度：

$$\Lambda = \frac{-\partial p}{\partial x} = \frac{Q}{2ws} \tag{4-12-6}$$

流动速率：

$$s = \int_0^b \frac{z^2}{\eta} \mathrm{d}z \tag{4-12-7}$$

求得压力梯度后按下式计算剪切速率：

$$\dot\gamma = \left| \frac{\Lambda z}{\eta} \right| \tag{4-12-8}$$

速度场：

$$u = \int_z^b \dot\gamma \, \mathrm{d}z \tag{4-12-9}$$

黏性发热：

$$\varphi = \eta \dot\gamma^2 \tag{4-12-10}$$

将一维流动的路径划分为若干个有限的单元，塑料熔体从进入模具开始，按单元逐级进行计算，计算步骤为：如果已知某一时刻的温度 T（假设开始计算处的温度场恒定，且 $T = T_e$），可利用上一时刻的黏度 η 和式（4-12-7）求得流动速率 s，利用式（4-12-6）求得压力梯度 Λ，便可获得该时刻的压力场；然后，再利用式（4-12-5）求得该时刻的黏度 η，利用式（4-12-8）求得剪切速率 $\dot\gamma$，再利用式（4-12-10）求得黏性发热 φ，利用式（4-12-9）求得速度场 u。至此就可利用式（4-12-4）求取下一时刻的温度场 T，依次循环下去，直至全部单元被塑料熔体充满。这便是有限元计算法。

除了一维矩形流动通道外，常见还有一维圆盘流动通道和圆管形流动通道，它们的压力梯度 Λ、剪切速率 $\dot\gamma$ 和流动速率 s 分别为：

圆管形流动通道

$$\Lambda=\frac{2Q}{\pi s}; \qquad \dot{\gamma}=\frac{\Lambda z}{2\eta}; \qquad s=\int_0^a \frac{z^3}{\eta}dz$$

式中　a——圆管半径

圆盘形流道通道

$$\Lambda=\frac{Q}{2\theta x s}; \qquad \dot{\gamma}=\frac{\Lambda z}{\eta}; \qquad s=\int_0^b \frac{z^2}{\eta}dz$$

式中　θ——扇形角

　　b——圆盘厚度之半

（三）二维流动分析

二维流动分析相对一维流动分析，比较复杂且较难理解。为了方便读者理解，下面仅从原理、思路上，从利用软件分析的基础上加以阐述，而舍去繁琐的理论公式推导。

对于塑料熔体在任意薄壁模腔中流动时，一是由于模腔厚度尺寸远小于其他两个方向的尺寸，二是由于熔体黏度较大，因此，熔体的充模流动可视为扩展层流，熔体厚度方向（假设为 z 向）的流速分量可忽略不计，并认为压力不沿 z 向变化，即 $\partial p / \partial z=0$。为此，可建立熔体流动的二维数学模型和计算求解流程。

二维流动分析是在一维流动分析的基础上，将二维流动路径分解成若干个串联起来的一维流动单元，这样便可按一维流动数学模型来分析处理二维流动问题。这种方法叫流动路径法。

在确定好流动路径和流动单元后，就可以借助于二维流动分析程序来求解二维流动分析的四个未知量，即沿 x 方向和 y 方向的两个流速分量 u、v，以及熔体温度 T 和压力 p。进而可以利用速度、压力、温度边界条件，通过积分方法求解速度场、压力场和温度场以及熔体的剪切应变速率和剪切应力。

流动分析的主要目的之一是判断熔体是否充满模腔。这就需要确定每时每刻的熔体流动的前沿位置。流动分析时的前沿边界是移动的，流体力学处理移动边界问题的方法可分为移动网格法（moving mesh scheme）和固定网格法（fixed mesh scheme）两大类。

移动网格法中常用的是网格扩展法（mesh expansion scheme），其基本思路为：根据当前时刻的流动前沿位置和速度以及时间增量，确定下一时刻的流动前沿位置；再对流动前沿的局部区域划分网格，并调整节点位置，以消除畸变单元。在计算过程中，网格覆盖熔体的充填区域，并随充填区域的扩大而扩展。该法虽然能较准确地确定流动前沿位置，但在实施过程中必须对时间增量进行特殊处理，以保证计算出的流动前沿节点始终位于模腔边界之内，有时甚至需要人工干预。

固定网格法主要包括 MAC（marker and cell，标识单元）法和 FAN（flow analysis network，流动分析网格）法，其共同思路为：先将整个模腔划分成矩形或三角形网格（该网格在计算过程中不再改变，即网格是固定的），再形成对应于各节点的体积单元，流入或流出体积单元的流量可由节点压力求出，最后根据体积单元的充填状况近似确定流动前沿位置。

流动分析的另一目的就是求解温度场。由于温度的变化会直接影响熔体的黏度，因此温度场的计算效率与精度将直接影响流动模拟的速度和熔体压力场及速度场的计算精度。由于熔体温度在流动平面内和沿模腔壁厚方向均发生变化，因此求解温度场可采用两种方法：一是熔体流动的 x、y 方向用有限元网格离散，模腔厚度 z 方向和时间域用差分网格离散；二

263

是 x、y、z 方向都有限元网格离散，仅时间域用差分网格离散。两种方法各有特点，前者基于二维有限元，计算较简单，可采用与压力场相同的有限元模式，但需要与差分耦合才能确定每一时刻的温度场；后者基于三维有限元，计算复杂，但不需要与差分耦合便可获得每一时刻的温度场。

（四）三维流动分析

对于任意形状的三维塑件，为了获得充模流动时的速度场、压力场和温度场，应进行三维流动分析。由于三维流动分析的复杂性，目前还不能直接从黏性流体力学的基本方程出发，建立三维流动数学模型进行求解，对三维问题的求解主要基于两种简化方法。

1. 流动路径法

流动路径法是以一维流动分析为基础，先将三维形状的塑件展平成二维的等效图形，将一维流动分析单元进行"形状组合"，即用一系列一维流动单元，如圆流道、矩形平板流道、扇形平板流道等，近似描述展平后的塑件形状，得到一组流动路径，每条路径由若干一维流动单元串联而成。

流动路径法计算量小，求解效率高，适合于几何形状相对简单的薄壁塑件熔体在模腔中的流动分析，特别适合于熔体在浇注系统中的流动分析。但难以利用该方法模拟分析熔体充填形状复杂的模具型腔过程。

2. 有限元与有限差分耦合法

所谓有限元法，是一种连续体离散化为若干个有限大小单元体的集合，以求解连续体力学问题的数值方法，是目前行之有效的一种实用的数值分析方法。所谓有限差分法，是将求解域划分为差分网格，用有限个网格节点代替连续的求解域微分方程和积分方程的数值解法，把原方程的定解条件中的微商用差商来代替，积分用积分和来代替，于是原微分方程和定解条件就代之以代数方程组即有限差分方程组。

有限元与有限差分耦合法的实质，是将三维流动问题分解成流动平面（x、y 向）的二维分析与壁厚方向（z 向）的一维分析，流动平面内的各待求物理量（如压力、流速、温度等）用有限元法求解，而壁厚方向上的各待求物理量以及时间变量等用有限差分法求解。两种方法相互耦合，交替进行计算。

至于三维流动时的熔体前沿位置确定，通常采用控制体积法（control volume scheme）。所谓控制体积，是指用一定厚度的有限元网格去构建（控制）多边形体积。

有限元与有限差分耦合法在整个计算过程中，流动前沿位置自动更新，无需人工干预，计算精度高，被很多商品化流动模拟软件所采用。

三、注塑模 CAM 技术

注塑模 CAM 技术往往是建立在先进的数控加工技术基础上的。数控加工技术一方面依赖于数字化程序的控制，另一方面也离不开计算机的辅助制造（CAM）技术，只有把两者有机地结合起来，才能充分发挥先进数控加工技术的优势。

注塑模 CAM（计算机辅助制造）技术是将 CAD（计算机辅助设计）设计出来的图样，传递给数控（NC）机床或计算机控制（CNC）机床进行数控加工。数控机床是一类加工精度相当高的机床，加工误差在微米（μm）级以下，利用这种机床加工模具零件，能够实现一次装夹，自动完成全部加工，因此能很好地保证加工精度，特别适用于由很多曲面拟合构成的模具型腔的加工。型腔加工难度大，而精度却要求相当高，传统的机械加工很难达到所要求的精度，而数控机床却能很好地达到所要求的精度，用该模具模制的塑件也就有可靠的质量保障。

注塑模 CAM 技术主要涉及两点：一是对所加工工件进行加工工艺分析、规划，二是数控编程。下面从这两点简要介绍注塑模 CAM 技术。

1. 工件的加工工艺分析和规划

虽然大多数三维建模软件如 UG、Pro/E、3Dmax、solidwork 等能够自动进行数控编程，但是数控编程前的加工工艺分析和规划必须由用户自行完成。加工工艺制订的好坏取决于编程人员的经验，从根本上确定了数控程序的优劣。加工工艺分析和规划主要包括以下内容：

（1）加工对象的确定　通过对 CAD 生成的三维模型进行分析，确定加工工件的哪些部位需要在数控铣床上或者数控加工中心加工。数控铣的工艺适应范围也是有一定限制的，对于尖角、细小的筋条等部位是不适合的，应使用线切割或者电火花来加工；而另外一些加工内容，使用普通机床有更好的经济性，例如孔的加工、回转体的加工，可以使用钻床或车床加工更经济。

（2）加工区域的规划　对加工对象进行分析，按其形状特征、功能特征及精度、粗糙度等要求将加工对象分成多个加工区域。对加工区域进行合理地规划可以达到提高加工效率和加工质量的目的。

（3）加工工艺路线的规划　从粗加工到精加工再到清根加工的流程及加工余量的分配。

（4）加工工艺和加工方式的确定　如刀具选择、加工工艺参数和切削方式（刀轨形式）选择等。

2. 数控编程

自从加工工业采用数控机床进行加工以来，数控编程经历了手工编程、APT 语言编程和交互式图形编程三个阶段。而交互式图形编程就是我们通常所说的 CAM 软件编程，它是在完成了前面的加工工艺方案制订以及相关参数设置后，将设置结果提交 CAM 系统进行刀轨的自动计算。由于 CAM 软件自动编程具有速度快、直观性好、使用简便、精度高、便于检查和修改等优点，已成为目前国内外数控加工普遍采用的数控编程方法。数控编程的核心是刀位点的计算，对于复杂的产品，其数控加工刀位点的人工计算十分困难，而 CAM 软件自动编程很好地解决了这一问题。利用 CAD 技术生成的产品三维造型包含了数控编程所需要的产品表面几何信息，计算机软件可以针对这些信息进行数控加工刀位的自动计算。

值得一提的是，虽然依靠 CAM 软件系统进行刀轨的自动计算和加工程序的自动生成，但是这些刀位点和加工程序还不能直接应用于数控机床的加工，为了确保程序的安全性，必须做如下处理：

（1）对生成的刀轨进行检查校验　检查刀具路径有无明显过切或者加工不到位，同时检查是否发生与工件及夹具的干涉。校验的方式有：

① 直接查看　通过对视角的转换、旋转、放大、平移，直接查看生成的刀具路径，适于观察其切削范围有无越界，以及有无明显异常的刀具轨迹。

② 手工检查　对刀具路径进行逐步观察。

③ 模拟实体切削，进行仿真加工　直接在计算机屏幕上观察加工效果，还可用专用的试切材料如硬质聚氨酯微孔泡沫材料进行试切，这个过程与实际加工十分类似。

（2）程序后处理　在用 CAM 软件生成数控程序之后，必须对数控程序进行后处理，才能满足不同机床、不同控制系统的特定要求。这是因为由 CAM 软件生成的刀具轨迹文件只是通用性文件，而每台机床或者控制系统对程序格式和指令都有不同要求，比如对同一行中不同 G 代码的输出顺序有不同的要求。当然很多软件如 UG、Pro/E、3Dmax、solidwork 等为用户提供了一个后程序处理器，来帮助用户完成后处理。例如 UG 便为用户提供了一个后处理器——UG/Post 来帮助用户完成从简单到任意复杂机床或者数控系统的后处理。最后，将后处理之后的程序传入特定数控机床完成数控加工。

复习、思考与作业题

第四章第一节

1. 综述塑料注塑成型和注塑成型模具在高分子材料制品工业中的重要地位。
2. 典型的注塑模具由哪几大部件组成？各部件的作用是什么？
3. 注塑模设计包括哪些重要的内容？
4. 按结构特征分类，注塑模有哪些常见的类型？

第四章第二节

1. 了解注塑成型周期由哪些过程组成，在整个成型周期中模腔内物料的温度和压力发生了什么样的周期性变化？
2. 设计模具时为什么要校核计算模具与注塑机的关系？要分别校核哪些内容？
3. 注塑机有哪些结构形式？它们各适用于哪些场合？模具有何特点？

第四章第三节

1. 多型腔注塑模具的浇注系统由哪几部分组成？各部分的作用是什么？
2. 在做注塑模浇注系统流道尺寸流变学计算时做了哪些简化的假设？为什么可以作这些简化？
3. 什么是平衡式分流道？什么是非平衡式分流道？它们各有哪些优点和适用范围？为什么 H 形布置的分流道系统实际上是不平衡的？
4. 简述注塑模常用的浇口形式及其适用范围。大浇口尺寸和小浇口尺寸各有哪些优点？为什么小尺寸浇口能得到广泛的应用？
5. 浇口位置对于制品的内应力大小、翘曲变形、分子取向、熔体破碎、喷射、充模、补料、排气、熔接痕位置不良等制品缺陷会带来什么影响？试一一分析。
6. 设在图 4-3-24 所示的浇注系统中各流道断面均为圆形，注塑原料为 PA66，$\rho=1.0\text{g}/\text{cm}^3$，8 个制品每个重 15g，充模时间为 3s，注塑机喷嘴出口处的压力为 170MPa，要求浇口前方压力为 100MPa，流道允许压力降为 70MPa，主流道压力损失忽略不计，试计算分流道各段的断面尺寸和流道体积。设流道各段单位长度的压力降相等。
7. 对于非平衡式浇注系统，通过对浇注系统尺寸的修正，希望能基本达到各型腔浇口前方熔体同时到达、型腔同时充满、浇口同时冻结的目的。你认为对流道和浇口尺寸做哪些优化方能接近此目标？
8. 注塑成型充模过程是随时间变化的非稳态过程，同时又是模温和料温相差很大的非等温过程，为什么在优化设计中能看作等温稳态过程进行简化处理？

266

1. 与普通流道注塑模具相比，热流道模具具有哪些优点和局限性？

2. 热流道模具有哪些主要的结构形式？各种形式的特点是什么？

3. 内加热式热流道与外热式热流道相比，它更加节能，但为什么不受使用者青睐，得不到广泛的采用？

第四章第五节

1. 按照制品的形状选择分型面时应遵循哪些原则？

2. 在设计模具的型腔和型芯结构时，什么时候采用组合式结构？什么时候采用整体式结构？这两种形式各有什么优缺点？为什么近年来越来越多的采用整体式结构？试举例加以说明。

3. 影响塑料制品尺寸精度的因素有哪些？为什么不能采用金属制品加工的公差标准来设计塑料制品？两个公差有什么本质的区别？大尺寸塑料制品的尺寸误差和小尺寸塑料制品的尺寸误差的分别主要由哪几项误差造成？为什么会有不同？

4. 右下图所示的纯聚丙烯制件按 MT4 级精度制造，先按模塑件尺寸公差表标上每一个尺寸的公差，再计算模具型腔和型芯的径向尺寸和高度尺寸。

5. 结合上题的计算结果，分析按平均收缩率计算的各项模具成型尺寸和按极限尺寸计算的成型尺寸有什么不同，试讨论各种计算方法的合理性及适用范围。

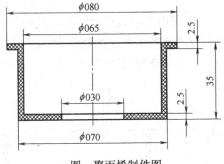

图 聚丙烯制件图

6. 模具型腔强度不够会出现什么问题？刚度不足又会出现哪些问题？模具型腔壁厚什么时候主要按强度进行计算？什么时候按刚度进行计算？

7. 设一圆形塑件其外形尺寸为 $\phi400mm$、高 150mm，模腔压力为 50MPa，分别按组合式和整体式结构画出钢模型腔，然后按刚度公式和强度公式分别计算在两种不同结构形式下侧壁厚度和底板厚度，并列表进行分析比较两者差异。

8. 由矩形框和底组合而成的注塑模型腔，长边长 360mm，短边长 240mm，框高 220mm，型腔深 200mm，为了减小跨度安装支撑块支撑在底板长边中点下面，试求长边侧壁厚度和有无支撑块的底板厚度。

9. 在上述尺寸的型腔下若支撑块支撑在两条短边之下，试计算型腔底板的厚度，若底板下按 1：1.2：1 加两个支撑块，则底板的厚度应该是多少？说明什么样的结构设计更合理。

10. 已知条件如上，只是将组合式结构改成了整体式结构，试求模框侧壁厚度和底的厚度。与组合式结构相比，型腔侧壁和底的厚度减薄了多少，重量减轻了多少？（假设将短边侧壁的厚度取得和长边侧壁的厚度相同。）

第四章第六节

1. 模具导向机构的作用有哪些？

2. 导柱导向机构中导柱与导套的组合结构有哪些形式？它们各适用于什么场合？

3. 锥面定位有哪些结构形式？为什么它们的定位精度比导柱和导向孔（导套）的定位精度高很多？

4. 矩形导向柱和传统的圆形导向柱相比有哪些优点？

第四章第七节

1. 对薄壁塑料件脱模力计算公式（4-7-11）、（4-7-16）进行分析，指出塑料制品在圆锥形型芯和矩形台锥形型芯上脱下时影响脱模力的主要因素有哪些？有哪些办法可以减小脱模力？

2. 比较厚壁圆锥形制品和薄壁圆锥形制品脱模力计算方式差别，为什么厚壁塑件壁厚趋于无穷大时脱模力却不会无限地增长？

3. 简单脱模机构有哪几种？叙述各种简单脱模机构的特点和适用范围。

4. 为什么要采用顺序脱模机构和二级脱模机构？它们分别有哪些主要的结构类型？

5. 螺纹制品脱模有螺纹型芯（或型环）一面旋转一面退回的结构和螺纹型芯（或型环）只旋转不退回的结构两大类，每类又因止动方式或旋转动力来源不同而有不同的结构形式，试就本书讲到的各种形式的特点和适用范围列表，并予以简单归纳总结。

第四章第八节

1. 左下图所示线轴形制品，材料为聚丙烯，采用两瓣式瓣合模成型，一模两件，从有关手册查得聚丙烯相关的物理量为弹性模量 $E=0.15\text{MPa}$，收缩率 $\varepsilon=1.6\%$，泊松比 $\mu=0.32$，对钢的摩擦因数 $f=0.15$，试求该模具单边滑块的轴拔距和分开瓣合模的分模力。

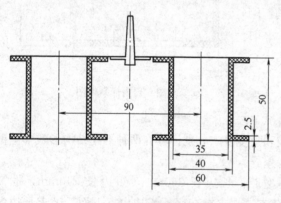

图　聚丙烯线轴形制品

2. 斜销和弯销是两种重要的侧向分型抽芯机构，试比较其结构特点和制造难度，分析两者在选用原则上有什么不同。

3. 针对题1插图的制件绘出模具结构简图，该图包括制品的分型抽芯机构和脱模机构。并计算斜导柱的长度和直径。

4. 斜销分型轴芯在什么情况下要采用推杆先行复位机构？模具设计时如何避免先行复位机构？你认为哪些先行复位机构的结构比较简单可靠？

5. 无论斜销安装在动模边还是安装在定模边，为了在模具结构中省去线轴形制品的推出机构，其分型机构的设计有什么要点？

6. 本书根据斜销和滑块在模具中安装位置的不同，将斜销分型抽芯机构分成了五种结构形式，试绘出它们的结构简图。

7. 比较斜销分型抽芯机构与斜滑块分型抽芯机构，两者在结构特点和使用范围上各有哪些异同？

8. 简单说明各种分型抽芯机构的结构特征、适用范围，以及在设计、制造的难易程度上的不同。

第四章第九节

1. 试分析模具温度对成型效率和制品质量的影响。分别针对结晶和非结晶塑料制品，提出通过模温控制来提高成型效率和提高制品质量的措施。

2. 什么叫变模温注塑？它对提高制品质量有什么优势？常用于成型什么塑料制品？

3. 在模具传热计算中有许多不同的方法，本书提出的计算方法是以设定型腔壁面的温度为出发点来进行计算的，你认为这种计算方法的科学性在什么地方？

第四章第十节

1. 与普通注塑成型相比，气辅注塑有哪些优越性和实施难点？在什么情况下宜采用气辅注塑成型而不用普通注塑？

2. 什么叫短射气辅注塑？什么叫满射气辅注塑？它们各自适用于什么场合？

3. 气辅注塑制品容易出现哪些缺陷，怎么避免？叙述气辅注塑成型制品的设计要点。

4. 通过气辅 CAE 软件可模拟解决气辅注塑中的哪些问题？

第四章第十一节

1. 多组分注塑适用于哪些特殊场合？试举出几种你知道的多组分注塑产品。

2. 多组分注塑成型时为保证产品质量需解决哪些关键问题？

3. 常用的多组分注塑成型模具结构有哪几种类型？试比较它们的优缺点并指出各种类型的适用范围。

第四章第十二节

1. 分别叙述注塑模 CAD、CAE、CAM 技术的主要内容。它们按怎样的工作流程联合完成一副模具的开发过程？

2. 采用 CAD/CAE/CAM 技术对注塑模具的设计、制造和开发带来哪些好处？

3. 什么叫有限元法？在做充模流动分析计算时做了哪些简化假设？

第五章 塑料挤塑成型模具

第一节 概 述

一、挤塑模功能与设计要求

挤塑成型模具又称挤塑机头或挤塑模头，是将经挤塑机塑化均匀的高聚物熔体在最佳的温度和压力下，通过挤塑成型模具而成为具有一定断面形状的处于黏流态的连续体，再经过定型模（管材模的定径套等）进一步调整断面形状和尺寸，在定型模内逐步降温固化，定型为连续的型材。因此完整的挤塑成型模具应包括挤塑机头和定型模具两大部分。

挤塑成型在塑料制品加工工业中占有很重要的地位，挤塑制品约占塑料制品总重量的50％以上，多用来成型热塑性塑料制品，也有用来挤塑热固性塑料半成品，然后再经过固化成型为制品的。经挤出模成型的产品最常见的有管、板、棒、膜、单丝，此外还有电线、电缆等塑料包覆物，各种形式的异型材，以及塑料造粒、塑料网、中空制品坯管及各种发泡的连续制品等。

图 5-1-1 以异型材挤塑成型模具为例绘出了挤塑机头和定型模两大部件，并展示了各区段的作用。

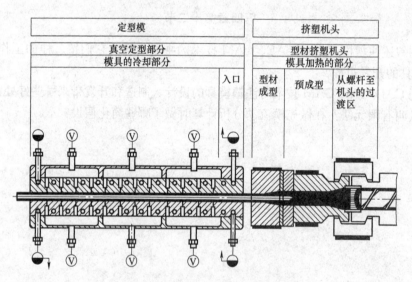

图 5-1-1 挤塑机头与定型模配置图

除了按用途分类外，挤塑模还可按机头内压力大小分为低压、中压和高压机头，它们的压力范围分别为≤4MPa、>4~10MPa、>10MPa。机头设计主要应解决以下几方面问题。

（1）挤塑机头的内流道设计问题 通过流变学原理来审视和计算，完成内流道设计。

① 使从挤塑机来的物料消除记忆效应，将在螺杆螺槽内的螺旋形流动转变成与挤出方向平行的稳定流动。

② 在一定的挤出压力下达到一定的体积产量。

③ 满足产品的外观质量要求：要求挤出物表面光洁，不发生鲨鱼皮、表面闷光等熔体破碎现象。制品沿长度方向不翘曲，制品的断面形状和尺寸符合要求，这就要充分考虑出模膨胀，牵引拉细等因素，以及消除具有二维流动断面的口模在制品出模时会发生不均匀畸变等问题，然后对口模尺寸和形状进行适当的修正。

④ 满足制品内在质量要求：如挤出时需保持有适当的机头压力，使制品在进一步冷却时内部不产生疏松或缩孔现象，流道表面光洁，表面粗糙度应在 $R_a0.4\mu m$ 以下，流道呈流线形过渡，避免熔体在流道内有死角或滞留，以防止熔体分解变质，降低产品的力学性能和外观质量。

（2）机头和定型模结构设计　正确进行机头和定型模结构设计，使其容易操作调节，容易制造、容易装拆和维修。机头要有足够的强度和刚度，在塑料熔体高压下不会被破坏，亦不发生过大的弹性变形。流道部位的材料应有足够的硬度和耐磨性，以保证模具的使用寿命。

（3）机头热力学设计　建立以热传递、热散失为基础的热力学设计，获取流体在口模内流动时出现的最高温度的信息，以免发生热分解，尤其对热敏性塑料。机头和定型模应容易实现加热、调温和在规定的精度范围内实现自动控温。

二、挤塑成型模与挤塑机的关系

1. 挤塑机与挤塑模特性曲线及两者配套问题

挤塑模安装在挤塑机上。挤塑机螺杆产生的压力与挤塑机头的流动阻力相等，且通过的物料流量相等，两者间可找到一个操作平衡点，现对单螺杆挤塑机螺杆特性曲线和机头的口模特性曲线进行讨论如下：

对牛顿流体单螺杆挤塑机的螺杆特性曲线表达式经简化后得：

$$q_v = \alpha n - \left(\frac{\beta}{\mu_1} + \frac{\gamma}{\mu_2}\right)p \tag{5-1-1}$$

式中　q_v——体积流量（挤出量），cm^3/s

α、β、γ——与螺杆几何尺寸有关的常数

n——螺杆转速，r/s

p——机头压力，MPa

μ_1、μ_2——螺槽中和螺棱与料筒间隙中的熔体黏度

现假定熔体为牛顿型流体，当其通过机头时其流动方程为

$$q_v = R\frac{p}{\mu} \tag{5-1-2}$$

式中　q_v——通过机头的体积流量，即单位时间挤出量 cm^3/s

R——口模常数，由口模形状和尺寸决定

μ——机头内物料黏度

将公式（5-1-1）与（5-1-2）联立，即挤出压力与机头压力相等，为简化计算令 $\mu_1 = \mu_2 = \mu$ 则

$$q_v = \frac{\alpha nR}{R+\beta+\gamma} \tag{5-1-3}$$

由上式可知通过机头的物料体积流量与螺杆转速以及机头和螺杆的结构尺寸有关，而与物料的黏度关系很小，这是因为在 R 不变的情况下，虽然高黏度塑料通过机头时阻力增加，

但挤塑机螺杆对黏度大的塑料也能产生更高的推力，因此式（5-1-3）中黏度 μ 被消掉了，因此在不知道挤出物黏度的情况下，也可计算单螺杆挤塑机通过机头的流量。

将机头特性线和单螺杆挤塑机的螺杆特性线绘在同一坐标图上，便可找到挤塑机螺杆和机头的联合工作点，如图 5-1-2。该图可以用来讨论机头和螺杆联合设计的问题，对于均化段螺槽深度较深的螺杆能输出较大的物料流，但由于螺杆特性软，曲线斜率大，不能采用阻力大的机头，否则产率 q_v 会迅速降低，而浅螺槽螺杆输送产率虽不大但螺杆的特性硬，可配以阻力大的机头，也不会影响其产率，可得到高质量产品。因此机头必须根据螺杆特性来进行设计，才能获得好的结果。

应当指出，上述口模特性线和螺杆特性线都在等温情况下对牛顿流体做出的，因而都是直线关系，对于常见的假塑性非牛顿塑料熔体，上述两类特性曲线都成了抛物线，如图 5-1-3 所示。

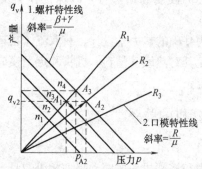

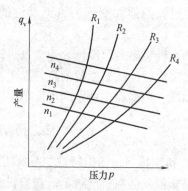

图 5-1-2　牛顿流体机头特性曲线和螺杆特性曲线
图中螺杆转速 $n_4>n_3>n_2>n_1$；口模常数 $R_3>R_2>R_1$

图 5-1-3　非牛顿流体机头和螺杆的实际工作曲线
图中螺杆转速 $n_4>n_3>n_2>n_1$；口模常数 $R_4>R_3>R_2>R_1$

双螺杆挤塑机根据两螺杆旋转方向的不同有同向旋转双螺杆挤塑机和异向旋转双螺杆挤塑机，同向旋转双螺杆挤塑机输送物料的机理主要是靠螺杆和机筒与物料间摩擦力来输送，与单螺杆挤塑机相似，物料被一根螺杆带向啮合区下方预压后被另一根螺杆带回上方进行强制输送，物料在两螺杆中呈∞形流动，由于双螺杆在啮合区内一根螺杆有阻止另一根螺杆上物料打滑的趋势，因此其输送效率比单螺杆高很多，在同向旋转的双螺杆中没有物料使螺杆向两边推开的横向力，因此螺杆和料筒对中性好，磨损小，可在高速下运转，产量大。

异向旋转双螺杆挤塑机在两螺杆全啮合时，螺槽中的物料被另一根螺杆的螺棱阻断而形成多个 C 形室，螺杆每转一转，C 形室中的物料往前推进一个导程，物料呈正位移输送，异向旋转时两螺杆间物料推挤螺杆向两边分开，产生一个很大的横向力，即所谓压延效应，这会加大螺杆和机筒间磨损，为了减少磨损，通常是加大螺杆和机筒间间隙和适当降低转速，这类挤塑机的转速较低，产率也较低。

与单螺杆挤塑机相比，双螺杆挤塑机中流场很复杂，物料混合更充分，热传递更好，特别是同向旋转的双螺杆挤塑机剪切混合作用很强，熔融能力增大，排气也很良好。

同向旋转与异向旋转相比，异向旋转双螺杆剪切力较小，适用于 RPVC 一类的热敏性塑料制品的成型，特别是锥形异向双螺杆机在各种聚氯乙烯制品生产中得到了广泛的应用。无论是单螺杆还是双螺杆挤塑机都不能采用过高的挤出压力，否则造成螺杆的后推力增大，机器负荷过大，机头压力最大不得超过 30MPa，一般均在 15MPa 以下。

机头设计必须根据挤塑机产量和压力来进行，表 5-1-1 列出了我国国产单螺杆挤塑机的基本参数，挤塑机的产量与转速成正比。表 5-1-2、表 5-1-3 和表 5-1-4 是我国同向和异向以及异向锥形双螺杆挤出机的一些基本参数，从表中还可以看出由于硬质聚氯乙烯易分解，因此不宜采用过高的螺杆转速和挤出压力，不得不降低其产量。对 ϕ65mm 以上的异向双螺杆挤塑机而言，硬质聚氯乙烯的产量比软质聚氯乙烯低一些，如表 5-1-3 所列。

表 5-1-1 　　　　　　　　　　　国产单螺杆挤塑机基本参数

序号	螺杆直径 /mm	螺杆转速 /(r/min)	长径比 (L/D)	产量/(kg/h) RPVC	产量/(kg/h) SPVC	电动机功率 /kW	加热功率（机身）≤kW	加热功率（机身）<kW	中心高 /mm
1	30	20～120	15 20 25	2～6	2～6	3/1	2 3 4	3 4 5	1000
2	45	17～102	15 20 25	7～18	7～18	5/1.67	2 3 4	5 6 7	1000
3	65	15～90	15 20 25	15～33	16～50	15/5	3 3 4	10 12 16	1000
4	90	12～72	15 20 25	35～70	40～100	22/7.3	3 4 5	18 24 30	1000
5	120	8～48	15 20 25	56～112	70～160	55/18.3	3 4 5	30 40 45	1000
6	150	7～42	15 20 25	95～190	120～280	75/25	4 5 6	45 60 72	1000
7	200	5～30	15 20 25	160～320	200～480	100/33.3	5 6 7	75 100 125	1000
8	250	250、300 为推荐发展规格，其性能参数暂不做规定							
9	300								

表 5-1-2 　　　　国产同向旋转双螺杆挤塑机的技术参数（JB/T 5420—1991）

螺杆公称直径 /mm	中心距 /mm	螺杆长径比	螺杆最高转速 /(r/min)	主电动机功率 /kW	最高产量 /(kg/h)≥
30	26	22～33		5.5	20
34	28	14～28		5.5	25
53	48	21～30	300	30	100
57					
60	52	22～28		40	150
68	60	26～32		55	
72		28～32	260	55	200
83	76	21～27	300	125	

注：在螺杆直径系列中还将 45，92，102，128，150，170，200，240mm 为推荐发展规格，在表中暂不列出其基本参数。

表 5-1-3　国产异向旋转双螺杆挤塑机的基本参数（JB/T 6491—1992）

挤塑机系列	65	80	85	110	140
螺杆中心距/mm	52	64	70	90	118
螺杆直径/mm	60、65	80	81、85	105、110	142
螺杆长径比	16，18，21				

产量/(kg/h)≥																	
管材	—	110	160	—	—	200	—	—	280	—	—	—	460	—	—	—	—
异型材	80	—	—	—	120	—	—	260	—	—	—	—	—	—	—	—	—
板材	—	—	—	—	—	—	—	—	—	200	—	—	—	—	360	—	—
造粒 RPVC	—	—	—	170	—	—	200	—	—	—	300	—	—	—	—	520	—
造粒 SPVC	—	—	—	—	—	—	—	300	—	—	—	—	350	—	—	—	800
比流量/[(kg/h)/(r/min)]	1.60	1.89	5.71	6.07	3.87	5.80	6.12	6.25	10.40	7.36	5.26	6.25	6.40	11.50	9.00	13.00	13.33
实际功率/kW	0.15	0.14		0.15	0.14		0.15	0.14	0.16	0.14			0.16	0.14			
中心高/mm	1000，1150																

表 5-1-4　国产锥形双螺杆挤塑机的基本参数（JB/T 6492—1992）

螺杆小端公称直径 d/mm	螺杆最大与最小转速的调速比 $I\geqslant$	产量/(kg/h)≥ RPVC	实际比功率/[kW/(kg/h)] ≤	比流量/[(kg/h)/(r/min)] ≤	中心高 H/mm
25		24		0.30	
35		55		1.22	
45		70		1.55	
50	6	120	0.14	3.75	1000
65		225		6.62	
80		360		9.73	
90		675		19.30	1100

2. 机头与挤塑机联接设计

机头与挤塑机间通过联接器进行联接。联接器的结构有以下几种类型。

（1）螺纹式联接　如图 5-1-4 所示，机头与挤塑机料筒之间一般均以法兰盘对接，机头

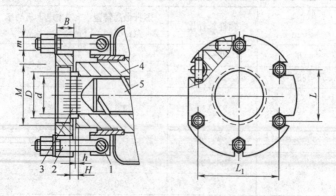

图 5-1-4　机头与法兰盘采用螺纹联接

1—机筒法兰　2—机头法兰　3—栅板　4—机筒　5—螺杆

274

法兰盘与机头之间采用大直径的螺纹联接，机筒法兰盘与机筒间也用相同的螺纹联接。两法兰盘对接时采用4~6个或更多的螺栓紧固，但为了装拆方便多采用铰链螺栓。将机头法兰盘上的螺栓孔做成带缺口的，装拆时无需将螺母拧下，只需拧松到一定程度即可翻转该螺栓。中、小型机头的法兰盘上有两个螺栓孔不开穿，在开启机头时用该铰链螺栓作为机头的支撑，与机筒法兰盘相联接。

在机头与料筒之间夹入栅板（多孔板），栅板的外径分别与机头的台阶孔内径和料筒的台阶孔内径相配合，使机头与挤出机达到同轴的要求。夹紧时栅板两平行端面与台阶孔的环形端面分别压紧，保证不漏料。栅板的作用是支撑不锈钢丝过滤网，用来调节机头阻力并使物料通过栅板后将螺旋运动转变为直线运动。螺纹联接尺寸如表 5-1-5。

表 5-1-5　　　　　　　　　　　　　挤塑机螺纹联接器的尺寸

符号	挤塑机型号						符号意义
	SJ-45	SJ-65	SJ-65	SJ-90	SJ-120	SJ-150	
M	M80×4	3M110×2	3M110×2	M140×3	M180×3	M180×3	机头与机头法兰联接的螺纹尺寸
D	$\phi55$	$\phi80$	$\phi90$	$\phi110$	$\phi160$	$\phi175$	栅板外径
d	—	$\phi70$	$\phi70$	$\phi90$	$\phi120$	$\phi150$	栅板开孔处直径
m	M18	—	T22	T24	—	—	铰链螺纹直径
B	30	35	35	45	68	68	机头法兰厚度
H	—	15	15	20	32	38	栅板厚度
h	8	5	7	8	—	14	栅板伸入机筒部分厚度
L_1	104	170	181.86	210	340	348	铰链螺纹中心距
L_2	104	115	105	120	205	205	铰链螺纹中心距

（2）螺栓式联接　指机头与机头法兰盘间用多个螺栓相接，如图 5-1-5 所示。图中机头用了12个圆柱头螺栓联接，件8为法兰盘之间的定位销。机头法兰盘的内孔与机头圆柱形凸出台阶间采用过渡配合，以保证机头机颈外圆柱面与挤塑机轴线的同心度。

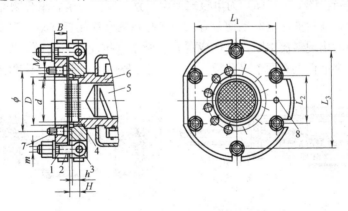

图 5-1-5　机头与法兰盘采用螺栓联接的结构
1—机头法兰　2—铰链螺栓　3—机筒法兰　4—栅板　5—螺杆
6—机筒　7—联接螺栓　8—定位销

我国有少数厂家采用这种联接形式。机头与法兰盘间用螺栓联接的尺寸如表 5-1-6 所列。

（3）卡箍式联接　机头和机身都采用带有锥面的窄边法兰盘，用卡箍将它们夹紧，这种联接形式压紧力很大，也是很可靠的一种联接形式。而且拆开机头清理栅板只需打开极少数螺栓，更为省时省力，由于法兰盘的边较窄，可与机头加工成整体，省时省料，如图 5-1-6 所示。

型号	ϕ	D	d	B	H	h	L_1	L_2	L_3	M	m
SJ-90	180	140	106	40	—	20	277	160	320	27	20
SJ-150	280① 300②	220	185	70	42	30	381	220	440	36	32① 24②
SJ-200	340	275	235		50	40	476.3	275	—	42	

注：表中数据为大连橡胶塑料机械厂的产品规格。符号意义见图 5-1-5。
① 安装管材机头的尺寸。② 安装板材机头的尺寸。

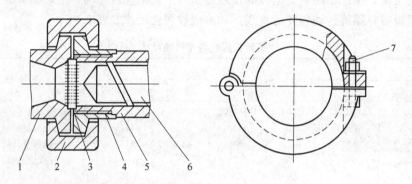

图 5-1-6   机头与挤塑机间卡箍联接
1—机头法兰 2—卡箍 3—栅板 4—机筒法兰 5—机筒 6—螺杆 7—螺栓

    挤塑机装拆机头的目的除了换产品及其规格外，更多的是为了清理栅板和更换滤网，因工作一段时间后滤网上往往积有杂质或焦料，影响正常操作，因此有许多的快速拆换机头滤网的机构设计，但仍感麻烦。近年来有多种形式的过滤网快换装置出现，不需要拆开机头即可对过滤网进行清理，不但大大地节省了劳力，而且更重要的是清理时不需停机，使生产得以连续稳定地进行。图 5-1-7（a）为单板式换网装置，它由甘肃省聚合物配混改性技术及装备研究中心研发，通过液压缸驱动使装有二个多孔板的滑板往复移动，实现 1～2s 内瞬间换网，缺点是换网时出现料流中断，会造成冒料、断条（拉丝时）问题。图（b）为双缸四工位换网装置，每个滑柱上有两个多孔板，4 个通道交替使用，实现了不间断连续化生产。

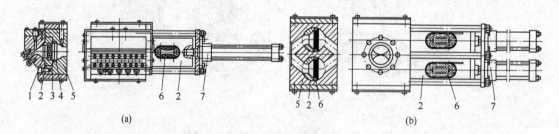

(a)   (b)

图 5-1-7   快速换网装置
1、3—铜板 2—滑板 4—聚四氟乙烯板 5—换网体 6—多孔板 7—液压缸

三、挤塑模设计的理论基础

    机头设计要解决机头内流道设计，机头刚度、强度设计，机头结构设计，加热控温方式设计和冷却定型方式设计几方面的问题。

本节讨论机头内流动通道的理论计算问题，即在给定挤出量和合理的压强下根据该塑料熔体的流变学特性，进行流道尺寸的设计计算。

塑料熔体在流道内流动时，沿横断面和沿流动方向的流速的分布有以下几种形式。

（1）一维流动　在挤塑模中的一维流动指的是流道沿流动方向的断面尺寸不变（平行流动），在横截面上各点的流速分布仅沿一个方向变动，这样口模内任意点的流速只需用一个垂直于流向的坐标来表示，例如物料在圆孔中流动，其横截面上等速线分布是以孔心为中心的一些同心圆，各点速度可以用一个通过中心的坐标轴来表示，如图 5-1-8（a）所示。此外熔体在宽扁缝内的流动将宽扁缝的两端头除外也属于一维流动，如图 5-1-8（b）所示。

（2）二维流动　流速分布需用两个坐标来描述的叫二维流动，如图 5-1-9 所示的矩形断面流道，物料做平行流动，但在横截面上流速分布必须用垂直于流动方向的 x、y 两个直角坐标来表示。除矩形外塑料熔体在椭圆形、三角形、梯形、多边形等截面内的平行流动都属于二维流动。

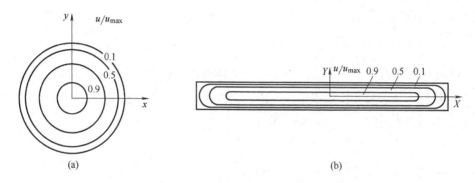

图 5-1-8　一维流动流道断面流速分布图

（a）圆孔模　（b）宽扁缝模

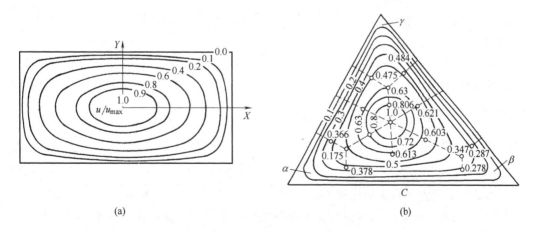

图 5-1-9　二维流动断面流速分布

（a）矩形断面流道　（b）三角形流道 HDPE 流速分布 $\eta=10Pas$　$\alpha=60°$　$\beta=50°$　$\gamma=70°$

（3）三维流动　不但沿流道横截面上的流速分布必须用两个坐标来表示，同时流道断面尺寸沿流动方向也有变化，即流速的分布要用三个坐标来表示，这就是所谓的三维流动。

压力降与流动速度之间的解析关系对于一维流动而言，即使是非牛顿流体也能求解。对于二维流动只能对牛顿流体中的三角形、矩形、椭圆形等几种简单形状求解。对于非牛顿流体只能求得近似解。对于三维流动，其解析解更复杂，但可借助于计算机对它做优化计算。

对于多数的挤塑制品，如管、板、棒、膜、薄壁异型材等，其口模的平直部分多为圆管或宽扁缝，均可视为一维流动求解，本节将对一维流动的口模进行重点讨论。

在第四章"塑料注塑成型模具"中针对塑料熔体在浇注系统和型腔内的流动进行过分析，推导了熔体在圆形流道和宽扁缝中流动的数学解析式，该公式和推论完全适用于挤塑模的流道设计，挤出模中最常见的流道形式有圆柱形流道，宽扁缝流道，圆锥管流道和楔形宽扁缝流道，现分述如下。

1. 塑料熔体在圆形流道内流动

对于低分子量的牛顿流体由第四章式（4-3-2）可知

$$\tau = \mu \dot{\gamma}$$

在流道壁（半径为 R）处

$$\tau_{\mathrm{w}} = \mu \dot{\gamma}_{\mathrm{w}} \tag{5-1-4}$$

经分析推导得到下式

$$\frac{\Delta p R}{2L} = \mu \frac{4q_{\mathrm{v}}}{\pi R^3} \tag{5-1-5}$$

它表示牛顿流体在半径 R、长度 L 的流道内体积流率 q_{v} 和压力降 Δp 之间的关系。但是绝大多数的塑料熔体都是非牛顿假塑性流体，其剪应力 τ 和剪切速率 $\dot{\gamma}$ 之间的关系用指数方程式表示，这里由式（4-3-8）出发进行推导。

$$\dot{\gamma} = -\frac{\mathrm{d}v}{\mathrm{d}r} = k\tau^m \tag{5-1-6}$$

对圆形流道来说，在管壁处当 $r=R$ 时剪应力

$$\tau_{\mathrm{w}} = \frac{\Delta p R}{2L} \tag{5-1-7}$$

式中　τ_{w}——管壁处的剪应力

将式（5-1-7）代入式（5-1-6）进行积分，并假设在管壁处的流速为零，得到任意半径处的流速

$$v_{\mathrm{r}} = k \left(\frac{\Delta p}{2L}\right)^m \left(\frac{R^{m+1} - r^{m+1}}{m+1}\right) \tag{5-1-8}$$

熔体在圆管中的总体积流率为

$$q_{\mathrm{v}} = \int_O^R 2\pi r v_{\mathrm{r}} \mathrm{d}r$$

将式（5-1-8）代入上式并积分得

$$q_{\mathrm{v}} = \frac{\pi k R^{m+3} \Delta p^m}{(2L)^m (m+3)} \tag{5-1-9}$$

塑料熔体的流变性能通常是利用毛细管流变仪通过实验做出流动曲线，再利用曲线求（5-1-9）式中的 k 和 m，一般来说实验流动曲线是用毛细管流变仪在管壁处的剪应力 $\Delta p R/2L$ 与管壁处牛顿剪切速率 $4q_{\mathrm{v}}/\pi R^3$ 做出的，如图 5-1-10 所示。

该牛顿剪切速率并非管壁处的真实剪切速率，其真实剪切速率为

$$\dot{\gamma}_{\mathrm{w}} = \frac{(m+3)q_{\mathrm{v}}}{\pi R^3} \tag{5-1-10}$$

牛顿剪切速率又称表观剪切速率（$\dot{\gamma}_{\mathrm{a}}$），其计算很方便，在指数 m 尚未找出前即可算出，而管壁处的剪切应力不论对任何类型的流体均为 $\Delta p R/2L$，因此通过实验即可得出表观剪切速率与剪应力的关系曲线。当剪应力与剪切速率变动范围不大时（1～2 个数量级），剪

应力、表观剪切速率的"对数—对数"坐标图近似为一直线（如图 5-1-10），该曲线可用下式表示。

$$\dot{\gamma}_a = k'\tau^m$$

即
$$\frac{4q_v}{\pi \cdot R^3} = k'\left(\frac{\Delta pR}{2L}\right)^m \qquad (5\text{-}1\text{-}11)$$

式中　k'——表观流动常数

对于圆形流道而言利用实验曲线上的数据可算出 k' 和 m，代入上式即可解决 q_v、Δp 以及流道几何尺寸 R、L 之间的关系，将该式移项可得

$$q_v = \frac{\pi k' \Delta p^m R^{m+3}}{2^{m+2} L^m} \qquad (5\text{-}1\text{-}12)$$

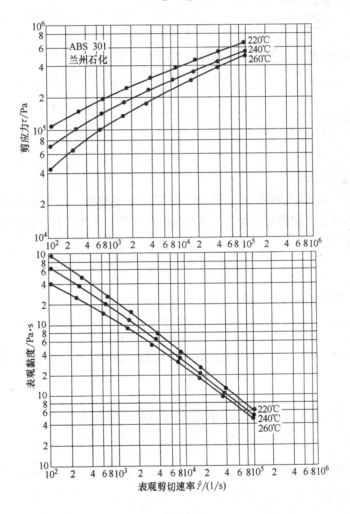

图 5-1-10　ABS 流动曲线

若要按真实剪切速率的公式（5-1-9）进行计算，认为两式的 m 近似相同，必须将表观流动常数 k' 转换成真实流动常数 k，比较式（5-1-12）和式（5-1-9）可以看出

$$k = \frac{(m+3)k'}{4} \qquad (5\text{-}1\text{-}13)$$

将用此式算出的 k 代入式（5-1-9）即可进行计算。

2. 塑料熔体在宽扁孔（狭缝）内流动

对于宽扁孔，如图 5-1-11。设扁孔两端侧壁的摩擦阻力忽略不计（宽高比 $w/h \geq 10$ 时可忽略不计），根据力平衡可得在流道上下壁面处的剪切应力为

$$\tau = \frac{\Delta p h}{2L} \qquad (5\text{-}1\text{-}14)$$

式中　h——宽扁孔在中轴线任意位置所取单元体的高度

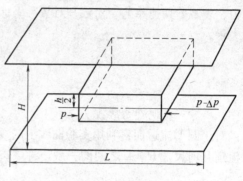

图 5-1-11　流体在宽扁孔内流动受力图

对于符合幂律定律的非牛顿流体

$$-\frac{dV_h}{dh} = k\tau^m \qquad (5\text{-}1\text{-}15)$$

经过与在圆管中流动类似的推导可得任意高度处流速为

$$V_h = k\left(\frac{\Delta p}{L}\right)^m \left[\frac{\left(\frac{H}{2}\right)^{m+1} - \left(\frac{h}{2}\right)^{m+1}}{m+1}\right] \qquad (5\text{-}1\text{-}16)$$

经积分，体积流量为

$$q_v = \frac{kW\Delta p^m H^{m+2}}{L^m 2^{m+1}(m+2)} \qquad (5\text{-}1\text{-}17)$$

式中　H——宽扁孔总高度

可以用前述的办法从毛细管流变仪得出的实验曲线先求 k'，再求 k（按式 5-1-13）。已知 k 和 m 之后再代入上式即可求解 q_v、Δp 和流道几何尺寸 W、H、L 之间的关系。

将上式移项可得

$$\frac{2(m+2)q_v}{WH^2} = k\left(\frac{\Delta p \cdot H}{2L}\right)^m \qquad (5\text{-}1\text{-}18)$$

由此式可见其真实剪切速率为

$$\dot{\gamma} = \frac{2(m+2)q_v}{WH^2} \qquad (5\text{-}1\text{-}19)$$

对于牛顿流体 $m=1$，则宽扁孔孔壁处的牛顿剪切速率（表观剪切速率）为

$$\dot{\gamma}_a = \frac{6q_v}{WH^2}$$

宽扁孔表观剪切速率与剪应力之间的关系用幂律原理表示如下：

$$\dot{\gamma}_a = \frac{6q_v}{WH^2} = k''\left(\frac{\Delta p H}{2L}\right)^m \qquad (5\text{-}1\text{-}20)$$

如果用此表观剪切速率的公式进行计算必须先算出 k''。比较式（5-1-18）和式（5-1-20），设其 m 相等可知：

$$k'' = \frac{3}{m+2}k \qquad (5\text{-}1\text{-}21)$$

由式（5-1-13）可得

$$k'' = \frac{3(m+3)}{4(m+2)}k' \qquad (5\text{-}1\text{-}22)$$

这样在设计宽扁孔流动通道时同样可采用圆孔毛细管流变仪作出的实验结果。

实际上挤塑机机头设计时所遇到的宽扁孔决不可能是无限宽的长孔，经常遇到的宽扁孔有两种，即宽度有限，W/H 较大的扁孔和圆形或非圆形环隙孔。对于前者，数学分析表明

当 $W/H=7$ 时计算误差约为 10％，当 $W/H=13$ 时误差为 5％，如欲使未校正的误差在 7％或以下，则宽扁孔的 W/H 值应在 10 或 10 以上，按以上的公式计算时由于未考虑扁孔两端的壁面对塑料熔体流动所增加的附加阻力，因此会使计算出的流量偏大。

对于环形间隙而言，不存在两端有侧壁的问题，与宽度无限大相似，但环隙内外两侧壁的长度不等，当相差较大时视为扁孔计算也会带来一定的误差。对于断面上壁厚相等的各种异型材而言，其窄缝长度 W 等于各段流道中心线长度之和，如图 5-1-12 所示的几种口模断面都可作为扁孔处理，其 W 值分别计算如下：

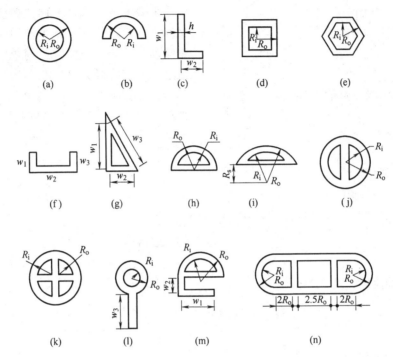

图 5-1-12　可作窄缝处理的等厚异型材断面

(a) $H=R_0-R_i$　　　　　　$W=R\pi(R_0+R_i)$

(b) $H=R_0-R_i$　　　　　　$W=\dfrac{\pi}{2}(R_0+R_i)$

(c) $H=h$　　　　　　　　$W=W_1+W_2$

(d) $H=R_0-R_i$　　　　　　$W=4(R_0+R_i)$

(e) $H=R_0-R_i$　　　　　　$W=3.46(R_0+R_i)$

(f)　　　　　　　　　　$W=W_1+W_2+W_3$

(g)　　　　　　　　　　$W=W_1+W_2+W_3$

(h) $H=R_0-R_i$　　　　　　$W=\dfrac{\pi}{2}(R_0+R_i)+2R_i$

(i) $H=R_0-R_i$　　　　　　$W=(R_0+R_i)(\theta+\sin\theta)$

式中，θ 角用弧度表示　$\cos\theta=2Rs/(R_0+R_i)$

(j) $H=R_0-R_i$　　　　　　$W=\pi(R_0+R_i)+2R_i$

(k) $H=R_0-R_i$　　　　　　$W=\pi(R_0+R_i)+4R_i$

(l) $H=R_0-R_i$　　　　　　$W=\pi(R_0+R_i)+W_1$

(m) $H=R_0-R_i$　　　　　　$W=\dfrac{\pi}{2}(R_0+R_i)+W_1+W_2+2R_i$

(n) $H=R_0-R_i$　　　　　　$W=\pi(R_0+R_i)+4R_i+2[6.5R_0+2(R_0-R_i)]$

在机头设计时必须注意断面上窄缝的十字形交汇处（k 图）或丁字形交汇处（j, k, l, m, n 图）在该处窄缝的厚度增加到该处内接圆直径，使断面上各点的流速失去平衡，应设法予以修正。

3. 塑料熔体在圆锥形管或楔形扁槽内流动

在机头中还有两种常见的流道形式，即是机头内流道的尺寸从一种断面尺寸转变为另一种断面尺寸的过渡部分，采用最多的有圆锥形管和楔形扁槽如图 5-1-13 所示。

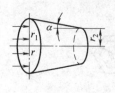 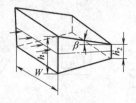

图 5-1-13　圆锥形管和楔形扁槽

圆锥形流道断面上的流速变化可用一个坐标来表示，沿流动方向流速变化可用另一坐标表示，因此在圆锥形流道内的流动属二维流动。处理锥形流道最简单的方法是将该流道分成若干微元 dl，将其中每一段当做等直径管计算压力降 dp，通过积分计算其总压力降。由几何关系可知对圆锥形流道

$$\tan\alpha = \frac{dr}{dl} = \frac{r_1 - r_2}{l} \qquad (5-1-23)$$

式中　α——斜角

r_1、r_2——大小端半径

利用流体在圆管中流动的公式，经积分推导可得

$$q_v = \frac{k\pi}{3+m}\left(\frac{3\tan\alpha}{2m}\right)^m\left(\frac{1}{r_2^{\frac{3}{m}}} - \frac{1}{r_1^{\frac{3}{m}}}\right)^{-m}\Delta p^m \qquad (5-1-24)$$

如为牛顿流体、则

$$q_v = \frac{3\pi}{8\eta}\tan\alpha\frac{1}{\left(\frac{1}{r_2^3} - \frac{1}{r_1^3}\right)}\Delta p \qquad (5-1-25)$$

式中　η——牛顿黏度

对于楔形扁槽形流道，同样有

$$\tan\beta = \frac{dh}{2dl} = \frac{h_1 - h_2}{2l} \qquad (5-1-26)$$

式中　β——斜角

h_1、h_2——扁槽大小端的高度

利用流体在宽扁孔中流动的公式，经积分推导可得

$$q_v = \frac{k \cdot W}{4+2m}\left(\frac{2\tan\beta}{m}\right)^m\left(\frac{1}{h_2^{\frac{2}{m}}} - \frac{1}{h_1^{\frac{2}{m}}}\right)^{-m}\Delta p^m \qquad (5-1-27)$$

如为牛顿流体、则

$$q_v = \frac{W}{3\eta}\tan\beta\left[\frac{1}{\frac{1}{h_2^2} - \frac{1}{h_1^2}}\right]\Delta p \qquad (5-1-28)$$

锥形流道一般为机头内的过渡流道，即从一种断面尺寸或形状过渡到另一种断面尺寸或另一种断面形状，例如圆形过渡到矩形，大圆过渡到小圆等。机头内的过渡部分设计时应注意以下几个问题：

首先应尽可能地设计成较小的锥角，否则在陡峭的锥壁上会发生物料停滞现象，停滞物

料会逐渐分解变色。

其二，当物料通过锥形流道由大端向小端流动时，物料不但受到剪切，而且受到拉伸，拉伸应力沿流动方向逐渐增加，且在锥形的小端处达到最大值，如果拉伸应力超过临界值时即会产生熔体破碎现象，使制品表面失去光泽，并逐渐变得粗糙。锥角越大拉伸应力越大，越容易发生熔体破碎现象。

第三，锥角大会产生大的流动阻力。锥形流道中的压力降不仅由剪切流动产生，而且由拉伸流动产生，这两种压力降可分别计算，总压力降是两者之和。

第四，当挤出型材之类的制品时，例如图 5-1-14 所示的工字形型材时，从口模入口处各点流速分布来看，当锥角越大时流速分布越不均匀，这将导致口模出口各点流速不均，使挤出工字形产品的壁厚和边长变形。当设计成锥角较小的流道时或在口模与锥形流道间设置一过渡段（锥角为零的一段）时，塑料熔体各点的流速比较一致，则会使通过口模挤出的制品变形较小（图 b）。

总之无论从消除停料死角，或降低流动阻力，或避免熔体破碎产生制品缺陷，或使进入口模时有比较均匀的流速，在机头过渡段都应取较为缓和的角度。一般而言侧壁与机头轴线夹角以在 30° 以下为宜。

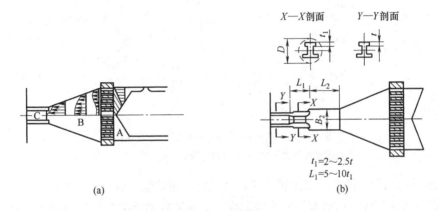

图 5-1-14　机头锥形过渡段设计及改进设计
（a）锥形过渡段　（b）改进的锥形过渡段

4. 塑料熔体在其他各种异型横截面直管内流动

挤出口模除了常见的圆形断面、圆环形断面、狭缝宽扁孔断面以外，还可能遇到别的断面形状，例如三角形、半圆形、矩形、正方形、椭圆形等。这些属于二维流动的口模，仅对牛顿流体才能求得压差与体积流率关系的准确解，而对于非牛顿流体只能求得其近似解。这里介绍一种通过图表查出与断面形状有关的形状系数，然后代入公式，计算压差与体积流率之间关系的简便算法。

对于牛顿流体而言，通过窄缝时流率与压力降 Δp 关系如下

$$q_{\mathrm{v}} = \frac{1}{\eta} \frac{\Delta p W H^3}{12L} \tag{5-1-29}$$

但当无限长的狭缝成为有限长的矩形时，由于两个端头的摩擦阻力不容忽略，它使流率降低了，这时流率应根据 H/W 不同而乘以小于 1 的校正系数 f，f 可由图 5-1-15 查出。当矩形的一个端头或两个端头变为圆弧时，则端头摩擦阻力更大，包括椭圆、半圆形流道在

内，其形状系数由同图 5-1-15 中不同的曲线查出。

$$q_{\mathrm{v}} = \frac{1}{\eta} \frac{\Delta p \cdot W \cdot H^3}{12L} \cdot f \qquad (5\text{-}1\text{-}30)$$

式中　f——形状系数

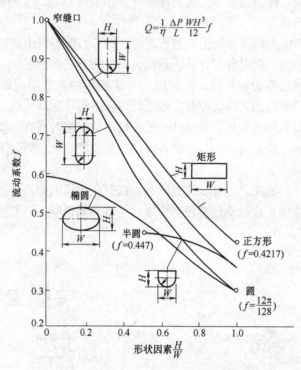

图 5-1-15　各种异形流道横截面的形状系数
W—横截面最大长度　H—横截面最小长度　f—流动系数

　　以上的公式和图是按牛顿流体得出的，其 η 为牛顿黏度，对于非牛顿流体而言，式中的 η 应换成该剪切速率和挤出温度下的表观黏度 η_{a}，η_{a} 随剪切速率的增加而降低，其关系可由该种塑料的流变性能测试曲线中查到，也可按下式计算：

$$\eta_{\mathrm{a}} = k^{-\frac{1}{m}} \dot{\gamma}^{\frac{1-m}{m}} \qquad (5\text{-}1\text{-}31)$$

　　通常情况下挤出模头的流道是由依次连接的上述各类基本几何形状的流道单元组成，压力损失可分段计算，再相加得总压力损失。

　　例：现欲挤出 $\phi 6.4\mathrm{mm}$ 的 LDPE 棒，为了便于冷却和定型，口模处采用较低的挤出温度（121℃），要求产量为 23.6kg/h，塑料棒的牵引速度等于它流出口模的平均速度，以便消除出模膨胀造成的直径胀大，机头压力为 8.4MPa。物料在 121℃，8.4MPa 下的密度为 0.795g/cm³。

　　该塑料熔体的流动曲线如图 5-1-16 所示，该图是用毛细管流变仪作出的，表示毛细管壁处的剪应力 $\tau = \Delta p \cdot R / 2L$ 与管壁处牛顿剪切速率 $\dot{\gamma}_{\mathrm{a}} = 4q_{\mathrm{v}} / \pi R^3$ 之间的关系，即

$$\dot{\gamma}_{\mathrm{a}} = k' \tau^m$$

　　在 121℃ 的曲线上做一相近的直线，如图 5-1-16 中虚线所示，在该直线上取 1、2 两点，两点的坐标分别为 $\tau_1 = 0.07\mathrm{MPa}$，$\dot{\gamma}'_{\mathrm{a}1} = 1.25\mathrm{s}^{-1}$ 和 $\tau_2 = 0.71\mathrm{MPa}$，$\dot{\gamma}'_{\mathrm{a}2} = 2000\mathrm{s}^{-1}$，代入上式得

$$2000 = k' (0.71)^m$$

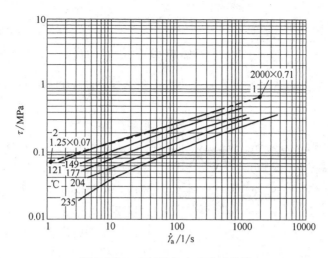

图 5-1-16　LDPE 的实验流动曲线

和 $\qquad$ $1.25 = k'(0.07)^m$

两式相除得 $\qquad$ $\dfrac{2000}{1.25} = \left(\dfrac{0.71}{0.07}\right)^m$

解得 $\qquad$ $m = 3.20$

利用 m 求 k'，在点 1

$$k'(0.07)^{3.2} = 1.25$$
$$k' = 6203$$

在点 2 $\qquad$ $k'(0.71)^{3.2} = 2000$
$$k' = 5984$$

取平均值 $\qquad$ $k' = 6093$

故得 $\qquad$ $\dot{\gamma}_a = 6093\tau^{3.2}$

即 $\qquad$ $\dfrac{4q_v}{\pi R^3} = 6093\left(\dfrac{\Delta pR}{2L}\right)^{3.2}$

在规定产量 23.6kg/h 下的体积流率为 $\qquad$ $q_v = \dfrac{23.6 \times 1000}{0.795 \times 3600} = 8.25\,\text{cm}^3/\text{s}$

代入上式计算出口模长度

$$L = \left(\dfrac{3.14 \times 6039 \times 0.32^{6.2} \times 8.4^{3.2}}{4 \times 2^{3.2} \times 8.25}\right)^{\frac{1}{3.2}}$$
$$= 3.36\,\text{cm}$$

第二节　圆形棒材挤塑成型机头

　　塑料棒材除了作为转轴等直接使用外，常用作小批量圆形零件机械加工的坯料使用。采用挤塑的办法可生产直径小于、等于或大于挤塑机螺杆直径的棒材，圆棒直径可以从几毫米至 500mm 不等。除圆棒外还可挤出矩形、多边形、三角形、椭圆形等断面形状的棒材，它们可归结为实心异型材类，将在后面的有关章节叙述。圆棒模结构较为简单，但要生产出表面光洁、内部无缩孔、无缩松、内应力又较小的棒材，特别是大直径的棒材是有相当难度的。

　　由于塑料的导热性很差，因此当挤出直径较粗的棒时，为了使中心的塑料熔体全部冻结，挤出速度往往控制得很慢。例如用 ϕ45mm 的挤塑机挤出 ϕ60mm 的尼龙棒材时，挤出速度为 2.5m/h，挤出直径 $\phi200mm$ 的棒材时，挤出速度为 0.5m/h。

一、棒材挤塑成型机头结构设计

棒材挤塑成型机头的结构有带分流梭的机头和不带分流梭的机头两种形式。

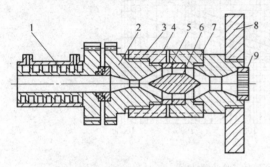

图 5-2-1 为典型的带分流梭的棒材挤塑模。

在机头与挤塑机料筒连接处设有过滤板（多孔板）和过滤网，其作用是使挤出机料筒内产生足够的反压力，促使螺杆内物料进一步塑化，过滤掉外来杂质或未塑化的颗粒，并使塑料由旋转流动变为直线流动。

在机头中部装有一分流梭，其目的在于减少机头内部的容积和增加塑料的受热表面积，减薄料层厚度使料温较为均匀，同时在停车后再开车时能在较短时间内使机头内存料重新熔融，否则由于长时间静止受热易使

图 5-2-1 带分流梭的棒材模和定型冷却模
1—水冷定径套 2—口模段 3—螺纹连接 4—连接段
5—衬环 6—分流体 7—模体 8—连接法兰 9—过滤板

物料降解。

在冷却定径水套和机头之间用聚四氟乙烯绝热垫圈绝热，当棒材的直径很小时（$\phi5mm$ 以内），不需设定径套，细棒挤出后立即在模外喷水雾冷却。当棒材直径较大时就必须采用定径套。在定径套内物料由表层向里层逐渐冻结，并靠挤塑机产生的高压强制推出，这时不但不需要牵引棒材，有时还需在棒材前进方向增加附加阻力，以保证所挤出棒材的密实度。

无分流梭的棒材机头典型结构如图 5-2-2，该机头将分流梭改为细颈，也可以起到减薄流道内物料厚度的作用。该机头口模前端需通过一绝热垫圈与冷却定径套相连，然后再进入冷却水槽，其装配情况如图 5-2-3 所示。

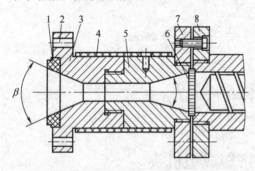

图 5-2-2 无分流梭的棒材模
1—绝热垫圈 2—螺栓孔 3—口模段 4—加热圈
5—机头体 6—栅板 7、8—连接法兰

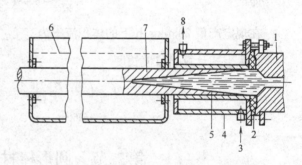

图 5-2-3 无分流梭棒材模与定径套及水槽连接
1—口模 2—绝热垫圈 3—入水口 4—水冷定径套
5—塑料熔体 6—水槽 7—固化棒材 8—出水口

由图可见无论是带分流梭的机头还是不带分流梭的机头，棒材外径的成型都是在定径套内完成的，图 5-2-4 所示的 RPVC 棒挤出的机头为了增加挤出的阻力而将定径套做得很长（一般约为直径的 10 倍或更长），套外壁用空气冷却，也可喷淋冷却水。该机头由于物料厚又是热敏性塑料，停车后再开车前应把机头内存料全部掏空。

二、棒材水冷定径套结构设计

水冷定径套设计时应注意以下问题：

① 定径套可做成普通冷却水夹套的定径套，也可做成冷却更均匀的螺旋形水道定径套，通过调节水道中水流量来控制冷却的速度。定径套水道中常有沉淀的污物，可用压缩空气或高压水流定期冲洗。

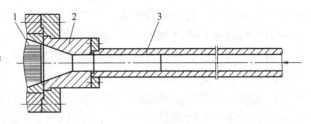

图 5-2-4　RPVC 棒材模
1—栅板　2—机头　3—定径模

② 绝热垫圈起隔热作用，要求其传热系数越小越好。由于它与熔融塑料直接接触，应选用能耐受高温，并对塑料没有粘附作用的材料。聚四氟乙烯是常用的绝热垫圈材料，它的绝热性很好，可在 250℃ 下长期使用，有自润滑性，对任何物料均不粘附，使棒材具有很光滑的外表面，其不足之处是硬度较低，有较大的蠕变性，因此连接螺栓的压力不能太大，或选用经无机填料填充因而具有较大硬度和较小蠕变性的填充聚四氟乙烯垫圈。

③ 水冷定径套的关键尺寸是内径和长度，其内径由棒材的直径决定，但要注意棒材从定径套出来后还会进一步收缩。根据生产中实测数据，直径 40～120mm 的 PA1010 棒材，其收缩率在 2.5%～5% 之间，直径 65mm 的 PC 棒材收缩率为 1.2%。

定径套的长度按经验决定，物料不可能在定径套内完全冻结，只能从表层开始向内部逐渐冻结，生成有足够厚度的壳，从定径套挤出后由该壳层承受内压，防止被内部熔体胀破。一般来说直径大的棒材反而可取较短的定径套长度，因为直径大挤出速度低，在套内停留时间较长，以 PA1010 为例，其定径套的尺寸如表 5-2-1 所列。

表 5-2-1　　　　　　φ40～120mm PA1010 棒材定径套尺寸　　　　　　单位：mm

棒 材 直 径	定径套长度	定径套内径	棒材实际直径
40	390	44.0	43.0
50	350	53.5	52.0
60	300	67.0	65.0
70	270	75.5	72.3
80	230	88.0	83.5
90	225	97.0	94.0
100	220	105.0	100
110	210	118.0	113.0
120	200	130.0	124.0

由于棒材挤出是靠机头内压力强制推出的，其阻力来自固化了的棒材表面与定径套间的摩擦力，及定径套前方附加的阻力装置施加于棒材的阻力，因此该总阻力不同于流动阻力，不能作为 Δp 代入流动方程式进行内流道设计。

第三节　管材挤塑成型机头

一、概　　述

塑料管材大量取代金属管材用作上下水管、燃气管、输水灌溉农用管和化工用管。挤管模属于环隙口模。普通挤管模包括挤塑机头和定径套（定型模）两大部分。管机头按管材挤出方向与挤塑机轴线之间的关系分为直管机头、直角机头、斜角机头和旁侧式机头几种形式。而定径套又分为压缩空气定径和真空定径两大类。图 5-3-1 为典型的直管式机头（直通式管机头）和压缩空气定径套组合在一起的形式。塑料管材的尺寸和挤塑机螺杆之间有一定关系，通常管径在挤塑机螺杆直径 30%～130%范围内，特殊情况可达 300%。挤 PVC 硬管时管径和设备间配置关系见表 5-3-1。双螺杆挤塑机用于生产塑料管时管材直径可控制在螺杆直径的 45%～450%范围内，表 5-3-2 列出了各种锥形双螺杆挤塑机与挤管管径的关系。

表 5-3-1 　　　　　　　　　　　　**单螺杆挤塑机生产 RPVC 管材范围**

挤塑机螺杆直径/mm	45	65	90	120	150	200
管材公称直径/mm	10～63	40～90	63～125	100～180	125～250	200～400
牵引速度/(m/min)	0.4～2.0	0.3～1.5	0.3～1.5	0.2～1.0	0.2～1.0	0.2～1.0

表 5-3-2 　　　　　　　　　　　　**锥形双螺杆挤塑机生产 RPVC 管材范围**

双螺杆直径(小端)/mm	45	55	65	80
管材公称直径/mm	12～110	20～250	32～300	60～400

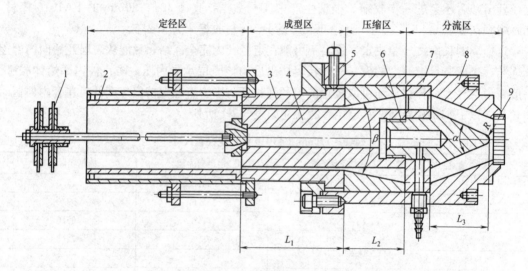

图 5-3-1　管材模典型结构

1—橡皮片堵头　2—定径套　3—口模　4—芯棒　5—调节螺栓　6—分流锥
7—芯棒支架　8—模体　9—栅板

二、管材挤塑模结构设计

1. 直通式挤管机头

所挤出管材和挤塑机螺杆在同一轴线上的挤管机头，如图 5-3-1 所示。该机头由扩张分配段、压缩段和成型段三部分组成。在扩张段物料被分流梭分开，进入机头的管状环隙，通常扩张后环隙的内、外径应分别比所需管坯的内、外径（口模处环隙的尺寸）大。环隙的厚度也应比管坯厚，使在物料进入压缩区后有较大的压缩比，以增加管材的密实性。管机头的芯棒和分流锥连成一体，由芯棒支架支撑，支架上支撑筋的数量一般为 3～6 根不等，视机头大小而定，物料通过数根支撑筋后再汇合，不可避免地在管材上形成几条熔接痕，该处的周向强度较低，它是管材爆破时的薄弱环节。

机头的口模段即是成型段，它决定了管坯的最终尺寸，但它与管材的最终尺寸又略有差别，这是由于塑料熔体出模时有出模膨胀，快速牵引（快于挤出平均速度）和材料冷却又会引起尺寸收缩。口模的平直段应有足够的长度，使管坯流速稳定，充分地消除高聚物的记忆效应，并减少熔接痕对质量的影响。为了将挤出管材的壁厚沿圆周方向调得均匀一致，在口模套的根部对称地安有若干对相对的调节螺栓。定径套的内径决定管材的外径，需放适当的收缩率，因为从定径套挤出后管径还会有一定缩小。

直管机头在结构上有不同的形式，图 5-3-1 所示的机头芯模组合件、压缩段镶件、口模等都从机头前方装入模体内，拆卸时松掉端部的螺栓即可靠挤出的物料将芯棒等零件带出，适用于挤 RPVC 小管。图 5-3-2 所示的机头芯棒、支架、压缩段和机头连接体分段用螺栓连接在一起，可减少机头的外径，适用于大型挤管模。

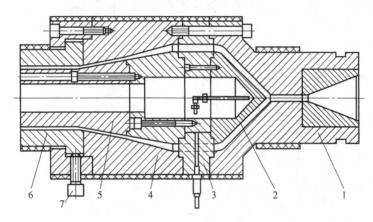

图 5-3-2　直通式大型挤管机头

1—机头连接体　2—分流锥　3—芯棒支架　4—模体　5—芯棒　6—口模套　7—调节螺栓

2. 直角式挤管机头

所挤出的管材的轴线与挤塑机螺杆直线成直角，其典型结构如图 5-3-3 所示。此种机头结构适用于内定径的 PE、PP 及 PA 等塑料管成型，对于电线包覆、金属管材的包覆等，该结构形式对芯棒的加热控温等都会带来较大的方便，这时管材的熔接痕出现在进料口绕过芯棒的对面，该种机头设计时主要是要解决如何尽量减少管材沿圆周各点流动距离不相等造成流动压力不平衡的问题。机头轴线除了与挤塑机轴线成直角布置的直角式机头外，还可做成非直角的斜角式挤管机头。

3. 筛孔环式（吊篮式或篮式）挤管机头

对于生产外径在 $\phi600mm$ 以上口径的大管如果仍采用一般结构形式的机头，则机头将十分笨重。例如生产外径 $\phi1000mm$ 的大管，其分流部分的外径就要达到 $\phi2000mm$，而筛孔式机头结构可减轻其重量，其结构如图 5-3-4 所示。从挤塑机来的熔融物料通过机头内侧壁上的千百个小孔（孔径 0.5～2.5mm）从流道中心向外侧机头的口模部分，保证了物料充分地熔融塑化混合，可消除熔接痕。更换芯棒和口模可得到多种规格的管材。实践证明 600kg 重的机头采用普通结构时只能生产 $\phi400mm$ 外径的管材，而采用同重的筛孔环式机头就能生产 $\phi600mm$ 的管材。由于筛孔面积之和可以较大，因此机头的阻力并不大。筛孔环式机头也可用来生产中小尺寸的管，图 5-3-4 即是中小型管机头的例子。

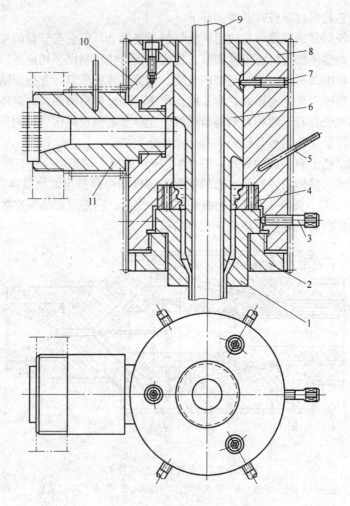

图 5-3-3　直角式钢管包覆层挤管机头

1—口模　2—锁紧螺母　3—调节螺栓　4—阻流环　5—温度计或热电偶　6—芯棒

7—定位螺栓　8—盖板　9—钢管　10—模体　11—机颈

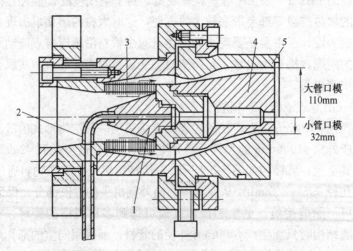

大管口模
110mm

小管口模
32mm

图 5-3-4　筛孔式挤塑机头（通过更换口模和芯棒可得到管径 $\phi32\sim\phi110$mm）

1—分流锥　2—压缩空气管　3—筛孔圈（具有 ϕ1mm孔110个错开排列，孔间距1.8mm）　4—芯棒　5—口模

三、挤管机头结构参数的计算与确定

本节重点讨论经典的直通式挤管机头的结构尺寸，以图 5-3-5 所标注的尺寸代号来讨论各结构参数的计算和确定方法。

1. 口模长度的决定

口模指机头平直的成型段 L_1，机头总阻力损失为成型段 L_1、压缩段 L_2、分配段 L_3 和分流锥支架段压力降之和，其中口模段 L_1 阻力最大，因此在做简单估算时可认为压力损失全部集中在口模段，对于 $d/d_i < 1.3$ 的薄壁管而言，口模的环隙可按窄缝处理，这时成型段的长度按下式计算

$$L_1 = \frac{\Delta p H}{2}\left(\frac{kWH^2}{2(m+2)q_v}\right)^{\frac{1}{m}} \tag{5-3-1}$$

或
$$L_1 = \frac{\Delta p H}{2}\left(\frac{k''WH^2}{6q_v}\right)^{\frac{1}{m}} \tag{5-3-2}$$

式中
$$H = R_0 - R_i$$
$$W = \pi(R_0 + R_i)$$

口模较长时物料流动的阻力增加，会使制品更密实，同时也使料流稳定，更好地消除螺旋运动的纹路，避免管子转动，并使熔接痕的熔接强度增加。但口模段过长将使产量降低。当缺乏流变学数据来进行计算时，L_1 也可凭经验决定，通常可以根据管材的壁厚按表 5-3-3 进行简单计算。

表 5-3-3 定型段长度 L_1 与管材壁厚 t 的关系

物　　料	RPVC	SPVC	PA	PE	PP
L_1	$(18\sim33)t$	$(15\sim25)t$	$(13\sim23)t$	$(14\sim22)t$	$(14\sim22)t$

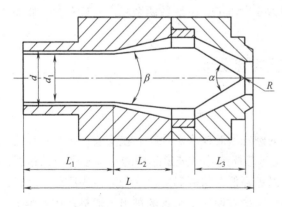

图 5-3-5　挤管机头的主要结构参数

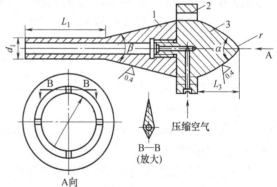

图 5-3-6　分流锥、分流锥支架与芯棒
1—芯棒　2—分流锥支架　3—分流锥

2. 分流锥及其支架设计

典型的分流锥、支架和芯棒的组合如图 5-3-6 所示。分流锥与多孔板之间的空腔起着汇集物料和稳定料流的作用，因此分流锥尖与多孔板之间距离不宜过小，以免出管不均匀。但也不宜过大，否则物料停留时间过长易分解。一般取 $10\sim20$mm，或等于螺杆直径的 $1/5\sim1/10$。

· 扩张角 α，对于低黏度不易分解的物料取 $\alpha = 45°\sim80°$ 为宜，对于高黏度易分解物料取 $\alpha = 30°\sim60°$ 为宜。

· 分流锥体长 L_3，一般取 （1~1.5D)，D 为螺杆直径。

· 分流锥头部圆角取 $r=0.5~2mm$，圆角越大越易停料。

· 多数情况下将分流锥和支架做成一体，再通过螺纹与芯棒组合在一起，在小型机头中也有将分流锥、支架和芯棒共同做成整体式的。

为了增加塑料通过分流锥支架后的熔接强度，支架上分流筋断面做成流线型，在满足强度要求的情况下，其宽度和长度应尽可能小些，出口端的尖角应小于入口端的尖角，如 B-B 剖面，分流筋的数量以 3~8 根为宜。而且应有足够的强度，以抵抗塑料挤出时施于分流锥顶部的力，校核计算时该力取为机头内熔体压力与分流锥最大投影圆面积的乘积。

有时分流锥支架设有进气孔（在数根筋中任选一根钻孔）和导线孔，进气孔通入压缩空气使管材能在定径套内定径。导线则从导线孔引入，与芯棒口模段的内置电热元件相连，加热芯棒，使挤出时管材内外壁温度均匀一致。

3. 芯棒设计

芯棒是管子内表面的成型零件，芯棒与分流锥之间一般采用螺纹连接，如图 5-3-6 所示。芯棒由收缩段和平直段组成，平直段长度即等于口模长度。收缩段与机头内流道 L_2 形成一个由大到小的锥形环隙，对物料起压缩作用，使被分流筋分割的塑料在高压下熔合在一起，设计时应取足够的压缩比，压缩比是指分流锥支架出口处截面积与口模环隙面积之比，其值随物料特性而异。对低黏度塑料熔体压缩比取 10，对高黏度塑料熔体取 3~6。

收缩段的收缩角 β 应小于扩张角 α，其值随物料流动特性决定，一般 $\beta=30°~45°$，高黏度塑料如 RPVC 取小值，而低黏度的塑料如聚烯烃取大值，这样可缩短机头长度。

4. 管材壁厚均匀度调节

为了获得壁厚均匀的制品，口模内径与芯棒之间应调节其同心度，多数情况是芯棒固定，用调节螺栓调节口模圈位置来保证管材壁厚均匀，使圆周各点出料速度一致，但这时环隙的间隙宽度却不一定相等，调节螺栓数一般为 4 个以上，呈双数两两相向对称布置，管材口径越大，需要调节螺栓数越多。

四、挤塑模定径套设计

管材的冷却定径有内定径法和外定径法。

1. 内定径芯模

内定径法是采用一段能进行冷却水内循环的圆柱形芯模来定径，芯模安装在机头口模之外，直接连接在芯棒上，如图 5-3-7 所示。但应与芯棒绝热。进出芯棒的冷却水管也通过机头芯棒，水管的进水与回水也要与芯棒绝热，以免降低芯棒的温度，这种定径法适用于直角机头、斜角机头或旁侧机头，因为这几类机头的结构方便冷却水管的进出。塑料管在芯棒上冷却时会因为收缩而产生较大的包紧力，这时应配以强有力的管材牵引机。管材经芯模冷却后再进入冷却水槽，在水槽内用冷却水喷淋继续进行冷却直至完全定型，再经牵引机和锯割装置锯成一定长度的管材。

2. 压缩空气外定径套

图 5-3-8 所示为压缩空气定径的定径套（定型模），这时需通过分流锥支架的分流筋导入一定压力（0.03~0.25MPa）的压缩空气，为了保持管内气压需用一个与内壁滑动配合的橡皮塞堵在已冷却定型的管内防止漏气，该塞子用链条拉在机头芯棒上。如果机头芯棒因压缩空气的导入而降温，致使管子内壁不光滑，则应采用经预热的压缩空气。压缩空气将尚未

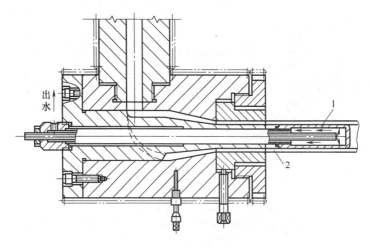

图 5-3-7　直角机头上内定径硬管机头
1—定径套　2—制品

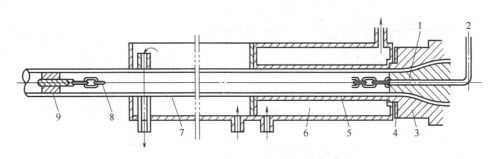

图 5-3-8　压缩空气外定径的定径套
1—芯模　2—气道　3—机头体　4—绝热垫圈　5—定径套　6—冷却水　7—管材　8—链索　9—浮塞

固化的管坯吹胀而紧贴于定径套内表面,定径套有冷却水夹套,将与定径套内壁紧密接触的塑料管冷却,管材出定径套后进入冷却水槽继续进行冷却。低温的定径套和口模相连接,两者之间采用空气间隙或绝热材料绝热。

由于管材从口模挤出后有一定的出模膨胀,为了管材能顺利进入定径套,避免产生过大的阻力,直径100mm以下的管子定径套内径比口模内径大0.5~0.8mm,直径100~300mm的管子约大1mm,管材从定径套出来后再进一步冷却时直径还会减小,对RPVC而言减小约1%,以此来设计定径套的内径。

3. 真空外定径套

真空定径是一种很好的定径方式,它是在定径套套壁上开有抽真空的小孔或窄缝,使管材通过定径套时紧贴于定径套内壁,同时在定径套上设冷却水夹套或采用向套的外壁喷淋冷却水的结构。真空定径套又分为与真空冷却水槽连成一体的真空冷却水槽定径套和单独的真空定径套,后者只需与普通的冷却水槽配合使用。

图5-3-9为连接在真空冷却水槽上的定径套,定径套安装在水槽内塑料管的入口端,定径套是在管壁上开有许多小孔或窄缝(孔径或缝宽小于0.8mm,孔间距约10mm)的一段薄壁金属管,冷却水从四周喷淋在定径套管壁上,由于密闭的真空冷却水槽内保持有真空,而塑料管内与大气相通,压差使熔融的高温管紧贴在定径套内壁上被迅速冷却。

图5-3-10是独立的真空定径套,这种定径套上有抽真空的定径区和带水冷夹套的冷却

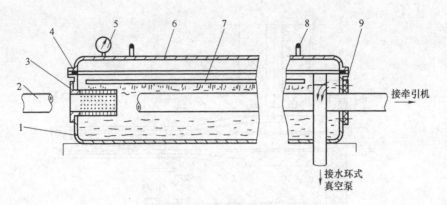

图 5-3-9　真空冷却水槽的定径套

1—水槽体　2—塑料管　3—定径套　4—密封垫　5—真空表　6—盖　7—喷水管　8—盖手柄　9—密封圈

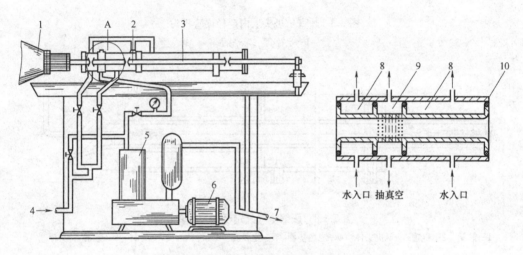

图 5-3-10　真空定径系统和真空定径套

1—挤塑机　2—真空定径套　3—冷却水槽　4—进水口　5—水环真空泵
6—电机　7—出水口　8—冷却水室　9—真空室　10—O形密封环

区，也有将这两个区域合并在一起的，但真空管与冷水管需相互隔开。定径套抽真空区钻有许多小孔，与前述结构相同，与真空定径套相连的真空泵应选水环泵，这时即使有喷淋冷却水抽入也不会影响它的正常工作。管材从真空定径套出来后可直接进入普通冷却水槽进行进一步的冷却，而无需昂贵的真空冷却水槽，因此是一种简易的真空定径法。真空定径时定径套可离开口模一小段距离，定径套内径一般小于口模内径，拉伸比越大则小得越多。但拉伸比过大，会使表面粗糙，拉伸比亦不能过小，否则操作产生困难或降低了产量。常见拉伸比如表 5-3-4。

表 5-3-4　　　　　　　　　　各种塑料管常用拉伸比

塑料品种	拉　伸　比	塑料品种	拉　伸　比
尼龙	1.5～5.0	高密度聚乙烯	1.0～1.2
聚氯乙烯	1.0～1.5	聚全氟乙丙烯	任意但不超过 80
低密度聚乙烯	1.2～1.5	聚三氟氯乙烯	任意

从定径套出来后由于冷却时管径还会进一步收缩，管材的最终外直径将小于定径套的内径。

例如高密度聚乙烯管要求管径 40mm，真空定径套内径 40.2mm，口模套内径 45mm，尼龙 1010 管管材外径 31.3mm，真空定径套直径 31.7mm，口模套内径达 44.8mm。但也有定径套内径仅稍小于口模内径，如挤出 ABS 管、RPVC 管等可以采用这种结构尺寸。

定径套的长度要保证管坯通过它形成足够的冻结层厚度，温度降到热变形温度以下。其长度取决于挤出速度、管材尺寸、起始温度和塑料的热性能。对于直径小于 φ300mm 的 RPVC 管，定径长度为内径的 3～6 倍，小管取大值。当管径小于 35mm 时，长度可增至管径的 10 倍。聚烯烃管取内径的 3～5 倍，小直径管可大于 5 倍。

4. 各种定径方式比较

从结构上看，外径定径比内定径简单，操作更方便，但从管壁内应力分布的状况来看外径定径管不如内径定径管材的应力分布状况好，如图 5-3-11。

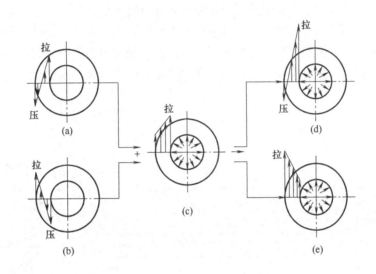

图 5-3-11　采用不同定径方法管壁应力分布
(a) 外径定径管应力分布　(b) 内径定径管应力分布　(c) 管材受内压后的应力分布
(d) 外定径管受内压后的应力图　(e) 内定径管受内压后的应力图

外径定径的管子外壁先冷却，内壁在外壁固化后才逐渐冷却，因此内壁收缩受到外壁的阻碍，结果使外壁受到压应力，内壁受到拉应力，如图 5-3-11 (a) 所示。内径定径的管子则正好相反，由于管子内壁先冷却固化，外壁在进一步冷却收缩受到阻碍，致使内壁受压应力，外壁受拉应力，见图 5-3-11 (b)。由于这两种不同的预应力状态使管材在受到内压力时会产生不同的效果。图 5-3-11 (c) 是由内压引起的拉应力分布，这时内壁的拉应力高于外壁拉应力，管壁越厚这种差异越大。将该应力与外定径管预应力合成如图 5-3-11 (d)，这时内壁受拉应力更大，外壁受压应力很小，沿壁厚受力分布很不均匀。将图 5-3-11 (c) 的应力与内定径管的预应力图 5-3-11 (b) 合成可得到如图 5-3-11 (e) 所示的应力分布图，这时管子内壁的拉应力被预应力抵消了一部分，整个管壁受力较均匀。

从管材内外径尺寸精度来看外定径时能更好地控制管材外径公差，内定径能够得到更准确的内径尺寸，由于管材标准都是以外径尺寸为基本尺寸，外径要求一定的公差，以便和管件配合，外定径容易使外径达到公差要求，因此从管材使用和安装角度出发以外定径为佳。目前在我国各个管材厂基本是以外定径方法使用最广泛。

五、波纹管材挤塑机头和定型模

波纹管在工农业生产和民用上有广阔的用途，波纹管采用特殊的定型模具，波纹管有单壁波纹管和双壁波纹管之分，单壁波纹管只有一层波纹状的管壁，与普通管材比较，在壁厚相同的情况下，具有更大的环刚度，当埋在土壤中使用时更不容易变形。双壁波纹管外壁为波纹状与其熔融，粘附在一起的内壁为薄壁直管，因此环刚度更好，而且当输送流体时由于内壁光滑流动阻力小得多。

1. 单壁波纹管机头及定型装置

如图 5-3-12 所示。带有波纹形状的半圆槽状定型模安装在特殊的履带式牵引机上，熔融的塑料管坯进入成对夹紧的多个半圆槽模具中，在管的内部通入压缩空气或在外部抽真空而成型波纹。为了使压缩空气定型或真空定型更有效，管坯机头的出口必须与定型模入口尽可能靠近，为此必须采用延长的芯棒和口模套，否则在采用压缩空气定型时管坯将会在进定型模前被吹胀而破裂。由于口模外套的外径受到限制不能安装电热圈，因而采用导热系数高的材料（例如铍铜）制造口模套。在定型过程中波纹管的热量被金属定型模带走。

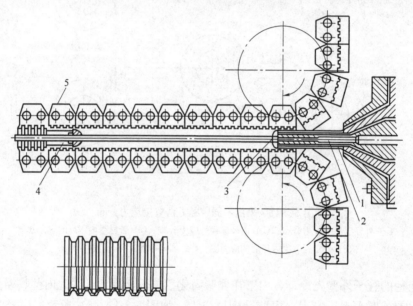

图 5-3-12　单壁波纹管挤出和定型
1—挤管口模　2—芯棒　3—压缩空气入口　4—气体堵头　5—牵引机波纹成型链条

还有一种采用旋转螺旋形芯棒内定型的单壁波纹管挤出装置，它的波纹呈连续的螺旋线，芯棒在旋转中，将波纹管推出，因此它不再需要履带式牵引机，但操作稳定性较差，成型效率低。

2. 双壁波纹管挤出成型机头及定型装置

管坯机头如图 5-3-13，在双壁波纹管挤出机头上有两个前后同轴的圆环形挤出口，其中圆环形出口 B 挤出管材内壁的管坯，另一个出口 A 挤出波纹管外壁的管坯。成型内壁的管坯由内定径、长模定径，成型外壁的管坯进入履带式成型牵引机，在两层管坯之间由出口 C 通入压缩空气，外壁波纹管在熔融状态下被履带夹压而与内层管熔焊在一起，冷却水进出的铜管（件 15）用绝热层包隔。

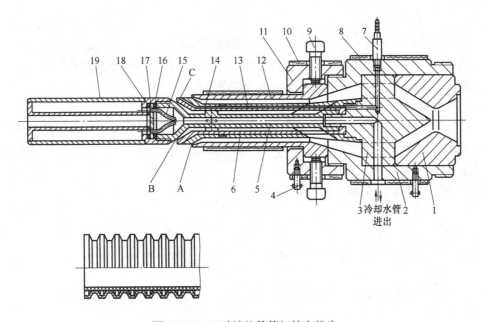

图 5-3-13 双壁波纹管管坯挤出机头

1—机头颈 2—机头 3—支架 4—热电偶 5—内芯模 6—内夹套 7—气嘴 8、10—加热圈
9—调节螺栓 11—口模固定圈 12—口模 13—外夹套 14—外接套 15—铜管
16—隔热圈 17—盖板 18—密封圈 19—冷却夹套

第四节　吹塑薄膜机头

　　吹塑薄膜机头是具有圆环隙出料口的机头，来自挤塑机的塑料熔体进入机头后，沿机头内流道的环隙流动，要求物料沿口模环隙均匀分布，经模唇挤出厚薄均匀的膜坯，膜坯被从芯棒中心流出的压缩空气吹胀，成为泡管，为了避免空气从泡管中逃逸，在泡管收卷一端通过转动的橡胶辊筒夹紧并牵引泡管，同时采用风环等手段对泡管进行冷却，使能获得厚度公差小，符合使用要求的薄膜，吹塑薄膜机组如图 5-4-1。

一、吹膜机头的分类及设计要点

　　根据吹塑薄膜牵引方向不同可分为上吹、下吹和平吹三种生产方式，机头结构和辅机会因此而不同。上吹和下吹都用直角式机头，这种形式占了吹塑薄膜机头的绝大多数，平吹式由于薄膜受重力的影响容易发生泡管下垂的现象，因此只适用于尺寸较小的小口径薄膜。其机头和辅机结构都比较简单，本节只讨论上吹或下吹的角式吹塑薄膜

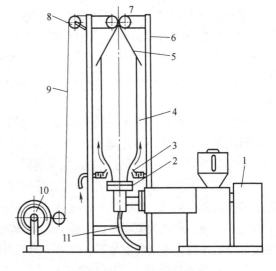

图 5-4-1 吹塑薄膜机

1—挤出机 2—吹膜机头 3—风环 4—膜管 5—人
字板 6—牵引架 7—夹紧辊 8—牵引导辊
9—薄膜 10—卷取辊 11—进气管

机头。

目前使用的吹塑薄膜机头主要形式有旁侧进料的芯棒式机头，中心进料的十字机头、螺旋流道机头，具有径向流道的莲花瓣（或多流道）机头，以及各种形式的旋转机头。

吹塑机头设计时无论何种机头均有以下问题需考虑。

1. 口膜成型段长度的计算

可以近似地认为吹塑机头的压力降主要发生在口膜区域，口膜是一环形窄缝，要按前面的塑料熔体通过矩形窄缝时的公式（5-1-17）计算流道几何尺寸，该式反映了口模成型段长度、缝宽与压力降和流率之间的关系。

机头口模的缝高和缝宽分别为：

$$H = R_0 - R_i$$
$$W = \pi(R_0 + R_i)$$

口模与型芯之间环状间隙 H 通常取 0.5~1.3mm，最常用 0.8~1mm。

2. 吹胀比

吹胀比定义为吹胀后膜管直径与口模内径之比，一般常用吹胀比为 1.5~3。

二、吹膜机头的结构设计

现将各种常见吹膜机头的结构形式和设计要点叙述如下。

1. 芯棒式吹膜机头

如图 5-4-2，它是目前国内采用最广泛的吹膜机头，来自挤塑机的熔融物料通过机颈到达芯棒轴，被芯棒轴分成图中的前后两股，分别绕芯棒轴的倾斜面流动，在入口对面的芯棒尖处重新融合，沿机头流道环隙向上流动，被分流锥扩展到管坯尺寸，然后从口模环隙均匀挤出，形成厚薄均匀的圆筒形膜坯（管坯），芯棒中心通入的压缩空气将管坯吹胀成膜后通过橡胶夹紧辊夹紧成双幅平膜，通过收卷装置连续卷绕成筒状。管坯圆周上各点厚薄的均匀性可用 6~8 根调节螺栓调节口模环使各点出料均匀。

芯棒式机头设计时主要应注意以下问题：

（1）物料均匀分配问题　由于是从机头侧面进料，因此芯棒式机头最重要的是解决物料分配不均匀的问题，由于熔融物料在芯棒式机头中各处料流绕过芯棒的流动距离不相同，熔料入口侧的流动距离最短，阻力较小，因此应设法调节流道的长度和厚度，使流动阻力均衡。

其方法之一是在芯棒上设置平衡流道，即沿着芯棒分料线开设一条较深的流道槽，使物料以较低的阻力绕到芯棒的背面，槽宽 a 等于机头进料口直径，深等于芯棒侧原有间隙的 1~1.5 倍，如图 5-4-3 所示。这种方式是加强流速弱的一边的流速，使与强边相匹配的补偿方式。

其方法二是加阻尼块的方式，它是抑制芯棒前方流速强的一边的速度，增加前面的阻力使与芯棒背面阻力相当，如图 5-4-4。在靠近入口一侧设阻尼块，与芯棒作成一体，阻尼块高出芯棒表面，使其形成的流道环隙为原有芯棒侧间隙的 1/3~2/3，阻尼块边缘逐渐减薄，与原侧表面倾斜过渡，直至高度为零，阻尼块向芯棒两侧对称包覆，其包覆角在 200°~240° 之间。

（2）芯棒稳定性问题　由于芯棒式机头是侧向进料，侧压力易使芯棒发生弯曲形变而偏离中心，应适当增大芯棒直径，并采用高强度钢材制造芯棒，增加芯棒稳定性。

（3）消除溶解痕问题　无论何种吹膜机头，由于芯棒的固定均会产生熔接痕，芯棒式机头熔接痕最少，只在入口对面芯棒尖处产生一条熔接痕，但熔接不良也会极大影响薄膜的质

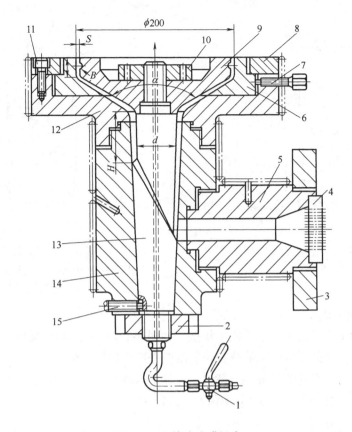

图 5-4-2 芯棒式吹膜机头

1—进气装置 2—锁母 3—法兰 4—栅板 5—机颈 6—口模环 7—调节螺栓 8—压环
9—芯模 10—锁母 11—螺栓 12—口模座 13—芯棒 14—模体 15—定位螺栓

量。为了提高熔接时的压力，机头进口截面积与出口环形间隙截面积之比（即机头压缩比）至少应等于 2，但亦不宜过大，否则会产生过大的料流阻力，使 PVC 等热敏塑料分解。环绕芯棒的倾斜面其形状应尽量使远端和近端的物料到达机头出料口的流程相等。芯棒上的倾斜面一般设计为倾斜的直线，避免过大的弯曲，以免滞料，芯棒尖料流汇合处应呈尖角，或采用很小的 R（$R < 0.5 \sim 1$），否则会有停料点，使在熔接缝处出现焦痕。为了更好消除熔接痕，从熔合处的芯棒尖到机头出料口的距离至少应为芯棒直径的两倍。

在口模平直流道的入口区或在流道区设置环形缓冲槽，既有利于进一步消除熔接痕，也有利于压力沿口模环形间隙均布，缓冲槽是在芯棒上加工出横断面近似为弓形的环形槽，见图 5-4-2 中 B 处，弓形弦长（即槽宽）$B = 15 \sim 30H$（H 为出口缝宽），弦高（即槽深）$\delta = 4 \sim 8H$。例如直径 200mm 的机头，可取缓冲槽宽 10mm、深 1.5mm。缓冲槽与流道应圆弧过渡，减少滞料死角。

芯棒的扩张角 α 一般取 $80° \sim 90°$，最大为 $120°$，膜管直径大者取大值，以减小机头的长度和重量。

总的来说芯棒式机头的优点是内部流道空腔体积小、存料少，物料不易过热分解，适宜挤 PVC 之类的热敏性塑料，膜管上仅有一条熔接痕，机头结构简单，制造容易，拆装方便，故得到广泛的采用。其缺点是由于芯棒受侧向力，往往出现偏心的现象，使口模间隙发生变化，影响薄膜厚度均匀性。

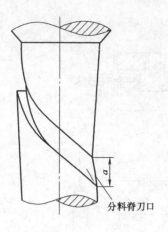

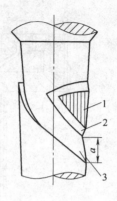

图 5-4-3　平衡流道式芯棒

图 5-4-4　阻尼块式芯棒

1—等直径的圆柱面　2—过渡区　3—分料脊刀口

a=进料孔直径

2. 十字形吹膜机头

吹塑薄膜的十字形机头与挤管机头相似，如图 5-4-5 所示。物料从机头中心进入，通过分流锥支架时被支架的几条分流筋分割，重新汇合后会形成熔接缝，物料沿圆锥形流道扩大到需要的直径，再从平直的口模环隙挤出。这种结构既适用于上吹或下吹的直角式机头，也适用于平吹的薄膜机头，如图 5-4-6 所示。

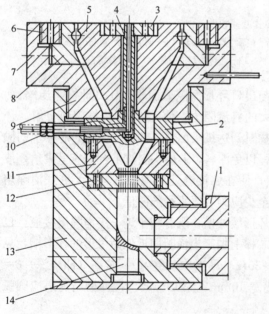

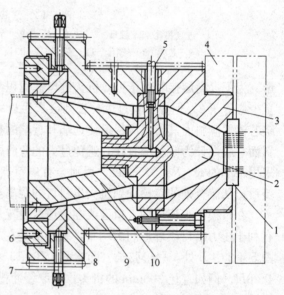

图 5-4-5　十字形上吹式吹膜机头

1—机颈　2—分流锥支架　3—锁紧螺母　4—连接气管
5—芯模　6—锁母　7—调节螺栓　8—口模　9—机头座
10—气嘴　11—衬套　12—栅板　13—机头体　14—堵头

图 5-4-6　十字形平吹式吹膜机头

1—栅板　2—分流锥　3—机头体　4—法兰
5—气嘴　6—锁母　7—调节螺栓
8—口模环　9—模体　10—芯模

在设计这种中心进料机头时，分流锥支架的支撑筋在满足强度条件的前提下应尽量减少其数量，并减小宽度和长度，以减少熔接痕数量，提高熔合质量。为了进一步消除熔接痕迹，可在口模的平直段或其前方开设环形缓冲槽，并适当加长支撑筋到出口的距离。

十字形机头的优点是料流均匀，薄膜厚度易于调节控制，芯模无侧压力，避免由此产生的偏中现象。其缺点是因为有多条芯棒支撑筋，增加了薄膜上熔接痕的数量，机头内部空腔较大，增加了物料停留时间。当用它挤出易分解的 PVC 薄膜时，应仔细设计流道尺寸，适当减小空腔体积，最好不设缓冲槽，以免滞料分解。

3. 螺旋式吹膜机头

螺旋机头的结构如图 5-4-7 所示。在合理设计机头尺寸并在适当的工艺条件下能较好地消除熔接痕，因此得到了广泛的采用，塑料熔体从机头芯棒的中心进入，上行一段距离后沿径向分成 3～6 股料流，从芯棒表面穿出，进入各自的螺旋槽，多个螺旋槽形成多头螺纹流道旋转上升，螺旋槽越来越浅，最终消失、螺纹外径逐渐变小，因而与机头内径之间的间隙 D 越来越大，使物料从螺旋槽中沿横向溢出，各个槽中溢出的料交混在一起，从而有效地消除了熔接痕，物料最后进入平直的口模环隙挤出成膜坯，再被压缩空气吹胀成膜。要指出的是，即使是螺旋式机头，当工艺控制不当时同样会在制品上产生熔接痕。

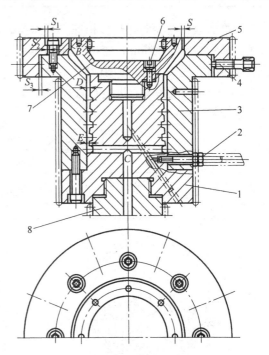

图 5-4-7　螺旋式吹膜机头

1—螺旋芯棒　2—气嘴　3—模体　4—调节螺栓　5—口模
6—螺栓　7—芯模　8—连接体

图 5-4-8 是典型的螺旋式机头芯棒的螺旋段，注意其螺槽尺寸逐渐变浅，其外径从 $\phi152$mm 渐渐减小到 $\phi150$mm，图中虚线为气道。螺旋槽数目与芯棒直径关系如表 5-4-1。

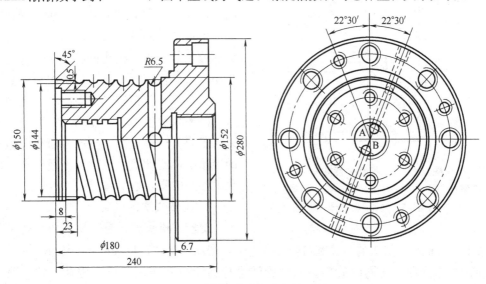

图 5-4-8　螺旋式机头芯棒示例

301

表 5-4-1		芯棒直径与螺槽数		
芯棒直径/mm	50	100	200	300
螺旋槽数	2	2～4	3～4	4～6

螺旋槽的数目与径向孔数目相等，径向孔的直径取决于树脂及熔体的流动指数、温度和挤出量，通常为 $\phi8\sim\phi16$mm，螺槽起始点深度为 16～20mm，口模平直段应有足够长度，以保证形成足够的机头压力，但阻力又不致过大，一般其平直段长度为 20～25mm，口模环隙为 0.8～1.2mm。机头中心进料孔直径可按表 5-4-2 选取，过小阻力大，过大则易在孔壁处滞料引起分解。

表 5-4-2	螺旋机头中心进料孔直径选取			单位：mm
螺杆直径	45	65	90	150
口模直径	50～200	150～400	250～800	500～1200
中心进料孔直径	25	25～32	25～32	32～38

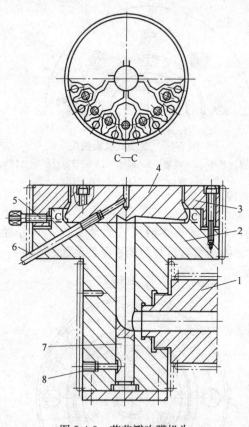

图 5-4-9 莲花瓣吹膜机头
1—机颈 2—模体 3—口模 4—芯模 5—调节螺栓
6—气管 7—堵头 8—定位螺栓

4. 径向流道吹膜机头

亦称多流道吹膜机头或莲花瓣机头，其典型结构如图 5-4-9 所示。为了加工方便，将其流道加工在芯模端部平面上形成莲花瓣状，物料开始分成数股（此图为 4 股）沿径向流出，每股一分为二后，又再一分为二，将物料均匀分布到芯模边缘的环形槽中，再转 90° 的弯，经口模环隙向上挤出并吹胀。类似的吹膜机头还有分配板吹膜机头，如图 5-4-10 所示。该分配板的上下两面均开设有径向流动的六根沟槽，并且在上下相互错开最后物料汇聚在与分配板外圆面相邻的圆环槽中，达到均匀分布的目的。机头的口模段同样可设置缓冲槽，口模间隙的均匀性用调节螺栓调节。这种机头的特点是高度短，体积小，重量轻，管坯直径可从很小一直大到256mm，其变化范围如图 5-4-10 左图中虚线所示。环隙宽度 0.6～1.6mm，适于吹塑大口径薄膜。缺点是会产生与料流分支数相等的熔接线，流动阻力较大，不适于高黏度或热敏性的树脂，如 PVC 等。

5. 旋转式吹膜机头

旋转式机头可以是芯棒式机头也可是螺旋式或十字形机头。机头的芯棒和口模外套在电机带动下旋转，可采取外套旋转，也可采取芯棒旋转或芯棒和外套同时旋转。同时旋转可分为同向旋转也可反向旋转，转速通常为0.2～4.0r/min。采用旋转机头的目的是改善薄膜卷取后的平整度，更好上印刷机，从而大大

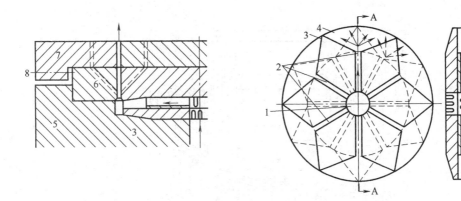

图 5-4-10　分配板吹膜机头

1—料流入口　2—径向流道　3—分配板　4—阻流区　5—模体　6—芯模　7—口模圈　8—调节螺栓

改善薄膜的印刷质量,实际上它并未改变薄膜的厚薄公差,只是通过旋转使薄膜厚度的超差点(偏厚或偏薄的位置)均匀地分布在整个卷绕长度上,对薄膜卷产生一个抹平的效果。

图 5-4-11 为芯棒式旋转机头,机头的特点是芯模的口模段 2 和外模套 3 分别在大齿轮 10 和 5 的带动下,既可单独旋转,又可同速或异速、同向或异向旋转,芯模的最高转速为 2.5r/min,外模套最高为 2r/min。由于旋转机头是在高温高压条件下工作,相对运动部件之间的密封就成为一个关键问题,相对摩擦的零件一般由青铜或填充聚四氟乙烯制成。

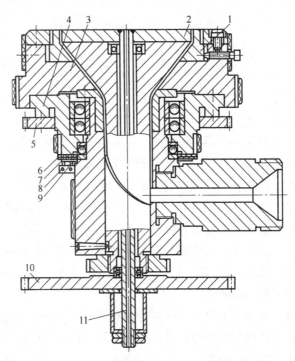

图 5-4-11　芯棒式旋转机头

1—口模　2—芯棒　3—旋转体　4—支撑环　5、10—驱动齿轮　6—绝缘环　7、9—铜环　8—碳刷　11—空心轴

图 5-4-12 为螺旋式旋转机头,它的模芯和外壳是通过螺栓固定在一起,因此在口模处没有相对旋转,机头在机颈处断开,机头上段通过齿轮 9 带动作 270°～360°的旋转摆动,旋转部分插在耐磨套垫 14 内,通过大螺母 11 来调节上下两段间压紧程度,防止熔料溢出,生

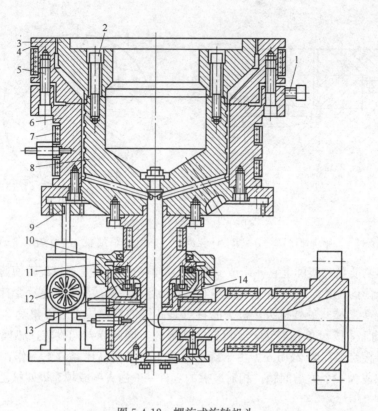

图 5-4-12　螺旋式旋转机头

1—调节螺栓　2、5—螺栓　3—芯模　4—口模　6—机头体　7—电热圈　8—螺旋式芯棒
9—齿轮　10—轴承部件　11—大螺母　12—电机　13—压紧套　14—耐磨衬套

产时先调节口模间隙，待牵引正常后再让机头做往复摆动式旋转，以改善卷绕质量。

　　6. 多层复合薄膜吹塑机头

　　复合吹塑是一种成型多层复合薄膜的技术，它是将同种异色树脂或不同种树脂分别在两台、三台或多台挤塑机内塑化后导入同一个吹膜机头制成多层薄膜。

　　复合吹塑薄膜具有一系列优点，可以使各层材料的物性相互取长补短，能分别改善成品膜的韧性、气密性、耐热性、化学稳定性、可印刷性、焊接性和粘接性。此外单层薄膜可能会因有针孔而泄漏，复合膜几层的针孔重叠在一起的几率很小，增加了防漏性。要降低高价高性能膜的成本，可将一层很薄的高价膜与廉价膜复合在一起。目前常见的复合吹塑膜有不同色泽的 PE/PE 膜、PE/EVA/PE 膜、PE/EVA/PP 膜、PA/Ionomer/PE 膜等，后面几种复合方式都是为了提高薄膜的阻隔性。

　　常用的复合吹塑机头有模内复合和模外复合两种形式。图 5-4-13 为双层模内复合机头，两种物料分别由不同的挤塑机塑化并分别进入外层树脂入口和内层树脂入口，它们分别沿不同的流道形成环状管坯，在口模内汇合，再一同挤出。

　　图 5-4-14 为螺旋式芯棒的双层模内复合机头，外层和内层的物料分别由 A、B 口进入模内，沿螺旋槽上升并逐渐沿横向溢出螺槽，形成管坯。

　　模内复合时熔体在口模内的高压下汇合，因而可改善其层间复合的附着力，且可根据需要调整复合薄膜上两种树脂的厚度比例。

　　图 5-4-15 为三层复合共挤吹塑模，该模具也是螺旋式芯棒，有利于消除熔接痕，其内

层和中层先复合，然后再与外层复合。例如离子型聚合物（Ionomer）应先共挤于 PE 层上，再与尼龙层结合在一起。图 5-4-16 所示是内中外三层膜同时复合在一起的机头。

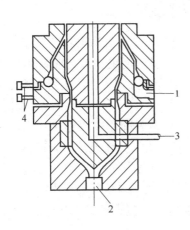

图 5-4-13　双层模内复合吹膜机头
1—外层树脂入口　2—内层树脂入口
3—吹气口　4—调节螺栓

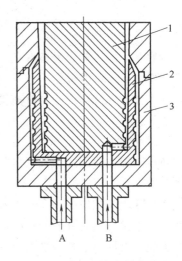

图 5-4-14　螺旋芯棒双层模内复合共挤吹膜机头
1—螺旋内芯模　2—螺旋外芯模　3—模体

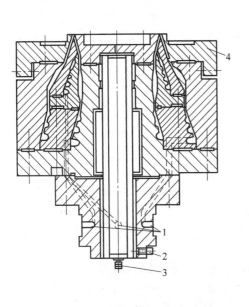

图 5-4-15　三层先后复合共挤吹膜机头
1—三种熔体分别入口　2—调节螺栓
3—吹气口　4—口模

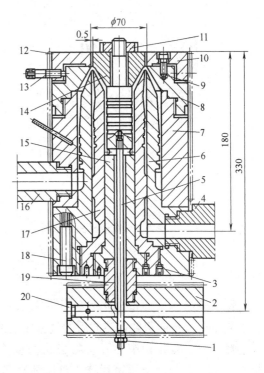

图 5-4-16　三层同时复合共挤吹膜机头
1—进气口　2、4、16—机颈　3—骑缝钉　5—进气管
6—外芯模　7—模体　8—模套　9、18—螺栓　10—口
模　11—锁母　12—电热圈　13—调节螺栓　14—芯模
15—芯棒　17—中层芯模　19—接头　20—堵头

305

模外复合的机头如图 5-4-17 所示，当熔融树脂刚刚离开口模时立即进行复合，这种结构的优点是能准确控制各层的厚度比。另一个好处是在薄膜复合前可引入氧化性气体，通过化学反应使其表面活化，更有利于两层薄膜之间的物理的和化学的结合。

三、吹塑薄膜的冷却定径装置

吹塑薄膜常用的冷却定径装置在上吹和下吹时是外冷风环，外冷风环结构简单，操作方便，在 5～20m/min 牵引速度下可满足使用要求。但当牵引速度更快或当吹厚膜（重包装膜）时可采用减压室风环或同时对泡管进行内外冷的双面冷却方式。当薄膜需要骤冷时还可采用冷却水环。

图 5-4-18 为通用式可调风环，它由上下两部分构成，两者间用螺纹连接，旋转上盖时可改变出风口间隙大小，为了使整个圆圈上出风均匀，风环开有三个进风口，而且风环内还设有一至数圈挡板。

风从风环吹出的倾角以 40°～50°为最好，这样的风有向上托举薄膜的作用。

风环的大小应与膜管直径相匹配，一般风环内径为机头口模直径的 1.5～2.5 倍，如果牵引速度较快，可用两个风环来加强冷却。

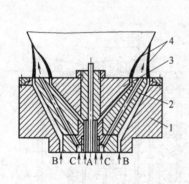

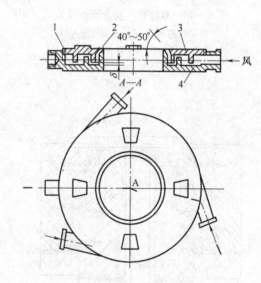

图 5-4-17　模外复合吹膜机头示意图
A—组分 1　B—组分 2　C—活性气体
1—机头体　2—中间芯棒　3—内芯模　4—膜

图 5-4-18　普通风环
1—调节风量螺纹　2—出风间隙
3—上盖　4—风环体

图 5-4-19 为减压室风环示意图。这是一种构造简单效果良好的风环，与通用式风环相比，它的气流转向很陡，转向后的气流几乎平行于管膜流动，并进入真空减压室。

减压室是一个由中心开有阻尼孔的顶盖和周围用软质塑料薄膜围成的箱体，它位于风环上部，并与风环紧密相连。自风环底部到减压室顶部，总高度 300～400mm，阻尼孔与膜管间隙可在 40～50mm 之间调节，从模口到气流转向板出口距离也在 40～50mm 之间。

由于膜管内气体静止不动，而外壁气体流速很快，因此在减压室内形成一定负压，促使膜管迅速膨胀。减压室有相当高度，使膜内的冷却高度增加，而且是高速气流越过薄膜表面进行快速冷却，薄膜产率可以提高三倍。位于减压室顶盖上的阻尼孔能自动调节恒定膜管直径，当膜管直径增大时则膜管与阻尼孔之间间隙变小，减压室内压力增大，使膜管自动回缩到要求值，反之亦然。采用减压室风环使薄膜的厚度也更均匀，由于快速冷却使膜的结晶度降低，透明度增加。

除此之外，还有双风口负压风环，能加快冷却空气流速，提高换热效率，使薄膜的产量、物理力学性能都能得到提高。

薄膜内冷系统可与外冷风环配合使用，在膜管中通入冷空气，抽出热空气，可明显地提高冷却效率，提高产量超过50％以上。同时由于抽热空气同时抽去了膜管内壁的可凝结挥发物，增加了薄膜的光泽和透明度。

对于某些需要骤冷的吹塑薄膜，例如为了生产低结晶度、高透明度的聚丙烯薄膜和黏度较低的尼龙薄膜。进行下吹时常采用冷却水环进行冷却如图 5-4-20。冷却水环是一个内径与膜管外径相吻合的夹套，夹套内通冷却水，冷却水从内定径管四周溢出，与薄膜一道顺流而下，因此适用于下吹工艺。对于某些塑料如尼龙可采用环形冷却夹套，冷却水不直接与薄膜接触，只在夹套中循环。

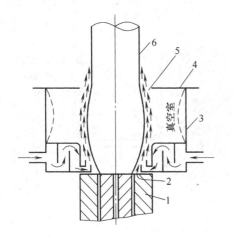

图 5-4-19　减压室风环

1—机头　2—气流转向板　3—软质薄膜

4—顶盖　5—阻尼孔　6—膜管

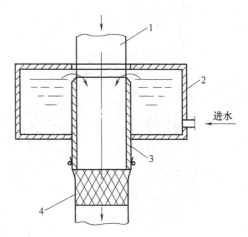

图 5-4-20　薄膜冷却水环

1—薄膜　2—冷却水槽　3—定径管　4—纱布套

第五节　吹塑型坯机头

中空容器的吹塑型坯，其断面一般为圆管形，有人设想将它设计成异形的管坯（例如矩形）来成型类似断面形状的制品（如方形桶），以达到吹胀后壁厚更均匀的目的，实际上其作用是很小的。因为异形断面在吹胀时会立即膨胀而变成圆形断面，而圆形断面在挤出后却很容易根据需要改变成别的断面形状，因此绝大多数的管坯机头都是挤出圆形管坯。现就型坯机头设计的主要问题及其结构形式综述如下。

小型挤吹型坯机头的总体结构与管机头十分类似，不同的是它必须向下挤出，因此只能采用直角式机头，最常见的是中心进料的十字形机头或芯棒式机头。此外还需解决下述特殊问题。

一、吹塑制品熔接痕和物料均布问题

由于型坯在吹塑模中还要进一步吹胀，熔接不良的熔接痕将会在吹胀时被拉得很薄，甚至发生破裂，因此应增加机头流动阻力，提高物料熔合压力，同时增加熔接处到口模流动距离。采用分流筋相互错位的双环式十字形支架是消除熔接痕影响的又一种方法，如图 5-5-1 所示。物料通过分流锥支架时被分成内外两层，两层的熔接痕是相互错开的，起到一层增强另一层的作用。从该图还可看出型坯机头的口模段和芯棒前段是可更换的，更换后可以用一个机头挤出不同大小的型坯。

对于从旁侧进料的芯棒式机头还有如何使料流沿圆周均匀分布的问题，这时可在芯棒上开倾斜的环形槽，如图 5-5-2 所示，物料经分流和流道阻力节制后再进入同样宽度的出口通道（$S_1 = S_2$），或先使 $S_2 > S_1$ 再过渡到使料流在口模圆周上分布均匀。

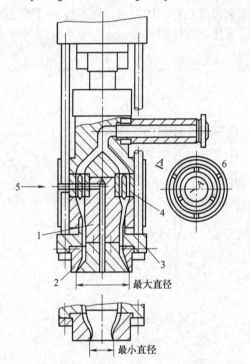
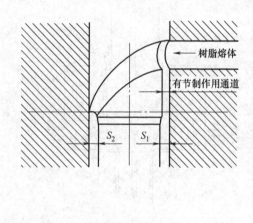

图 5-5-1　双环式十字支架型坯机头　　　图 5-5-2　芯棒式型坯机头在芯棒上开环形槽
1—芯棒　2—口模　3—调节螺钉　4—双环式芯棒支架
5—压缩空气进口　6—支架上的分流筋

二、型坯垂延（垂伸）和温度分布不均问题

当型坯尺寸较大而挤出速度较低时，先挤出的那段型坯温度降低，而后挤出的型坯温度较高，这将导致低温段吹胀困难，制品发生热应力大，壁厚不均等问题。同时由于先挤出一段的重量越来越大，致使型坯上段被拉长（垂延），使型坯变成上薄下厚，产生制品壁厚悬殊问题。采用储料缸机头可改善上述问题。将挤出的高温热料储存在带液压缸的机头料腔内，当料量达到要求值时，液压缸推动活塞在很短的时间内将型坯挤出，这时吹塑模立即合模进行吹胀。这样不单料坯上下温度较均匀，而且垂伸较小，这对于上中下各段吹胀比差不多的中小型制品来说，已能取得较好地效果，但要完全解决因垂伸引起的壁厚上下不均的问

题还需对壁厚进行逐点控制（见后）。

三、实现熔料在储料缸机头内先进先出的问题

图 5-5-3 所示的圆柱形储料缸机头，塑料熔体进入储料缸，推动活塞上移，需要料坯时液压缸推动活塞很快地将物料挤出形成料坯，但这种结构形式的机头不能实现塑料熔体先进先出的要求，其料腔上段的熔体不易排净而停滞，时间长了会造成滞料分解，因此不适于热敏性塑料。

图 5-5-4 为改进后的圆环形储料缸机头的局部剖视图，挤出的物料沿活塞壁进入料缸活塞的下部，将活塞抬起，图中虚线为活塞起始位置，物料逐渐往上堆积，活塞挤料时可实现先进先出的理想状况。

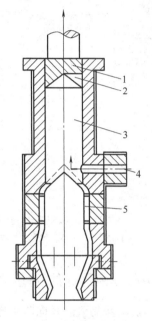

图 5-5-3　圆柱形储料缸机头

1—柱状活塞　2—豁口　3—储料缸

4—熔体入口　5—芯棒支架

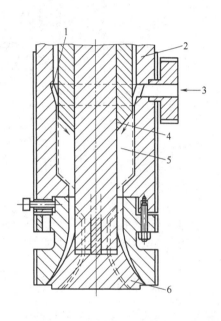

图 5-5-4　圆环形储料缸机头

1—进料分布环形槽　2—储料缸　3—熔体入口

4—管状活塞　5—熔料　6—芯模

四、解决制品沿轴向各点吹胀比不同引起厚薄悬殊的问题

多数制品由于制品沿轴向各段的径向尺寸不相同，因此各段的吹胀比不一样，即使型坯的壁厚均匀一致，也会因吹胀程度不同而造成各段壁厚不均匀。理想的型坯应根据各段吹胀比和垂伸度等的不同，挤出时不断改变型坯的厚度。图 5-5-5 为储料缸式吹塑型坯壁厚控制机头，机头的口模段为锥形，当机头型芯向下移动时挤出型坯壁增厚，反之则减薄。整个装置由程序控制器、伺服执行机构、储料缸行程检测器和机头组成。储料缸内活塞位置通过线性位移检测器检测，并将位置信号输入到程序控制器中，程序控制器反馈出的信号被加到对接点上与由机头口模间隙位置检测器得到的位置信号进行比较。比较后的偏差信号经伺服放大器放大后输到伺服阀中，操纵油缸活塞动作，带动可动芯棒上下移动，从而改变口模间隙，通过自动反复调节，使口模间隙位置准确控制在壁厚程序信号所要求的位置上。

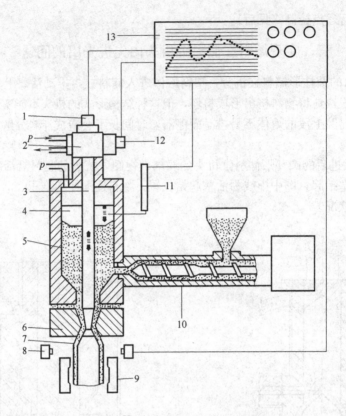

图 5-5-5　型坯轴向壁厚程序控制系统

1—伺服油缸　2—液压油缸　3—机头模芯　4—液压活塞　5—储料缸　6—口模　7—型坯　8—口模间隙位置
检测仪　9—吹塑模　10—挤塑机　11—储料缸位置检测仪　12—伺服阀　13—型坯程序控制器

五、解决制品径向各部位吹胀比不同引起厚薄悬殊的问题

非圆形横截面中空吹塑制品有椭圆形、方形或其他异形形状易引起径向吹胀比不同。例

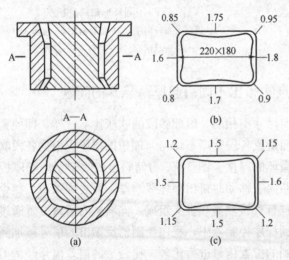

图 5-5-6　方形吹塑制品口模异型化前后壁厚分布

（a）模口环异型化示意图　（b）异型化前制品壁厚分布
（c）异型化后制品壁厚分布

如用壁厚均匀的圆形型坯吹方形断面制品时，由于制品四角吹胀比大于侧壁，致使四角壁厚较小。将口模环异型化，增加制品拐角处环隙，可改善壁厚均匀性，如图 5-5-6 为口模异型化前后制品壁厚分布。除了通过修整机头口模间隙的办法使口模异型化外还可以将口模外圈设计成挠性的可变型环，在生产中进行调节来改变型坯局部壁厚。其调整方式又分为静态调整和动态调整，前者是采用扳手拧动多个调节螺栓来调节，后者可在生产过程中自动调节径向壁厚分布，如图 5-5-7 所示为自动调节径向壁厚的 PWDS（动态挠性可变型环）控制系

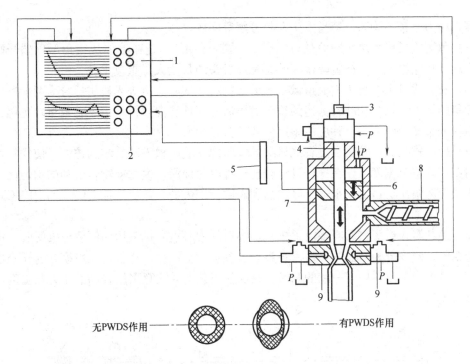

图 5-5-7　PWDS 径向壁厚自动调节系统
1—径向型坯控制器　2—轴向型坯控制器　3—轴向伺服油缸　4—芯棒　5—储料缸位置检测仪
6—压料活塞　7—储料缸　8—挤塑机　9—PWDS 伺服油缸

统。两个或四个带有位置传感器的伺服油缸直接
与挠性型环相连，如图 5-5-8。根据程序控制器设
定的时间程序通过伺服阀液压缸推拉挠性型环，
调节挤出过程中型坯各点的壁厚，PWDS 可快速
方便地调节径向壁厚分布，该机构多用于汽车油
箱、异型管、方桶等复杂大型吹塑制品，以提高
制品质量、降低重量（矩形容器可降低 10% ～
15%），缩短成型周期。

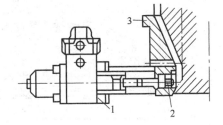

图 5-5-8　PWDS 挠性型环伺服油缸
1—定位螺栓　2—拉杆　3—动态挠性可变型环

第六节　板材与片材模设计

热塑性塑料片材、板材以及平膜都可使用具有平缝形口模的挤出成型模具来成型。塑料
熔体从挤塑机料筒进入挤塑机头，流动通道断面由最初的圆形通过各种方式逐渐演变成平缝
形，要求物料沿口模宽度方向均匀分布，沿口模全宽各点的出料速度均匀一致，即单位宽度
上体积流率相等，挤出的制品才能厚度均匀，不发生翘曲变形。

一、具有平缝形口模的机头分类

按平缝口模机头的结构可分为以下五类。

（1）T 形机头　又称支管式机头，基本形式为在一分配歧管侧面开有一平缝，歧管与口
模相连接，物料进入歧管后沿平缝挤出，T 形机头沿挤出宽度各点的物料在机头内停留时间

不相等，压力分布不均匀，容易发生滞料分解等问题。

（2）鱼尾式机头　机头料腔是鱼尾形（等腰三角形），塑料熔体从三角形顶端开始呈放射状流动，从底边流出。挤宽幅薄膜时鱼尾形机头的长度大、重量重。

（3）衣架式机头　机头内流道像一衣架，物料从中心流道进入机头后分为两股进入两侧对称倾斜的歧管，物料从歧管旁边的狭缝溢出后平行地流向口模，由于它重量较鱼尾式机头轻而物料分布又较好，是一种应用很广的片机头结构形式。

（4）螺杆式机头　它是在支管式机头的歧管内安装一根不断旋转的螺杆，使物料均匀地分配到流道的整个宽度上，在螺杆设计合理时可以保证沿口模宽度物料流动的均匀性，因此特别适合于宽幅片材挤出，也适于厚制品和黏度特别大的、热稳定性差的（如 RPVC）片材挤出。

（5）莲花瓣式机头　又叫多流道机头，物料从中心进入机头后向两侧分成两股，再由两股分为四股、四股分为八股等，最后在整条口模宽度上汇合成片状进入口模，这样容易得到在整个口模长度上出料均匀一致的制品。在操作工艺上要注意采用较高的压力和温度，避免熔接痕的产生，如图 5-6-1 所示。

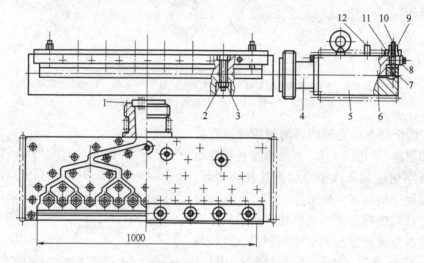

图 5-6-1　多流道机头

1—机头栅板　2—螺母　3—螺栓　4—机颈　5—下模体　6—上模体　7—上模唇
8—挡板　9—调节螺母　10—调节螺栓　11—压板　12—测温点

二、平缝式机头的设计要点

1. T形机头流道设计

如图 5-6-2 所示，圆形歧管应采用较大的断面尺寸以减少熔体沿歧管轴线流动时的压力损失，这样物料进入后易沿歧管分配均匀，然后进入平缝形流道，机头由两片模体用螺栓联接在一起，其两端头用两块侧板和螺栓封住，由于歧管内压力梯度的存在，致使熔体通过平缝各点的流速不相同，距离入口越远，压力损失越大。其流速不均匀性可用机头封闭端头处口模单位宽度的流率与机头物料入口处口模单位宽度的流率之比来表示，定义为流动均匀性指数 UI，一般应 $UI \geqslant 0.95$。流道几何尺寸如图 5-6-3。平缝的间隙宽度与歧管半径的比值（h/R）越小，平缝宽与平缝流动长比值（B/L）越小，歧管长与歧管半径之比（B/R）越小，UI 越大。下面的数据可以给 T形机头常用流道尺寸一个大致的范围：$B = 50 \sim 100$cm，

312

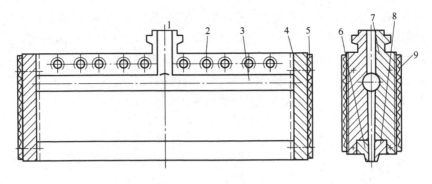

图 5-6-2　T形流道机头

1—下模体　2—内六角螺栓　3—歧管　4—侧板　5、9—电热器　6—下模唇　7—上模体　8—上模唇

$R=2\sim5cm$，$L=5\sim7cm$。

在做机头结构设计时，为了提高 UI 值有下面几种方法：

① 改变模唇长度 L，使其离物料入口越远，模唇长度越短；

② 改变模唇间隙 h，使间隙离入口越远越宽；

③ 在歧管与模唇之间加调节排（阻流棒），这是最常用的办法。如图 5-6-4 所示，采用具有挠性的金属做成调节排，用多个螺栓（可多达 20 个）进行调节。T形机头流道料腔体积也不可太大，要避免物料在机头内，在高温下停留时间过长引起分解。

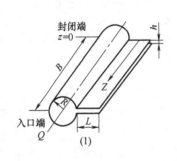

图 5-6-3　T形机头流道尺寸

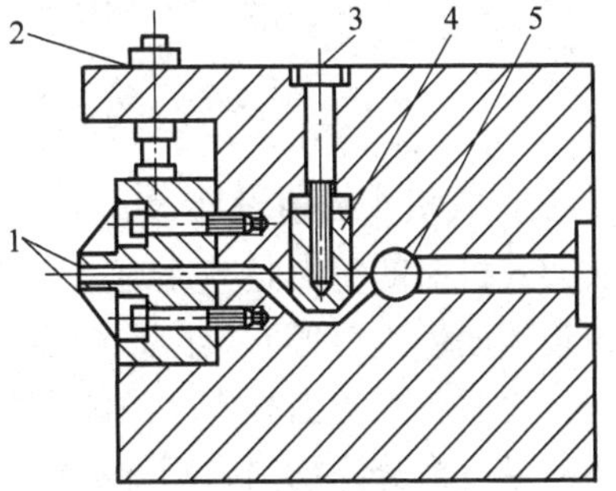

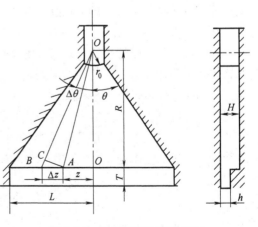

图 5-6-4　带阻流棒的 T形机头断面

1—模唇　2—间隙调节螺栓　3—料流调节螺栓　4—阻流棒　5—歧管

2. 鱼尾式机头流道设计

在鱼尾式机头中塑料熔体通过一等腰三角形区域呈放射状流动而进入口模区，其流动模型如图 5-6-5。在三角区流道厚度相等，因此由于到口模各点流动路径长短不同必然会在幅宽方向出现流动不均匀，而且随着扩张角 θ 增大，流动均匀性指数 UI 减小，因此只能取较小的 θ 角或用于幅宽不大的制品，在没有采取特殊的措施前，幅宽一般不大于 500mm。与别的机头相比在幅宽相同时机头的长度较大，重量较重。

图 5-6-5　鱼尾式机头流动模型

为了能进一步改进鱼尾式机头的 UI 值，使其能趋近于 1，同样可以采用改变模唇长度的设计和改变模唇间隙的设计，但最常用的办法是在三角形流道中加上阻尼块，阻尼块部分的流道高度介于三角形区域流道高度和模唇区域流道高度之间，其模型如图 5-6-6 所示。实际的鱼尾式机头如图 5-6-7，是用圆弧形将阶梯形流道的转角处抹圆，图中的弓形凸起区域就是阻尼块，流道的真实形状和前图带阻尼块的流道模型相似。

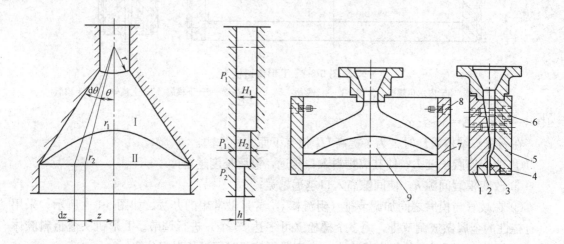

图 5-6-6　带阻尼块鱼尾式机头的流道模型

图 5-6-7　鱼尾式机头

1—下模体　2—下模唇　3—上模唇　4—调节螺栓

5—上模体　6、8—连接螺栓　7—侧板　9—阻尼区

3. 衣架式机头流道设计

衣架式机头的特点是其流道上方有对称布置的歧管，歧管对熔融物料起分配的作用，物料从歧管侧面溢入弓形衣架区，然后平行地向模唇区流动，在衣架式机头流道内物料从进入机头到从模唇各点流出具有大致相同的停留时间。理论上没有滞料的问题。衣架式机头重量轻，物料沿口模分配均匀，因此得到了广泛的应用。适宜于宽幅片材生产，其最大幅宽可达 4000~5000mm。

（1）衣架式机头流道设计　衣架式机头流道有两类，一类是直管歧管式机头，歧管是等直径圆管形，类似于 T 形机头将圆形歧管向两边倾斜。这样经扇形区到达模唇的流动长度将不相等，以此来取得较高的 UI 值。如图 5-6-8。等径的直歧管机头歧管内物料流速越来越低，在其末端有滞料危险。另一类典型的衣架式机头是不等径的弯歧管，如图 5-6-9 所示。其设计尺寸包括歧管半径，歧管边线坐标和模唇长度等，在衣架机头内从模唇任意点流出的熔体在机头中具有相同的停留时间，与熔体流经的路径无关，并受到相同的剪应力，这就保证了制品的质量。机头坐标轴如图，X 轴沿歧管下沿线的切线方向。

现将不等径歧管机头内流道设计公式介绍如下。

（2）机头入口截面积和歧管起始半径的确定　设已知物料的总体积流率为 $2q_{v,o}$，则进入歧管任意一边的流率为 $q_{v,o}$。计算机头入口截面积为：

$$A = \frac{2\Delta q_{v,o}}{v_o} \tag{5-6-1}$$

式中　v_o——熔体入口线速度，一般取 $v_o = 0.8\text{m/min}$

314

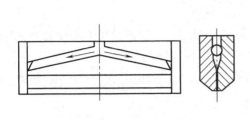 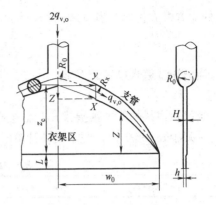

图 5-6-8　等径直歧管衣架式机头　　　　图 5-6-9　不等径歧管衣架式机头流道尺寸

歧管入口半径由 $\Delta q_{v.o} = \pi R_o^2 v_o$ 可计算得

$$R_o = \sqrt{\frac{\Delta q_{v.o}}{\pi v_o}} \qquad (5\text{-}6\text{-}2)$$

（3）任意位置处歧管半径的计算

物料在沿歧管流动的过程中，部分物料从歧管侧面的狭缝进入衣架区，在衣架区物料沿 z 方向平行流动，流动间隙为 H，然后进入流动间隙更窄的口模区成片状挤出模外，如图 5-6-9，在口模全宽任意一点流出的物料在机头内总停留时间是物料在支管内停留时间和在衣架区以及口模区停留时间之和。各段时间可以用流动路程除以流速算出，由第四章式（4-3-7），将 $\Delta p/L$ 换成 $\mathrm{d}p/\mathrm{d}x$，经化简可导出在圆形支管内任一点沿 x 方向的流率为

$$q_{v,x} = K_1 R^{\frac{(3n+1)}{n}} (-\mathrm{d}p/\mathrm{d}x)^{\frac{1}{n}} \qquad (5\text{-}6\text{-}3)$$

同理可导出沿 z 方向口模出口单位宽度流率为 $q_{v,0}/w_0$，式中 w_0 为口模宽度之半，在衣架区

$$q_{v,0}/w_0 = K_2 H^{\frac{(2n+1)}{n}} (-\mathrm{d}p/\mathrm{d}z)^{\frac{1}{n}} \qquad (5\text{-}6\text{-}4)$$

当 $\mathrm{d}p/\mathrm{d}z =$ 常数时，则口模全宽任意点的流率 $q_{v,0}/w_0$ 是均匀的，由物料流动平衡可得在 x 处：

$$q_{v,x} = q_{v,0} - (q_{v,0}/w_0)y = q_{v,0}(1 - y/w_0) \qquad (5\text{-}6\text{-}5)$$

由图 5-6-9，通过三角形关系得沿 x 方向和沿 z 方向压力梯度关系为：

$$-\frac{\mathrm{d}p}{\mathrm{d}x} = \frac{\mathrm{d}p}{\mathrm{d}z} \cdot \frac{1}{\sqrt{1+(\mathrm{d}y/\mathrm{d}z)^2}} \qquad (5\text{-}6\text{-}6)$$

为使熔料在机头流道内停留时间相同，则熔体通过支管一侧总长度的停留时间和从机头中心通过衣架区的停留时间相等，

$$\mathrm{d}z/v_z = \mathrm{d}x/v_x \qquad (5\text{-}6\text{-}7)$$

式中 v_z 为衣架区在 z 方向的平均速度，$v_z = q_{v,0}/w_0 H$，

v_x 为支管内在 x 方向的平均速度，$v_x = q_{v,x}/\pi R_x^2$。

联合以上各式经推导得出在支管任意点处衣架式机头支管半径值，它是横坐标 y 的函数。

$$R_x = \left[\frac{3n+1}{2(2n+1)}\right]^{\frac{n}{3(n+1)}} \pi^{(-\frac{1}{3})} H^{\frac{2}{3}} (w_0 - y)^{\frac{1}{3}} \qquad (5\text{-}6\text{-}8)$$

该式表明当材料非牛顿指数 n 和扇形区间隙 H 确定后，支管半径 R_x 与坐标位置（$w_0 -$

y）的立方根成正比。当 $y=0$ 时 $R_x=R_0$ 得支管入口半径为

$$R_0=\left[\frac{3n+1}{2(2n+1)}\right]^{\frac{n}{3n+1}}\pi\left(-\frac{1}{3}\right)H^{\frac{2}{3}}w_0^{\frac{1}{3}} \tag{5-6-9}$$

当已知流道入口半径 R_0 时［见式（5-6-2）］，利用（5-6-9）式即可求出衣架区流动间隙 H 值。

当已知塑料的非牛顿指数 n，流道的几何参数之后，由上式求出的 R_0-H-w_0 值之间的关系列于表 5-6-1 中，便于设计计算时采用。

表 5-6-1 R_0-H-w_0 之间的关系值 单位：cm

	m=2					m=3					m=4			
H	R_0				H	R_0				H	R_0			
	B=25	B=50	B=75	B=100		B=25	B=50	B=75	B=100		B=25	B=50	B=75	B=100
0.1	0.408	0.514	0.589	0.648	0.1	0.412	0.519	0.594	0.654	0.1	0.415	0.523	0.598	0.659
0.2	0.648	0.816	0.934	1.028	0.2	0.654	0.824	0.943	1.038	0.2	0.659	0.830	0.950	1.048
0.3	0.849	1.068	1.224	1.347	0.3	0.857	1.080	1.236	1.306	0.3	0.863	1.087	1.245	1.370
0.4	1.028	1.300	1.483	1.632	0.4	1.038	1.308	1.497	1.648	0.4	1.046	1.317	1.508	1.660
0.5	1.193	1.503	1.721	1.894	0.5	1.212	1.518	1.737	1.912	0.5	1.213	1.529	1.750	1.926
0.6	1.347	1.698	1.943	2.139	0.6	1.360	1.714	1.662	2.159	0.6	1.370	1.726	1.976	2.175

由式（5-6-8）和式（5-6-9）可得

$$R_x=R_0\left(\frac{w_0-y}{w_0}\right)^{\frac{1}{3}} \tag{5-6-10}$$

利用此式可求出任意一点支管的半径。

（4）衣架区高度坐标的确定 即是求解歧管区与衣架区的分界线。显然该线的斜率（$\mathrm{d}z/\mathrm{d}y$）是 y 的函数，由式（5-6-5）～式（5-6-8）联解可得出如下公式

$$\frac{\mathrm{d}z}{\mathrm{d}y}=\left[\frac{K}{(w_0-y)^{\frac{1}{3}}-K}\right]^{\frac{1}{2}} \tag{5-6-11}$$

式中 K——常数，$K=(\pi H)^{\frac{2}{3}}\left[\frac{3n+1}{2(2n+1)}\right]^{\frac{4n}{3(n+1)}}$

将式（5-6-11）积分即可得到衣架区与支管区的分界曲线

$$z=-\frac{3}{2}K^{\frac{1}{2}}\cdot\left\{(w_0-y)^{\frac{1}{3}}\cdot\sqrt{(w_0-y)^{\frac{2}{3}}-K}+K\ln\left[(w_0-y)^{\frac{1}{3}}+\sqrt{(w_0-y)^{\frac{2}{3}}-K}\right]\right\}_0^{y_1} \tag{5-6-12}$$

衣架区的中心高度为

$$z_c=\frac{3}{2}K^{\frac{1}{2}}\left[w_0^{\frac{1}{3}}\sqrt{w_0^{\frac{2}{3}}-K}+K\ln\left(w_0^{\frac{1}{3}}+\sqrt{w_0^{\frac{2}{3}}-K}\right)-K\ln K^{\frac{1}{2}}\right] \tag{5-6-13}$$

（5）模唇区长度 L 的确定 模唇应有足够的长度，以便尽可能地消除记忆效应，在此应尽可能地消除因熔体弹性恢复而引起的出模膨胀，为此熔体经模唇时需有一定的应力松弛时间，模唇长度为

$$L=\frac{q_{v,0}t_s}{w_0h} \tag{5-6-14}$$

式中 t_s——熔体在该温度下应力松弛时间

由于 t_s 难以确定，最简单办法是按长厚比 L/h 的经验数据确定，对于 PVC，$L/h=30$，聚烯烃，$L/h=10\sim20$。以上为衣架机头的理论计算，衣架区与支管区分界线为曲线，有时为了

316

便于加工而把分界线改为直线，目前常用机头衣架区的夹角与理论计算相比也有变动，理论计算出机头夹角往往较小，例如130°~140°，这样会使机头又长又重，而现在流行机头夹角约为170°。典型的衣架式机头如图 5-6-10 所示，机头还加装了阻流棒调节排来改善出料均匀性。

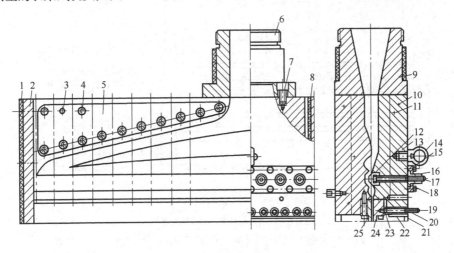

图 5-6-10　衣架式流道机头结构设计

1—电热板　2—侧板　3、10—圆柱销　4、7、11—内六角螺栓　5—下模体　6—连接颈　8—电热棒　9—电热圈
12—阻流棒调节排　13—上模体　14—吊环　15—压条　16—调节螺母　17—长螺栓
18、19、23—螺栓　20—调节螺母　21—固定座　22—面板　24—上模唇　25—下模唇

4. 螺杆分配式机头流道设计

螺杆分配式机头就是在 T 形机头的直歧管内安装一根旋转的螺杆，使物料沿螺槽强制推进，并在等压下沿侧缝均匀地吐出物料，从而使熔体沿模唇全宽方向均匀地分配，螺杆分配机头不仅适宜于宽幅板材（可达 4000mm），和特厚板材（达 40mm）的生产，而且对于黏度很大的，加有各种填料而流动困难的塑料，以及热敏性塑料（如 RPVC）都可采用这种形式的机头。

按照机头的结构形式螺杆分配式机头有两大类。

（1）端部供料型螺杆分配机头　见图 5-6-11，挤塑机从机头的一端供料，为保证有足够的塑料熔体进入机头，实现连续挤出。分配螺杆的直径应比供料的挤塑机螺杆直径稍小，其根径为渐变型，从入口端到末端螺槽深度越来越浅，迫使塑料熔体逐渐向模唇方向挤出。为了减低螺杆挠曲的倾向，使物料的摄入和排出更均匀，分配螺杆多为 4~6 头螺纹。

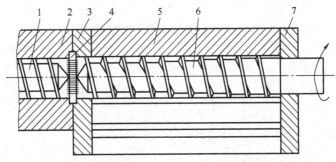

图 5-6-11　端部供料螺杆分配机头

1—挤塑机螺杆　2—机筒　3、7—机头左右侧板　4—栅板　5—机头体　6—分配螺杆

（2）中央供料螺杆分配机头　其结构如图 5-6-12 所示。这种分配螺杆从中央到两端分成右旋螺纹和左旋螺纹两段设计，其根径仍为渐变型，原理与前者相似。

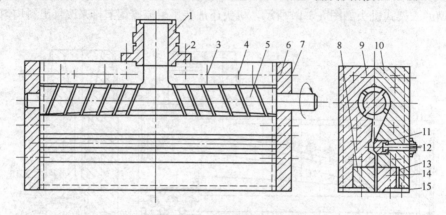

图 5-6-12　中央供料螺杆分配机头

1—机颈　2、3、7、14—螺栓　4—圆柱销　5—分配螺杆　6—侧板　8—下模唇
9—下模体　10—上模体　11—阻流棒　12—调节螺栓　13—上模唇　15—挡板

螺杆分配机头由驱动装置带动连续运转，塑料熔体在机头内受剪切摩擦作用可进一步塑化，温度易均匀，可生产宽幅、超厚、热敏性塑料片材。缺点是由于分配螺杆的转动，挤出制品易出现波浪形料流痕迹，螺杆机头可加阻流棒，以进一步调节片材各点的厚度，克服流痕影响，螺杆分配机头的断面如图 5-6-13 所示，左右两图为同一机头，只是剖切位置不同。其流道尺寸如图 5-6-14 所示。表 5-6-2 列出了流道尺寸的一些经验数据。

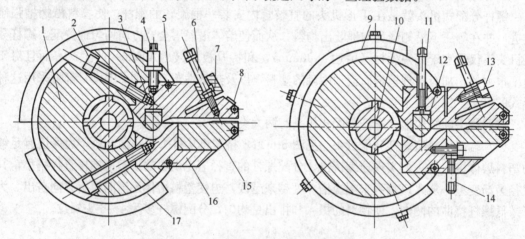

图 5-6-13　螺杆分配机头的断面结构

1—机头体　2—螺栓　3—上模唇　4、11—调节螺栓　5—管状加热器　6、13—模唇调节螺栓　7—调整块
8—上模唇　9、17—铸铝加热器　10—分配螺杆　12—阻流棒　14—热电偶　15—下模唇　16—下模唇座

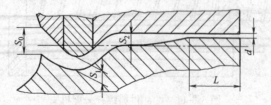

图 5-6-14　螺杆分配机头流道尺寸

表 5-6-2		螺杆分配机头流道尺寸经验数据			单位：mm
板材厚度	d	L	S_0	S_1	S_2
1.5~3.0	2.5	50	24	13	10.5
3.0~5.0	5.5	60	24	13	10.5
5.0~6.0	8.0	80	24	13	10.5
7.0~8.0	10.5	100	24	13	10.5

口模的模唇作为辅助调节手段，一般用一排多个螺栓调节，如图 5-6-15 所示。操作十分麻烦，实际操作可以不用频繁地调节螺栓，而是通过温度的控制来使出料均匀，现在利用热螺栓自动调节平缝式机头的柔性模唇，如图 5-6-16 所示。当模唇间隙偏小时，切断加热器电源，由于空气冷却螺栓，使其发生收缩，就能将模唇间隙调大。反之亦然。

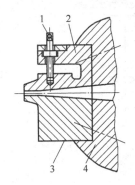

图 5-6-15　用螺栓调节模唇间隙

1—调节螺栓　2—可调模唇　3—固定模唇　4—机头体

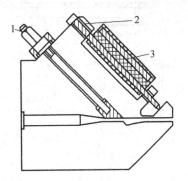

图 5-6-16　热螺栓自动调节机头模唇

1—阻流棒调节螺栓　2—模唇微调热螺栓　3—电加热器

第七节　线缆包覆挤塑模设计

此类机头的作用是在金属导线外包覆一层软质塑料绝缘层成为电线，或是在多股塑料电线束外面再包覆一软质塑料绝缘导管成为电缆。通常用挤压式挤塑模生产电线，用套管式包覆模生产电缆。电缆包覆挤出模的挤出流动机理与挤管模类似，但用挤压式塑模生产电线或电缆时熔体通过环隙，除压力流外其一侧还有由于芯线连续牵引所引起的拖曳流动，因此其流动机理有所不同。

一、挤压式包覆挤塑模

其典型结构如图 5-7-1 所示。一般采用直角式机头，也有采用 45°或其他角度的斜角机头。高压塑料熔体经多孔板进入机头后绕过芯棒心形曲线汇合在一起，形成一封闭的熔料环，该芯棒又对金属导线的对中起导向作用，因此又叫导向棒，物料流经口模成型段，在压力下包覆在芯线上，并连续地挤出，当芯线为多股铜线时，塑料熔体被挤压嵌入一部分铜线之间（主要是表面的导线，而不是完全渗入到所有导线之间），增加聚合物与导线间的粘附效果。为生产多种规格的产品，采用不同内径的可更换的口模，通过螺纹旋在机头体上，为了保证口模与芯棒上的导向孔同轴，口模位置用调节螺栓调节，导线包覆层厚度可通过更换口模尺寸、改变挤出速度、芯线牵引速度以及改变导向锥的轴向位置来达到，增长导向锥前

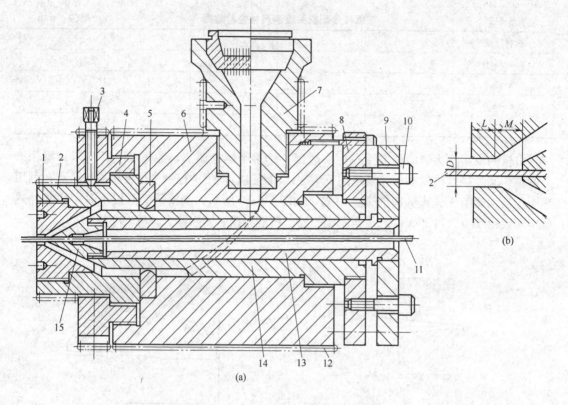

图 5-7-1 挤压式包覆挤塑模

1—口模 2—口模体 3—调节螺栓 4—锁母 5—阻流环 6—模体 7—机颈 8—支撑板
9—挡板 10—螺栓 11—芯线 12—电热圈 13—导向套 14—芯棒 15—导向锥

端越接近口模，塑料熔体的流动阻力越大。

图 5-7-1（b）是口模局部放大图，口模定型段长度 L 为口模孔径 D 的 1～1.5 倍，导向棒前端到口模定型段之间距离 M 为 D 的 1～1.5 倍。导向锥的导向孔与金属线间的间隙应很小，通常约为 0.05mm，除了保证良好的同心度外还可防止塑料熔体反向渗入。电线包覆速度很高，通常为 800～1200m/min，最高可达 2400m/min，故导向孔壁的磨损很大，应采用硬质合金、硅酸铝等耐磨材料制作，而且将导向锥做成磨损后可更换的形式。

口模预对中机头是一种新的设计，如图 5-7-2 所示。该机头不需进行对中调节，另一优点是芯线在内导向环前方即已被一薄层熔体所包围，有润滑作用，从而降低了磨损。

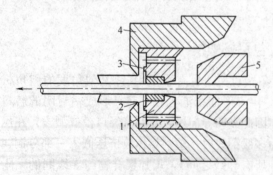

图 5-7-2 预对中挤压式包覆挤出模

1—内导向环 2—耐磨嵌件 3—阻力环
4—口模座 5—导向锥

二、导管式包覆挤塑模

典型的导管式包覆挤塑模如图 5-7-3 所示。为了便于穿入导线，这种机头也设计成直角式机头，它主要用来包覆多股导线生产外型尺寸较大的电缆。与挤压式包覆挤塑模不同的是套管式挤塑模是将塑料通过口模先挤成管，在口模外立即收缩包覆在芯线上。收缩的办法是使芯线牵引的速度大于塑料管

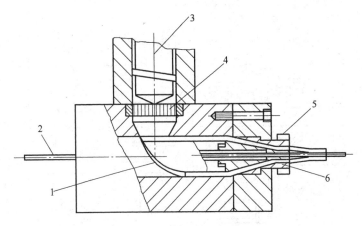

图 5-7-3　导管式包覆挤塑模

1—芯棒倾斜面　2—芯线　3—挤塑机　4—栅板　5—电热圈　6—口模

挤出速度，因此塑料管被拉长，直径缩小，有时也可通过抽真空排除空气使塑料管更紧密地包覆在芯线上。

由该模具图可看出物料通过挤塑机的栅板进入机头后，从芯棒两边通过心形通道汇合在一起，形成管状熔体再连续挤出机头，在型芯的中心有芯线的引入孔，由于包覆层的厚薄公差主要由机头挤管环隙决定，塑料也不可能沿芯线与芯棒孔之间的间隙回流，因此芯线引入孔周边间隙可放大到 0.2～0.3mm。

包覆层的厚度随口模尺寸、导向棒头部尺寸、挤出速度、芯线移动速度等不同而变化。口模定型段长度 L 为口模出口直径的 0.5 倍以下，否则螺杆背压过大，不仅产量低，而且电缆表面出现流痕，影响表面质量。

第八节　异型材挤塑模设计

一、概　述

除了圆管、圆棒、片材、薄膜等挤出制品外，凡具有其他断面形状的塑料挤出制品统称为异型材。目前产量最大的是建筑用门窗异型材，此外汽车家电等行业还大量使用着各式各样的异型材。异型材除了用单一塑料挤塑成型外，还大量地采用软硬不同的塑料，例如软质和硬质 PVC 塑料，同种不同颜色的塑料，透明、不透明的塑料，塑料和钢型材，塑料和金属丝等多种材料复合在一起，成为复合异型材，在性能上达到优势互补的目的。

1. 常见异型材分类

异型材可按其结构特征分类如下

（1）封闭式中空异型材　主要有各种异型的管材，如图 5-8-1 中第一列，此外还有带多个封闭腔的带有尖角的异型材，如图 5-8-1 中第 2 列。成型封闭式中空异型材，一般需采用真空定型的方法来成型。

（2）开放式异型材　其断面形状是完全不封闭的，如图 5-8-1 中第 3 列。这类异型材当形状比较简单时，可采用摩擦式定型模，而不需要用真空定型。

（3）半封闭异型材　异型材断面上既有封闭的空腔，又有不封闭的部分，多数的门框、窗框异型材都属于这种类型，如图 5-8-1 中第 4 列，这时也必须采用真空定型才能使封闭的

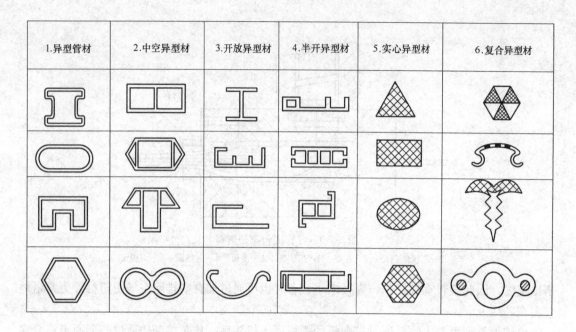

1.异型管材	2.中空异型材	3.开放异型材	4.半开异型材	5.实心异型材	6.复合异型材

图 5-8-1　异型材种类

空腔部分良好定型。

（4）实心异型材　具有椭圆、矩形、三角形等非圆形断面，如图 5-8-1 中第 5 列，内部没有任何空腔，由于壁厚度大，这类异型材当断面尺寸较大时冷却速度很慢，因此挤出线速度很低。

（5）复合异型材　它是由不同类型或不同颜色的树脂共同挤出熔合在一起构成的复合制品，如图 5-8-1 中第 6 列上两图所示。第二件两端断面为白色的部分代表软质 PVC，中间黑色部分为硬质 PVC。另一种复合异型材叫镶嵌异型材，它是由塑料包覆在别的材料上如钢丝、金属型材上或非金属材料上，如图中第 6 列下两图。

2. 异型材设计原则

异型材断面尺寸设计时一般应遵循以下原则：

① 塑料异型材截面应尽可能地简单，空心型材内部的腹隔（筋）应尽可能地少，由于这些腹隔不可能直接受定型模壁冷却，并会导致型材表面产生凹痕，这些腹隔应比外壁薄 20%～30%。

② 异型材的壁厚应尽可能一致，否则会因壁厚不同使冷却不均匀而产生很大的内应力和翘曲变形，如图 5-8-2 所示。其厚度应适当，对于 RPVC 异型材其壁厚常采用 1.2～1.4mm。

③ 塑料异型材断面内外转角最好呈圆弧形过渡，曲率半径 $R \geqslant (0.25 \sim 0.5) \times$ 壁厚，外圆角至少为 $R0.4mm$。

④ 面对称或轴向对称布置的异型材容易避免歪扭翘曲，其内应力容易取得平衡，是较理想的断面形状，机头上异型材横截面积的重心应与挤塑机螺杆中心在同一轴线上。

⑤ 在型材上与内部加强筋或腹隔板相连的侧壁外表面由于物料断面较厚，会因收缩不均而产生长条缩痕，因此应尽量减少物料积聚，如图 5-8-3 所示，同时还可以在缩痕部位开设几条凸起的线条，使缩痕不易看出。

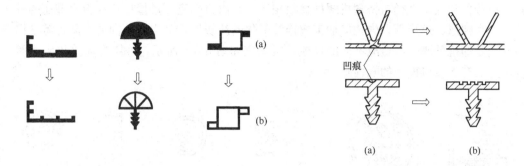

图 5-8-2　避免壁厚不均匀
(a) 原设计　(b) 改进后的设计

图 5-8-3　分散物料积聚减少凹痕
(a) 原设计　(b) 改进后的设计

在已知型材尺寸和规格时应正确地选择挤塑机的大小规格，表 5-8-1 列出了异型材单位长度重量和单螺杆挤塑机规格（螺杆直径、L/D）之间的关系，型材规格大小用 kg/m 表示。

表 5-8-1　　　　　　　　　　　异型材规格和单螺杆挤塑机关系　　　　　　　　　　单位：kg/m

塑料品种		ABS	CA/CAB	HDPE	LDPE	PMMA	PP	PS	RPVC	SPVC
螺杆 L/D		20	20	25	25	25	25	20	20	20
螺杆直径 /mm	45	0.36	0.36	0.36	0.36	0.36	0.26	0.36	0.30	0.36
	65	1.30	1.00	1.00	1.00	1.00	1.00	1.00	0.70	0.90
	90	2.80	2.00	2.00	2.30	1.50	1.50	2.00	1.60	1.70
	120	4.50	2.70	2.70	3.50	2.80	2.70	3.20	2.30	4.00

二、各类异型材挤塑模结构设计

异型材挤塑模结构形式可分为板孔式挤塑模、多级式挤塑模、流线形挤塑模等数种。板孔式挤塑模结构最简单，其不足是由于流道断面有急剧的变化，不可避免地在许多地方形成死角而停料，因此只适用于热稳定性好的塑料型材的挤出。

多级式挤出模的流道断面形状和尺寸由与挤塑机相连接的入口到型材出口采用逐级变动的形式，虽然停料死角大大地减少，但仍不能适用于热敏性塑料。流线形挤塑模指模内的流道完全呈流线形逐渐变化，无停料死角，因此适用于热敏性的 RPVC 及各种热塑性塑料，是目前应用最广的一类异型材挤塑模。

1. 板孔式异型材挤塑模的结构

其结构是将成型流道全部加工在一块口模板上，口模板用螺栓固定在由螺纹与机头法兰盘相连的机颈座上，机颈座处的流道是简单几何形状的流道断面（圆形、矩形等），从简单断面到异形流道断面是突然转变的，所以存在着大量的流动死角，热敏性塑料如 RPVC 等不能采用这种机头，对 SPVC、聚烯烃等不易分解的塑料才可以采用这种机头，但连续生产时间也不宜过长，应定期加以清理。

图 5-8-4 为典型的板孔式机头结构图，它由机颈座、口模板、夹持板组成。口模板加工成制品所要求的流道形状，设计时应充分考虑牵引变细和挤出时不规则的出模膨胀对最终产品断面形状的影响。有时可采用大的牵引比来生产 SPVC 软密封条等一类低尺寸精度的制品，这时口模出口截面可以比产品断面大得多，以获得较高的生产效率，当制品外形尺寸相差不多时只需更换口模板便可生产不同形状的另一种产品。

机颈座内的流道不应采取简单的圆孔，而应作成从挤塑机出口到口模板成型孔的过渡部分，其入口端为圆孔，直径与挤塑机螺杆直径相同，其出口端应尽量接近口模板成型孔的外沿尺寸，可为圆形、矩形等，内孔应加工成连续变化的流线形。为生产不同的产品，需备用几种不同尺寸的机颈座，以适应不同的口模，机颈座如图 5-8-5 所示，外围有连接机头法兰的螺纹，上面有连接口模板的螺栓孔。

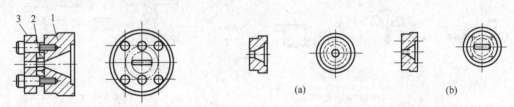

图 5-8-4　板孔式挤塑模
1—机颈座　2—口模板　3—夹持板

图 5-8-5　机颈座
(a) 圆形出口机颈座　(b) 扁长形出口机颈座

由于口模板的入口侧会形成一些垂直料流方向的停料面，设计时应尽量减少这种停料平面，以降低物料分解的可能性，为此可将口模板流道入口倒角成为锥面，这样平直段的成型长度 L 将相应缩短，但仍要保证剩下的成型段有足够的长度（薄壁件 $L/t \geqslant 10$），当异型材各部位壁厚不等时还应做成不同的平行段长度，使口模出口各点流速趋于平衡，如图 5-8-6 所示。

生产封闭式或半封闭式中空异型材时，口模板上的异型芯模有各种不同的固定方法，其中桥式支撑（增强桥）是最常见的方法。桥式支撑的横断面应做成流线型，以减少停料的可能性，如图 5-8-7 所示。

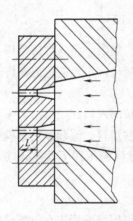

图 5-8-6　入口带锥面的口模板

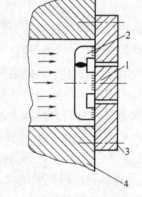

图 5-8-7　板孔式机头的桥式支撑
1—芯模　2—桥式支撑　3—口模板　4—机头

生产中空异型材时封闭部分如不能进气，将发生凹陷变形，可以在桥式支撑中间钻出通气孔来导入空气，或充以低压气体，然后在定型模中定型，如图 5-8-8。

2. 异形材多级挤塑模

多级挤塑模如图 5-8-9 所示，由多块板叠合而成，剖视图 A—A 至 E—E 表示板上的流道逐块变化的情况，每块板流道的入

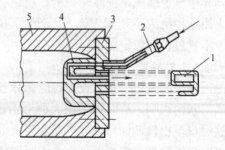

图 5-8-8　中空异型材导入空气
1—异型材　2—气嘴　3—口模板　4—桥式支撑　5—口模

324

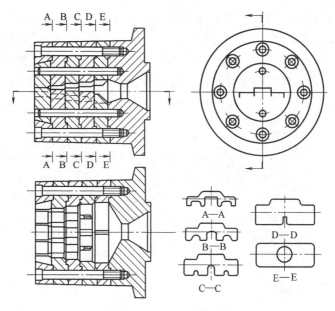

图 5-8-9　多级式挤塑模

口处应倒角成斜面，最好能与上一块板流道相衔接。这种机头的停料状况比孔板式模有明显改善，但还不能完全避免停料死角，因而还不适用于 RPVC 一类热敏性塑料制品的长时间稳定生产，仅适用于简单的型材和不易分解的树脂品种。

3. 流线形异型材挤塑模

流线形异型材挤塑模如图 5-8-10 所示，流道内没有任何死点（停滞点），物料从进入模具一直到达口模前方，其断面尺寸逐渐变小，直至达到所要求的熔体速度和断面尺寸，图示的异型材断面形状的变化如 A—A 至 E—E 所示，这种结构的机头流道若用传统的切屑方法加工是非常困难的，今天由于数控和电加工技术的进步，只要设计得当，其加工已没有什么问题了。

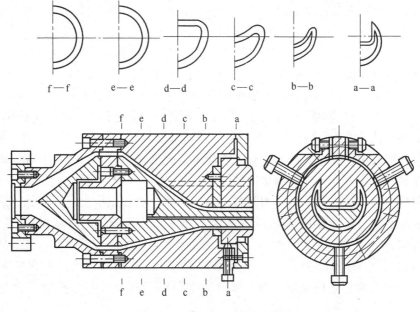

图 5-8-10　典型的流线形挤塑模

在挤塑模设计时还必须使机头流道结构简单，便于加工，便于清理，便于修正。如图5-8-11所示窗框异型材挤塑模，拆开后每一块板的流道均由一些直线构成，便于用线切割等方法加工。该机头压缩比小（2～2.5），流道短，被称为短机头，适于配双螺杆挤塑机使用。由于压缩比较小，故芯棒的支撑筋要薄，一般筋厚仅2～3mm，以便于熔接痕的消除。

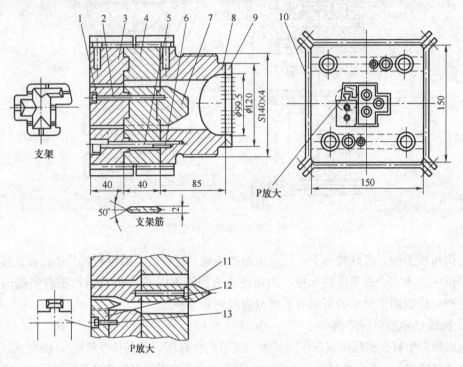

图 5-8-11　窗框型材挤塑模
1—模芯　2、6、13—螺栓　3—口模　4—支架　5—销钉　7—分流锥
8—机颈　9—筛板　10—加热圈　11、12—小模芯镶块

图5-8-12是另一种窗扇异型材机头，其流道特点是先行放大再进行压缩，因此有较大的压缩比（达到5～7），这样使单螺杆挤塑机有较高的机头反压力，保证塑化均匀，同时所产生的高压能增强熔接痕的熔接牢度，它适用于任何一种挤塑机。机头结构稍复杂，它的每一段由一些直流道和锥形流道组成。

图5-8-13是一种常见的有许多腹隔筋的称为隔子板的异型材模具，从图中可以看到腹隔筋是如何形成的，它是在矩形芯棒的两面开倾斜槽，最后交汇在一起，从图中还可以看到模具上开有进气孔，直通异型材的每个空腔，目的是引入空气，破坏真空，防止型材在挤出口模时塌陷，因为在开车时型材前方有可能堵塞而无法进空气。当型材空腔断面尺寸较大时，特别是RPVC异型材一般能够从型材前方引入空气，可避免在模具上开进气孔。

当挤塑模中同一异型材壁厚不相同时，为了达到口模各点挤出速度一致，避免型材扭曲，可在壁厚不同的部位采用不同的口模长度，薄壁处采用较短的口模长度。当厚薄两部位紧紧相邻时，则应在两者之间加一隔板，如图5-8-14所示。该隔板不应贯穿整个口模，而应在两者出口前3～5mm处终止，使制品两部分重新熔合在一起，如果没有上述的金属隔板，则料流会发生短路流动。薄壁部分的物料由于压力较高会沿横向大量涌入厚壁部分。

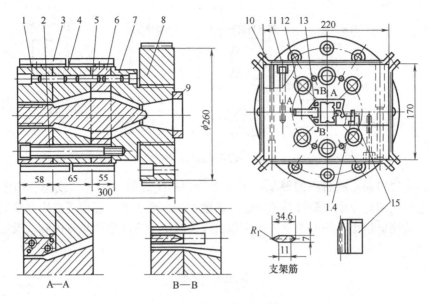

图 5-8-12　窗扇型材挤塑模

1—口模　2、11、12、14—内六角螺栓　3—加热圈　4—流道板　5—销钉　6—支架
7—机颈　8—法兰盘　9—定位圈　10—销钉　13、15—机头口模成型镶件

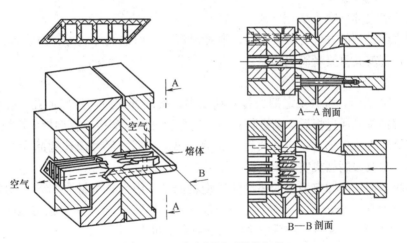

图 5-8-13　多腹隔异型材挤塑模

　　对于一维流动的型材，由于出模膨胀造成的形变规律比较容易掌握，主要是直径增大或片材增厚。但对断面为二维流动的异型材则由于流动时断面上各点有速度差和黏弹性影响，使制品轮廓相对于口模轮廓发生畸变，畸变的程度还和口模长度有关，口模越短弹性回复越大，这给模具设计带来了困难。目前解决的办法多半还是凭经验设计并进行试挤和修模，例如图 5-8-15 所示的情况，从左侧的正方形或正三角形的口模中挤出的塑件，其断面将变成中央图形所示的形

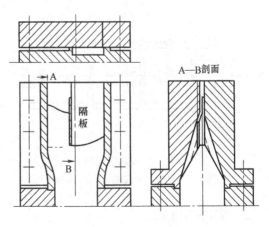

图 5-8-14　具有分离隔板的机头

327

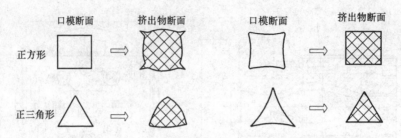

图 5-8-15　机头口模断面形状与挤出物断面形状

状。若将机头的口模修成右图的形状，则可以得到断面近似为正方形或正三角形的挤出塑件，应注意形状偏离程度与塑料品种和熔体黏度也有很大关系。目前还没有办法通过计算来准确预见复杂型材挤出时的可逆弹性形变和出口模时由于速度分布重排的畸变及准确判断如何修正的问题。

三、定型模结构设计

异型材的最终形状和尺寸公差主要由定型模决定。其尺寸精度主要取决于定型手段和定型模的完美程度，目前型材可达下列尺寸公差：

- 壁厚±3%～6%
- 断面外廓尺寸（宽、高）±1%～2%

异型材常用定型的方法有多板定型、滑移定型、压缩空气外定型、内定型、滚筒定型、真空定型等，现就其重要者简述如下。

1. 多板式定型模

如图 5-8-16 所示，将数块定型板排列在水中，板上开有所需形状的孔，孔的尺寸逐渐变化缩小，塑料制品通过板后逐渐进行冷却，定型板可用黄铜板、青铜板或铝板制作，考虑到型材离开冷却水槽后仍有一定的收缩，最后一块定型框的尺寸应比制品大 2%～3%。用这种方法可定型厚壁制品或实心异型材，如图 5-8-17 所示。

定型板的定型长度即定型板的厚度随异型材而异，中空异型材取 3mm，对实心异型材由于摩擦阻力大取 2.5mm，入口处均应有 $R0.5mm$ 圆角，此外采用多板定型时应防止水槽入口处的水漏泄倒流入模具，应采取紧缩的橡胶圈等可靠防漏措施。

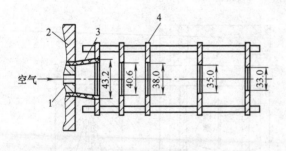

图 5-8-16　多板式定型模

1—芯模　2—口模　3—型材　4—定型板

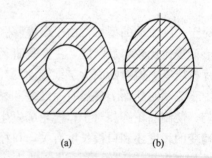

图 5-8-17　多板式定型模制得的异型材

（a）厚壁异型材　（b）实心异型材

2. 滑移式定型模

滑移定型是开放式异型材定型的主要方法，它一般用来生产薄壁型材制品，这时挤出口模的断面可与制品的形状一致。简单断面的型坯也可以采用最简单的挤塑模，如利用挤片材或挤管材的挤塑模，片材或管材在进入定型模时再折弯成要求的形状，图 5-8-18 为简单的上下对合滑移式定型模，当制件形状复杂时需将定型模的上模或下模分成几块，开车后相互松开、引入型坯并逐渐调节，合拢至要求的形状，如图 5-8-19，块与块之间应进行可靠的定位，上模下模均应设冷却水道，水流方向与挤出方向最好成逆流。为降低定型模对制品的摩擦，定型模内表面应仔细抛光，上下定型模之间应有适当的压紧力（靠重力、弹簧力、螺栓压紧力等）。

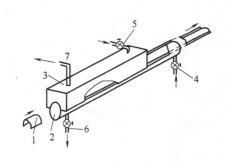

图 5-8-18　上下对合滑移定型模
1—口模挤出型坯　2—冷却的下模　3—冷却的上模
4、5—进水管　6、7—出水管

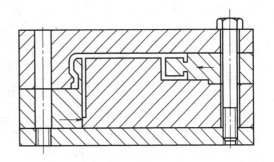

图 5-8-19　多块组合滑移定型模断面图

异型材通过定型模的速度视定型模的长度和异型材的壁厚而定，对于 1mm 壁厚的异型材通过速度可达 3～4.5m/min，厚 4mm 者通过速度为 0.5～0.7m/min。

图 5-8-20 所示的波纹板定型模可用挤管机头作为挤出模与其配合使用，挤出管材在熔融态经固定的刀片剖开展平后进入定型模，再挤压定型成波纹状。

异型管材的压缩空气外定型模和内定型模与圆形管材的定型模结构方式完全相同，只是将外定径套的内孔或内定径芯棒的断面形状做成该异型管要求的形状。请参阅本章第 3 节管材定型的有关内容。

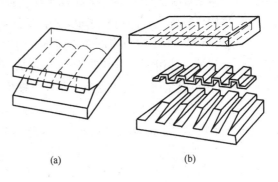

(a)　　　　　(b)

图 5-8-20　波纹板滑移定型模
(a) 合拢的形状　(b) 打开的形状

3. 真空定型模

对于形状复杂的封闭式中空异型材，特别是有多个封闭空腔的异型材，一般都采用 1～4 段真空定型模来定型，其中任何一段的典型形状如图 5-8-21 所示，该段定型模有上下两个真空室，通过接头直接与水环式真空泵相连接，上下型板上开有许多直径约为 0.8mm 的真空孔，在侧型板上也要开设抽真空的小孔，并且汇聚在一起通过大孔与上下真空室相通，同时上下型板和侧型板上都必须开设足够的冷却水通道，水孔与真空孔要相互避开，切勿贯通。

当异型材型坯进入定型模后，在真空吸附力作用下高温型坯与定型模型腔壁紧密接触，热量由冷却介质带走，使异型材冷却定型。定型模结构设计要点如下：

① 开车时容易引入型坯，操作时易于开启拆卸和清理，上下型板之间一般用铰链连接，以方便开启和关闭，并用螺栓锁紧。有时侧型板也需要快速移开和复位，总之要求锁紧可靠，密封性好，有时需加橡胶密封垫，以免真空或水泄漏。

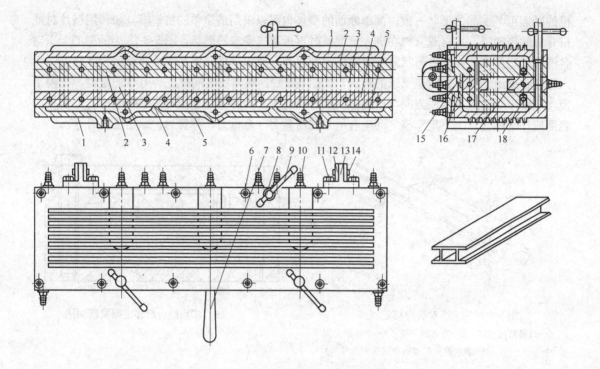

图 5-8-21　真空定型模典型结构

1、5—上下盖板　2、4—上下型板　3、17—侧型板　6、15—内六角螺栓　7、9—手柄　8—锁紧螺栓
10—接头　11—螺栓　12、13—上下铰链片　14—铰链轴　16—销钉　18—冷却水堵头

② 真空室应无死角，易于清理，使真空通道保持畅通。

③ 采用导热性良好的材料制造，例如铝合金，以加快冷却速度。同时应选用耐磨性较好的铝合金牌号，例如用硬铝或超硬铝材切削加工，以免在使用中迅速磨损变形。

④ 定型模一般由相互分开的 1~4 段组成（3 段最常用），壁越厚所需段数越多，每段长 400~600mm，成型通道尺寸应根据制件收缩情况逐段缩小。

定型模与机头口模断面尺寸之间的关系：由于挤出的型坯离模时一方面有出模膨胀胀大，另一方面被牵引拉薄缩小，两者相抵外形尺寸一般还是会缩小，因此就宽、高等外形尺寸而言，口模断面上制品的外形尺寸要比定型模入口尺寸大，上述的长流道机头要大 2%~5%，短流道大 0.4%~1.5%，对于壁厚尺寸来说，由于出模膨胀占上风，对 RPVC 而言口模间隙尺寸取型材壁厚的 90%。

在每一段定型模中异型材与冷却水可以设计成并错流，也可以成逆错流，如图 5-8-22 所示。该模具的冷却回路在上下型板中各分为三段，水孔直径通常在 10~16mm 范围内选取，大直径水孔的流量大，冷却效果好，设计时要注意

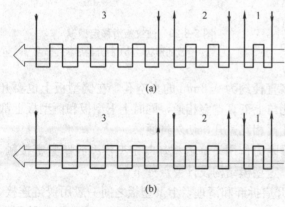

图 5-8-22　异型材走向与冷却水流向
(a) 并错流　(b) 逆错流

冷却水的流动状态，应保持稳定的湍流，即 $R_e > 10000$，水温为 $10\sim18℃$ 为好。

图 5-8-23 为窗框异型材定型模图，该模具的特点是用真空缝代替了真空孔，使加工更方便，从上下真空室钻几个大孔与真空缝互相接通即可，真空缝宽 1mm，型材入口附近真空缝较密，间距约 17mm，至出口附近逐渐加宽到 30mm，第二段和第三段定型模真空缝的排列间距均取 40mm。

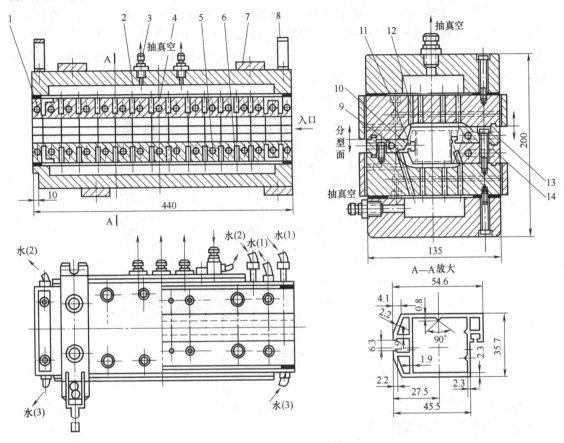

图 5-8-23　窗框异型材定型模图

1—冷却水孔　2—上真空室　3—真空接头　4—上型板　5—下型板　6—下真空室　7—压条
8—拉手　9—水孔　10—左侧型板　11—真空缝　12—真空孔　13、14—右侧型板

从图 5-8-23 中还可看到在侧型板上的真空缝是如何通过所钻的斜孔分别与上下真空室相通的。

第九节　其他挤塑成型模具

按挤出成型产品的类别来分，挤塑模的种类非常多，人们在挤塑模这咫尺空间发挥了无穷的想象力，为聚合物材料的应用和发展创造了无尽的机遇，由于教材的篇幅所限，除上述各类挤塑模之外，这里仅再举出几种有代表性的常用挤塑模，作一简单介绍。

一、单丝挤塑成型模具

常见的塑料单丝是以 PE、PVC、PP、PA 为原料，通过机头小孔挤出，冷却到一定温

331

度后再经高倍拉伸卷取而获得的。高倍拉伸后分子取向度大大增加，强度显著提高。单丝可用来织网，作绳索等。由于机头喷丝孔直径小，股数又受分丝机限制，整机挤出量常较小，通常采用 $\phi38\sim65mm$ 的挤塑机。挤单丝时应仔细滤去塑料熔体中的杂质，否则拉伸时丝易拉断，为此在机头多孔板上放置 $2\sim3$ 层 $40\sim80$ 目的不锈钢丝滤网，最好采用自动换网装置及时更换。

机头结构如图 5-9-1 所示，单丝机头可采用直机头，也可采用直角机头，以直角机头居多。喷丝孔质量直接影响单丝的产量与质量，应精细加工。小孔在喷丝板同一圆周上均布，孔数一般为 6 的倍数，可用 12、18、24、48 等。但一般不超过 72 孔，孔数过多，分丝困难，对于无须分丝的绳索用丝，孔数可多一些。

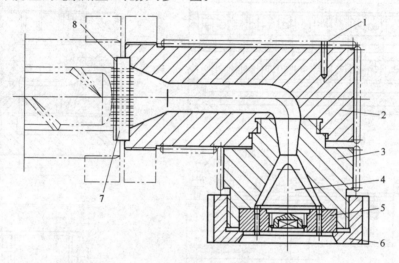

图 5-9-1　直角单丝机头

1—测温孔　2—弯接头　3—模体　4—分流锥　5—喷丝板　6—锁母　7—筛板　8—滤网

喷丝孔的孔径与单丝直径的关系视拉伸比和塑料品种不同而异，拉伸比为喷丝孔断面积与单丝面积之比，而非直径之比。

表 5-9-1 中列有 PE 和 PVC 单丝直径与喷孔直径之间的关系，表中 ε 为拉伸比。

表 5-9-1　　　　　　　　　单丝直径与喷孔直径之间的关系　　　　　　　单位：mm

单丝直径	PE		PVC	
	LDPE($\varepsilon=6$)	HDPE($\varepsilon=8\sim10$)	$\varepsilon=2.5$	$\varepsilon=6$
0.2	0.5	0.8	0.4	0.5
0.3	0.8	1.1	0.6	0.8
0.4	1.1	1.2	0.8	1.1
0.5	1.2	1.7	0.9	1.2
0.6	1.5	2.0	1.1	1.5
0.7	1.7	2.3	1.2	1.7

同一喷丝板上各孔径之间误差要小，应控制在 5% 以内，当孔径误差为 10% 时，单丝直径误差可达 21%，同时各个孔的成型段长度和中心距均应保持一致。

喷丝孔入口角一般为 $20°\sim60°$，PP 取 $\alpha=20°$，PE 可取 $60°$。各种塑料的入口角均在此范围内变动。

喷丝板要承受 30MPa 压力，工作温度高达 300℃，并要经受强腐蚀清洗液的清洗，故应选用高耐蚀材料制作。

二、塑料造粒用机头

如果从塑料的合成开始考察，几乎所有的热塑性塑料都要经过造粒这一过程，除新料需要造粒外，在加工生产中染色、填充、增强、废料回收均需重新造粒。依塑料品种不同，传统造粒技术有热切粒和冷切粒两种方法。热切粒在机头上即可完成切粒全过程，冷切粒时通过机头只需将塑料拉成 $\phi 2\sim 3mm$ 的细丝，冷却后再上专门的切粒机切粒。

图 5-9-2 为带热切粒装置的造粒机头。物料经中心分流锥分流后进入沿圆周排列成一圈（或两圈）的数十个小孔，成细条状挤出模外。被与出料孔口紧密接触的旋转刀片切断，并落入收集器中，直接风送进入料仓。塑料粒子的长度与挤出速度和刀的转速有关。

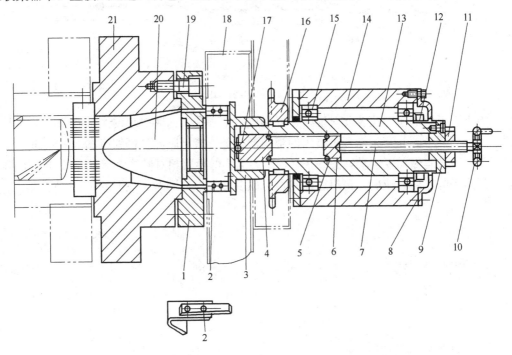

图 5-9-2　热切粒造粒机头和切料装置

1—口模　2—刀片　3—支架　4—压紧头　5—弹簧　6—弹簧架　7—丝杆　8—轴承盖　9、12—螺母

10—手柄　11—锁紧螺母　13—套筒　14—外筒　15—轴承　16—链轮

17—钢球　18—罩　19—螺栓　20—分流锥　21—模体

热切粒时由于物料温度高，切粒所需功率低，切刀磨损小，它结构紧凑，占地面积小。热切粒适用于在较高温度下粒子之间不易粘结的 PVC 类塑料，挤出时不宜将挤出温度调得太高，而且应通冷风进行冷却，对于 PS、PA、ABS 一类的塑料若采用热切粒，粒子会粘结在一起，必须采用冷切粒。目前发明了更为先进的旋风切粒、水下切粒等切粒方式，它们适于产量大的连续化操作。

热切粒机头口模板上的孔径常取 $3.5\sim 4mm$，长径比 $L/d=4\sim 10$，入口为锥形倒角，锥角 $\alpha\leqslant 30°$，口模板前方熔体压力可达 $25\sim 70MPa$。

切粒刀架上装有4把旋转切刀，切刀通过链轮带动转动，刀片的刃口应十分锋利，且具有良好的弹性，刃口角度约为30°，摇动丝杆并通过弹簧将刀片紧贴在口模端面上，因此口模应淬火到60HRC以上，丝杆位置调好后用螺母锁紧。

三、塑料网挤塑模

1. 片状塑料网挤塑模

挤出成型的塑料网有两种形式，一种是片状塑料网，另一种是管状塑料网。片状塑料网机头由上下两片模唇组成，见图5-9-3所示。上下模唇分别开设有一排相对应的半圆孔流道（或矩形等其他断面形状的孔流道），上下模唇相互紧密接触，挤出时两模唇都可以单独地做往复运动或同时地做方向相反的往复移动。

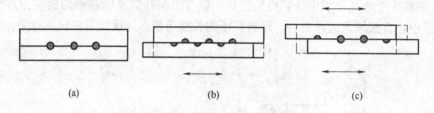

(a)   (b)   (c)

图5-9-3　片状网挤出示意图

当上下模唇的半圆孔彼此对准时正好形成一个圆孔，这时挤出的圆形线条，正好形成网的结点，当两半圆孔互相错开时挤出的半圆形线条形成网眼间的网线，图5-9-3（b）为上模唇不动，下模唇做往复运动，图5-9-3（c）为上下两模唇相对做往复运动。改变上下两模唇做往复运动的方向、速度、挤出速度则可形成多种多样的网型，如图5-9-4所示。

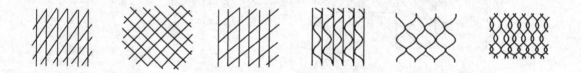

图5-9-4　常见的挤出塑料网网型

2. 管状塑料网挤塑模

根据同样的原理圆管形塑料网机头可以由分别单独旋转的芯棒和口模外圈组成，口模和芯棒分别开设有相应的半圆孔（或其他形状的孔），其余部分在口模段互相密合，塑料熔体仅能从半圆孔中挤出成丝。当芯棒或口模产生相对旋转运动时，见图5-9-5，从芯棒和口模挤出的半圆形丝就会有规律地不断地相合相分，当相合时挤出圆形形成网结，当分开时挤出半圆形料条形成孔眼的网丝，改变芯棒或口模圈的回转方向，回转速度和挤出速度，便可得到各种网形。最常见的是两者做等速反方向旋转，这时可得到菱形网。当挤出速度不变时加快旋转速度，网眼较小，减慢旋转速度，网眼较大。

管状塑料网挤塑成型机头的结构如图5-9-6所示。

管状塑料网的挤出成型机组如图5-9-7所示。通过角式挤网机头挤出的塑料网进入冷却水槽冷却，管状塑料网也可以用刀片割开直接卷绕成平面网。它还可以经过拉伸使网丝变细、网眼变大、强度提高。

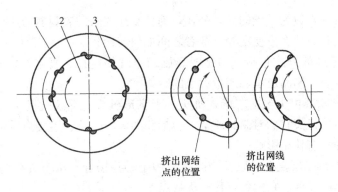

图 5-9-5　圆管形网挤出示意图

1—可旋转的口模外圈　2—可旋转（或固定）的芯模　3—熔体出口

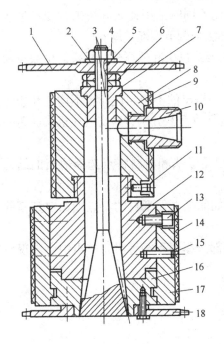

图 5-9-6　管状塑料网挤塑成型机头

1、18—链轮　2—垫圈　3—芯模　4—螺母　5—键
6—螺母　7—轴瓦　8—转弯接头　9、14—电
热圈　10—机颈　11、13—螺钉　12—模体
15—圆销　16—口模　17—轴承套

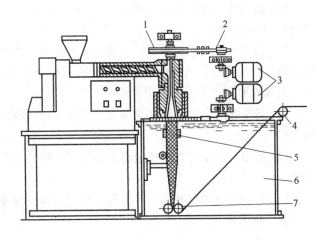

图 5-9-7　管状塑料网挤塑成型机组

1、2—皮带轮　3—电机　4—牵引辊
5—支架　6—冷却水槽　7—导辊

复习、思考与作业题

1. 挤管机头的内流道分为几段？每一段的作用是什么？其几何参数（平直段长度、扩张角、收缩角、压缩比等）对管材质量有何影响？

2. 支架芯棒式（直通式）大型挤管机头和小型挤管机头在结构设计上有什么不同？为什么采用该种结构？

3. 筛孔式（吊篮式或篮式）挤管机头有什么特点，适用于挤出什么类型的管材？

4. 对于具有明显非牛顿特性的塑料熔体来说在作流道尺寸设计时既然已推导出以真实

335

剪切速率和真实流动常数为基础的计算公式，为什么还要采用表观剪切速率和表观流动常数的计算公式？采用它有什么方便之处？两者之间如何转换？

5. 比较管材定径的方式包括（内定径、压缩空气外定径、真空外定径）对制品质量、尺寸精度、操作难易、制品成本、产量大小的影响。

6. 试比较各种吹膜机头包括芯棒式机头、十字形机头、螺纹式机头、莲花瓣机头、分配板机头以及旋转式机头它们对制品质量（包括膜的厚薄公差、熔接痕质量、膜卷的平整度及机头制作成本等）有什么影响。

7. 为什么要采用多层复合薄膜？该产品适用于哪些场合？从模具结构来分什么叫做模内复合，什么叫模外复合，它们各有什么优缺点？

8. 挤出管材过程中支架式机头的芯棒支架会对物料分割，重新熔合后在管材上形成熔接痕对管材的周向强度有什么影响？有哪些设计可以消除或减小熔接痕的影响？

9. 吹塑中空容器的型坯机头当制品轴向各段吹胀比不同时采用什么办法来改变型坯各段的厚度？当制品径向各部位吹胀比不同时采用什么办法来调节型坯壁厚？

10. 试比较片材挤出的 T 形机头、鱼尾式机头、衣架式机头和螺杆分配机头的优缺点和它们各自的适用场合。

11. 挤出片材或板材时用什么指标来表征沿口模宽度挤出的不均匀性，当不均匀性较大时如何从机头设计、机械调节、温度控制等几个方面进行改正？分别针对支管式机头、鱼尾形机头和衣架式机头说出解决办法。

12. 异型材挤出模有哪些常见的形式？如何根据制品形状和材料特点选择适当的结构形式？

13. 异型材定型的方法和定型模结构有几种？说明如何根据异型材的特点来选定型模的类型。

14. 对于狭缝式异型材挤出机头，当挤出异型材各部分厚薄不相等时，挤出中会出现什么问题？应采用什么设计方案加以解决？

第六章　塑料压塑成型模具

第一节　概　述

一、压塑成型及压模结构特点

压塑成型具有悠久的历史，主要用于成型热固性塑料制品。热固性塑料原料由合成树脂、填料、固化剂、固化促进剂、润滑剂、色料等按一定配比制成。它可制成粉状、粒状、片状、团状、碎屑状、纤维状树脂浸渍物等各种形态。将塑料直接加入高温的压模型腔和加料室，然后以一定的速度将模具闭合，塑料在热和压力作用下熔融流动，并且很快地充满整个型腔，树脂与固化剂作用发生交联反应，生成不熔不溶的体型化合物，物料固化后成为具有一定形状的制品，当制品完全定型并且具有最佳的性能时，即开启模具推出制品。

压塑成型还可成型热塑性塑料制品，将热塑性塑料加入模具型腔后，逐渐加热加压，使之转化成黏流态，充满整个型腔，然后降低模温，使制品固化再将其脱出。由于模具需交替地加热与冷却，故生产周期长，效率低。但制品内应力小，因此可用来生产平整度高和光学性能好的大型制品，如 PVC 板、PS 透明板材等。一些流动性很差的热塑性塑料如聚酰亚胺等难于注塑，也采用模压成型。此外用热挤冷压法压制热塑性塑料制品如软聚氯乙烯鞋底等的工艺在我国尚有少量采用。本章将着重讨论热固性塑料压塑模具。

与注塑模具相比，压模有其特殊的地方，例如压模没有浇铸系统，直接向模腔内加入未塑化的塑料，其分型面必须水平安装等。下面就压塑成型的优缺点及压塑模典型结构分别加以介绍。

1. 压塑成型的优点

① 与注塑成型等相比，使用的设备和模具比较简单价廉。

② 适用于流动性差的塑料，比较容易成型大中型制品。

③ 适宜成型热固性塑料制品，与热固性塑料注塑和压铸成型相比，制件的收缩率较小、变形小、各向性能比较均匀。

④ 压制成型的热塑性塑料制品（如板材）大分子取向小，内应力低，翘曲变形小。

2. 压塑成型的缺点

① 生产周期比注塑和压铸法长，生产效率低，特别是厚壁制品固化慢，生产周期更长。

② 不易实现自动化操作，特别是移动式压模。由于模具要加热到高温，易引起原料中的粉尘和纤维飞扬，劳动条件较差。

③ 制品常有较厚的溢边，且因溢边厚度有波动，因此制品高度尺寸的精度差。

④ 有深孔、形状复杂的制品难于模制。

⑤ 压模要受到高温高压的联合作用，要求采用在高温下能保持足够的硬度和强度的钢材，重要零件应进行热处理。同时压模在操作中受到的冲击振动较大，易磨损变形，使用寿命较短，一般仅 20 万～30 万次。

⑥ 模具内细长的成型杆和制品上细薄的嵌件,在压塑时均会受料流冲击,易因受力不均而弯曲变形,如不能对杆件或嵌件采用特殊的支承固定措施则不宜采用压模。

二、压塑模典型结构

典型的压塑模具结构如图 6-1-1,它可分上模和下模两大部件。上下模闭合使装于加料室和型腔中的塑料受热受压,成为熔融态而充满整个型腔,当制件固化成型后,上下模打开用推出装置推出制件。压塑模可进一步细分为以下几大部件。

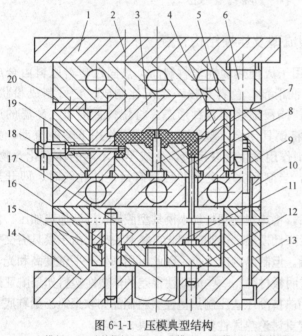

图 6-1-1 压模典型结构

1—上模板 2—连接螺钉 3—上凸模 4—凹模 5—加热板
6—导柱 7—型芯 8—下凸模 9—导套 10—加热板
11—推杆 12—挡钉 13—垫板 14—底板 15—推板
16—尾轴 17—推杆固定板 18—侧型芯
19—下模板 20—承压板

1. 型腔

直接成型制品的模具零部件,图 6-1-1 所示的模具型腔由上凸模 3(常称阳模)、下凸模 8、凹模 4(常称为阴模)构成,凸模和凹模有多种配合形式,不同配合形式对制件成型有很大影响。

2. 加料室

指凹模 4 的上半部,图 6-1-1 中为凹模断面尺寸扩大部分,由于粉状塑料原料与制品相比具有较大的比容,成型前单靠型腔往往无法容纳全部原料,因此在型腔之上设有一段加料室。

3. 导向机构

图 6-1-1 中由布置在模具上模周边的四根导柱 6 和下模上安装有导套 9 的导向孔组成。导向机构用来保证上下模合模的对中性。为保证推出机构水平运动,该模具在底板 14 上还安装有两根导柱,在推出板上对应有带导向套的导向孔。

4. 侧向分型轴芯机构

与注塑模具一样,模塑带有侧孔和侧凹的制件时,模具必须设有各种侧向分型抽芯机构,制件方能脱出,图示制件带有侧孔,在推出前用手旋转丝杆 18 抽出侧型芯。

5. 脱模机构

压塑件脱模机构与注塑模具相似,图 6-1-1 所示脱模机构由推板、推杆等零件组成。

6. 加热系统

热固性塑料压塑成型需在较高的温度下进行,因此模具必须加热,常见的加热方式有:电加热、蒸汽加热、煤气或天然气加热等。图 6-1-1 中加热板 5、10 分别对上凸模、下凸模和凹模进行加热,加热板圆孔中插入电加热棒,热固性塑料制品在高温下脱出。压塑热塑性塑料时,在型腔周围开设温度控制通道,在塑化和定型两个阶段,分别通过电热、高温过热水或蒸汽进行加热然后通入冷却水等介质进行冷却。

三、压塑模具分类

压塑模分类的方法很多，可按模具在压机上固定方式分类，可按上下模闭合形式分类，按分型面特征分类，按型腔数目多少分类。而按照压塑模具上下模配合结构特征进行分类是最重要的分类方法，据此可分为以下几类。

1. 溢式压模

溢式压模其断面形状如图 6-1-2 所示，这种模具无加料室，模腔总高度 A 基本上就是制件高度。由于凸模与凹模无配合部分，故压塑时过剩的物料极易溢出。环形面积宽度 B 是挤压面，其宽度比较窄，以减薄制件的毛边。合模时原料压缩阶段，挤压面仅对溢料产生有限的阻力，合模到终点时挤压面才完全密合。因此制件密度往往较低，力学性能不佳，特别是当模具闭合太快时，会造成溢料量增加，既浪费原料，又降低了制品密度。相反如果压模闭合速度太慢，则由于物料

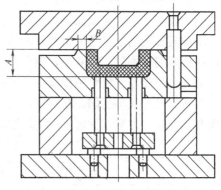

图 6-1-2 溢式压模

在挤压面上迅速固化，又会造成制品的毛边增厚，总高度增大。

由于制品的溢边总是水平的（沿着挤压面），因此去除比较困难，去除时常会损伤制品外观。溢式模具没有延伸的加料室，装料容积有限，不适用于高压缩率的材料，如带状、片状或纤维状填料的塑料。这时会造成充模不满，制品疏松，对溢式压模最好加入粒料或预压锭料进行压制。

溢式模具凸模和凹模的配合完全靠导柱定位，没有其他的配合面，因此成型壁厚均匀性要求很高的制件也是不适合的。

基于上述情况再加上压制时每模溢料量的差异，因此成批生产的制品其外型尺寸和强度要求很难求得一致。此外溢式模具由于溢料损失，要求加大加料量（超出制品重量5％以内），因此对原料造成较多的浪费。

溢式模具的优点是结构简单，造价低廉耐用（凸模与凹模无摩擦），制品容易取出，特别是扁平制品可以不设推出机构，采用手工取出或用压缩空气吹出制品。由于无加料室型腔高度低，方便在型腔内安装嵌件。

溢式模具适于压塑扁平的小型薄壁制件，特别是对强度和尺寸精度无严格要求的制件，如纽扣、装饰品及各种小零件。

2. 不溢式压模

不溢式压模的断面如图 6-1-3。该模具的加料室为型腔上部断面向上延续的部分，无挤压面，理论上压机所施的压力将全部作用在制件上，塑料的溢出量很少。不溢式压模与型腔每边有 0.025～0.075mm 的间隙，为减小摩擦，配合高度不宜过大，不配合部分可以像图中所示那样将凸模上部断面减小，同样也可将凹模的加料室段向上逐渐增大而形成上部不配合的锥面，单边斜角 $15'～20'$。不

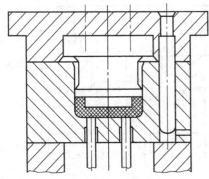

图 6-1-3 不溢式压模

溢式压模的最大特点是制品成型压力大，故密实性好，力学强度高，因此适于压制形状复杂、壁薄、流程长或深形制品，也适于压制流动性小、压缩比高、比容大的塑料。用它压制棉布、玻璃布或长纤维填充的塑料制品是特别可取的，这不单因为这些塑料的流动性差，要求单位压力高，而且若采用带挤压面的模具，当布片或纤维填料进入挤压面时，不易被模具夹断，而妨碍模具闭合，造成过厚的毛边和制品高度尺寸不准，后加工时这种夹有纤维或布片的毛边是很难去除的。不溢式模具没有挤压面。用不溢式压模压制的制品毛边不但极薄，而且毛边在制品上沿分型面是垂直分布的，可以用在砂带机上平磨的办法除去。

　　不溢式模具的缺点是由于塑料的溢出量极少，加料量直接影响着制品的高度尺寸，每模加料都必须准确称量，较麻烦，因此流动性好容易体积计量的塑料一般不采用不溢式模。它另一缺点是凸模与加料室边壁摩擦，时间一长不可避免地会擦伤边壁，由于加料室断面尺寸与型腔断面尺寸几乎相同，在推出时带划伤痕迹的加料室会损伤制件外表面。为克服这一缺点而有几种改进方案（见后）。不溢式模具必须设推出装置，否则制品很难取出。不溢式模具一般不设计成多腔。因为加料量稍不均衡就会造成各型腔压力的不等，而引起一些制件欠压。

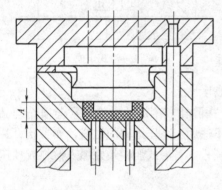

图 6-1-4　半溢式压模

3. 半溢式压模

　　半溢式压模断面形状如图 6-1-4 所示，其特点是在型腔上方设一断面尺寸大于制件尺寸的加料室，凸模与加料室呈动配合，加料室与型腔分界处有一环形挤压面，其宽度 4～5mm，凸模最多下压到挤压面接触时为止，在每一循环中即使加料量稍有过量，过剩原料能通过配合间隙或凸模上开设的溢料槽排出。溢料速度可通过间隙大小和溢料槽数目进行调节，其制品的紧密程度比溢式压模好。半溢式压模操作方便，加料时只需简单地按体积计量，而制品的高度尺寸是由型腔高度 A 决定的，可达到每模基本一致，由于半溢式模具有这些特点，因此被广泛采用。

　　此外，由于加料室尺寸较制件断面大，加料室侧壁在制件侧壁之外，即使受摩擦损伤在推出时也不再刮伤制品外表面。用它压制带有小嵌件的制品比用溢式模具好，因为后者常需将原料作成预压锭压制，这容易引起嵌件破碎。当制品外缘形状复杂时，若用不溢式模具则凸模和加料室制造都较困难，采用半溢式压模可将凸模与加料室周边配合断面形状简化成圆形、矩形等简单的断面形状。

　　半溢式模具由于有挤压边缘，不适于压制以布片或长纤维作填料的塑料，在操作时要随时注意清除落在挤压边缘上的废料，以免此处过早地变形和损坏。

4. 带加料板的压模

　　这类模具介于溢式模具和半溢式模具之间，它兼有这两种模具的多数优点，其结构如图 6-1-5。主要由凹模、凸模、加料板组成。加料板是一块浮动板，加料时将加料板放下与凹模合在一起，形成加料室，开模时

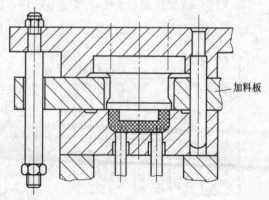

加料板

图 6-1-5　带加料板压模

悬挂在凸模与型腔之间。其结构虽然比较复杂，但比溢式模具优越的地方是可采用高压缩率的材料，制品密度较好。比半溢式模具优越的地方是开模后型腔较浅，便于取出制件和安放嵌件，同时开模后加料板提起，挤压边缘上的废料容易清除干净，避免该处过早损坏。这种模具的制造成本与半溢式压模相近。

5. 半不溢式压模

这类模具系半溢式和不溢式压模之结合，结构如图 6-1-6 所示。该模具凸模前端有一小段 A 能伸入型腔，并与型腔呈间隙配合，在压制过程中该段尚未伸入凹模时，其作用类似于半溢式压模，过剩的塑料可通过配合间隙或凸模上开的溢料槽溢出，因此加料量即使有所波动（按体积加料时）也不影响制件质量。由于模具有加料室 B，因此能用于有中等压缩比的塑料。当凸模前端配合部分伸入型腔后，塑料即难以溢出，这时其作用类似于不溢式压模。所有的压力立即加在封闭型腔内的塑料上，制品所受的最终压力大，密实度好，高压下树脂能很好地分配在制品表面，使表面光亮度好。配合部分 A 的高度一般为 1.5～3.5mm。由于配合高度很短，所以型腔划伤的几率比不溢式压模小得多。此外它产生的毛边垂直于分型面，毛边在制品的一侧，可在砂带机上磨除。

塑件脱出后必须将固化后的塑料飞边从上下模的台阶表面清除干净，否则残留的硬塑料屑会使台阶表面产生压痕或破裂。

图 6-1-7 为半不溢式压模的另一种形式，凹模在 A 段以上略向外斜（斜度约为 3°），因而在凸凹模之间形成一个溢流间隙，压制时当凸模伸入凹模而未达到 A 段之前，塑料通过逐渐变小的溢料间隙外溢，但受到一定限制，凸模达到 A 段以后型腔被封闭，情况则类似于不溢式压模。与上述结构相比这种模具无台阶形挤压边缘，因此不会产生压痕或压裂的危险。当制件外轮廓比较简单时（例如为圆形等），凸凹模制造比较方便，反之则比上一种结构制造困难。

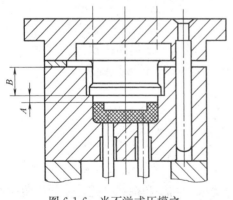

图 6-1-6　半不溢式压模之一

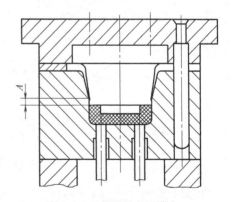

图 6-1-7　半不溢式压模之二

上面所列举的模具都属于单型腔压制模具，压模也常采用多型腔结构，一模可以生产数个、数十个产品，其型腔数目由制品形状、投影面积、批量大小和压机的能力（吨位）确定。多腔模比单腔模生产效率高，但结构复杂，模具尺寸较大。

多腔模可以是溢式如图 6-1-8（a）、半溢式，其中半溢式多腔模又可分为一个型腔一个加料室，如图（b）和多个型腔共用一个加料室，如图（c），前者的特点是个别型腔损坏时可以停止其加料，而不妨碍整个模具使用。其缺点是每个型腔要单独地均衡地加料，为了方便可以采用一种特制的加料工具，进行多腔模中各型腔的分别同时加料，如图 6-1-9，该加料器用木板或轻金属制成，抽动活板，即可使料落入型腔中。独立加料室压模的横向尺寸比较庞大。

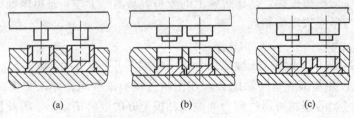

图 6-1-8 多型腔压模

(a) 溢式 (b) 半溢式独立加料室 (c) 半溢式共用加料室

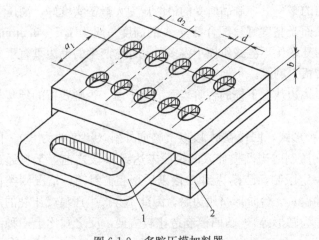

图 6-1-9 多腔压模加料器

1—抽板 2—定位块

a_1、a_2—型腔中心距 d—加料腔直径，小于型腔直径，大于预压锭直径 b—加料腔深度，由加料量决定

多型腔共用一个加料室的压模可以缩小各型腔间的中心距，压模的尺寸小而轻便，加料也容易，可以分别加料，也可以一次统一加料（加粉料或加入一块扁平的预压锭），塑料受热塑化后在压力作用下流入各个型腔，固化后在加料室里留下一层很薄的毛边，毛边将各制件连接成一体，推出时连成一体的多个制件可一次取出。这种模具特别适用于每模件数很多的小制件，通过在转鼓里滚转或其他办法去除毛边。

多腔压模的缺点是制件的密度较低，在集中一次加粉料时边角上的制件往往缺料，这一不足之处可以加入与加料室尺寸大约相近的预压锭来改善。

第二节 压模与压机的关系

一、压机及常用压机的技术规范

压机是压塑成型的主要设备，按机架结构形式分为框式结构和柱式结构，分别见图 6-2-1 和图 6-2-2。按施压主油缸所在位置压机分为上压式和下压式，压制大型塑料层压板可采用油缸在下的下压式压机，压制一般的塑料零件常采用上压式压机。按工作液体的种类还可分为以液压油驱动的油压机和油水乳化液驱动的水压机。水压机的动力源一般采用中央蓄能站，一个中央蓄能站能同时驱动数十台至百余台水压机，当工厂的生产规模很大时较为有利。此外实验室还有各种形式的手动压机如螺旋压机、千斤顶压机等。

目前使用得最多的是各种形式的油压机，且在压机上装备有计算机程序控制装置，完成热固性塑料制品的施压、排气、保压熟化、开模、推出制件等动作，有的还装有机械手取制件，可以使操作过程全部实现自动化。

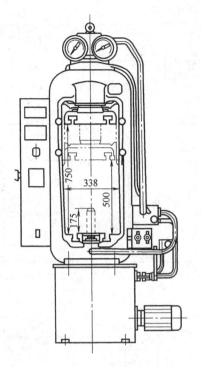

图 6-2-1　上压式框架型液压机

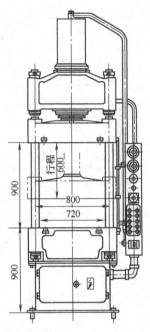

图 6-2-2　上压式四立柱液压机

用于成型塑件的油压机按其总压力可以从 350～3000kN，其中最常用的是 450kN 和 1000kN 两种，以 450kN 油压机 YAT71-45（图 6-2-1）为例，它由焊接式框架，上下压板、油缸等构成机体，此外它还有液压系统，电气装置共三大部件组成。这种液压机由曲轴驱动柱塞泵和蓄能器同时向系统输油，油液经分油器（控制阀）进入工作油缸上腔，推动柱塞带动上压板向下移动，给模内塑件施压，同时模具用电加热器加热恒温，当塑件固化成型后启动开模程序，油液经分油器进入工作油缸的下腔，推动差动柱塞带动上压板上升，打开模具，塑件的顶出是由顶出油缸的顶出柱塞完成的，顶出柱塞的运动也由分油器完成，本机的主要性能参数如下：

工作柱塞最大总压力	450kN	上压板移动速度（高压回程）	18mm/s
油液最高压力	32MPa	顶出柱塞移动速度（高压顶出）	10mm/s
工作柱塞最大回程力	60kN	顶出柱塞移动速度（高压回程）	35mm/s
顶出柱塞最大顶出力	120kN	蓄能器最高压力	0.5MPa
顶出柱塞最大回程力	35kN	高压柱塞泵流量	2.5L/min
上压板至工作台最大距离	750mm	液压泵工作压力	32MPa
上压板行程	250mm	电动机功率	3.5kW
上压板移动速度（高压下行）	2.9mm/s		

上述技术参数中许多项目都是与压模设计直接相关。其中压机总压力、压板行程、压板与工作台距离、顶出距离、上下压板的尺寸、压板上连接螺钉安放的位置和螺钉大小是模具设计必须参照的，常见油压机型号及主要技术规范如表 6-2-1，现举出几种国产液压机上压板（滑块或动梁）和下压板（工作台）的结构和尺寸，表示在图 6-2-3 至图 6-2-10 中。

表 6-2-1　　　　　　　　　　　　　常见液压机型号及主要技术规格

型号	YX(D)-45	YA71-45	YA71-63	YB32-63	Y71-100	Y71-160	YA71-250	Y32-300
公称压力/kN	450	450	630	630	1000	1600	2500	3000
流体最大工作压力/MPa	32	32	32	25	32	32	30	20
顶出力/kN		120	3(手动)	95	200	500	630	300
顶出行程/mm	150	175	130	150	165(自动)280(手动)	250	300	250
滑块至工作台最大距离/mm	330	750	600	600	650	900	1200	1240
滑块至工作台最小距离/mm	80	500	300	200	270	400	600	440

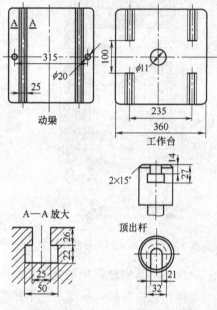

图 6-2-3　YX（D)-45 液压机压板

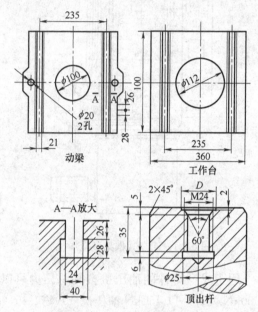

图 6-2-4　YA71-45 液压机压板

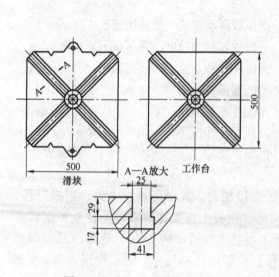

图 6-2-5　Y71-63 液压机压板

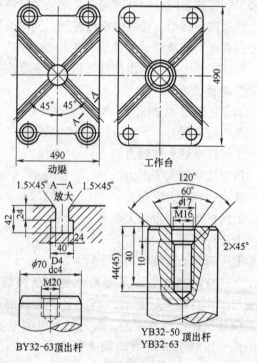

图 6-2-6　YB32-50、YB32-63、BY32-63 液压机压板

344

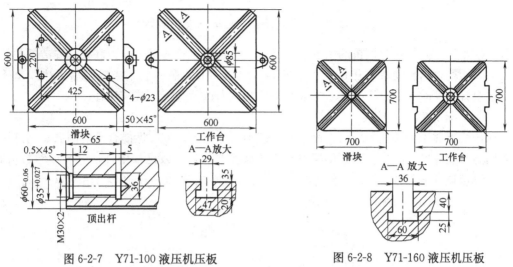

图 6-2-7　Y71-100 液压机压板　　　　图 6-2-8　Y71-160 液压机压板

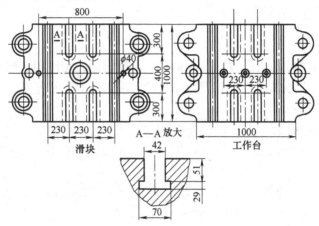

图 6-2-9　YA71-250 液压机压板

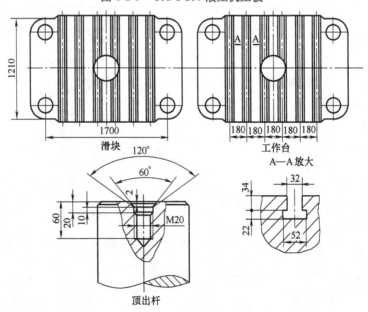

图 6-2-10　Y32-300、YB32-300 液压机压板

二、压模与压机相关技术参数的校核

压模设计者必须熟悉压机的主要技术参数，特别是压机的最大能力和模具安装部位的有关尺寸，否则将出现模具在压机上无法安装，或塑件不能顺利成型或成型后无法取出等问题。在设计压模时应针对压机技术参数在下述几方面进行选择并校核计算。

1. 压机最大总压力校核

如压机施加于塑件上的压强不足，则生产不出光亮、紧致、性能合格的制品。当已知压机总压力和塑件尺寸时应计算该模具可开设的型腔的数目，或已知塑件尺寸和型腔数目时，通过计算选择合适的压机。为了保险可将压机公称压力乘以一安全修正系数 k，k 值可取 $0.75 \sim 0.90$，根据压机新旧程度而定。

$$F_{模} \leqslant kF_{机} = (0.75 - 0.90)F_{机} \tag{6-2-1}$$

式中　$F_{机}$——压机最大总压力，kN

　　　$F_{模}$——压模所需的成型压力，kN

$$F_{模} = \frac{p_0 An}{10} \tag{6-2-2}$$

式中　p_0——压制时单位成型压力。其值决定于压模构造、制件的形状和尺寸，所用塑料品种、型号以及成型时原料预热情况等。可参考表 6-2-2 选取，单位 MPa（$0.1\text{kN}/\text{cm}^2$）

　　　A——每一型腔的水平投影面积，其值取决于压模结构形式，对于溢式和不溢式压模等于制个最大轮廓的水平投影面积，对半溢式压模等于加料室的水平投影面积，cm^2

　　　n——压模加料室个数，单型腔压模 $n=1$，对于共用加料室的多型腔压模取 $n=1$，这时 A 应采用共用加料室的水平投影面积

表 6-2-2　　　　　　　　　压制成型时型腔内的单位压力　　　　　　　　单位：MPa

制件简图	制件特征	粉状酚醛塑料		布基酚醛塑料	氨基塑料
		不预热	预热		
	扁平厚壁的制件	12.5~17.5	10~15	30~40	12.5~17.5
	高 20~40mm、厚壁（4~6mm）制件	12.5~17.5	10~15	35~45	12.5~17.5
	高 20~40mm、薄壁（2~4mm）制件	15~20	12.5~17.5	40~50	12.5~20
	高 20~40mm、厚壁（4~6mm）制件	12.5~22.5	12.5~17.5	50~70	12.5~17.5

制件简图	制件特征	粉状酚醛塑料		布基酚醛塑料	氨基塑料
		不预热	预热		
	高 20~40mm、薄壁(2~4mm)制件	22.5~27.5	15~20	50.0~80.0	22.5~27.5
	高 20~40mm、厚壁(4~6mm)制件	25~30	15~20	—	35~30.0
	高 60～100mm、厚壁(2~4mm)制件	27.5~35	17.5~22.5	—	27.5~35.0
	薄壁而物料难充填的制件(某些部位气体难以排除)等	25~30	15~20	40~60	25~30
	高 40mm 以下、薄壁(2~4mm)制件	25~30	15~20	—	25~30
	高 40mm 以下、厚壁(4~6mm)制件	30~35	17.5~22.5	—	30~35
	滑轮型制件	12.5~17.5	10~15	40~60	12.5~17.5
	线轴型制件	22.5~27.5	15~20	80~100	22.5~27.5

347

一般来说，以织物或纤维作填料的塑料比用无机物粉料或木粉作填料的塑料需要更大的单位压力，高强度牌号的塑料、薄壁深形制品都需要较大的成型压力，压制具有垂直壁的壳形制品比压制具有倾斜壁的锥形壳体需要更大的成型压力。正装式压模需成型压力较小，而倒装式压模需单位压力较大，有挤压边缘的压模为获得毛边较薄应取较大的单位压力，在选择压力时应灵活运用。压力选择较高对制品质量虽有一定好处，但对压模的寿命却带来不利的影响。

当选择压机压制能力时，将式（6-2-1）代入式（6-2-2）可得

$$F_机=\frac{p_o An}{10k}$$ (6-2-3)

当压机吨位已定，可按下式确定多腔模型腔数

$$n=\frac{10kF_机}{p_o A}$$ (6-2-4)

实际型腔数取小于计算值的整数。

当压机的能力超出压模所需要的压力较多时，应调小压机的油压，压机的压力由压机活塞面积乘以油压值决定。

$$F_机=0.1p_表 A_活$$

式中　$p_表$——压力表读数（油压），MPa

　　　$A_活$——压机活塞面积，cm^2

2. 压机压模固定板有关尺寸校核

压机上压模的上固定板称上模板或称滑动台，下固定板称下模板或称工作台，模具宽度应小于压机立柱或框架之间距离，使压模能顺利地移入压模固定板，压模的最大外形尺寸无论长或宽均不应超出固定板尺寸，以便于压模安装固定。

压机的上下模板多设有 T 形槽，T 形槽有的沿对角线交叉开设，有的平行开设。压模的上下模可直接在 T 形槽内用四个方头螺钉分别固定在上下模板上，压模上固定螺钉通孔（或长槽、缺口）的中心应与模板上 T 形槽位置相符合。压模也可用压板螺钉压紧固定，这时模脚尺寸比较自由，只需模具上下底板的前后或左右设计有宽 15～30mm 的突缘台阶即可。

3. 压模高度和开模行程的校核

压机上下模板之间的最小开距、最大开距、模板的最大行程必须与压模的闭合高度和压模要求的开模行程相适合。

$$h\geqslant H_{min}$$

式中　h——压模的总高度，mm

　　H_{min}——压机上下模板之间的最小开距，mm

若不能满足则应在压机上下模板之间增加垫模板解决。

对于固定式压模

$$H_{max}\geqslant h+L$$

式中　H_{max}——压机上下模板之间最大开距，mm

　　　L——模具所要求的最小开模距离

对于如图 6-2-11 所示的模具，其所需最小开模距离为：

$$L=h_a+h_c+(10～20)$$

式中　h_a——塑件高度，mm

348

h_c——凸模高度（凸模伸入凹模部分的全高），mm

即

$$H_{max} \geqslant h + h_a + h_c + (10 \sim 20)$$

或

$$H_{max} \geqslant h_u + h_a + h_c + h_d + (10 \sim 20)$$

式中　h_u——上模部分全高，mm

　　　h_d——下模部分全高，mm

对于利用开模力完成侧向分型或侧向抽芯的模具，以及利用开模力脱出螺纹型芯的模具，模具需要的开模距离要同时考虑侧抽芯或脱螺纹的需要，可能还要长一些，视具体情况决定。移动式模具当采用卸模架安放在压机上脱模时应考虑模具与上下卸模架组合后的总高度，以能放入上下模板之间为宜。

4. 压机推出机构的校核

除小型简易压机不设任何推出机构外，上压式压机的推出机构常见有手动推出机构、推出托架和液压推出三种形式。

设计压模时模具推出装置应与压机相适应，模具所需的推出行程和推出力应与压机相关参数相适应。此外一些压模的推出机构是通过尾杆来连接的，这时尾杆的结构必须与压机和压模相适应，详见压模推出机构设计一节。

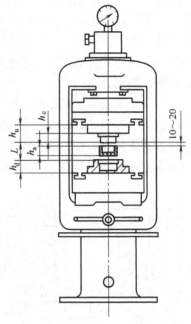

图 6-2-11　脱出塑件所需开模距

第三节　压模成型零件设计

与塑料直接接触用来成型制品的零件叫做成型零件。成型零件组合构成压模的型腔。由于压模加料室与型腔凹模连成一体，因此加料室结构和尺寸计算也将在本节讨论。

压模的成型零件包括凹模（阴模）、凸模（阳模）、瓣合模、型芯、成型杆等。设计时首先应确定型腔的总体结构，再决定凹模和凸模之间的配合结构以及成型零件的结构。在型腔结构确定后还应根据制件尺寸确定型腔成型尺寸。根据加料量和物料比容确定加料室尺寸。根据型腔结构和、压制压力大小确定型腔壁厚等。其中有的内容如：型腔成型尺寸的计算、型腔壁厚计算，在注塑模具一章里已经讲过，压制模具并无原则的区别，在此不再重复。

一、型腔总体设计

型腔总体设计包括制件在模具内加压方向的选择，凸模和凹模配合结构的选择，分型面位置的选择，现分述如下。

1. 塑料在模具内施压方向的选择

所谓施压方向，即凸模施加作用力的方向，也就是模具的轴线方向，在决定施压方向时要考虑下面一些因素。

（1）便于加料　如图 6-3-1 所示为同一塑件的两种加压方法，图（a）加料室直径大而浅，便于加料，图（b）加料室直径小，深度大，不便加料，压制时塑料熔体的压力还会使模套升起造成溢料。

（2）使型腔各处压力均匀　避免在加压过程中压力传递距离太长，以致压力损失太大且不均匀，例如圆筒形的制件一般顺着轴线施压，如图 6-3-2（a）。当圆筒太长，则成型压力不易均匀地分布在全长范围内，若从上端施压则制件底部压力小，易发生材质疏松或在角落处填充不实的现象。虽然可以采用不溢式压模，增大型腔压力，或采用上下凸模在压制时同时伸入型腔，以增加制件底部的紧密度，但制件长度过长时，仍会出现中段疏松的现象，这时可以将制件横放，采取横向施压的办法，如图 6-3-2（b）。其缺点是在制件外圆面将产生两条溢料线而影响外观。若型芯过于细长，横向施压还易使型芯发生弯曲，因此应综合考虑，再做出决定。

（3）便于安装和固定嵌件　当制件上有嵌件时，应优先考虑将嵌件安放在下模，如将嵌件安放在上模如图 6-3-3（a），则比较费事，嵌件常有在合模过程中不慎落下而压坏模具的可能性。将嵌件安装在下模，成为所谓的倒装式压模如图 6-3-3（b），不但操作方便，而且可通过顶嵌件来顶出制品，在制品上不会留下影响外观的顶出痕迹。

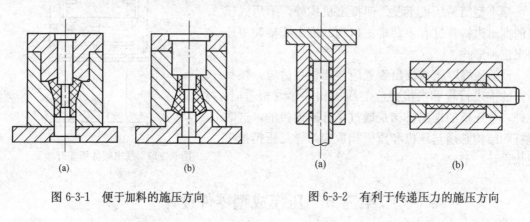

图 6-3-1　便于加料的施压方向　　　　　图 6-3-2　有利于传递压力的施压方向

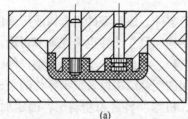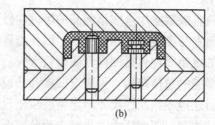

图 6-3-3　便于安放嵌件的施压方向

（4）保证凸模强度　图 6-3-4 所示制件无论从正面或从反面都可以成型，但施压时上凸模受力很大，故上凸模形状越简单越好，图 6-3-4（a）中所示的简单凸模作为施压的上凸模比图 6-3-4（b）更为恰当。同时制件还不易粘上模而引起脱模困难。

（5）机动侧抽芯以短为好　当利用开模力做侧向机动分型抽芯时，宜把抽拔距离长的放在施压方向（即开模方向），而把抽拔距离短的放在侧向作为侧向分型抽芯，如果采用模外手动抽芯，则不受此限制。

（6）保证重要尺寸的精度　沿施压方向制件的高度尺寸会因溢边厚度波动和加料量不同而变化（特别是不溢式压模），故精度要求很高的尺寸不宜设计在施压方向上。

2. 分型面位置和形状的选择

当施力方向选定后即可确定分型面的位置，分型面位置确定原则多与注塑模具相似，例如分型面应设计在制件断面轮廓最大的地方，尽可能避免采用瓣合模和侧抽芯，分型面的溢料痕迹应设在制件比较隐蔽和易于修整的地方，例如塑件直角转折处，而不应横过光滑的外表面或圆弧转折处。为保证关键部位的同心度，最好将要求同心的尺寸全部设在压模的

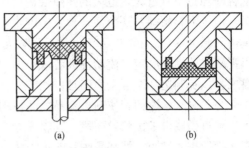

图 6-3-4　有利于加强凸模强度的施压方向

下模一侧或上模一侧，而不宜分置于上下模两边。无论上压式压机或下压式压机，其主要推出机构均位于压机下方，故选择分型面位置时最好让制品在开模时能留在下模。

为了便于制模和操作，压模的挤压边缘（溢式或半溢式）和分型面多为水平面，较少采用曲面或弯折面。

二、压模型腔配合结构和尺寸

压模凸模与凹模配合形式及配合处的结构尺寸是压模设计的关键，其结构和尺寸随压模种类不同而不同，分别介绍如下。

1. 溢式压模配合形式

溢式塑压模没有配合段，凸模与凹模在分型面处水平接触，密合面光滑平整，为了减薄毛边的厚度，密合面面积不宜过大，多设计成紧紧围绕在制品周边的环形，其宽度为 3～5mm。过剩的塑料可经过环形面积溢出，故此面又名溢料面或挤压面，如图 6-3-5（a）所示。由于挤压面面积比较小，若靠它承受压机全部余压会导致挤压面的过早变形和磨损，使凹模的上口变成倒锥形，制件难于取出，为此可在溢料面之外再另外增加承压面，或在型腔周围距边缘 3～5mm 处开一圈溢料槽，槽以内作为溢料面，槽以外则作为承压面，如图 6-3-5（b）所示。对于大型压模应在型腔周围设数块承压板来承受余压。

2. 不溢式压模配合形式及其改进形式

凸凹模的典型配合结构如图 6-3-6 所示，其加料室断面尺寸与型腔断面尺寸相同，二者之间不存在挤压面，其配合间隙不宜过小，间隙过小在压制时型腔内的气体难以顺畅排除，不能得到优质制品，而且由于压模在高温下使用，配合间隙小，两者间易咬死、擦伤。反之，

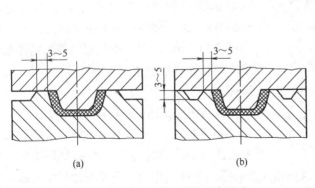

图 6-3-5　溢式压模型腔的配合形式

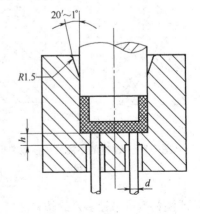

图 6-3-6　不溢式压模型腔的配合形式

351

配合间隙也不宜过大，过大的间隙会造成严重溢料，不但影响制件质量，而且厚溢边难以除净。由于溢料粘结，还会使开模发生困难，对中小型制件一般按松动配合，具体的做法是取单边间隙为 0.025～0.075mm，这一间隙可使气体顺利排出，而塑料则仅少量溢出。间隙大小视塑料流动性决定，流动性大者取小值。制品径向尺寸大，间隙也应大一些，符合公差的要求，以免制造和配合发生困难。

为了减小摩擦面积使开模容易，凸模和凹模配合高度不宜太长，若加料腔较深应将凹模入口附近做成带锥面的导向段，其斜度为 20′～1°，入口处做成 $R1.5$mm 的圆角，以引导凸模准确地进入型腔。特别是图示的不溢式压模，凸模前端无圆角，这段斜度是很必要的。由于塑料原料比较疏松，有较大的可压缩性，希望物料转变成熔融状态时，凸模已超过了凹模的锥面部分，塑料不会大量挤出。配合段取为 4～6mm，加料腔高度大于 30mm 时配合段可取 8～10mm。

当加料腔高度在 10mm 以内时可以取消圆锥形引导部分，仅保留入口圆角 $R1.5$mm。

型腔下面的顶杆或活动下凸模与对应凹模孔之间的配合也可以取与上述性质类似的配合，配合长度亦不宜太长，其有效配合高度 h 根据下凸模或顶杆的直径选取，如表 6-3-1 所示。孔下段不配合部分可加大孔径，或将该段做成单边 4°～5° 的斜孔。

表 6-3-1　　　　　　　　　顶杆或下凸模直径与配合段高度关系

顶杆或下凸模直径/mm	<3	<5～10	>10～50	>50
配合高度/mm	4	6	8	10

上述不溢式压模配合结构的最大弱点是在使用过程中凸模和加料室壁摩擦，使加料室逐渐损伤。因制件轮廓和加料室轮廓相同，制件不但脱模困难，而且外表面还会被变毛糙的加料室擦伤，为了克服这一缺点有以下几种改进形式。

图 6-3-7（a）是将凹模型腔内成型部分垂直向上延长 0.8mm 后，周围再向外扩大0.3～0.5mm（小型制件取 0.3mm，大型制件取 0.5mm），以减小压制和脱模时的摩擦。这时在凸模和加料室之间形成了一个环形储料槽。设计时凹模上的 0.8mm 和凸模上的 1.8mm 可适当调整，但若将尺寸 0.8mm 部分增大太多，则单边间隙 0.1mm 部分太高，在凸模下压时进入环形储料槽中的塑料就不容易通过间隙挤回成型腔中去。

图 6-3-7（b）所示的不溢式压模配合形式最适于压制带斜边的制品，将型腔上端（加料室）按制件侧壁相同的斜度适当延伸，高度增加 2mm 左右，横向增加值由制件壁斜度决定，这样制件在脱出时不再与凹模壁相摩擦。

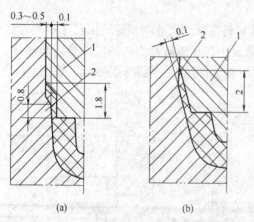

图 6-3-7　改进的不溢式压模型腔配合形式
1—凸模　2—凹模

3. 半溢式压模凸模与凹模配合形式

如图 6-3-8 所示，其最大特点为带有水平的挤压面 B，同时凸模与加料室间的配合间隙或溢料槽可以让多余的塑料溢出，溢料槽还兼有排出气体的作用，凸模与加料室的单边配合间隙常取 0.025～0.075mm。为了便于凸模进入加料室同样设有斜度 20′～1° 的锥形引导部分，并留有一段无斜度的配合段，配合段高度与不溢式压模相同。

半溢式压模的凸模与加料室配合面的前端应设计成圆角，使凸模容易进入加料室且不易损坏（与尖角相比），加料室内对应的转角也应呈圆弧过渡，这样有利于清除废料。凸模的圆角半径应大于加料室的圆角半径，例如加料室为 $R0.3\sim0.5$mm，则凸模可取 $R0.5\sim0.8$mm，凸模前端的圆角也可用 $45°$ 的倒角代替，或在凸模挤压边缘的外缘与加料室转角之间留出一间隙，如图 6-3-8 （b）。

半溢式倒装式压模也有类似的结构，其挤压面如图 6-3-9 中 A 处所示，挤压边缘 B 宽约 2mm，加料室底部有 $R0.4\sim0.5$mm 的转角以利清除溢边。这种形式的压模挤压边缘处容易产生 $0.1\sim0.4$mm 厚的毛边，并且成型压力要求较大，因此溢料槽应开得较小，否则制件不能很好地成型。

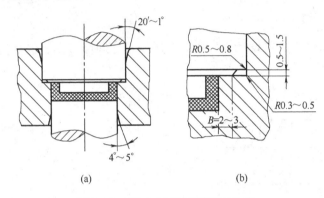

图 6-3-8　半溢式压模及其挤压边缘

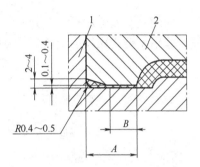

图 6-3-9　倒装半溢式压模挤压边缘
1—凹模　2—凸模

半溢式压模其加料室单边尺寸应比制件尺寸大 $5\sim8$mm 左右（即挤压边缘和溢料间隙的总宽度），具体尺寸视制件大小而定。有时为了使制件毛边更薄，无论在移动式压模或固定式压模中都可以做出更窄的挤压边缘，其宽度对中小型模具 $B=2\sim3$mm、大型模具 $B=3\sim5$mm，这时挤压边缘应有足够的硬度，挤压边宽度也不宜太窄，同时留出厚 0.1mm 以上的飞边间隙，以免压强过大，使型腔边缘变形，压机的多余压力应由承压面承受。

4. 承压面和承压板

为了使压机的余压不致承受在挤压边缘上，在压模上必须设计承压面。移动式压模一般是用凸模固定板与加料室上平面接触做承压面，如想不产生毛边，理想的情况是凸模与挤压边缘接触时承压面同时接触，但加工误差可能会使压机的压力全部作用在挤压边缘上，为安全起见大中型模具应使承压面接触时（图 6-3-10 中 A 处）挤压边缘处尚留有 $0.1\sim0.3$mm 的间隙，如图 6-3-10 这样做模具的寿命较长，但制件的毛边较厚。

固定式的半溢式压模在上模板与加料室上平面之间应设置承压板，通过调整承压板的厚度来调节凸模与挤压边缘之间的间隙。承压板通常为几小块，对称地布置在型腔四周，除承压板外在上模板和加料室上平面间还有很大的空间容纳多余物料溢出。

承压板可做成圆形、矩形或弧形，如图 6-3-11 （a）、（b）、（c），厚度一般为 $8\sim10$mm。其安装的方式可单面安装或上下安装，如图 6-3-12 （a）、（b）、（c）所示。

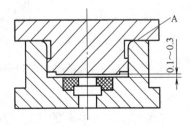

图 6-3-10　承压面与挤压边关系

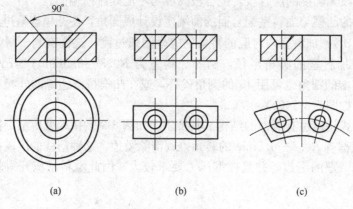

图 6-3-11 承压板

即使是不溢式压模，在分型面处仍有必要设计承压板，在承压板之间留有溢料储存空间，容纳不溢式压模的少量塑料溢出。

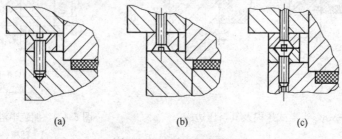

图 6-3-12 承压板安装

溢料槽设计应视成型压力和溢料量大小而定，对需成型压力大的深形制件应开设较小的溢料槽。

移动式的半溢式压模可在圆形凸模上磨出深 0.2~0.3mm 的平面，平面与凹模内圆面间形成溢料槽，过剩的物料沿槽流入上方更大的空间内，此空间尺寸应足以容纳所有过剩的物料，如图 6-3-13（a），或者在圆形或矩形凸模上均匀地开出 3~4 条宽 5~6mm，深 0.2~0.3mm 的小通道如图 6-3-13（b），过剩的物料通过小通道流入上方宽为 6~10mm，深为 1~1.6mm 的槽形空间里，分模以后再将已固化的溢出料清除掉，这种封闭的贮料槽不宜形成连续的环形槽，否则溢料在凸模上围成一圈，造成清理的困难，特别是硬度不够的上模敲除溢料会使其表面发毛，不连续的几段溢料可以用压缩空气将它吹落。

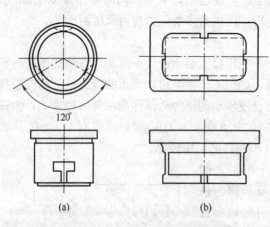

图 6-3-13 移动式半溢式压模溢料槽

有承压板或承压环的固定式压模推荐将溢料槽一直开到凸模上端凹模上表面附近，使溢料一直排到加料室之外，如图 6-3-14（a）、（b）、（c）、（d），其中图（d）是依靠加料室四角和凸模内圆半径差所形成的间隙来排除余料。以上结构对于用凸模模板和加料室的整个上平面作承压面的移动式压模是不恰当的（二者间无存料间隙），当溢出塑料量较多时会在承压面上形成面积很大的溢边，不但清除麻烦，而且会妨碍压模的完全闭合。

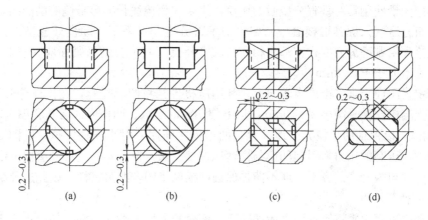

图 6-3-14　固定式压模溢料槽

三、压模成型零件设计

压模成型零件（凸模、凹模、成型杆、瓣合模和模套等）的结构与注塑模具大同小异，这里不再详细介绍，仅就其设计特点加以说明。

1. 凹模（阴模）设计

对于溢式压模，凹模深度等于制件高度，不溢式压模凹模包括型腔和加料室。凹模的结构同样有整体式和组合式之分，如图 6-3-15（a）为带有加料室的整体式凹模。整体式凹模特点是结构坚固，适用于制品外型简单、容易机械加工的型腔。当型腔形状复杂时为便于加工，将加料室和型腔或将型腔体本身做成组合式。图 6-3-15（b）的组合结构是错误的，因为压模在完全闭合前型腔内塑料已形成很高的压力，与注塑模不同的是这时凹模还没有受到机床夹紧力（即无锁紧模具的力），高压下的熔融塑料容易挤入水平的连接间隙里去，其作用同楔一样，使二者间的连接螺钉被逐渐拉长，间隙越来越大，飞边使制件难以脱出，外观变坏，因此压制模具应尽量避免水平接缝。图 6-3-15（c）的连接是正确的，塑料很难挤入垂直的接缝。凹模垂直方向的连接螺钉孔不要做成直通分型面的通孔，因为穿透孔会破坏分型面的平整，一旦被溢料堵塞造成清理困难。如因结构需要，必须将连接螺钉孔做成穿透孔，则应使连接螺钉在拧紧后，稍微露出模套的上表面，装配后再将它们磨平。

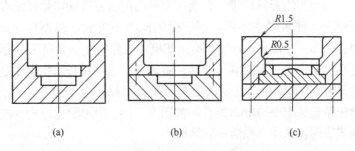

图 6-3-15　压模凹模结构
（a）整体式凹模　（b）错误组合的组合式凹模　（c）正确组合的组合式凹模

压模凹模的组合式结构同样有整体嵌入式，局部镶嵌式、大面积镶嵌式等几种，但压模受力状况较为恶劣，因此要特别注意镶嵌结构的牢固性。例如大面积镶嵌的凹模，块与块间拼合后应压入模套中固紧，或用楔形块揿紧，而不宜用螺钉连接。

压模中大量使用具有垂直分型面的压模，用来成型绕线骨架等带侧凹的制品，该模具的凹模可以组合后嵌入圆锥形模套中，凹模的垂直分型既可采用手动模外分型，也可机动分型。但无论采用哪种分型方式，都有相同的配合特点。其模套的揿紧面应具有 $8°\sim10°$ 的斜角，粗糙度不大于 $Ra0.8\mu m$。

在固定式压模中常将锥形大端向上，利用压机推杆将凹模托起，在模外分开取出制件。这时凹模上端应比模套高出 $8\sim10mm$，以方便凹模的装取。凹模嵌入后其底部应留出 $0.2\sim0.3mm$ 间隙，以保证两半模充分地揿紧，两半模之间用一对小导柱定位，如图 6-3-16。由于大端向上，压制的压力常引起凹模与模套的过度揿紧，模套容易变形和磨损，锥形凹模底面逐渐下降到与模套底面齐平，就不能再保证凹模两半闭合的紧密性。因此这种结构在移动式压模中一般不采用。

在移动式压模中常将锥形凹模大端向下，模套套入后上端（小端）伸出模套 $8\sim10mm$，下端伸出 $2\sim3mm$，如图 6-3-17 所示，这样当锥形配合面使用磨损后，模套可以进一步下降，以保持瓣合模分型面密合。机动分型的固定式压模，虽然也可采用锥台大端向下的结构，但这时开模和分型机构比大端向上麻烦得多。

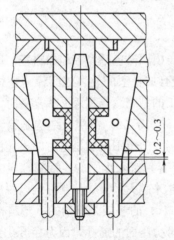

图 6-3-16 大端向上的圆锥形瓣合模

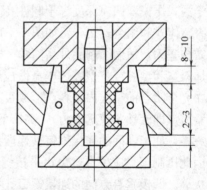

图 6-3-17 大端向下的圆锥形瓣合模

对一模多腔的垂直分型面压模，若采用圆锥形模套，则凹模外型尺寸过大，这时宜采用外壁为倾斜侧壁、断面为矩形的凹模，锁紧楔可采用两端开通的槽形锁紧楔，也可采用带有倾斜侧壁的矩形模套。前者制造简单，用于受侧向力不大的小型制件，如图 6-3-18 所示。凹模两端伸出锁紧楔 $20\sim30mm$，以便于推出凹模，否则应在锁紧楔下方开推出用孔。这种锁紧楔刚性较差在侧向压力过大时容易变形、溢边，而矩形模套却能承受更大的侧压力，模套内壁的压紧面具有 $10°$ 的斜角，其余两面具有垂直的壁，为了便于加工和减少应力集中，可以在模套四角先钻直径 $15\sim20mm$ 的孔，如图 6-3-19。矩形套也可设计成大端向上和向下两种结构，移动式压模多采用大端向下的结构。

2. 凸模设计

压制模具的凸模与注塑模具相比没有什么本质的区别，只是不溢式和半溢式凸模与加料

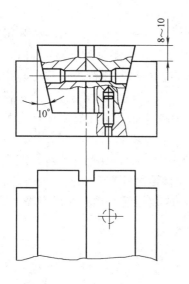

图 6-3-18 槽形锁紧楔压模

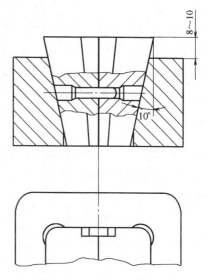

图 6-3-19 矩形模套压模

室有一段呈配合关系，其单边间隙为 0.05mm 左右，要力求该配合段的断面轮廓简单，最好是圆形或带圆角的矩形，以便于机械加工。同时不溢式和半溢式压模凸模上还开有溢料槽及溢料储存槽。压模的凸模受力很大，要保证其结构的坚固性，没有必要时成型段不宜做成组合式。图 6-3-20（a）为整体式凸模，（b）为整体嵌入式凸模，（c）为镶嵌组合式凸模，它的强度较差，塑料可能挤入镶嵌间隙而引起变形。

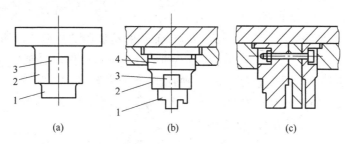

图 6-3-20 压模凸模结构

1—成型段 2—与加料室配合段 3—溢料槽 4—固定段

有时为了提高凸模的强度而改变凸模与型腔配合的形式，如图 6-3-21 所示的压模。如采用不溢式时如图 6-3-21（a），凸模上有尖锐的边，易损坏。如采用半溢式则可大大改善，如图 6-3-21（b）。

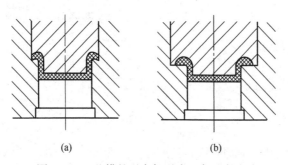

图 6-3-21 凸模的强度与型腔配合形式关系

357

3. 型芯设计

压塑模具的型芯或成型杆受力情况比注塑模具恶劣，由于受力不均匀，易引起型芯弯曲，特别是与压制方向垂直的型芯，因此型芯长度不宜太长。当型芯为单端支撑时，成型与压制方向平行的孔，型芯长度不宜超过孔径的 2.5～3 倍。成型与压制方向垂直的孔，型芯长度不宜超过孔径。当成型穿透孔时为避免型芯头部与相对的成型面相抵触，最好将型芯稍微做短一点，使相对面之间留有 0.05～0.1mm 间隙，如图 6-3-22。成型后再将孔上的飞边捅破。

直径很大的型芯，要确保能获得较薄的毛边，必须在型芯上做出挤压边缘，即沿型芯边缘留出 1.5～2mm 宽的平面做挤压边缘，它与相对的成型面之间有 0.05～0.1mm 间隙，其余部分则加厚到 0.5～1.5mm，如图 6-3-23 所示，这样成型的通孔在穿通后边缘不够光滑，应注意它对塑件外观和使用的影响。

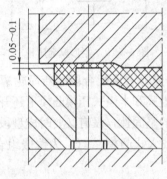
图 6-3-22 一端固定的型芯

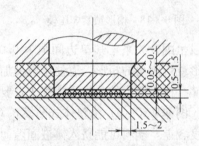
图 6-3-23 成型大孔的型芯

当塑件孔较深时 [孔深<(6～8) d]，为保证孔的精度和防止型芯弯曲采用型芯伸入凸模孔内支撑的方法，如图 6-3-24。型芯与凸模的配合段不宜过长，主型芯的高度应高出加料室的上平面或至少相等，要使溢入凸模孔内的塑料便于清除。

当塑件孔径 $d>15$mm 并在塑件中心时，型芯还可兼作导柱用，这时型芯（导柱）必须高出加料室 6～8mm，以便在合模时起引导作用。

也可采用两端对接的成型杆成型深孔（孔深大于 2.5d 的孔），如对孔的同心度要求不太高时，可采用图 6-3-25（a）所示的方法，孔的一半由装在下模中的型芯成型，另一半由装

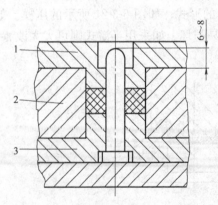
图 6-3-24 一端固定另一端支撑的型芯
1—上凸模 2—型腔 3—下凸模

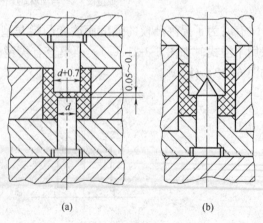
图 6-3-25 成型孔对接型芯

在凸模上的型芯来成型，其中一个型芯的直径比另一个稍大一点，以补偿两芯之间可能产生的对中误差。闭模时两型芯端面间最好留有 0.05～0.1mm 的间隙。当要求塑件孔两端同心度较高时，可采用内外圆锥自动定心的方法，圆锥常用 60°的锥角，如图 6-3-25（b）。

4. 嵌件的安装和固定

在压塑件上成型内螺纹或外螺纹时可采用螺纹型芯或螺纹型环，其结构形式与在注塑模具中相似，在压模的下模可呈间隙配合插入螺纹型芯杆或螺纹型环。压模的上模应插入有弹性连接的螺纹成型杆，如尾部带有豁口柄的螺纹型芯杆和尾部带弹簧钢丝的螺纹成型杆等，参见图 4-5-19。有的螺纹型芯是用来固定螺纹嵌件的。

压制成型时由于塑料流对嵌件横向挤压力较大，常引起嵌件移位或脱出，为此应特别注意嵌件在模内固定的可靠性。可采用圆柱面或圆锥面配合，将螺纹嵌件装插在模板内。

压模型腔表面的粗糙度的选取十分重要，它直接影响到压制件的表面质量，降低型腔内壁表面粗糙度，不但可以使制件表面光亮美观，还能增加充模时塑料在模具内的流动性。成型表面常要求具有 $Ra0.2～0.025\mu m$ 的表面粗糙度，并进行镜面抛光处理，要求不高的型腔，也不宜高于 $Ra0.4\mu m$。对于加料室侧壁等处则可按 $Ra0.2～0.4\mu m$ 制造。

成型表面最好能电镀厚度 0.01～0.02mm 的硬铬层以增加耐磨性，并防止压制时有害气体对型腔的腐蚀。

四、压模加料室的结构设计及其计算

溢式模具无加料室，塑料系堆放在型腔中部。不溢式及半溢式模具在型腔以上有一段加料室，加料室的容积应等于塑料原料体积减去型腔的容积，塑料原料体积可按下式计算：

$$V = m\nu$$
$$= V_P\rho\nu \tag{6-3-1}$$

式中　V——每次加入塑料原料体积，cm³

　　　m——塑件质量，包括溢料和毛边，g

　　　ν——压制用塑料比体积（cm³/g）见表 6-3-2

　　　V_P——塑件体积（包括溢料飞边），cm³

　　　ρ——塑件密度，g/cm³

表 6-3-2　　　　　　　　　各种压制用塑料的比容

塑料种类		比体积 $\nu/(cm^3/g)$
酚醛塑料	以木粉为填料的热塑性酚醛塑料（粉料）	1.8～2.2
	以木粉为填料的热固性酚醛塑料（粉料）	2.2～3.2
氨基塑料	粉料	2.5～3.0
碎布塑料	片状料	3.0～6

也可按塑料原料在成型时的体积压缩比来计算

$$V = V_P K \tag{6-3-2}$$

式中　K——塑料成型时体积压缩比

加料室断面尺寸（水平投影尺寸）可根据模具类型确定，不溢式压模加料断面尺寸与型腔断面尺寸相等。而其改进形式则稍大于型腔断面尺寸。半溢式压模加料室断面尺寸应等于型腔断面加上挤压面尺寸，加料室断面尺寸决定后，即可算出加料室高度。

以下各图具有代表性，用以推导各种情况下加料室的高度计算公式。

图 6-3-26（a）、(f) 为不溢式压模，图 6-3-26（a）为一般塑件，其加料室高度 H 按下式计算：

$$H=\frac{V+V_1}{A}+(0.5\sim1) \tag{6-3-3}$$

式中　H——加料室高度，cm

　　　V——塑料粉体积，cm^3

　　　V_1——下凸模凸出部分的体积，cm^3

　　　A——加料室的断面积，cm^2

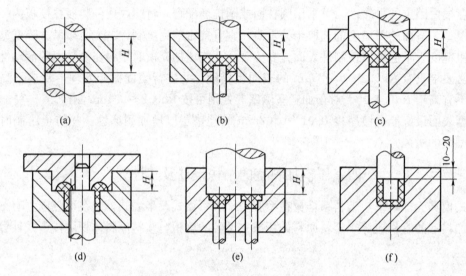

图 6-3-26　加料室高度计算图

（0.5～1cm）为不装塑料的导向部分，大型制品还应取大一些，由于有这部分过剩空间，可避免在闭模过程中塑料粉飞逸出来。

图 6-3-26（f）所示为压塑壁薄且高的杯形塑件的不溢式压模，由于型腔体积大，塑料粉体积较小，塑件原料装入后其体积尚不能达到塑件高度，这时型腔（包括加料室）总高度可采用塑件高度加上 1.0～2.0cm 即可。

$$H=h+(1.0\sim2.0) \tag{6-3-4}$$

式中　h——塑件高度，cm

图 6-3-26（b）、(c)、(d)、(e) 为半溢式压模，其中图 6-3-26（b）为塑件在加料室（挤压边）以下成型的形式。

图 6-3-26（c）所示为塑件一部分形状在挤压边以上成型的形式，图（b）、(c) 两种形式加料室高为：

$$H=\frac{V-V_0}{A}+(0.5\sim1) \tag{6-3-5}$$

式中　V_0——挤压边以下型腔的体积，cm^3，即含在阳模内的成型空间不影响加料室高度

图 6-3-26（d）所示为带中心导柱的半溢式压模

$$H=\frac{V+V_1-V_0}{A}+(0.5\sim1) \tag{6-3-6}$$

式中　V_1——在加料室高度内导向柱占据的体积

图 6-3-26（e）所示为共用一个加料室的多型腔压模

$$H=\frac{V-nV_{0n}}{A}+(0.5\sim1) \tag{6-3-7}$$

式中　V_{0n}——挤压边以下单个型腔能容纳塑料的体积，cm^3

　　　　n——在该共用加料室内压制的塑件数

对于压缩比特别大的以碎布为填料或以纤维为填料的塑料制件，为降低加料室高度，可采用分次加料的办法，即第　次部分加料后进行压缩，然后再进行第二次加料，再压缩，一直到加足为止，也可以采用预压锭加料，这时加料室高度可酌情降低。

第四节　压模结构零部件设计

结构零部件包括成型零部件以外的所有各种零部件，其中重要的有导向零部件、脱模机构（推出机构）、侧向分型抽芯机构、加热装置、承压环以及移动式压模的手柄等，其结构与注塑模大同小异，现就其特殊之处和典型结构介绍如下。

一、压模导向零件

压模最常用的导向零件安设方式是在上模设导向柱，在下模设导向孔，导向孔又可分为带导套的和不带导套的两类，其结构和固定方式可参照注塑模具有关章节，与注塑模相比压模导向还具有下述特点：

① 除溢式压模的导向单靠导柱完成外，半溢式和不溢式压模的凸模和加料室的配合段还能起导向和定位的作用，一般加料室上段设有 10mm 的锥形导向段，能起很好的导向作用。

② 压塑中央带大穿孔的壳体时，为提高壁厚均匀度可在孔中安置导柱，导柱四周留出挤压边缘（宽度 2～5mm），由于导柱部分不需施加成型压力，这时所需要的压制总吨位可降低一些。如图 6-4-1 所示。中央导柱设在下模，其头部应高于加料室上平面，中央导柱除要求淬火镀硬铬外，亦需较高的配合精度，否则塑料挤入配合间隙会出现咬死、拉毛的现象。中心导柱断面如上图可以与制件孔的形状相似，但为制造方便，对于带矩形或其他异型孔的壳体也可采用中心圆导柱，如图 6-4-2。

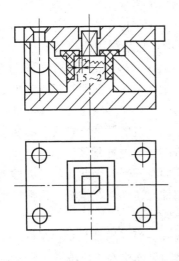

图 6-4-1　带中心异型导柱压模

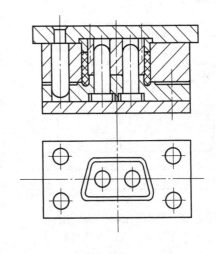

图 6-4-2　带中心圆导柱压模

③ 由于压模在高温下操作，因此一般不采用带油槽的加油导柱。

二、压模脱模机构（推出系统）

压模脱模机构常见的有推杆脱模机构、推管脱模机构、推板脱模机构等。与注塑模相仿，同样有简单脱模机构、二级脱模机构和上下模均有脱模装置的双脱模机构几类。

移动式压模可采用脱模架等方式进行脱模，但固定式压模一般均借助于压机的脱模装置驱动模具的脱模机构进行脱模。

1. 压机脱模机构

压机脱模机构有以下几种形式：

（1）手动式脱模机构　压机工作台正中垂直安装的推出杆与齿条连接在一起，由手轮齿轮驱动齿条使推杆作上下运动，摇动手轮即可带动齿轮旋转完成推出与回程运动，这种机构适用于压力为 450kN 及以下的压机。

（2）横梁推出　在压机上模板两侧有两根对称布置的拉杆，每根拉杆上均设有位置可调的限位螺母，当上模板上升到一定高度时与拉杆上的限位螺母接触，通过两根拉杆拖动位于下模板下方的一根横梁（托架），横梁托起中心推杆，推出塑件，如图 6-4-3 所示。

（3）液压推出及其与模具联接方式　这是最常见的结构形式，在工作台正中设有推出液压缸，缸内有差动活塞，可带动中心推杆作往复运动，如图 6-4-4。推杆的中心通过螺纹孔或 T 形槽与压模推出机构的尾轴相连。

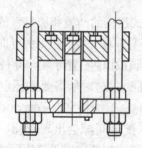

图 6-4-3　横梁式脱模机构

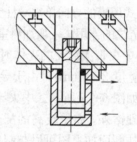

图 6-4-4　液压缸式脱模机构

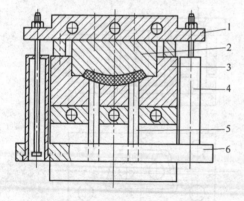

图 6-4-5　利用开模动作推出塑件
1—上模板　2—凸模　3—凹模
4—拉杆套筒　5—推杆　6—推板

有的压机没有推出机构或不方便使用该机构，而制件又需要采用固定式压模，这时可在模具上设计一个类似于推出横梁的推出机构，如图 6-4-5 所示，它是利用压机的开模动作，在模具两侧，在上模和推板之间设有两根定距拉杆，当开模到一定距离后，定距拉杆拖动推出板推出塑件。

压机推出油缸的活塞推杆或横梁托起的中心推杆其上升的极限位置是其头部与工作台（压机下模板）表面相齐平，因此尚不足以推动模具的推板推出塑件，还必须在推杆上根据推出长度的需要加接一段尾轴。

压机推杆头部有的带有中心螺孔，有的带有 T 型槽。尾轴可连接在压机推杆上，也可连接在模具推板上，也可一端和尾轴连接，另一端和模具推板连接，这样推出油缸活塞上升时推出塑件，下降时又能将模具推出机构拖回原位，而无须回程杆。

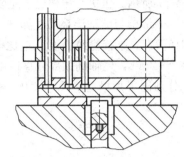

图 6-4-6 所示的尾轴仅与推出油缸的活塞杆用螺纹连接在一起，推出前尾轴沉入压机台面，并不与压模连接，故模具安装很方便。这种连接方式仅在压机推杆上升时发生作用，尾轴长度等于制品所需推出高度加上模具底板厚度，压模推板和推杆的复位有赖于压模回程杆。

尾轴也可反过来利用螺纹连接在压模推出板上，如图 6-4-7 所示，这时压机的尾轴伸在模具之外，造成压模安装和放置的不便。采用这种结构的压模同样要设回程杆。

图 6-4-6 与尾轴不相连的脱模机构

图 6-4-8 所示系尾轴直接安装在压模推出块上的结构，由于其结构的特殊性，在模具安装时可将尾轴与推块一道从下模中取出，待模具安装完毕后再向凹模内装入尾轴，这种结构适用于压制酚醛塑料轴瓦类制品。

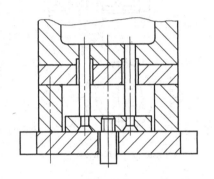

图 6-4-7 与尾轴相连的脱模机构

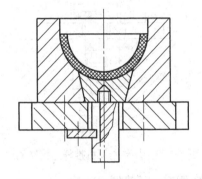

图 6-4-8 带尾轴的推块脱模机构

以下为压机推杆与压模推出系统直接相连的几种结构，这时压机的推杆不单在推出时起作用，而且在回程时亦能将压模的推板拉回，压模不需再设回程杆。这种压机设有差动活塞的液压顶出缸，如图 6-4-9 的尾轴用轴肩连接在压模的推板上，尾轴可在推板内旋转，以便装模时将它头部的螺纹拧在推杆中心螺纹孔内。当压机推杆的头部为 T 形槽时可采用图 6-4-10 所示的尾轴。这时模具装拆比较方便。

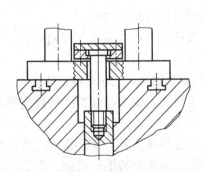

图 6-4-9 尾轴与压机推杆连接结构之一

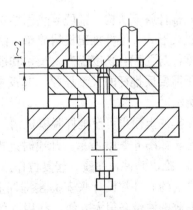

图 6-4-10 尾轴与压机推杆连接结构之二

也可在带中心螺纹孔的推杆端部先连接一带 T 形槽的轴，再与压模的尾轴相连，如图 5-4-11 所示。压机与压模通过尾轴连接的形式尚多，这里不再一一列举。

T 形槽与尾轴连接尺寸如图 6-4-12 所示，尾轴在推板上连接螺纹直径视具体情况可选 M16～30，连接螺纹高度 L 应比模具底板厚度小 1～0.5mm。尾轴直径 D 比压机推出杆直径小 1～2mm，尾轴细颈部分直径 D_1 和接头直径 D_2 应比 T 形槽内对应尺寸小 1～2mm，h_1 和 h_2 分别比 T 形槽对应尺寸大 0.5～1mm 和小 0.5～1mm，高度 h 应由推出高度和模具支架尺寸确定。

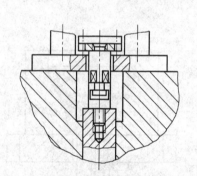

图 6-4-11　尾轴与压机推杆连接结构之三

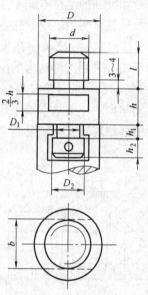

图 6-4-12　尾轴结构尺寸

2. 固定式压模脱模机构

固定式压模脱模机构常见有以下几种形式：

（1）气吹脱模　气吹脱模适用于薄壁壳形制品，当制品对凸模包紧力很小或凸模脱模斜度较大时，开模后制品留在凹模中，这时压缩空气由喷嘴吹入制品与模壁之间因收缩而产生的间隙里，将制品托起，如图 6-4-13（a）所示，图 6-4-13（b）的开关板系一矩形制品，其中心有一孔，成型后用压缩空气吹破孔内的飞边，压缩空气钻入制品与模壁之间，将制品托起。

（2）推杆脱模机构　酚醛等热固性塑料制品具有较好的刚性，因此推杆推出是压制件最常用的脱模形式，推杆推出机构简单，制造容易，缺点是在制件上会留下推杆痕迹。为减少摩擦，推杆与孔配合长度不宜太长，其推荐结构请参看注塑模有关部分。

对于需要反推杆的大型压模，其反推杆常设在模外，这样可缩小压模横向尺寸。如图 6-4-14 所示。

在压模的上模也可设推杆脱模机构，使制件从凸模上脱离，这时制件的外表面不会留有推杆痕迹。如图 6-4-15 所示。开模时上模上移到一定位置，安装在压机上的固定推杆 1 推动推板 2，推出制件，弹簧 3 起复位作用。

制件上的嵌件常设计来安插在推杆上，因为推出塑件之后推杆伸出型腔（或凸模）之外，给安放嵌件带来很大方便，利用嵌件推出还可隐蔽制件上的推杆痕迹。图 6-4-16 为在推杆上安放嵌件的情况。

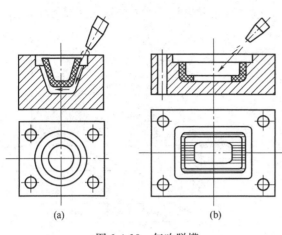

图 6-4-13 气吹脱模

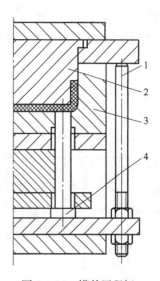

图 6-4-14 模外回程杆
1—回程杆 2—凸模 3—凹模 4—推杆

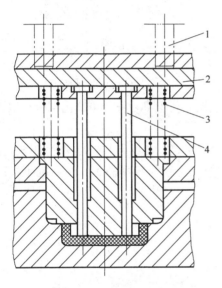

图 6-4-15 上模推杆推出机构
1—压机上固定推杆 2—模具推板
3—弹簧 4—推杆

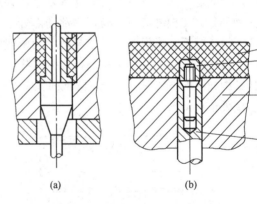

图 6-4-16 推杆上安放嵌件
1—制件 2—嵌件 3—下模板 4—推杆

（3）推管脱模机构 对于空心薄壁压塑件，常采用推管脱模机构，其特点是制件受力均匀，推出运动平稳，其结构类似于注塑模推管脱模机构。

（4）推件板脱模机构 对于容易产生脱模变形的薄壁制件，开模后制件留在凸模型芯上时，可采用推件板脱模机构，由于压塑模具的凸模多设在上模边，因此推件板也多装设在上模，如图 6-4-17。但当型芯在下模时，也可在下模边设置推件板。推件板运动距离 A 由限位螺母决定，推件板适用于单型腔或型腔数很少的压模，因为当型腔数较多时推件板会因不均匀热膨胀而被卡死在凸模上。

（5）凹模脱模机构 它用于双分型面压模，当制件外型带有台阶时，采用凹模升起来脱出制件是平稳安全的，较为常用。

图 6-4-18 所示模具为一双分型面的固定式压模，上模分型后，制件包紧型芯留在凹模板中，推出机构将凹模板升起，进行第二次分型，制品因热收缩能方便地从凹模板中取出。

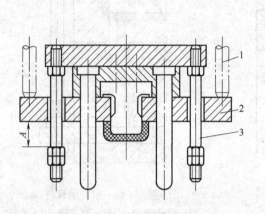
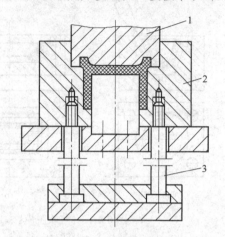

图 6-4-17　推件板脱模机构
1—压机上固定推杆　2—推件板　3—限位螺钉

图 6-4-18　凹模脱模机构
1—上凸模　2—凹模板　3—推杆

压模也可以采用二级脱模机构和双脱模机构，但用得不多，不再叙述。

3. 半固定式压模脱模机构

所谓半固定式压模是压模的一部分是可以移出模具，而其余部分是固定在压机上的，制品随活动部分移出模外进行脱模，因活动部分不同，脱模方式也不一样。可移出部分可以为上模、下模、模板、锥形瓣合模或某些活动镶嵌件。

（1）带活动上模的压模　将凸模和上模板做成可沿导滑槽抽出的形式，故又名抽屉式压模，其结构如图 6-4-19 所示。带内螺纹的制件分型后留在上模螺纹型芯上，然后随上模一道抽出模外，再从型芯上拧下。

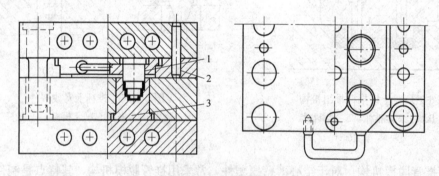

图 6-4-19　抽屉式压模
1—活动上模　2—导轨　3—凹模

当凸模上需要安置多个嵌件时，也可将凸模做成可抽出的形式，在模外翻转安装则比较方便。为了提高生产效率，活动上模应制作相同的两件，一件在模内压制，另一件在模外安放嵌件或卸下制品，这样做可提高生产效率约 50%。

有的壳形制品由于深度太大，压机开模行程不够，也可采取抽出上凸模在模外卸制件的办法。无论在任何情况下，压模的活动部分都不能太重，以利于人工操作。

（2）带活动下模的压模　其上模固定而下模可以移出。它常用于下模有螺纹型芯或下模内安放嵌件多而费时者，也适用于制件在模外推出的场合。

图 5-4-20 为一典型的模外脱模机构，与压机工作台等高的钢制工作台 3 支在四根立柱 8 上，在钢制工作台 3 上为了适应模具模脚凸肩的不同宽度，装有宽度可调节的滑槽 2，在钢板工作台正中装有推板、推杆和推杆导向板，推杆与模具上的推出位置相对应，当更换模具时则应调换这几个零件。工作台下方设有推出油缸，在油缸活塞杆上段有调节推出高度的丝杆 6，为了使脱模机构上下运动不偏斜而设有滑动板 5，该板的导套在导柱 7 上滑动，为了给下模拉出距离定位，安装有定位挡板 1 和可调节的定位螺钉 11。

开模后将移动下模模脚的凸肩滑入导滑槽 2，并推到与定位螺钉相接触的位置，开动推出油缸推出制件，待清理和安放嵌件后，将下模重新推入压机的固定滑槽中进行下一模压制。当下模重量很大时，可以在工作台上沿模具拖动路径设滚柱或滚珠。

本模具的缺点是下模热损失较大，易造成温度波动。

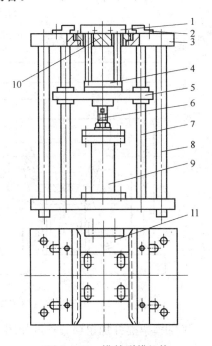

图 6-4-20　模外脱模机构

1—定位板　2—滑槽　3—工作台　4—推板
5—滑动板　6—丝杆　7—导柱　8—立柱
9—油缸　10—推杆导向板　11—定位螺钉

4. 移动式压模脱模机构

移动式压模脱模方式分为撞击架脱模、卸模架脱模两种形式。由于前者已很少使用，这里只介绍卸模架脱模。

移动式压模可用特制的卸模架，利用压机压力开模并脱出制件。其开模动作平稳，模具使用寿命长，可减轻劳动强度，但生产效率较低。

对于外形为圆形的压模，卸模架上推杆数常为 3 或 3 的倍数，矩形模具也可采用四根推杆，开模推杆和推制件的推杆分别装在上下卸模架的底板上。推杆与底板间可以采用不同的办法连接，直径小于 15mm 的推杆最常用的是铆接，大直径推杆可采用轴肩连接，再用垫板固定。推杆采用圆柱形或台阶形，同一分型面所使用的几根推杆高度要求一致。推杆高度可根据压模结构形式分别计算如下：

（1）单水平分型面压模卸模架　一个水平分型面的压模采用上下卸模架时，如图 6-4-21。

下卸模架推出制件的推杆长度

$$H_1 = h_1 + h_3 + 3 \text{(mm)} \tag{6-4-1}$$

式中　h_1——制件与型腔松脱开最小脱出距离，等于或小于型腔深度

h_3——卸模架推杆进入模具的导向长度（即从开始进入模具到推杆与模具推杆互相接触的行程）

下卸模架分模推杆长度

$$H_2 = h_1 + h_2 + h + 5 \text{(mm)} \tag{6-4-2}$$

式中　h_2——上凸模与制件松脱开所需的距离，等于或小于凸模高度

$$h\text{——凹模高度}$$

上卸模架分模推杆长度

$$H_3 = h_1 + h_2 + h_4 + 10\text{(mm)} \tag{6-4-3}$$

式中　h_4——上凸模底板厚度

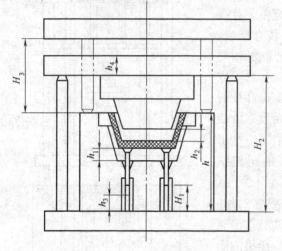

图 6-4-21　单分型面压模卸模架

（2）双水平分型面压模卸模架　两个水平分型面的移动式压模，采用上下卸模架时，应将上凸模、下凸模、凹模三者相互分开，然后从凹模中捅出制件。为此卸模架可做成以下两种形式，图 6-4-22（a）表示上下开模推杆均做成台阶形，凸模被推起后，凹模被卡住在上下推杆的台阶加粗部分之间。图 6-4-22（b）则在上下卸模架上均安有长短不等的两类推杆，这里短推杆高度与台阶推杆的台阶加粗部分高度相等，分模后凹模被限制在上下模架的短推杆之间，上下凸模被分别推开。

下卸模架推杆加粗部分长度如图 6-4-22（a）或短推杆长度如图 6-4-22（b）

$$H = h + h_1 + 3\text{(mm)} \tag{6-4-4}$$

式中　h_1——下凸模必须脱出长度，在此等于下凸模高度

　　　h——下凸模底板厚（注意：在以上各图中同一符号所代表的意义不同）

下卸模架推杆全长如图 6-4-22（a）或长推杆长度如图 6-4-22（b）

$$H_1 = h + h_1 + h_2 + h_3 + 8\text{(mm)} \tag{5-4-5}$$

式中　h_2——凹模高度

　　　h_3——上凸模必须脱出长度，在此等于上凸模全高，有时可能小于上凸模全高即可松开，视具体情况而定

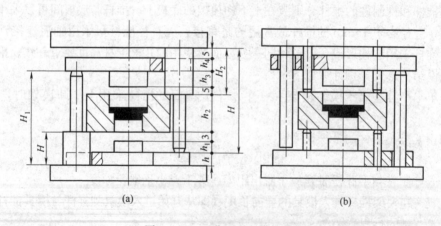

(a)　　　　　　　　　　　　　　(b)

图 6-4-22　双分型面压模卸模架

上卸模架推杆加粗部分长度如图 6-4-22（a）或短推杆长度如图 6-4-22（b）

$$H_2 = h_3 + h_4 + 10\text{(mm)} \tag{6-4-6}$$

式中 h_4——上凸模底板厚

上卸模架推杆全长如图 6-4-22 (a) 或长推杆长度如图 6-4-22 (b)

$$H_3 = h_1 + h_2 + h_3 + h_4 + 13 \text{(mm)} \tag{6-4-7}$$

(3) 瓣合凹模压模卸模架　两个水平分型面并带有瓣合凹模的压模,采用上下卸模架卸模应将上凸模、下凸模、模套、凹模四者分开,制件留在瓣合凹模内,再移出瓣合凹模取出制件。这时上下卸模架都安有长短不等的两类推杆,视具体情况短推杆也可改用阶梯形台阶推杆代替以减少推杆总数量。分模后瓣合凹模卡在上下卸模架的短推杆之间,上下凸模和模套被分别推开,如图 6-4-23。下卸模架短推杆长度为:

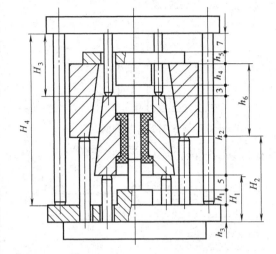

$$H_1 = h_1 + h_3 + 5 \text{(mm)} \tag{6-4-8}$$

这里所设计的中间主型芯有锥度,因此只需抽出 $h_1 + 5\text{mm}$ 的距离,制件即从主型芯上松开。假定开始时锥形瓣合模其小端正好与模套顶面齐平,由下卸模架的推杆推起模套和上凸模,则下卸模架长推杆长度为:

图 6-4-23　瓣合模凹模卸模架

$$H_2 = H_1 + (h_2 - h_6) + h_4 + 3$$
$$= h_1 + h_2 + h_3 + h_4 - h_6 + 8 \text{(mm)} \tag{6-4-9}$$

式中 h_2——瓣合凹模高度

　　　h_6——模套高度

　　　h_4——上凸模与瓣合模松脱开所需距离,小于或等于上凸模高度

上卸模架短推杆长度为:

$$H_3 = h_4 + h_5 + 10 \text{(mm)} \tag{6-4-10}$$

上卸模架长推杆长度为:

$$H_4 = h_1 + h_2 + h_4 + h_5 + 15 \text{(mm)} \tag{6-4-11}$$

上面所举的一些卸模架推杆长度的计算并不包括所有各种情况,但由以上各例可看出推杆长度计算原则是简单的,可根据模具的分模要求自己导出设计公式。

移动式压模(指用卸模架卸模的压模)以及半固定式压模的移动部分必须安装手柄,以便操作者能在卸模过程中搬动和翻转高温的模具。

(4) 手柄　手柄与模具应连接牢固,使用方便。一个分型面的压模在下模上安装一对手柄,两个水平分型面的压模除上凸模外每个分开部分都需安装一对手柄。

较轻的压模可安装用薄钢板弯制成的手柄,如图 6-4-24,或采用棒状的手柄,用螺纹拧紧在模具上,如图 6-4-25,为了便于把握不致滑落,可在棒端焊上一段横柄或在棒表面加工菱形滚花。

较重的压模一般使用圆形棒材弯制成的环状螺纹手柄,如图 6-4-26 (a) (b),它由两个半环中间加一段套管组合而成,装配时先将套管套在其中一个半环上,然后将两个半环分别

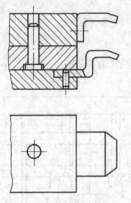

图 6-4-24 钢板弯制手柄

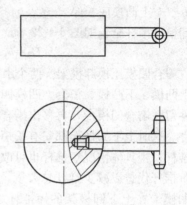

图 6-4-25 棒状手柄

拧在模具上，两半环对接后将套管移到中央并用圆柱销定位，这种手柄使用方便，拆装容易。图 6-4-26（a）和（b）为手柄用于矩形或圆形模具的情况。为便于把握，手把总宽应为 100～150mm（手掌宽），用于高度较低的下模时，可将手柄上翘约 20°。

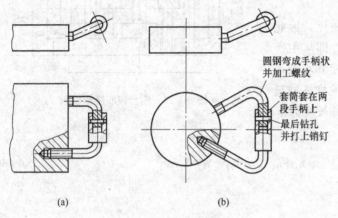

圆钢弯成手柄状并加工螺纹

套筒套在两段手柄上

最后钻孔并打上销钉

(a)   (b)

图 6-4-26 环状手柄

三、压模侧向分型抽芯机构

压模侧向分型抽芯机构与注塑模相仿，其不同的是，注塑模先合模后注入塑料，而压塑模是先加料后合模，因此能用于注塑模的某些侧向分型机构却不能用于压塑模。例如开合模时利用斜销驱动的侧向分型模具，如用于压塑则加料时瓣合模型腔尚处于侧向分开状态，加料会发生漏料，但有时斜销用于侧向抽芯机构则是可行的。此外压塑模受力状况比较恶劣，因此分型机构和锁紧楔都应具有足够的力量和强度，由于压塑成型周期较长，效率低，目前还大量使用手动分型抽芯机构，机动分型抽芯仅用于大批量制品的生产。

关于各种侧向分型抽芯的原理、计算和结构设计请参阅注塑模有关章节，这里仅列举几种典型的压模分型抽芯机构的例子。

（一）机动侧向分型抽芯

这里举出压模的斜滑块、铰链连接瓣合模、弯销和斜销、偏心转轴、模外斜面分型五种结构形式，而本章开始图 6-1-1 的丝杆旋转抽芯也是一种常用的形式。

1. 斜滑块分型抽芯机构

压模瓣合模锁紧常采用各种矩形模套，因此适于采用斜滑块分型机构，如图 6-4-27 的瓣合模块系带有矩形凸耳的滑块，在矩形模套内壁的导滑槽内滑动。为了制造方便，凹模采用镶嵌式结构，滑块用两端带铰链的推杆推动，随着滑块移动推杆上端向两侧分开，回程时推杆将瓣合模拖回矩形模套，瓣合模复位合紧后再加料压制，型芯固定板可避免瓣合模块过度下沉。

2. 铰链连接瓣合模分型机构

如图 6-4-28 所示的压模瓣合模与下模块 4 间用铰链连接组合成型腔，下模块中心用螺纹与推出装置的尾杆连接，铰链孔做成椭圆形，使其与铰链轴之间存在着间隙，以免该轴在压塑时承受压力，成型后先抽出上凸模，然后推出瓣合模。由于安装在模套内的分模楔的作用，推出的同时瓣合模绕轴左右张开，即可取出压好的制件。

3. 斜销、弯销抽芯机构

图 6-4-29 所示矩形滑块上有两个侧型芯，上凸模下压到最终位置时，侧型芯的向前运动才会完全到位，矩形截面的弯销有足够的刚度，而侧型芯的断面积又不大，因此不再采用别的压紧楔，滑块抽芯终止位置由弹簧和挡板定位。该侧型芯与型腔壁呈间隙配合，不会形成漏料的问题。

4. 偏心转轴抽芯机构

图 6-4-30 为偏心转轴抽芯机构用于压模的情况，压塑时将侧型芯转到成型位置，成型后搬动手柄抽出侧型芯。

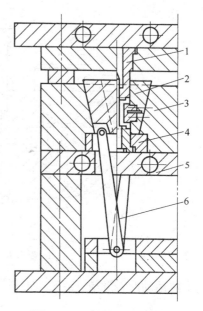

图 6-4-27　斜滑块分型机构
1—凸模　2—瓣合模　3—模套
4—型芯固定板　5—下加热板
6—铰链推杆

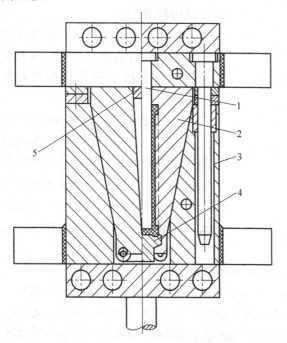

图 6-4-28　铰链连接瓣合模分型
1—凸模 2—瓣合模 3—模套 4—下模连接块 5—分模楔

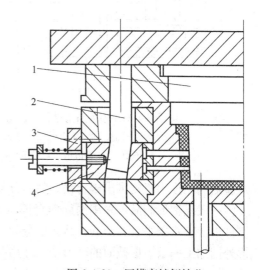

图 6-4-29　压模弯销侧抽芯
1—凸模　2—弯销　3—挡板　4—滑块

5. 模外斜面分型抽芯机构

在压塑模具中还常常采用固定在压机上的斜面分型抽芯机构。此机构作为附件安装在压机上，这样可减少模具本身结构的复杂性，并缩小压模尺寸，如图 6-4-31，在压机两侧装有

371

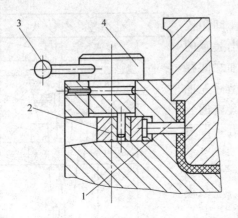
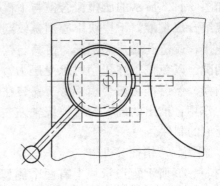

图 6-4-30　偏心转轴抽芯机构

1—侧型芯　2—滑块　3—手柄　4—带偏心的转轴

随上模运动的斜滑槽（或三角形斜楔），圆销在滑槽中移动并通过拉杆与滑块相连，滑块在导滑槽内运动完成侧向分型动作，压塑时应先合模使楔形模套将瓣合模卡紧，然后再适度开模，这时模套仍处于锁紧状态，立即加料进行压塑。成型后下凸模可沿燕尾槽移出进行脱模。

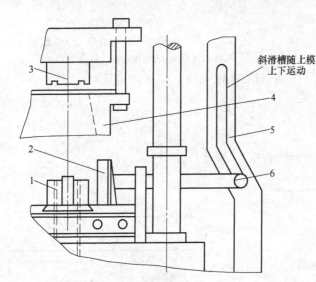

斜滑槽随上模上下运动

图 6-4-31　模外斜滑槽分型机构

1—可移出下凸模　2—瓣合模　3—上凸模

4—模套　5—斜滑槽　6—圆销

在注塑模具中讲过的丝杆抽芯机构、齿轮齿条抽芯机构、斜槽抽芯机构等也都能用于压塑模抽侧型芯。

（二）模外手动分型抽芯

批产量小的压塑模具还大量使用手动模外分型抽芯，这样的模具结构简单，缺点是劳动强度大，效率低。模外分型瓣合模可以做成两瓣或多瓣，其外形作成台锥形，装在圆锥形或矩形断面模套中，压塑成型后利用推出机构推出瓣合模，然后分开凹模，取出制件。

一般线轴形制品可采用两瓣瓣合模压塑，分型面之间用小导柱定位，图 6-4-32 所示的制件由于有八条垂直的凸筋，瓣合模分为八块，为了镶件拼成型腔时相互间不错位，在圆锥形外围加工一条矩形截面的环形槽，并用两个矩形截面的半圆环嵌于环形槽内，为了装拆方便，把半圆环分别固定在两块瓣合模块上，其余模块按顺序嵌入，再一起装于锥形模套内，卸模时瓣合凹模用推杆推出，手动分型。

下面是几个手动侧向抽芯的例子。图 6-4-33 所示的制件为带有大小两个侧向方孔的帽罩，小孔采用丝杆脱出，长方形大侧孔采用活动镶块成型，活动镶块带有圆杆和方头，压塑时将活动镶块的圆杆插入凹模旁的侧孔内，拧入侧型芯 3，加入塑料进行压塑、成型后先拧出侧型芯 3，然后在活动镶块方头与上凸模相对的孔中插入一圆柱销，镶块即被固定在凸模上，开模时制件和镶块被凸模带出，卸下镶块后将带有螺纹的制件从凸模上拧下。

图 6-4-34 所示的固定式压模成型的制件两侧均带有异形侧孔，成型侧孔的活动镶块通过 T 形滑槽，从上方牢固地插入凹模两侧。制件成型后先升起上模，然后利用推杆推出活动镶块，压塑好的制件被活动镶块带出，并在模外取出。

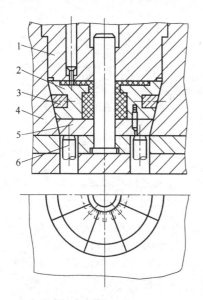 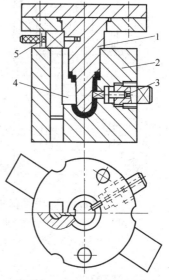

图 6-4-32　手动模外分型机构
1—凸模　2—瓣合模块（共 8 块）3—半圆环
4—模套　5—底板　6—推杆

图 6-4-33　手动抽芯压模
1—凸模　2—凹模　3—小侧型芯
4—活动镶块　5—圆柱销

推杆复位后应仔细清除粘在 T 形滑槽配合面上的溢料，然后再重新装上活动镶块进行压塑。

图 6-4-35 所示为移动式模具放在卸模架上开模的情况，采用活动镶块成型制件之内侧凹，两个活动镶块利用凸模上滑槽装在凸模上，用圆柱销 3 加以固定。然后加料压制，压塑成型后先将固定圆柱销从凸模中拔出，然后将压模置于卸模架上开模。在凸模和凹模分开后，制件由于有侧凹仍然留在凸模上，上卸模架推杆从凸模上方伸入将活动镶块连同制件一起从凸模上推下，然后从制件中取出活动镶件。为了防止在卸模时活动镶件同制件一起从凸模上脱落留在凹模中，应将活动镶件与凸模孔的配合做得比凸凹模的配合更紧一些。

（三）压模通用模架

采用通用模架可大大简化模具结构，省去推出装置，模具装拆方便，适用于中小批量经常更换的压模。当成型塑件批量小、品种多时，可大大减轻模具重量，节约钢材，缩短设计和制作周期。

通用模架有适用于移动式压模的通用模架和固定式压模的通用模架两类。其中移动式压模的通用模架结构如图 6-4-36 所示。该模架分为上中下三部分，适用于上压式带有下推出油缸的压机。可用于单分型面压模或双分型面压模，上凸模通过上叉板固定在模架的上固模板上，型腔（或模套）用中叉板固定在中固模板上，下凸模固定在模架的下固模板上。压塑成型后压机上压板通过上固定模板将上凸模提起，然后利用下推出机构将中固定模板和型腔

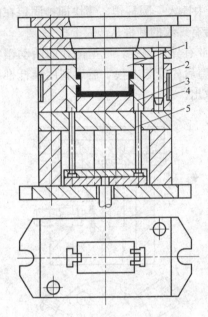

图 6-4-34 模外抽芯固定式压模
1—凸模 2—凹模 3—活动镶块
4—加热套 5—推杆

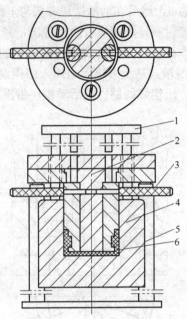

图 6-4-35 模外内侧抽芯压模
1—上卸模架 2—凸模 3—固定插销
4—凹模 5—下卸模架 6—镶块

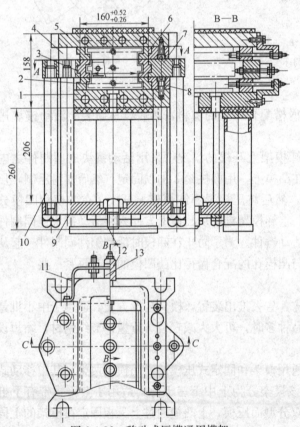

图 6-4-36 移动式压模通用模架
1—下电热板 2—下叉板 3—中叉板 4—上导轨 5—上电热板
6—上叉板 7—中导轨 8—下导轨 9—垫块 10—导柱
11—中挡板 12—上挡板 13—下挡板

（或模套）一道升起，使与下凸模分开，制件留在穿通的型腔（或模套）内，即可方便地取出。

上固模板由上电热板、上导轨、上叉板和决定模板插入深度的上挡板组成。中固模板由中导轨、中叉板、可调中挡板组成。常用叉板的内腔尺寸 A 可分为 80mm、100mm、120mm 三个系列，以适应外型大小不同的模具、上下叉板及中叉板形状如图 6-4-37 和图 6-4-38 所示。模具安装后应保证上、中、下导轨沿纵向的中心线同轴度误差在 0.05mm 范围内，上中和中下模板分别设有导柱导向。为便于上中下三模板的插入与拉出，每块模板的外侧都设有拉出手柄。该模架可适于单、双分型面的多种模具结构，其安装使用方式如图 6-4-39 所示。

图 6-4-40 为图 6-4-39（a）安装使用的移动式压模详图。

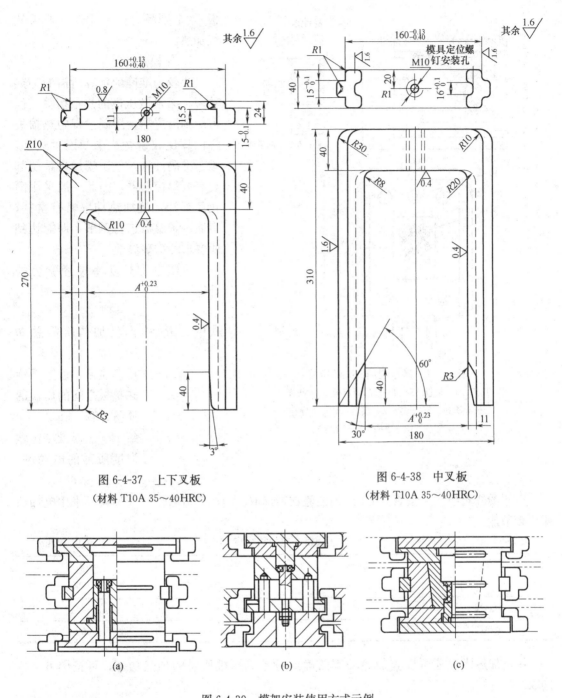

图 6-4-37　上下叉板
（材料 T10A 35～40HRC）

图 6-4-38　中叉板
（材料 T10A 35～40HRC）

图 6-4-39　模架安装使用方式示例

四、压模加热与冷却

　　热固性塑料压塑成型，一般在高温高压下进行，以达到分子之间通过化学反应迅速交联固化形成体型结构，因此模具必须有加热装置。例如酚醛塑料在180℃左右成型，氨基塑料在150℃成型。当压制热塑性塑料板材（例如RPVC板）时则压模既要有加热装置，又要有冷却设施。压模加热方式有电加热、水蒸气加热或过热水加热（主要用于压制热塑性塑料

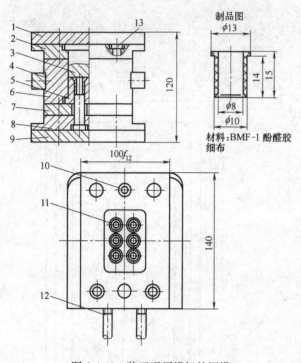

制品图

材料：BMF-1 酚醛胶细布

图 6-4-40　装于通用模架的压模
1、7、9—垫板　2、8—型芯固定板　3—凸模
4—导滑条　5—凹模　6—模套　10—下导柱
11—型芯　12—手柄　13—上导柱

板），个别场合还有用煤气或天然气加热。

1. 压模热计算

要较为准确地计算所需的加热功率，必须做压模的热量衡算，但考虑到反应热、压制过程中热损失等计算比较麻烦，未知因素较多，难于准确计算，且压模加热系统都设有调温控制器，因此一般采用简化计算法，使加热功率略有富裕，再通过调温器进行调节，即能达到所要求的准确温度。

压模电加热功率按经验公式计算

$$P = mf \qquad (6\text{-}4\text{-}12)$$

式中　P——模具加热所需总功率，W；

m——压模质量，以上下绝热垫板之间的压模的质量计算，kg；

f——每 1kg 压模维持压塑温度所需的电功率，W/kg。

对于酚醛塑料 f 可按表 6-4-1 所列经验数据选取。由此表可看出对大型模具采用电加热棒比较节能。

表 6-4-1　　　　　　压模每千克加热功率　　　　　　单位 W/kg

	小型 (1~20kg)	中型 (20~200kg)	大型 (>200kg)
电热棒	35	30	20~25
电热圈	40	50	60

用电加热棒时还可以查加热功率图确定每千克压模所需的加热功率，可按图 6-4-41 选取。

电加热棒加热时加热棒的选用　当总加热功率确定后，即可布置电加热棒的位置、数量和每根加热棒的功率交工厂定制。电热棒及其在加热板内的安装如图 6-4-42。

2. 压模冷却

只有热塑性塑料的压模才需要冷却。在成型完成后，当制品温度冷却到该原料的热变形温度以下时即可打开模具取出制件。最常见的有在同一模具内先加热，后冷却和热挤冷压两种情况。前者是在模内加入固态的热塑性塑料（粒料或片料）逐渐升温并缓缓加压，待塑料原料转变成黏流态充满模具或紧贴模板达到要求的形状后即停止加热，并开启冷却水使其定

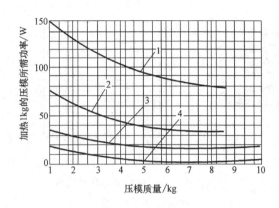

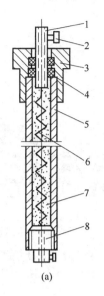

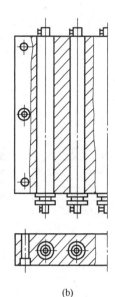

图 6-4-41　每千克压模所需加热功率图
压模质量范围 1—1～10kg　2—10～100kg
3—100～1000kg　4—1000～10000kg

图 6-4-42　电热棒及其在加热板内的安装
1—接线柱　2—螺钉　3—帽　4—垫圈　5—外壳
6—电阻丝　7—石英砂　8—塞子

型为要求形状的产品。最常见的有聚氯乙烯片材层压板材、透明聚苯乙烯粒料压板等。此外还有不少的热塑性塑料因其熔点高、熔体黏度高（如超高分子量聚乙烯、聚酰亚胺、聚苯醚等），用普通注塑成型方法不可能成型，而不得不采用压塑成型。为此压模必须具有加热和冷却的双重功能，其最佳方案是在模具上（或模板上）钻出传热介质通道，先通入高压水蒸气（或过热水）进行加热，冷却时在原通道内改通冷却水即能进行冷却。用蒸汽加热的优点是传热效率高，饱和蒸汽温度是压力的函数，故加热时温度准确，不会过热，加热和冷却采用同一管路。缺点是系统的压力高，在 150～200℃ 时加热蒸汽的压力为 0.5～1.2MPa，因此对管路的密封性要求很高。另外蒸汽加热时积聚的冷却水影响传热效率，积水的地方温度偏低。当采用过热水加热时，可以很方便地在过热水中渗入温度较低的水来调节温度，同时不会因冷凝水积聚造成温度不均。过热水加热时，系统内压力同样会很高。

　　压塑热塑性板材时常采用大型的蒸汽加热板，图 6-4-43.为蒸汽加热板内蒸汽通道开设的情况：（a）为平行排列，（b）为混合排列，（c）为顺序排列。当模板只需加热而不需冷却时，可采用平行排列，加热板制造较简单，采用顺序排列可提高通冷却水时的流速，使达到湍流，以提高传热效率。混合排列则介于两者之间。

　　图 6-4-44 为在型腔凹模周围加工有加热或冷却通道的情况。

　　值得指出的是，油加热可达到较高的加热温度，但热油黏度低，容易在堵头或接头处渗漏，在压力下渗出的油会形成细小的细雾，甚至喷出很远而不易察觉，它与空气混合会形成有爆炸危险的混合物，或造成人员烫伤事故，不像水蒸气或过热水一旦漏出即汽化。因此模具应避免采用油加热。

　　对热挤冷压的压模则模具内只需开冷却水通道，与注塑模具相同。

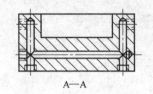

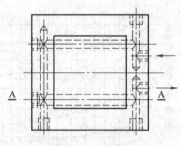

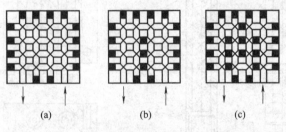

图 6-4-43　加热板内介质通道开设方式

（a）平行排列　（b）混合排列　（c）顺序排列

图 6-4-44　凹模蒸汽
加热或水冷却通道

第五节　聚四氟乙烯预压锭模具

一、概　述

聚四氟乙烯塑料制品有极其优良的耐化学品性能。它对强酸、强碱、氧化剂等几乎呈绝对的惰性，并有优良耐磨减摩性及自润滑性能，适宜做轴瓦、轴承、活塞环等摩擦零件，特别适用于无油润滑的场合，同时还耐受低温、高温（−195～250℃），并具有优良的电绝缘性能。

聚四氟乙烯塑料在 327℃时结晶开始熔化呈高弹态，但升高温度直到其分解温度 415℃也不出现黏流态，其分解产物有剧毒，因此不能用普通注塑或压塑的方法成型，只能用压模冷压锭，然后按规定的升温和降温程序在特制的烧结炉中用烧结法成型。

聚四氟乙烯模压成型工艺包括下述过程：

（1）预处理　将粉粒较粗的树脂粉（＞200μm）粉碎，可用胶体磨、气流磨和机械捣碎几种方法捣成细粉（粒度 10～20μm），后一种方法简便，但粉碎效果较差。

（2）混合　将树脂与填料等搅拌混合均匀。

（3）压塑　即原料预压坯（锭），压力常取 70～80MPa，视填料含量而定，例如填料含量 10%～20%时压力取 50MPa。30%～40%时压力取 10MPa。压塑时应缓缓加压（上模下压速度 6～7cm/min），压塑完成后应缓缓降压，以免制件应力开裂。保压时间视制品高度而定，如表 6-5-1 所示。

表 6-5-1　　　　　　　　　　塑件高度与保压时间

塑件高度 /mm	保压时间/min 单向施压	塑件高度 /mm	保压时间/min 单向施压
＜5	1	30～40	8
5～10	2	40～50	10
10～20	4	50～100	15
20～30	8	150～200	20

（4）烧结　是在高温下使聚四氟乙烯微粒熔接成一个整体的过程，它可将预压锭呈自由状态放在烧结炉盘上，也可保存在压模内或放在夹具内一同烧结，后者尺寸精度较高，由于塑料导热性很差，为了烧结均匀完全，不开裂，必须按一定速度缓慢升温，当升温到327℃后保温一段时间。然后再升温到380℃，保持一定时间烧结即告完成，炉温绝不可超过400℃，以免分解并放出剧毒气体。烧结应严格在专用烧结炉内进行，以保证安全。

（5）冷却　冷却过程中聚四氟乙烯物料是由无定形相转变成结晶相的过程，为使结晶完全，应缓缓冷却并在最大结晶速度315℃保持一段时间，待冷却到260℃以下时即可随炉快速冷却。对于壁厚在5mm以下的制品，还可在水中急冷（淬火），以降低其结晶度，得到韧性较好的制品。烧结和冷却工艺可按表6-5-2进行。厚制品升温和冷却的速度都应放缓。

表 6-5-2　　　　　　　　　　填充聚四氟乙烯塑件烧结和冷却工艺

制品实心直径或厚度/mm	升温速度/(℃/h)		保温时间/h		冷却速度/(℃/h)
	室温～200℃时	200～380℃时	(380±5)℃时	降至315℃时	
＜10	快速升温	60～80	0.5	0.5	60～80
18～20	快速升温	60～80	1	0.5	60～80
20～40	快速升温	60～80	2	0.5	60～80
40～60			3	1	
60～80			4	1	

（6）整形及机械加工　为了提高塑件尺寸精度，可把烧结后缓缓冷却到310℃以下，约260℃的塑件套在冷模芯上并施压冷却。对尺寸精度要求很高的制品或制品上的某些部位，可按一定的操作规程进行切削加工或刮研与研磨。

二、预压锭模设计要点

聚四氟乙烯原料粉易结块，压缩比大，在加工过程中由于变形和拉伸颗粒易形成纤维状结构，压塑时物料流动和转移很困难，在压力下物料颗粒在型腔内不会从一处流到另一处，而只能产生颗粒的变形，颗粒被压扁和拉长。这种变形有一定限度，当受到拉伸时最大允许变形约300%，而且变形越大，烧结时弹性回复的趋势也越大，致使制品尺寸和形位精度降低，甚至翘曲开裂，这在制品设计时必须加以注意。

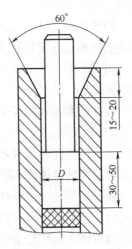

图 6-5-1　凸模和凹模配合长度及入口倒角

聚四氟乙烯仅能压塑外形比较简单的制品，例如管、板、棒、活塞环等。在垂直于加压方向的平面内，制品可以具有较复杂的形状，但平行于加压方向的截面则不能太复杂。形状复杂或精度要求高的制品，可在烧结后再采用机械加工的办法获得。聚四氟乙烯冷压锭模设计要点如下：

① 常采用移动式压模，成型后制品借助压机压力用卸模架或垫块缓慢均匀地推出，不能用撞击架等脱模方式，否则会使冷压锭开裂。大型制品也有采用固定式压模的。

② 采用不溢式压模，加料室和凹模直径相同，凹模无挤压边缘，凸模无溢料槽。凹模和凸模之间只采用高30～50mm的配合段，其余留出间隙以减少磨损，有利于脱模，如图6-5-1所示。

当配合段 $D<500$mm 时可采用 H8/f8 配合，$D>500$mm 时用 H9/f9 配合。但要防止漏料，以免引起制品各处质量不均匀。

③ 为便于凸模进入凹模，凹模入口处要有倒角，单边倒角设计成 30°，高 15～20mm，也可设计成圆角 $R5～8$mm。

④ 凸凹模间一般不设承压板或承压面，这样压机的压力全部作用在制件上，以保证压力准确，制品密实。

⑤ 由于原材料压缩比很大，因此高度大的制品加料室高度很大。为减轻压模重量，采用可逐段移开的接长加料室，即将加料室（包括环形制品的型芯）分成可拆开的若干段，在原料初步压紧后即可将接长的加料室逐段地取去。接长的加料室受内压较小，可做得较薄较轻。以减轻劳动强度。

⑥ 若能按加料量设计加料室的高度，加入粉料后用平板将物料刮平，则可不称量，直接按体积加料操作更为方便。

⑦ 聚四氟乙烯的压塑单位压力较高，型腔应有足够壁厚。

⑧ 移动式压模的凸模常不带固定模板，将其设计成简单的圆柱状、圆环状等，凹模脱模斜度可在 1/100～1/50 范围内选取。

⑨ 为避免模具落下铁屑，影响制品电性能，模具表面应镀硬铬。铬层厚 0.05～0.08mm，基体硬度应达 50～55HRC，镀铬前后均应抛光，粗糙度为 $R_a0.05～0.8\mu m$。

三、聚四氟乙烯预压锭模结构形式

对于中小型或小批量制品来说一般都采用移动式压模，由于聚四氟乙烯的压缩比很大，悬浮聚合树脂为 4～6 倍，乳液法树脂为 6～7 倍，因此与普通热固性塑料压模不同的是需较高的装料室，如图 6-5-2 (a)、(b) 所示。在制件下方有一等直径的支承垫，脱模时支承垫与预压锭件一道推出，再小心地从支承垫上铲下预压锭。该模具从一端施压，适于高度较薄的预压锭件。图 6-5-2 (c) 为脱模架。

图 6-5-3 (a)、(b) 所示的移动式模具是最常用的形式，上凸模和下凸（凹）模都只有柱体没有底板。由于聚四氟乙烯预压锭在烧结前强度都很低，脱模时可将制件同下凸模一道脱出，再从下凸模上轻轻脱下。图 6-5-3 (b) 为 V 形密封环。

当制品高度较大（例如大于 40mm）时，若单从上方施压，则因为树脂的流动性很差，会造成离施压凸模较近的上层密度高于下层，特别当施压速度较快时更是如此。这样经烧结后会出现制品直径的差异，密度大的一端收缩小，直径会大些，为了改善这种情况，除降低施压速度外，还必须从上下两端同时施压，例如压塑圆形管状制品时，模具采用穿通的凹模，圆柱形芯棒和圆环形上下凸模组成，施压时上下凸模和凹模、芯棒之间的相对位置如图 6-5-4 (a) 所示。为了实现上下凸模同时施压，加料时将下凸模从模套中退出一段距离，施压时上下凸模同时缓慢地进入凹模，使制品两端密度接近相等。但当制品高度过大时仍然会出现制品中段紧密度不够的问题。聚四氟乙烯粉料不能分段加料压制，否则烧结时会分层。

对于高度较大的制品为避免加料室高度过高，可采用分段连接的加料室，不但加料室外圈可分段，型芯也可以相应分段。如图 6-5-4 (b) 所示，上段加料室因压紧前压力很低，故可做得较薄，以减轻重量。

图 6-5-5 为大型圆环形制品预压锭模，制品高度较大，芯棒采用空心结构，芯棒、外套和凸模均采用分段结构。

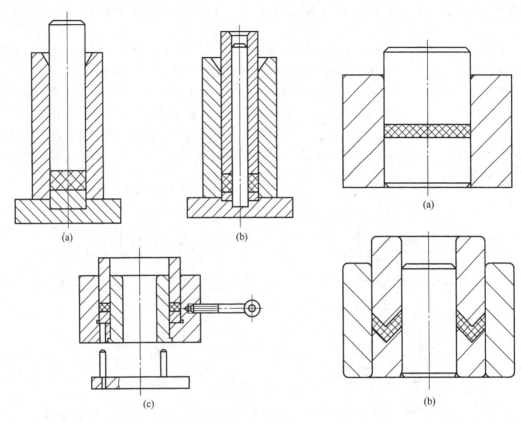

图 6-5-2　一端施压的移动式预压锭模

图 6-5-3　典型的移动式预压锭模

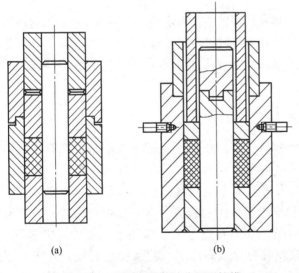

图 6-5-4　厚形制件移动式预压锭模

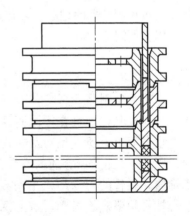

图 6-5-5　大型圆环形制品预压锭模

　　图 6-5-6 所示的大型矩形平板形制品，因为产量大，采用了固定式压锭模，该压模在制品下有支承垫，上有盖板，压塑完毕后支承垫和盖板连同制品一道推出模外，再小心铲下。盖板和支承垫与凹模间呈间隙配合，而上凸模与凹模间留有较大的间隙。改变垫板的厚度可

调节制品的厚度，压塑前先用特制的刮板将料刮平。推出板最好有导向柱以保证推出板水平移动。

聚四氟乙烯很难压制外形复杂的制品，特别是断面尺寸沿高度变化的制品。成型时必须采取特殊的方法，图 6-5-7 所示的法兰管即为这种制品的一个例子。压塑时采取一次加料，加料前先将下凸模降下，由于聚四氟乙烯流动性差，因此下降到 A—A 线以下所留出的空间能容纳的粉料，正好成型法兰管的颈部（图中制品 A—A 线以下部分），而上部加料室中的原料压实后正好成型法兰盘上部，使 A—A 线处的物料不需产生流动，法兰盘的转角半径 R 应设计大一些。为了避免制品在推出时损伤，脱模前应先卸掉上段的型腔和加料室（图中用螺钉连接部分）。

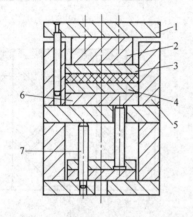

图 6-5-6　大型平板形制品预压锭模
1—凸模底板　2—上凸模　3—盖板
4—支承垫　5—凹模　6—垫板　7—推板导柱

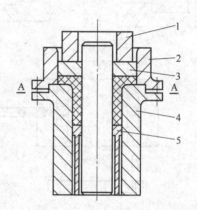

图 6-5-7　聚四氟乙烯法兰管预压锭模
1—上凸模　2—型腔加料室　3—盖板
4—型腔　5—下凸模

聚四氟乙烯由于收缩率波动大，因此制品精度较差。用定型模对制品整形，可提高其精度，将制品压在定型模内，经一定时间热处理再行脱出。定型模和压模很相似，但所施压力较小，可采用较薄的型腔壁，定型模无压缩比，不必设计较长的加料室。应将凹模上口倒角，以方便制品的放入。

四、液压法预压锭模

对于大型制品，高度大于 300mm 的制件，采用模压法制锭比较困难，不但受压机行程和吨位限制，而且在不同高度处很难达到密度的均匀一致。这时可用液压法成型。液压法设备简单，所成型产品密度一致，可成型大型圆筒状制品、板状制品、容器、三通等。图 6-5-8 为成型穿通的或带底的圆筒形制品所用的模具。首先在钢筒内放入一硬聚氯乙烯管，在管的周围加入聚四氟乙烯树脂，管内有充水橡胶袋用手工初步压实树脂后，小心抽去硬聚氯乙烯管，盖上钢盖向橡胶袋内充入高压水，使橡胶袋膨胀，并压紧制件（水压约 20MPa）。制件成型后解除压力，制件由于弹性回复收缩而与筒壁松开，成型压力越大，则收缩也越大，越容易取出，图 6-5-8（b）成型有底的制品，采用了上下两个橡胶水带。小型制件卸下底盖后将钢筒拉起，制件靠自重落下。大型制件成型后，在制件下端有一圆板（托盘），在其中心螺孔内旋入吊环螺钉，然后利用托盘将制件吊出钢筒。如图 6-5-9 所示。

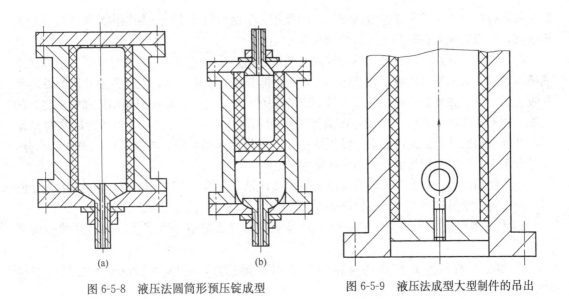

图 6-5-8　液压法圆筒形预压锭成型　　　图 6-5-9　液压法成型大型制件的吊出

第六节　可发性聚苯乙烯泡沫塑料制品发泡成型模具

一、概　　述

泡沫塑料是以合成树脂为基体制成的内部有无数微小气孔的一大类特殊塑料。泡沫塑料可用作漂浮材料、绝热隔音材料、减振和包装材料等。

按泡沫塑料软硬程度不同，可分为软质泡沫塑料、半硬质泡沫塑料和硬质泡沫塑料。按照泡孔壁之间连通与不连通，可分为开孔泡沫塑料和闭孔泡沫塑料。

泡沫塑料成型方法很多，有注塑成型、挤塑成型、压塑成型及其他物理方法成型，与压塑成型有关的有两种方法：一是二步发泡成型法，它是先用压模预压成泡沫塑料坯件再进行发泡，二是用具有可发性的塑料粒子成型泡沫塑料制品，其中应用最广的是可发性聚苯乙烯（EPS）泡沫塑料。由于该泡沫塑料制品在机电产品或其他易碎制品包装转运中用得很多，而其模具设计又别具特色，本节将对它的模具结构及制品设计要点进行讲述。

二、可发性聚苯乙烯泡沫塑件成型工艺与制品设计

可发性聚苯乙烯泡沫塑料制件是用含有发泡剂（低沸点烷烃或卤代烃化合物）的悬浮聚合聚苯乙烯珠粒，经一步法或二步法发泡制成要求形状的塑料制件，大量用于产品包装减振。由于两步法发泡倍率大，制件质量好，因此广泛采用。其工艺过程如下。

（1）预发泡　将存放一段时间的原料粒子经预发泡机发泡成直径较大的珠粒，传统方法是用水蒸气直接通入预发泡机筒，珠粒在 80℃ 以上软化，在搅拌下发泡剂气化膨胀，同时水蒸气也不断渗入泡孔内，使聚合物粒子体积增大。新工艺是采用真空预发泡则发泡倍率更大，颗粒的密度可从 $1.07g/cm^3$ 降低到 $0.012g/cm^3$ 以下，原料加入带加热夹套和搅拌器的卧式发泡机内，分步抽真空到 $50.7 \sim 66.7kPa$，预发泡完成后加少量水使粒子表面冷却，然后在流态化干燥床中干燥。

（2）熟化　预发泡后珠粒内残留的发泡剂和渗入的水蒸气冷凝成液体，形成负压。熟化

就是在贮存的过程中粒子逐渐吸入空气，内外压力平衡，但又不能使珠粒内残留的发泡剂大量逸出，所以熟化贮存时间应严格控制在 8～10h。

（3）成型　普通模压成型包括在模内通蒸汽加热、冷却定型两个阶段。将预发泡珠粒充满模具型腔，通入蒸汽，粒子在 20～60s 时间里即受热、软化，同时粒子内部残留的发泡剂和吸入的空气受热共同膨胀，大于外部蒸汽的压力，颗粒进一步膨胀充满型腔和粒子之间的空隙，并互相熔接成整块，形成与模具型腔形状相同的泡沫塑料制品，然后通冷水冷却定型，开模取出制品。更先进的真空模压成型，在成型后先用水冷，再抽真空除去残余水分，同时带走大量热量使制品快速冷却干燥定型。

（4）制品设计　聚苯乙烯珠粒发泡制品的设计原则有的与普通压塑或注塑制品的设计原则相同，有的则另有特点。主要原则如下：

① 制品壁厚应尽量均匀，壁厚过大处可从制品背面挖空，以节省用料，并缩短成型周期。

② 制品上的转角处特别是内转角应采用圆角过渡，壁厚为 12mm 者取圆角半径 $R3.2mm$，因为尖角处泡沫易破裂。

③ 为使冷却和加热均匀，制品应尽量避免侧凹、侧孔，以免除模具侧抽芯结构。

④ 较特殊的设计原则有分型面应放在与制品的垂直壁相接处，不可放在垂直壁与大平面相接处，如图 6-6-1（a）和（b），后者因分型面处常会漏气，可能产生熔接不良的现象。

又如因加料口会在制品上留下较大的疤痕，因此从美观的角度出发，加料口的痕迹可用端面与型腔内表面平滑相接的堵头来消除，将加料口设在制品平面部分则容易设堵头，如图 6-6-2（a）；若转角部位则困难，如图 6-6-2（b）。

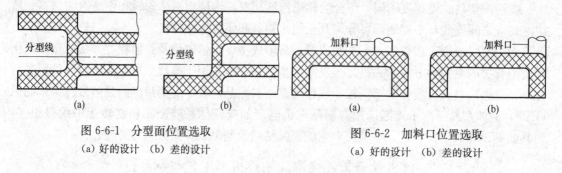

图 6-6-1　分型面位置选取　　　　　图 6-6-2　加料口位置选取
（a）好的设计　（b）差的设计　　　（a）好的设计　（b）差的设计

三、模具设计及结构特征

1. 模具分类

可发性聚苯乙烯泡沫塑料压模可按其结构特征分类如下。

（1）蒸缸发泡成型用压模　该压模在填满预发泡粒子后用盖板螺钉锁紧，码放在蒸缸内，通蒸汽加热，蒸汽通过型腔壁上小孔进入型腔，模具本身不带蒸汽室，成型后松开锁紧螺钉，取出制件。该模具结构简单，但成型周期长，效率低，手工装卸，劳动强度大，如图 6-6-3 所示。

（2）压机上通用蒸汽室模具　在立式泡沫塑料制品成型机上装有固定的通用蒸汽室（换模具时蒸汽室不更换），上模蒸汽室体积很大，用于加热凹模，下模蒸汽室较浅，用于加热凸模，凹模和凸模都有小孔，能将蒸汽直接导入型腔，如图 6-6-4 所示。

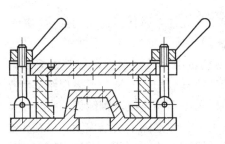

图 6-6-3　在蒸缸中发泡的可发性
聚苯乙烯泡沫塑料压模

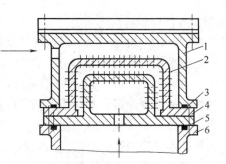

图 6-6-4　压机上通用蒸汽室压模
1—上蒸汽室　2—气孔　3—O形环
4—凹模　5—凸模　6—下蒸汽室

（3）随形蒸汽室模具　该蒸汽室空间的厚度各处相同，形状大致随着型腔和型芯外形的变化而改变，因此蒸汽室的体积较小，在通入蒸汽加热时能以较快的速度充满、升压，能缩短成型周期。同时还节约蒸汽的耗用量。蒸汽室除了依照型腔尺寸变化外也要注意外形大致整齐，如图 6-6-5 所示。

该模具在泡沫成型机上安装方式系用压机夹持模具的法兰（凸缘）部分，而蒸汽室凸出于法兰之外，伸入模板（支持架）中间的空档处，由于模具的蒸汽室壁较薄，机床过剩的合模力由法兰盘之间的几个承压垫承受，以免模具变形。

（4）盒形蒸汽室模具　用于通用的卧式泡沫塑料成型机，当泡沫塑料成型机的模板是两块平板时，多采用盒形蒸汽室，该模具的蒸汽室无论凸模还是凹模边都设计成平底的盒子（多为矩形断面），而盒底则作为模板夹持模具的压紧面。当制件形状大致是立方体或平板时，其蒸汽室的容积与等厚的随形蒸汽室相差不多，但当制件的断面形状凸凹不平时，则其容积将比随形蒸汽室大得多。这种模具在国内广泛采用，如图 6-6-6 所示。

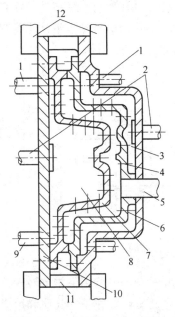

图 6-6-5　随形蒸汽室压模
1—冷却水入口　2—蒸汽入口　3—上蒸汽室　4—凹模
5—加料口　6—汽孔　7—凸模　8—下蒸汽室
9—冷凝水出口　10—底板　11—承压板　12—模具法兰

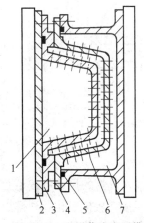

图 6-6-6　盒形蒸汽室压模
1—凸模蒸汽室　2—模板　3—凸模
4—凹模　5—O形环　6—气孔
7—凹模蒸汽室

2. 模具零部件设计

（1）型腔设计　模具型腔最好设计成壁厚均匀的壳体，以便迅速均匀加热和冷却。由于型腔不断地与水蒸气和冷却水接触，因此要用镀镍合金、铜、铝、不锈钢等不锈蚀材料制作。我国一般用壁厚 10mm 以上的铝铸件，因为它价廉，较耐腐蚀，导热性好。但由于强度和硬底低，使用寿命短，常采用铝的干砂型铸件，其表面较光滑，但表层结晶状态与内部不同，内应力大，易开裂。因此在大批量生产中以采用不锈钢或青铜镀镍为宜。这样的材料抛光后容易长期保持型腔良好的表面状态。为使聚苯乙烯泡沫不粘结型壁，可在生产过程中喷涂脱模剂，或在铝的表面涂覆聚四氟乙烯乳液并形成永久性的膜，或在铜合金表面镀镍。不锈钢制造的型腔与聚苯乙烯泡沫也不发生粘结。

可发性聚苯乙烯粒子发泡时，可能产生 0.35MPa 的压力，而蒸汽最大压力可达 0.5MPa，在模具壁厚设计校核时，可参照此值进行计算。

（2）蒸汽室　蒸汽室常见有随形蒸汽室、盒形蒸汽室等，它们多采用螺钉与型腔连接在一起，为了避免泄漏，可采用橡胶密封垫。最常用的是耐高温的橡胶 O 形环密封例如硅橡胶圈。采用图 6-6-7 所示的螺钉连接形式，螺钉与螺钉孔四周留有膨胀间隙，可减小温度应力的产生。

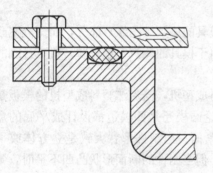

图 6-6-7　蒸汽室的连接形式

（3）蒸汽入口和出口设计　蒸汽入口管的位置应使蒸汽均匀地分配到型腔各处，因此在卧式成型机的模具里，应设在蒸汽室空间最大的地方。为了避免大股蒸汽流直接喷向型腔壳体，造成局部过热，可采用一平板把蒸汽入口管管口堵焊起来，然后沿四周和顶端钻小孔，使蒸汽向各个方向均匀喷出。但流动阻力较大，为了减小流动阻力也可以在蒸汽入口管对面加挡板，在挡板中心钻一小孔，蒸汽除少量从小孔喷出外，多数从四周喷出。挡板可以是平板，也可以是锥形板，如图 6-6-8 所示。

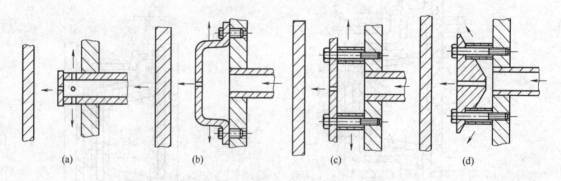

图 6-6-8　蒸汽入口管入口处结构

蒸汽入口管的尺寸可按型腔表面积估计，每 300～400cm² 可用一根 Φ12～15mm 的进气管。冷凝水应从排气孔顺利排出。由于型腔内积水会严重影响粒子的膨胀和熔合，排水口位置应放在模具安装后的最低点，使冷凝水能全部排尽且出口管径宜大于进口管径。

3. 蒸汽喷孔设计

为了加热型腔内填充的预发泡珠粒，除了通过型腔壁传热外，还靠蒸汽通过型腔壁上开设的喷口直接进入型腔，放出潜热加热珠粒。蒸汽喷口的形状、尺寸、位置、稀密程度应适当，才能获得高质量的发泡制品。

如果蒸汽喷孔开孔过小过少，则加大了蒸汽通过时的阻力，塑料粒子得不到充分加热。但若开口过大过密，则紧靠喷口的发泡塑料珠粒会由于过度发泡而破碎缺损。当孔径过大时，发泡塑料又会挤入孔内影响制件外观。蒸汽喷口常见形式如下：

① 圆孔如图 6-6-9（a），孔径常用 ϕ0.5～1.6mm，对铝合金型腔壁常用 ϕ1.5mm。为了减少流动阻力，小直径段仅需保留 1.5～2mm 长，其余长度从型腔背面将孔扩大到 ϕ3～4mm。由于圆孔加工简单，是常采用的蒸汽喷孔形式。

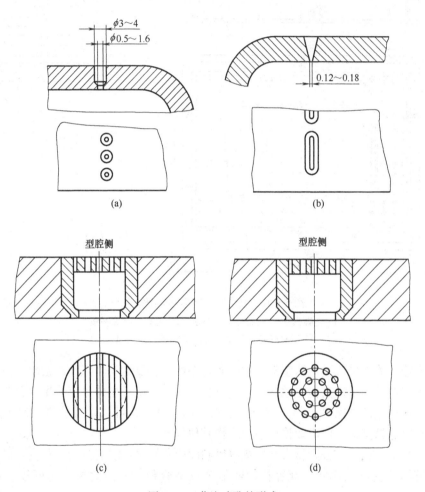

图 6-6-9　蒸汽喷孔的形式

② 长缝形孔。一般取宽 0.12～0.2mm，长 10～30mm，同理将缝的背面加工成扩大的锥形，如图 6-6-9（b），可用电火花或铣削加工，由于缝的宽度比孔径小得多，因此在制品上留的痕迹很小，有时甚至看不见，但开口面积却不亚于圆孔。

③ 进气嵌块。圆形嵌块直径约 ϕ10mm 左右，将嵌块的中心加工薄，用线切割割出 4～8条宽 0.12～0.2mm 的穿缝，也可钻通若干个小孔，如图 6-6-9（c）、（d）所示。进气嵌块加工安装方便，总进气量大。在盒形蒸汽室模具中广泛采用。

4. 模具典型结构

可发性聚苯乙烯泡沫制件压模的典型结构，如图6-6-10，其右上角为制品图。该模具是典型的盒形蒸汽室模具，由下述几部分组成，各部分的设计要点如下：

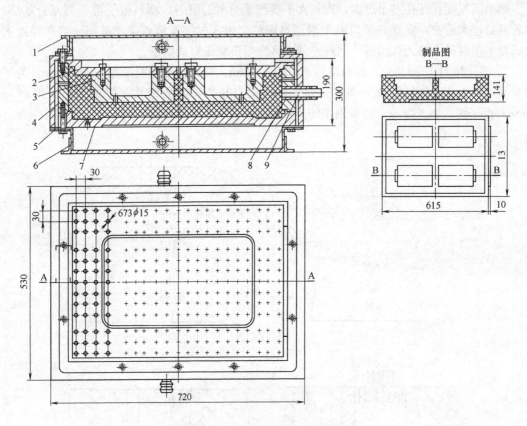

图 6-6-10　盒形蒸汽室模具典型结构
1—上蒸汽室　2—上模　3—型芯　4—侧壁　5—密封垫
6—下蒸汽室　7—下模　8—进料管　9—堵头

（1）型腔　为直接成型泡沫塑料件的空腔，型腔要反复地与蒸汽和水接触，因此不能用普通碳素钢制造。为了提高传热效率，本模具的材料是铸铝。国外也有采用铜合金和不锈钢作型腔的，不锈钢的导热性虽然差，但由于强度高，型腔壁可以做得较薄而使传热得到补偿。铜易与制品粘接，表面应镀铬、镀镍或作其他处理。

（2）蒸汽室　模具上分别设有凸模蒸汽室和凹模蒸汽室，它们分别有蒸汽入口和冷凝水出口，该模具系盒形蒸汽室，其容积较随形蒸汽室容积大，因此加热速度较慢，耗汽量较多。

（3）冷却系统　最简单的冷却系统是向蒸汽室直接注入冷却水，蒸汽室应设有冷却水出入口管。此外还有在蒸汽室内设喷淋蛇管直接冷却，和在型腔壁内开冷却水通道间接冷却等冷却方式。

（4）加料口　手工操作的简易模具，打开模具直接将原料倒入型腔。自动化操作的模具在型腔上设有加料口，用特制的加料器利用真空吸入或压缩空气吹入，加料完毕后用顶端与型腔壁内表面齐平的堵头将加料口封闭。

（5）推出装置　目前使用最广的推出方式是用压缩空气吹出，因为泡沫塑料抗压强度低，采用推杆推出易引起制品变形或碎裂。当必须采用机械推杆推出时，推杆头与制品应有

388

较大的接触面积，以降低顶出时的压应力。

第七节　橡胶压模设计

一、概　　述

橡胶制件的成型可以采用注射成型法、传递成型法和压塑成型法，相应的模具结构也各不相同，目前国内橡胶件主要靠压塑成型。本节将着重介绍橡胶压塑件和橡胶压模设计。

1. 橡胶压模设计要点

对橡胶模具设计的主要要求为：

① 取准设计收缩率。橡胶制品的成型收缩率与胶种、配方中含胶率、制品硬度、成型过程中取向度、硫化度和制品中金属嵌件的大小和位置有关，设计时应正确选取，否则会造成制件尺寸不合格，常见胶种收缩率如表 6-7-1 所列。

表 6-7-1　　　　　　　　　　　**常见胶种收缩率**　　　　　　　　　　　单位：%

天然胶	1.6～1.7	海绵胶		2.0
丁腈耐油胶	1.8～2.0	海绵乳胶		10～11
硅橡胶	2.5～3.0	夹织物胶	夹一层时	1.0～1.2
氟橡胶	2.5～3.0		夹二、三层时	0.5～0.6
石棉橡胶	0.8		夹多层时	0.0～0.3

② 根据压机的技术参数设计模具，决定型腔数，使模具外形尺寸小，生产效率高。

③ 模具型腔数适当，使模具外形尺寸小，质量轻，但也要兼顾生产效率。模具结构合理，操作方便，要便于装料、排气、排余料，成型面易于清理，制品容易修边。硫化时胶料在型腔内能保持足够的压力。

④ 模具设计应符合系列化、标准化、力求通用性好。设计和制造尽量选用标准件。

2. 橡胶制件设计要点

橡胶件除满足使用要求外还要满足成型工艺要求，其工艺要求主要有：

① 橡胶制件的形状应力求简单，为了减少制件的内应力和收缩变形，制件壁厚应尽量设计成等壁厚，若不能，则不同厚度之间的变化应缓缓过渡。

② 为了避免应力集中和改善制件充模流动，制件的内圆角半径应不小于 1mm，外圆角半径应不小于 2mm，但在模具分型面处的转角一般不倒圆。

③ 压橡胶件上的孔不宜采用小直径，一般孔径应大于深度的 $1/2～1/5$。

④ 由于橡胶与金属嵌件的热膨胀系数不同，成型后会产生很大的内应力，易使嵌件变形，因此所设计的金属嵌件应有足够的壁厚，平板状金属嵌件壁厚不小于 1mm，而空心嵌件壁厚应不小于 1.2mm，嵌件采用间隙配合插入模具定位孔或面。

⑤ 模压软橡胶件时，由于材料有弹性，制件设计可不考虑脱模斜度，而模压硬橡胶件时应考虑脱模斜度。

⑥ 为保证制件有不同的表面粗糙度，模具成型面应取相应的表面粗糙度值，对于活动密封件其滑动面取 $Ra0.2～0.4\mu m$，固定密封件密封面取 $Ra0.4～0.8\mu m$，一般模压件取 $Ra0.8～1.6\mu m$。

二、橡胶压模设计

1. 橡胶压模分类

橡胶压模与热固性塑料压模的分类基本相似，按分型面特征可分为一个水平分型面压

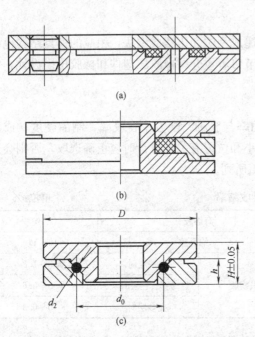

(a)

(b)

(c)

图 6-7-1　单、双水平分型面、45°分型面橡胶压模

模，两个水平分型面压模，45°分型面压模，带垂直分型面的瓣合式压模，以及橡胶压模特有的沿轴向分型压模。由于橡胶制品成型后不易粘模，有弹性，容易脱出，因此当制品高度不大时，设计一个水平分型面就能顺利脱模，如图 6-7-1（a）。当制品高度较大而难以脱出时，应采用双水平分型面的压模，如图 6-7-1（b）。图 6-7-1（c）为 45°分型面的压模，用它生产的 O 形环，飞边在断面的 45°斜面上，用于生产不允许带有水平飞边的制品，因为水平飞边位置往往是 O 形圈的关键密封位置。与塑料制品不同，对于带有侧凹的橡胶制品当制品硬度较低时一般都能利用材料的弹性变形脱出，如图 6-7-2 所示的防尘护套（a），烟斗形护套（b），橡胶侧凹制品（c），弯管（d）都能采用整体式型腔板或整体式型芯用手工脱出，只有硬橡胶制品（硬度大于邵氏 70）或脱模时无法变形让位

的制品才采用带有垂直分型面的瓣合模，如图 6-7-3 所示，该制品中央无孔，脱模时无法退位。当然也可采用组合式型芯。

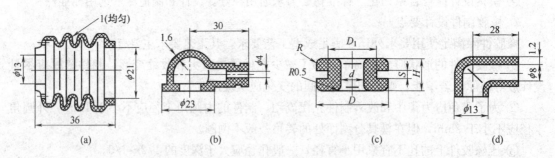

图 6-7-2　能强制脱模的橡胶制品
(a) 防尘护套　(b) 烟斗形护套　(c) 橡胶侧凹制品　(d) 弯管

轴向分型压模是橡胶制品特有的，可用于断面形状简单的环状制品，如 O 形圈、矩形断面圈、三角形断面圈等，如图 6-7-4 所示为一模生产 9 件 O 型圈的轴向分型压模，这种结构特别适合于内径＞40mm 断面直径或断面边长＜3mm，胶料邵氏硬度＜40 的环形制品成型，与普通分型面模具相比，该结构可大大缩小模具外形尺寸，结构简单，功效高，节省胶料，操作方便，有利于多型腔大批量生产。但轴向分型模具也有一些不足之处，如加工精度要求高，模具厚度大，硫化时间相应延长等，此外还应注意飞边位置的改变，制品具有垂直

飞边，还有瓣合模处形成的特殊飞边，这不同于普通水平分型面压模的飞边位置，注意它是否会影响制品的使用。

按分型面配合特征，橡胶压模又可分为溢式、不溢式、半溢式三大类型，夹布橡胶制品要采用不溢式压模，其余小制品多用溢式或半溢式，各类压模的优缺点与热固性压模类似，已如前述，如图 6-7-5 为三类不同型式的橡胶压模。

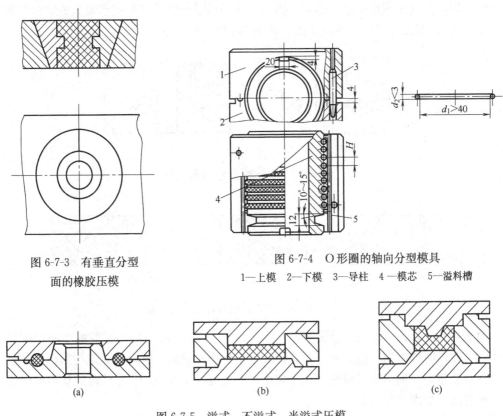

图 6-7-3　有垂直分型
面的橡胶压模

图 6-7-4　O 形圈的轴向分型模具
1—上模　2—下模　3—导柱　4—模芯　5—溢料槽

(a)　　　　　　　　(b)　　　　　　　　(c)

图 6-7-5　溢式、不溢式、半溢式压模

2. 型腔分型面结构的设计

模具的分型面选择应考虑以下原则。

（1）制品容易脱模取出　如图 6-7-6（a）所示的模具加工虽然简单，但制件取出困难，只能用锥子挑出，这不但影响生产效率，而且会降低制品质量（有针孔），只有产量低，制品高度＜3～6mm 时才能采用。如果按照图 6-7-6（b）将型芯固定在上模，则对于小直径的制件易成型，取件方便。但如果型芯直径大，胶料流动性差，则会造成飞边过厚，最好按图 6-7-6（c）将下模作成穿孔的，加料时加环状原料，当制品高度大于 6mm 时则最宜将压模

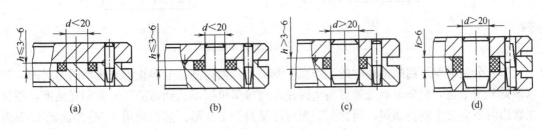

(a)　　　　　　　　(b)　　　　　　　　(c)　　　　　　　　(d)

图 6-7-6　分型面选择

做成双分型面的，如图 6-7-6（d）所示。

如图 6-7-7 所示的 V 形橡胶密封圈，图 6-7-7（a）的结构因型腔太深而脱出困难，改成双分型面如图 6-7-7（b）后，则不但制品脱出方便而且排气良好，便于操作。某些带外侧凹的制品当胶料硬度较小时可以利用制品的变形将其脱出，如图 6-7-8（a），但脱出时必须有变形让位的空间，如果像图 6-7-8（b）那样中间是实心的，则不可能脱出，因为橡胶虽然容易挠曲变形，但其体积是很难压缩的，因而必须采用瓣合模用锥形模套箍紧的结构如图 6-7-8（b），或将分型面开设在外径最大处，如图 6-7-8（c）所示。

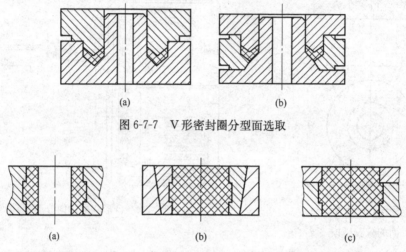

图 6-7-7　V 形密封圈分型面选取

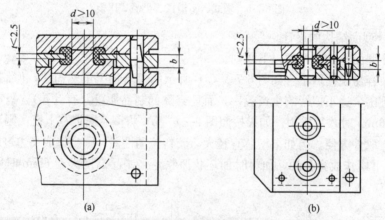

图 6-7-8　带外侧凹时橡胶件分型面选取

对于图 6-7-9（a）所示的穿线护套，当内孔 $d>10$mm 时，可将型腔的中间板镶件做成整体式，脱模时通过剥、拉、推、压等方法将制件强制脱出。这时模具结构简单，制品飞边少，外观质量好，但当胶料较硬，孔径较小，中心孔在 $\phi 10$mm 以内时则只能将中间成型板做成瓣合式，如图（b）所示。

图 6-7-9　穿线护套分型面选取

（2）分型面避开制品使用时的工作面　制品工作面指制品上静止的或滑动的密封面，要求该处光滑平整，而分型面处带有溢边即使经过修整也很难达到高的平整度和光洁度，相反在修边时还会发生割伤缺损，因此分型面应尽量避开工作面。前面选用 45° 分型面的 O 形圈就是一例，它的飞边避开了垂直或水平的工作面，见图 6-7-10。

图 6-7-11 为成型 V 形圈的另一个例子，图 6-7-11（b）的垂直飞边是平行于工作面的，修剪后不影响使用，而图 6-7-11（a）的飞边垂直于分型面是不妥的。图 6-7-12 所示的密封环，图（a）的分型面在工作面上，而图（b）的分型面有意避开了工作面，取得了较好的效果。

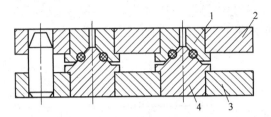

图 6-7-10　45°分型面 O 形圈压模
1—上型芯　2—上模　3—下型芯　4—下模

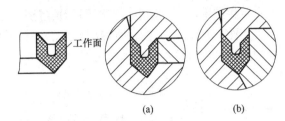

图 6-7-11　分型位置对 V 形环工作面影响
(a) 不正确　(b) 正确

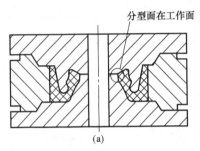

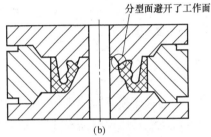

图 6-7-12　分型面如何避开工作面

（3）分型面要有利于排气　在压制成型过程中型腔内的空气多是从分型面排出的，如果排气不畅甚至空气被挤到型腔死角内排不出去就会产生缺胶、表面不平等缺陷。因此应将分型面开在最易积气的角隅处。如图 6-7-13 所示的断面为矩形的圆环形制品：图 6-7-13（a）不易排气，图 6-7-13（b）多一个分型面，易排气，图 6-7-13（c）三个分型面，很易排气。

（4）模具分型面处不能有呈锐角的锋利的边缘　无论是型芯还是凹模在分型面处如有锋利的边缘都很容易碰坏或磨损，使型腔形状遭到破坏，锐边还会划伤操作工人，因此在选分型面时应特别注意。如图 6-7-14（a），由于分型面选取不当，致使型芯上带有锋利的边缘，图 6-7-14（b）则无此问题。

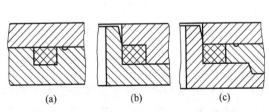

图 6-7-13　分型面与排气难易关系
(a) 不易排气　(b) 易排气　(c) 很易排气

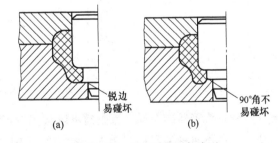

图 6-7-14　分型面位置与成型
零件上锐边形成关系

此外分型面位置应有利于模具制造，有利于加料，有利于提高尺寸精度、同心度，有利于去除飞边等。这些原则与塑料压模的设计十分相似，在此不再一一赘述。

3. 型芯嵌件的镶嵌设计

模具设计时为了制模方便往往要采用镶拼结构，但在高压下成型时胶料易挤入拼合缝，因此镶拼时应注意拼合缝的方向，提高配合精度，在可能的情况下避免采用镶拼结构。镶嵌型芯如果采用图 6-7-15 (a) 所示的结构，型芯采用静配合固定在上模板上，由于胶料易挤入水平拼缝中，而且随着生产时间延长越挤越厚，引起制品脱模困难或造成制品边缘缺损，而采用图 6-7-15 (b) 的垂直静配合面的型芯则能避免上述问题。图 6-7-16 所示的矩形截面橡胶圈型芯用过盈配合嵌入模板，也充分考虑了这一问题。

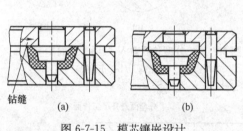

图 6-7-15　模芯镶嵌设计

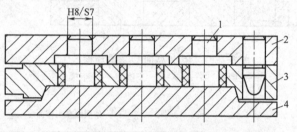

图 6-7-16　型芯镶嵌连接的矩形截面橡胶圈模
1—型芯　2—上模　3—中模　4—下模

4. 余料槽（流胶槽）设计

对于溢式、半溢式压模胶料加入量一般均比制件体积大 5%～10%，才能保证所成型的制件密实不缺料，不溢式压模只需有 1%～2% 的过剩量即可。为了使过剩的胶量有限制地溢出，既能保证型腔内有足够的压力，又能使上下模闭合到位，以免增加制件的高度尺寸，为此在模具分型面上，在型腔周围开设一些称作流胶槽的小沟，以排除多余胶料，正确地设计流胶槽的流胶阻力是保证制件质量和尺寸精度的关键。

（1）流胶槽的大小和形状　为了充分容纳或排走多余胶料，流胶槽设计成围绕制件一圈的半圆形或三角形断面的沟槽，半圆槽的半径取 $R1.5～2mm$。从槽边到型腔壁边的溢料距离越小，飞边越薄，但型腔内保压压力越小，常用宽度为 2.5～5mm，如图 6-7-17 所示，有一种薄飞边的流胶槽，其溢料距离仅 0.5～1mm，压制时能形成很薄的飞（胶）边。

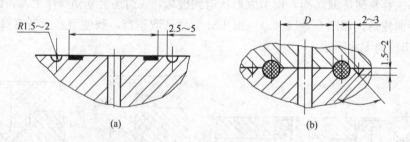

图 6-7-17　流胶槽的断面尺寸

（2）流胶槽的布局　流胶槽可以有多种布置方法，它可以与模外相通将多余的料排到模外，也可不通将溢料存在槽内，图 6-7-18 中 (a)、(b) 为圆形模具流胶槽。图 6-7-18 (a) 围绕每个型腔均有一环形槽，然后互相贯通，使余料流到模外，它可用于制品外径大于 30mm，胶料流动性较差的模具，而图 6-7-18 (b) 仅在模具全部型腔的外围开一圈流胶槽，并通到模具外部，这是当制品直径较小（<30mm）或制品轮廓复杂时采用的，采用这种结构时胶料的流动性必须好，否则会使余料难以排出，特别是位处中间的型腔，形成厚度较厚

（可达 0.5mm 或更厚）的溢边。图 6-7-18（c）、（d）是矩形模具流胶槽的布置，图 6-7-18（c）用于制品直径较大，型腔数在 16 以下的情况，图 6-7-18（d）多用于型腔数在 16 以上、制品直径较小的模具。

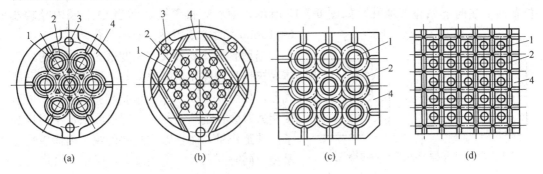

图 6-7-18　流胶槽的布局

(a)、(b) 圆形模具　(c)、(d) 矩形模具

1—型腔　2—流胶槽　3—导柱　4—下模板

有的橡胶制件高度要求很精确，这时仅在模具型腔边缘留下 5～6mm 宽的平台，而将分型面上其余部分全部去除 5～6mm 厚的一层金属作为流胶槽，这就是所谓周空排料结构。这样一来，压制时的全部压力承受在型腔周围的平台上，这样使接触面的单位压力增加，从而使飞边减薄到 0.1mm 以下，飞边极易去除，如图 6-7-19 所示。

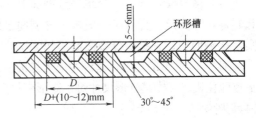

图 6-7-19　周空排料结构

图 6-7-20 是小型 O 形圈的组合式周空排料结构，这时镶件周围的排料空间是靠型腔镶件凸出模板一定高度形成的。

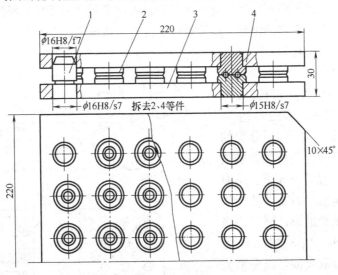

图 6-7-20　O 形圈组合式周空排料结构

1—导柱　2—镶件　3—下模板　4—上模板

应注意上述结构大大增加了型腔周边的压力，因此应验算型腔周边接触面的压应力，使其不超过钢材的许用应力（45 钢的许用压应力取 80～90MPa）。

5. 排气槽的设计

压模的分型面和分型面上的流胶胶槽都可起到很好的排气作用,一般情况下不再另设排气孔。环状制品压制时除向型腔周围排气外还会向环形型腔中心排气,这时应在环形型腔中心位置向上或向下钻排气通孔。如图 6-7-10 所示,中心有排气孔,但当 O 形圈内径较小(<15mm)时,不用钻中心排气孔。

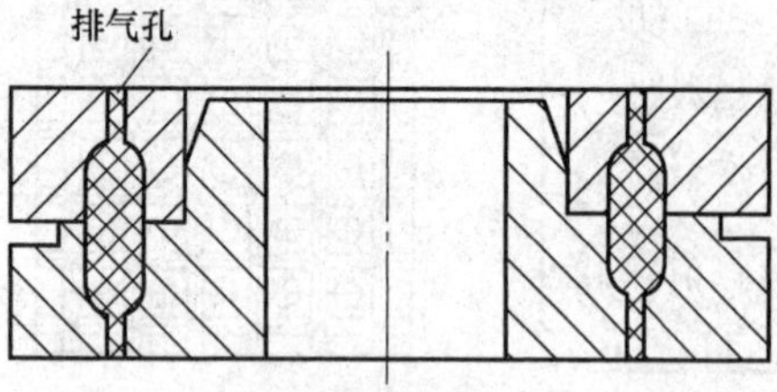

当型腔形状复杂或有深度很大的盲孔时,气体易被挤到型腔死角端部,则必须在死角处开排气孔,如图 6-7-21 所示,应指出排气孔与型腔直接相通时会在制品上留下一圆形胶条,不但增加了修整工作量,而且影响制品外观,因而应尽量避免,同时开孔尺寸不能过大,以免大量跑料。

图 6-7-21 开在型腔料流末端的排气孔

6. 型腔数的确定

除大型橡胶制品模具一模只开一个型腔外对于小型制品一模可开多个型腔,以提高生产效率,同时模具长宽尺寸如果过小,平板硫化机的模板还会因局部压强太大而早期损坏,因此也宜采用投影面积较大的多腔模或生产效率较高的多腔多层模。

(1) 多腔模 即在一个水平分型面上排布有多个型腔,型腔数目应根据平板硫化机吨位和制件尺寸决定,计算时一般校核分型面上的接触压强,即压机所施压力除以分型面处模具实际接触面积。它是指分型面面积扣除型腔、流胶槽、导柱、启模槽等非接触部分的面积。

对于 45 号钢的压模,其许用应力如前所述取 80~90MPa。一般的橡胶工厂最常用 450kN 平板硫化机。其模具外形尺寸对于矩形模具大约为 $(200×200)mm^2~(300×300)mm^2$,圆形模具为 $\phi200~300mm$。

在决定型腔数目时应综合考虑生产效率、操作难易和模具制造成本等多种因素。型腔数太多会使模具重量大,操作困难,如果是对型腔逐一加料,则会因加料时间先后差异大,在热模具中胶料受热时间不同而导致硫化程度不一,影响了制件的质量。因此对形状复杂的制品,特别是要安放金属嵌件的制品,型腔数以少为宜。从模具制造角度来看型腔数越多加工越困难,模具费用也越高。

模具的型腔数一般为 5~20 个,但形状特别简单的小制件如瓶塞、O 形圈等则不受此限制,多的可达 50 个甚至 100 个以上。对于 45°分型的 O 形圈因中心距尺寸误差精度要求很高,型腔数一般不宜多于 6 个。排布应尽可能规则、紧凑、美观、使操作方便,并使模具重量减小。型腔边缘间距离也不能太小,以 8~12mm 为宜。大而厚的制件取大值,以免型腔壁变形,图 6-7-22 列举了几种型腔排布方案。

(2) 多层模 薄型制品径向尺寸较大结构又简单时可采用多层模,多

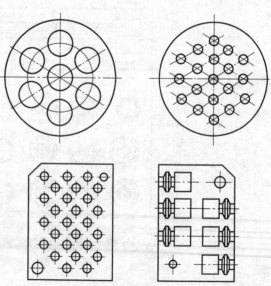

图 6-7-22 型腔排布方案举例

396

层模的缺点是各层受热不均，因此常用两层模具，但在硫化罐中硫化时受热比较均匀，可适当增加层数，多层模如图 6-7-23 所示。

　　7. 导向定位设计

　　(1) 导柱定位　橡胶压模的导向与定位最常用的还是导柱（定位销）定位，为便于手工操作，其定位段一般都很短，仅有 4～6mm，因而其形状与注射模导柱有较大差别，最常见形式有普通导柱，带导套的导柱和凸台导柱三类，如图 6-7-24 所示。普通导柱制造容易，简单可靠，可将上下两模板配合一道加工出导柱安装孔和导向孔，故采用最多，其配合关系，如图 6-7-25。

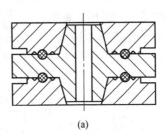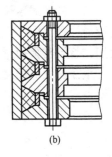

图 6-7-23　多层模

（a）二层密封圈压模　（b）小 V 形皮带多层模

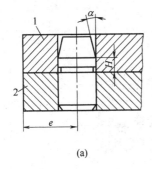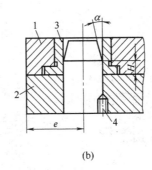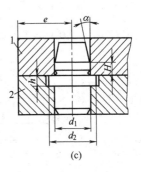

(a)　　　　　　　　(b)　　　　　　　　(c)

图 6-7-24　导柱常见形式

（a）普通导柱　（b）带导套的导柱　（c）凸台导柱

1—上模板　2—下模板　3—导套　4—紧固螺钉

$e=15\sim20$；$H=4\sim6$；$h=4$；$\alpha=15°$；$d_2=d_1+4$

　　(2) 圆柱面、锥面、斜面定位　此外橡胶压模还大量采用圆柱面定位、锥面定位或斜面定位。图 6-7-26 为单型腔橡胶圈压模。利用动定模之间的圆柱配合面定位，该段有 3°～6°的导入部分。图 6-7-27 为锥面定位的压模，这种定位方式启模容易，能自动定心也不易磨损，配合高度取 8～15mm，单边斜角 10°～15°。图 6-7-28 为斜边定位，它用来生产橡胶长嵌条，斜边的斜角取 10°～15°。

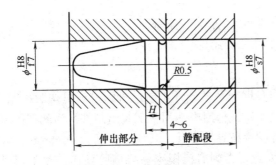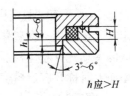

图 6-7-25　导柱与模板配合尺寸公差　　　　图 6-7-26　圆柱面定位形式

（3）铰链辅助定位 手工操作的移动式模具在操作中其锐角或细薄模芯很易碰伤，甚至将合模方向搞错，直接影响模具寿命和产品质量，使用铰链连接式模具则不会发生上述问题。由于铰链的定位精度较低，使用时需与其他定位方法相结合使用，如与斜面、锥销、台阶形导柱等。图 6-7-29 为铰链与 90°模芯锥面配合使用，图 6-7-30 为铰链与台阶形导柱配合使用，将导柱去掉一部分成为台阶形的原因是避免导柱沿铰链旋转方向合模时导柱与导向孔发生干涉。铰链辅助定位时铰链销与孔之间要留有较大的配合间隙。

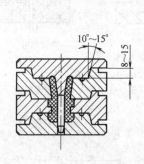

图 6-7-27 圆锥面定位形式

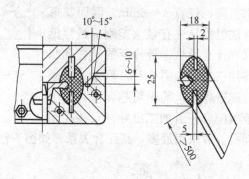

图 6-7-28 斜面定位形式

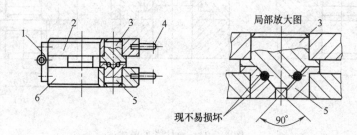

图 6-7-29 铰链与 90°模芯联合定位形式
1—铰链 2—上模 3—上模芯 4—手柄 5—下模芯 6—下模

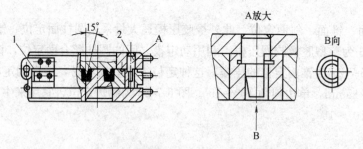

图 6-7-30 铰链与台阶导柱联合定位形式
1—特殊铰链 2—带台阶的导柱与导套

8. 橡胶压模开模、脱模设计

固定式压模采用平板硫化机开合模动作实现上下模分开，通过机床推出机构脱出制品，但大多数的手动式橡胶压模通过启模楔（撬棒）进行启模并用手工脱出制件，为此在压模两侧的分型面上对称开有启模槽，启模槽通常设置在导柱附近，其缝口高度为 4～6mm，深度12～20mm，宽度＞30mm，但不应离型腔太近，否则启模楔容易将型腔划伤。对于矩形模具启模槽可开在对称的两个边上，也可开在对角线上，如图 6-7-31 所示。

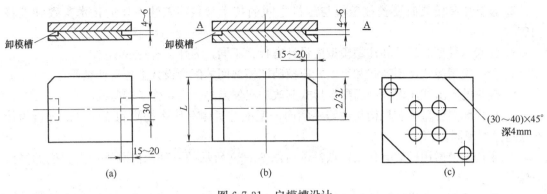

图 6-7-31　启模槽设计

9. 典型橡胶压模举例

图 6-7-32 和图 6-7-33 为典型的移动式橡胶压模。前图的减振器带有平板状和管状金属嵌件，后图为小轮胎，其坯料是采用挤出的异型胶管，沿 45° 斜切出一段并围成一圈，然后在斜面上蘸上苯粘接，最后充气压制硫化。

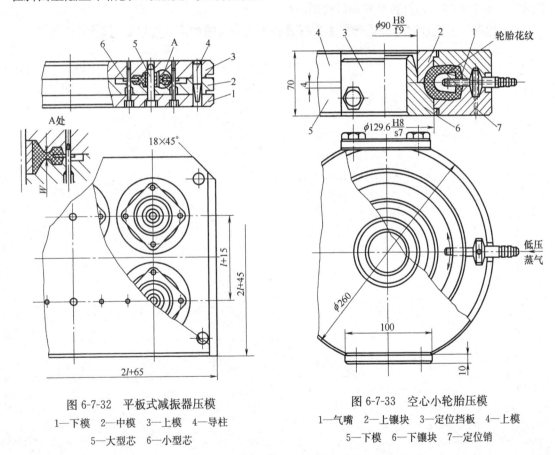

图 6-7-32　平板式减振器压模

1—下模　2—中模　3—上模　4—导柱
5—大型芯　6—小型芯

图 6-7-33　空心小轮胎压模

1—气嘴　2—上镶块　3—定位挡板　4—上模
5—下模　6—下镶块　7—定位销

复习、思考与作业题

1. 压塑成型模具分为几大类，它们的结构有什么区别，它们各适用于成型什么样的塑料制品？

2. 设计压制模具时要校核压模与压机之间的技术参数，叙述主要的技术参数和校核内容。

3. 比较压模型腔设计和注塑模型腔设计有什么不同，为什么有这些不同？

4. 分别说明溢式、不溢式和半溢式压模凸凹模之间的配合设计上各有什么要点。

5. 改进的不溢式压模分型面配合形式其改进出发点是什么，作了哪些改动？

6. 压模侧向分型抽芯机构与注塑模侧向分型抽芯机构有什么相同和不同？试分析为什么会有这些不同。

7. 采用压模通用模架有什么优点？试对图 6-4-39 所示的三种示例分别说出它们的操作方法。

8. 鉴于聚四氟乙烯树脂的加工特性，其预压锭模与普通压模在设计上有什么不同？为什么有这些不同？

9. 为什么大型聚四氟乙烯制品宜用液压法成型？

10. 叙述可发性聚苯乙烯泡沫塑料的发泡原理、成型步骤及模具设计要点。

11. 橡胶压模与普通热固性塑料制品压模的设计要点有什么不同，为什么？试从两者有不同的成型工艺特点和材料性质加以说明。

12. 橡胶压模设计时分型面选择原则有哪些？其余料槽和排气槽应如何设计？

第七章　热固性塑料的传递和注塑成型模具

第一节　概　　述

　　热固性塑料制品在交联成型后由于大分子之间有众多的化学键相互连接，构成体型网络结构，因此在较高温度下仍能保持优良的机械力学性能、热性能和电性能，这是一般热塑性塑料所无法代替的。因此在世界范围内其产量虽然远不及热塑性塑料，但其年消耗量仍以惊人的速度增长，增长率为每年 20%～25%。主要用于制作电机、电器、电控柜、灯具等电绝缘零件。

　　热固性塑料常采用的加工方法有压塑、传递、注塑成型、三种，采用压塑的方法成型热固性塑料件有成型效率低，飞边尺寸大，尺寸精度差等缺点，而传递模塑或注塑成型可克服上述缺陷，是热固性塑料成型工艺发展的一个重要方向。

一、两种成型工艺及其模具的特点

　　所谓传递成型是将固态的热固性塑料原料加入模具加料室，在高温高压下原料转变成为熔融态，并在活塞推动下经过浇铸系统，进入闭合的型腔。塑料在型腔内继续受热受压而交联固化成型，最后打开模具分型面取出制件。

　　热固性塑料注射成型是将原料加入热固性塑料注塑机料斗，物料在料筒内受热塑化成为熔融状态，进而在螺杆或柱塞的推动下经模具浇注系统进入高温的模具型腔，并在型腔内交联固化成型。其工艺过程与热塑性塑料注塑成型相似，但工艺要求则完全不同。

　　热固性塑料的压塑、传递、注塑成型各有其优点及适用范围，现就其效率、质量、模具结构及适用性等几方面分别比较如下。

　　(1) 注塑和传递成型优点

　　① 就成型效率看，以注塑成型最高，传递次之，无论是注塑成型或传递成型，物料均以很高的速度通过模具的浇注系统与高温的流道壁进行热交换，并由于摩擦生热，使塑料升温快而均匀，达到交联反应的最佳温度，制品快速硬化。注塑成型时由于物料在注塑机料筒内已进行均匀地预塑化，同时采用快速硬化的原料配方，故成型效率得以进一步提高。以成型壁厚为 6.35mm 的制件为例，各种成型方法所需净固化时间如下：

未预热的粉料压塑成型：60s　　　　　　　经高频预热后压塑成型：40s
高频预热传递成型：30s　　　　　　　　　注塑成型：20s

　　② 就制品质量来看，由于注塑和传递成型制品的整个断面受热均匀，硬化均匀，内外一致，制品有优良的电气性能和较高的机械强度。

　　③ 注塑和传递成型时，塑料注入闭合的型腔，因此制品的飞边很薄，容易修除，制件在模具的合模方向也有较高的尺寸精度。而压塑则不能。

　　④ 由于塑料呈熔融状态注入型腔，因此注塑或传递模塑对型芯或嵌件产生的挤压力比在压塑模具里小得多，可以成型有较深侧孔或带细薄嵌件的制品。当用两端支承的型芯成型通孔时，孔深可达直径的 10 倍。用单端支承的型芯成型盲孔时，孔深可达制件直径的 3 倍。

注塑成型安放嵌件不如传递成型方便，因此传递成型常用于成型带嵌件的特别是多嵌件的制品。

⑤ 注塑成型比压塑成型和传递成型更容易实现机械化和自动化操作，其劳动条件可大为改善，特别是密闭加料减少了塑件原料粉尘飞扬对人体的危害。

（2）注塑和传递成型缺点

① 产生不能回收的浇注系统废料，因此原料消耗较多。对小型零件更突出，建议采用多腔模，以降低消耗比。

② 制品收缩率较大，用方形样条测试其收缩率：压塑法最低为 0.008mm/mm，传递成型为 0.0095mm/mm，注塑成型为 0.015mm/mm，且后者的成型收缩率具有方向性，这是填料定向造成的，典型的填料取向方向如图 7-1-1 所示。填料多垂直于充模方向取向，因此在该方向强度最高，如用粉状填料则各向收缩率差异不大。

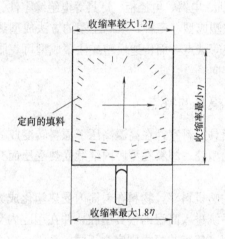

图 7-1-1　制品收缩率与填料取向方向的关系

③ 充模流动距离比压塑法长，会造成明显的填料取向，这将加重各向异性和翘曲变形，纤维状填料的制品尤为明显。例如玻纤增强聚酯块状料注塑成型的圆片，其垂直流向的抗弯强度比顺流方向的几乎高出一倍。

④ 注塑不能成型布基和长纤维填充的塑料制品，特别是要求填料呈规则排列的，或用浸渍树脂布进行局部增强的制品，这些制品只能压塑成型。

⑤ 注塑成型和传递成型的模具结构复杂，精密。传递成型可在专用或普通压机上进行。但注塑成型需要昂贵的热固性塑料注塑机。

在压塑、传递、注塑三种方法各有优缺点。在批量大，产量高时宜用注塑成型；批量小，嵌件多，有局部增强等特殊要求时，宜用压塑或传递成型。

二、热固性塑料充模流动及固化特性

热固性塑料在模内流动时与高温模壁接触处粘度迅速降低，与热塑性塑料成型不同的是靠壁处的黏度反低于中心层的黏度，物料与模壁间的相对速度很大，因此除紧接模壁极薄的一层外，整体断面流速接近相等，更接近所谓的"柱塞流"。

热塑性塑料充模时由于模壁受冻结层的保护，故流动造成的磨损很小。但热固性塑料不存在冻结层，且靠壁处速度梯度很大，故对流道和型腔磨损严重，特别是大多数的热固性塑料都含有各种填料，除木粉等较软的填料外，还常常含有硬质矿物填料，这些高速质点像锉刀一样地磨损模壁，因此成型零件应采用特殊的耐磨材料制造，特别是在浇口等狭窄的流道部位对耐磨性要求更高。

热固性塑料虽然和热塑性塑料一样是热的不良导体，但热塑性塑料充模时形成的冻结层有绝热作用。而热固性塑料无绝热层，模壁附近有很大的速度梯度，且呈紊流，使模具对物料有很高的给热系数，料温得到迅速提高。图 7-1-2 所示为直径 10mm 的流道中心测得的塑料流速与温度上升的关系，当流速较高时，只经过很短的时间物料即从流道壁吸热迅速达到模具温度。流速高时物料还产生大量的摩擦热，加速料温上升。

应保持适当模温，如模温偏低则固化周期增长，甚至固化不完全，或由于料温低，黏度大而不能顺利充模，反之当模具温度过高，受热时间过长，也会使表层塑料迅速交联，流动性变差。制品也可能缺料，表面发暗，出现流纹、粘模和严重溢边。应将工艺条件控制在流动性最好的低黏度区，如图 7-1-3 所示为两个相反因素综合结果。

应特别指出的是用于压制的热固性塑料原料和用于注塑的热固性塑料原料由于配方不同其流动特性和固化速度是不相同的，两者不可混用，应选对正确的原料牌号，才能获得好的成型效果。

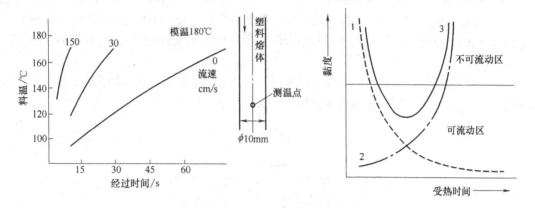

图 7-1-2　塑料流速与升温速度关系　　　　图 7-1-3　热固性塑料的黏度和加热时间的关系
1—温度升高使黏度下降
2—化学反应使黏度上升　3—物体总黏度变化

第二节　热固性塑料传递成型模具

一、概　　述

传递模塑能成型比较精密的热固性塑料制品或带有细薄嵌件的制品，由于物料在浇注系统内流动时有压力损失，因此在加料腔内所施的压力应高于在压模内直接施加的压力，木粉填充酚醛塑料常用 40～80MPa，纤维填充酚醛塑料为 100～120MPa。但环氧树脂、硅酮等低压封装材料是例外，所需压力为 2～10MPa。传递模塑采用流动性较好的塑料，以便于充满型腔。为避免过早固化，维持较长时间的高流动性，成型的模具温度应比压塑成型稍低。移动式传递模具可利用压机的加热板进行加热，加热板内插加热棒。固定式传递模具可在加料室和型腔四周设置固定的加热元件。

图 7-2-1 为典型的柱塞式传递模具，它分为上模、下模和柱塞三部分。加料腔为一圆筒，设在上模的中央。开模时制件和浇注系统连在一起，从上下模之间的分型面取出。该模具可分为以下几大部件。

（1）型腔　注入塑料成型制件的空腔，它由凸模、凹模、型芯等组成。分型面配合形式与注塑模相仿。图中所示的模具为多型腔模。

（2）加料腔（室）　原料粉或预压锭加入此处，图 7-2-1 中柱塞式传递模的加料腔为一穿通的等直径圆筒，料腔式传递模加料腔则还带有底和主流道。压料柱塞与加料腔壁之间为间隙配合。

（3）浇注系统　多型腔传递模的浇注系统与注塑模相似，料腔式传递模的浇注系统包括主流道、分流道和浇口。图示柱塞式传递模没有主流道、物料由加料腔直接进入分流道。因此加料腔底部直接与几个分流道相通。

（4）导向机构 在上下模之间应设置导向机构，它一般由导柱和导柱孔（带导套或不带导套）组成。必要时在柱塞和加料腔之间，在推出机构内部都可以设置导向机构。

（5）侧向分型抽芯机构 侧向分型抽芯机构形式与压模或注塑模基本相同，本例所示的制件没有侧孔或侧凹，故不设侧向分型抽芯机构。

（6）脱模机构 与压模或注塑模的结构相同，本模具由推杆、推板、回程杆及其导向机构组成。

（7）加热系统 固定式传递模分为柱塞、带加料室的上模和下模三大部分，应分别对上下模进行加热，热源一般用电加热，图中所示的模具在加料室和型腔周围分别钻有加热孔，插入电热棒。

移动式传递模无法安置加热元件，系利用压机的上下加热板加热，因此在开模后应立即将柱塞、下模、上模都紧贴在加热板上预热，以备在下一模中使用。

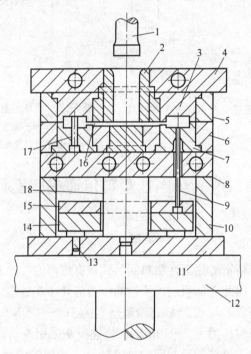

图 7-2-1 柱塞式传递模典型结构

1—压料柱塞 2—加料腔 3—上凹模 4—上模底板 5—上模板 6—下模板
7—下凹模 8—加热板 9—推杆 10—支架 11—下模底板 12—压机模板
13—挡钉 14—推板 15—推杆固定板 16—浇注系统 17—型芯 18—支柱

二、传递模分类

传递模可按固定方式分为移动式和固定式两类。移动式传递模无需专用压机，采用普通的油压机，模具结构简单，造价低，大量用于成型小型制件。按型腔数目分可分为单腔模和多腔模。按推料柱塞设置的位置可分为上推料、侧推料和下推料几种方式。传递模不同于其他模具的地方是它具有外加料室，这里按传递模加料室的结构特征进行传递模分类。

1. 活板式传递模

这是一种小型的移动式模具，该模具的加料室和型腔之间通过活板分隔开，活板以上为加料室，以下为型腔，流道浇口是开设在活板边缘上的小缺口，如图 7-2-2 所示，这种模具结构简单，适用手工操作（移动式），在普通压机上进行传递模塑。多用于生产中、小型制件，特别适用于嵌件两端都伸出制品表面的塑件，这时嵌件的一端固定在凹模底部的孔中，另一端固定于活板上。

当制件在型腔内硬化定型后，通过推杆将制件连同活板一道推出，随后清理活板及残留在活板上部的废料。为提高生产效率，一副模具可配备两块活板轮流地进行预加热和使用。

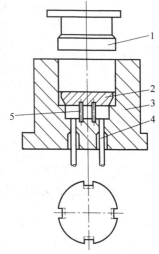

图 7-2-2　活板式传递模
1—压料柱塞　2—活板
3—凹模　4—推杆　5—嵌件

2. 柱塞式传递模

前面所举出的典型结构图 7-2-1 即为柱塞式传递模，柱塞式传递模没有主流道，主流道已扩大成圆柱形加料室，这时注料的压力不能夹紧模具，因此柱塞式传递模应安装在特殊的专用压机上使用。这种压机具有两个液压操作缸，一个缸起锁模作用，称为主缸，另一个缸将物料注入型腔，称为辅缸。主缸的压力比辅缸大得多，以避免发生溢料。由于没有主流道对原料的加热作用，因此最好采用经过预热的原料进行模塑，由于流道阻力小，原料又经过预热，因此模塑压力可大大降低，特别在单型腔的传递模中更是如此。如图 7-2-3 所示为成型齿轮的模具，它是最简单的特殊形式传递模具。在该模具中能像压模一样得到完全无浇道的制品，与压模的区别是加料室截面小于制品截面。这里传递模的锁紧是靠螺纹旋紧来完成的，因此可在普通压机上成型。如果采用普通压模，则会在齿轮的轮齿之间形成飞边，后加工时飞边难于修整和去除。

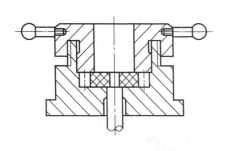

图 7-2-3　单型腔柱塞式传递模

多型腔柱塞式传递模，采用很短的浇道进入型腔，如图 7-2-4 所示，与图 7-2-1 类似，这时柱塞和加料腔在模具的上方，因此辅助油缸也安装在压机上方，自上而下进行压料，主缸位于压机下方，自下而上进行锁模。

对于单腔柱塞式传递模，由于塑料无需通过狭小的流道，可用来压铸流动性很差的塑料，例如碎屑状填料的塑料制品。

带补充加热器的传递模，如图 7-2-5 所示，在柱塞式传递模的柱塞正对面装有补充加热器，加热器靠空气间隙与模具其余部分绝热，加热器顶端有一锥形分流锥与加入的塑料相接触，挤压柱塞的端面与锥头对应有一锥形凹坑，两者互相吻合可以压尽料腔中的塑料，锥形头温度很高，达 200～250℃，塑料与分流锥一接触便立即熔融而进入温度为 160～170℃的型腔，由于压料速度快，塑料是不会在加料室中过热的。采用这种结构的模具可以有效地提高生产能力和制品密度。所施压强可降低 60%～70%，而装料室的容量，可以较不加补充加热器时提高两倍。

还有一类柱塞式传递模，将推料柱塞设计在模具下方，这时专用压机的主缸必须在上方，自

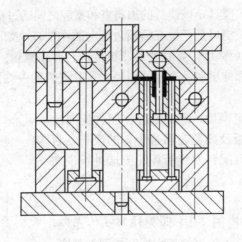

图 7-2-4　多型腔柱塞式传递模

上而下完成闭模动作，辅助缸在压机下方，自下而上完成挤料和推出制品，如图 7-2-6 所示。

　　还有各种形式的传递模塑专用压机，例如主缸和辅缸呈直角布置的压机，推料柱塞水平布置，但这类压机的模具都必须专门设计，缺乏通用性，因此采用较少。

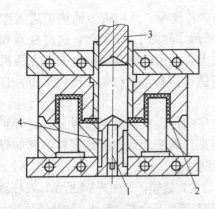

图 7-2-5　带补充加热器的传递模

1—补充加热器　2—塑件

3—压料柱塞　4—空气绝热间隙

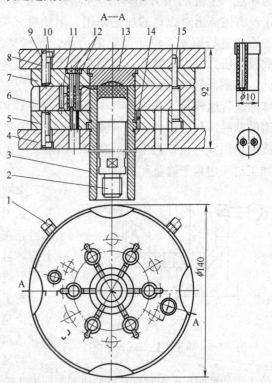

图 7-2-6　推料柱塞在下方的传递模

1—手柄　2—柱塞　3—加料室　4—下模底板

5—模板　6—凹模　7—型芯固定板　8—上模底板

9、14—定位圆销　10—螺钉　11、12、13—镶件　15—导柱

3. 料腔式传递模

　　这是一类最常见的传递模，又名罐式传递模、三板式传递模等，其装料腔是带底的，并

在其下有主流道通向分流道和型腔。图 7-2-7 为典型的料腔式传递模，安装在上压式压机上，开模时柱塞与带加料室的上模和带推出装置的下模三者必须顺序分开。这种模具也可安装在下压式压机上，如图 7-2-8 所示的模具，开模时柱塞先和上模分开，从料腔中拔出主流道和残料，然后受限位块限制上下模分开，当下模下降到一定距离时，由机器的推出杆（板）推动模具的推板。

料腔式固定传递模另一种结构形式如图 7-2-9。该传递模设计了由锁紧拉钩，定距拉杆和可调螺杆组成的二次分型机构，以保证成型后加料室分型面和上下模分型面先后打开，这种模具无论上压式压机还是下压式压机均可使用。

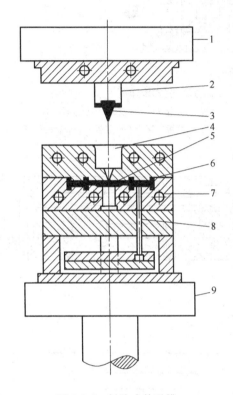

图 7-2-7　料腔式传递模
1—压机定模板　2—柱塞　3—浇注系统料把　4—料腔
5—浇道　6—制件　7—加热棒插孔　8—推杆　9—压机动模板

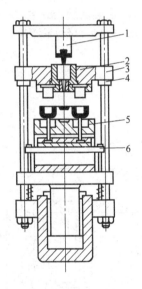

图 7-2-8　安装在下压式压机的料腔式传递模
1—压柱　2—加料室　3—浮动板　4—限位块
5—型腔　6—压机推出板

4. 移动式料腔式传递模具

这是一种广泛采用的结构形式，如图 7-2-10 所示。适用于各种中小型制件。该模具的料腔与上下模是可分离的，成型后先从模具上取下加料室，再打开上下模脱出制件，分别对柱塞（压柱）和型腔进行清理。可用脱模架进行分型和推出制品。

由于移动分离式料腔式传递模容易在普通压机上进行传递模塑，对设备无特殊要求，故采用十分广泛。压料压力通过压料柱塞作用在加料室底面积上，然后通过上模板传力，将分型面锁紧，为避免分型面胀开溢料，因此要求作用在料腔底部的总压力（锁紧力）必须大于由于型腔内压将分型面胀开的力，为了满足这一要求料腔的横断面积应超过制品和分流道的水平投影面积之和，具体尺寸计算将在零件设计中介绍。

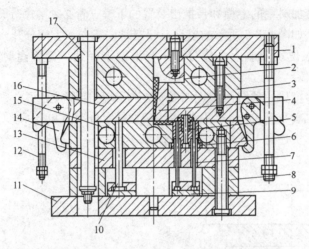

图 7-2-9　采用两次分型机构的固定式料腔式传递模

1—上模板　2—柱塞　3—加料室　4—浇口套　5—型芯　6—型腔　7—推杆　8—支架　9—推板　10—回程杆
11—下模板　12—可调螺杆　13—垫板　14—拉钩　15—下型腔板　16—上型腔板　17—定距拉杆

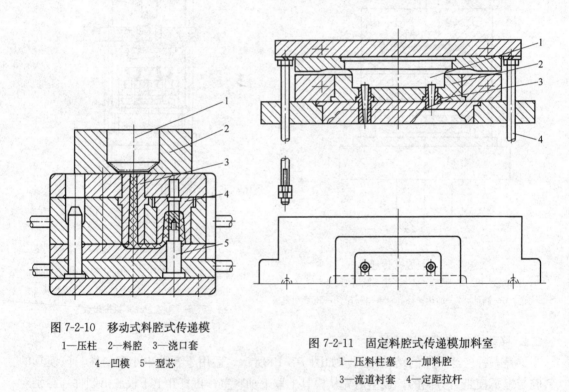

图 7-2-10　移动式料腔式传递模

1—压柱　2—料腔　3—浇口套
4—凹模　5—型芯

图 7-2-11　固定料腔式传递模加料室

1—压料柱塞　2—加料腔
3—流道衬套　4—定距拉杆

三、传递模零部件设计

1. 加料腔和柱塞设计

料腔式传递模加料腔其断面形状常见的有圆形和带圆角的矩形，应由制品断面形状决定，圆形断面加料腔因为制造容易，除用于圆形制品外，也广泛用于其他断面形状的制品。以下按固定料腔式，移动料腔式和柱塞式分别介绍。

（1）固定式料腔式传递模具加料腔与上模通过拉杆相连，在加料腔底部开设一个或数个流道通向型腔。图 7-2-11 所示的加料腔有四个流道。小型传递模加料室则仅有一个中心流道流向型腔。

传递模加料室中的压料柱塞又称为压柱，固定式传递模的压柱带有上底板，以便固定在压机上，压柱与底板之间可做成组合式如图 7-2-12（a）或整体式的，其头部开有楔形沟槽，其作用是拉出主流道废料，当有几个主流道时可对应开多个沟槽。图 7-2-12（b）的压柱还开有环形槽，压制时塑料充满并固化在环形槽中，在后来的压塑操作时该塑料环能起活塞环的作用，它能满意地阻止塑料溢出。

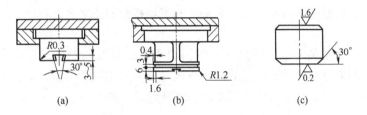

图 7-2-12　料腔式传递模压料柱塞

移动式料腔式传递模的压柱一般不带底板，如图 7-2-12（c）所示，外形为头部倒角的简单圆柱形，当压柱压到其顶面与加料腔顶面齐平时，压柱底部与加料腔底部之间尚留有 0.5mm 的间隙，避免压伤压机上模板。其倒角处也应留 0.3～0.5mm 的间隙。

（2）移动式料腔式传递模加料室可独立取下，最常见为底部呈倾斜台阶形的加料室。一般做成 30° 斜角的台阶，如图 7-2-13（a）所示，当向加料室内的塑料施压时，压力作用在台阶的环形投影面上，将加料室压紧在模具的上模顶板上，以免塑料从加料室底和顶板之间溢出。加料室与顶板接触面应光滑平整，不允许有螺钉孔或其他孔隙。图 7-2-13（b）所示的加料室为长圆形，用于装料室下方有两个流道的模具。

当加料室与顶板之间需精确定位时，可在两者之间设导柱如图 7-2-13（c）。

为了定位和避免加料室底部溢料的另一个方法是采用插入式配合，将加料室内腔做成穿通的圆柱形，在上模顶板上凸起与内腔形状相应的凸台，其高为 3～5mm，如图 7-2-14（a）所示。也有加料室底部设倾斜台阶，又与顶板凸出台阶配合的如图 7-2-14（b），以进一步减少溢料的可能性。

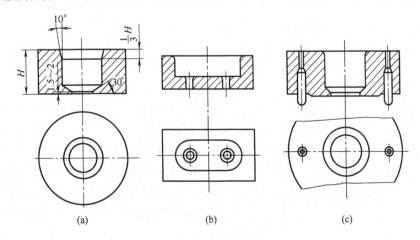

图 7-2-13　移动料腔式传递模加料室

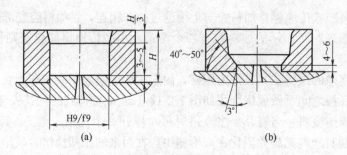

图 7-2-14 移动料腔式传递模插入配合加料室

移动式加料室料腔的横截面积要根据制件和流道投影面积之和进行计算，以超过总面积 10% 为好。

（3）柱塞式传递模加料室断面尺寸与锁模力无关，故直径较小，高度较大。图 7-2-15 为柱塞式传递模加料室在模具上的几种固定方式，分别采用螺母锁紧，如图 7-2-15（a），轴肩连接，如图 7-2-15（b），以及用对剖的两个半环锁紧，如图 7-2-15（c）。

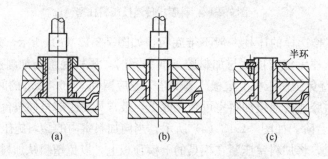

图 7-2-15 柱塞式传递模加料室的安装方式

图 7-2-16 为柱塞式传递模的压柱，一端带有螺纹可直接拧在活塞杆上，如图 7-2-16（a），除了在柱塞上加工环形沟槽外，有的将头部做成很浅的球形凹面，施压时使粉状物料向中心集中，减少向侧面溢料的趋势，如图 7-2-16（b）。

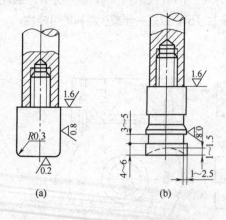

图 7-2-16 柱塞式传递模压料柱塞

压柱与加料室采用间隙配合，使其单边间隙在 0.05～0.10mm 的范围内。

2. 加料室尺寸计算

（1）料腔式传递模加料室尺寸的计算　料腔式传递模加料室尺寸计算分别从传热和锁模两个方面来考虑。从传热考虑加料室的加热面积取决于加料量，根据经验每克未经预热的热固性塑料约需 $1.4cm^2$ 的加热面积。加料室总加热表面积为加料室内腔投影面积的两倍与加料室装料部分侧壁面积之和。对于料腔式传递模其装料高度比较低，可将侧壁面积略去不计，因此加料室断面积为所需加热面积的一半，即

$$A = \frac{1.4}{2}G = 0.7G \tag{7-2-1}$$

410

式中 A——加料室内腔断面积，cm^2

G——每次加料量，g

从锁模的角度出发，要求移动式模具加料室断面积大于型腔和浇注系统水平投影面积之和，为可靠起见加料室断面积应比塑件和浇注系统投影面积之和大10％～20％，即

$$A=(1.1\sim 1.2)S \tag{7-2-2}$$

式中 S——塑件、主流道、分流道和浇口投影面积之和，cm^2

将以上两种计算结果中的大者作设计值，对未经预热的塑料，通过计算可以发现，从加热角度出发所需料腔断面积大于锁模所需断面积，但是如果原料经过烘箱、活汽（直接蒸汽）、加热板，特别是经过高频预热之后，所需加热面积将大大缩小，这时可以只按锁模要求来决定加料室内腔投影面积。

当压机已经选定时，应根据塑料品种和加料室断面积，对加料室内单位挤压力进行校核。

$$p=\frac{10F}{A} \tag{7-2-3}$$

式中 F——压机额定压力，kN

p——所需单位挤压力，MPa

p 应等于或大于表 7-2-1 所列值。

表 7-2-1　　　　　　　　　热固性塑料传递成型所需单位挤压力

塑料名称	填料种类	所需单位挤出压力/MPa
酚醛塑料	木粉	60～70
	玻璃纤维	80～100
	布屑	70～80
三聚氰胺—甲醛塑料	矿物	70～80
	石棉纤维	80～100
环氧塑料		4～100
硅酮塑料		4～100
氨基塑料		～70

（2）柱塞式传递模加料室尺寸的计算　柱塞式传递模加料室断面积应根据所用压机辅助缸的能力，按下式进行计算

$$A=\frac{10F'}{p} \tag{7-2-4}$$

式中 A——加料室断面积，cm^2

F'——压机辅助缸的额定压力，kN

p——该塑料所需单位挤压力，按表 7-2-1 选用，装料室面积确定之后，其余尺寸的计算方法与压塑模相似，加入塑料原料的体积可按下式计算

$$V=G\nu \tag{7-2-5}$$

$$或者 V=V_1K \tag{7-2-6}$$

式中 V——塑料体积，cm^3

G——塑件、浇注系统及残留废料重量之和，等于每次加料量，g

ν——粉状压塑料比体积，cm^3/g

V_1——塑件、浇注系统及残留废料体积之和，cm^3

K——塑料压缩比

加料室高度 h，cm 按下式计算

$$h = \frac{V}{A} + (0.8 \sim 1.5) \tag{7-2-7}$$

式中 $0.8 \sim 1.5 \mathrm{cm}$ 为加料室内不装料的导向高度。

料腔传递模的加料室重心应该与型腔、浇注系统投影面积重心相重合或接近，这样才能可靠地锁模。

四、传递模浇注系统的设计要点

传递成型模具浇注系统的形状与注塑模具相类似，但其要求不尽相同，因此形状和尺寸有差异，注塑模要求塑料熔体在浇注系统中流动时，压力损失小，温度变化小，即与流道壁要尽量减少热传递，但对传递模，除要求流动时压力损失小外，还要求塑料在流动时进一步塑化和升温，使其以最佳的流动状态进入型腔。为此有时在流道中还设有补充加热器。当然过分地加热也是不恰当的，这将引起流动性下降。

(1) 主流道　传递模中主流道又称主浇道。常见有以下几种：

正圆锥形主流道与注塑模具相同，在移动料腔式传递模中广为采用，如图 7-2-17 (a) 所示。

带分流器的主流道如图 7-2-17 (b)，这样可缩短分流道长度，降低流动的阻力。当型腔沿圆周放射排列时，分流器和主流道均设计成圆锥形，当多个型腔为两排并列时，分流器和主流道都加工成矩形截锥形。

倒圆锥形主流道，如图 7-2-17 (c)，多用于固定式传递模，见前面各例，当主流道穿过几块模板时，最好设主流道衬套，如图 7-2-17 (d)，主流道衬套上端面不应高过加料室底平面，以低于 $0.1 \sim 0.4 \mathrm{mm}$ 为宜。当不设主流道衬套时，必须使板与板之间紧密贴合并压紧。同时流道连接处取不同的直径，直径差为 $0.4 \sim 0.8 \mathrm{mm}$，避免两板间因所开设流道不同心而造成的脱模困难，如图 7-2-17 (e)。

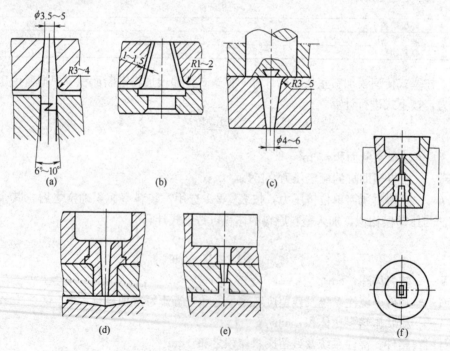

图 7-2-17　传递模主流道

当主流道在垂直分型面上时，为制造方便，其断面一般呈矩形，如图7-2-17（f），在流道入口处亦呈圆弧过渡过或倒角，以减小流动阻力。柱塞式传递模无主流道，已如前述。

（2）分流道　分流道在传递模中又叫分浇道，与注塑模不同的是，为了达到较好的传热效果，分流道一般都浅而宽，使比表面积增大，但过浅也是不好的，它会使塑料过度受热而提前硬化，反而降低了流动性，最常采用梯形断面的分流道，其尺寸如图7-2-18。梯形每边应有5°～15°的斜角，分流道最好开设在制件留模一边的模板上。也有采用半圆形分流道的，其半径可取3～4mm。

由于热固性塑料的流动性差，因此分流道应尽可能短一些，或者设分流器，如图7-2-19（a），或对多腔模采取多流道分别进料，如图7-2-19（b）。

分流道的布置以平衡式为好，同时流道要平直，以减少压力损失。

（3）浇口　倒锥形主流道通过圆形浇口与塑件相连，其最小尺寸为 $\phi2～4$mm，浇口台阶长为 2～3mm，为避免去除流道废料时损伤制件表面，对一般以木粉为填料的塑料制品应将浇口与制件连接处做成圆弧过渡，转角半径为 $R0.5～1$mm，流道料将在细颈处折断，如图7-2-20（a）。对于以碎布或长纤维为

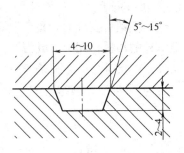

图 7-2-18　梯形断面分流道

填料的塑料制件，由于流动阻力较大，应放大浇口尺寸，同时由于填料的连接，在浇口折断处不但会出现毛糙的断面，而且容易拉伤制件表面。为了克服这一缺点，在与浇口连接的制件上增加一凸块，如图7-2-20（b）、（c）所示，成型后再予去除。

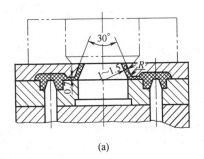

(a)

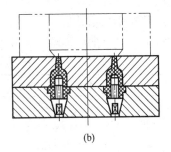

(b)

图 7-2-19　减短分流道长度的措施

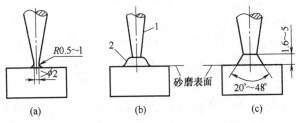

(a)　　　　　　　(b)　　　　　　　(c)

图 7-2-20　倒锥形主流道通过浇口与塑件连接

1—主流道　2—附加凸块

大多数的传递模塑件均采用矩形截面的浇口，在进入型腔前为求得整个截面内物料温度均一，从分流道到浇口的截面采取逐渐减薄的形式，用普通热固性塑料模制中小型制品时，小浇口尺寸为深 0.4～1.6mm，宽 1.6～3.2mm，纤维填充的抗冲性材料采用较大的浇口面积，深 1.6～6.4mm，宽 3.2～12.7mm。大型制件的浇口尺寸还可以超过以上范围。

除上面介绍的圆形浇口和矩形浇口外，侧浇口、扇形浇口、环形浇口、轮辐式浇口都是传递模中常用的浇口形式，可参阅注塑模有关章节进行设计。

热固性塑料在型腔内最大流动距离应限制在 100mm 内，对大型制件应多开设几个浇口，来减短流动距离，这时浇口间距离应不大于 120～140mm，否则两股塑料流在型腔汇合处，由于前锋料硬化而不能牢固地熔合。

热固性塑料在流动时会产生填料的定向效应，造成制品变形、翘曲甚至开裂，特别是长纤维填充的塑料，其定向更为严重，故应注意浇口的位置。例如对于长条形制品，当浇口开设在长条中点时会引起长条弯曲，故改在端部进料较好。圆筒形制品单边进料易引起制品变形，改为环形浇口则较好。

五、传递模排气槽

传递成型时塑料进入型腔，不但需排出型腔内原有空气，而且需要排除由缩聚反应产生的一部分低分子物（气体），因此排气量大，应开设较大的排气槽。开在熔接缝处的排气槽还应从排气槽处溢出少量前锋料，这样做有利于提高塑料熔接强度。

对中小型制件，分型面上排气槽的尺寸深 0.04～0.13mm，宽 3.2～6.4mm，视制件体积和排气槽数量而定，其断面积可按下式计算：

$$A' = \frac{0.05V'}{n} \tag{7-2-8}$$

式中　V'——该型腔塑件体积，cm³

　　　n——该型腔排气槽数目

　　　A'——每个排气槽的断面积 mm²，其推荐尺寸如表 7-2-2 所列

表 7-2-2　　　　　　　　　　　　　　　　排气槽断面推荐尺寸

断面积/mm²	断面尺寸/槽宽(mm)×槽深(mm)	断面积/mm²	断面尺寸/槽宽(mm)×槽深(mm)
～0.2	5×0.04	>0.6～0.8	8×0.10
>0.2～0.4	5×0.08	>0.8～1.0	10×0.10
>0.4～0.6	6×0.10	>1.0～1.5	10×0.15
		>1.5～2.0	10×0.20

排气槽位置可按以下原则设定：

① 排气槽应开在远离浇口的流动末端，即气体最终聚集处。

② 靠近嵌件或壁厚最薄处。因为这里最容易形成熔接缝。

③ 最好开设在分型面上。因为分型面上排气槽产生的溢边很容易清除。

此外模具上的活动型芯或推杆，其配合间隙都可用来排气。应在每次成型后清除溢入间隙的塑料，以保持排气畅通。

图 7-2-21 所示的模具，其主要排气槽设在分型面上，这是塑料最后充满的地方，制件有装嵌件的侧向凸起，为了排除其中的气体，将固定嵌件的型芯杆中间钻一小孔排气，由于嵌件的遮盖使塑料不致溢入孔中。

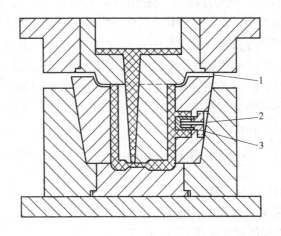

图 7-2-21　典型传递模排气槽开设
1—排气槽　2—排气气孔　3—侧型芯杆

第三节　热固性塑料注塑模具

一、概　　述

　　热固性塑料注塑成型有柱塞式注塑（PI）和螺杆式注塑（SI）两种形式。螺杆式注塑的优点是物料塑化均匀，注塑压力低，其唯一缺点是易使长纤维或片状的填料遭受破坏，因此对于树脂浸渍长纤填充的块状模塑料（BMC）或膏状团状模塑料（DMC）可使用柱塞式注塑。但对于木粉填充的、短纤维填充的大多数热固性塑料主要是采用螺杆式注塑。螺杆式注塑是由螺杆式预塑化传递模塑发展而来的，如图 7-3-1 所示的老式模塑机是利用一个螺杆挤出机对模塑料进行预热和计量，从料筒中挤出的物料储存在加料腔中，由压料柱塞由下而上推入传递模具型腔。可以看出该装置利用了制品固化的间隔时间来让物料塑化进入加料腔，它是热固性塑料传递模塑向螺杆式注塑成型发展的一个里程碑。

　　热固性塑料螺杆式注塑机的总体结构与普通热塑性塑料注塑机相同，塑料在料筒中被预热和剪切发热，保持在流

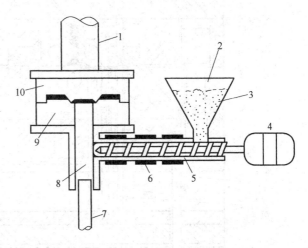

图 7-3-1　螺杆预塑传递模塑
1—合模柱塞　2—料斗　3—模塑料　4—电机
5—螺杆　6—加热圈　7—压料柱塞　8—加料腔
9—下模　10—上模

动状态，一般不超过120℃。早期料筒常采用热水加热，热水同时也起到加热恒温和对过热物料冷却作用。物料注入高温模具并在其中固化。当注塑的物料经过注塑机喷嘴和狭窄的浇注系统，特别是小浇口时，由于摩擦生热可在很短的时间内迅速升温到162～190℃，甚至升到200℃以上，这就保证了制品的快速固化，当然料温也不宜过高，因此应通过浇注系统正确的尺寸设计和充模时的工艺条件——注塑压力、注塑温度和注塑速度的正确控制来获得适中的成型条件。此外注塑螺杆的设计参数和普通热塑性注塑螺杆也有较大的差别。为了减少摩擦热，螺杆压缩比很小，接近于1，螺槽深度较大，长径比较小。

二、热固性塑料注塑模设计要点

热固性塑料注塑模具有以下特点：

① 注塑充模时不单要排除型腔内原有的空气，而且要排出缩聚生成的低分子物，因此排气量大，模具要有良好的排气系统。

② 模具在高温下工作应选耐热性好的钢材，并经淬硬处理。模具的各种配合间隙不宜太小，否则会产生咬死拉毛现象。此外高温模具的上下模板和模具的底板部分和注塑机模板之间都要设计绝热垫板。

③ 注入的物料与高温模壁接触时具有很低的黏度，即使有0.01～0.02mm的间隙，物料也会从型腔溢出，在设计模具配合间隙时应特别注意。

④ 与热塑性塑料相比，塑料熔体对模具成型表面有较严重的磨损和侵蚀，特别是加工含有矿物填料的物料。应采用高硬度的耐热模具钢。

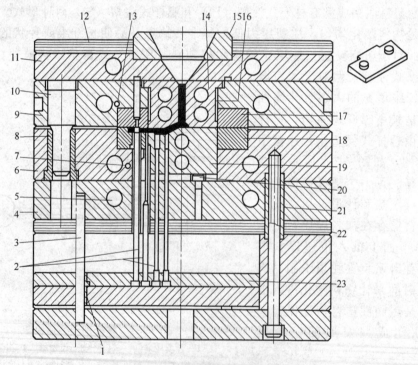

图 7-3-2　酚醛塑料件注塑模

1—推板导套　2—推杆　3、10—导柱　4、23—垫板　5—加热棒　6—动模板
7、13—热电偶　8—导套　9—定模板　11—定模底板　12、22—绝热板　14、19—加热块
15—定位圈　16—空气绝热间隙　17、18—动定模镶件　20—支承挡钉　21—定位套筒

416

图 7-3-2 为典型的热固性的酚醛注塑模，一模八腔，模具动模边和定模边都开有多个电热棒插孔，并分别用热电偶控制温度，在定模板端面和动模板与模具支架之间用能耐受高压的绝热垫板隔开，和热塑性塑料注塑模一样，热固性塑料注塑模也由成型零部件、浇注系统、导向零部件、分型抽芯机构、推出机构、模温控制系统和排气系统组成，现就其主要部件的设计要点叙述如下。

1. 成型零部件设计

由于塑料极易流入模具的拼合间隙，设计时应尽量避免镶拼结构，但型腔、型芯部分需淬硬处理，因此常采用整体式镶嵌结构，其成型表面粗糙度应在 $Ra0.02\mu m$ 以下，并进行镜面研磨抛光。型腔常用材料有表面硬度为 $40\sim45HRC$ 的析出硬化钢、SM2、PMS 或 S136 用于高精度的中小型模具。为提高耐磨性也常用合金工具钢 9Mn2V、5CrMnMo、9CrWMn，热处理后硬度为 $53\sim57HRC$。当注塑含有矿石粉或玻璃纤维等硬质填料的塑料时，要求 $58\sim62HRC$，零件的成型表面要求抛光并镀硬铬，以提高表面光洁度，提高防腐耐磨性，镀铬层厚度在 $0.03\sim0.08mm$。

为了减薄或避免分型面处出现飞边，可采用减少分型面接触面积，增大接触压强，将型腔外沿 $10\sim20mm$ 以外的部分削掉厚度为 $0.5\sim1mm$ 的一层，如图 7-3-2 的模具在分型面动定模型腔镶件以外留出间隙，但分型面上过大的接触压强容易使钢材屈服塌陷，接触压强经校核应控制在 $40\sim70MPa$ 范围内。分型面应光洁不允许有任何的孔（如螺孔）和凹坑，否则会造成溢边清除困难。

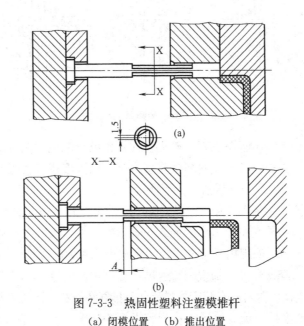

图 7-3-3　热固性塑料注塑模推杆
（a）闭模位置　（b）推出位置

2. 脱模机构设计

脱模机构一般采用推杆，因为它比较容易控制 $0.01\sim0.02mm$ 的单边间隙，对于 $0.03mm$ 以下的间隙只会产生极薄的一层半透明飞边，在推出后容易破碎和去除（用压缩空气吹落），但间隙也不宜过小，小于 $0.005mm$ 的滑动配合间隙在 $160℃$ 以上的高模温下容易因膨胀不均匀而咬死，拉伤配合表面。

当推杆直径在 $5mm$ 以上时，有的设计采用了如图 7-3-3 所示的结构。该推杆将中间滑动段

417

磨出三个平面，使推杆断面成为三棱形，每条棱的顶部留有 1.5mm 宽的支承接触滑动面，推出时推杆三棱形部分应有长度为 A 的一段伸出模板，以便使溢入的料容易破碎并吹落。

推板和推管脱模机构在模具高低温波动下难以准确控制配合间隙，要尽量少用，必须用推板时要让推出距离大到推板离开整个型芯，以便于清除飞边及碎屑。

3. 浇注系统设计

（1）主流道和老料井　为了注入模具的塑料迅速升温，对于热固性注塑模倾向于将主流道设计得比较细小，以增加流动摩擦热，同时也增加了流道内物料的传热比表面积。由于热固性塑料的废料无法回收利用，因此缩小流道体积在经济上是合理的。

热固性塑料注塑模具主流道小端直径比注塑机喷嘴孔径大 0.8～1mm，流道锥角取 1°～2°，比热塑性塑料注塑模 3°～5°小得多，主流道小端凹坑半径仅比喷嘴球头半径大 0～0.5mm。但热固性塑料注塑机喷嘴孔径一般为 $\Phi 3～6mm$。为了除掉喷嘴内部由于与高温模具长期接触而存留的一段半固化的老料头，主流道对面需设置老料井，与热塑性塑料注塑模的冷料井类似。

当老料井采用 Z 形拉料钩时要注意热固性塑料硬而脆，容易在拉料钩细腰处折断，因此该处断面尺寸不能过小，若采用倒锥形老料井则不会发生折断问题，但锥角不宜太大。如图 7-3-4 所示。

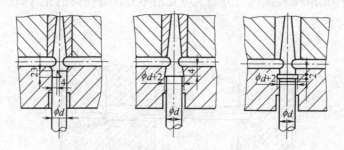

图 7-3-4　热固性塑料注塑模普通主流道和老料井

（2）分流道　与传递成型模具相似，热固性注塑模的分流道除具有输送原料的作用外还希望同时能摩擦生热，并通过传热使物料的温度升高，因此希望有较大的传热比表面积，当分流道断面积较大时，应采用比较扁平的断面形状。

图 7-3-5 所示的空心主流道和扁平分流道设计用于填料粒径较小的热固性塑料，如木粉填充的酚醛塑料，其结构是在主流道中心插入一锥形杆，可大大减少流道内物料层厚度，图中标明料层厚为 1.59mm，采用扁平流道或细薄流道代替粗大的矩形、圆形或梯形流道，可以迅速提升物料温度，降低黏度，加快固化速度、提高生产效率。

（3）浇口　设计浇口位置时应有利于物料流动、排气和补料。同时应避免料流前方正对着空大的型腔以免喷射产生蛇形流，蛇形流在型腔内折叠如图 7-3-6，造成制件波纹状的缺陷，见图 7-3-6（a），喷射还会卷入空气形成气泡，使制件性能下降。为避免喷射，应采用冲击形浇口，形成扩展流，见图 7-3-6（b）。浇口开设要考虑流动距离比 L/t，由于热固性塑料黏度大，流动性差，因此 L/t 常小于热塑性塑料，热塑性塑料 L/t 120～300，而热固性塑料在 100～180 范围内。浇口形状常采用扁平的浇口或小浇口，如图 7-3-6 所示的浇口厚度仅为 0.794mm，热塑性塑料所用的各种浇口形式在这里都能采用，常见的有直浇口、侧浇口、圆环形浇口、扇形浇口、平缝式浇口、点浇口和潜伏式浇口，这里介绍几种常用浇口设计。

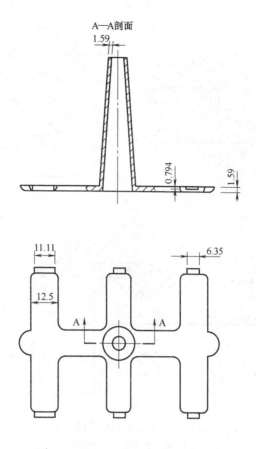

图 7-3-5　空心主流道和扁平分流道

喷射蛇形流　　　　　　　　　　　　扩展流
(a)　　　　　　　　　　　　　　　　(b)

图 7-3-6　蛇形喷射流和扩展流

① 侧浇口　一般从分流道到侧浇口采用倾斜并逐步减薄的形式，浇口宽而薄，宽度可比分流道稍窄，中小型制件取 2～4mm，大制件取 4～8mm，浇口厚度可减薄到 0.6～0.8mm，对于纤维状填料塑料取 1.0～3.0mm，浇口台阶长 2～4mm，如图 7-3-7 (a) 所示。

② 点浇口　如图 7-3-7 (b)，它有强烈的摩擦升温作用，有利于缩短模塑周期，但过小的点浇口也是不适当的，特别是对填料尺寸较大或采用长纤维填料的塑料，热固性塑料点浇口直径不宜小于 1.2mm，可根据制品大小在 $\phi 1.2～2.5mm$ 选取。对浇口入口端进行倒角（图中 $\alpha=60°$）能使料流平稳过渡，并减少塑料对浇口的磨损，热固性塑料对浇口的磨损特别大，因此浇口部位宜用硬质合金等特种材料制造，并做成可以局部更换的结构。

③ 潜伏式浇口　如图 7-3-7 (c) 所示，潜伏式浇口既隐蔽，又容易实现自动化操作，并具有点浇口提升料温的效果，热固性塑料采用潜伏式浇口能否成功取决于浇口的角度、推杆位置和脱模温度下塑料的柔韧性。

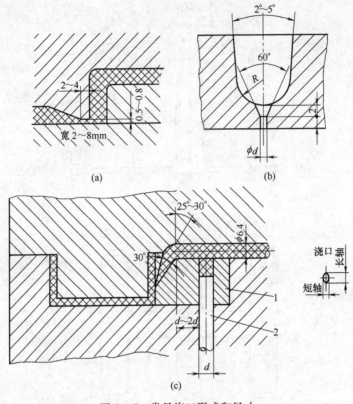

图 7-3-7　常见浇口形式和尺寸

1—碳化钨嵌块　2—推杆

潜伏式浇口中心线与垂直线夹角取 25°～30°，浇口本身的锥角为 15°～20°，流道推杆的位置也很重要，图示的直径 $\phi6.4$mm 的圆形分流道，推杆设在其边缘到分流道末端的距离正好等于 6.4mm，若距离太近则在推出时流道料因缺乏足够的柔性易折断，如太远则又缺乏足够的推出力。从流道到浇口要平滑过渡并抛光。

倾斜的潜伏式浇口与塑件垂直壁相交处为椭圆形，椭圆短轴取 1.3～1.8mm 为宜。

为避免浇口处剧烈磨损，浇口区采用硬质合金制造，例如用碳化钨做成可更换的嵌件，其寿命比用钢件可提高 10 倍。

4. 排气结构设计

排气目的是排除型腔内原有空气和缩聚时产生的低分子物及易挥发组分，良好的排气可以提高充模速度，排气不良会使充模不满，物料烧焦，制品密度不够，收缩率大和制品表面不光等。分型面上的排气槽通常深 0.05～0.1mm，宽 0.2～1.3mm。如图 7-3-8 (a)所示的型腔有两个排气槽，尺寸为 0.076mm×3.2mm，然后进入较宽较厚的排气道。排气槽的深度和宽度也不可过大，否则物料大量逸出，会降低塑件的密实度。

也可在模具推杆的外圆柱面上磨出 2～4 个 0.05～0.075mm 深的平面，与推杆下方扩大的孔相通形成排气间隙，如图 7-3-8 (b) 所示。

目前有采用真空排气系统的设计，该系统由真空泵、真空储罐等构成。当注塑机喷嘴接触浇口衬套后真空阀立即打开，对模腔进行抽真空，3s 后才开始注塑，该系统排气效果更佳。

5. 模温调节系统设计

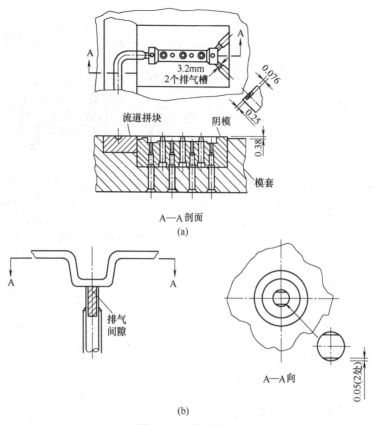

图 7-3-8　模具排气槽

可用高压蒸汽、过热水或热油循环进行模具加热，但最方便价廉的还是电加热系统，其设计是在模具上钻孔，插入电加热棒，电加热功率应根据介于模具两绝热板之间的模具重量进行计算，可以按下面的经验公式算出：

$$P=0.2V \tag{7-3-1}$$

式中　　P——加热器功率，W

　　　　V——被加热模具体积，cm^3

在模具的动定模边分别设置电加热器和测温热电偶，自动控制模具温度，要求模温波动在±2℃范围内，热电偶最好插入型腔或流道的镶拼块之内靠近型腔壁或流道壁的地方。

热固性塑料注塑模型腔的上下位置（安装方向）对型腔温度的均匀性影响很大，由于自然对流热空气向上流动，因此上面的型腔（或型腔上部）受热多温度偏高，实测表明模具上部受热是下部的2倍，上下距离越大温差也越大，如图 7-3-9（a）上下温差大，图 7-3-9（b）则较好，可将加热元件预先进行不等量布置，以取得均匀的温度。

图 7-3-10 所示的新型传热系统有助于在型腔内各点获得相同的模温，并在开模取件后迅速恢复温度的均匀性，它是在型腔块中放置一系列密封的热管。热管能高速传热，使型腔表面温度趋于一致。表 7-3-1 为部分热固性塑料注塑成型模温范围。

表 7-3-1　　　　　　　　　热固性塑料注塑模模温范围

塑料名称	模温/℃	塑料名称	模温/℃
酚醛塑料	160～190	不饱和聚酯塑料	170～180
脲甲醛塑料	140～160	环氧塑料	150～170
三聚氰胺—甲醛塑料	150～190	邻苯二甲酸二丙烯酯塑料	160～175

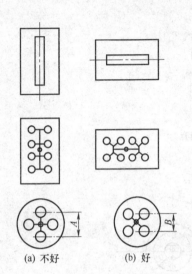

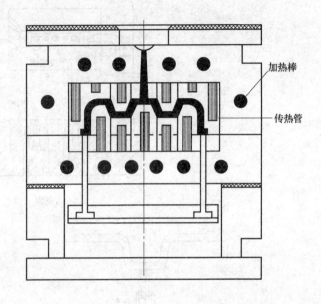

(a) 不好　　　　　(b) 好

图 7-3-9　型腔布置对模温分布的影响　　　　图 7-3-10　热固性塑料注塑模新型传热系统

三、热固性塑料注塑模进展

1. 温流道（冷流道）热固性塑料注塑模

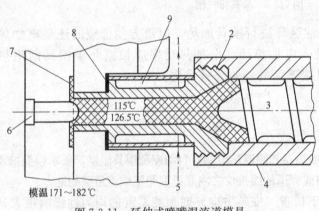

模温171～182℃

图 7-3-11　延伸式喷嘴温流道模具

1—控温介质出口　2—喷嘴　3—螺杆　4—机筒
5—控温介质入口　6—分流锥　7—分流道　8—绝热垫　9—低温介质

由于热固性塑料的浇注系统废料不能回用，因此温流道浇注系统更具有经济价值。它通过温度控制，保持流道内的塑料在整个成型过程中处于流动状态，但又不固化。它不但节约了大量的原材料，而且为全自动成型提供了许多方便，当批产量大时更为有利。

图 7-3-11 为单型腔温流道延伸式喷嘴，该喷嘴直接安装在注塑机料筒上，喷嘴自身带有冷却夹套，它一端伸入模具，直接与

流道相连，喷嘴与高温模具之间用绝热垫和空气间隙绝热，物料通过分流道 7 注入高温型腔，它适用于成型小制品，模塑周期在不大于 15～18s 范围内。

图 7-3-12 所示为温流道多型腔注塑模，其原理是主流道和分流道所处的定模部分和型腔板之间有绝热板绝热，在定模板和高温的定模型腔板之间设有一低温区，相应的模板为温流道板，分流道内物料处于 100～110℃ 的低温下，流道特别是小喷嘴必须进行严格的温度控制，小喷嘴内以最小截面处为界，在入口的一段塑料处于塑化状态，而在出口的一段（点浇口中）则随制件一道硬化，并随制件脱出模外。为节约原材料，与制件相连并受热硬化的

一段流道容积应尽可能小。制品型腔所在的模板处于高温区（热模区），它和动模底板间也应设绝热层，以降低热损失。

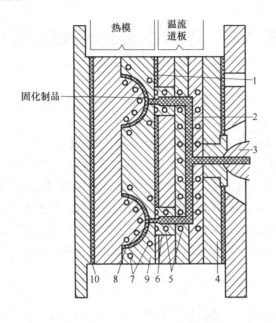

图 7-3-12　多型腔温流道注塑模
1、10—绝热层　2—塑化流动料　3—喷嘴　4—定模板　5—低温介质管道
6—二级喷嘴　7—电热元件　8—塑件　9—定模型腔板

2. 热固性塑料气体辅助注塑成型模具

与热塑性塑料气辅注塑类似，热固性塑料气辅注塑同样有节省原料、缩短成型周期、降低模塑件收缩率、避免翘曲，降低锁模力，提高塑件密度等优点，常用于气辅热固性注塑成型的原料有酚醛塑料、脲醛塑料、三聚氰胺甲醛塑料、不饱和聚酯树脂塑料、环氧树脂塑料等。模具上加气位置有注塑机喷嘴处加气和从型腔适当位置加气两种，后者效果往往更好。模具结构与热塑性塑料气辅注塑模具类似，可参照进行设计。

复习、思考与作业题

1. 试比较热固性塑料的压制、注塑和传递三种成型工艺的区别及模具结构特点，这三种成型方法适用范围有什么不同？

2. 按加料室结构特征传递模分为哪几类？它们的结构特点和适用范围是什么？

3. 与热塑性塑料注塑模相比较，指出热固性塑料的注塑模和传递模的浇注系统设计特点，分别对主流道、分流道和浇口进行比较指出它们的相同与不同，并说明为什么会这样。

4. 热固性塑料注塑模与热塑性塑料注塑模相比较，在模具结构设计上和制模材料选用上有什么不同？为什么？

第八章　塑料吹塑制品成型模具

第一节　概　　述

热塑性塑料的吹塑成型是一种成型中空制品的方法，该类制品既有各种工业制品，也有日常生活用品，如瓶、桶、双壁箱、双壁座椅等。吹塑能较好地保证制品的外部形状和尺寸，能成型用注塑等其他方法无法成型的中空制品。吹塑成型由两个基本步骤构成，即用挤塑或注塑的办法成型型坯，然后在物料塑化的温度下合模，将型坯夹置于吹塑模型腔中，用压缩空气再辅以其他机械力吹胀型坯，使它紧贴于型腔壁，并迅速冷却定型为制品。根据型坯成型和吹塑成型方式不同，吹塑成型模具可分为以下几种类型。

一、挤出吹塑成型模具

挤出吹塑是目前产量最大，经济性良好的一种吹塑制品成型方法。挤出吹塑模具一般由具有垂直分型面的两半模构成，装在合模架上，模架上配备有进气杆或进气针，用挤塑机通过角式机头或储料缸机头向下挤出熔融型坯，然后吹塑模合模，夹住型坯，同时通过进气杆进行吹胀，经保压、冷却、定型后释放出型坯内的高压空气，再开模脱出塑件，如图 8-1-1 所示。与注塑成型相比，吹塑设备和模具的造价低，能成型注塑成型后无法脱出型芯的小口容器。挤出吹塑所采用高分子材料的相对分子质量比注塑原料高得多，且制品在吹塑时经周向拉伸或周、轴两向拉伸的分子取向，使制品具有较高的冲击强度和耐应力开裂能力。吹塑空气压力一般只需 0.2~1MPa，比注塑成型低得多，低压下成型制品所带来的残余应力较小。

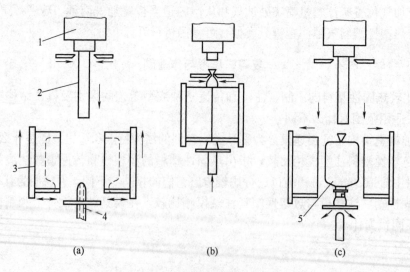

图 8-1-1　挤塑吹塑成型过程
(a) 挤出型坯　(b) 合模吹塑　(c) 脱出制品
1—型坯机头　2—型坯　3—吹塑模具　4—进气杆　5—制品

二、注塑吹塑成型模具

注塑吹塑适于成型小型高精度中空塑料制品，如药瓶、小化学药品瓶、化妆品瓶、食品的小型包装瓶。注塑吹塑模具由型坯注塑模、吹塑模和芯棒移动装置、吹气装置等构成，料坯由注塑的方法成型，附着在芯棒上，然后将芯棒连同热型坯一道移入吹塑成型模具型腔内进行吹塑，如图 8-1-2 所示。

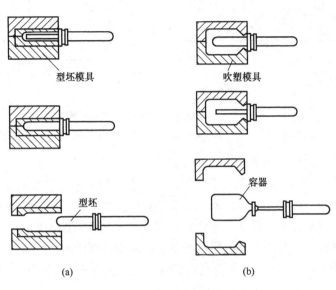

图 8-1-2　注塑吹塑成型过程
（a）型坯注塑成型　（b）制品吹塑成型

这种成型方法的特点是容器尺寸尤其是颈部螺纹精度高，壁厚均匀，容器底部和肩部都不会产生挤吹那样的结合缝，也不会产生由剪切口切下的边角料，由于注塑吹塑的吹胀温度较低，因而大分子有较多的取向效应保留下来，有利于提高其力学强度，制品的光泽和透明性更好，由于瓶口精度高，故密封性好。注吹的缺点是模具和设备要求高，价格昂贵，成型能耗大，成型周期较长，且多适于生产小型制件。

三、拉伸吹塑成型模具

拉伸吹塑工艺分为注拉吹和挤拉吹两大类，由于拉伸吹塑能造成制品双轴取向，因此能获得薄壁的高强度容器，用它成型 PET 瓶有良好的阻渗性和透明性。目前用该工艺成型的制品中产量最大的是各种矿泉水瓶和承受较高压力的各种含碳酸气饮料瓶，上述产品一般都是用注拉吹工艺成型的。而挤拉吹工艺目前在我国应用很少，它又分为先挤出成型管材，然后将冷管预热再进行拉伸吹胀的两步法和在一台三工位成型机上分次进行预吹和拉伸吹塑的一步法。

一步法挤出拉伸的过程如图 8-1-3 所示，共有三个工位，在第一工位挤出的型坯达到预定长度后被预吹模截取，如图 8-1-3（a），在第二工位上在插入定径进气杆同时使瓶颈部的螺纹在模具闭合的压力下成型，并进行预吹塑，如图 8-1-3（b），预吹塑后的型坯仍然保持着较高的温度，壁温经均化调整后进入第三工位进行拉伸和吹胀，见图 8-1-3（c）、（d），形

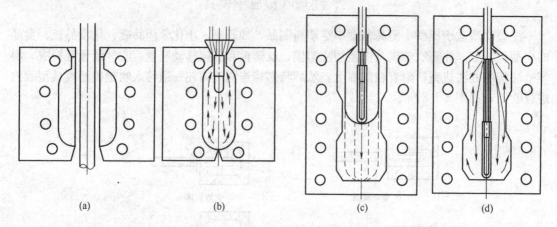

图 8-1-3　一步法挤出拉伸吹塑成型过程

（a）型坯挤出和截取　（b）瓶颈螺纹成型和预吹　（c）拉伸瓶坯　（d）吹胀成型

成最终的产品。该工艺曾被用来大量成型硬 PVC 瓶。

　　注拉吹工艺也可分为一步法和两步法两种，两步法的工艺过程如图 8-1-4 所示。它是将型坯注塑成型和预热，再将预热后的型坯在吹塑模内拉伸吹塑，各步分别在不同的机器上进行。一步法的注拉吹是在一台设备上连续完成注塑和拉伸吹塑的，如图 8-1-5 所示。该图形的左边为注塑机料筒，注塑的型坯包紧在芯棒上，芯棒转到图 8-1-5（b）的位置进行加热调温，然后再转到图 8-1-5（c）的位置进行拉伸吹塑，最后在图 8-1-5（d）位置进行脱模。

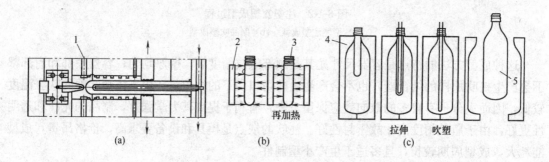

图 8-1-4　两步法注拉吹成型过程

（a）型坯注塑　（b）型坯再预热　（c）拉伸吹塑

1—注塑模　2—型坯预热管　3—型坯　4—拉伸吹塑模　5—制品

四、共挤出吹塑和共注塑吹塑模具

　　共挤出或共注塑的目的是获得由不同塑料组成的多层型坯，以便在吹塑成型后获得多层结构的容器，就吹塑成型模具的本身而言其结构与前述的吹塑模具没有什么区别，其不同是制取多层型坯的挤塑模或注塑模具具有特殊的结构，多层吹塑的目的如下。

　　（1）提高容器的阻隔性　由于常用吹塑用塑料聚乙烯、聚丙烯等的防渗能力不强，氧气、二氧化碳、水蒸气及各种香精等有机化学物质极易透过容器壁逃逸而使所装的物质变质，而防渗力强的聚合物如聚偏氯乙烯、尼龙等价格较贵或难以单独吹塑成型，因此用几种塑料共挤出或共注塑吹塑可以优势互补，既降低了成本，又大大提高容器的阻隔性能。为了

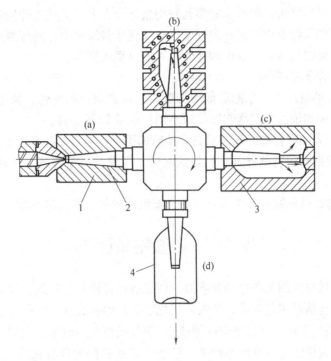

图 8-1-5 一步法注拉吹成型过程

(a) 型坯注塑 (b) 型坯加热调温 (c) 型坯拉伸吹胀 (d) 容器制品脱模

1—型坯模具 2—型坯 3—拉伸吹塑模具 4—容器

进一步改进基体层和阻渗层之间的结合能力，常需在两者之间再加粘合剂形成粘合层，阻隔层和粘合层尽量薄一些，以降低成本，其最小厚度为 $20\sim30\mu m$，同时，为了降低挤出难度往往使壁的最内层和最外层由同一种塑料构成，成为对称结构，否则管坯壁挤出时容易卷曲，这样一来就成为了：基体层/粘合层/阻隔层/粘合层/基体层，这就形成了经常采用的五层共挤结构。

（2）改进容器耐热性 将普通基体层和耐热聚合物复合可提高容器的耐热性，如许多饮品要求在 90℃ 下热灌装，或在 125℃ 下蒸煮、消毒。耐热聚合物常见有 PC、PA、PP、聚芳酯等，它们的热畸变温度较高或者是有较高熔点的结晶聚合物。

（3）改进外观或印刷性 如将尼龙或聚苯乙烯作表层可改善容器表面光泽度，聚烯烃一类的塑料印刷性很差，如在表面复合一层很薄的尼龙层可改善印刷性。

（4）改进着色装饰性 在未着色的基体层外覆一薄层经着色的同种塑料，能降低着色成本，例如外表层用价格高的荧光着色剂染色，适用于化妆品、橙汁等包装，乳白色的基体层能增强荧光的效果，比全部染色效果更佳。也可把深色的遮光层与基体层复合，起蔽光的作用。

此外还可在内外两层新料中夹入回收料层，可降低制品成本，例如采用着色的 HDPE 新料作外层（占总厚 25%），未作色的 HDPE 回收料作中间层（占 55%），未作色的 HDPE 新料作内层（占 20%），生产包装洗涤剂的瓶子。

（5）发泡吹塑 在挤出型坯时加入能产生气体的化学发泡剂，或者直接用超临界 CO_2 作发泡剂，在挤出机的适当部位注入液态超临界 CO_2，在挤塑机的高压下 CO_2 熔入塑料熔体中，当塑料熔体在离开机头形成型坯的过程中，由于压力降低，熔体内的 CO_2 逸出，形成微孔，成为夹芯发泡结构，但单层的多孔结构型坯会大大降低其延伸性能，在吹胀时易形成薄弱点与孔眼，如果将发泡层夹在内外两层非发泡塑料层之中，则可避免上述不足。未发泡层在吹胀过程中可提供所需的强度和弹性，并避免型坯撕裂。

发泡吹塑制品有下述特点：

① 在质量不变的情况下，发泡后能增加壁厚，提高制品的刚性。反之在刚性不变的情况下能减轻质量，例如聚乙烯发泡吹塑能减小制品质量 20% 左右。

② 某些刚性不大的聚合物经发泡后具有柔软的手感，这对某些制件而言是需要的。

③ 发泡以后的微孔塑料制件具有良好的隔音、隔热、减振性能，这种性能适宜做汽车通风管一类的制件。

④ 某些聚合物经染色发泡后表面具有珠光或虹彩效果，能起装饰作用。

第二节　吹塑制品设计

吹塑制品中用量最大的是各种包装容器，例如各种各样的饮料瓶、食品包装桶、药品包装瓶、化学药品（包括日用化学品、工农业用化学品）的包装瓶。吹塑可成型大容积的容器（20～220L），目前已可用 HDPE 挤出吹塑成型 10^4 L 或更大的储罐。吹塑还可制作各种工业制件，其中最有代表性的是各种汽车配件、用于汽车外部的构件有保险杠、扰流板、门板、顶板等，内部构件有仪表板、座椅、车门内衬、燃油箱、液压油储罐、燃油管、散热器管、通风管、连接管和套管等不下三十余种。此外还大量用来制作双壁工具箱，办公用品，建筑、家具、文体器件等。吹塑制品种类繁多，设计麻烦。这里简述一些总体设计原则，特别是包装容器的设计要点。

一、几何形状设计

制品的几何形状首先是由使用功能决定的，以汽车用燃油箱的外形设计为例，需根据燃油箱安置处的空间位置，使能有效利用车体下的剩余空间，增加燃油储存体积来决定，但其他容器设计就没有这种限制。从吹塑件壁厚容易均匀，模具制造方便出发，最好使用圆柱形容器，如图 8-2-1 (a)、(b)。但圆形容器在运输和储存时空间的最大利用率只有 75%。而采用矩形容器时储存空间利用率最大，如图 8-2-1 (c)、(d)。但矩形容器易出现壁厚不均，转角处的壁最薄，而平壁中心处壁最厚。矩形容器在受内压或外压时，平壁易向外鼓出或向

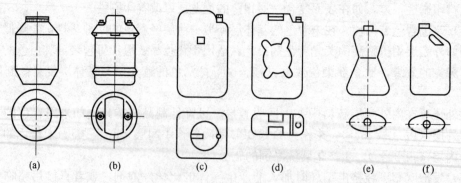

图 8-2-1　吹塑容器外形设计

(a)、(b) 圆形断面　(c)、(d) 矩形断面　(e)、(f) 椭圆形断面

内凹陷，刚性远不如圆形容器。横截面为椭圆形的吹塑容器的优缺点介于圆形和矩形之间，力学性能较好，造型也较美观，一般用于化妆品或洗涤用品包装，椭圆长短轴长度之比应不大于3，如图8-2-1（e）、（f）所示。此外还有各种异型吹塑容器。

二、瓶 底 设 计

常见瓶底设计如图8-2-2所示，从耐压角度出发，球形瓶底在壁厚相同时是耐压强度最高的，但需要粘结一个使瓶子1能垂直站立的底座2，现已很少采用。花瓣形的瓶底具有类似的耐压能力，但又具有使瓶子垂直站立的作用，现采用较多。图8-2-2（c）所示的内凹同样能承受较高的内压，可用于香槟酒酒瓶，但内凹深度要大，吹塑时需在模具底部设有能抽出的活动侧型芯，使模具结构复杂。对于大型容器的底如图8-2-2（d），除了设计内凹外还设计有渐变的底边外轮廓1，一定宽度的平面支承部分3，较大的圆弧拐角部分，较大的内凹角2和较短的凸拱长度4。

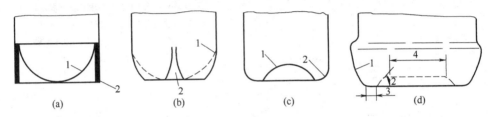

图 8-2-2　瓶底耐压设计

（a）半球形底　（b）花瓣形底　（c）内凹形底　（d）大型制品外凸内凹底

三、近底部、肩部、侧壁设计

盛装液体的容器在灌装时要承受加料机与压盖机的垂直压力，容器在堆放时也要承受垂直压力，容器的底部如果设计成尖锐的转角或转角的R较小时，都会削弱其垂直承压能力，容易在瓶底圆圈处发生破裂，而采用图8-2-2（d）的设计较好。容器的肩部如斜角太小或过于平坦，承受垂直压力的效果也不佳，当肩宽为13mm时，其倾角α应不小于12°，肩宽50mm时，α角应取30°，且壁厚不宜太小，如图8-2-3所示。

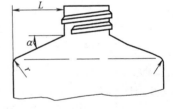

图 8-2-3　容器肩部设计

侧壁设计如图8-2-4，当侧壁设计成瓦楞或锯齿形时，可增加容器瓶的径向强度，但会降低垂直承力的能力，锯齿状的转角越尖，承力越差，如图8-2-4（a）较差，（b）较好。当侧壁有商标、文字、图案时，可将侧壁商标区直径缩小，其上下交界处径向尺寸突变会导致应力开裂，承受垂直力的能力降低，若改用倾斜的渐变过渡，则承受垂直力较好，如图8-2-5（a）、（b）所示。侧壁径向尺寸的变化或在侧壁上成型凸起的花纹和文字都可增加侧壁的径向刚性。

四、瓶 颈 设 计

图8-2-6所示的吹塑容器的几种螺纹颈部设计，常用螺纹形状可以是梯形如图8-2-6（a），也可以是半圆形如图8-2-6（b）。在注吹或注拉吹时瓶颈螺纹是在注塑时成型的，在吹胀时瓶颈不再变化，因此螺纹的尺寸和形状精度高，密闭性好，颈部内壁为光滑的圆柱面如

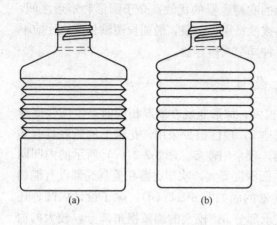

图 8-2-4　容器侧壁设计

（a）较差的设计　（b）好的设计

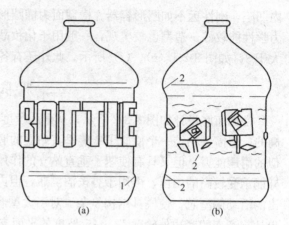

图 8-2-5　容器侧壁商标区设计

（a）较差的设计　（b）好的设计

1—与商标区交界处的突变过渡，边界清晰　2—与商标区交界处的渐变过渡，边界模糊

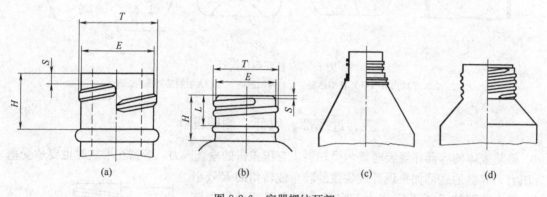

图 8-2-6　容器螺纹颈部

图 8-2-6（c）。挤吹制品的瓶颈螺纹有的是在插入气嘴时挤压成型的，有的是在横向吹胀时成型的，后者精度较差。这时吹制成型的螺纹其内壁随外壁螺纹的起伏不平而变化，如图 8-2-6（d）所示。

　　图 8-2-7 所示为几种非螺纹瓶颈，其中图 8-2-7（c）为气压喷雾容器颈部，要求有较高的刚度和精度。

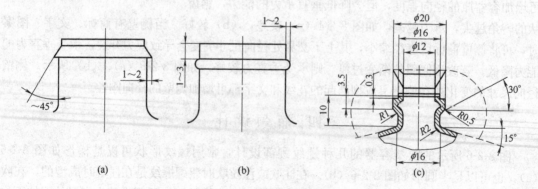

图 8-2-7　容器非螺纹颈部

五、整体铰链设计

某些工业器具或容器上设置有薄的整体铰链，特别是用聚丙烯或高密度聚乙烯成型的双壁工具箱多采用整体式铰链，铰链断面形状如图 8-2-8 所示。小型制品铰链部分的宽度至少应取 1.5mm，否则在折叠时因变形过大而容易折断。铰链厚度常取 0.25～0.38mm，过厚的铰链弯曲时内应力大，反而容易开裂折断，铰链应有足够的宽度。注塑成型的整体式铰链应使熔体垂直流动通过铰链区，以便在铰链处产生剪切取向，对 PP 来说还可产生韧性较好的 β

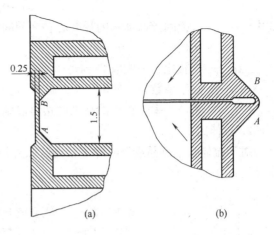

图 8-2-8　双壁吹塑制品上的整体铰链

晶型。挤出吹塑时铰链处的型坯会被模具挤压变薄，也会产生拉伸流动，造成分子取向和晶形变化。

第三节　吹塑模具设计要点

挤吹、注吹、挤拉吹、注拉吹模具设计各有其特点，由于本书的篇幅所限，仅能以普通挤吹模具设计为例对其设计要点简述如下。

一、挤吹模具的主要设计要求

① 要有适当均匀的吹胀比，制品各部位的吹胀比不可过分悬殊。
② 夹坯口能有效地夹断型坯，夹断处的接合缝要有足够的强度。
③ 能快速地进气和排除型腔内气体，保证型坯迅速吹胀。
④ 能快速均匀地冷却，提高成型效率，减少温差内应力。

二、吹胀比和拉伸比

1. 吹胀比

周向吹胀比 λ_R 是指塑件最大直径与型坯直径之比。表示为：

$$\lambda_R = D_2/D_1 \tag{8-3-1}$$

式中　D_1——型坯外径

　　　D_2——制品外径

这个比值要选择适当，过大会使塑件壁厚不均匀，成型工艺难掌握，过小则沿周向取向程度小，周向强度低。λ_R 可取 2～4，常用较小值。

吹胀比也近似代表了塑件径向最大尺寸与机头口模直径之间的关系。对于非圆形断面的制品可按周长相等换算成圆形断面塑件的直径来确定吹胀比和口模的直径，根据塑件壁厚来确定口模间隙。

但考虑到水平断面上各点实际吹胀比不同，矩形制品以尖角处最大，因此总拉伸比应取较小值。

$$G = t\lambda_R\alpha \qquad (8\text{-}3\text{-}2)$$

式中 G——口模间隙即模套内径与芯轴之间间隙，mm

t——塑件壁厚，mm

λ_R——吹胀比，一般取 2～4

α——修正系数，一般取 1.0～1.5，它与型坯离模膨胀和进一步挤出中垂伸变薄有关，对垂伸较小的高黏度塑料取偏小值

2. 拉伸比

对于拉伸吹塑制品成型时除了径向吹胀外还有轴向拉伸，拉伸吹塑的拉伸比见图 8-3-1，定义为：

$$\lambda_L = L_1/L_2 \qquad (8\text{-}3\text{-}3)$$

式中 L_1——从型坯开始拉伸处至型坯底部之间的距离

L_2——制品（瓶子）上开始拉伸处至制品底部之间的距离

拉伸吹塑瓶不同部位的 λ_L 是不同的，瓶体的 λ_L 较大，肩部与底部的 λ_L 较小。

总拉伸比 λ 为

$$\lambda = \lambda_L\lambda_R \qquad (8\text{-}3\text{-}4)$$

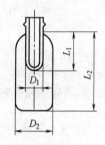

图 8-3-1 型坯与拉伸吹塑瓶

拉伸吹塑时口模间隙计算采用公式（8-3-2），但式中的 λ_R 应改为总拉伸比 λ。λ_L 与 λ_R 的选取与瓶子的用途有关，对受内压的瓶（如含碳酸气饮料瓶）周向拉伸应力为轴向的两倍，故周向拉伸强度也应设计得比轴向拉伸强度大一些。PET 瓶的拉伸强度与拉伸比几乎成正比，因此设计时 λ_R 要比 λ_L 大。对于堆叠性能要求高的瓶子，其轴向强度也很重要，轴向拉伸比也不能太小。

根据拉伸比及瓶子的形状与尺寸可近似确定型坯的尺寸，例如若要求 PET 瓶的瓶体壁厚为 0.35mm，总拉伸比为 11，修正系数 α 取为 1，由此可决定型坯体的壁厚为：

$$G = 0.35 \times 11 \times 1 = 3.85 \text{（mm）}$$

制品壁越厚，吹塑成型时所需冷却时间也越长，制品壁冷却至相同脱模温度所需时间近似的与型坯壁厚平方成正比。

型坯预热时，壁厚的型坯温度调节时间也要长些，如拉伸吹塑 PVC 瓶时壁厚 1.3mm 的型坯预热时间为 8s，壁厚为 1.9mm 时预热时间为 12s。

三、吹塑模具材料

吹塑模具材料常用有钢模、铝合金模、铜合金模和锌合金模。钢模的强度高，使用寿命长，但由于其导热性较差，因此用得不多，它常用来作为铝、铜或锌合金制作的模具上的承压嵌块、剪切口嵌块、拉杆、导柱、导套、模具底板等。用来做承压嵌块、剪切口嵌块的钢材要求有较高的硬度，常需选用经预硬化热处理钢材。

铝合金是用得最多的吹塑模材料，其主要优点是导热性好、质轻，使用寿命可达 1～2 百万次。铜合金中以铜铍合金的导热性较好，强度高，机械加工成型的铜铍合金材料强度更优于铸造的铜铍合金。铜铍合金通过热处理硬度可达 40HRC，但其价格昂贵，以体积计约为铝模的 6 倍，加工较难，所需加工工时约为铝模 3 倍，密度也约为铝的 3 倍。但其耐腐蚀性高，能成型 PVC 制品，还可防止模具的冷却水通道结垢。锌基合金可用来铸造大型吹塑

模具或形状不规则制品模具，其特点是导热性好，成本低，但硬度较低，因此要用钢或铜铍合金来制作夹坯切口嵌件，或制作成模框，将锌基合金制作的型腔镶嵌在其中。

四、模具型腔设计

吹塑制品在脱模时由于温度较高，有一定弹性，特别是 PE 一类的软制品，因此允许垂直于开模方向有较浅的带斜面的侧凹，而不需侧抽芯机构，但侧凹较深时也应设侧抽芯机构，或采用可移动的镶件。型腔分型面由制品形状决定，圆形横截面容器分型面一般应通过直径，椭圆形容器应通过椭圆形的长轴，复杂形状的制品可设置弯曲的多个分型面。容器的把手一般设计在分型面上。

吹塑时由于吹胀压力较小，塑件的表面不可能挤入型腔表面因粗糙度而形成的微小波谷，而是被众多的波峰托住，这样不但使制品有较光滑的表面，而且沿型腔表面形成排气通道，使型腔各处排气均匀。根据这一原理，对型腔表面进行喷砂处理可以形成良好的排气表面，但砂的粒度要适度，在型腔内蚀刻表面花纹也可达到类似的效果。但对于高透明、高光泽制品和工程塑料制品则需采用抛光的模腔，用 360 号细砂擦拭型腔表面，则既可保证制品表面光滑又能有助于沿表面排气的作用。

五、夹坯口和余料槽设计

挤吹成型模具才有夹坯口，其目的是在模具闭合时将多余的物料切除。不但要求切口整齐而且要求在余料切除时在制品上挤压形成的结合缝有足够的强度，为此希望夹坯口应能使尾料被切断时有少量余料挤入结合缝并向制品内侧形成凸起，以增加该处厚度与强度，如图 8-3-2（a）所示。

夹坯口刃宽是一个重要的参数，刃宽过小会减少结合缝的厚度和强度，如图 8-3-2（b），甚至导致切断结合缝，无法吹胀型坯。刃宽过大则闭合不紧，无法切断余料，甚至使模具无法完全闭合。应根据塑料特性，容器壁厚与容积、合模速度及尾料槽夹角来确定刃口宽度值，对韧性较大的塑料例如某些工程塑料刃宽要求小些。

当用 HDPE 成型容积小于 200L 的桶，可按以下经验式确定刃宽 b。

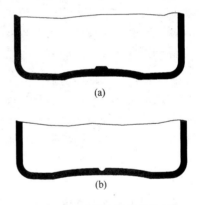

图 8-3-2　容器底部的结合缝
(a) 良好的结合缝　(b) 不良的结合缝

$$b = V^{1/3} \text{（mm）}$$

式中　V——容器容积（L）

对容积 10mL 以下的小瓶，b 可取 0.1～0.3mm

刃口以外为余料槽，包括容器的底部、肩部及手把等处都设计有余料槽，余料槽开在模具的分型面上，余料槽的形状和尺寸对结合缝的强度也有重要影响。图 8-3-3 中给出了五种余料槽的形式。余料槽厚度大，则余料偏厚，难以在短期内冷却下来，热量通过夹坯口传至结合缝，因而增加了脱模周期。若槽深过大，余料无法与槽壁接触，则冷却更困难。反之若槽深过浅，则余料使模具难以完全闭合。

余料槽的夹角设计也很重要，常取约 45°，如图 8-3-3（a）。图 8-3-3（b）所示的余料槽

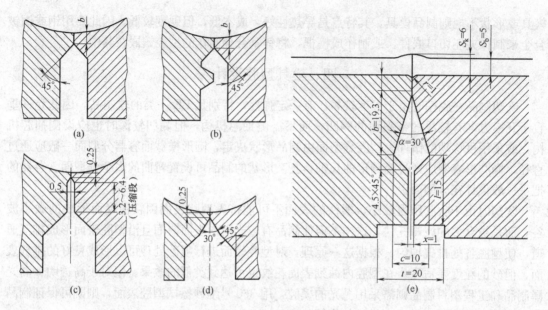

图 8-3-3 夹坯口和余料槽

(a) 普通式 (b) 凸块式 (c) 压缩段式 (d) 双锥度式 (e) 对锥式

设计有凸块, 合模时可将余料反挤入结合缝中, 增加结合缝厚度。图 8-3-3（c）的余料槽中设有一压缩段, 起挤压余料作用。图 8-3-3（d）的余料槽由两段不同的锥度构成, 30° 的小斜角可产生一定的挤料背压。图 8-3-3（e）为对锥形余料槽设计。上述各种余料槽都可把少量的熔体向容器内侧挤入结合缝中, 从而增加接缝的强度。

吹塑容器的底部一般为内凹形, 向上凸起, 由于制品有弹性, 底部内凹成型时一般不需要设侧抽芯机构, 但内凹不宜太大, 对于容积小于 5L 的容器, 软质塑料（LDPE 等）容器内凹深度最大取 4～8mm, 中等硬度塑料（HDPE、PP、POM 等）取为 3～6mm, 硬度很高收缩率很小的塑料（PMMA、PS、PC 等）最好不大于 2～4mm, 当底部内凹深度过大时则必须设侧向抽芯机构, 先向下抽出内侧凹镶件滑块, 再分型取出制件。

六、瓶颈嵌块设计

对于挤吹模具瓶颈成型方式有多种, 现仅举出如图 8-3-4 所示的一种典型结构。

成型螺纹的模颈圈 2 如果硬度不够, 在切去料头时极易磨损, 因此在其上端镶有一淬硬的剪切块, 剪切块内表面为 60° 的锥形, 淬硬到 56～58HRC。吹气嘴插入时, 吹气嘴上的剪切套与剪切块对压, 切断颈部余料。这里用带齿旋转套筒将余料从制品上扭断。

当定径进气杆插入型坯时, 可把型坯熔料挤入模颈圈的带螺纹牙的型腔内, 形成实心的螺纹, 进气杆外表面成型瓶颈的内表面, 这时瓶颈实际是压塑成型的。当瓶颈螺纹直径较进气杆直径大得多时, 则瓶颈螺纹不可能压塑成型, 而只能吹塑成型, 如图 8-3-5 所示的模具没有进气杆, 合模后通过模具与机头紧贴来封闭型腔, 瓶颈螺纹靠吹塑成型, 瓶颈处圆锥形拱顶在后加工时用旋转刀沿内径切削去除。

七、模具排气设计

吹塑模具的排气量大, 成型压力又小, 故在型腔周边应开设足够的排气通道使制品能饱满地成型, 常用的排气方法如下。

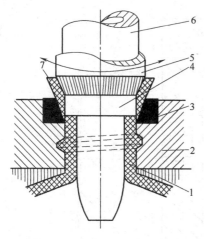

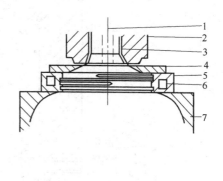

图 8-3-4　瓶颈处成型与余料切除

1—容器颈部　2—模颈圈　3—剪切块　4—剪切套

5—旋转带齿套筒　6—定内径的进气杆

7—颈部余料

图 8-3-5　大瓶颈吹塑成型

1—吹气孔　2—机头口模　3—机头型芯　4—滑动顶盖

5—瓣合模颈圈　6—冷却通道　7—模具体

1. 分型面排气

如图 8-3-6（a）、（b）所示，它是吹塑模的主要排气通道，排气槽深 0.05mm，宽 5～25mm，开多个或沿整个瓶身高开设，气体经过几毫米距离后进入更宽大的排气通道。

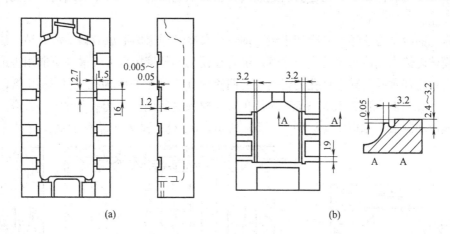

(a)　　　　　　　　　　　　　　(b)

图 8-3-6　分型面上的排气槽

2. 型腔壁面排气

主要是在型腔表面钻排气孔、开排气缝、或安装带缝的嵌件来排气，排气孔多开在瓶底转角处或模具死角处。排气孔直径应适当，一般取 0.1～0.3mm。为了减少气体流动阻力将细排气孔后段与粗排气孔相连，细孔段的长度应尽可能短些，约 0.5～1.5mm，如图 8-3-7 左上角所示。由于细孔加工较困难，因此常在模壁上嵌数个磨有三角形或磨出几个平面的圆柱形嵌件，每一嵌件有较大的排气截面积，嵌件常做成标准件，安装十分方便，如图 8-3-7 左下角所示。嵌入后形成的间隙保持在 0.1～0.2mm，不致在制件上留下过大的痕迹。此外还有多种在模具型腔壁上形成排气缝或排气孔的方法，如右图所示。

在型腔壁上嵌置由粉末冶金烧结而成的多孔金属块，可形成排气通道，但要掌握孔径的大小，以免在制件上留下明显的痕迹。

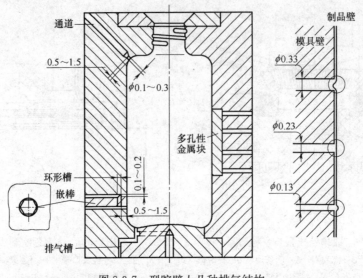

图 8-3-7　型腔壁上几种排气结构

八、吹塑模的冷却

吹塑模的冷却时间占吹塑成型周期的 60％以上，甚至达 90％，因此加速冷却对提高生产效率十分重要。冷却不均匀还会引起翘曲，或影响制品的最终凝聚态结构，从而使制品物理性能变差。

最常见的冷却方法还是开冷却水道冷却，模具冷却通道的形成有铸造法、钻孔法。铸造法是在模体内铸入通冷却水的金属弯管，也有在模具的外壁用水雾喷淋。目前用得最多的是在模具上钻冷却水孔，要求钻孔的密度大，两相邻孔之间中心距为孔径的 3～5 倍，例如孔径为 10～15mm 时孔间距取 30～50mm，孔壁与模腔之间的距离为孔径的 1～2 倍。以便均匀充分地冷却制品，如图 8-3-8 (a)、(b) 所示。图 (b) 适合于箱型制品侧壁的大平面冷

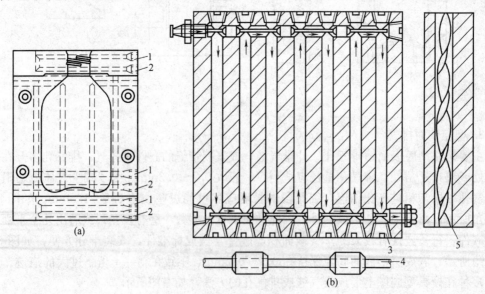

图 8-3-8　吹塑模冷却水道配置

1—冷却水入口　2—冷却水出口　3—管塞　4—带塞子的横杆　5—螺旋铜片

却，在孔道内设置螺旋形铜片可增加湍流程度。

此外吹塑模还有采用热管冷却，采用液 N_2 或液体 CO_2 作制品内壁冷却，采用冷冻空气膨胀吸热内冷却，以及用冷冻空气/水雾混合介质作内冷却等方法。

为了提高成型效率还可在较高的温度下脱模取出制品，然后在定型夹具夹持下置于后工位继续冷却。例如吹制大桶，一般可在正常的完全冷却时间的一半以后即开模脱出塑件，将制品置于特殊的夹紧套内维持不变形，继续进行冷却，以缩短在模具内的成型时间，提高模具利用效率。

复习、思考与作业题

1. 什么是挤出吹塑、注塑吹塑、拉伸吹塑、共挤出吹塑和共注吹塑？它们成型的制品各有什么特点？如何根据产品要求来选用不同的吹塑成型方法？

2. 试讨论在吹塑模设计中如何选取吹胀比和拉伸比，它们对成型难度和制品性能有什么影响？

3. 如何通过夹坯口和余料槽设计来提高容器底部接缝的结合强度，缩短成型周期，并得到美丽的外观？

4. 为了在吹塑成型时顺利排出型腔内原有空气，在模具设计时可采取哪些措施？

第九章　塑料热成型模具设计

第一节　概　　述

一、热成型概念及其特点

热成型是一种成型薄壳状塑料制品的方法，其工艺过程是将热塑性塑料片材加热，使之达到塑料软化温度以上，将片材与模具边缘固紧，然后靠真空或压缩空气形成的压力差或利用凸凹模对压的压力使片材变形，紧贴在模具型腔表面轮廓上，冷却定型后经切边修剪得到薄壳状的敞口制品。也可将挤塑生产线上的热片材调节到适当的温度，迅速移送到成型模具上方，并紧贴热成型模具边缘，直接进行热成型。

热成型涉及原料品种和产品范围很广，其原料可以是通用塑料 PVC、PE、PP、PS、PMMA 等，也可以是工程塑料 PA、PC、PET 等。其产品被用到很多领域，如商品包装（经常采用的透明单面包装）；快餐业用器皿如杯、碟、盘、碗；家用电器的冰箱内胆；家庭用品如浴缸、箱包；交通工具如车船、飞机的内衬；以及立体地图、装饰用品等。

热成型用的原料片材可以用压延片材、双轴拉伸片材，最常用的是挤出成型经压光机辊压光滑的片材，小型制品也可将挤出的片材趁热直接送到热成型机成型，可节能并提高生产效率。

与其他成型方法相比，热成型具有下列特点：

① 产品应用范围广。热成型产品目前已遍及工业、农业、交通、电子、日用各行业，已如前述。

② 成型制品规格范围宽。用热成型可以成型特厚、特薄、特大、特小的制件，例如用凸凹模对压的热成型可以成型壁厚达 20mm 的制件，也可用真空成型壁厚仅 0.1mm 的制件。成型面积大，例如成型 $(3\times9)m^2$ 的制品，也可小到用于一粒药丸、一个针头的包装盒产品。

③ 设备和模具投资少，成型效率高。热成型工艺设备简单，设备费用远低于注塑成型。由于成型压力低，因此对模具材质要求不高，除采用钢模外，还大量采用导热性良好的铝模、铜模，甚至可用木材、塑料、石膏等非金属材料作模具。由于成型制品的结构一般都较简单（这也是热成型的局限性），模具一般只有阴模或只有阳模（对压成型模除外），成型精度要求低，因此模具费用低，但产量却很高，特别是采用多型腔模成型小型制件，例如饮料杯，单机可达每小时 20000 只以上。

热成型的不足是不能制造结构复杂的带有侧凹、侧孔的塑件，一般只能生产敞口的容器形制件。同时生产中切下的边角废料较多，但它仍不失为一种经济实用的不可替代的成型方法。

二、热成型方法的分类

热成型的工艺方法很多，相应模具结构也各不相同，如按成型力的来源分类，可分为真空成型、压缩空气成型、真空和压缩空气联合作用成型和对模压制成型，现按最常见的热成型方法成型特点进行分类，分别介绍如下。

1. 阴模真空成型

阴模真空成型又称吸塑成型，是使用最广的热成型方法。它是利用一个凹模成型制品，在片材上方（或同时在上下方）用加热器将片材预热到软化点温度以上后，通过夹持装置迅速将片材移送到凹模上方，也可直接在凹模上方加热片材，为防止空气漏入片材和型腔之间，夹持装置在型腔边缘处要加密封圈，然后迅速抽真空，片材变形紧贴于型腔表面并迅速冷却，如图 9-1-1（a），图 9-1-1（c）是制品冷却后取出，取出时可以在抽真空孔中通入压缩空气将制品推出。

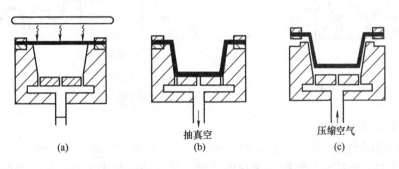

图 9-1-1　阴模真空成型
（a）预热　（b）抽真空　（c）脱模

阴模真空成型塑件外表面精度高，一般用于成型深度不大的塑件，如果深度很大，会造成壁厚均匀性差。特别是制品的底部和底的四边转角处被拉得很薄，而上口边缘较厚。

2. 阳模真空成型

它是利用一个凸模成型制品。将预热到软化点的片材移送到阳模上方，夹持装置下降与阳模周边密合，立即抽真空，片材变形后紧贴于阳模上方而冷却定型，如图 9-1-2 所示。阳模真空成型与阴模成型相比，容器底部厚度减薄较少，如 PE 制品底部接近原片厚，但 PP 和 PS 在拉深时底部料片也会沿模具的冷表面有一定滑动，而使整体壁厚较均匀。阳模成型可降低收缩率，所成型塑件内表面尺寸较精确。

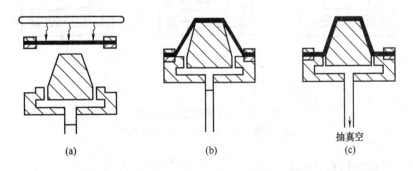

图 9-1-2　阳模真空成型
（a）预热　（b）夹持装置下降密封　（c）抽真空

3. 气压成型

模具与凹模真空成型或阳模真空成型类似，但需将预热片材在原来抽真空一边的反面围成密闭空间，施以压缩空气，使片材变形紧贴于成型表面。真空成型的最大压差也不会超过一个大气压，因此成型厚片材或复杂形状的制品时就显得压力不足，会造成轮廓不清，花纹模糊等弊病，而采用压缩空气成型压力差可达 0.3～0.4MPa，而且由于气体的膨胀使压缩空气成型速度很快，约为真空成型的 3 倍，制品与模具贴合面的光洁度高，花纹、转角等清晰准确，如图 9-1-3 所示。

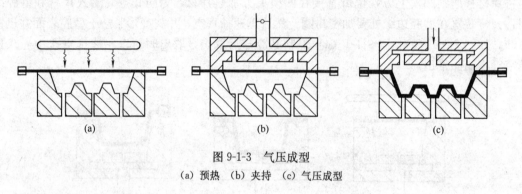

图 9-1-3　气压成型
(a) 预热　(b) 夹持　(c) 气压成型

4. 柱塞辅助真空成型

本方法的目的是减小热成型制品的厚薄差异，在阴模真空成型时先用一个与型腔形状类似的但小得多的辅助柱塞，推压已软化的片材，使其产生很大的预变形，如图 9-1-4 所示。这时阴模型腔里的空气被压缩，塑料板由于柱塞的推力和型腔内空气压力而预延伸，在吸塑成型时使壁厚较均匀，为了减少柱塞在塑件上留下痕迹，柱塞表面应采用很厚的绝热软质材料如毛毯包裹，以保证板材在预推压时不降温。本方法适用于型腔较深的塑件。

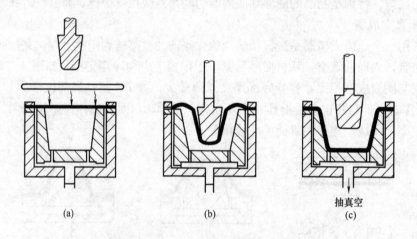

图 9-1-4　柱塞辅助真空成型
(a) 预热　(b) 预延伸　(c) 真空成型

5. 气压预拉伸凹模真空成型

用辅助柱塞进行预拉伸，固然能减小成型制品壁厚薄差异，但因柱塞直接接触片材，容易在塑件上留下痕迹，因此采用气压将片材向上鼓泡拉伸然后转换成真空将片材反吸入凹模中成型，采用这种方法能使制品的壁厚不均匀性得到改善，因而性能大大提高，过程如图 9-1-5 所示，但全过程时间被加长。

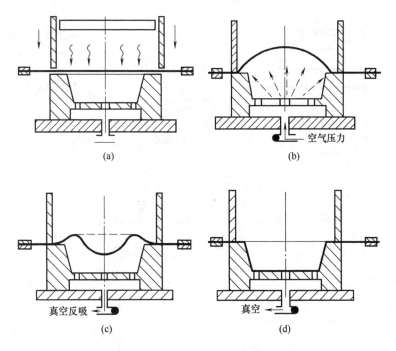

图 9-1-5　气压预拉伸凹模反吸成型

（a）预热夹持　（b）鼓泡预拉伸　（c）片材反吸　（d）真空成型

6. 气压预拉伸凸模真空成型

过程与气压预拉伸凹模成型相同，图 9-1-6 表示了这种成型方法的过程。

除了用压缩空气进行预拉伸外，还可用真空预拉伸再反吸到凸模上。还有用气压和辅助柱塞联合进行预拉伸等各种形式，这里不再一一列举，它们都能提高制品的质量，使壁厚更趋于均匀。

7. 凸凹模对压成型

该系统彻底放弃了真空与压缩空气系统，完全采用机械力用凸凹模对压完成片材成型，如图 9-1-7 所示。这种成型方法的主要优点如下：

① 制品的形状和尺寸精度较高。

② 适用于结构较复杂的制品，甚至可在制品表面成型出清晰纹饰图案或企业标记。

③ 壁厚分布较均匀，这在很大程度上取决于制品形状。模具上的小孔用来排气。

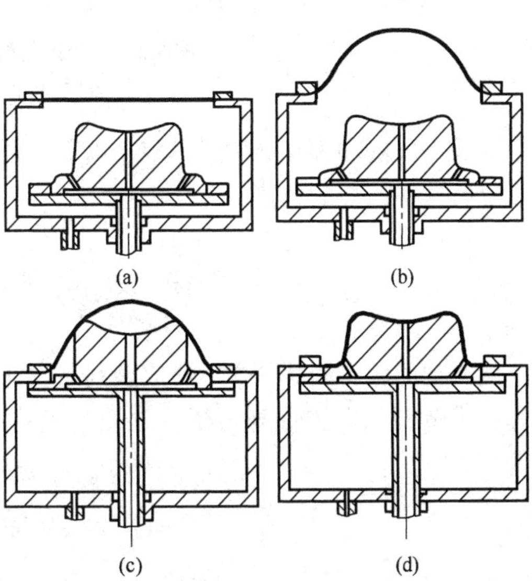

图 9-1-6　气压预拉伸凸模反吸成型

（a）预热夹持　（b）鼓泡预拉伸　（c）凸模上升
（d）真空成型

8. 钢模与硅橡胶模对压成型

由于完全吻合的凸凹模在制造上比较费事，因此对于形状浅的薄型制品可以用一半钢模，另一半用耐热的硅橡胶块。当与钢模对压时硅胶块变形与钢模形状相吻合，从而对压成

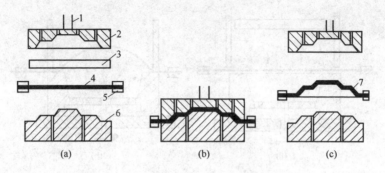

图 9-1-7 凸凹模对压成型

(a) 预热 (b) 对压 (c) 开模

1—压机柱塞 2—凹模 3—加热器 4—片材 5—夹持器 6—凸模 7—制品

型出制品，这样片材的受力更柔和，减少破损，如果制品的深度很大，也可在上模的端部局部嵌上硅胶块，用以成型底部的细微形状或花纹，如图 9-1-8 所示。

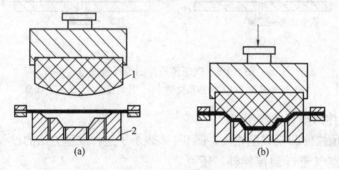

图 9-1-8 钢模与硅橡胶模块对压成型

1—硅胶上模 2—金属下模

热成型方法和模具结构还不限于以上几种类型，这里叙述了主要的工艺方法和模具结构以及进行这些改变的思路。

第二节 热成型制品的工艺性设计

同其他的塑料制品一样，热成型制品设计应从使用功能、制品成型工艺性，刚、强度要求和艺术造型几个方面来考虑，这里以制品成型工艺性为主对热成型制品设计进行简单讨论。

一、几何形状设计

热成型适合成型开口宽阔、深度浅、流线形外廓、形状简单的半壳型制品。制品上不能有侧孔、侧凹，否则难以成型和脱模。但当确有需要时也可在模具上设置移动式侧抽芯。当形状复杂，侧向凸凹深度超过 10mm 时需考虑采用瓣合式模具结构，以便于脱模。

热成型制品一般壁较薄，为了增加制品的刚性应避免制品上有大平面的设计，而应改成拱形、凸凹形，在制品上加筋、脊或增加花纹图案，这样可大大提高制品刚、强度，减少变形，如图 9-2-1。图中表示如何将平面形状底改设计为带凸凹条纹的制品，及将侧壁设计成瓦棱形，并加上凹缘翻边。为增强圆环刚性，横向条纹比纵向条纹好，但纵向条纹适用于装果冻、冰淇淋一类的食品。实际上对于这类小包装刚、强度显得比较次要。凸凹条纹设计不宜起伏太大，数量太密，以免成型时壁被拉得过分厚薄不均。

图 9-2-1　热成型制品上凸凹纹设计
(a) 原设计　(b) 改进后的设计

二、脱模斜度和转角

用凹模成型简单制品时，由于制品热收缩，制品脱模斜度很小也能脱出，但由于一些容器制品中间设计有很深的分隔筋和高外壁、大翻边等，因此即使有成型收缩，如不设脱模斜度，制品仍有可能咬住金属模面而不易脱出。热成型制品脱模斜度通常在 0.5°～4°范围内选取。阴模成型时脱模斜度为1/120～1/60，阳模成型应取更大的脱模斜度，一般为1/30～1/20，斜度越大制品壁厚越均匀，也有利于提高生产效率，如图 9-2-2 所示。

制品上的转角要取足够大的圆角半径，一般不小于壁厚的 3～5 倍，成型时片材才能紧贴模壁，并降低转角处的厚薄不均，如图 9-2-3 所示。但过大的圆角会使制品角隅处和整体刚度降低，不及棱角分明者表现出较高的刚度和清晰的外观。

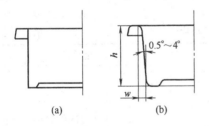

图 9-2-2　热成型制品脱模斜度
(a) 不良设计　(b) 好的设计

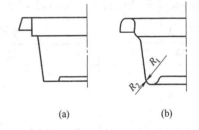

图 9-2-3　热成型制品的圆角半径
(a) 不良设计　(b) 好的设计

三、引伸比和展开倍率

在热成型时，片材的变形程度可以用引伸比和展开倍率来表示，如图 9-2-4 (a) 的杯形制品引伸比为深度和直径之比即 $H:D$，对于聚烯烃一类的塑料一般不大于 1.5，而对于像聚氨酯一类弹性和熔体强度特别好的塑料可远大于此值，可高达 4 以上。

但对于某些品种的塑料，特别当分子量较低时，片材极易拉薄，不可采用过大的引伸比。非圆形制品的引伸比用片材夹持部位之间的最小宽度代替直径进行计算。

所谓展开倍率指热成型制品的表面积与夹持部位内原料片材的表面积之比，如图 9-2-4 (b) 所示的矩形制品，设成型过程中的展开倍率为 x，则有

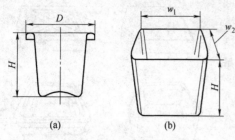

图 9-2-4　引伸比和展开倍率

$$x = \frac{2w_1 H + 2w_2 H + w_1 w_2}{w_1 w_2} \qquad (9\text{-}2\text{-}1)$$

式中各符号的意义见图 9-2-4 （b）。

一般真空成型法展开倍率对不同塑料片材有不同的最佳值，硬 PVC：$x = 3$，ABS：$x = 5\sim7$，PC：$x = 3\sim5$。采用压缩空气成型法能获得较高的展开倍率，较真空成型提高 50%。已知制品的厚度和展开倍率后，即可反算出所需原料片材厚度。

通常坯料板材的厚度为 1~5mm，最小 0.1mm，最大不超过 8mm，当产品批量很大时可以特殊生产指定厚度的片材，而产量不大的情况下，一般可按标准片材的厚度进行选用。表 9-2-1 所列是用于热成型的几种原料片材及其厚度范围。

表 9-2-1　　　　　　　　常用热成型片材及其厚度范围

材 料 名 称	厚度范围/mm
ABS	1.65~6.35
硬聚氯乙烯(RPVC)	0.05~1.5
聚甲基丙烯酸甲酯(PMMA)	0.76~12.7
醋酸纤维素(CA)	0.25~1.5
醋酸丁酯纤维素(CAB)	0.13~1.5
高冲聚苯乙烯(HIPS)	0.25~6.35
通用聚苯乙烯(GPS)	0.13~0.76
聚乙烯(PE)	0.25~3.18

表 9-2-2 是我国食品包装用硬 PVC 片材标准。

表 9-2-2　　　　　　　　食品包装用 RPVC 硬片　　　　　　　　单位：mm

项　目	规　格	允 许 公 差
长度	平片	+2 0
	卷片	不允许有负值
宽度		+5 0
厚度	0.03 以下	±40%
	超过 0.03 而在 0.05 以下	±30%
	超过 0.05 而在 0.1 以下	±20%
	超过 0.1 而在 0.3 以下	±15%
	超过 0.3 而在 0.5 以下	±13%
	超过 0.5 而在 0.8 以下	±10%

四、产品尺寸精度和形位精度

热成型制品的尺寸和形位精度都较低，聚乙烯、聚丙烯制品成型收缩率很大，且会受原

444

料片材取向不同而在不同方向有不同收缩率。例如 100mm 长度的制品可产生 6～7mm 的误差，即使用精度较高的其他材料如 ABS 片材也难以将误差控制在 1mm 以内。气温、环境条件的变化还会引起成型后的制品变形。制品在热和外力作用下有回复到原料片材形状的趋势，其回复变形同采用的材料、使用温度、成型工艺和加工条件及制品设计有关。

第三节　热成型机及模具设计

由于热成型的方式很多，因此其设备结构形式和模具结构各不相同。

一、热成型机

热成型机有通用型和专用型。通用型热成型机可更换模具，生产各种制品，适用于小制品批量生产。而大型制品如浴缸、冰箱内衬一般用专门设计的机器。热成型机的主要工艺参数有：最大成型面积（当制品较小时可据此确定每模成型件数）；最大成型深度；使用片材厚度；循环周期等。这里介绍几种典型热成型机。

1. 单工位穿梭式热成型机

如图 9-3-1 所示，按要求剪裁好的片材往返于预热烘箱和成型模具之间，该类机器的规格有大有小，运用很普及。缺点是运转速度慢，产量和热效率低。

2. 四工位旋转式热成型机

如图 9-3-2 所示为四工位旋转式热成型机。片材由手工或机器装入夹框中压紧，然后移入烘箱，片材烘至柔软发生下垂，即发生所谓熔垂现象，当片材熔垂变形到一定程度立即转入成型工位进行成型，并同时进行冷却，片坯在第四工位卸下经模外修剪即得到产品。

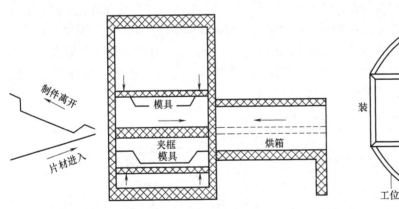

图 9-3-1　单工位穿梭式热成型机

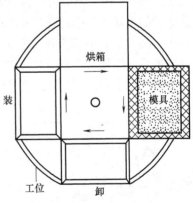

图 9-3-2　四工位旋转式热成型机

3. 片卷供料式热成型机

图 9-3-3 为片卷供料式热成型机典型结构。片卷连续送入，被固定在链条上的夹持器夹住片材两边，经红外加热器加热软化后送入成型机模具，制品冷却定型后连续切去飞边，并经堆垛入库。这种热成型机产量大，效率高，适用于生产大批量的小型制品如饭盒、口杯等。

热成型技术和装备还有许多新的进展，其一是由热成型设备与挤出片材联动的塑料容器高速生产线，挤塑机头挤出的片材经适度冷却，调节到某一最佳温度立即热成型，可节约能

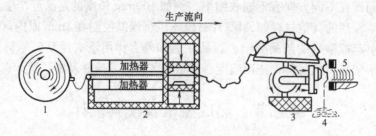

图 9-3-3　片卷连续供料热成型机
1—片卷　2—热成型机　3—切边机　4—边角料屑　5—制件堆垛

量损耗，而边角余料直接粉碎后回收进挤出机使用，产品质量好，生产效率高。但这类设备的维护保养要求高。其二是热成型包装联动生产线，该线需输入成卷的塑料片材原料，在灌装车间热成型后在裁边之前即进入灌装工位，在该处灌装封盖然后冲切，即得包装完好的商品，包装所使用容器不会因仓储、运输而造成污染，这对于高洁净度商品特别是食品类商品包装是十分有利的。此外还有将热成型设备与后继的表面装饰，如印刷、烫金等设备组合成高效的联动生产线等。在此不再一一介绍。

二、热成型模具

热成型模具的结构样式很多，这里只就设计中的共性问题，分别对真空成型模具和压缩空气成型模具介绍如下。

1. 真空热成型模具设计

(1) 抽气孔设计　为了使塑料片材与模具型腔间的空间形成负压，抽走原有的空气，必须在模具的型面上开设许多抽气孔，气体通过真空泵迅速抽走。抽气孔直径取决于塑料品种及片材的厚度，其决定原则是既能在短时间内将片材与模具型面之间的空气迅速抽走，又不会在制品上留下明显的抽气孔痕迹。通常采用 $\phi0.3\sim1.5$mm 的圆孔，但抽气孔最大直径不得超过片材厚度（特别薄的片材除外），以免抽气时片材凹入孔内，表 9-3-1 列出了几种塑料片材真空成型模具抽气孔直径、供模具设计参考。

塑料类别	塑料片材厚度/mm				
	0.3~0.8	0.8~1.0	1.0~2.0	2.0~3.0	3.0~5.0
RPVC	0.4~0.5	0.6~0.8	0.8~1.0	1.0~1.5	1.0~1.5
PS	0.3~0.5	0.5~0.6	0.6~0.8	0.8~1.0	0.5~1.0
PE	0.3~0.4	0.4~0.5	0.5~0.7	0.7~0.8	0.7~0.8
ABS	0.3~0.5	0.5~0.6	0.6~0.9	0.9~1.0	0.9~1.0
HIPS	0.5~0.8	0.8~1.0	1.0~1.5	—	—
PMHA	—	—	1.0~1.2	1.2~2.0	1.5~2.0

表 9-3-1　　　　　　　　　　真空成型抽气孔直径

抽气孔在成型面上的位置排布也很重要，在片材变形过程中最后与型面接触的部位即模具型面的最低点及角隅处，尤其是轮廓复杂处，必须有足够的抽气点。大平面处抽气孔要均布，孔间距可在 30~40mm 范围内选取。小型制品上小平面（或弧面）上的抽气孔仍需均布，但孔间距可适当减小到 20~30mm。型腔上每平方米孔眼数对简单型腔为 300~500 个，复杂型腔可达 1500～2500 个。对同一副模具来说所有抽气孔直径应相同。

一般用钻头在成型面上钻出抽气孔。当模板较厚时，为减小抽气阻力，提高抽气速度，可在距离型腔表面 3～5mm 的一段钻小孔，而后段则在型腔反面扩成大孔，这样不但能满足快速抽气的要求，也使加工容易。除了在型面上进行开孔的方式之外也可以在型面上开真空缝。

（2）型腔成型尺寸计算　型腔成型尺寸的计算方法和注塑模、压塑模等其他模具一样，应根据塑件成型收缩率进行计算：

$$L_M = L(1 + \varepsilon_{scp}) \pm \delta_z \tag{9-3-1}$$

式中　L_M——凹模或凸模成型尺寸

　　　L——塑件平均尺寸

　　　ε_{scp}——塑件平均收缩率

　　　δ_z——模具制造公差值

真空成型塑件收缩量大约有 50% 是塑件从模具中取出时立即产生的，25% 是取出后在室温下保持 1h 内产生的，其余是经 24h 存放后产生的。一般而言凹模真空成型的塑件收缩率比凸模真空成型的要大，因为用凸模成型时凸模有阻止收缩的作用。收缩率可按表 9-3-2 选取。成型收缩率与工艺条件间关系很大，片材成型温度越低则收缩率越大，但过高的成型温度收缩率也会增加。如图 9-3-4 为两种不同厚度的片材成型温度与尺寸收缩率的关系。每种材料都有其最佳成型温度范围，在此区间收缩率最小，如 PVC 为 120～130℃，ABS 为 90～150℃等。图 9-3-5 为引伸比与尺寸收缩率的关系，每种材料都有最佳的引伸比（制品深度和直径或跨度之比），PVC 为 0.5 而 ABS 为 0.3～0.9。

表 9-3-2　　　　　　　　　　　　凸模和凹模真空成型时收缩率

数值 模具	塑料品种	制件收缩率/%				
	聚氯乙烯	ABS	聚碳酸酯	聚烯烃	增强 PS	双拉伸 PS
凸模	0.1～0.5	0.4～0.8	0.4～0.7	1.0～5.0	0.5～0.8	0.5～0.6
凹模	0.5～0.9	0.5～0.9	0.5～0.8	3.0～6.0	0.8～1.0	0.6～0.8

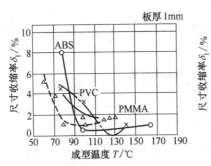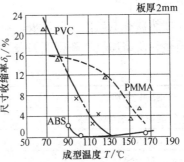

图 9-3-4　成型温度和片材厚度对收缩率的影响

由于数据缺乏，设计时要准确地确定收缩率是困难的，当制品精度要求高、批量大时，最好先制作一简易模具，通过成型试验实测出收缩率再进行模具设计。

（3）型面粗糙度设计　真空成型模具需保持一定的粗糙度，因为真空成型时压差不大，模具表面的粗糙痕迹不会直接印在制品上，而粗糙的表面使排气孔之间的气体能沿模面与料

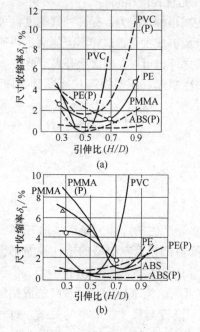

图 9-3-5　引伸比对收缩率的影响
实线—不使用辅助柱塞　虚线—使用柱塞
（a）片材厚 1mm　（b）片材厚 2mm

片之间的间隙进入排气孔，而在气推脱模时该间隙又有利于气体均布和制品脱出，因此将模具的型面加工达 $Ra0.8\mu m$ 后，通常都要进行喷砂处理或麻纹化。但对于高光亮度的透明制品的型面需进行抛光处理。

（4）边缘密封设计　为了达到良好的成型效果，需在抽真空时保持高的真空度，为此需避免空气从片材的周边漏入片材与型面之间，因此片材的夹持装置或片材的边缘需设置橡胶密封垫，而且还要维持一定的接触压应力才能保持良好的密封作用。

（5）加热与冷却　片材加热可采用片材直接与热板接触加热和片材与热源保持一定距离的辐射对流加热。加热可在片材的单面进行，也可双面同时加热。厚度大于 2mm 的片材为了加热均匀，提高加热效率，应采用双面同时加热，加工厚度大于 2mm 的 PP、PE 板和大于 6mm 的 ABS、PVC 板时应将板材堆放在烘箱内先进行预热，然后再加热，以提高成型速度。

选用红外线辐射加热，单面加热时加热器应放在片材下方，利用热空气上升对流提高加热效率，双面加热时下方热源的温度应比上方低，取下方热源功率为上方的 60%～80%。还应注意下方辐射加热器与片材间应保持足够距离，同时还要精确控制片材软化后的下垂距离，以免片材接触下方高温加热器而造成意外。

远红外辐射加热器能发出 5.6～1000μm 的电磁波，许多塑料在此波长范围内具有很好的吸收带，如 ABS、PVC、PMMA 等其加热效率会很高，它不仅能缩短加热时间、节约能源，而且对料片有较好的穿透作用，使片材受热均匀，内外温差小。同时远红外线与高频微波感应加热相比，前者设备投资费用低、占地面积小，对人体和环境都没有危害，可节电 30%～50%，因此应用较广。

常用远红外加热器有电热棒、电热板、陶瓷石英电热器、红外灯及表面涂有 SiC 的远红外加热板。不同塑料所需加热功率密度如表 9-3-3。

表 9-3-3　　　　　　　　　　不同塑料所需加热功率密度

塑料类别	功率密度/(Jm^2)
RPVC、高冲 PS、醋酸纤维素	1.5～3
PP、PE	3.5～5
PC、PSU	≥5

吸塑成型时制品紧贴在模壁上，为提高生产效率必须加快冷却。小型制品多用风冷，大型制品在型壁内设冷却水通道，模温不宜过低，以免在制品上产生冷斑。视塑料种类不同模温可控制在 50～60℃。为使表面温度均匀，冷却水孔应距型腔表面 10mm 以上。小型模具水孔直径取 8～10mm，大型模具可达 12mm 以上。除了用钻孔法加工外，铸铝模具也可在铸造时预埋紫铜管或其他冷却水管。

2. 压缩空气热成型模具

（1）排气孔和吹气孔的设计　压缩空气成型模具型腔孔的位置和排布与真空成型模具的型腔基本相同，真空成型模具的抽气孔在这里作为排气孔使用，排气孔要尽快地将型腔内空气排尽，但若孔径太大将在制品上留下明显的痕迹，因此孔径与真空成型一样，采用 $\phi0.5\sim1.0mm$ 的排气孔。厚片和在成型温度下流动性较差的片可采用较大的孔，但一般不会超过片厚的 $1/3\sim1/2$。同样可将排气孔远离型面的一段直径加大，而只保留 5mm 左右的小直径段，这样可大大降低排气的阻力。此外也可采用等宽的窄缝来代替小孔进行排气。压缩空气热成型模具还必须有吹气孔，吹气孔直径可大一些，应使气流均匀分布，而不宜集中吹在片材的某一点上，以免造成温度不均和受力差异。

（2）型刃设计及其安装　许多压缩空气热成型模具在型腔的边缘设有型刃，以便在成型的过程中切除余边。同时型刃在成型时起压紧片材，密封制件周边的作用。带型刃的压缩空气成型模具如图 9-3-6，其上面板既是吹气板也是加热板，闭模时将片材夹住，从型腔内通入低压空气，使塑料片紧贴面板加热软化，然后改由上方通入 0.8MPa 的经预热的空气使制品成型。塑件冷却定型后加热板下压，切除余料再反向吹气脱模。型刃不可太锋利，以免与塑料片刚一压紧就被切去余边，致使气体逃逸，造成成型困难，但型刃也不能太钝，否则切不下余边。正确设计的型刃应有 0.1～0.15mm 宽的刃口端面，以 $R0.05mm$ 的圆弧与两侧面圆滑过渡，其外侧应有 20°～30° 的斜面以保证型刃的强度，提高使用寿命。型刃的结构和尺寸如图 9-3-7 所示。型刃可用弹簧钢锻成，经

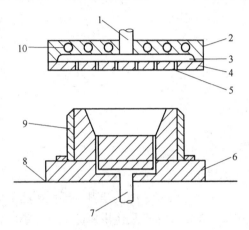

图 9-3-6　带型刃的压缩空气成型模具
1—压缩空气管　2—加热板　3—热空气室　4—面板
5—空气孔　6—底板　7—通气孔　8—工作台
9—型刃　10—加热棒

热处理，硬度为 45～52HRC，比与其对压的金属面板硬度低 10%～20%，以免损伤面板。

型刃和型腔周边之间应留有 0.25～0.50mm 的间隙，作为空气排气通路，并有利于模具的安装与调整。型刃顶端凸出高度比成型板材的厚度应高出 0.1mm，如图 9-3-8，以保证在成型时片材与加热板之间形成一间隙，避免该处片材接触加热器，否则该处温度过高会造成制品缺陷。

此外型刃的断面与加热器面板间应有很好的平面度与平行度，其误差在 0.03mm 以下，以确保压紧和切边操作顺利进行。

在热和负荷作用下，型刃和加热器面板间难免会发生变形，致使平行度产生较大的误差，为此可在型刃下设置橡胶缓冲垫，以弥补由于变形产生的误差，在成型切断时单位长度型刃将承受 900N/cm 的载荷。应根据成型面积，压缩空气的压力和模具边框所需压力来决定压机的锁模力。空压机的压力范围为 0.6～0.7MPa，但压空成型时一般使用压力不会大于 0.4MPa，可用式 9-3-2 简单估算模具所需锁模力：

$$F=1.25pA \tag{9-3-2}$$

式中　F——锁模力，N

p——压缩空气压力，Pa

A——热成型制品水平投影受压面积，m^2

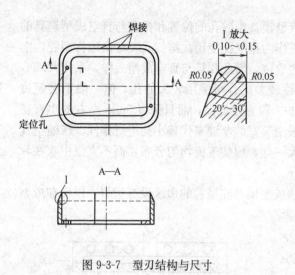

图 9-3-7　型刃结构与尺寸

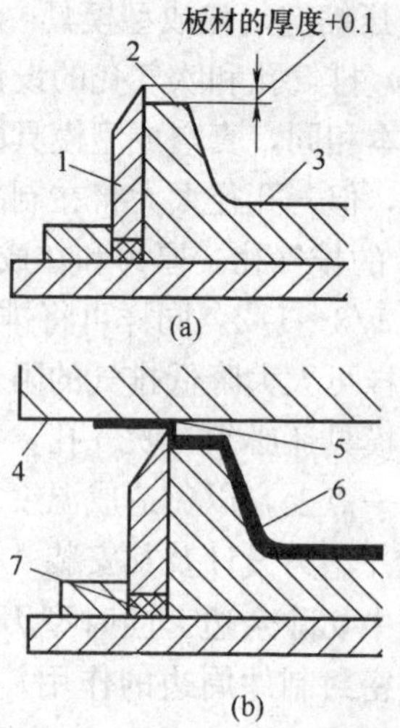

图 9-3-8　型刃安装与成型位置
(a) 型刃安装情况　(b) 成型时型刃位置
1—型刃　2—型腔平面　3—型腔　4—加热板
5—间隙　6—板材　7—缓冲垫

3. 热成型模具材料

热成型中真空成型模具受力不大，因此除用金属材料制模外，还可采用非金属材料制模，如硬木、石膏、酚醛塑料、环氧树脂等，但这些模具的使用寿命都不长，其中最好的环氧树脂、酚醛树脂模具使用寿命也不过 10 万次左右，而且这些材料的导热系数很低，成型时冷却周期长，因此实际生产中较少采用，特别是受力较大的压缩空气成型模具。批量较大的热成型模具一般均采用钢模、铝合金模、锌合金模等，使用最多的是铝合金模，有用锻压铝材、铝棒等经机械加工而成，这种模具强度高、导热性好、容易调节模温、不生锈、表面粗糙度也有保证，但成本较高。若用铸造铝合金模则加工工作量减半，但铸铝组织较松软，易出现气孔，模具使用寿命较短。此外锌合金也是最常用的热成型模具材料之一，锌合金的力学性能为拉伸强度 370～470MPa，抗压强度 740～800MPa，硬度 130～150HB，断裂伸长率 2%～3%，锌合金最可贵的特点是熔点低（390℃），铸造时的收缩率仅 0.7%～0.8%，因此铸造后变形不大，只需少量加工即可。由于锌合金熔点低，铸造性能好，适合多种形式的铸造工艺，且机械加工性能好，制模工艺简单，当模具的精度要求不高时，无须仿形铣、数控加工等专用设备，一般模具厂均可自行铸造。锌合金模具具有良好耐磨性、耐压性和自润滑性。此外锌合金还具有良好的重熔性，可反复使用，故在热成型模中广泛应用。

复习、思考与作业题

1. 热成型方法的特点是什么？什么样的制品可以采用热成型？

2. 热成型的方法有哪些，各种不同热成型方法的特点是什么？

3. 叙述热成型制品设计时最重要的设计原则。

4. 从聚合物大分子热力学特性出发解释图 9-3-4 随着成型温度提高为什么尺寸收缩率先快速降低，后来又趋于平衡甚至稍有回升；并解释图 9-3-5 随着引伸比增大为什么尺寸收缩率会先降低后升高？

第十章 先进的制模技术、标准化、试模维护及模具常用金属材料

我国模具工业近年来大量地开发和引进了先进的模具制造技术，缩小了与国外的差距，同时还自主创新发展了我国塑料模具制造技术，在塑料模设计和制造领域取得了巨大的成就。模具制造的数字化、集成化、标准化，使模具向多品种、多层次、多规格、高精度、大型化的方向发展，在模具制造成本基本不变的情况下，明显地缩短了模具制造周期，大大地提高了模具的精度和使用寿命，模具制造在以下各方面取得了重大进展。

第一节 先进的模具制造技术

先进的模具制造技术是针对模具加工中最困难的型腔加工，它所涉及的范围十分宽广，本节只介绍其中最重要的电火花，线切割和模具型腔的数控加工技术。

一、模具型腔电火花成型加工

电火花成型加工特别适合加工形状复杂，精度要求高的模具型腔或型芯，它可以加工任何高硬度的难切削的金属，可以在型腔或型芯经过淬火硬化处理后再进行加工，这样可以避免在切削加工后再进行热处理时发生变形，致使型腔尺寸精度、形位精度和表面质量明显降低。

1. 电火花加工原理

一般是以具有一定形状和尺寸的工具电极作正电极，被加工的工件作负电极，在脉冲电源驱动下，在电极和工件的间隙中产生脉冲性火花放电，放电产生电腐蚀，逐层蚀除工件上需去除的金属材料，使其逐渐达到预定的形状和表面质量，每一个放电脉冲持续时间为 $10^{-7} \sim 10^{-3}$ s，然后冷却一小段时间再放电，再冷却。工具电极和工件间必须保持一定的放电间隙，间隙大小为数微米至数百微米不等，电极和工件都浸在称为工作液的绝缘液体介质中，放电间隙中自然也充满了工作液。最常用的工作液是煤油，加工系统如图 10-1-1 所示，脉冲电源可发出一连串脉冲电压，在工具电极和工件之间，在极间距离靠近处击穿工作液产生火花放电，在放电通道中瞬间产生的热量使局部达到很高的温度，使金属材料局部熔化、汽化，工件和电极表面都被蚀除掉一小部分，各自形成一个小的凹坑，蚀刻下来的金属成粉末状进入工作液而排除，随着蚀刻进行，电极上方的自动进给装置连续不断地推动电极向前移动，使放电得以继续进行。

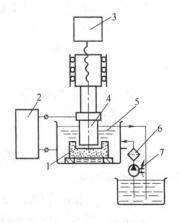

图 10-1-1 电火花加工系统图
1—工件 2—脉冲电源 3—自动进给调节装置 4—工具电极 5—工作液 6—工作液过滤器 7—工作液泵

图 10-1-2（a）表示脉冲放电前后形成的单个电蚀凹坑，图 10-1-2（b）表示多次脉冲放

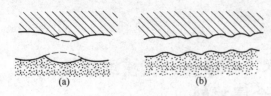

图 10-1-2 电火花加工表面放大图
(a) 单个脉冲放电凹坑 (b) 多脉冲放电凹坑

电后的电极和工件表面。通过电极材料的选择和工艺调节应使加工过程中工件的电蚀速度远大于工具电极的电蚀速度，通过高频的连续不断的放电和进给，即可将工具电极的形状最终复制在工件上。电火花加工因工艺参数的不同，被加工工件表面的粗糙度可在很大范围内改变。当型腔表面有较粗的表面粗糙度时可在注塑件或压塑件表面成型出麻纹效果，这是经常采用的一种表面纹理，较细的表面粗糙度能使制件表面产生消光（不反光）的表面效果，若要达到光亮甚至镜面的外观，则需采用特殊的放电参数（电规准）或需进一步作精细抛光处理。

2. 电火花加工的特点和工艺要点

(1) 电火花工艺的特点　电火花加工的优点如下：

① 可加工任何高硬度、高强度、高脆性、高韧性的金属材料，包括淬火后的钢和硬质合金等导电性材料。

② 工具电极和被加工件不直接接触，不会产生切削力，因此适合加工刚性很差的工件，进行小孔（直径小于 1mm）、窄槽（宽度小于 1mm）等微细加工，适合制造形状复杂精细的模具型腔。

③ 工具电极常采用较软的石墨、紫铜等材料制造，容易用机械加工切屑要求形状的电极。

④ 通过加工参数的方便调节，在同一台电火花机床上仅需一次装夹工件，就可进行粗、半精、精三种加工。

电火花加工也有一些局限性，如不能加工像塑料、陶瓷一类的非导电材料，加工速度较慢，因此应先用普通方法切屑加工出工件毛坯或经预加工后再电加工，由于工具电极损耗，影响了成型精度，不能成型出过小的圆角半径，最小圆角为 $R0.02 \sim 0.3mm$。

(2) 电火花加工有多级电规准　与机械加工有粗加工、精加工类似，电火花加工也有粗、半精、精不同的加工级别，分别采用不同的电规准来进行，当加工余量较大时先进行加工速度高，电蚀凹坑较粗大的粗加工或半精加工，然后逐级转到精加工，最后完成型腔的全部加工，常用电规准有：

① 粗规准　用脉冲宽度（放电持续时间）大（大于 $400\mu s$），峰值电流大的电参数，石墨电极加工钢时，最大电流密度为 $3 \sim 5A/cm^2$，紫铜电极还可稍大些，这时加工速度快，电极损耗低。

② 中规准　通常脉冲宽度 $20 \sim 400\mu s$，总峰值电流为 $10 \sim 25A$，这时能保持一定加工速度和较低电极损耗。

③ 精规准　脉冲宽度 $2 \sim 20\mu s$，总峰值电流小于 $10A$，这时工件单边的去除余量不超过 $0.1 \sim 0.2mm$，能获得小于 $Ra2.5\mu m$ 的表面粗糙度。电规准的转换应根据加工对象选定，对于尺寸大、形状复杂的型腔可采用较多的转换挡数，一般对粗规准选一挡，中规准 $2 \sim 4$ 挡，精规准 $2 \sim 4$ 挡，以完成整个加工。

(3) 电火花进给运动模式　在加工过程中工具电极和工件间除垂直进给外还有平动、球动和摆动多种相对进给运动模式，以便加工和修光型腔的侧壁和底面。平动是指电极在平动头带动下，沿水平面作小圆圈运动，这时电极周围只有靠近型腔的一面放电，瞬时加工面积较小，电流相对较小，加工产生的废屑易排除，平动的缺点是由于工具电极的小圆圈运动，因此不能加工出型腔的内清角。球动是指用三坐标伺服平动头，使电极除平动外还能沿斜向滑轨作45°圆锥运动，产生垂直方向的伺服运动。摆动是指采用数控电火花机床时利用数控控制器指挥工作台带动工件，按一定轨迹作平面移动来修光型腔侧面，数控控制器能产生更多的灵活多变的运动模式，除小圆圈轨迹外还可作正方形、十字形、菱形、多边形、辐射形等各种轨迹的运动，如图10-1-3为几种典型的摇动加工模式和加工实例，摇动能加工出具有内清角的制品。

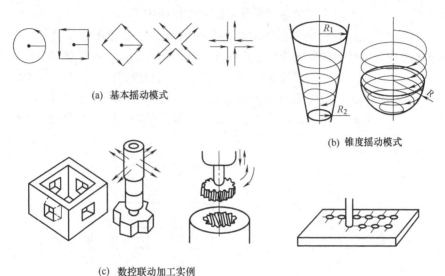

(a) 基本摇动模式

(b) 锥度摇动模式

(c) 数控联动加工实例

图 10-1-3　几种摇动加工模式及加工实例
R_1—起始半径　R_2—终结半径　R—球面半径

采用粗规准加工时不采用平动、球动或摇动，加工工件上的符号、文字或精细花纹时电极和工件之间也不能作上述相对运动。

电极的材料最常采用价廉物美的石墨或紫铜，紫铜比石墨贵，但加工稳定性比石墨好，只有精度要求很高的型腔才选用价格昂贵的铜钨或银钨合金作工具电极。

3. 模具型腔电火花加工方法

应根据型腔不同的形状选择以下不同的工艺方法：

① 单电极加工法　只用一只电极经一次装夹定位来完成型腔粗、半精、精加工，按顺序逐级改变电规准，并逐级加大平动量以补偿两规准之间侧面放电间隙差和微观不平度差，显然这时平动头是无法对矩形型腔作内清角的，若采用数控电火花机床则不受此限制，因此它更适宜单电极加工法加工复杂型腔。

② 多电极更换加工法　采用多个形状相同尺寸有差异的电极，在同一型腔粗、半精、精加工中逐级更换电极，其优点是仿形精度高，可较精确地加工出尖角和窄缝，一般用两个电极即可，要求很高时才用三个或更多的电极。

③ 分解电极法　把型腔电极分解成主型腔电极和副型腔电极，先用主型腔电极加工出主型腔再用相同或不同材料制成的副型腔电极按不同的电规准加工型腔的尖角，窄缝、花纹等部分，这样有利于提高整体加工速度和质量，主副电极间的相对位置要精确定位，先进的电火花机床能容易做到电极的精确定位。

二、塑料模具的电火花线切割加工

电火花线切割也是一种电加工方法，它是利用不断沿轴向运动的金属导线（钼丝、铜丝等）作为工具电极，对工件加工处进行火花放电，产生电腐蚀作用来切割被加工工件，电极丝和工件相对运动能切出直线或曲线的切口，当曲线封闭时便可切下整块的金属，形成模具上的塑料流动通道或成型空间。电极丝还可倾斜切割，切出带锥度的模壁或主流道，满足脱模斜度的要求，模壁镶上底之后便成为注塑模或压模型腔。线切割还大量用来加工圆管或异型材挤出成型的机头口模，在各种塑料模具制造中广泛应用。

图 10-1-4 为电火花线切割加工系统示意图。钼丝或铜丝缠绕在储丝筒上，在电机带动下，通过导轮的导向穿过工件向上或向下作往复（或单向）运动，工件和电极丝分别接脉冲电源的正负极，在电极丝和工件的被切割面之间的放电间隙里连续注入有一定绝缘性能的工作液。数控化的线切割机床能按数控指令带动工作台，使工件在 x、y 两个坐标方向移动，与电极丝产生切割，同时还作伺服进给运动自动调节放电间隙状态，直至切出工件所需的形状和尺寸。

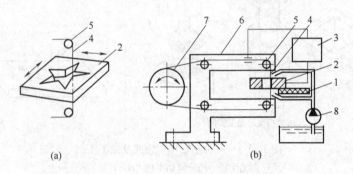

图 10-1-4　电火花线切割加工系统
1—绝缘底板　2—工件　3—脉冲电源　4—钼丝　5—导向轮　6—丝架　7—储丝筒　8—工作液泵

有两类线切割机床，一类是高速走丝线切割机床（WEDM-HS），另一类是低速走丝线切割机床（WEDM-LS），我国主要是采用高速走丝线切割机床，其走丝速度为 8～10m/s，高的走丝速度有利于带入工作液和带走废屑，但速度过高会增加电极丝振动，使表面粗糙度变差，所用电极丝为 $\phi 0.08～0.2mm$ 的钼丝或钨钼丝，它们的耐损耗和抗拉强度高，后者强度更好，电极丝往复来回使用直至报废，细电极丝能切出小的内圆角半径，适于切精细的小制品，粗丝可提高切割速度，用于粗加工。

在各种金属材料中加工铜、铝、淬火后的钢、硬质合金时加工过程稳定，切割速度高，表面质量好，加工不锈钢，未淬火的高碳钢，磁钢的稳定性差、速度慢、表面质量差。工件的厚度对加工过程也有一定影响，工件薄对排屑和清磁有利，但工件过薄切割时电极丝容易抖动，对表面质量不利，工件过厚则工作液难以进入间隙，使排屑不畅，加工不稳。一般来说随着工件厚度增加，单位时间切割面积会增加，但厚度超过 50～100mm 后，则切割速度反而下降，在线切割过程中应调好预置进给速度，使其紧密跟踪蚀除速度，以保持最佳的加工间隙。高速走丝线切割的工作液是专用乳化液，由乳化剂、乳化油、机油、乙醇、水等调配而成。

低速走丝线切割是国外大量采用的线切割主要模式，它的走丝速度一般低于 0.2m/s，所采用的电极丝一般为 $\phi 0.2～0.3mm$ 的镀锌黄铜丝，作微精细加工时用 $\phi 0.03mm$ 以上的钼丝。镀锌黄铜丝在加工的高温（3000～4000℃）下锌层气化，可带走部分热量，起冷却作用，它的电极丝为单向移动，仅使用一次，故加工成本高。低速走丝线切割采用加有少量添加剂和爆炸剂的去离子水作工作液，其加工质量优于高速走丝线切割，两者相比，在加工精度上，无论是尺寸精度还是形位精度，高速走丝线切割精度为 0.01～0.02mm，低速走丝线切割可达到 0.0005～0.002mm。其表面粗糙度以轮廓平均算术偏差 Ra（μm）表示，高速走丝线切割一般为 $Ra5～2.5\mu m$，最佳 $1\mu m$，而低速走丝一般为 $Ra1.25\mu m$，最佳可达 $Ra0.2\mu m$，可直接满足塑料模具型腔的要求，就最大切割速度来看，其放电峰值电流高速走丝为 40A，平均电流小于 5A，而低速走丝可高达 50A，但在大电流下两者的加工表面粗糙度都变得较差。

三、塑料模数控加工技术

1. 塑料模型腔采用数控加工的优势

塑料模具型腔传统的加工方法是，将备好的模具钢材坯料经过数种普通机床切屑加工，待型腔雏形完成后，最后由钳工修整、抛光而成。常用到的普通机床有车、铣、刨、磨、镗、钻，模具型腔要在各个工序和机床间传递加工，加工中每个工序都要重新装夹、定位，由于重复定位有误差，使型腔精度大大降低，型腔的一些特殊的曲线或曲面如抛物线、高次曲线、某些空间曲面，用普通机床是无法加工的，它只有通过绘图、制样板、人工打磨，依靠钳工的技能来控制模具的质量，质量一般很差。而现代高精度的数控加工技术，可直接精确地加工出要求的曲线或曲面，使模具质量大幅度提高，有的模具型腔在通过数控加工，高速数控铣床或数控电火花机床加工完毕后只需稍加修整（抛光或不抛光）后即可投入使用。

数控是数字控制（Numerical Control，简称 NC）技术的简称，是以数字化信息对机床运动及加工过程进行控制的一种自动控制技术。数控机床是指采用数控技术的机床。它装备了数控系统，用数字化代码程序控制机床的运动，在一台机床上就能分工序完成铣削、钻削、镗削、攻丝、切螺纹等工序的自动化加工。

老的数控机床数控系统由数控逻辑电路构成，被称为硬件数控系统，近年来硬件数控系统已经被淘汰，而代之以由计算机软件控制的计算机数控（Computer Numerical Control，简称 CNC）系统，CNC 系统采用计算机软件来完成基本数控功能，对各类控制信息进行处理，具有真正的柔性，即当加工的工件改变时只需改变加工程序（软件）而不需改造机床硬件系统，而且可以处理逻辑电路难以处理的各种复杂信息。数控机床加工有以下特点：

（1）对变换加工产品适应性强　通过改变加工程序信息即可加工各种不同的制品，加工程序可以由穿孔纸带输入，手工键盘输入或磁盘、磁带输入，微型计算机输入等，数控加工为单件、小批量产品的生产或试制提供了极大方便。由于不需要重新制造和更换工具、夹具和模具，节省了生产准备时间和工装费用。

（2）加工精度高　数控机床是按数控指令进行工作的，由于数控装置输出的脉冲当量（即每输出一个脉冲机床部件移动量）普遍达到 0.001mm，而且传动装置的反向间隙和传动丝杆的螺距误差等均可通过对加工过程自动监测进行补偿，因此中小型机床的定位精度达到 0.008～0.01mm，重复定位精度达到 0.005mm，国外甚至达到 0.002～0.003mm 的定位精度和 0.0003mm 以下的重复定位精度。加工用数控机床的刚性好，采用数控加工中心进行加工时只需一次装夹即可完成多道工序的连续加工，减少了安装误差，特别是避免了操作者的人为误差，因此加工同一批产品的尺寸一致性好，质量十分稳定。

（3）生产效率高　由于数控机床刚性大，其主轴转速和切屑用量都高于普通机床，有效节省了机动时间，在加工完成后更换零件时几乎不需要重新调整机床，有自动换刀装置，大大节省了辅助时间。数控机床的加工精度稳定，例如在用穿孔纸带时，经过校验及刀具完整的情况下，一般只做首件检验或关键尺寸抽检即可连续生产，可以减少停机检测时间和成品的逐件检测时间，在使用多工序连续加工的加工中心时，还减少了半成品在各工序之间的周转时间。当加工像模具型腔这样的复杂工件时，效率可提高5～10倍或更多。

（4）减轻劳动强度　数控加工首先由操作人员按图样编制加工程序，然后输入数控机床，在加工过程中工人只是观察、监视加工过程，安装和卸下加工零件，劳动条件比使用普通机床得到大幅度的改善。

（5）降低加工成本　数控加工机床由于设备费用高，因此加工费用贵，但节省了被加工零件的划线费，减少了钻模板、凸轮靠模等工装夹具费，减少了零件检测费，产品废品率低。综合起来当加工单件或生产小批量零件时能降低生产费用，获得良好的经济效益。

（6）有利于实现塑料模具的CAD/CAM/CAE　目前采用塑料模具的计算机辅助设计、辅助制造和辅助工程使模具的设计和制造进入了高科技、高效率、高收益时代，模具CAD/CAM已被广泛应用，数控机床和数控加工技术是模具计算机辅助制造最重要的基础。它和三维建模技术和自动编程技术联合起来能发挥最大的效益。

2. 数控技术和数控机床的原理

数控机床由输入/输出装置数控装置（CNC系统）、测量反馈系统、机床本体组成，其工作原理如图10-1-5所示。

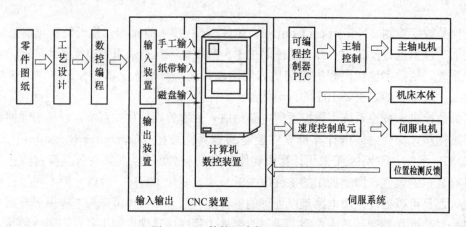

图10-1-5　数控机床加工原理图

首先将被加工零件的加工工艺过程和几何参数用数控代码（即数控程序）以数字信息的形式输入数控装置，数控装置发出指令驱动伺服机构（步进电机）控制机床的动作和各种操作（如决定主轴转速、装夹工件、进退刀具或移动工作台、开车、停车、更换刀具、供给冷却液等），信息的输入方式可以用键盘手工输入，也可通过磁盘、光盘、穿孔纸带、网络等传输介质将数字信息送入数控装置的计算机进行处理，如图10-1-5所示。

计算机根据译码程序来识别这些指令符号，将加工程序翻译成计算机内部能识别的语言，还要根据旋转刀具的半径把工件轮廓轨迹转化成刀具中心点的运动轨迹。刀具运动是按曲线段完成的，当已知某段曲线的种类、起点、终点及进给速度后要在起点和终点之间进行中间点坐标的密化计算，然后向各个坐标轴分配控制脉冲，从而驱动在相应轴的轴向的运动量。要对刀具的位置进行控制，通过插补运算处理，计算出位置的一个指令值，同时通过检测装置检测一次反馈值，找出两者之间的差异，再换算得到速度指令值。当一个曲线段在进行插补时管理程序即着手下一个曲线数据段的读入、译码、数据处理，一旦本曲线段加工完毕即开始下一个曲线段加工，如此反复，直至完成整个零件的加工。

数控加工的一个显著特点就是连续地控制切削过程，即同时对多个坐标方向的运动进行不间断控制，为了使刀具沿工件型面的运动轨迹符合要求的直线、曲线或曲面，必须将各坐标方向的位移量与位移速度按规定的比例关系精确地协调起来，这就是所谓的多坐标联动加工。按联动控制的坐标轴数，常见有：

① 二轴联动　如数控车床加工曲线形旋转面或数控铣床加工曲线形柱面，如图 10-1-6 (a) 为 x，y 轴联动；

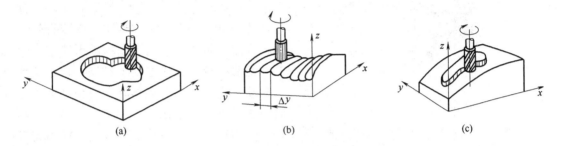

图 10-1-6　多轴联动数控加工方式

(a) 二轴联动　(b) 二轴半联动　(c) 三轴联动

② 二轴半联动　加工时 x、y、z 三轴中有两轴互为联动，另一个轴作周期性进给，如数控铣床采用行切法加工三维空间曲面，如图 10-1-6 (b)；

③ 三轴联动　如图 10-1-6 (c)，最典型的是数控铣床或加工中心沿着 x、y、z 三个直线坐标轴联动，例如用球头铣刀铣三维空间曲面，也有沿两个直线坐标轴联动，再围绕一个轴关联转动的；

④ 四轴联动　一般是同时控制沿 x、y、z 三个直线坐标轴和围绕某一个旋转坐标轴联动，图 10-1-7 为四轴联动数控机床；

⑤ 五轴联动　除了同时控制沿 x、y、z 三个直线坐标轴联动外，还同时控制围绕这些直线坐标轴旋转的 A、B、C 坐标中的两个旋转坐标，即控制五个轴同时联动，可保证加工曲面的圆滑性，提高加工精度，减小表面粗糙度，如图 10-1-8。

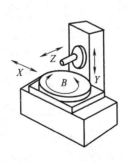

图 10-1-7　四轴联动的数控机床

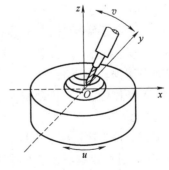

图 10-1-8　五轴联动加工方式

3. 数控机床的结构

塑料模型腔加工常采用数控铣床或加工中心，由于加工中心带有自动换刀装置，能对零件进行多个工序顺序加工，因此效率更高，加工中心的结构如图 10-1-9 所示，它包括：

（1）机床主体　由床身立柱，横梁、工作台、滑枕等大件组成，它们要承载铣床或加工中心的静载荷和切屑加工时的动载荷，因此必须具有足够的刚度和强度，它一般由铸件或重型焊接件构成，其特点是结构简单、精度高、刚性好、运动效率高。

（2）主轴部件　主轴末端装有切削工件的旋转刀具，它由主轴电动机、安装齿轮变速机构的主轴箱、主轴和主轴轴承等零件组成。主轴的转速由数控系统控制，它是切削力的输出部件，要求它具有高的和稳定的运转精度，因此轴承的选用和配对十分考究，加工中心有自动换刀功能，因此主轴回转精度还要考虑由于刀柄定位误差造成的影响。主轴箱变速由液压系统按数控程序驱动，主

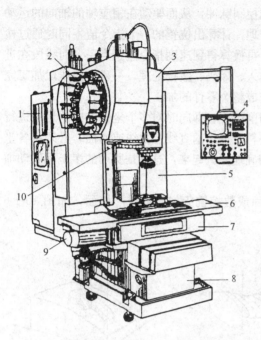

图 10-1-9　立式加工中心结构
1—数控柜　2—刀库　3—主轴箱　4—操作面板
5—驱动电源　6—工作台　7—滑枕　8—床身
9—进给伺服电动机　10—换刀机械手

轴箱由滚动导轨支承，固定在溜板的定位基面上，可进行上下和水平移动。

（3）数控系统　数控系统接受来自程序输入设备的程序和数据，再按输入信息的要求完成数值计算，逻辑判断和输入输出控制功能，它是由一台专用计算机与可编程控制器、输入输出接口板等组成，是机床核心控制装置。

（4）伺服系统及位置检测装置　它是机床数控指令的执行部分，由伺服驱动电动机和其他伺服驱动装置组成，它可分为主轴伺服系统和进给（位移）伺服系统两部分。前者要对主轴的转速在很宽的范围内进行调节，且能维持恒功率输出，后者根据数控装置发来的速度和位移指令控制执行部件的进给速度、方向和位移量。每个进给运动的执行部件都配有一套伺服系统，伺服系统有开环、闭环和半闭环之分，在闭环和半闭环系统中还配有对执行部件进行实际位移量测量的位置检测装置，将测得信息（通过光、电、磁等技术手段）及时反馈到数控系统进行修正。伺服系统优劣决定机床的加工精度、加工表面质量和生产效率高低。

（5）刀库和自动换刀装置　加工中心为了对一个零件实施多工序加工，设有一个能储存多种不同功能刀具的刀库和自动换刀装置，常见有盘式刀库和链式刀库，刀具固定在专用刀夹内，换刀时机械手将刀夹直接装入机床的主轴。

4. 数控加工编程基础知识

数控编程分为手工编程和自动编程两类。

（1）基本概念

① 手工编程　该方法适用于工件轮廓由直线和圆弧两种线型组成的工件。从分析零件图，确定加工工艺过程，编写和校对零件的加工过程均由人工来完成，手工编程经济，但只适用于几何形状简单的零件。

② 自动编程　对于像模具型腔这一类形状复杂的工件，常常具有非圆的曲线及曲面，数控程序量很大，不能进行手工编程，必须采用自动编程，选择适当的功能强大的 CAD/CAM 软件来编写数控加工程序，通过零件造型，特征识别，使计算机自动对零件进行数值计算，计算出刀具轨迹，再经过后置处理生成零件的数控加工程序，与手工编程相比劳动强度低，速度快，质量高。本节将对自动编程的常用软件作简单介绍。

（2）机床坐标体系及运动正负方向规定标准

① 右手直角坐标系　为了便于编程，并使所编程序在同类机床中具有互容性，规定了数控机床坐标轴名称及运动的正负方向，我国制定的标准 JB 3052—1982 是等效采用国际标准 ISO 841，采用右手笛卡儿直角坐标系，如图 10-1-10，它规定直角坐标 x、y、z 的关系及正方向，用右手定则判定，而分别围绕 x、y、z 各轴的回转运动及其正方向分别用 +A、+B、+C 表示，用右手螺旋法则判定，而相反方向的运动用带 "'" 的符号表示，分别为 $+x'$、$+y'$、$+z'$ 和 $+A'$、$+B'$、$+C'$。

② 切削运动　切削时刀具相对于工件作进给运动，当工件位置固定刀具移动时坐标用 x、y、z 和 A、B、C 表示，当刀具位置固定（仅转动）工件移动时坐标用 x'、y'、z' 和 A'、B'、C' 表示，并规定增大两者间距离的方向为正方向。在数控编程时，一律认为工件不动，刀具移动，与工件移动刀具不动相比，两者是等效的。

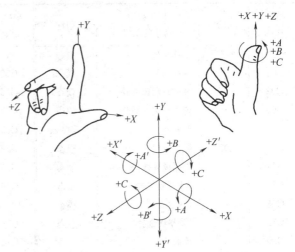

图 10-1-10　右手直角坐标系与右手螺旋定则

③ 机床坐标　数控铣床、加工中心的主轴带动刀具旋转，定为机床的 z 轴；数控车床、数控外圆磨床的主轴带动工件旋转，该轴也定为机床的 z 轴，对单立柱铣床，z 轴在垂直方向，面对刀具向立柱看，向右为 x 轴正方向，当 z 轴水平时，从刀具主轴后端向工件看向右为 x 轴正方向，y 轴的方向由右手定则判定。

④ 对刀点和刀位点　对刀点既是加工程序的起点，又是程序的终点，应尽量设计在零件的设计基准或工艺基准上。刀位点是指刀具定位的基准点，立铣刀的刀位点是刀具轴线与底面的交点，球头铣刀的刀位点是球心，车刀是刀尖或刀尖圆弧中心，钻头为钻尖，而对刀是指刀位点与对刀点重合并确定刀具偏移量的操作。

⑤ 走刀路线　它是按刀位点所走的轨迹来编制程序的，但由于铣刀等的切削刃到刀位点中心有一定距离，因此该轨迹并不等于零件的内外轮廓形状，这就要求加工中根据零件轮廓和不同的刀具的半径尺寸进行偏移补偿。

⑥ 数控程序的编程代码　向数控机床输入代表不同功能的"指令代码"，经转换处理后用来控制机床的操作，输入指令代码的介质可以是穿孔纸带、磁带、磁盘、光盘、网络传输或手动键盘输入。穿孔纸带由于不受环境（磁场、电场、计算机病毒）影响，便于重复使用，且程序储存量较大，至今仍是常用的信息输入媒介，其不足是当信息量大时纸带会长达数百甚至上千米，保管困难。

数控编程中常用到的英文字母及其含义如下：

程序段编号N代码 由地址码N和后面的数字组成，如N20，表示该句句号为20。

准备功能代码G 该指令由地址码G和后面两位数字组成，通常为G00～G99共有100种，每一种代码是指令数控机床作好某种操作的准备，见表10-1-1。它分为模拟代码和非模拟代码，模拟代码表示它所表示的功能在同组的后续程序中保持继续有效，直至另一G代码出现才失效。

表10-1-1 G代码准备功能说明

G代码	组别	用于数控铣床的功能	附注	G代码	组别	用于数控铣床的功能	附注
* G00		快速定位	模态	* G54		第一工件坐标系	模态
G01	01	直线插补	模态	G55		第二工件坐标系	模态
G02		顺时针圆弧插补	模态	G56	14	第三工件坐标系	模态
G03		逆时针圆弧插补	模态	G57		第四工件坐标系	模态
G04		暂停	非模态	G58		第五工件坐标系	模态
* G10	00	数据设置	模态	G59		第六工件坐标系	模态
G11		数据设置取消	模态	G65	00	程序宏调用	非模态
G17		XY平面选择	模态	G66	12	程序宏模态调用	模态
G18	16	ZX平面选择	模态	* G67		程序宏模态调用取消	模态
G19		YZ平面选择	模态	G73		变速深孔钻孔循环	非模态
G20	06	英制(in)	模态	G74	00	左旋攻螺纹循环	非模态
G21		公制(mm)	模态	G75		精镗循环	非模态
* G22	09	行程检查功能打开	模态	* G80		钻孔固定,循环取消	模态
G23		行程检查功能关闭	模态	G81		钻孔循环	模态
G27		参考点返回检查	非模态	G82		钻孔循环	模态
G28	00	返回到参考点	非模态	G84	10	攻螺纹循环	模态
G29		由参考点返回	非模态	G85		镗孔循环	模态
* G40		刀具半径补偿取消	模态	G86		镗孔循环	模态
G41		刀具半径左补偿	模态	G87		背镗循环	模态
G42	07	刀具半径右补偿	模态	G89		镗孔循环	模态
G43		刀具长度正补偿	模态	G90		绝对坐标编程	模态
G44		刀具长度负补偿	模态	G91	01	相对坐标编程	模态
G49		刀具长度补偿取消	模态	G92		工件坐标原点设置	模态
G52	00	局部坐标系设置	非模态	G98	05	循环返回起始点	模态
G53		机床坐标系设置	非模态	G99		循环返回参考平面	模态

注：(1) 当机床电源打开或按重置键时，标有"＊"符号的G代码被激活，即缺省状态。

(2) 不同组的G代码可以在同一程序段中指定，如果在同一程序段中指定同组G代码，最后指定的G代码有效。

辅助功能代码M 该指令由地址码M和后面两位数字组成，从M00～M99共有100种，它是控制机床开关功能的指令，如主轴顺时针转、逆时针转与停转（分别为M03、M04、M05）、冷却液开与闭（分别为M08、M09），还有运动部件夹紧与松开等辅助动作，由于各厂家的机床有所区别，应按照机床说明书进行编程。

进给功能代码F 表示刀具中心点的进给速度，由地址码F和后面数字组成。

主轴转速代码S 由地址码S和后面数字组成。

刀具功能代码 T　由地址功能码 T 和后面若干位数字组成，该数字是指定的刀号。

尺寸字　由地址码（x、y、z...）和绝对的（或增量的）坐标值组成，例如 x30、y20。

当程序段结束时，用 ISO 标准代码时为"NL"或"LF"，有的用符号"："或"＊"表示。

⑦ 加工程序的构成　目前常用"字—地址"格式，其中的字由表示地址的字母和其后的一串数字或数据组成，一个程序的基本组成如下

N—	G—	x—	y—	z—	F—	S—	T—	M—	M—EM
程序顺序号	准备功能	坐标字	坐标字	坐标字	进给功能	主轴转速	刀具功能	辅助功能	结束

以下为一段加工程序举例

％

o020

N001　G01　x80　z－30　F0.2　S300　T0101　M03　LF

N002　x120　z－60　LF

N125　G00　x500　z200　M02　EM

它由"％"符号开始，以 M02 EM（或 M30 EM）结束，下面每个程序段由序号"N"开头，用 LF 结束。"％"下面的 o020 为整条加工程序的调用编号，但有些数控系统没有"o"功能。

N001 程序表示主轴转速 300r/min，正向转动，（M03），用 1 号刀（01）进给量 0.2mm/r，直线位移坐标 $x=80$，$z=-30$ 并进行 1 号刀补偿（01）。

N002 表示直线位移 $x=120$，$z=60$，N125 表示 $x=500$　$z=200$ 并结束程序。

⑧ 插补的基本概念　机床数字控制的核心是控制刀具或工件（工作台）运动，按一定方法产生直线、圆弧等基本线型，用这些线型去拟合加工对象的轮廓，实际上刀具相对于工件的运动不是光滑的直线或曲线，而是折线，是用折线运动轨迹逼近既定轮廓，在已知一条曲线的起点终点和进给速度后，在起点和终点之间进行中间点的坐标计算，并且一边计算一边向有关坐标轴方向分配脉冲等指令信号，信号放大后驱动执行电机，完成既定轮廓的加工。

这种坐标点的密化计算称为插补。在闭环或半闭环系统中还要实现位置测量反馈，将反馈位置增量值和插补指令位置增量值比较，求得跟随误差，再决定各坐标轴进给速度，输给驱动装置。图 10-1-11 和图 10-1-12 分别为逐点比较直线插补法和逐点比较圆弧插补法的插

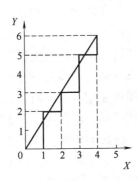

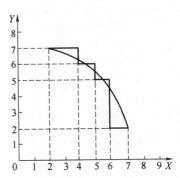

图 10-1-11　逐点比较直线插补轨迹示意图　　图 10-1-12　逐点比较圆弧插补轨迹示意图

补轨迹图。插补是由数控系统自动完成的，编程人员应正确应用插补指令，G01 为直线插补指令，G02、G03 各为顺时针和反时针圆弧插补指令。

图 10-1-13 所示为在 140×100×13 的钢坯上切削出一个图示的凸台，现用人工编程的方法编写数控加工程序，图中内圈为凸合轮廓，外围曲线是进行刀具半径补偿后刀具中心的运动轨迹，G41 为刀具半径左补偿，G42 为刀具半径右补偿，G40 为取消补偿，数控程序及其所代表的动作如下：

N0010　G54　S1500　M03；	工件在原点为 O 点的 xy 坐标系 G54，主轴顺时针，转速 1500r/min
N0020　G90　G00　Z50；	绝对坐标编程，抬刀至安全高度 Z＝50mm
N0030　X0.　Y0；	刀具快进至 (0,0,50)
N0040　Z2.；	刀具快进至 (0,0,2)
N0050　G01　Z－3.　F50.；	直线插补刀具切削到深度－3mm 处，进给速度 50
N0060　G41；	建立刀具半径左补偿，O→A
D1　X20　Y14.　F150.；	D 刀具半径补偿指令，进给速度 150
N0070　Y62.；	直线插补 A→B
N0080　G02　X44.　Y86.；	顺时针圆弧插补 B→C
I24.　J0；	圆弧中心点坐标，相对于圆弧起点
N0090　G01　X96.；	直线插补 C→D
N0100　G03　X120.　Y62.；	逆时针圆弧插补 D→E
I24.　J0；	圆弧中心点坐标
N0110　G01　Y40.；	直线插补 E→F
N0120　X100　Y14.；	直线插补 F→G
N0130　X20.；	直线插补 G→A
N0140　G40　X0　Y0；	取消刀具半径补偿 A→O，回坐标原点
N0150　G00　Z100.；	Z 向快速退刀 z＝100mm
N0160　M02；	程序结束

这种人工编程的方法速度较慢，对于有空间曲面的复杂型腔加工则难以胜任，这时应利用 CAM 软件，采用图形交互式自动生成数控加工程序。

5. 数控自动编程软件介绍

自动编程适用于外形复杂的各种空间曲面，特别适用于模具型腔类零件的加工。目前采用图形交互式也称图形数控编程。它是先在屏幕上画出三维工件图形（建模）。图形完成后，以回答提问的方式输入刀具、进给速度、主轴转速、走刀路线等信息，即可将工件加工程序自动编制出来，使得零件设计和数控编程连续完成。目前，常用编程软件如下：

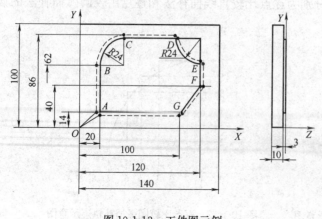

图 10-1-13　工件图示例

（1）UG 由美国 UGS 公司开发，具有复杂造型和数控加工能力，还有管理复杂产品装配，进行多种设计方案优化功能，其庞大的模块群提供了产品设计、产品分析、加工装配、检验、过程管理、虚拟运作等全系列技术支持，在世界上有较大的市场份额。

（2）Por/Engineering 由美国 PTC 公司研发，它开创了三维 CAD/CAM 参数化先河，具有基于特征、全参数、全相关和单一数据库特点，可用于设计和加工复杂零件，它还具有零件装配、机构仿真、有限元分析、逆向工程、同步工程等功能，具有较好二次开发和数据交换能力。

（3）Master CAM 由美国 CNC Software 公司研发，是基于微型计算机平台的 CAD/CAM 软件，它具有很强的数控加工功能，尤其是对复杂成型曲面自动生成加工代码方面提供了 180 余种后处理程序，供各种数控机床方便选用，软件内容易学易用。

（4）CATIA 是最早实现曲面造型的软件，它的出现使 CAM 技术开发有了现实的基础，CATIA 系统不断发展，已成为能实现产品设计、产品分析、加工、装配和检验、过程管理、虚拟运作等功能的大型软件。

（5）CAXA 制造工程师 由北航海尔软件公司研发的全中文软件，用于数控铣床和加工中心的三维 CAD/CAM，它基于微机平台，用原创 Windows 菜单和交互方式，便于学习操作，它全面支持图标菜单、工具条、快捷键。它具有各种三维造型的设计功能，能生成二至五轴数控加工代码，能加工复杂三维曲面。它另有 CAXA 数控切削、数控线切割等 CAM 软件。

除了用上述软件进行 CAD/CAM 图形交互式自动编程外，目前数控加工在以下几个方面有进一步的发展：

（1）高精度化、高速度化 提高产品质量和加工效率。

（2）多功能化 采用大容量刀库（多达 100 把刀）在一台机床上实现车、铣、镗、钻、铰、攻丝等多种工序，还在同一零件的不同部位同时进行切削加工，数控系统采用多 CPU 分级中断控制。

（3）智能化 用自适应技术自动调节工作参数，保持最佳工作状态。

（4）小型化 采用高度集成的芯片提高数控系统的可靠性，同时将机电装置结合在一起使控制系统小型化。

第二节　我国塑料注塑模模具的标准化工作

模具是单件生产的工艺设备，不像批量生产的商品那样容易实现标准化，但模具中的一些零件包括模板、模架是同类模具所共有的，可以实现标准化，可按标准件设计和制造。

在模具设计和制造中采用标准零件和标准模架可以大大提高模具的总体质量，缩短生产周期，降低生产成本，值得大力推广和采用，对此已取得模具设计者和众多模具厂家的共识。

我国从 20 世纪 80 年代起在相关工程技术人员努力下对注塑模标准化做了大量的研究工作，实现了塑料注塑模零件的标准化和模架的标准化。

1. 注塑模零件标准化

目前我国《塑料注射模零件》国家标准中标准零件的种类已从 1984 年国标最初制定时的 11 类零件发展到 2006 年颁布新标准中规定的 23 类零件，它们是：推杆、直导套、带头导套、带头导柱、带肩导柱、垫块、推板、模板、限位钉、支承柱、圆形定位元件、推板导套、复位杆、推板导柱、扁推杆、带肩推杆、推管、定位圈、浇口套、拉杆导柱、矩形定位元件、圆形拉模扣、矩形拉模扣，它们的形状、尺寸和用法可查阅我国国家标准 GB/T 4169—2006。这使得设计者对标件的选用范围更加宽广和方便。

新标准对标准件制造材料进行了重新调整优化，如导柱、导套的材料老标准建议用 T8A，硬度 50～55HRc，新标准改用含碳量更高的 T10A 或 GCr15，硬度为 52-56HRc，老标准中规定导柱、导套还可选用 20 号钢渗碳淬火，以达到外硬内韧的效果，现改用含合金元素的 20Cr 渗碳淬火，使金相结构更加细致、强韧，表面硬度仍为 56-60HRc。又如推杆，老标准建议用高碳钢 T8A 或弹簧钢 65Mn（直径 $\Phi6$mm 以下者），热处理后顶出硬度端为 50-55HRc，固定端为 38-42HRc，现标准推荐采用空冷硬化的热作模具钢 4Cr5MoSiV1 或 3Cr2W8V，虽然其淬火硬度基本不变，但增加了顶杆的强韧性和耐磨性。

新标准还对标准件的尺寸分级进行了调整，老标准是以标准公比 $\sqrt[10]{10} \approx 1.25$ 和 $\sqrt[20]{10} \approx 1.12$ 作为尺寸分段的计算依据，尺寸越大，尺寸之间间隔越宽。这种尺寸分布对于模具零件来说不够合理，新标准以实际需要为基础，按5，按10 或按 20、30、50 作为尺寸间的间隔进级，并增加了大尺寸零件的标准，以适应近年来大型模具发展的需要，如带头导柱的公称直径从原来的 8 个扩展为 13 个，如表 10-2-1。长度尺寸由 19 个扩展为 30 个，如表 10-2-2。新老标准中公称直径相同的零件，它们的其他尺寸也发生了变化，这意味着新标准对标准件进行了重新设计和优化，以导向部分名义直径为 $\Phi25$mm 的带头导柱为例，其新老标准尺寸改变如表 10-2-3 所示。因此新老标准中同一名义直径（尺寸）的零件两者不能进行互换，设计或选用时应特别注意，加以区分。应看到我国模具零件的标准化工作与发达国家相比在标准零件的品种、数量和设计上仍有一定差距，需进一步努力发展。

表 10-2-1   **新老标准带头导柱的直径尺寸系列比较**

GB/T 4169.4—1984	12 16 20 25 32 40 50 63
GB/T 4169.4—2006	12 16 20 25 30 35 40 50 60 70 80 90 100

表 10-2-2   **新老标准带头导柱的长度系列比较**

GB/T 4169.4—1984	40 50 63 71 80 90 100 112 125 140 160 180 200 224 250 315 355 400 500
GB/T 4169.4—2006	50 60 70 80 90 100 110 120 130 140 150 160 180 200 220 250 280 300 320 350 380 400 450 500 550 600 650 700 750 800

表 10-2-3   **$\Phi25$mm 的带头导柱尺寸新老国标对比**

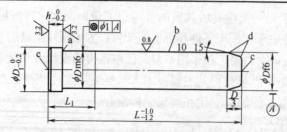

	工作段直径(D)	固定段直径(D)	台阶直径 (D₁)	台阶高 (h)	长度 (L₁)
GB/T 4169.4—1984	$\phi25^{-0.020}_{-0.041}$(f₇)	$\phi25^{+0.015}_{+0.002}$(K₆)	32	5	25 32 40 50
GB/T 4169.4—2006	$\phi25^{-0.020}_{-0.033}$(f₆)	$\phi25^{+0.021}_{+0.008}$(m₆)	30	8	20 25 30 35 40 45 50

2. 注塑模模架标准化

标准模架是多个模具标准零件的组合体，它的采用给模具设计和制造带来了更大的方便，在时间上和经济上实现了更大的节约和更好的效益，选用标准模架后，设计者只需集中精力专注于型腔、型芯的设计，解决制品冷却成型及脱模等问题，而零件之间的配置选用等问题在标准模架中已经解决。我国塑料注塑模架老标准是1990年颁布的，它分为中小型模架和大型模架两个标准，2006年颁布的新标准《塑料注射模模架》，它将两个旧标准合并成了一个标准GB/T 12555—2006，按模架结构形式分为直浇口与点浇口两类基本模架，直浇口即通常所说的两板式模具，点浇口为三板式模具，即所谓的双分型面注塑模。

（1）直浇口基本型模架又分为A、B、C、D四个形式，如图10-2-1，它们的特点分别是：A型，定模二块模板，动模二块模板；B型，定模二块模板，动模二块模板，加装推件板；C型，定模二块模板，动模一块模板；D型，定模二块模板，动模一块模板，加装推件板。

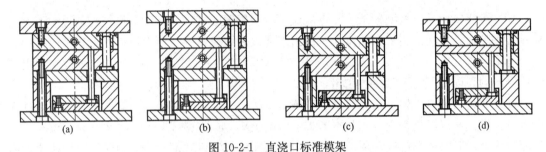

图10-2-1　直浇口标准模架

（a）直浇口A型　（b）直浇口B型　（c）直浇口C型　（d）直浇口D型

（2）点浇口基本型模架，与直浇口模架不同的是它多一个脱出点浇口浇注系统的分型面。在直浇口基本型模架基本上增加了脱出点浇口凝料的脱料推板，和支撑脱料推板滑动的拉杆导柱，加上模具原有的四根导柱则共有8根导柱，拉杆导柱前端的螺钉和垫圈是用来拉开主分型面的，点浇口基本型模架在模具结构上与直浇口基本型模架A、B、C、D型相对应的有DA型、DB型、DC型和DD型。如图10-2-2所示。

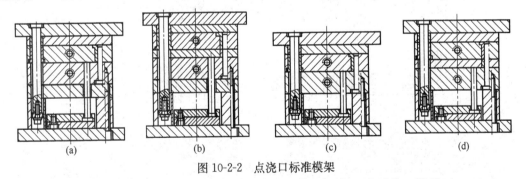

图10-2-2　点浇口标准模架

（a）点浇口DA型　（b）点浇口DB型　（c）点浇口DC型　（d）点浇口DD型

除了以上两类基本型模架外还有由它们衍生来的多种模架，它们的结构如下：

（3）直身型模架　无论直浇口模架还是点浇口模架都有直身型，它们各有四种，即ZA～ZD和ZA～ZDD，其动定模的座板都没有用于压板固定的凸出边缘，固定时用数块压板伸入模具座板上方的缺口，压紧座板来夹持，如图10-2-3为ZA型模架，因此模具外围尺寸较小。

（4）无定模座板的直浇口直身型模架，它是直浇口直身型模架的进一步简化，它们是ZAZ、ZBZ、ZCZ、ZDZ，以ZAZ型为例如图10-2-4。

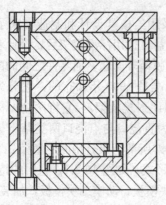

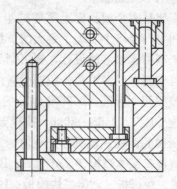

图 10-2-3 直浇口直身 ZA 型模架　　　　图 10-2-4 直浇口直身无定模座板 ZAZ 型模架

（5）点浇口无推料板型模架 在点浇口基本型模架的基础上将浇口系统凝料分型面上的推料板去除，推料板是用来自动拉断并推出点浇口系统凝料的，而无浇口料推出板的模架和直身型无浇口料推出板模架（各四种），这样简化后它们只有采用人工或其他机构来脱出点浇口凝料的，以 DAT 型模架为例如图 10-2-5。

（6）简化点浇口模架，它们与点浇口基本型的最大区别是该模架只有四根加长的导柱而没有拉杆导柱，以简化点浇口的基本形式 JA 型为例，如图 10-2-6 所示，这时为了拉开主分型面应另外设置定距螺钉或定距拉板等机构。以简化点浇口型模架为基础又衍生出简化点浇口的直身型模架、简化点浇口无凝料推料板型模架和直身简化点浇口无凝料推料板型模架，每一类都有 A 型和 C 型两种形式，它们都没有带推件板的形式（无 B 型和 D 型），综上所述，塑料注射模的基本型和衍生型，共有 36 种结构形式。

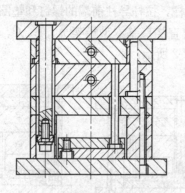

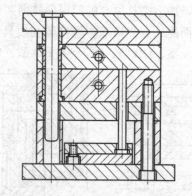

图 10-2-5 点浇口无推料板 DAT 型模架　　　　图 10-2-6 简化点浇口 JA 型模架

除此以外模架中导向机构还有正装和反装两种方式可供选择，正装时导柱在动模边，导套在定模边，反装时导柱在定模边，导套在动模边，点浇口基本型模架的拉杆导柱可以安装在模具导柱的内侧，也可互换位置安装在模具导柱的外侧，如图 10-2-7 所示，订购模架时应加以注明。模具的推板可以安装（或不安装）推板导向装置，安装或不安装推板的限位挡钉等。

新的模架国家标准与老标准相比，对模板尺寸分级，模架上零件布局，都作了较大的调整和优化，对动定模板尺寸、垫块的厚度、长度、导柱位置、螺钉位置等都作了变动，使结构更加合理，选用更加方便。图 10-2-8（a）（b）为国标中直浇口基本型和点浇口基本型模架的组合示例和尺寸标注，其数值可按模架大小查阅 GB/T 12555—2006。

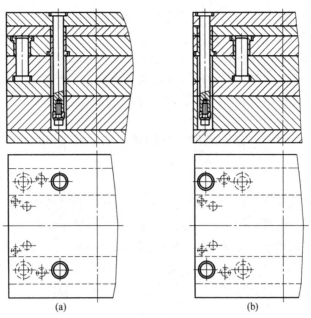

图 10-2-7　拉杆导杆和导柱安装方式

(a) 导柱在外侧　(b) 导柱在内测

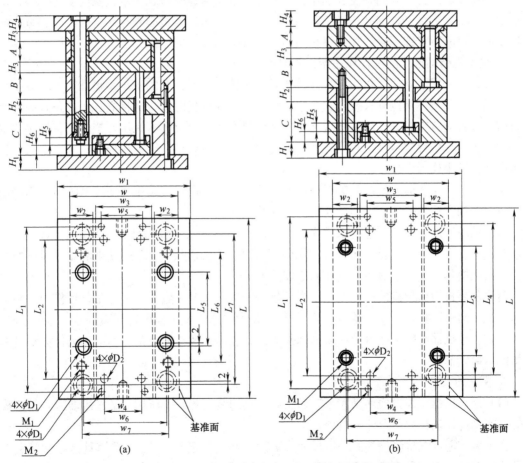

图 10-2-8　直浇口和点浇口基本型模架组合尺寸图

(a) 直浇口基本型　(b) 点浇口基本型

新国标模架标记方式如下，订货时应给出正确的标注代号。

例如模架 A2025-50×40×70 表示模架的基本型号为直浇口 A 型系列，代号 2025 表模板宽 200mm 长 250mm，定模板厚 50mm，动模板厚 40mm，垫块厚度 70mm。

又如模架 DB3030-50×60×90-200 表示模架为点浇口 B 型，模板宽 300mm 长 300mm，定模板厚 50mm，动模板厚 60mm，垫块厚 90mm，拉杆导柱长 200mm。

第三节　塑料注塑模的试模和维护

（一）注塑模试模

模具制造厂在模具加工完成后要进行试模。试模中首先检验模具是否能按设计在机床上进行安装并完成开模、合模、推出、侧抽芯等过程，要检验所生产产品的尺寸精度、形位精度、外观、制品缺陷的和物理力学性能，要使其全面达到制品质量要求，为此常常要在试模后进行反复修模。试模时要特别注意模具运动部件动作的有效性和准确性，特别是顺序分型机构，多级脱模机构，侧抽芯机构。通过试模要对模具设计的合理性和模具加工质量好坏作出最终的判断。

制品加工厂在模具投产前也要进行试模，其目的是对成型工艺进行探索和确定，生产工艺条件如温度、压力、时间、注射速率及其分段、预塑转速等可在一定范围内变化调整，试模过程也就是用尝试分析的办法对工艺条件进行优化，试模人员必须有丰富的经验和宽广的知识，在试模时应详细记录，找出存在的问题，并提出解决的办法。

1. 注塑机结构形式的选择和注塑工艺参数的校核

注塑机有卧式、立式、角式之分，卧式是最主要的机型，有的中小型模具为了安放嵌件和取制品的方便将模具按立式或角式注塑机设计，这在试模时就应选择立式机或角式机。就塑料塑化方式而言有螺杆式和柱塞式之分，后者仅在小型机上还有采用，当注塑聚甲醛或聚氯乙烯一类的热敏性塑料时绝对不允许采用柱塞式注塑机试模，否则试模时物料会严重分解甚至爆炸而发生伤人事故。

对于容易产生流涎的低黏度塑料如尼龙、聚酯等，试模时应采用有防涎（吸回）程序的注塑机，老的方法是采用有闭锁功能的防涎式喷嘴。

对模温控制严格或有特殊要求的模具，当采用室温自来水或循环水冷却达不到要求时，必须配置模温机，当模温要求在 100℃附近或以上时需采用能产生高压过热水或油循环的模温机，或在模具上安装电热棒，电热圈等加热元件。

装模前要校核注塑机的注塑参数与模具是否一致，主要参数有注塑容量、锁模力、装模空间（拉杆间距、模板尺寸、螺钉孔位置等）、最大模厚、最小模厚、开模行程、顶出距离，此外还要校核机器的定位孔直径、喷嘴球头半径、喷嘴孔径与模具是否匹配，具体方法见本书第四章第二节。

2. 模具的安装

（1）模具预检　在试模前操作者应当查看模具的装配图，了解模具的技术要求，了解模具的基本结构、动作原理及注意事项。

在吊装前需预先检测模具的外形尺寸（宽度、高度和模具厚度），看模具是否能顺利地从卧式注塑机的上方吊入或需从侧面移入，检查模具的冷却和加热装置，注意管道接口（或电热接头）的连接方式和方位。

（2）模具安装　特大型模具由于自重很大，不宜采用吊装的方法，大型注射机配置有专门的装模机，装模机平行地安装在卧式注塑机的旁边，通过传递轨道将模具送入注塑机的动定模板之间。一般的中小型模具多采用起吊装置，将模具从注塑机上方吊入动定模板之间，对于轻的小型模具可以直接用人工从旁边将模具移入模板之间。当模具从机器侧面水平移入拉杆之间时，要在下面的两根拉杆上垫木板，先将模具吊放在木板上，再缓缓滑入，以免模具碰伤拉杆，在操作时要两人或多人配合，防止模具倾斜滑落。有一种情况是当模具的宽度大于拉杆之间水平距离，模具无法直接吊入模板之间，但是模具的模厚 H_1 小于拉杆之间水平距离，而模具高度 H_2 又小于拉杆间垂直距离时，可以先将模具的宽方向平行于拉杆轴线从上方吊入动定模板之间，然后将模具旋转 90°到要求方位，再进行紧固如图 10-3-1。

模具一般是采用整体吊装，吊入后调整模具的高低前后方位，当模具的定位圈进入定模板的定径孔后慢速点动注塑机，闭合动定模板，用压板或螺栓固紧动定模，慢速开合动定模，检查模具安装情况。模具整体吊装时最好有锁紧板将动定模锁在一起，以防吊装时由于模具倾斜使动定模突然分开滑落，造成事故，动定模锁紧板如图 10-3-2 所示。

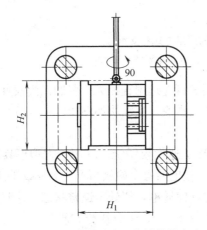

图 10-3-1　超宽模具从上方吊装的方法　　图 10-3-2　动定模之间用锁紧板固定

（3）模具安装方位的选择　模具的安装方向应符合以下原则：

① 带有侧向抽芯滑块的模具，尽量将滑块运动方向置于水平方向，并尽量避免滑块向上方抽出，因为向上抽芯时一旦滑块定位机构失灵则滑块可能出现下滑，在合模时斜销和滑块会碰撞损坏。

② 当模具宽度尺寸与高度尺寸相差较大时，应尽可能将模具长边置于水平方向。

③ 模具的冷却水管接头尽可能地背向操作工，模具的操作面面向操作工。

④ 模具如果有抽芯油缸或气缸应尽可能地将油管接头，气管接头或热流道元件接线板放置在非操作面，以利于操作。

（4）模具的紧固

① 最直接又可靠的办法是按照机器上动定模板螺钉孔的位置在模脚上钻通孔，直接用螺钉固定在注射机对应的模板上，如图 10-3-3（a）所示，这种方式如果更换注塑机则孔位会发生偏差，导致无法安装。

② 用压板加垫块紧固，该方法由于方便灵活，是最常用的模具固定方式，如图 10-3-3（b），垫块的高度应稍高于模脚或模具底板的厚度，安压板时固定螺钉要尽量靠近模脚，螺钉旋入深度应大于螺钉直径的 1.2 倍以上。图 10-3-3（d）是在压板上加工螺纹孔，用一根

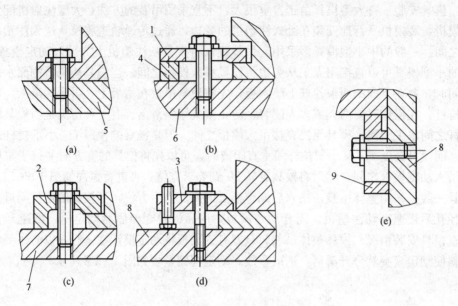

图 10-3-3　模具在机器上的固定方式和支承方式

1～3—压板　4—垫块　5～8—注塑机模板　9—支承块

突出高度可调节的螺钉代替垫块，应注意该可调螺钉应选用直径大一些的。当模具重量很重在操作中有可能下滑的模具在其下方可增加一个支承块，支承块如图 10-3-3（e），螺钉孔可开成长孔，以便紧贴被支承的模具。

③ 用磁力模板紧固，磁力模板又称电控永磁快速换模系统，现用于大型模具的安装固定，模板厚约 10cm，模板上布置有数百个磁极，通电后每个磁极可产生 800kg 的永久磁力，磁力线高出板面 2cm，将钢模牢牢吸住，卸模时反向通电，使处于退磁状态，这时应先用吊钩将模具吊紧再缓缓退磁，再开模，其持续时间仅 1～4s，十分快捷方便。

（5）模具的动作和行程检测

① 模具安装完毕后即可慢速开模，开模时检查最大开模行程，看是否能顺利脱出制件，合模后观测锁模力应能可靠锁紧模具，但又不宜过大以免损坏机器模板。

② 对于开合模驱动的侧向分型抽型机构应注意顶出机构和抽芯机构互不干涉，并注意观察侧抽芯的启动、停止、回位、锁紧动作的准确性。

③ 调节注塑机推杆推出长度，使制件能完全推出，但推板与动模垫板间不能碰撞。

④ 校正喷嘴与模具主流道的对中性，若对中不好注射时会发生溢料。

⑤ 最后安装并接通该模具的冷却水回路，电加热回路，热流道控制电路，抽芯液压回路等。

3. 成型工艺调试

（1）原料准备　在作成型工艺调试前应首先作好塑料原料的准备工作，对不吸湿的原料如 PE、PP 一般来说不需干燥和预热，对于吸湿量不大的塑料 ABS、PVC、SAN、PMMA 等采用普通热风干燥烘箱或料斗干燥机干燥，对于吸水量大，在空气中易氧化发黄或对水解特别敏感的塑料如聚酰胺（PA）、聚碳酸酯（PC）、聚酯（PET）最好进行真空干燥，并在注射前严防重新吸湿，避免直接暴露在大气中。注塑机上最好安装保温料斗。在较高温度下密闭从下至上吹入热风可防止重新吸潮。

（2）注塑工艺条件调节　温度、压力、时间、速度是几个重要的工艺条件，在开始试模时工艺条件原则上选择在低压、低温、长周期时间条件下注射成型，如果不能很好地成型则按先调压力再调时间再调温度这样的先后顺序调节，不要同时调整两个或三个工艺条件，以便对问题进行分析判断，例如制件未充满通常先增加注射压力，仅当大幅度提高注射压力仍无显著效果时才需要延长时间，即使塑料受热时间延长以提高料温，最后才提高料筒温度或预塑背压和转速（增加摩擦生热也是提高料温）。应注意每提高一次料筒温度必须要相隔10min左右才能看到效果，不要急切地迅速地多次提高料筒温度，否则会引起原料过热分解。

不同品种塑料的流动性有的对压力较敏感，有的对温度较敏感，从塑料熔体表观黏度对温度和表观黏度对剪切速率的关系曲线可以看出（见第四章图 4-3-10 和图 4-3-11）。当充模不满时对温度较敏感的物料可适当提高温度，但不宜接近分解温度，对剪切速率敏感者更应从增加注射压力着手，因为高压下能达到更高的流动速率。

有的工厂考虑到调料温在短时间内很难看出效果，因此试模时将料温先调整到该物料的正常加工温度范围而稍高的位置上，试模时再调整压力和时间，以得到合格的制品，当注射趋于正常时再逐步将料温回调，控制在理想数值上。

塑料的流动特性不同，制件的结构形状不同，试模工艺条件的选取也应有所差别，例如对低黏度熔体第一次注塑时必须取较低的注塑压力以免塑料大量挤入模具的配合间隙中而难以脱出。试模应填写详细的记录，试模后提出建议生产用的工艺条件。

（3）试模中常见制品缺陷及产生原因　常见制品缺陷如表 10-3-1 所列。

表 10-3-1　　　　　　　　　　　常见制品缺陷及产生原因

缺陷种类 原因	充模 不满	溢边	凹陷 缩孔	银丝	显熔 接痕	气泡	裂纹	翘曲 变形	脱模 困难
料筒温度太高		√	√	√		√		√	
料筒温度太低	√				√			√	
注射压力太高		√					√	√	√
注射压力太低	√		√		√				
型壁温度太高			√					√	
型壁温度太低	√		√						
注射速度太慢	√								
注射时间太长			√	√	√		√		√
注射时间太短	√				√				
成型周期太长		√		√					√
冷却时间不够								√	√
加料太多		√							
加料太少	√		√						
原料含水分过多				√		√			
分流道或浇口太小	√		√	√	√				
模穴排气不好	√				√				
制件太薄	√								
制件太厚或厚薄不均			√			√		√	
成型机注塑能力不足	√			√					
成型机锁模力不足		√							

（二）模具的保养及维护

1. 模具的保养

副模具除了结构设计合理，材料及热处理合格，加工精度达标外，为了达到模具的设计使用寿命，保证在使用期间一直能生产出合格的制品，必须对模具进行定期保养和维护。对生产批量大的注塑模具，一般应在生产20000～50000模后进行一次全面保养，产量小的应按时间在3～6个月内进行一次保养，保养内容如下。

（1）全面检查、在应该润滑的地方加油，将模具使用状况列入交接班记录，模具的滑动面要每班加油（一班一次或两次）包括活动型芯、导向零件、顶杆、回程杆等。型腔表面应根据要求可喷涂或不喷涂脱模剂。

（2）每模清理干净飞边等残余物及污物，用脱脂棉、棉纱、软布等擦净型腔表面的尘埃，氧化产物及腐蚀产物，不能用手直接触摸型腔工作面。

（3）对热流道元件、气动元件、液压机构元件要定期进行维护。

（4）模具使用后或模具在机器上临时停车超过24h以上时，要对型腔表面进行清理并涂（喷）防锈油，特别在潮湿的季节。

2. 模具维修

模具使用过程中会产生正常磨损和意外事故损坏，常见的损坏及修复方式如下。

（1）分型面磨损　分型面磨损的原因有注塑压力过大发生溢边，挤压力使分型面坍塌；分型面上残留的塑料飞边未清理干净，合模时压伤分型面；制品未完全顶落或有其他异物进入分型面区造成，合模时损伤分型面以及开合模过程中的正常磨损，这样一来原本规整清晰的分型面变成了凹凸不平的钝口，制品边缘产生不规则的飞边。修复的办法有：如制品高度允许可磨削降低分型面一个飞边厚度。对于局部磨损可用挤胀法用平头錾子挤压附近的分型面，使磨损处凸起后再磨平，如果磨损严重无法用上述办法修复的可通过镶拼、堆焊（氩弧焊、激光焊）进行修补。

（2）导柱、导套磨损拉伤　轻度拉伤可通过打磨抛光后再使用，重度的磨损拉伤则应更换导柱、导套。

（3）顶杆撞断或拉伤　这在正常生产时常有发生，主要是模具配合精度差，运动卡滞造成的，解决的办法是更换顶杆，校正或增加顶出板导向装置，随时给顶杆加油润滑，调整顶出距离，使顶杆不致受力太大。

此外，注塑模常见的修复工作还有运动件磨损、研合面磨损、镶块松动等，都应通过更换零件，局部镶拼、补焊等办法对症解决。

生产厂家对模具要加强管理，除了要有规范整洁的存放场地外，最重要的是对每副模具都要建立档案，档案内容包括：

① 模具名称、入库时间和出库使用记录，累计产量，借用人、使用情况。

② 使用说明书、模具简图、操作保养及注意事项。

③ 返修记录、故障原因、返修时间、返修情况、注意事项。

④ 定期保养记录。

⑤ 日常维护记录。

⑥ 零件、易损件明细表。

⑦ 模具检验报告。

⑧ 试模记录。

第四节　塑料模常用金属材料及其热处理

制作塑料模的金属材料有碳钢、合金钢、铜合金、铝合金及锌合金等。钢是最常用的制模材料，它可以通过改变合金配方和热处理达到很高的强度和硬度，并具有足够的韧性和塑性，有的钢材能抵抗高温和腐蚀性介质，耐磨性好，有的钢材有很好的镜面加工性能，适宜制作高光、透明塑料制品的模具，多数的钢材都有较好的切削加工性能、热加工性能、冷成型性能和焊接性能，应正确选用材料型号并进行恰当的热处理才能发挥出材料的最大潜能。以下对制模用材料主要品种介绍如下。

一、碳　　钢

（1）普通碳素结构钢　　其牌号用钢材的屈服极限表示，常见牌号有 Q195、Q215、Q235、Q255 和 Q275。其中 Q235 使用最广，相当于老牌号 A3 钢，它的价格低，可用作模具底板，垫块等受力不大的零件，其屈服极限为 235MPa，牌号中含碳量越高，屈服极限越大，其他杂质：锰含量不超过 0.8%，硅不超过 0.35%，硫、磷不超过 0.05%。

（2）优质碳素结构钢　　其牌号用钢材含碳量的万分之几表示，如 20 号钢的平均含碳量为万分之二十，45 号钢含碳量为万分之四十五，优质碳素钢的含锰量 0.35%～0.8%，硅为0.17%～0.37%，而有害杂质硫、磷的含量控制较严，不能超过 0.035%。优质碳素钢有08F、10F、08、10、15、20、25、30、35、40、45、50、55、60、65 数种，其中含碳量低于 0.3% 的叫低碳钢，常用牌号有 20 钢和 25 钢，低碳钢的硬度和强度较低而韧性较高，用作导柱或导套时，必须先对表层渗碳处理，再经淬火和低温回火，这样可得到表面硬而耐磨，芯部柔韧性高的导柱、导套。

含碳量在 0.3%～0.55% 之间的钢叫中碳钢，常用牌号为 40、45、50 和 55 号钢，随着含碳量提高，钢的强度和硬度提高而塑性下降，中碳钢常用的热处理方式为调质（淬火后再高温回火）硬度约为 250HB，调质后再表面淬火，表面硬度可达到 52HRC，常用中碳钢的化学成分，力学性能和热处理工艺分别见表 10-4-1、表 10-4-2 和表 10-4-3，其正火态的金相组织为珠光体加铁素体，淬火加高温回火为回火索氏体。

表 10-4-1　　　　　　　　　几种碳素结构钢的化学成分（GB 699—88）

钢号	化学成分(质量分数)/%							
	C	Si	Mn	P	S	Ni	Cr	Cu
40	0.37～0.45	0.17～0.37	0.50～0.80	≤0.035			≤0.25	
45	0.42～0.50							
50	0.47～0.55							
55	0.52～0.60							

表 10-4-2　　　　　　　　　几种碳素结构钢的力学性能（GB 699—88）

钢号	力学性能(不小于)					钢材交货状态硬度/HB	
	σ_b/MPa	σ_s/MPa	δ/%	Ψ/%	A_k	未热处理	退火态
40	570	335	19	45	47	≤217	≤187
45	600	355	16	40	39	≤229	≤197
50	630	375	14	40	31	≤241	≤207
55	645	380	13	35	—	≤255	≤217

钢号	正火温度/℃	淬火温度/℃	回火温度/℃
40	860	840	600
45	850	840	600
50	830	830	600
55	820	820	600

45 钢的价格低，切削加工性能好，综合力学性能适中，在塑料模中应用很广，包括各种模板，垫块甚至要求不高的型芯、型腔、导柱、导套等。55 号钢的强度高于 45 号钢，在日本正火态的 55 号钢是使用最广泛的普通预硬模具钢，用于制造要求不太高的型腔、型芯，加工后不再进行热处理，可避免淬火变形。

含碳量高于 0.55%～0.70%的钢叫高碳钢，高碳钢有更高的强度和硬度，但塑性较差，主要热处理是淬火加中温回火，常用有 65 钢，用来制作各种弹簧、推杆等零件。

（3）碳素工具钢 碳素工具钢比碳素结构钢含碳量更高，平均含碳量 0.8%～1.2%，其牌号是在"T"后加上数字表示，数字为含碳量千分之几，常见有 T8A、T10A、T12A，A 字表示该钢种为高级优质钢，其有害杂质硫和磷限制在 0.03%以下。

工具钢属共析钢及过共析钢。其软化热处理是采用球化退火，强化热处理为淬火加低温回火，硬度可达 60HRC 以上，碳素工具钢价格便宜，在我国其产量占全部工具钢产量的 60%，材料的加工性能方面，其可锻性好，经退火软化后切削加工性好，缺点是淬透性差，水淬时淬透深度为 15～18mm，油淬时仅能淬透 5～7mm，淬火变形大，易形成裂纹，T8A 是共析钢，淬火加热时无过剩碳化物，T10A 和 T12A 是过共析钢，淬火后钢中存在过剩碳化物，因而硬度高，耐磨性好，但脆性大。塑模中导柱、导套，浇口套，小型芯等耐磨零件常用 T10A 或 T8A 制作，利用其淬透性小的特点可制作成表面硬而耐磨，芯部有一定韧性的型腔或型芯。

二、合 金 钢

在钢中除含碳外还加入了其他合金元素，常用的合金元素有铬、镍、钨、钼、钒、钛、锰、硅、硼、钴、铌等。合金元素加入对提高钢材的性能起到了以下作用：

① 强化了铁素体和渗碳体，并能形成新的合金碳化物，使钢的强度和硬度增加，而塑性降低不大。

② 增加了过冷奥氏体的稳定性，使钢的淬透性大大增加，从而使断面尺寸大的工件也能够淬透，或者可以在较慢的冷却速度下也能淬硬，这样可降低淬火内应力，减小淬火变形，提高尺寸精度。

③ 增加钢的热强性，使钢在高温下仍具有高强度和高硬度，同时某些合金元素能阻止高温下奥氏体晶粒粗化，成为耐热模具钢。

④ 使钢材具有良好的化学稳定性，如耐酸、耐碱或耐其他化学物质，或使钢材获得特殊的物理性能如高导磁率、高电阻率等。

各种常见合金元素对合金钢性能影响趋势，如表 10-4-4。

根据用途不同，合金钢分为三大类，即合金结构钢、合金工具钢及特殊性能合金钢。

合金钢的命名原则为：数字＋第一合金元素＋数字＋第二合金元素＋数字……，最前面的数字表示其平均含碳量，结构钢用两位数字即万分之几表示，工具钢用一位数字即千分之几表示，当含碳量很高时往往不表示。合金元素用化学符号表示，其后的数字表示该元素的

表 10-4-4 　　　　　　　　　　　　　合金元素对合金钢性能的影响

合金元素	力学性能								耐磨性	锻造性	切削加工性	抗氧化性	氮化性	耐蚀性	淬透性
	硬度	抗拉强度	屈服强度	伸长率	断面收缩率	冲击韧度	弹性	高温稳定性							
Si	↑	↑	↑↑	↓	—	↓	↑↑↑	↑	↑	↓	↓	↑	↓	—	↑
Mn	↑	↑	↑	—	—	—	—	↑	—	—	↑	↓	—	—	↑
Cr	↑↑	↑	↑↑	↓	↓	—	—	—	↑	↓	—	↑↑↑	↑↑	↑↑↑	↑↑
Ni	↑	↑	↑	—	—	—	—	↑	—	—	↓	↑	—	↑	↑
Mo	↑	↑	↑	—	↓	—	—	↑	↑	—	—	—	↑↑	↑	↑
W	↑	↑	—	—	—	—	—	↑↑	↑↑	—	—	—	↑↑	↑	—
V	↑	↑	↑	—	—	↑	—	↑	↑	↑	—	—	↑	—	↑
Al	—	—	—	—	—	—	—	—	—	—	—	↑↑	↑↑↑	—	—
Co	—	↑	↑	—	—	—	—	↑	↑	↑	↓	—	—	—	↓
Cu	↑	↑	↑↑	—	—	—	—	↑	—	↓↓↓	—	—	—	↑	—
S	—	—	—	↓	↓	↓	—	—	—	↓↓↓	↑↑	—	—	↓	—
P	—	—	—	↓	↓	↓	—	—	—	↓	↑↑	—	—	↑	—

注：(1) ↑表示增加或提高；↓表示减少或降低；—无影响或不清楚。

　　(2) 箭头数目越多表示影响越大。

百分含量，一般小于 1.5％的可不标含量，含量为 1.5％～2.5％标 2，2.5％～3.5％标 3，依此类推。例如 40Cr 是合金结构钢，其含碳量为 0.37％～0.45％，含铬为 0.8％～1.1％；60Si2Mn 合金结构钢，含碳量为 0.57％～0.65％，含硅量 1.5％～2.0％，含锰量 0.6％～0.9％；Cr12 合金钢，含碳量 2％左右，含铬量 11.5％～13％。合金钢分为合金结构钢和合金工具钢，合金工具钢又分为低合金工具钢和高合金工具钢，它们因性能不同可以制作不同要求的模具零件。下面就模具常用的合金钢及其选用介绍如下。

1. 合金结构钢

碳含量和合金元素含量均较低的一类钢，按成分、性能和热处理规范可分为合金渗碳钢和合金调质钢两类。

(1) 合金渗碳钢　它属于低碳合金钢，常用牌号有 20Cr 和 20CrMnTi。碳钢中的 20 钢为渗碳钢，常用作导柱，导套，渗碳层厚 0.5～0.8mm。在新的塑料注射模零件国家标准中已推荐用 20Cr 取代 20 钢作渗碳钢，这样可增加淬透性及细化晶粒，而且使基体强度比 20 钢提高了一倍以上。其热处理规范是渗碳、淬火加低温回火，表面层组织为回火马氏体加碳化物。表面硬度可达 62HRC 以上，表层有很高的耐磨性而芯部有很好的韧性和强度。利用这种特性也可以用它制作既耐磨同时又承力的零件。

国外还有另一种塑模型腔冷挤压成型的渗碳合金钢，它是在 20 钢基础上加入少量镍，可同时增加碳的渗透性和挤压时的塑性。

(2) 合金调质钢　常用牌号为 40Cr、35CrMo、38CrMoAl 等，其含碳量属中碳钢，在调质钢中加入合金元素，可以提高调质过程中淬火的淬透性和基体的强度，可改善钢材的内外一致性，同时铬、钼、铝的加入在氮化时可生成高硬度的氮化产物，增加渗氮层的耐磨性。

合金调质钢在单纯的调质处理后其组织为回火索氏体，它具有高强度和高韧性，但表面硬度不高，不超过 250HB，因此耐磨性不够，为增加表面耐磨性可采用两种方法，一种是进行表面淬火加低温回火，在芯部组织不变的情况下，表层生成回火马氏体，硬度达到 52HRC，耐磨性大大改善，第二种方法是在精加工后进行表面渗氮，这时芯部有良好的综合性能，而表层有极好的耐磨性、耐腐性和耐疲劳性，表面硬度达到 65HRC 以上。38CrMoAl 是优质的调质氮化钢，其成分是 C 0.35～0.42、Cr1.35～1.65、Mo0.15～0.25、Al 0.70～1.10、Mn0.30～0.60 及微量（≤0.02）的硫、磷。在塑料机械中常用来制造挤出机的料筒和螺杆。

2. 合金工具钢

合金工具钢有较高的含碳量，但合金元素含量有高有低，据此分为低合金工具钢和高合金工具钢。

低合金工具钢，其合金元素含量在 1%～3%，与碳素工具钢相比，它的淬透性和淬硬性较好，耐磨性和红硬性较好，且热处理变形小，回火组织稳定性好。在模具中得到广泛的采用。高合金工具钢，含有总量大于 10% 的合金元素，其淬透性和耐磨性显著增加，热处理变形很小，结构致密。因合金元素配比和热处理不同，分别适用于各种受力大，塑件产量大，零件形状复杂，需进行高级镜面抛光及抗腐蚀等各种特殊要求的塑料模具。

现按合金工具钢作为模具材料的应用特点分类并介绍如下。

(1) 切削加工后再淬火抛磨加工的低合金工具钢 按照传统加工方式对硬度要求高的模具型腔或零件是先进行切削加工，然后进行淬硬处理，淬硬后对能磨削加工的形状可通过磨床加工到规定尺寸，对不能磨削的异形型腔则只有通过手工研磨抛光成形，这时淬火的变形会影响型腔的精度，希望选择性能优异淬火变形小的钢材。

① CrWMn 是在我国广泛使用的塑料模模具钢，其含碳量较高，为 0.9%～1.2%，同时含 Cr0.9%～1.2%，W1.2%～1.6%，Mn0.8%～1.1%，Si0.4% 及微量的硫、磷。由于同时含有铬和锰，所以 CrWMn 的淬透性很好，而且淬火变形小，一般在加工后再进行淬火抛光，能获得一般精度的模具型腔，由于有钨的碳化物，使硬度很高，耐磨性好，同时使热硬性增加，在 350℃ 以下硬度不降低，因此常用来制作在 200℃ 左右使用的热固性塑料压模，也常用来制造形状较复杂的中小型模具的凸模，凹模和小型芯。

CrWMn 的热处理是加热到 820～840℃ 进行油淬，油温 20～40℃，然后在 160～200℃ 回火，最终硬度可达 62～64HRC。

② GCr15 它原是滚动轴承专用钢，"G" 为 "滚" 的汉语拼音，其含碳量为 0.95%～1.05%，含铬量并不是 15%，而是 1.3%～1.65%，因此它是一个特殊牌号的低合金工具钢，由于含碳量高，其热处理过程和工具钢一样是先球化退火，然后淬火加低温回火，得到回火马氏体加粒状碳化物，硬度达到 62HRC 以上，有极好的耐磨性，淬火温度约为 840℃，回火温度为 160℃ 左右，回火保温时间要长，以消除内应力。轴承钢中其他杂质含量很少，对冶炼要求很高，GCr15 除了作滚动轴承外，在注塑模具中应用很多，如注塑模国标推荐用它作拉模扣中的顶销、导柱、导套、矩形定位元件、拉杆导柱、推板导柱、复位杆等标准件，也可作冷镦模、冲裁模。它适合做先淬火后磨削抛光的零件。

③ 5CrMnMo、5CrNiMo 两者都是低碳低合金钢，是典型的热作模具钢。其主要特点是强度高、韧性高，淬透性好，在高温下工作有良好的抗回火性、耐热疲劳性和耐磨性。5CrNiMo 在反复受热中热疲劳性优于 5CrMnMo，这类钢主要用在各种热态下工作的模具。

（2）预硬化合金钢预硬化钢是指钢材的供货状态是经过热处理预硬化后的模板、模块或棒材，模具在切削加工或电加工后不再进行热处理，这就完全避免了在热处理过程中型腔、型芯的变形，大大提升了模具的精度和表面质量，适应当前数控加工和电加工发展以及标准模架大量采用的趋势，对预硬化钢有如下要求：①有足够的硬度，一般为30HRC左右，这一硬度比一般调质硬度250HB高得多，既满足了在大多数情况下的使用要求，又能方便地进行切削加工；②要求在材料的任何断面上都要有差不多的硬度，这就要求钢材有很好的淬透性，通过加入铬、镍、锰、钒、钼、硅使钢的淬透性大大改善；③有良好的切削加工性能，除了有适当的硬度外，还要有很好的切削加工性能；④有良好的镜面抛光性能和对成型表面进行电化腐蚀刻花的性能。

① 3Cr2Mo，是中碳合金钢，即通常所说的P20，是世界各国广泛采用的塑料模具钢，其成分见表10-4-5，该钢经真空脱气脱氧处理，使其具有优良的加工性能和均匀的力学性能，由于Cr的加入，其淬透性能好，$\Phi 80$的零件可完全淬透，Mo的加入使该钢有一定热强性，一般先进行调质处理后获得相当的预硬度30～36HRC成为预硬化钢，屈服极限1000～1400MPa强度极限1200～1800MPa，视回火温度而定，用来加工大型复杂精密的塑料模，金相组织为回火索氏体，若在加工后渗碳淬火或氮化处理可进一步提高表面耐磨性，调质后抛光其表面粗糙度可达$Ra0.05～0.1\mu m$，渗碳、渗氮后抛光可达$Ra0.03\mu m$。

② 3Cr2MnMo（瑞典618）、3Cr2NiMnMo（瑞典718），它们是典型的预硬化钢，瑞典ASSAB（一胜百）公司研制618成分与美国P20类似，仅在合金元素含量上作了一些调整，增加了锰含量，它经真空脱气处理提高了钢材纯度，以先淬火后回火的预硬化状态供货，屈服极限约910MPa，强度极限1044MPa，由于预硬化热处理工艺不同有硬度为280～320HB的预硬化钢和硬度为330～370HB的高硬塑模钢（618HH），大尺寸的钢材还添加了适量的镍，以提高淬透性，该钢的抛光性能和刻蚀性能好，机加工性能好，硬度均匀，它还可经火焰或高频淬火处理，使硬度达50HRC，也可再渗碳或经氮化、镀铬再提高硬度。

718是瑞典ASSAB（一胜百）公司研制的另一种预硬化钢，其成分如表10-4-5所列，它是在3Cr2MnMo钢的基础上添加Ni得到的通用镜面塑料模具钢，该钢以预硬化状态供货，硬度为290～330HB，特硬型为330～370HB（718HH），同一截面的硬度差小于3HRC。该钢的常规热处理工艺为热轧后缓冷＋奥氏体化淬火＋高温回火，我国也有采用热轧后控冷＋高温回火的，其屈服极限为977MPa，强度极限1080MPa。718钢还可采用火焰在局部加热淬火，加热温度至800～825℃，在空气中或压缩空气流中冷却，其表面局部硬度可达56～62HRC，表面镀铬后由370～420HV提高到1000HV，718钢组织细密洁净，镜面抛光性能好，表面粗糙度可达$Ra0.025～0.05\mu m$。

表 10-4-5　　　　　　　　　　　几种预硬化钢的成分

牌号	C	Cr	Mn	Mo	Ni	Si	S	P	标准
3Cr2Mo	0.28～0.40	1.4～2.0	0.60～1.00	0.30～0.55		0.20～0.80	≤0.03	≤0.03	中国 GB/T 1299—2000
P20	0.35	1.70	0.20～0.40	0.40		0.20～0.40			美国 AISI
618	0.38	1.90	1.50	0.15		0.30	0.015		瑞典 ASSAB
3Cr2NiMnMo	0.32～0.40	1.7～2.00	1.10～1.50	0.25～0.40	0.85～1.15	0.20～0.40	≤0.030	≤0.030	中国 GB/T 1299—2000
718	0.37	2.0	1.40	0.2	1.0	0.3	≤0.010		瑞典 ASSAB

718 钢广泛用于各种注塑模、吹塑模、挤出模、压塑模，是汽车工业、电子、电器行业所用各种塑料模具的主要材料。

※为保证瑞典 618 的淬透性，大尺寸钢材添加了适当比例的 Ni 元素。

③ CrNiMnMoV（国产 SM1）钢　SM1 钢是预硬化钢，其化学成分如表 10-4-6 所列，可按以下工艺进行加工，首先进行零件锻造，加热温度 1150℃，始锻温度 1050℃，终锻 ≥850℃，进行等温球化退火缓缓升到 810℃左右保温 2~4h，冷却到 680℃再等温 4~6h，随炉冷却到 550℃即出炉，钢中的碳球粒化，硬度 200HB 左右，可进行模具零件粗加工，然后淬火，在 800~850℃油淬，620~650℃回火，其硬度为 35~40HRC，屈服强度 σ_s 为 1020~1156MPa，可进行高速铣削、磨削等精加工。磨削抛光性能好，磨削表面粗糙度 $Ra=0.27\mu m$，抛光后为 $Ra=0.029\mu m$ 可达到镜面程度，该加工工艺过程简便易行，性能优越稳定，使用寿命长，在热塑性塑料模、热固性塑料压模中得到广泛应用。

表 10-4-6　　　　　　　　　　　SM1 钢和 SM2 钢的化学成分

牌号	合金元素含量/%									
	C	Cr	Mn	Ni	Mo	V	Al	Si	P	S
SM1	0.5~0.6	0.8~1.2	0.8~1.2	1.0~1.5	0.2~0.5	0.1~0.3		≤0.4	≤0.03	≤0.04
SM2	0.17~0.23	0.8~1.2	0.8~1.2	3.0~3.5	0.2~0.5		1.0~1.5	≤0.4	≤0.04	0.08~0.15

(3) 时效硬化型合金钢　为了制造高精度复杂型腔模具的需要，采用加工时硬度低（30HRC 左右）然后进行时效硬化处理，由于热处理温度低（510℃左右），变形非常小，最终硬度约 40HRC，适宜作塑料注塑模。

① 10Ni3MnCuAl（我国牌号为 PMS，与日本 NAK80 类似），是一种广泛应用的高档镜面塑料模具钢，它是新开发的析出硬化型、时效硬化钢，是一种低碳的镍、铜、铝、铁合金钢，目前广泛用于家用电视机外壳等电器产品的塑料模具中。将它加热到 1120~1160℃进行锻造，终锻温度≥850℃，空冷后不需退火即可进行机械加工，其合金成分如表 10-4-7。

表 10-4-7　　　　　　　　　　PMS 和日本 NAK80 化学成分　　　　　　　　单位：%

牌号	C	Si	Mn	Ni	Cu	Al	Mo	其他
PMS（国产）	0.08~0.16	≤0.35	1.50~1.65	2.90~3.60	0.80~1.20	0.80~1.20	0.02~0.50	S、P≤0.03
NAK80（日）	0.15	0.30	适量	3.00	1.00	1.00	0.30	加易切削元素

其热处理分两段进行，为使材料软化先在 840~890℃进行固溶处理，使合金元素在材料内充分溶解并均匀化，然后空冷，组织为粒状贝氏体及低碳板条马氏体双相组织，空冷后硬度为 28~32HRC，之后对毛坯进行机械加工，加工完毕后进行时效热处理，在（510±10）℃进行回火时效，最终硬度为 37~42HRC。在此硬度下抛光，表面粗糙度 $Ra \le 0.05\mu m$，抛光时间仅为 45 号钢的一半，表面质量好，图案花纹的刻蚀性极佳，用来制造透明光亮的塑料镜片等光学制品，是高级透明塑料制品析出硬化型预硬化钢，且补焊修复性好。由于钢材含铝，故渗氮性能好，可在渗氮处理同时进行时效处理，渗氮能进一步提高表面硬度，提高耐磨性，可用于玻纤增强塑料的精密成型模具，PMS 钢中含碳量在下限时此钢实际为铁镍铝铜合金，具有可逆回火时效特性，在 650℃高温回火软化后可进行高精度复杂型腔的冷挤压成型，如再经时效处理仍能获得较高的强度和 40HRC 的硬度。

② Y20CrNi3AlMnMo（国产 SM2）钢，它是另一种时效硬化的易切削钢，化学成分如前表 10-4-6，零件加工过程是先进行锻造，始锻 1050℃，终锻 ≥850℃，锻后空冷不必退火。将毛坯加热到 870～930℃进行固溶处理，空冷，然后机械加工，待机械加工完毕后在 500～520℃时效 6～10h，这时钢的硬度升到 39～40.5HRC，屈服强度 1058～1107MPa，拉伸强度 1280MPa。

SM2 钢在时效硬化后加工性能好，可抛光到 Ra0.029μm 的镜面，由于含有铝、铬等元素，可进行渗氮，氮碳共渗，离子渗氮等表面硬化处理。SM2 性能优良，加工工艺方便，寿命长，在电子、仪表、家电、轻工等行业塑料模中应用广泛。

（4）**热作模具钢** 能够在高温下工作的模具钢，常用来做红热钢材的热锻模，铝合金、锌合金压铸模，高温挤压模，在塑料模中用不了这么高的温度（可高达 600℃以上），但热固性塑料压模注塑模热流道板等常处于 200℃以上的环境中连续工作，也要求高温下不退火，具有足够的强韧性和耐热疲劳性。

① 3Cr2W8 型钢这一类的钢包括 3Cr2W8、3Cr2W8V 属于钨系列低碳高合金钢，它们是高耐热的热作模具钢，有较高的热硬性和热强度，还有一定的韧性，用于铝合金压铸成型模，能承受 500℃以上的高温和金属熔液的冲击力，在我国应用也十分广泛，由于要求韧性好，因此含碳量不宜太高，这种钢热膨胀系数较小，耐蚀性和红硬性较好，导热性好，热处理变形也较小，但高温韧性较差，近来研究表明提高 3Cr2W8V 钢的淬火温度和回火温度可增加断裂韧性和高温热疲劳性。3Cr2W8V 的淬火温度为 1100℃，回火温度 550℃，硬度为 48HRC。

② 4Cr5MoSiV 和 4Cr5MoSiV1 即美国的 H11 和 H13 是国内外最常用的热作模具钢，其化学成分如表 10-4-8。该钢具有良好的综合力学性能，与 3Cr2W8V 相比，H13 不含钨，而是增加了 Cr 和 V 的含量，并新加了 Mo 和 Si 来替代，该配方下碳化物颗粒及其分布较理想，淬透性和加工性能也好，H13 钢除强度略低于 3Cr2W8V 外其他力学性能均优于该钢，用 H13 代替 3Cr2W8V 制作齿轮精锻模寿命可由每模 2000～2500 万件提高到 5000～6000 万件，制作铝合金压铸模由每模 5～10 万件提高到 20～50 万件，我国冶金部大力推广用它取代 3Cr2W8V。

表 10-4-8　　**热作模具钢 4Cr5MoSiV、4Cr5MoSiV1 化学成分**（GB/T 1299—2000）　　单位：%

牌号	C	Si	Mn	Cr	Mo	V	S	P
4Cr5MoSiV	0.33～0.43	0.80～1.20	0.20～0.50	4.75～5.50	1.10～1.60	0.30～0.60	≤0.03	≤0.03
4Cr5MoSiV1	0.32～0.42	0.80～1.20	0.20～0.50	4.75～5.50	1.10～1.75	0.80～1.20	≤0.03	≤0.03

注：4Cr5MoSiV 相当美国牌号 H11，4Cr5MoSiV1 相当于美国牌号 H13。

H13 淬火温度为 1020℃，回火为 550℃，硬度 52HRC。H13 含铬，在需要的时候还可以进行氮化处理，以进一步提高其硬度和耐磨性，H13 可用作塑料成型模具的型腔和型芯。特别是高温下使用的热固性塑料压模。

（5）**易切削钢** 在合金钢中引入硫、钙等元素，使钢材不但具有模具钢的强韧性、抛光性、高硬度、长寿命而且切削加工性能改善，使加工时间和加工费用显著降低。

① 易切削钢 5CrNiMoVSCa（5NiSCa），该钢中添加了硫和钙的复合体系，成为易切削钢，在预硬到 35～45HRC 下具有良好的切削加工性能，比单一硫系的易切钢有更高的韧性和各向性能一致性。镜面抛光性好，蚀刻花纹清晰，该钢淬透性好，电加工及焊补性能好，

还可进一步氮化处理以提高硬度，使用寿命长，可用于复杂精密的注塑模、热压模、橡胶模、冲模等。前面介绍的 SM2 也是一种易切削钢。

（6）高合金钢系列　合金元素总含量在 10% 以上，大大增强了钢材的强韧性、耐磨性、淬透性，减小了淬火变形。

① Cr12 型系列钢，这一类型的钢包括 Cr12、Cr12MoV 和 Cr12Mo1V1（美国 AISI 标准 D₂ 钢），该系列钢中 Cr12 钢的含碳量高，碳化物数量多，分布不均匀性严重，耐磨性高但强度和韧性均不及同系列的其他钢。知名的 Cr12MoV 是高碳高合金含量的莱氏体钢，由于含有大量的合金元素碳化物，钢的硬度很高，达到 2300HV，具有极高的耐磨性，由于含铬多，使钢的淬透性大大增加，而且淬火后残余奥氏体含量增多，使淬火后体积变化小，淬火变形也就小。截面尺寸在 300~400mm 以下的模具可以完全淬透，它是我国目前应用最广的冷作模具钢之一，缺点是该钢的热加工性较差，退火不易软化，焊接修补性很差，它适于制造大型复杂精密的塑料模和冲压模。

与 Cr12MoV 类似且性能更优的是美国 AISI 标准的一种模具钢 Cr12Mo1V1（D₂ 钢），它在世界各国得到了广泛应用，是我国冶金部推广应用的新钢种，该钢的化学成分与 Cr12MoV 相近，只是合金元素 Mo 和 V 的含量更高，如表 10-4-9 所列，该钢比 Cr12MoV 有更高的淬透性和回火稳定性。

表 10-4-9　　　　　　　　　　Cr12MoV 和 D₂ 的化学成分　　　　　　　　　　单位：%

牌号	C	Mn	Si	Cr	Mo	V	S、P	Co	标准
Cr12MoV	1.45~1.70	≤0.40	≤0.40	11.0~12.5	0.40~0.60	0.15~0.30	≤0.03		GB/T 1299—2000
Cr12Mo1V1（美 D₂）	1.40~1.60	≤0.60	≤0.60	11.0~13.0	0.70~1.20	≤1.12	≤0.03	≤1.0	GB/T 1299—2000

对于厚大截面的零件该钢还可通过空冷淬透，淬火变形很小，D₂ 不但特殊碳化物数量更多，且碳化物颗粒更细，硬度和耐磨性更高，而且有较好的韧性和切削加工性。

在相同的情况下用 D₂ 制作的模具其寿命比 Cr12MoV 要高一倍以上，Cr12MoV 和 D₂ 的热处理规范相近，淬火温度 980~1020℃，低温回火温度 200℃，硬度为 58~62HRC。

D₂ 是典型的冲模钢，也可用来制作大型、复杂、精密、高硬度的塑料模型腔和型芯。

②不锈钢系列 1Cr13、2Cr13、3Cr13、3Cr17、4Cr13 和 9Cr18，不锈钢有铁素体不锈钢、奥氏体不锈钢、马氏体不锈钢，在塑料成型模具中采用马氏体不锈钢，即铬不锈钢，1Cr13 和 2Cr13 热处理方式为 1000~1050℃油淬，加 650℃高温回火得回火索氏体，有较好的综合机械性能。3Cr13 和 4Cr13 在 1050℃油淬加 200℃低温回火得回火马氏体，硬度更高，9Cr18 的硬度和耐磨性更好，它们用来作耐腐耐磨的工具、模具。

不锈钢系列中用来作模具的重要的有 2Cr13 即美国 420 钢，在淬火和低温回火后使用的马氏体不锈钢，其成分如表 10-4-10，有较好的耐蚀性和热强性，有一定的可焊性和塑性，易成型加工，其切削加工性和抛光性良好，可进一步渗氮或碳氮共渗以提高耐磨性，用作耐磨损耐腐蚀的塑料模，4Cr13 是老牌的塑料模具钢，其后不同国家在其中添加镍、钼、钒等元素来提高其抛光性能、强度、热强性，其中著名的有瑞典 S136，其成分见表 10-4-10，该钢机械加工性能好，出厂时退火至硬度 215HB，制作模具时粗加工后进行调质热处理，使硬度达到 50~54HRC，再用高速铣精加工，它具有优良的耐腐蚀性、抛光性、耐磨性，但价格较高，适宜制作高寿命、高负荷、高光洁、高透明的塑料制品模和有防腐蚀要求

（PVC 等）的塑料模具，如光盘、透镜、眼镜片等。若要进一步提高模具钢的耐腐蚀作用同时保持高的抛光性、热强性、耐磨性、韧性，可采用 3Cr17Mo，其成分如表 10-4-10。可成型大型 PVC 件。S136 在硬度为 50HRC 时屈服强度 1460MPa，拉伸强度 1780MPa。国内开发的 0Cr16Ni10Cu3Nb（代号 PCR）为马氏体沉淀硬化型不锈钢，耐腐蚀性优秀，适于制作含氯、氟、溴（阻燃剂）的塑料注塑模。

表 10-4-10 塑料模常用不锈钢的化学成分 单位：%

牌号	C	Cr	Mn	V	Si	S	P	标准
3Cr13	0.26~0.36	12.00~14.00	≤1.00		≤1.00	≤0.03	≤0.035	中国 GB/T 1220—1992
420	≥0.15	12.00~14.00	≤1.00		≤1.00	≤0.03	≤0.04	美国 AISI
4Cr13	0.36~0.45	12.00~14.00	≤0.80		≤0.60	≤0.03	≤0.035	中国 GB/T 1220—1992
S136	0.38	13.60	0.5	0.30	0.80			瑞典 ASSAB
3Cr17Mo	0.33~0.43	15.50~17.00	≤1.00	Mo1.00~1.20	≤1.00	≤0.002	≤0.025	

三、铜 合 金

铜合金中因加有合金元素，可提高铜的硬度和强度，按化学成分可分为黄铜，青铜和白铜。黄铜是以锌为主要合金元素，青铜是以锡、铍、锆、钛为主要合金元素，白铜是以镍为主要合金元素。国内外均选择青铜并用铸造方法制造塑料模具中的一些导热性零件，其中铍青铜是优良的塑模型腔和热流道喷嘴、热流道板、吹塑模瓶口镶件等的制造材料，铍含量为1.7%~2.5%，铍青铜可以通过热处理使其具有很高的强度 σ_b 为 1200~1400MPa，硬度330~400HB 可以和钢材媲美，不但导热性好，耐磨性也很优良，铍青铜不足之处是弹性模量较钢低，线膨胀系数较大，在高温和高应力下容易变形。

四、铝 合 金

在纯铝中加入镁、锌、铜、硅等合金元素，再通过固溶强化，时效强化、过剩相强化等可改善其强度和改造铸造性能，铝合金分为变形铝合金和铸造铝合金两大类，变形铝合金又分为防锈铝合金 LF、硬铝 LY、超硬铝 LC 和锻铝 LD 四种，后面跟一数字为成分代号。铸造铝合金用 ZL 两个字母和三个数字表示，如 ZL101、ZL202、ZL302、ZL401，它们依次是铸造铝硅合金、铸造铝铜合金、铸造铝镁合金、铸造铝锌合金。铝合金质轻，导热性好，熔点低，加工性能优于钢，国内多用铝硅合金铸造塑料模（吹塑、热成型等模具），对铸坯只需进行少量切削加工即可，日本在制造高速成型注塑模时选用了强度很好的变形铝合金 LC9（7075）进行切削加工制造注塑模。

五、锌 合 金

锌合金的熔点是最低的，共晶锌合金的熔点仅 380℃，很容易进行铸造，且省时、省钱，铸造收缩率低。绝大多数的锌合金为 Zn-Al 和 Zn-Al-Cu 合金。为改善锌合金耐腐蚀性和强度也常加入微量的镁，用于塑模的大多为 Zn-4Al-3Cu 共晶合金和 2A8、2A12、2A27合金，锌合金铸造性能极佳，由于铸造收缩率低，有良好的复制能力，力学性能与铝合金类似，但室温韧性和高温强度较差，且抗蠕变能力低，长期使用易变形和开裂老化，除用于快速制模和低成本制模外，在正规注塑模中应用较少。

六、塑料模材料的选用

模具材料的正确选用是模具设计中极重要的一步，是保证塑料制品精度和制品内在外观质量，提高模具寿命，降低模具成本的关键所在。模具对材料有以下基本要求：

① 从制品质量出发，应保证型腔尺寸有高而稳定的尺寸精度和形位精度，因此对于先切削加工再淬火抛光的型腔要求材料的淬火变形小，否则就应选用有足够硬度的预硬化钢（30～40HRC），在加工后不再进行淬火等热处理或采用只在较低温度（约500℃）进行时效硬化处理的钢材以保证型腔只产生极小的变形率。钢材 S136 可在淬硬到 50～54HRC 后再用高速铣精加工，保证型腔不再变形。

② 必须具有足够的强度和刚度。为满足模具能承受反复波动的注塑压力，锁模力等要求，材料必有足够的强度（疲劳强度）和弹性模量，同时还要有足够的硬度和耐磨性以长期保持型腔精度和延长模具的使用寿命。在高温下使用的模具材料为了在高温下能保持其物理力学性能，应选用热作模具钢。

③ 要有良好的切削加工性能和抛光性能，材料的切削加工性能好，例如采用易切削钢即可降低加工费用，缩短制模周期。对于采用电加工方法制模的模具要有良好的电加工性能。

④ 对于接触腐蚀性介质和腐蚀性气体的模具要采用高铬不锈钢等耐腐蚀性材料。

⑤ 为提高模具的生产效率要求模具材料有较高的导热率，甚至用昂贵的铍铜合金制作传热零件或型腔壁面。

⑥ 希望模具型腔有良好的可焊补性，给修补带来方便。

⑦ 价格低廉，除型腔、型芯等关键零件外，如无特殊要求时，模具的模板、垫块等一律选用价格低廉的碳钢。

表 10-4-11 为材料选择举例，可作为模具设计时选材的参考。

表 10-4-11　　　　　塑料模具选材参照表

零件名称	性能要求	材料牌号	热处理	参考硬度
模板（定模板、动模板）推件板、推料板、支撑板、定模/动模座板、垫块	良好的力学强度 适中的价格	45 55 40Cr Q235	正火 或 调质	28～32HRC
导柱、导套 斜销	表层硬度高耐磨 芯部强韧	20Cr 或 20 T10A、GCr15	渗碳淬水低温回火 淬水＋低温回火	56～60HRC 52～56HRC
推杆、反推杆、推管、拉料杆	头部硬度高耐磨 杆部有较高强度	T10A、GCr15 4Cr5MoSiV1（H13）、 CrWMn、65Mn	局部淬火＋低温回火 淬火＋中温回火	56～60HRC 52HRC 62～64HRC
浇口衬套	硬度较高，耐磨	T10A 45、50、55	淬火＋低温回火	56～60HRC 38～45HRC
定位圈	有适当硬度、强度，不碰伤机器模板	45、50	正火或调质	28～32HRC

续表

零件名称	性能要求	材料牌号	热处理	参考硬度
型腔、型芯、镶件等成型零件	1. 一般要求	1. 50、55 2. T10A、T8A	正火 淬火＋低温回火	28～32HRC 56～60HRC
	2. 较高耐磨性，抛光性和强韧性	CrWMn、GCr15	淬火＋低温回火	62～64HRC
	3. 预硬化，高强度，高镜面抛光，长寿命，形状复杂	1. 3Cr2Mo(P20) 2. 3Cr2MnMo(618)、3Cr2NiMnMo(718) 3. CrNiMnMoVS(SM1)	淬火＋回火 淬火＋中温回火	30～37HRC 28～37HRC 35～40HRC
	4. 时效硬化，高精度，高抛光，长寿命，形状复杂	1. 10Ni3MnCuAl(NAK80、PMS) 2. Y20CrNi3AlMnMo(SM2)	固溶处理＋时效热处理	37～42HRC
	5. 高温使用模具要求热强度，热硬度，长寿命	1. 4Cr5MoSiVl(H13) 2. 3Cr2W8V 3. 5CrNiMo、5CrMnMo	淬火＋中温回火 淬火＋中温回火 淬火＋低温回火	52HRC 48HRC
	6. 易切屑、高精度、高镜面抛光	1. 5CrNiMnMoVSCa(5NiSCa) 2. Y20CrNi3AlMnMo(SM2) 3. 8Cr2MnWMoVS(8Cr2S)	淬火＋回火 固溶＋时效热处理 淬火＋回火	60～63HRC 43HRC
	7. 与含氯、氟、溴的强腐蚀物料接触，同时高抛光、高耐磨	1. 3Cr13(420)、4Cr13(S136) 2. 0Cr16Ni4Cu3Nb(PCR) 3. 0Cr17Ni4(17-4PH)	淬火＋回火 固溶＋时效热处理	50～54HRC 30～40HRC

复习、思考与作业题

1. 我国在塑料模具制造技术上取得了哪些重大进展？从你掌握的信息来看与世界先进模具制造水平相比还有哪些差距？

2. 电火花加工有什么特点，它给模具型腔加工带来了什么好处？但将它应用于高精度、高镜面抛光的型腔加工又会出现哪些问题，为什么？

3. 电火花加工中电极有哪几种工艺方法可供选择，这些方法的使用范围是什么？

4. 电火花、线切割与普通切削加工相比有哪些优势，它适合加工哪些类型的模具产品？

5. 高速走丝和低速走丝电火花线切割各有什么特点？怎样进行选用？

6. 为什么说数控加工技术的出现是切削加工技术革命性的进步？试阐述其优越性。为什么采用数控加工能提高模具型腔的加工精度、加工效率、并降低加工成本？为什么说数控加工是模具 CAD/CAM/CAE 技术的基础？

7. 试解释多坐标联动加工中的二轴联动、二轴半联动、三轴联动、四轴联动、五轴联动，它们各适用于加工什么样的零件？

8. 数控机床由哪几大部件构成？

9. 什么叫手工编程，什么叫自动编程？它们各适用于什么场合？举出几种在模具型腔加工中常使用的自动编程软件，说说它们各有什么特点。

10. 举出 2006 年颁布的《塑料注塑模零件》国家标准中 23 类零件的名称；说出我国《塑料注射模模架》标准有哪六类形式，每一类中又有几种不同的结构。

11. 在注塑模试模过程中，工艺条件的调节最好按什么样的先后顺序？为什么？

12. 塑料模具用钢可分为哪些基本类型，它们各有什么特点？应根据哪些原则来选择塑料模具不同零件的不同材料？

参 考 文 献

1. 申开智主编. 塑料模具设计与制造. 北京：化学工业出版社，2006

2. 申开智主编. 塑料制品设计方法与应用实例. 北京：国防工业出版社，2007

3. ［美］J. P. 蒙博特等著，黄汉雄等译. 成功的注塑成型—加工设计和模拟. 北京：化学工业出版社，2009

4. 杨卫民、丁玉梅、谢鹏程编著. 注射成型新技术. 北京：化学工业出版社

5. ［瑞典］丹尼尔. 弗伦克勒等著，徐佩弦译. 注塑模具的热流道. 北京：化学工业出版社，2005

6. ［德］E. 林纳、P. 恩格，吴崇峰译. 注塑模具130例. 北京：化学工业出版社，2005

7. ［加］H. 瑞斯，朱光吉译. 模具工程. 北京：化学工业出版，1999

8. ［美］詹姆士、F史蒂文森编著，刘廷华等译. 聚合物成型加工新技术. 北京：化学工业出版社，2004

9. 董孝理编著. 塑料压力管的力学破坏及对策. 北京：化学工业出版社，2006

10. 《现代模具技术》编委会. 注塑成型原理与注塑模设计. 北京：国防工业出版社，1996

11. 塑料模塑件尺寸公差 GB/T 14486—2008. 北京：中国标准出版社，2008

12. 塑料注塑模零件技术条件 GB/T 4170—2006. 北京：中国标准出版社，2007

13. 塑料注射模零件 GB/T 4169. 1～23—2006. 北京：中国标准出版社，2007

14. 塑料注射模模架 GB/T 12555—2006. 北京：中国标准出版社，2007

15. Joseph B. Dym, Injection molds and molding. Canada. Van Nostrand Reinhold Ltd. 1979

16. 宋玉恒主编. 塑料注射模具设计使用手册. 北京：航空工业出版社，1995

17. 刁树森编著. 塑料挤出模具设计与制造. 哈尔滨：黑龙江科技出版社，1997

18. 黄汉雄编著. 塑料吹塑技术. 北京：化学工业出版社，1995

19. ［德］R. E. 怀特著. 热固性塑料的注塑与传递模塑. 北京：化学工业出版社，1995

20. 于丁编. 吹塑薄膜. 北京：轻工业出版社，1986

21. 唐志玉等编著. 挤塑模设计. 北京：化学工业出版社，1995

22. 马金骏. 塑料挤出模具设计图册. 北京：轻工业出版社，1985

23. ［德］米歇利著，黄振华译. 塑料模头设计及工程计算. 北京：烃加工出版社，1999

24. 唐志玉编著. 塑料挤塑模与注塑模优化设计. 北京：机械工业出版社，2000

25. Kaizhi Shen. Calculation of ejection force of hollow, thin walled, and injection molded cones. Plastics and composites, 1999（28）7.

26. ［德］G. 曼格斯等著. 李玉泉译. 塑料注塑成型模具的设计与制造. 北京：中国轻工业出版社，1991

27. ［日］白石顺一郎著. 许鹤峰译. 注塑成型模具. 北京：烃加工出版社，1991

28. 塑料模具技术手册编委会. 塑料模具技术手册. 北京：机械工业出版社，1990

29. 张秀英编著. 橡胶模具设计方法与实例. 北京：化学工业出版社，2010

30. Plastics mold engineering handbook edited by J. Harry Du Bois, Wayne I. Pribble; sponsored by the Society of Plastics Engineers, Inc., 1977

31. 北京化工大学. 华南理工大学. 塑料机械设计. 北京：中国轻工业出版社，1995

32. 申开智. 注塑脱出螺纹塑料制品脱模力矩的研究. 高分子材料科学与工程，1993. 3

33. 马占兴等主编. 橡胶机械设计. 北京：化学工业出版社，1983

34. 申开智. 塑料成型尺寸计算方法的分析研究，工程塑料应用，1983. 1

35. 申开智. 斜导柱及其它斜面分型抽芯机构的运动分析和受力分析. 四川塑料，1981. 2

36. 申开智. 斜导柱侧向抽芯时高滑块受力分析，工程塑料应用，1981. 437. 上海红军塑料厂等. 工程塑料应用. 上海：上海人民出版社，1971

38. ［苏］E. H. 杰明著. 化工设计院翻科译. 塑料压模设计. 北京：化学工业出版社，1966

39. 上海职业指导培训中心. 加工中心操作工技能快速入门. 南京：江苏科技出版社，2009